内燃机计算燃烧学

（第三版）

解茂昭 贾明 著

科学出版社

北京

内 容 简 介

本书系统介绍内燃机计算燃烧学这一新兴学科的结构体系及其基本理论、模型和方法。全书共8章,除基础知识外,分别论述内燃机燃烧过程的几个基本子模型,即缸内湍流流动模型、燃油喷雾模型、燃烧模型、缸内传热模型、化学反应动力学模型以及排放模型;最后两章专门介绍相关的数值计算方法和当今常用内燃机CFD软件的计算模型及应用策略。本书第三版在第二版基础上进行了较大幅度的增补和修订,充分反映当前国内外内燃机燃烧模拟的成就和进展,包括著者团队的研究成果,有助于读者迅速进入该学科的前沿。

本书可作为内燃机、工程热物理、热能、化工、环境、冶金等专业硕士和博士研究生教材或参考书,也可供相关专业科研人员和工程技术人员使用。

图书在版编目(CIP)数据

内燃机计算燃烧学/解茂昭,贾明著. —3版. —北京:科学出版社,2016.12
ISBN 978-7-03-051082-2

Ⅰ.①内… Ⅱ.①解… ②贾… Ⅲ.①内燃机-燃烧过程-数值计算
Ⅳ.①TK402

中国版本图书馆 CIP 数据核字(2016)第 302297 号

责任编辑:牛宇锋 / 责任校对:桂伟利
责任印制:吴兆东 / 封面设计:王 浩

科 学 出 版 社 出版
北京东黄城根北街 16 号
邮政编码:100717
http://www.sciencep.com

北京中石油彩色印刷有限责任公司印刷
科学出版社发行 各地新华书店经销
*

2016 年 12 月第 一 版 开本:720×1000 1/16
2024 年 6 月第六次印刷 印张:30 3/4
字数:602 000

定价:248.00 元
(如有印装质量问题,我社负责调换)

第三版前言

自本书第二版问世以来,又是整整十年了。作为一个蓬勃发展的学科,十年的经验积累和长足进展使本书的再次修订成为必要。在本次修订之际,我们的指导思想较前两版有所调整,即在保证本书内容的系统性和先进性的前提下,不再追求取材的全面和新颖。实践证明,要想把内燃机燃烧模拟领域内的所有新成果都纳入一本书中,既是不可能的,也是不实用的。因此我们遵循的原则是,一方面,在国内外本领域的海量文献中,仅选取那些经过实践的考验,具有旺盛的生命力并得到广泛应用的成果(具体而言,即在 SCI 等检索系统中得到大量引用)加以介绍;另一方面,作为一部专著,应充分反映著者本人及其研究团队近年所取得的成果与进展。

新版的全书篇幅与第二版相当,共 8 章。第 1 章导论基本未做改动。第 2 章介绍缸内湍流流动模型,较第二版主要补充了 $k\text{-}\varepsilon$ 模型的发展,特别是大大充实了大涡模拟和直接数值模拟方面的内容;同时,新增了本征正交分解方法的介绍。第 3 章燃油喷雾模型,主要在油束分裂及雾化模型中增加了 ELSA 模型,以及雾化过程的直接数值模拟;同时在空化模型中补充了 KH-ACT 模型,喷雾与固壁的相互作用模型中增加了适用于 PCCI 发动机的一个碰壁模型。此外还增加了作为当前学科发展前沿的跨临界/超临界喷雾的概述。第 4 章燃烧模型,主要大幅扩充了 EDC 模型的论述,并新增了 EFCM-3Z 模型的介绍。同时,从准维模型和湍流燃烧的 PDF 模型中删除了部分相对陈旧的内容。第 5 章传热模型做了大幅删减,主要删除了有关区域法、热流法和蒙特卡罗法的介绍,因这些内容在其他书中均可找到。唯一新增的内容是壁面对流换热的共轭传热法。第 6 章有重要变动,标题也从"HCCI 发动机的数学模拟"改为"化学反应动力学机理与排放模型",这是因为 HCCI 发动机模拟的关键问题就是反应机理的构建,而且近年来,新概念发动机已经从 HCCI 扩展到 PCCI、RCCI 等多种形式,单独针对 HCCI 的数学模拟未免局限。鉴于此,原有关 HCCI 各类模型及优化的内容全部删除。简化的化学动力学模型及其构建方法中增加了直接关系图法;同时,用较大的篇幅讲述著者团队发展的构建骨架机理的解耦法。此外,原安排在第 4 章的排放模型移到第 6 章,因为排放物形成与氧化主要是反应动力学问题。其中多组分燃料的碳烟模型一小节是新写的。第 7 章数值计算方法中主要删除了关于有限容积法和 KIVA 程序的介绍,其他未做变动。与此同时,本版新增加了第 8 章,主要根据读者意见,面向数值计算实际应用,总结归纳了各种 CFD 软件及相关计算模型的特点及其选取、有关模型参数的设置等大量信息,相信对读者会有较大的参考价值。希望这些修订能够提高本书的理论参考价值和实用性。

大连理工大学工程热物理研究所和内燃机研究所诸位同仁对本书第三版的出版予以了大力支持。贾明教授参加了本版的修订工作并撰写了第 8 章。我们指导的已毕业或在读的博士生周磊、刘戈、秦文瑾、刘耀东、庞斌、常亚超、李耀鹏、张延志等以他们博士论文中创新性的工作,为发展和改进内燃机燃烧过程的各种模型做出了贡献。在此,谨向所有这些同志表示由衷的感谢。

与本版增补内容相关的研究工作主要得到国家重点基础研究发展计划项目(973)"柴油机强化低温燃烧机理及燃烧控制的基础研究"(课题二:2007CB210002)和"基于拟米勒循环的反应物热力学状态控制的高效清洁燃烧理论研究"(课题二:2013CB228400)的资助,同时,也得到国家自然科学基金(编号:50806008、51176020、51176021、51376029、51476020)以及美国通用汽车公司国际合作项目(GM024705—NV584)的资助。在此,谨向所有上述组织或机构表示诚挚的感谢。

限于作者的知识范围和水平,书中难免存在不足和疏漏之处,诚恳期望同行专家学者和广大读者不吝赐教。

解茂昭

2016 年 5 月于大连理工大学

第二版前言(摘录)

由于内燃机计算燃烧学是一门正在蓬勃发展而尚未完善的新兴分支学科,无论国内外,迄今都未见公开出版的专著或教材。这样,本书的出版可以说是系统介绍该学科的首次尝试。有鉴于此,作者在写作中力求实现两个目标。第一是计算燃烧学基础理论的系统性。这一部分内容是比较成熟而相对稳定的,它们构成了计算燃烧学的基本框架。读者掌握了这方面的系统理论和方法,就具备了进一步自学和深造的基础。而且这些内容并不仅仅局限于内燃机,它们对整个动力机械和工程热物理学科范围都是通用的。第二是全书内容的先进性。内燃机燃烧模拟的研究和应用近年来一直呈现十分活跃的态势。新概念、新理论、新方法不断涌现。初涉猎该领域者面对汗牛充栋的文献资料,往往无所适从。因此本书力求以有限的篇幅充分反映当前国际上内燃机燃烧模拟的成就和全貌,特别是把那些最富有生命力,最值得关注的新成果介绍给读者。这些内容将有助于读者了解和掌握该领域的最新成就与发展动向,尽快进入研究的前沿。

本书第一版于 1995 年面世,至今已整整 10 年。在这跨世纪的 10 年中,随着各相关学科的蓬勃发展及计算机技术的突飞猛进,内燃机计算燃烧学在国内外都取得了长足的、令人瞩目的进展,以致本书第一版的内容已远不足以反映该学科的成就与全貌,其中也有少许章节显得陈旧过时。因此,对全书进行一次系统全面的修订就显得十分必要。在我国内燃机界老一辈专家学者的热情鼓励下,在众多中青年内燃机燃烧模拟工作者的支持下,著者准备数年,历时一年有余,承受了与撰写第一版几乎同样的艰辛,终于完成了全书的增删和修订。

呈现在读者眼前的《内燃机计算燃烧学》第二版仍然遵循第一版的两个目标,同时保持了原书的结构框架和体系,但在具体内容上做了大幅的调整与更新。总体上看,经过修订和增补,新版的篇幅较第一版增加了近 1/2。需要特别说明的是,著者在选材与撰写过程中,曾面临两大难题。第一是原始文献资料的获取。由于国内科技文献保障体系尚有欠缺,加上知识产权等问题,使得部分相关文献,包括少数本学科领域内相当经典的文献无法获取,这可能在一定程度上影响到本书内容的完整性,令人难免有"遗珠之憾"。第二是对所占有素材的取舍。与少量文献无法获取成鲜明对照的是,近年来,与本书内容相关的可占有文献的数量在总体上几乎以指数规律增长,这主要归功于互联网的发达与普及,也从侧面反映了内燃机燃烧过程计算模拟这一学科领域兴旺之势。然而,要从浩如烟海的文献资源中提炼出最有价值、最有生命力的理论、模型和方法,并将其整理归纳成书,确实是一个严峻的挑战。这不仅需要对本学科的历史、现状和发展趋势有全面深入的了解,还需要对相关学科领域,特别是那些新兴的交叉学科领域有足够的理解,以能做出正确的判断。著者在这方面花费了很大精力,希望自己已经较好地完成了这一任务(实际如何,还需广大读者给予评判)。

总的来说,本书既较全面地总结了迄今为止前人在该学科领域的成果与经验,也概括了著者本人及同事和研究生们的研究成果和体会。书中提供了迄至 2005年的大量中外参考文献。新版中增补的大部分内容,在国内同类各种著作中均未曾涉及,从而成为本书的重要特色。大连理工大学热工教研室和内燃机研究所诸位同仁以他们相关的研究工作充实了本书内容。特别是我指导的已毕业或在读的博士生陈石、易世君、李芳、宋金瓯、马贵阳和贾明等,以他们博士论文中创新性的工作为发展和改进内燃机燃烧过程的各种模型做出了贡献。工程热物理学科全体教师和研究生所营造的良好的学术氛围和齐心协力的团队精神使我受益匪浅。应该说,本书的写作和修订凝聚着大家的心血。在此,谨向所有这些同志表示由衷的感谢。

在本书修订工作的准备期间,著者曾就若干理论问题,分别与德国爱尔兰根(Erlangen)大学流体力学研究所所长 F. Durst 教授,海德堡(Heidelberg)大学交叉学科科学计算中心主任 J. Warnatz 教授和斯图加特(Stuttgart)大学燃烧工程研究所所长 U. Maas 教授进行过深受启发的讨论,并获得他们提供的重要文献。对于三位教授的支持和帮助,著者谨致以热忱的谢意。

本书的再版得到大连理工大学研究生院研究生教改与教材基金的资助。本书中所涉及著者本人的研究工作曾分别得到国家攀登计划、国家自然科学基金、国家教育部博士点专项基金以及国防工业预研重点项目基金的资助。需特别指出的是,与本书新版增补内容相关的研究工作主要得到国家重点基础研究发展计划项目(973)"新一代内燃机燃烧理论和石油燃料替代途径的基础研究"(课题一:2001CB209201)的资助。此外,德意志学术交流中心(DAAD)为著者多次提供了赴德进行合作研究的经费资助,从而为本书的技术积累提供了宝贵的条件。在此,谨向所有上述组织和机构表示诚挚的感谢。

解茂昭

2005 年 7 月于大连理工大学

目　　录

第1章 导　　论

1.1　概　　述

随着以计算机为标志的信息科学与技术的飞速发展,以及自然界与生产领域中大量实际问题的迫切需要,新兴的交叉学科一个接一个地应运而生。单就工程热物理领域而言,20世纪70年代以来,继计算流体力学和计算传热学之后,又逐步形成了一门新的学科——计算燃烧学[1,2]。计算燃烧学是以流体力学、传热传质学、化学反应动力学、燃烧理论和计算数学为基础,以高速大容量计算机为主要工具,通过计算手段来探索自然界、工程实际和社会生活中各种燃烧现象(包括流动和传热)的机理,研究各种燃烧系统和装置中燃烧过程的规律及特点,从而实现对各种燃烧现象进行准确的分析和预测。

作为最常见的燃烧装置之一,内燃机是工农业生产和交通运输中应用最广泛的动力机械。据统计,内燃机所消耗的能源占世界石油总消耗量的60%。因此,研制高效率、低污染的发动机是长期以来世界各国科学界及工程界所极力追求的目标,并为此投入了大量的人力和财力。在各种类型的热机中,只有内燃机的燃烧过程与其主要工作特性、功率、效率和排放,以及部件的机械和热负荷、噪声、振动等如此直接而紧密地相耦合,以致欲改进和完善发动机的总体性能和某些局部特性,都必须首先在燃烧过程的改善和优化方面下工夫。20世纪70年代以来,世界范围的能源短缺和控制污染的强烈呼声迫使人们在理论和实验两方面大大加强了对内燃机燃烧的研究,以期达到节能和净化的目的。要在越来越高的燃油经济性指标和严格的排放法规的限制下,设计出性能优越,具有市场竞争力的发动机,成为世界各国的发动机专家和设计师们所面临的一个严峻的挑战。这样,主要依赖于实验手段和工作经验的传统设计方法已经远远不能胜任这一要求,于是人们纷纷转而求助于一种新兴的、强有力的工具——燃烧过程的数学模型。正是对燃烧模型的研究,为计算燃烧学的形成和发展提供了强大的推动力。

内燃机的燃烧过程在各种热机和燃烧装置中最为复杂,因而也最具有典型性。内燃机的工作过程是强烈瞬变的(每分钟高达数千个循环,时间尺度以毫秒为量级);其工质具有强烈的压缩性(密度比可高达20以上);其气缸内可能同时存在多种大尺度运动(旋流、滚流和挤流)和微小涡团的湍流运动,且二者之间有密切的耦合和相互作用;在柴油机和某些汽油机中还存在燃油喷射产生的两相流;其燃烧室可能具有各种不同的复杂几何形状。此外,其气阀的周期性开闭和活塞的往复运动还对求解的问题构成了瞬态的运动边界条件。这一系列特点使得内燃机燃烧过程的数值模拟和分析除了以计算燃烧学的通用理论和方法为基础之外,还必须相应地建立和发展其独特的模型、方法和技巧。计算燃烧学的普遍原理与内燃机的具体工程背景相结合的产物就是所谓"内燃机计算燃烧学"这一新的学术领域或者分支学科。具体地说,内燃机计算燃烧学的基本内容和任务就是利用数值方法在计算机上对内燃机中的湍流流动、喷雾混合、传热传质和燃烧排放过程进行模拟。它不仅可为内燃机系统的研究、设计和优化提供一个强有力的工具,而且由于其研究对象的复杂性和典型性,必将在理论和实践两方面丰富计算燃烧学的内容,推动其向纵深发展。

应当看到,计算燃烧学本身目前尚为一门未成熟的学科,那么,作为其子学科的内燃机计算燃烧学在现阶段的不成熟就更是不足为奇了。然而,如果把 1978 年在美国底特律召开的"往复式发动机燃烧模拟"国际会议[3]看做是本学科诞生的标志的话,那么 30 多年来,由于世界各国科学界和工程界的共同努力,它已经取得了长足的进展,形成了具有自己鲜明特征的基本框架和体系。目前,各发达国家和包括中国在内的若干发展中国家都已经形成了从事内燃机燃烧模拟的专业队伍,并正在不断地取得新的成果[4~7]。因此,在这样的形势下我国及时开展内燃机计算燃烧学的教学和研究,以期在该领域逐步走向繁荣并赶超世界先进水平是十分必要的,也是很有意义的。

1.2　内燃机燃烧模型的发展和分类

尽管"数学模型"这个名词出现在人们日常生活中还是颇为新鲜的事,但借用数学工具来分析内燃机循环过程,并用来指导发动机的发展和优化却已有了很长的历史,甚至可以追溯到 19 世纪末,即内燃机诞生的初期。英国人 D. Clerk 是内燃机工作过程模拟研究的首创者。他于 1882 年用空气标准循环分析方法比较了各种内燃机的热效率。不久,德国人 R. Diesel 提出了一系列具有不同燃烧方式(等压燃烧、等温燃烧等)的内燃机的循环模型。但在此后的 80 年中,在这方面并没有重大的突破,研究工作主要集中在改进未燃和已燃混合气热力性质的计算精度。其中,C. Hottel 等的工作(1936 年)是一个重大进步。他们假定各种燃烧产物处于热力平衡状态,从而制定了已燃混合气的热力性质图表,为内燃机的性能计算提供了一个极有用的工具。

严格地说,作为一种独立的自成体系的研究工具并能与实验研究双峰并峙的数学模型,只能是综合了多学科知识的内燃机燃烧学与现代电子计算机相结合的产物。20 世纪 60 年代出现了首批基于电子计算机的内燃机循环模拟研究工作,其目标是预测发动机的动力性和燃油经济性。自那时以来,有关内燃机工作过程和燃烧过程数学模型的研究突飞猛进地向前发展,以致在近 40 年时间内内燃机燃烧模型的研究已经先后经历了放热率计算、零维模型、准维模型和多维模型这样 4 个阶段。

所谓放热率计算是根据实测的压力数据(示功图)估算实际放热率。这种计算一般不涉及严格意义的数学模型,但它是研究内燃机燃烧模型,特别是研究零维和准维模型的一个重要基础,并且在特定情况下可以在循环过程计算中起燃烧模型作用。

零维模型和准维模型都是用热力学原理分析燃烧过程,对所涉及的流体动力学过程不予考虑,或只做极简单的处理,其控制方程是以时间为唯一的自变量的常微分方程。至于二者的区别,目前国际上尚无统一意见。一种观点认为,关键的区别在燃烧率。零维模型中的燃烧率是用经验公式或曲线拟合方法构造的经验数学关系;而准维模型则是引入一个描述燃烧过程的子模型来求出燃烧率。我们认为,这种区分没有完全从本质上体现两种模型在空间维数上的不同。更恰当的定义应当是:零维模型把整个气缸视为均匀场,不考虑参数随空间位置的变化;准维模型则对空间作分区处理,各区之间参数互不相同,从而能在一定程度上反映缸内参数随空间的变化。对于特定的机型,零维和准维模型可较准确地预测其燃烧过程的主要性能参数,准维模型由于燃烧空间上的分区,还能在一定程度上预测排放。这两类模型方法简便,计算成本低,目前在工程上应用较多。但是,由于内燃机的燃烧是多种现象相互耦合的、瞬变的、多维多相的、极其复杂的物理化学过程,所以零维和准维模型都不能从本质上反映其机理,也不能对发动机的性能做详尽的分析和预测,其应用也缺乏普遍性。要完成这样的任务,只有借助于多维模型。

多维模型是用数值方法求解描述燃烧过程的质量、动量、能量和化学组分的守恒方程。这是一组多自变量的偏微分方程。根据空间坐标数,又可分为一维、二维和三维模型。多维模型一般由模拟缸内各个物理化学过程的若干子模型组成,如气体流动模型、燃油喷雾混合模型、化学反应模型和传热模型等。可见,要建立一个完整的内燃机燃烧多维模型,必须综合运用热力学、流体力学、传热传质学、化学反应动力学和数值分析等学科的知识,更离不开高速大容量计算机。因而,仅仅是 20 世纪 70 年代以后,人们才有条件着手解决这一困难而又复杂的课题。而多维模型的研究和发展反过来不仅为内燃机燃烧系统的设计和研究提供了数学模拟基础,且必将在理论和实践两方面促进上述诸学科的发展。

1.3　化学流体力学基本控制方程组

燃烧是包含化学反应的流动过程。无论燃烧过程多么复杂,也无论其具体表现形式如何千变万化,它们都遵循自然界的一些基本定律,即质量、组分、动量和能量的守恒(或更严格地称为平衡)定律。体现这些规律的数学表达式就是化学反应流体力学,即燃烧过程的基本控制方程。这些方程是对流动和燃烧过程进行计算机模拟的基础和出发点。本书假定读者已经具备流体力学、传热学和化学反应动力学的基础知识,因此在这里不加推导地直接列出这些方程,并简要地说明其物理意义。在涉及多维空间变量的数学表达时,本书主要采用张量表示法:用下标 i、j、k 等表示坐标方向,如未加特别说明,则凡有一个下标的量为矢量,如速度 u_i;有两个下标的量为二阶张量,如黏性应力 τ_{ij};同一项中如有同一下标出现两次,即表示对该指标从 1～3 求和(爱因斯坦求和法则)。

在直角坐标系中各基本方程可表示为以下四个方程。

(1) 连续方程

$$\frac{\partial \rho}{\partial t} + \frac{\partial}{\partial x_j}(\rho u_j) = 0 \tag{1-1}$$

(2) 动量方程(以 i 方向为例)

$$\frac{\partial(\rho u_i)}{\partial t} + \frac{\partial}{\partial x_j}(\rho u_i u_j) = -\frac{\partial p}{\partial x_i} + \frac{\partial \tau_{ij}}{\partial x_j} + g_i - f_i \tag{1-2}$$

式中,ρ 为流体混合物密度;p 为压力;u_i 为 i 方向的速度;g_i 和 f_i 分别为重力和其他阻力(如流体通过多孔介质或所含颗粒杂质所致)在 i 方向的分量;τ_{ij} 为黏性应力张量,它与流体的应变率张量 S_{ij} 通过广义牛顿定律相联系:

$$\tau_{ij} = 2\mu S_{ij} - \frac{2}{3}\mu S_{kk}\delta_{ij} \tag{1-3}$$

$$S_{ij} = \frac{1}{2}\left(\frac{\partial u_i}{\partial x_j} + \frac{\partial u_j}{\partial x_i}\right) \tag{1-4}$$

S_{kk} 即为流体散度 div$\boldsymbol{u}$,它表征流体的体积膨胀和压缩性;μ 为流体的动力黏性系数;δ_{ij} 为二阶单位张量,当 $i=j$ 时,$\delta_{ij}=1$,当 $i\neq j$ 时,$\delta_{ij}=0$。

将方程(1-3)、(1-4)代入(1-2),可得动量方程(1-2)的另一种形式

$$\frac{\partial(\rho u_i)}{\partial t} + \frac{\partial}{\partial x_j}(\rho u_i u_j) = \frac{\partial}{\partial x_j}\left(\mu\frac{\partial u_i}{\partial x_j}\right) + \frac{\partial p}{\partial x_i} + \frac{\partial}{\partial x_j}\left(\mu\frac{\partial u_j}{\partial x_i}\right) - \frac{2}{3}\frac{\partial}{\partial x_i}\left(\mu\frac{\partial u_k}{\partial x_k}\right) + g_i - f_i \tag{1-5}$$

(3) 能量方程

$$\frac{\partial(\rho h_0)}{\partial t} + \frac{\partial}{\partial x_j}(\rho u_j h_0) = \frac{\partial}{\partial x_j}(u_i\tau_{ij}) + \frac{\partial}{\partial x_j}\left(\lambda\frac{\partial T}{\partial x_j}\right) + \rho q_R + \frac{\partial}{\partial x_j}\left[\sum_l(\Gamma_l - \Gamma_h)\frac{\partial m_l}{\partial x_j}\right] \tag{1-6}$$

式中,h_0 为滞止焓即总焓,$h_0 = h + u_i u_i/2$,$h = \sum_l m_l h_l$,m_l 和 h_l 分别是组分 l 在混合物中的质量分数和比焓;Γ_l 和 Γ_h 分别是组分 l 和焓(h)的输运系数或交换系数;q_R 为辐射热。如果利用总焓的定义,把式(1-6)右端扩散项中的 T 换为 h_0,则得到

能量方程的另一形式

$$\frac{\partial(\rho h_0)}{\partial t} + \frac{\partial}{\partial x_j}(\rho u_j h_0) = \frac{\partial}{\partial x_j}\left(\Gamma_h \frac{\partial h_0}{\partial x_j}\right) + S_h \tag{1-7}$$

式中源项为

$$S_h = \frac{\partial p}{\partial t} + \frac{\partial}{\partial x_j}(u_i \tau_{ij}) + \rho q_{\mathrm{R}} + \frac{\partial}{\partial x_j}\left[\left(\lambda - \sum_l m_l c_{pl} \Gamma_h\right)\frac{\partial T}{\partial x_j}\right.$$

$$\left. + \sum_l (\Gamma_l - \Gamma_h) h_l \frac{\partial m_l}{\partial x_j} - \Gamma_h \frac{\partial}{\partial x_j}\left(\frac{u_i u_i}{2}\right)\right] \tag{1-8}$$

(4) 组分方程

$$\frac{\partial}{\partial t}(\rho m_l) + \frac{\partial}{\partial x_j}(\rho u_j m_l) = \frac{\partial}{\partial x_j}\left(\Gamma_l \frac{\partial m_l}{\partial x_j}\right) + R_l \tag{1-9}$$

式中,R_l 是由于化学反应引起的组分 l 的产生率。

方程(1-1)、(1-5)、(1-7)和(1-9)构成化学流体力学的基本控制方程组。不难看出,这一组方程在形式上是完全相同的,它们均包含 4 种基本类型的项,即代表时间变化率的非定常项,由流体宏观运动所引起的对流项,由流体分子运动所引起的扩散项以及不属于以上 3 项的其他源项。如果用 φ 代表通用的因变量(u_i, h_0, m_l),则基本方程可用统一的形式表示为

$$\frac{\partial}{\partial t}(\rho \varphi) + \frac{\partial}{\partial x_j}(\rho u_j \varphi) = \frac{\partial}{\partial x_j}\left(\Gamma_\varphi \frac{\partial \varphi}{\partial x_j}\right) + S_\varphi \tag{1-10}$$

式中,Γ_φ 和 S_φ 分别为与因变量 φ 相应的交换系数和源项。由于方程(1-10)实际上是描述各种物理量在流体中的对流与扩散过程即输运过程,所以也可将其称为输运方程,凡是能用输运方程来描述的量称为可输运量。输运方程可表示为统一的形式,这一事实不仅反映了各种物理量的输运过程都具有相同的物理和数学特征,而且为其数值计算提供了极大的方便,可以针对这一统一形式来选择计算方法和编制程序。重复使用该程序就可求解所有的方程,只需针对不同的方程代入相应的 Γ_φ 和 S_φ。

上述方程组再加上气体混合物的状态方程构成一个封闭的方程组。理论上说,只要其中源项能够根据有关学科领域的知识计算出来,再加上适当的定解条件,我们就可以得出描述发动机或其他系统整个燃烧过程的数值解。然而事实上并非如此简单,这是因为自然界和工程实际中的流动和燃烧过程几乎都是湍流过程。而上述基本方程组却是针对层流状态推导出来的。是否能够以及如何将这些方程加以修正和推广,使其能够适用于湍流过程,这正是下一章所要回答的问题。

本章参考文献

[1] 范维澄,陈义良,洪茂玲. 计算燃烧学. 合肥:安徽科技出版社,1987

[2] 周力行. 湍流气粒两相流动和燃烧的理论与数值模拟. 北京:科学出版社,1994

[3] Mattavi J N,Amann C A. Combustion Modeling in Reciprocating Engines. New York:Plenum Press,1980

[4] Haworth D. A review of turbulent combustion modeling for multidimensional in-cylinder CFD. SAE Technical Paper 2005-01-0993,2005,doi:10.4271/[2005-01-0993]

[5] Reitz R D. Directions in internal combustion engine research. Combustion and Flame,2013, 160:1-8

[6] Reitz R D,Duraisamy D. Review of high efficiency and clean reactivity controlled compression ignition(RCCI) combustion in internal combustion engines. Progress in Energy and Combustion Science,2015,46:12-71

[7] Westbrook C K,Mizobuchi Y,Poinsot T J,et al. Computational combustion. Proceedings of the Combustion Institute,2005,30(1):125-157

第2章　内燃机缸内湍流流动模型

在内燃机整个工作循环中,其缸内气体充量始终在进行着极其复杂而又强烈瞬变的湍流运动。这种湍流运动是内燃机工作和燃烧过程中各个物理化学子过程的一个共同的基础。它决定了各种量在缸内的输运及其空间分布,它对可燃混合气的形成及其浓度场、火焰传播速率和燃烧品质、缸壁的传热及污染物的形成等都具有直接的、本质的影响。因此,要正确地从微观上模拟和分析内燃机的燃烧,绝对离不开对缸内湍流运动的正确描述和模拟。也正是基于这一原因,内燃机燃烧的零维和准维模型被称为热力学模型或现象模型,而多维模型则被称为流体动力学模型或CFD(计算流体动力学)模型。因为零维模型根本未考虑流动过程和湍流参数的影响,准维模型虽然在一定程度上考虑这种影响,但其有关流动和湍流的参数是作为已知数据输入或通过某些简单的假设所求得的,而并非模型本身提供的结果。

本章将首先对湍流现象和湍流理论做一概略的介绍,接着讨论内燃机缸内湍流流动的一般特征。然后在此基础上对缸内湍流的各种模型进行比较系统的介绍和比较。

2.1　湍流基础知识

2.1.1　湍流的基本特征

层流和湍流(或称紊流)是两种不同的基本流态。当流动的特征雷诺数超过相应的临界值(通常有一定范围),流动就从层流转捩到湍流。自然界和工程中的流动过程,化工系统中的传热传质过程以及各种热力装置中的燃烧过程,绝大多数都是湍流过程。由于湍流机理的复杂性,自雷诺发现湍流现象的100多年来,尽管人们持续不断地进行了大量的研究,但迄今仍然未能透析其本质,以致很难给湍流下一个确切的定义。我们通常只能根据湍流的一些重要特征来认识它。湍流具有如下一些基本特征。

1. 湍流的涡团结构和小涡团的随机性

湍流中充满了各种大小的不断旋转着的流体团块,称为旋涡(eddy),或更形象地称为"涡团"。湍流的基本特征正是在于这种具有随机性质的涡团结构。在一定条件下,例如固体边界的阻碍作用或外部的扰动,在流体内部形成涡团。这些涡团尺寸有大有小,往往大涡团中包含着小涡团,小涡团中又包含着更小的涡团。这些尺寸不同的涡团组成连续的"涡团谱"。大涡团与小涡团具有不同的特征。小涡团的运动具有很强的不规则性或随机性。湍流的强度由脉动速度的大小来衡量,而脉动速度又正比于涡团旋转的角速度。同样大小的涡团,由于角速度不同,其强度也不同。在同样湍流强度下,大涡团的能量高于小涡团,所以能量由大涡团传给小涡团。在流动中,各种大小的涡团会交换能量而逐渐使涡团的大小与强度趋于均匀。涡团不断地产生出来,又不断地分裂破碎。黏性对涡团起阻尼作用,如果不能从宏观流动中补充能量,则涡团终将衰减以致消失。

2. 湍流一般是发生在大雷诺数下的流体运动

湍流起源于层流的不稳定性。在大雷诺数下,非线性惯性力的不稳定作用远远超过黏性力的稳定作用,这样才能发生从层流到湍流的转捩。

3. 湍流运动总是有旋的和三维的

既然湍流流场中充满了大小不等且不断旋转的涡团,那么其有旋是必然的。流体力学的理论分析表明:产生涡团的惯性作用实质上是流场的不均匀性(速度梯度)对涡团连续不断地进行拉伸的结果。这种拉伸作用使涡团发生从大变小的所谓"级联"(cascade)过程。但拉伸过程只能在三维条件下进行,因此湍流运动只能是三维的。有的流动,即使从宏观上看其时均流是二维甚至是一维的,但其脉动结构仍是三维的。

4. 湍流具有极强的扩散性和耗散性

这是涡团运动的必然结果。如同流体分子的无规则运动引起物质组分、动量和能量等各种物理量的扩散输运一样,涡团无规则运动的宏观效果也是引起这些量的扩散,而且这种扩散性较之分子扩散性要强烈得多(可以大 3～4 个量级)。这一点在工程上具有特别重要的意义。在各种燃烧装置中,之所以要千方百计地提高流体运动的湍流度,正是为了利用其扩散性来实现燃料与空气的充分混合,以提高燃烧效率。另一方面,涡团要维持其运动,必须克服黏性力而做功,使湍流动能转变为流体的内能。因此,湍流需要不断地补充能量来弥补其耗散的能量,否则湍流就不能维持而急剧衰减。平均流的速度梯度、浮力、离心力以及燃烧反应等是供给湍流动能的渠道。

5. 湍流具有连续性

分子运动是离散的,湍流运动则可视为连续的。湍流涡团的最小尺度仍远远大于分子的运动尺度(平均自由程),因此可以用连续介质力学的方法来描述湍流运动。

6. 湍流是流动的属性而不是流体的属性

在雷诺数足够大的情况下,湍流的特征量与流体的物性几乎无关,而与流场特征,如几何形状、边界条件等则有密切的关系。

7. 湍流的大尺度涡团具有拟序性(coherence)和间歇性(intermittence)

这是 20 世纪 60 年代湍流研究的一个重要成果。通过对湍流的所谓"猝发"现象的发现和研究,表明湍流大尺度涡团的运动并非是完全随机的,而是在空间上表现出一定程度的有序(拟序)性,时间上表现出一定的周期(间歇)性。因而湍流的无规则性在时间和空间上都是一种局部现象,即在湍流运动中同时存在着有序的大尺度涡团结构和无序的小尺度结构。这一发现对于湍流本质和机理的研究及其数学模拟已经并正在产生巨大的影响。

综上所述,我们给湍流下一个粗略的定义:湍流是在时间和空间上都具有某种准周期性和连续性特征的半随机半有序的三维非定常有旋的大雷诺数流体运动。

2.1.2 湍流统计理论的若干基本概念

湍流研究从一开始就是分别沿着两个方向发展的,其结果是形成了统计理论和半经验理论两大派别。统计理论采用严格的统计力学的方法,着重研究湍流的内部结构(即脉动结构)。由于湍流结构的高度复杂性,这种理论目前还主要局限于研究各向同性的均匀湍流这一最简单情况。半经验理论不注重湍流机理而着眼于工程上的实际应用。它主要是根据实验资料对湍流结构(湍流脉动量)作出某些假设(此即所谓湍流的"模拟")。在此基础上研究平均流的运动规律和湍流脉动的各种效应(如湍流扩散)。这两种理论是各有所长,相互补充的。从解决工程实际问题的角度来看,现阶段主要需借助半经验理论,这也正是本章的主要内容。但统计理论中的一些基本概念已经并且正在继续向半经验理论渗透并融合,成为其不可分割的组成部分。因此,这里有必要先介绍湍流统计理论中的几个重要概念。

1. 描述湍流的统计平均法

按照雷诺的观点,随机变化的湍流瞬时量 φ 可以分解为统计平均值 $\bar{\varphi}$ 和脉动值 φ'。平均值可以用不同的平均方式得出。对宏观定常或准定常的湍流,一般采用时间平均;对于空间上均匀的流场,可以采用空间平均;而对内燃机缸内湍流这类既不定常又不均匀的湍流体系,则以采用在同样条件下的大量重复的实测数据为依据的系综平均为宜(对内燃机而言,则是基于在相同曲轴转角位置下从大量循环次数获取的相位平均)。脉动值定义为瞬时值对平均值的偏离。因此,湍流参数的瞬时值等于平均值与脉动值的线性叠加：$\varphi = \bar{\varphi} + \varphi'$，此即所谓湍流的雷诺分解。

统计平均法满足几个基本的雷诺平均法则：

$$\overline{f+g} = \bar{f} + \bar{g}, \quad \overline{cf} = c\bar{f}, \quad \overline{\bar{f}g} = \bar{f}\bar{g}$$

$$\overline{\lim f} = \lim \bar{f}, \quad \overline{\int f \mathrm{d}s} = \int \bar{f} \mathrm{d}s, \quad \overline{\left(\frac{\partial f}{\partial s}\right)} = \frac{\partial \bar{f}}{\partial s}$$

式中，f 和 g 为任意随机变量；c 为常数。由此可以得出后面将要用到的两个重要公式。设 A、B、C 均为随机变量，则

$$\overline{AB} = \overline{(\bar{A}+A')(\bar{B}+B')} = \overline{\bar{A}\bar{B}} + \overline{\bar{A}B'} + \overline{A'\bar{B}} + \overline{A'B'}$$
$$= \bar{A}\bar{B} + \overline{A'B'} \tag{2-1}$$

同理

$$\overline{ABC} = \bar{A}\bar{B}\bar{C} + \bar{A}\overline{B'C'} + \bar{B}\overline{A'C'} + \bar{C}\overline{A'B'} + \overline{A'B'C'} \tag{2-2}$$

$\overline{A'B'}$ 和 $\overline{A'B'C'}$ 分别称为脉动量的二阶相关矩和三阶相关矩。它们通常都不等于零，其大小取决于两个或三个随机量之间互相关联的程度。由此可见，对非线性的随机量（两个或多个随机量的乘积）实施雷诺平均后，会产生新的未知量——脉动量的相关矩。这一事实暗示我们，湍流的起源正是在于控制方程中的非线性项。

由于脉动值的平均值为零，为了刻画湍流脉动的平均强度，一般采用脉动速度的均方根值，称为湍流度。为了书写简便，在本章中分别用大写字母 U 和 P 表示平均速度和压力，用小写字母 u 和 p 表示脉动速度和压力，而用 $\tilde{u}$ 和 $\tilde{p}$ 代表其瞬时值，用 u' 表示湍流度。这样，α 方向的湍流度为 $u'_\alpha = \sqrt{\overline{u_\alpha^2}}$（本书规定凡用希腊字母表示的下标无求和意义），而各方向的平均湍流度为 $u' = \sqrt{\overline{u_i u_i}/3}$。

2. 湍流尺度

从湍流统计理论的观点看，流场中某点的脉动量可以视为各种不同尺度（或不同频率）的涡团经过该点所造成的涨落。大尺度涡频率低，小尺度涡频率高。最大的涡与固体边界或平均流场的宏观尺寸同阶，而最小的涡则向分子无规则运动尺度的方向延伸。由于涡团的尺度是一个随机量，只能用统计力学的方法借助所谓相关系数的概念来定义湍流尺度。

考虑相隔固定距离的两空间点 A、B（图 2-1），如涡团平均尺度大，则两点经常处于同一涡团内，这两点处物理量的脉动规律就很接近，用统计学的语言来说，这两点脉动量的相关就大；如涡团平均尺度小，则它们经常分别处于两个涡团之中，两点脉动量相关就小，因而空间相关系数能较好地反映涡团的平均尺度。于是可引入湍流长度积分尺度或简称湍流尺度

$$l_\mathrm{I} = \int_0^\infty f(x) \mathrm{d}x \tag{2-3}$$

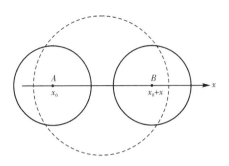

图 2-1　湍流尺度示意图

式中，$f(x)$ 为湍流纵向自相关系数，其定义为

$$f(x) = \frac{\overline{u(x_0)u(x_0+x)}}{\sqrt{\overline{u^2(x_0)}}\,\sqrt{\overline{u^2(x_0+x)}}} \tag{2-4}$$

其中，x_0 和 x_0+x 分别为 A、B 两点的坐标。$f(x)$ 是与两点连线平行的速度分量的自相关系数。同样，可定义两点横向自相关系数 $g(x)$（图 2-2）。$f(x)$、$g(x)$ 的典型曲线如图 2-3 所示。在 x 较小处，即相距很近的两点，处于同一涡团的机会多，故两点的相关就大；当 x 大时，两点处于同一涡团的机会就少，而处于互不相关的不同涡团中的机会增多，故两点的相关小。

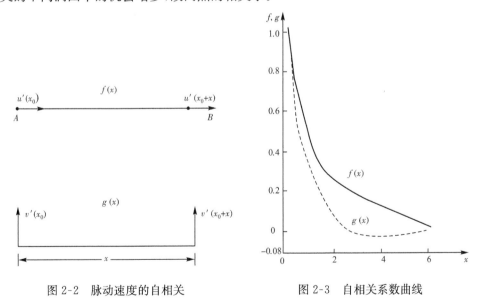

图 2-2　脉动速度的自相关　　　　　图 2-3　自相关系数曲线

式 (2-3) 是根据纵向自相关系数定义的湍流尺度，对其他相关系数也能得到类似的结果。由图 2-4 可看出，l_1 正是 $f(x)$ 曲线下面的面积。而此面积的大小，

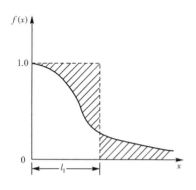

图 2-4　积分尺度的几何意义

或 $f(x)$ 曲线的变化趋势乃是取决于具体湍流流场的特性。这样,引入湍流尺度 l_I 后,当两点距离小于或等于 l_I 时,则认为两点落在同一个平均涡团内,是相关的,否则是不相关的。可见,l_I 给出了总体涡团的平均大小。

与此相似,可定义湍流积分时间尺度

$$\tau_I = \int_0^\infty f(t)\,\mathrm{d}t \tag{2-5}$$

作为湍流平均时间尺度。其中 $f(t)$ 是同一空间点 (x_0),不同时间脉动速度的欧拉时间自相关系数

$$f(t) = \frac{\overline{u(x_0,t_0+t)u(x_0,t_0)}}{\sqrt{\overline{u^2(x_0,t_0+t)}}\sqrt{\overline{u^2(x_0,t_0)}}} \tag{2-6}$$

除积分尺度以外,还可利用相关系数引入微尺度的概念,用以表示湍流场中小涡团的大小。仍以 $f(x)$ 为例,假设两点相距很近,则 x 为小量,可将 $u(x_0+x)$ 在 x_0 处作泰勒展开

$$u(x_0+x) = u(x_0) + x\frac{\partial u}{\partial x} + \frac{x^2}{2!}\frac{\partial^2 u}{\partial x^2} + \frac{x^3}{3!}\frac{\partial^3 u}{\partial x^3} + \cdots$$

故有

$$\overline{u(x_0)u(x_0+x)} = \overline{u^2(x_0)} + x\overline{u\frac{\partial u}{\partial x}} + \frac{x^2}{2!}\overline{u\frac{\partial^2 u}{\partial x^2}} + \frac{x^3}{3!}\overline{u\frac{\partial^3 u}{\partial x^3}} + \cdots \tag{2-7}$$

对于均匀湍流有下列关系(当 $x \to 0$ 时):

$$\overline{u\frac{\partial^{2n} u}{\partial x^{2n}}} = (-1)^n \left(\overline{\frac{\partial^n u}{\partial x^n}}\right)^2$$

$$\overline{u\frac{\partial^{2n+1} u}{\partial x^{2n+1}}} = 0 \quad (n = 0,1,2,\cdots,n)$$

将上式代入式(2-7)有

$$\overline{u(x_0)u(x_0+x)} = \overline{u^2} - \frac{x^2}{2!}\left(\overline{\frac{\partial u}{\partial x}}\right)^2_{x\to 0} + \frac{x^4}{4!}\left(\overline{\frac{\partial^2 u}{\partial x^2}}\right)^2_{x\to 0} - \cdots$$

因 x 甚小,略去高阶项,则 $f(x)$ 是抛物线形式

$$f(x) = 1 - \frac{x^2}{2!}\frac{1}{\overline{u^2}}\left(\overline{\frac{\partial u}{\partial x}}\right)^2_{x\to 0}$$

令

$$\frac{1}{l_T^2} = \frac{1}{2!}\frac{1}{\overline{u^2}}\left(\overline{\frac{\partial u}{\partial x}}\right)^2_{x\to 0} \tag{2-8}$$

于是有

$$f(x) = 1 - \frac{x^2}{l_T^2}$$

将上式对 x 求导两次,有

$$\frac{1}{l_T^2} = -\frac{1}{2}\left(\frac{\partial^2 f}{\partial x^2}\right)_{x \to 0} \tag{2-9}$$

根据曲率半径与导数的关系易于证明,在 $x=0$ 处,曲率半径为

$$|r| = \frac{l_T^2}{2} \tag{2-10}$$

因此 l_T 反映了相关系数 $f(x)$ 在 $x \to 0$ 附近的性态。几何上,l_T 是曲线 $f(x)$ 在 $x=0$ 处的密切抛物线与 x 轴相交的截距(图 2-5)。由式(2-8)知,l_T 的大小取决于 $x=0$ 处的 $\overline{\left(\dfrac{\partial u}{\partial x}\right)^2}$ 值,而后者是由湍流场中的微小涡团形成的。可见 l_T 是小涡的尺度,称为泰勒微尺度,它与湍流中能量的耗散有密切关系。同样可定义泰勒微时间尺度 τ_T

$$\frac{1}{\tau_T^2} = \frac{1}{2!}\frac{1}{\overline{u^2}}\overline{\left(\frac{\partial u}{\partial t}\right)^2} \tag{2-11}$$

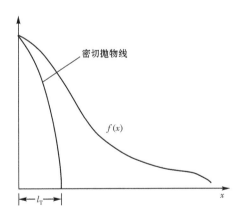

图 2-5　泰勒微尺度 l_T 的几何意义

然而泰勒微尺度并不是湍流脉动结构中最小的尺度。后者是直接与湍能转变为热能的耗散过程相联系,称为科尔莫戈罗夫(Kolmogorov)微尺度 l_K,并借助量纲分析定义为

$$l_K = (\nu^3/\varepsilon)^{1/4} \tag{2-12}$$

式中,ν 是流体运动黏性系数;ε 是湍流动能的耗散率(定义见后)。相应的 Kolmogorov 时间微尺度定义为

$$\tau_K = (\nu/\varepsilon)^{1/2} \tag{2-13}$$

关于三种尺度的关系，Tenneks 提出了一个模型，如图 2-6 所示。l_I 是湍流大涡的尺度，l_K 是微小涡管或发生黏性耗散之剪切层的尺度，而 l_T 则代表这些薄剪切层在空间延伸的尺度。图 2-7 是内燃机进气射流在缸内产生的各种尺度湍流涡团的示意图。

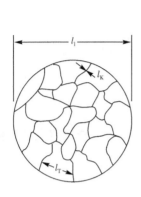

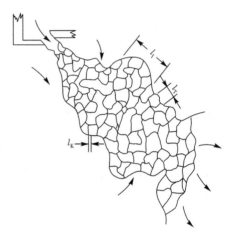

图 2-6　湍流涡团结构　　　　　　图 2-7　进气湍流流动中的长度尺度

对于均匀各向同性湍流，泰勒长度与时间尺度通过湍流平均流速 U 相联系：

$$l_T = U\tau_T \tag{2-14}$$

3. 湍流动能及其耗散率

湍流运动是要消耗能量的。为保持湍动就需要不断地向湍流提供能量。在湍动作用下，随着流体的扩散，能量也不断扩散。只有当供给湍流的能量、扩散的能量和消耗的能量处于平衡状态时，湍流才能处于恒定状态。研究湍能的转换和衰减，不仅理论上有重要的意义，对建立湍流的数学模型，也很有实用价值。

1) 三种湍流动能

对瞬时流作雷诺分解，即将瞬时速度 $\widetilde{u}_i$ 分为平均流速度 U_i 与脉动速度 u_i 之和：$\widetilde{u}_i = U_i + u_i$，于是我们得到三种湍流动能，即瞬时流动能的平均值、平均流动能和脉动流动能的平均值。对单位质量流体而言，其瞬时流动能为

$$\frac{1}{2}(\widetilde{u}_x^2 + \widetilde{u}_y^2 + \widetilde{u}_z^2) = \frac{1}{2}\widetilde{u}_i^2$$

此动能的平均值为 $\frac{1}{2}\overline{\widetilde{u}_i^2}$。

平均流动能为

$$\frac{1}{2}(U_x^2 + U_y^2 + U_z^2) = \frac{1}{2}U_i^2$$

脉动流动能为

$$\frac{1}{2}(u_x^2 + u_y^2 + u_z^2) = \frac{1}{2}u_i^2$$

此项动能平均值称为湍能,一般用 k 表示

$$k = \frac{1}{2}(\overline{u_x^2} + \overline{u_y^2} + \overline{u_z^2}) = \frac{1}{2}\overline{u_i^2} \tag{2-15}$$

由于 $\widetilde{u_i} = U_i + u_i$,可以推知

$$\frac{1}{2}\widetilde{u_i^2} = \frac{1}{2}U_i^2 + \frac{1}{2}\overline{u_i^2} \tag{2-16}$$

即湍流的总动能(瞬时流动能的平均值)等于平均流动能与湍能之和。

2) 湍能的耗散率

在不可压缩黏性流体中,由于分子黏性而引起的机械能(动能)耗散为

$$D = 2\nu S_{ij}S_{ij} = \frac{\nu}{2}\left(\frac{\partial U_i}{\partial x_j} + \frac{\partial U_j}{\partial x_i}\right)^2$$

式中,$S_{ij} = \frac{1}{2}(\partial U_i/\partial x_j + \partial U_j/\partial x_i)$ 为平均流之应变率张量。湍流脉动动能的耗散率类似地定义为

$$\varepsilon = 2\nu\overline{s_{ij}s_{ij}} = \frac{\nu}{2}\overline{\left(\frac{\partial u_i}{\partial x_j} + \frac{\partial u_j}{\partial x_i}\right)^2} = \frac{1}{2}\nu\left[\overline{\left(\frac{\partial u_i}{\partial x_j}\right)^2} + \overline{\left(\frac{\partial u_j}{\partial x_i}\right)^2} + 2\overline{\frac{\partial u_i}{\partial x_j}\frac{\partial u_j}{\partial x_i}}\right]$$
$$\tag{2-17}$$

式中,s_{ij} 是湍流脉动流的应变率张量;方括号中前两项为各向同性耗散,后一项为各向异性耗散。在高雷诺数下,前者远大于后者,故有

$$\varepsilon = \nu\overline{\left(\frac{\partial u_i}{\partial x_j}\right)^2} \tag{2-18}$$

ε 的物理意义是,单位质量流体微团在单位时间内由于湍流脉动而通过分子的黏性所引起的不可逆地转化为热能的那部分湍能。

湍流统计理论证明,对于各向同性湍流有

$$\varepsilon = 30\nu\overline{u^2}/l_\mathrm{T}^2 \tag{2-19}$$

上式说明湍能的衰减或耗散与脉动速度的平方成正比,与湍流微尺度的平方成反比。湍能越强,其耗散也越大。l_T 越小,表示小尺度的涡团产生越多,因此通过分子黏性耗散的湍能也越多。

4. 湍流能谱

按照湍流统计理论,湍流脉动的随机变化可用调和分析的方法分解为一系列

不同时间尺度与空间尺度的波动之叠加,成为各种尺度涡团运动的总和。对湍流动能的这种分解可从两个角度进行:从时间角度按频率分解得到频(率)谱,从空间角度按波长分解得到波(数)谱,二者统称为能谱。

对于平均流为定常的湍流,可以简单地应用一维能谱。以某点纵向脉动分速 u_1 为对象,定义

$$\overline{u_1^2} = \int_0^\infty E_1(n)\,\mathrm{d}n \tag{2-20}$$

则 $E_1(n)$ 称为 $u_1(t)$ 的能谱密度。$E_1(n)\mathrm{d}n$ 表示频率在 n 和 $n+\mathrm{d}n$ 之间的那一部分涡团所具有的湍能,因而能谱就表示各种频率的脉动动能的分布。一维能谱也可用波数 k_1 表示为

$$\overline{u_1^2} = \int_0^\infty E_1(k_1)\,\mathrm{d}k_1 \tag{2-21}$$

波数 k_1 表示在 x_1 方向单位距离内波的个数,它与波长 λ 和圆频率 $\omega=2\pi n$ 之关系为 $k_1=2\pi/\lambda=\omega/U_1$,$U_1$ 为 x 方向平均流速。对于均匀各向同性湍流,纵向和横向能谱密度 $E_1(k_1)$、$E_2(k_1)$ 的曲线如图 2-8 所示。

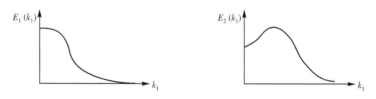

图 2-8　一维能谱曲线

对于较复杂的湍流,需引入三维能谱。三维能谱用波数向量 k_i 比用频率 n 表示方便。三维能谱函数 $E(k_i)$ 定义为

$$\int_0^\infty E(k_i)\,\mathrm{d}k_i = \frac{3}{2}\overline{u_i^2} \tag{2-22}$$

上式说明,三维能谱在波数空间的积分就是单位质量流体的湍能,即 $E(k_i)$ 曲线下方的面积。但三维能谱函数原则上也只适用于各向同性的均匀湍流。尽管如此,能谱的概念和理论在工程实际中仍具有重要的参考价值。现今,湍流尺度和能谱的测量与分析已经越来越多地应用于内燃机缸内湍流的研究。

5. 湍能的级联传递及其耗散的机理

根据 Townsend 等[1] 对湍流结构的研究,湍流流场中尺度最大的涡团的方向与平均流应变率张量的主轴方向大体一致,因而能充分地从平均流中吸取能量。而平均流速度梯度对涡团的拉伸作用使它变形以致破裂,使能量传到尺度较小的涡。每一级涡都有其特征雷诺数,当该雷诺数超过其相应的临界值时,则表示它从

较大涡接受的动能超越了其能量耗散,于是发生分裂而将其动能输送到更小的涡中去。这样,一个惯性输运作用使动能从大涡向小涡逐级传递,即所谓能量的"级联"过程。但涡团的变小并非没有限度。随着尺度的变小,其转速增大,使脉动应变率,从而黏性应力迅速增大,于是黏性对涡量和湍能的耗散愈益增强。当涡量的这种耗散与使涡量增加的惯性拉伸作用相平衡时,涡团尺度达到极限,不再减小。最后,湍能在此最小尺度下通过分子黏性耗散为热能。

　　从能量传递和耗散的观点来看,可将三维能谱的全部波数范围分为下列 3 个区,如图 2-9 所示。

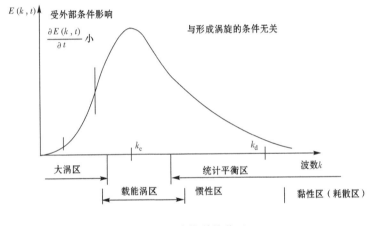

图 2-9　三维能谱的分区

　　(1) 大涡区。这部分涡区的能量可达总湍能的 20% 左右。其尺度与平均流场的特征尺度同量级。由于尺度大,相对变化缓慢,故统计上看相当稳定。但该区受平均流场和边界条件的影响大,表现出明显的各向异性。

　　(2) 载能(含能)涡区。位于能谱曲线 $E(k_i, t)$ 的最大值附近,存储了整个流场的大部分湍能。该区从大涡区获取能量,又通过惯性输运作用将能量传给更小的涡区。

　　(3) 平衡区。从含能区接受能量,又通过分子黏性将动能耗散为热能。从整体来说,该区的能量在各级涡团之间的能量输送和黏性耗散达到平衡。即单位质量流体微团在单位时间内,由较大涡向较小涡之间的能量输送率(称为级联输送率),等于由于分子黏性所引起的湍能转化为热能的能量耗散率。这一区又可分为惯性输送起主要作用的惯性区和黏性耗散起主要作用的耗散区。

　　总之,大涡区和载能涡区是较大尺度的涡区,明显受外界条件的影响,常常是各向异性的;平衡区是较小尺度的涡区,不受外界条件的直接影响,常具有各向同性的性质。

2.2 内燃机缸内湍流流动的特点

2.2.1 缸内气体流动的演变过程

　　内燃机缸内流场的结构和性态与进气系统和燃烧室的几何构形有十分密切的关系。下面仅以一台平顶活塞的四冲程发动机为例,概要地介绍在一个工作循环中缸内流场的演变过程(图 2-10)。

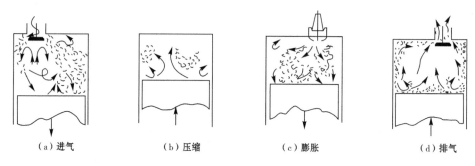

|（a）进气|（b）压缩|（c）膨胀|（d）排气|

图 2-10　火花点火内燃机中流场的结构

　　当进气冲程开始时,通过阀门的气流在进气阀的喉口和阀盘上发生分离,从而形成一锐利的自由剪切层。此剪切层很不稳定,它断裂后先形成环形的旋涡,然后变成尺度较大的涡。后者也不稳定,又发生破裂成为较小的涡,最后形成三维湍流运动。如此形成的锥形的湍流流场中包含着范围宽广的湍流尺度,其中大涡的尺度与这股进气射流的厚度相当,小涡则具有耗散运动的尺度。这股射流还在气缸内诱导出一股"总环流",其大小与气缸的尺寸同级,它还可能与进气道产生的进气涡流相混合。进气过程中的湍流是十分复杂的,一方面,剪切层从进气阀喉口和阀盘上分离形成一回流区;另一方面,活塞向下运动在气缸壁上产生一附面层。此外,大尺度环流可能在缸内角落处引起较小的反向回流,这类回流一般对流场中的微小变化很敏感。因此,回流区的位置和大小具有很大的随机性,每个循环周期都不相同。它们与发动机的几何形状也有密切关系,例如,在深坑形活塞上还会产生附加的回流区。

　　进气阀关闭后,剪切层虽然随之消失,但它引起的湍流却继续存在。随着活塞上行,大尺度环流与小尺度涡团发生对流,使得后者不断破碎,并扩散到整个缸内,即通常说的"微涡流"。同时,活塞的压缩作用也会产生局部的湍流。在接近上止点处,由于燃料的喷入使流动更加复杂。燃油喷雾在其四周产生局部湍流场。有资料表明,这一局部湍流场的强度可以达到与进气产生的湍流相当的强度。此时缸内大尺度环流可能被燃油的喷雾加强或削弱,取决于喷嘴的位置和方向。着火与燃烧过程与缸内流动结构有非常密切的关系。此时特别重要的是湍流的小尺度结构,它影响火焰传播速度。燃烧使缸内温度迅速升高,流体黏性也随之增加,故湍流衰减率也相应增大。

　　在膨胀过程中,由于气体的应变和缸内的后燃,流场结构再次发生变化。此时缸壁又形成附面层。缸内还存在前面过程中残留下来的大尺度环流,但其性质是高度随机性的,随发动机结构上的不同而不同,即使对同一台发动机,各个周期也是互不相同的。

　　在排气冲程,气体连同其附面层从缸壁上被剥落,实验表明,这将在缸内产生一个大的中心涡。

　　总的来说,活塞发动机的缸内流动是一个包括湍流剪切层、边界层和回流区的复杂结构。它既具有高度的不定常性,又具有逐个循环变化的高度随机性。随着燃烧过程中温度的升高,流体的输运系数也会有大的变化。在实际发动机气缸中,往往还存在着旋流、挤流和滚流等大尺度运动,使流场结构和湍流特性更加复杂化。大尺度和小尺度的湍流运动对于整个缸内过程都具有重要影响。

2.2.2　内燃机中湍流的定义和描述

　　描述内燃机缸内湍流的一个特殊困难是不能像对统计的定常流或准定常流那样采用通常的时间平均法,即把脉动分量定义为对其时均值的偏离。由于内燃机瞬变而又周期性工作的特点,即使在稳定工况下,每个循环过程中参数的演变也不可能完全一致,甚至连续的两个循环内气缸中的平均流速也可能有显著的变化。因此,在研究内燃机缸内流时,既要考虑到循环的某一时刻(某一曲轴转角)平均流场可能产生的循环变动,也要考虑到在该循环内平均流场基础上的湍流脉动。对内燃机气缸内这种准周期性流动,一般可采用相位平均法或系综平均法求取湍流的特征参数。通常取很多(几十乃至几百个)循环,并对指定的曲轴转角或转角范围进行流速测量。设对某一特定的第 i 循环和指定的曲轴转角 φ 测出的瞬时速度为

$$\widetilde{u}(\varphi,i) = U(\varphi,i) + u(\varphi,i) \tag{2-23}$$

则相位平均速度为

$$U_{\mathrm{EA}}(\varphi) = \frac{1}{N}\sum_{i=1}^{N} U(\varphi,i) \tag{2-24}$$

式中,N 为测量取样的循环数。

　　图 2-11 为相位平均的示意图,分别示出了循环间气流速度变动较小和较大的两种情况。图上小黑圆点表示在同一曲轴转角下瞬时速度的测量值。由图可知,平均流速的循环变动值为

$$\hat{U}(\varphi,i) = U(\varphi,i) - U_{\mathrm{EA}}(\varphi) \tag{2-25}$$

而瞬时速度为

$$\widetilde{U}(\varphi, i) = U_{\mathrm{EA}}(\varphi) + \hat{U}(\varphi, i) + u(\varphi, i) \tag{2-26}$$

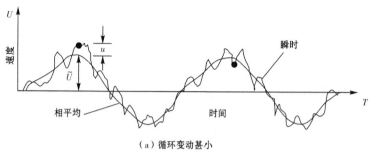

（a）循环变动甚小

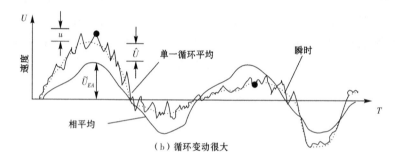

（b）循环变动很大

图 2-11　相位平均的概念

因此在讨论内燃机中湍流参数的测量结果时,需指明是采用相位平均法还是单一循环平均法求得的,只有当循环变动不大时,二者的数值才趋于一致,如图 2-11(a) 所示。应用相位平均法时的湍流强度为

$$u'_{\mathrm{EA}}(\varphi) = \left[\frac{1}{N} \sum_{i=1}^{N} u(\varphi, i)^2 \right]^{1/2}$$

$$= \left[\frac{1}{N} \sum_{i=1}^{N} U^2(\varphi, i) - U_{\mathrm{EA}}^2(\varphi) \right]^{1/2} \tag{2-27}$$

其中已包括平均速度循环变动 $\hat{U}(\varphi, i)$ 的影响。

　　由式(2-24)和(2-27)可知,相平均的湍流参数是以各单个循环中在指定曲轴转角下所测得的平均值 $U(\varphi, i)$ 和脉动值 $u(\varphi, i)$ 为基础的。另外,由于条件的限制有时无法进行多循环的相平均,而要求以单一循环的测量为基础求出平均流和湍流参数。因此,基于单一循环的时间平均法总是必不可少的。由于内燃机工作过程的高度瞬变性,其平均运动的时间尺度与湍流脉动的时间尺度处于同一量级,因而求取时均值时,时间周期 ΔT 的选取就成为一个对平均的结果具有决定性影响的因素。ΔT 必须能正确地区分平均流和脉动流,它的选取既不能过大也不能过小,必须是恰到好处。如果 ΔT 过大,就会掩盖平均流本身的非定常性;如果过小,则不能消除脉动对均值的影响。ΔT 在内燃机上体现为一个曲轴转角范围,称为窗口角 $\Delta\varphi$。这样,单一循环 i 中某一时刻或某一转角位置 $\overline{\varphi}$ 的平均速度可表示为

$$U(\overline{\varphi},i) = \frac{1}{M}\sum_{j=1}^{M}\widetilde{u}_{ij}\left(\overline{\varphi}\pm\frac{\Delta\varphi}{2}\right) \tag{2-28}$$

式中,下标 i、j 无张量含义,仅代表不同次数的测量值。基于 N 个循环的相平均值则为

$$U_{\mathrm{EA}}(\overline{\varphi}) = \frac{1}{MN}\sum_{i=1}^{N}\sum_{j=1}^{M}\widetilde{u}_{ij}\left(\overline{\varphi}\pm\frac{\Delta\varphi}{2}\right) \tag{2-29}$$

窗口角一般取值为 $\Delta\varphi < 5°\mathrm{CA}$(曲轴转角)。根据著者对一台 DISI 发动机进行的大涡模拟的数值实验结果,对小型中高速发动机,取为 $\Delta\varphi < 2°\mathrm{CA}$ 较为合适[2]。

2.2.3　缸内湍流的主要特点

1. 基本构形气缸内的湍流

所谓基本构形是指燃烧室和进气系统均为轴对称,无进气涡流,且活塞为平顶。实验和理论计算都表明,缸内湍流的主要来源是进气射流通过气阀时产生的强烈剪切层以及射流与缸壁的碰撞。在进气冲程中期,即进气进行最猛烈时,缸内湍流度达到其峰值。此时湍流分布很不均匀,而且是各向异性的,主要可分为射流内的高湍流度区和其余部位的低湍流度区。随着平均流速的减小,湍流开始衰减。同时,由于对流和扩散作用,整个缸内湍流趋向于均匀化和各向同性化。在压缩冲程中,尽管进气产生的主涡还残留在缸内,但已经很弱并且继续衰减。活塞压缩产生的正应力和缸壁的剪切应力对湍流的生成虽有一定贡献,但由于耗散大于生成,故总的效果是湍流持续衰减(图 2-12)。实验表明,TDC(上止点)时的平均湍流度是进气体积流率的线性函数,或与发动机转速成正比。以往通常认为,接近 TDC 时,湍流基本成为各向同性,这也得到 $k\varepsilon$ 模型计算结果的证实,但近期雷诺应力模型和大涡模拟的计算均表明,对于轴对称的一维压缩情况,到 TDC 时的湍流并非各向同性,轴向正应力远大于其他两个方向。

2. 旋流和滚流的影响

旋流(或称涡流 swirl)是气体绕气缸轴旋转的大尺度运动;滚流(tumble)则是气体围绕与气缸轴线相垂直的轴的大尺度运动。这两种运动都是通过特别设计的进气系统(如导气屏、切向气道等)而产生的。它们比上述单纯由进气射流产生的"总环流"要稳定得多。

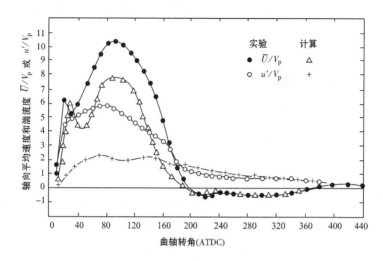

图 2-12　缸内平均速度和湍流度变化规律

　　进气阀关闭之后,旋流的径向分布逐渐演化成接近刚体涡(缸壁附近除外)。这是一种平衡而稳定的分布,因为其内部切应力为零。这是由于当刚体涡区中的流体微元因脉动而沿径向朝外运动时,因其角动量小于当地其他流体元,故一般趋向于重新回到原位。于是与无旋流情况相比,径向湍流度 v' 减小,最后由于湍能在各方向重新分配的结果,使 u'、w' 都有所减小(图 2-13)。这说明刚体涡具有增稳作用。由于角动量的损失,旋流速度也随压缩而下降。TDC 时的湍流度的上限约为平均活塞速度的一半,且与进气状态关系不大,同时有相当程度的各向异性。

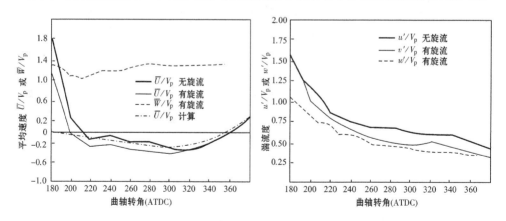

图 2-13　旋流对平均速度和湍流度的影响

　　相对于旋流而言,人们对滚流的研究较少,近年才逐渐引起重视。GM 公司最近的一项研究表明,进气产生的旋流和滚流都具有增大 TDC 时燃烧室内湍流度的作用,从而有助于混合气的形成与燃烧。而且,滚流对此的贡献更为显著。这是由于这两种流动与运动活塞的相对位置不同。旋流的旋转平面与活塞顶相平行,在压缩过程中其半径基本不变。而滚流的旋转平面与活塞顶大致垂直,其旋转运动直接受到活塞的压缩,因而能更有效地吸取活塞的动能。加之活塞的上行使滚流的回转半径越来越小。如果不计黏性损失,则角动量守恒要求滚流速度愈益增大,其速度梯度也随之增大,从而能加速把平均流的动能转化为湍能的过程。

　3. 燃烧室形状的影响

　柴油机活塞顶中一般带有形状各异的凹坑形燃烧室。凹坑对缸内流场的主要作用是在压缩末期产生较强的径向挤流(sguish)。与平顶活塞相比,挤流不仅能使燃烧室内旋流大为增强,而且在顶坑入口处产生很强的局部湍流场。因此随着压缩的进行,进气过程产生的初始流场的影响越来越小,而燃烧室内的湍流特性基本是由燃烧室几何形状所决定的。此时的湍流结构是非均匀的,各向异性的。

　著者[3]对带有 ω 形顶坑的缸内流动特性进行了计算研究,主要结论有:

　(1) 在无旋流情况下,接近 TDC 时燃烧室内流场主要受挤流控制。这时顶坑内有强烈的环形涡(类似于滚流)形成。挤流速度随挤压面积增大而增大,燃烧室内的旋流速度和湍流度也随之增强。

　(2) 初始旋流速度对缸内流场有强烈影响。旋流的增强使 TDC 附近的流场复杂化。在离心力的作用下,挤流在坑内形成的环涡向外围移动。旋流很强时,环涡完全改变转向;旋流不太强时,则在坑内形成两对转向相反的环涡(图 2-14)。

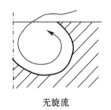 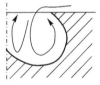

　　　　无旋流　　　　　　　　　强旋流　　　　　　　　　弱旋流

图 2-14　旋流强度对燃烧室内流动的影响

　(3) 缸内湍流主要是由进气旋流产生。缸内上部空间的湍流度随压缩而衰减,而顶坑内则由于挤流和旋流的相互作用而产生较高的湍流度。

　4. 燃油喷射和燃烧的影响

　关于缸内空气运动对燃油喷雾特性的影响,已经有了大量的研究。反之,关于燃油喷射对缸内气流运动的影响,迄今只进行过很少的研究。实验表明,在直喷式柴油机气缸内喷雾穿过的区域,由于喷雾的阻力而使平均旋流速度有所下降,而且缸内总的流型也有一定程度改变(如旋流中心有位移)。同时,在喷雾射流周边区域,由于强烈的剪切作用而使湍流度增强。多维数值模拟的结果表明,喷雾对缸内平均流和湍流均有强烈影响。特别在喷雾附近,喷射所产生的附加湍流可以达到由旋流与挤流的相互作用所产生的最高湍流水平。

一般来说,喷雾对缸内流体运动的影响在某种程度上取决于喷雾和喷射前缸内流场的相对强度。如果前者占优势,例如在大型船用柴油机的所谓"静态"燃烧室内这种极端情况下,喷雾所诱发的运动将占绝对优势,而缸内的初始流场则几乎没有任何影响。反之,如果后者很强,即当喷射压力低而旋流比相当大的情况,则进气和挤压过程中所产生的气流运动将对缸内流场始终起主导作用。在这两种极端情形之间,则喷雾和初始流动的影响都是重要的。

燃烧对缸内气体运动的影响主要表现为一种客观的后果,很难由发动机设计者预先加以考虑和控制。实验和计算都表明,在单室式均匀充量汽油机中,这种影响很不明显。在火焰锋到达某点之前,当地的流动状态与拖动产生的流态几乎没有什么差别。但在分隔式或存在挤流的汽油机中,由于燃烧室各部位之间存在着相当大的流动阻力,燃烧对流场的影响就变得显著了。它使气流从预燃室中流出的速率增大,如果燃烧在主燃室中持续较长时间,还可能引起反向流动。

对柴油机而言,当喷雾周边的混合气着火后,发生迅速而强烈的预混合燃烧,从而产生很大的膨胀速度,并在接近上止点前引起强的逆挤流,同时还伴随着两个后果:一是使旋流有所削弱,二是产生很强的附加湍流。

综上所述,可知内燃机缸内流动是极其复杂的,是受到进气状态、工况和几何结构等多种因素制约的。因而不存在对各种发动机都通用的流动规律,甚至不同研究者所得结果之间不乏相互矛盾之处,这更加表明了进一步深入研究缸内流动的必要性。另一方面,我们可把缸内流动的共同特点大致概括为"三强一异",即强不定常、强压缩、强旋转和各向异性。这些特点,使得内燃机缸内湍流的数学模拟成为对内燃机流体力学研究者的一个严峻挑战,是一个迄今尚未圆满解决的课题。

5. 缸内湍流尺度的量级

缸内湍流尺度的大小与内燃机的类型、结构、燃烧室和进气系统几何形状以及工况均有密切关系,而且还随时间和空间而变,因而很难用一个简单的公式来计算。为了使读者对各个尺度的相对大小有一个定量的概念,这里针对比较典型的情况提供若干数据。

典型的车用柴油机当转速为 2000r/min 时,活塞平均速度 C_m 约为 7m/s,而其进气道内的平均速度约为 $16C_m$。按此计算,活塞每一行程所需时间为 15ms;而进气射流通过一个活塞行程则仅需大约 1ms。因此,进气射流必然撞击到缸壁和活塞顶上。

Lancaster[4]对上述这样一台发动机在吸气行程中期和压缩后期气缸中的湍

流参数利用热线风速仪进行了测量，其主要结果列入表 2-1 中。但应注意，这些数据是在单一测点获得的，并不能完全反映缸内各点的状态，因为缸内湍流一般是非均匀的（表中 Kolmogorov 微尺度 l_K 和 τ_K 并非测量值，而是利用各向同性湍流耗散率关系式(2-19)推算出来的）。

表 2-1　湍流参数

	$u'/(\text{m/s})$	$U/(\text{m/s})$	l_I/mm	l_T/mm	l_K/mm	τ_I/ms	τ_T/ms	τ_K/ms
吸气中期	5.0	20	4.0	1.0	0.02	0.4	0.07	0.04
压缩后期	1.5	10	4.0	1.0	0.03	0.8	0.20	0.12

由这些数据可以看出，长度的积分尺度与微尺度之比几乎不随曲轴转角改变，而保持大约 4：1，其绝对数量级远远小于燃烧室尺寸（缸径和冲程均约 10cm，阀径及阀最大升程约为 4cm 和 1cm，顶隙 1cm）。相应的时间尺度之间大约也是同样的比值。积分时间尺度约为活塞行程时间的 2%～3%，这意味着，在吸气和压缩行程中，涡团的平均寿命远小于其滞留时间（residence time）。Kolmogorov 微尺度的大小表明分子混合过程发生在很薄的区域内（量级为 0.01mm），而且其速度比大尺度过程要快一个量级。

2.3　内燃机缸内湍流流动的数学模型

2.3.1　雷诺方程和湍流黏性系数

如前所述，湍流经验理论的核心问题是建立湍流脉动相关量的数学模型。建立湍流数学模型的出发点则是著名的雷诺方程。因此，本节我们首先来推导雷诺方程。

由于湍流是一种连续介质的流动形态，故湍流的瞬时流仍然满足流体动力学的基本方程——Navier-Stokes 方程（N-S 方程）：

$$\frac{\partial}{\partial t}(\rho \widetilde{u}_i) + \frac{\partial}{\partial x_j}(\rho \widetilde{u}_i \widetilde{u}_j) = -\frac{\partial}{\partial x_j}\left[\left(p + \frac{2}{3}\mu \widetilde{s}_{kk}\right)\delta_{ij} - 2\mu \widetilde{s}_{ij}\right] + \rho g_i \quad (2\text{-}30)$$

式中，$\widetilde{s}_{ij} = (\partial \widetilde{u}_i/\partial x_j + \partial \widetilde{u}_j/\partial x_i)/2$ 为流体应变率张量；$\widetilde{s}_{kk} = \partial \widetilde{u}_k/\partial x_k$ 为速度散度；g_i 为重力加速度。

对瞬时速度 $\widetilde{u}_i$ 作雷诺分解：$\widetilde{u}_i = U_i + u_i$，忽略密度脉动，代入方程(2-30)后，对其取平均，便得到湍流的雷诺方程

$$\frac{\partial}{\partial t}(\rho \overline{U}_i) + \frac{\partial}{\partial x_j}(\rho \overline{U}_i \overline{U}_j) = \frac{\partial}{\partial x_j}\left[-\left(p + \frac{2}{3}\mu \overline{S}_{kk}\right)\delta_{ij} + 2\mu S_{ij} - \rho \overline{u_i u_j}\right] + \rho g_i$$

$$(2\text{-}31)$$

上式中的脉动速度相关矩$-\rho \overline{u_i u_j}$即为雷诺应力。它是一个二阶张量,代表湍流涡团脉动所引起的穿越流体单位面积上的动量输运率,是一个未知量。由于对N-S方程取平均而导致雷诺应力这一新的未知量的出现,使原本封闭的(层流的)流体力学基本方程组变得不封闭。所谓湍流模拟或湍流数学模型的根本任务就是通过一定的假设,建立关于雷诺应力的数学表达式或可以求解的输运方程。换言之,对雷诺应力作出各种不同的物理假设,使它与湍流平均流的参数相联系,通过这一模化过程,就得出了湍流的各种半经验理论。

Boussinesq 在 1887 年就模仿分子黏性系数提出了湍流黏性系数的概念。大家知道,在黏性流体力学中,层流黏性应力张量与应变率张量通过著名的广义牛顿应力公式相联系

$$p_{ij} = -\left(p + \frac{2}{3}\mu S_{kk}\right)\delta_{ij} + 2\mu S_{ij} \tag{2-32}$$

其中,μ 为分子动力黏性系数。由此出发,Boussinesq 认为雷诺应力与平均流速度梯度间也存在类似的线性关系

$$-\rho \overline{u_i u_j} = -\frac{2}{3}(\rho k + \mu_t S_{kk})\delta_{ij} + 2\mu_t S_{ij} \tag{2-33}$$

式中,k 是湍能;μ_t 是人为地仿照分子黏性系数 μ 而引入的湍流黏性系数或涡黏性系数。其物理意义是很明显的,即把湍流涡团所产生的动量输运作用与分子运动所产生的动量输运相比拟,从而使雷诺应力的计算归结为 μ_t 的计算。引入湍流黏性系数这一概念的主要优点是理论上直观而实践中易行。从工程应用的角度来看,我们完全不必区分黏性应力和雷诺应力。因此可将二者合并,并令 $\mu_{\text{eff}} = \mu +\mu_t$,$\mu_{\text{eff}}$ 称为有效黏性系数。对其他因变量 φ 的湍流输运通量$-\rho \overline{u_i \varphi'}$也可采用完全相同的方法处理,即引入 φ 的有效交换系数 $\Gamma_{\varphi,\text{eff}}$。这样一来,层流运动的控制方程组就完全适用于湍流,只需把 μ 改为 μ_{eff},Γ_φ 改为 $\Gamma_{\varphi,\text{eff}}$ 即可。应当注意,湍流黏性系数的引入,形式上使雷诺方程得到封闭,实际上 μ_t 仍是未知数,还必须从物理上寻求封闭的途径,即通过各种不同的模型来确定 μ_t。同时还需强调指出,μ_t 与 μ 二者有着本质的不同。分子黏性 μ 是流体本身的属性,是相对稳定且易于通过实验测定的;而湍流黏度 μ_t 则是流动的属性,它与整个流场的空间特性和时间历程乃至初始条件和边界条件均有密切关系。事实上,把整个湍流运动的复杂效应简单地归结为一个 μ_t,这是不合理的,由此会导致一系列问题。关于这一点,我们在后面还要作较深入的讨论。因此,在应用湍流黏性系数的时候,必须十分小心,其应用范围也是相当有限的。

目前,科学和工程上广泛研究和应用的湍流模型基本上都是围绕着湍流输运通量$-\rho \overline{u_i \varphi'}$进行的。按其处理问题的方式,大体可分为两类。一类是遵循 Boussinesq 假设,引入湍流输运系数,把问题归结为如何求出 μ_t 和标量输运系数 $\Gamma_{\varphi,t}$;另

一类则摒弃湍流输运系数的概念,而直接建立并求解雷诺应力 $-\rho\overline{u_iu_j}$ 和湍流输运通量 $-\rho\overline{u_i\varphi'}$ 的封闭形式的微分输运方程或其简化的代数方程。近年来,随着计算机技术的飞跃发展和超级计算机的应用,又陆续发展出一些在上述两类模型之外的数值模拟方法。

下面将主要针对内燃机缸内湍流的模拟,对这几类模型分别加以介绍。

2.3.2　湍流黏性系数模型

既然湍流黏性系数这一概念的提出是把湍流涡团随机运动与分子的无规则运动相比拟的结果,那么确定 μ_t 的方法就顺理成章地可以从确定层流黏性系数 μ 的途径中得到启发。人们知道,体现分子动量输运能力的层流黏性系数主要取决于分子热运动的均方根速度 v、平均自由行程 l 以及流体密度 ρ。分子运动论业已证明 $\mu=\dfrac{1}{3}\rho vl$。仿照此式,可将湍流黏性系数表示为

$$\mu_t = C_\mu \rho v_t l_t \tag{2-34}$$

式中,v_t、l_t 分别为湍流涡团的某一速度尺度和长度尺度,而 C_μ 是一经验系数,一般取为常数。通常把 v_t 取为表征湍流脉动强弱的湍流度 u',由于 u' 正比于湍能的平方根,故方程(2-34)亦可写为

$$\mu_t = C_\mu \rho k^{1/2} l_t \tag{2-35}$$

为了确定 μ_t,可用代数式或经验公式把 k 和 l_t 与流场的已知量相联系,也可以用微分方程求解 k 与 l_t 中的一个或两个。通常根据决定 μ_t 所需要求解的微分方程的个数把湍流黏性系数模型分成零方程模型、单方程模型、双方程模型和多方程模型。每一类型中都有若干不同的形式。

1. 混合长度理论

普朗特(Prandtl)从方程(2-34)的思想出发,仿照分子平均自由程,于 1925 年提出了所谓"混合长度"的概念。他将式(2-34)中的 l_t 视为与分子自由程相似的涡团自由程,即混合长度,它表示湍流涡团在随机运动中能保持自由前进而不与其他涡团相碰撞的距离(这并不符合物理真实)。普朗特主要考虑有一主流方向(纵向)和薄剪切层类型的流动。他认为横向速度脉动量与纵向速度脉动量成正比,而后者又正比于其平均速度的梯度,其中总的比例系数恰可视为混合长度 l_m。所以

$$v_t = l_m \left| \frac{\partial U}{\partial y} \right|$$

将 v_t 代入 μ_t 的表达式,我们得到

$$\mu_t = \rho l_m^2 \left| \frac{\partial U}{\partial y} \right| \tag{2-36}$$

而雷诺应力可表示为

$$-\rho\,\overline{u_i u_j} = \mu_t \frac{\partial U}{\partial y} = \rho l_m^2 \left|\frac{\partial U}{\partial y}\right| \frac{\partial U}{\partial y} \tag{2-37}$$

剩下的问题是如何确定混合长度 l_m，这一般需要根据具体问题做出假定。对于沿光滑壁面的湍流，普朗特提出，混合长度与壁面距离成正比，即

$$l_m = ky \tag{2-38}$$

比例系数 k 根据实验确定。

混合长度理论是最早的湍流理论之一，其数学表达式很简单，多年来在实际应用中已积累了很多经验，因此至今在工程上仍有广泛的应用。其主要缺陷在于直接将湍流涡团运动与分子运动相比拟，理论上是没有根据的，因为二者的机理完全不同。这样，混合长度理论在某些场合下会给出错误的结果。例如，按式(2-36)，μ_t 与平均流速度梯度 $\dfrac{\partial U}{\partial y}$ 成正比，由此得出在 $\dfrac{\partial U}{\partial y}=0$ 处，μ_t 与雷诺应力均等于零，这一结论是违背实际情况的。

混合长度理论在内燃机缸内湍流中应用不多。在多维模型发展的较早阶段，Hasselman 等[5]曾用它计算内燃机中气体燃料射流与空气的混合。他们采用了二维形式的混合长度公式

$$\mu_t = \alpha\rho \left|\frac{\partial U}{\partial x} + \frac{\partial V}{\partial z}\right| (\Delta x)^2 \tag{2-39}$$

式中，U、V 分别为轴向 z 和径向 x 的平均流速；α 是经验常数。

此式相当于把网格间距 Δx 取为混合长度。

2. 卡门(Karman)相似理论

普朗特是用拉格朗日方式研究湍流运动，卡门则用欧拉方式得出了与前者相近的结果。湍流场可看作平均流场和空间点邻域的脉动场的叠加。卡门假设：

(1) 除了贴近固体壁面的流体质点外，脉动场的结构与分子黏性无关；

(2) 各空间点邻域内，脉动场结构是相似的，其区别仅在于特征尺度 l 和特征速度 $\hat{U}$ 不同。

此外还假设 l 和 $\hat{U}$ 只与平均速度的一阶导数和二阶导数有关。

按照这些假设，结合量纲分析，可写出

$$l = \kappa \left|\frac{\partial U}{\partial y}\right| \bigg/ \left|\frac{\partial^2 U}{\partial y^2}\right| \tag{2-40}$$

式中，κ 为量纲一的常数。根据实验结果 $\kappa=0.4$，对特征速度 $\hat{U}$ 有下列关系：

$$\hat{U} \sim \left(\frac{\partial U}{\partial y}\right)^2 \bigg/ \left(\frac{\partial^2 U}{\partial y^2}\right) \sim l\frac{\partial U}{\partial y} \tag{2-41}$$

因为脉动速度 u_i 与特征速度 $\hat{U}$ 成正比,故有

$$-\rho\,\overline{u_i u_j} = \rho l^2 \left(\frac{\partial U}{\partial y}\right)^2 \tag{2-42}$$

考虑到雷诺应力与速度梯度符号相同,则有

$$-\rho\,\overline{u_i u_j} = \rho l^2 \left|\frac{\partial U}{\partial y}\right| \frac{\partial U}{\partial y} \tag{2-43}$$

将式(2-43)与式(2-37)相比,可见若将特征长度 l 取为混合长度 l_m,则二者完全相同。这样,卡门从相似理论出发导出了与普朗特理论完全一致的结果,卡门还进一步给出了混合长度的表达式。但卡门理论的基础也不坚实,即脉动场的相似性并无充分的依据,空间点邻域的范围,也无确切的规定,所以它在实用上也有很大的局限性。

2.3.3　单方程模型——湍能的 k 方程模型

前已指出,按照湍流黏性系数的概念,要确定 μ_t,必须能够合理而准确地计算湍流涡团的长度尺度和速度尺度。零方程模型把这二者都归结为一个用经验方法或代数方程表达的特征长度,完全忽略了其随时间和空间而变化的特性,这一缺陷是显而易见的。因而,通过建立并求解微分输运方程来确定这两个特征量,就成了顺理成章的结果。这正是所谓双方程模型的基本思想。虽然早在 20 世纪 40 年代 Kolmogorov 就提出了这种想法,但由于无法求出解析解,加之当时电子计算机尚未问世,求数值解也十分困难,所以双方程模型的研究直到 20 世纪 60 年代后期才真正开始。作为零方程模型与双方程模型之间的一个过渡,在此期间出现了用微分方程求解湍能 k 的单方程模型。它是由 Kolmogorov(1942 年)和 Prandtl(1945 年)各自独立地提出的。其核心思想是用湍能的均方根值 $k^{1/2} = \sqrt{\overline{u_i u_i}/2}$ 作为湍流脉动的速度尺度,同时建立、模化并求解 k 的微分方程。

显然,$k^{1/2}$ 较之混合长度理论中的 $v_t = l_m \left|\partial U/\partial y\right|$ 是一个更为合理的特征速度。它不但综合反映了空间三个方向上湍流脉动的强度,而且消除了混合长度理论中 μ_t 随平均流速度梯度趋于零的局限性。下面我们分三步来推导不可压湍流中 k 的输运方程。

1. 湍流瞬时流的动能方程

忽略质量力,不可压黏性流体的 N-S 方程为

$$\frac{\partial \widetilde{u}_i}{\partial t} + \frac{\partial \widetilde{u}_i \widetilde{u}_j}{\partial x_j} = \frac{\partial}{\partial x_j}\left(\frac{\widetilde{p}}{\rho}\delta_{ij} + 2\nu\widetilde{S}_{ij}\right) \tag{2-44}$$

式中,$\widetilde{S}_{ij}$ 为瞬时流的应变率张量;ν 为运动黏性系数。上式两端均乘以瞬时速度

$\widetilde{u}_i$,并利用不可压条件$\dfrac{\partial \widetilde{u}_i}{\partial x_j}\delta_{ij}=\dfrac{\partial \widetilde{u}_i}{\partial x_i}=0$,则有

$$\frac{\partial}{\partial t}\left(\frac{1}{2}\widetilde{u}_i\widetilde{u}_j\right)+\frac{\partial}{\partial x_j}\left(\frac{1}{2}\widetilde{u}_i\widetilde{u}_i\widetilde{u}_j\right)=\frac{\partial}{\partial x_j}\left(-\frac{\widetilde{p}}{\rho}\widetilde{u}_i\delta_{ij}+2\nu\widetilde{u}_i\widetilde{s}_{ij}\right)-\left(-\frac{\widetilde{p}}{\rho}\delta_{ij}+2\nu\widetilde{s}_{ij}\right)\frac{\partial \widetilde{u}_i}{\partial x_j}$$

即

$$\frac{D}{Dt}\left(\frac{1}{2}\widetilde{u}_i\widetilde{u}_i\right)=\frac{\partial}{\partial x_j}\left(-\frac{\widetilde{p}}{\rho}\widetilde{u}_i\delta_{ij}+2\nu\widetilde{u}_i\widetilde{s}_{ij}\right)-2\nu\widetilde{s}_{ij}\widetilde{s}_{ij}$$

对上式按雷诺平均法分解并取平均,利用式(2-1)和(2-2),便得到湍流瞬时流的平均动能方程

$$\frac{D}{Dt}\left(\frac{1}{2}\overline{\widetilde{u}_i\widetilde{u}_i}\right)=\frac{\partial}{\partial t}\left[\frac{1}{2}(U_iU_i+\overline{u_iu_i})\right]+U_j\frac{\partial}{\partial x_j}\left[\frac{1}{2}(U_iU_i)+\overline{u_iu_i}\right]$$

$$=-\frac{\partial}{\partial x_j}(U_i\overline{u_iu_j})-\frac{\partial}{\partial x_j}\left(\frac{1}{2}\overline{u_iu_iu_j}\right)+\frac{\partial}{\partial x_j}\left(-U_i\frac{P}{\rho}\delta_{ij}+2\nu U_iS_{ij}\right)$$

$$+\frac{\partial}{\partial x_j}\left(-\overline{u_i\frac{p}{\rho}}\delta_{ij}+2\nu\overline{u_is_{ij}}\right)-2\nu S_{ij}S_{ij}-2\nu\overline{s_{ij}s_{ij}} \tag{2-45}$$

式中,S_{ij}和s_{ij}分别为平均流和脉动流的应变率张量。

2. 湍流平均流动能方程

将雷诺方程(2-31)两端均乘以平均速度U_i,便得到湍流平均流的动能方程

$$\frac{\partial}{\partial t}\left(\frac{1}{2}U_iU_i\right)+U_j\frac{\partial}{\partial x_j}\left(\frac{1}{2}U_iU_i\right)=U_i\frac{\partial}{\partial x_j}\left(\frac{T_{ij}}{\rho}\right)=\frac{1}{\rho}\frac{\partial}{\partial x_j}(T_{ij}U_i)-\frac{1}{\rho}T_{ij}S_{ij}$$

$$\tag{2-46}$$

式中,T_{ij}为流体的平均总应力

$$T_{ij}=-P\delta_{ij}+2\mu S_{ij}-\rho\overline{u_iu_j} \tag{2-47}$$

方程(2-46)右端第一项表示由平均应力T_{ij}引起的平均流动能的输运;第二项代表平均应力对平均应变率所做的功,称为变形功。利用式(2-48)可写出

$$-T_{ij}S_{ij}=PS_{ij}\delta_{ij}-2\mu S_{ij}S_{ij}+\rho\overline{u_iu_j}S_{ij} \tag{2-48}$$

上式表明变形功由三部分组成:右端第一项为流体平均静压力P所做的功,对不可压流$S_{ij}\delta_{ij}=S_{ii}=0$,故该项为零;第二项为黏性应力对平均应变率所做的耗散功;第三项为雷诺应力对平均应变率所做的功。对多数湍流流动而言,$\overline{u_iu_j}$与S_{ij}反号,故该项为负,表示平均流动能减少。实际上,正是由于雷诺应力的作用使这部分动能转变成湍流脉动运动的动能,故该项称为湍能k的生成项。

将式(2-48)代入式(2-46),便得到湍流平均流动能方程的最后形式

$$\frac{\partial}{\partial t}\left(\frac{1}{2}U_i^2\right)+U_j\frac{\partial}{\partial x_j}\left(\frac{1}{2}U_i^2\right)=\frac{\partial}{\partial x_j}\left(-\frac{P}{\rho}U_i+2\nu U_iS_{ij}-\overline{u_iu_j}U_i\right)-2\nu S_{ij}S_{ij}+\overline{u_iu_j}S_{ij}$$

$$\tag{2-49}$$

3. 湍能方程

由方程(2-16)知，湍流瞬时流的平均动能等于平均流动能与湍能之和。因此用二者的方程(2-45)与(2-49)相减，即得到湍能 k 的微分方程

$$\frac{\mathrm{D}k}{\mathrm{D}t} = \frac{\partial}{\partial t}\left(\frac{1}{2}\,\overline{u_i u_i}\right) + U_j\,\frac{\partial}{\partial x_j}\left(\frac{1}{2}\,\overline{u_i u_i}\right)$$

$$= \frac{\partial}{\partial x_j}\left(\frac{\overline{u_i p}}{\rho}\delta_{ij} + 2\nu\,\overline{u_i s_{ij}} - \frac{1}{2}\,\overline{u_i u_i u_j}\right) - \overline{u_i u_j}S_{ij} - 2\nu\,\overline{s_{ij}s_{ij}} \quad (2\text{-}50)$$

上式左端两项分别为湍能的当地变化率和由平均流产生的对流变化率。右端三项分别为湍能的输运项(扩散项)、生成项和耗散项。该方程中含有多项二阶和三阶的相关矩，因而是不封闭的。要使方程封闭，需采用模拟假设使三阶相关项降阶，并把二阶相关项表示为平均流参数的函数。基本思路是受分子输运律和混合长度模型的启示，采用梯度通量模拟，即取湍流输运的动量流(应力)、质量流和热流分别正比于平均流的速度梯度、浓度梯度和温度梯度。对湍能方程(2-50)右端各项的具体模拟方案是(将方程各项均乘以密度 ρ)

扩散项
$$\rho\,\frac{\partial}{\partial x_j}\left(-\frac{\overline{u_i p}}{\rho}\delta_{ij} - \frac{1}{2}\,\overline{u_i u_i u_j} + 2\nu\,\overline{u_i s_{ij}}\right)$$

$$= \frac{\partial}{\partial x_j}\left[-\overline{u_j(p+\rho k')} + \mu\,\overline{u_i(\partial u_i/\partial x_j + \partial u_j/\partial x_i)}\right]$$

$$= \frac{\partial}{\partial x_j}\left[-\overline{u_j(p+\rho k')}\right] + \frac{\partial}{\partial x_j}\left(\mu\,\frac{\partial k}{\partial x_j}\right)$$

$$= \frac{\partial}{\partial x_j}\left(\frac{\mu_t + \mu}{\sigma_k}\,\frac{\partial k}{\partial x_j}\right) = \frac{\partial}{\partial x_j}\left(\frac{\mu_{\text{eff}}}{\sigma_k}\,\frac{\partial k}{\partial x_j}\right) \quad (2\text{-}51)$$

式中，$k' = u_i u_j/2$(尚未取平均)。

产生项
$$-\rho\,\overline{u_i u_j}S_{ij} = 2\mu_t S_{ij}S_{ij} = \mu_t\left(\frac{\partial U_i}{\partial x_j} + \frac{\partial U_j}{\partial x_i}\right)\frac{\partial U_i}{\partial x_j} \quad (2\text{-}52)$$

其中雷诺应力的模拟是直接利用了 Boussinesq 假设式(2-33)，但忽略了该式中的正应力部分。耗散项的模拟，可以借助量纲分析，把耗散率 $\varepsilon = 2\nu\,\overline{s_{ij}s_{ij}}$ 与湍能 k 的涡团长度 l 相联系

$$\varepsilon = C_{\mathrm{D}}k^{3/2}/l \quad (2\text{-}53)$$

式中，C_{D} 为一经验常数。于是有

耗散项
$$-2\rho\nu\,\overline{s_{ij}s_{ij}} = -\rho\varepsilon = -C_{\mathrm{D}}\rho k^{3/2}/l \quad (2\text{-}54)$$

这样，经模拟后的 k 方程成为

$$\frac{\partial}{\partial t}(\rho k) + \frac{\partial}{\partial x_j}(\rho U_j k) = \frac{\partial}{\partial x_j}\left(\frac{u_{\text{eff}}}{\sigma_k}\,\frac{\partial k}{\partial x_j}\right) + G - C_{\mathrm{D}}\rho k^{3/2}/l \quad (2\text{-}55)$$

其中 $\qquad G = \mu_t \left(\dfrac{\partial U_i}{\partial x_j} + \dfrac{\partial U_j}{\partial x_i} \right) \dfrac{\partial U_i}{\partial x_j},\ \mu_t = C_\mu \rho k^{1/2} l,\ \mu_{eff} = \mu + \mu_t$

方程(2-55)虽已封闭，但尚有一遗留问题，即如何确定特征长度 l、常数 C_μ 和 C_D。l 一般由基于混合长度理论的代数式给定，C_μ 和 C_D 则是在给定 l 的基础上用经验方法确定，而且二者之间有一定关系。通常取 $C_D = 1$，则可推出 $C_\mu = 0.09$。

4. Spalart-Allmaras 模型

除了 k 方程之外，也可以选择其他变量作为求解对象，例如直接求解涡黏度 υ 的微分方程，这就是著名的 Spalart-Allmaras 模型[8]。它是单方程模型中最成功的一个模型，最早被用于有壁面限制的流动计算中，对边界层的计算效果较好，因此经常被用于流动分离区附近的计算，后来在叶轮机械的计算中也得到广泛应用。最早的 Spalart-Allmaras 模型是用于低雷诺数流计算的，特别是在需要准确计算边界层黏性影响的问题中效果较好。通用软件 FLUENT 对 Spalart-Allmaras 模型进行了改进，主要的改进是可以在网格精度不高时使用壁面函数。在湍流对流场影响不大，同时网格较粗糙时，可以选用这个模型。

Spalart-Allmaras 模型求解的方程如下：

$$\frac{\partial}{\partial t}(\rho \tilde{\nu}_t) + \frac{\partial}{\partial x_j}\left(\rho u_j \tilde{\nu}_t - \frac{\mu_{eff}}{\sigma_\nu} \frac{\partial \tilde{\nu}_t}{\partial x_j} \right) = C_{b1} \rho \tilde{S} \tilde{\nu}_t - C_{\omega 1} \rho f_\omega \left(\frac{\tilde{\nu}_t}{y} \right)^2 + \frac{C_{b2}}{\sigma_\nu} \rho \left(\frac{\partial \tilde{\nu}_t}{\partial x_j} \right)^2 \qquad (2\text{-}56)$$

上式右端的三项分别是湍流黏度的产生项、耗散项及扩散项的修正项。产生项中的 $\tilde{S}$ 包含了旋转张量 Ω_{ij} 的影响，所以在壁面附近，湍流黏度的产生主要与涡量有关。耗散项中的 y 是到壁面的距离，体现了固壁的存在对湍流的抑制作用。

$$\tilde{S} = \Omega^* + \frac{\tilde{\nu}_t}{\kappa^2 y^2} f_{\nu 2},\ f_{\nu 2} = 1 - \frac{\chi}{1 + \chi f_{\nu 1}},\ \Omega^* = \sqrt{\frac{1}{2} \Omega_{ij} \Omega_{ij}}$$

其余参数：

$$\chi = \frac{\tilde{\nu}_t}{\nu},\ f_{\nu 1} = \frac{\chi^3}{\chi^3 + C_{\nu 1}^3},\ f_\omega = g \left(\frac{1 + C_{\omega 3}^6}{g^6 + C_{\omega 3}^6} \right)^{1/6}$$

$$g = \gamma + C_{\omega 2}(\gamma^6 - \gamma),\ \gamma = \frac{\tilde{\nu}_t}{\tilde{S} \kappa^2 y^2}$$

$$C_{\omega 1} = \frac{C_{b1}}{\kappa^2} + \frac{1 + C_{b2}}{\sigma_\nu}$$

以上方程中出现的模型常数取值在表 2-2 中列出。最终的湍流涡黏度按下式计算：

$$\mu_t = \rho \tilde{\nu}_t f_{\nu 1} \qquad (2\text{-}57)$$

表 2-2　Spalart-Allmaras 模型各经验常数取值

C_{b1}	C_{b2}	σ_v	C_{v1}	$C_{\omega2}$	$C_{\omega3}$	κ
0.1335	0.622	0.666	7.1	0.3	2.0	0.41

2.3.4　双方程模型——k-ε 模型

单方程模型中湍流的特征速度 v_t 是通过求解其输运方程来确定,但表征湍流输运效应的另一个基本参数——涡团的特征长度仍然需要人为给定或依靠经验性的代数关系式。这对一些较复杂的流动造成很大的困难,而且模型的精度也会大打折扣。因而发展 v_t 和 l 二者均通过微分方程来确定的双方程模型就成了必然的趋势。

作为表征湍流效应的一个特征参数,l 本身也是一个可输运的量(它可以由别的可输运量组合而成),理论上我们也可以推出 l 的输运方程,但在实践中执行起来比较困难,使用也不方便。为此可以采取"迂回战术",即建立一个广义的湍流参数 Z 的输运方程,这里只要求 Z 是 l 和湍能 k 的函数:$Z=k^m l^n$(m,n 为常数)。这样,一旦解出 k 和 Z 之后,l 也就随之确定了。自 20 世纪 60 年代以来,不同的研究者对 Z 的选取提出了不同的方案,从而构成了各种不同的双方程模型。例如,Z 可以是 l、kl、$W=k/l^2$(涡量脉动均方值)和 $f=k^{1/2}/l$(涡团频率)等。但其中发展最为成熟,应用最为广泛的则是 k-ε 模型,这里 ε 是我们已经熟悉的湍能的耗散率。Harlow 和 Launder 等最初提出该模型的主要原因有两个:一是 ε 的输运方程比较易于导出;二是 ε 作为 k 的耗散项而直接出现在 k 的输运方程中,使二者之间有直接的耦合关系。

ε 的定义已由式(2-17)和式(2-18)给出。为了导出 ε 的微分输运方程,仍然需从 N-S 方程出发。由于具体的推导过程相当冗长,这里只定性地说明其基本步骤:

(1) $2\nu \dfrac{\partial \widetilde{u_i}}{\partial x_j} \times \dfrac{\partial}{\partial x_j}$($x_j$ 方向的 N-S 方程),得方程(1)。

(2) 对方程(1)的各项进行雷诺分解和平均,得方程(2)。

(3) $2\nu \dfrac{\partial U_i}{\partial x_j} \times \dfrac{\partial}{\partial x_j}$($x_i$ 方向的雷诺方程),得方程(3)。

(4) 方程(2)减去方程(3),得方程(4)。

(5) 假定在高雷诺数下,湍流满足各向同性,因此可忽略方程(4)中某些各向异性部分,于是便得到 ε 方程的原始形式:

$$\frac{\partial}{\partial t}(\rho\varepsilon) + \frac{\partial}{\partial x_j}(\rho U_j\varepsilon) = -\frac{\partial}{\partial x_j}(\rho \overline{u_j\varepsilon'}) + \frac{\partial}{\partial x_j}\left(\mu \frac{\partial\varepsilon}{\partial x_j}\right)$$

$$-2\mu\overline{\frac{\partial u_i}{\partial x_k}\frac{\partial u_i}{\partial x_j}\frac{\partial u_k}{\partial x_j}}-2\overline{\left(\nu\frac{\partial^2 u_i}{\partial x_j\partial x_k}\right)^2} \qquad (2\text{-}58)$$

上式左端两项分别为 ε 的时间变化率项和对流项;右端四项依次为 ε 的湍流扩散项,分子扩散项,涡团拉伸而引起的 ε 生成项和黏性耗散项。其中第一、三和第四项均含有湍流脉动量的高阶相关矩,必须加以模拟后,方程才能封闭。

ε 方程模化的思路是仿照 k 方程的方法。对扩散项采用梯度模拟,即取

$$-\rho\overline{u_j\varepsilon'}=\frac{\mu_t}{\sigma_\varepsilon}\frac{\partial\varepsilon}{\partial x_j}$$

其中,σ_ε 是 ε 的普朗特数。困难的是两个源项,即产生项和耗散项。由于对其中的相关矩缺乏物理上的了解,目前只能由一般概念出发,假设 ε 的产生和耗散正比于 k 的产生和耗散。这样才能保证湍能的变化处于合理的范围内,既不会出现无限制的增长,也不会出现不真实的负值,即取 $S_\varepsilon\propto S_k=G-\rho\varepsilon$,由量纲分析可进一步给出: $S_\varepsilon/S_k=\varepsilon/k$。于是产生项和耗散项这两个源项可并在一起模拟为

$$S_\varepsilon=\varepsilon(C_1 G-C_2\rho\varepsilon)/k$$

将模拟后的湍流扩散项与无需模拟的分子扩散项相合并,我们便得到模拟后的封闭的 ε 方程

$$\frac{\partial}{\partial t}(\rho\varepsilon)+\frac{\partial}{\partial x_j}(\rho U_j\varepsilon)=\frac{\partial}{\partial x_j}\left(\frac{\mu_{\text{eff}}}{\sigma_\varepsilon}\frac{\partial\varepsilon}{\partial x_j}\right)+\frac{\varepsilon}{k}(C_1 G-C_2\rho\varepsilon) \qquad (2\text{-}59)$$

对比 k 方程和 ε 方程的模化过程可以看出,前者是从精确的输运方程出发逐项加以模拟,而且有一定的理论和实验依据;而后者在模化之前,已经舍去若干各向异性的项,而且其源项的模拟采取了"一揽子"的做法,只是简单地与 k 方程源项相类比而得出的,这样做正是由于缺乏理论和实验依据而采用的权宜之计,因而并非是无懈可击的。在 ε 方程简单的形式之下,掩盖着某些含混之处乃至隐患。大量的工程实际应用,特别是对较复杂湍流的应用表明,方程(2-59)这样的模拟方案并非是普遍适用的最佳方案,这使得其应用经常受到限制,因而人们针对一些复杂流动,已经对 ε 方程先后提出了多种修正方案。

1. 标准的 k-ε 模型

把模拟后的 k 方程(2-55)(其中耗散项直接写为 $-\rho\varepsilon$)和 ε 方程(2-59)相组合,就构成了标准的 k-ε 双方程湍流模型。两个方程中所包含的四个经验常数一般是通过对某些特定的湍流过程(如均匀格栅后湍流的衰变,满足局部平衡条件的近壁湍流等)的分析和测量来确定。这些常数的标准取值为 $\sigma_k=1.0$,$\sigma_\varepsilon=1.3$,$C_1=1.44$,$C_2=1.92$。

用 ε 代替式(2-35)中的特征长度 l_t,则得到 k-ε 模型中湍流黏性系数的表达式

$$\mu_t=C_\mu\rho k^2/\varepsilon \qquad (2\text{-}60)$$

其中,C_μ 的标准取值为 0.09。平均流控制方程组加上 k-ε 湍流模型,再加上关于雷诺应力和湍流黏性系数的两个表达式(2-33)和(2-60),就构成了一个封闭的方程组。只要提供适当的定解条件,并运用恰当的数值方法就可以求出描述所研究体系湍流状态的数值解了。

k-ε 模型是迄今为止在工程上应用最广泛、积累经验也最多的湍流模型。它在许多场合都取得了圆满的或基本的成功。但必须指出,k-ε 模型的原型是针对二维不可压薄剪切层湍流建立起来的,故其应用范围应基本满足这些前提,如对边界层、射流、尾迹流之类均能得出较满意的结果。但若要用于缸内湍流,则必须经过修正。

2. k-ε 模型的压缩性修正

为把 k-ε 模型推广到反映密度显著变化的影响,通常的做法是分别给 k 和 ε 的方程增添新项。对于 k 方程,压缩性效应主要通过雷诺应力而体现在湍能的产生项中。因此,只需用已考虑压缩性的准牛顿公式(2-33)代替式(2-52)中未考虑压缩性的雷诺应力 $2\mu_t S_{ij}$,于是,湍能生成项可表示为

$$G = 2\mu_t S_{ij} S_{ij} - \frac{2}{3} D(\rho k + \mu_t D) \tag{2-61}$$

式中,$D = \mathrm{div}\, \boldsymbol{U} = \partial U_k / \partial x_k$,为平均流速度散度。将上式代入湍能方程(2-55),即得经压缩性修正的 k 方程。

ε 方程的修正则不像 k 方程那样简单而直观,其原因正如前已指出的,在于标准的 ε 方程本身就包含着一些意义含混之处,因而对它的修正也就会有不同的着眼点。压缩性修正的诸多方案中,有一点是共同的,即为了体现压缩性效应,必须给 ε 方程增加一项 $C_3 \rho \varepsilon D$,各种方案之差别就归结为系数 C_3 的选取。我们首先讨论一下 C_3 的符号。以内燃机为例,当流体受到压缩时,体积减小,湍流涡团的长度尺度 l 也需相应减小。与此同时,活塞所做的一部分功转变为湍能,故 k 增大。由于 $l = C_\mu^{3/4} k^{2/3} / \varepsilon$,可知随着压缩的进行,要使 l 减小,ε 就必须增大。这就是说,在压缩过程中 k 和 ε 都应增大。这从物理上看也是合理的,否则就会出现湍能不稳定增长的现象,并已得到实验的证实。由于压缩时,散度 $D < 0$,故要使 ε 的附加源项 $C_3 \rho \varepsilon D$ 为正,必须有 $C_3 < 0$。

Reynolds[9]利用快速畸变理论(详见 2.4 节)分析了均匀湍流场在受到球对称压缩这样一个极限情况下的演变过程,由此推出

$$C_3 = -2(2 - C_1)/3 = -0.373 \tag{2-62}$$

Morel 和 Mansour[10]进一步考虑了一般压缩的情况。在湍涡长度尺度应与流场体积变化保持一致的约束条件下,他们得出

$$C_3 = \frac{2}{3}C_1 - \frac{n+1}{n} \tag{2-63}$$

其中,n 为流体受压缩的空间维数。即对单方向压缩、轴对称压缩和球对称压缩分别取 $n=1$、2、3。在实际应用中,可根据燃烧室具体的几何构形用内插的方法选取适当的 n 值。著者[11]利用该模型对一台平顶活塞发动机缸内湍流流场进行了计算,由于是单向压缩,故取 $n=1$,$C_3=-1.04$。图 2-15 是计算的涡团尺度随曲轴转角的变化历程,基本上正确反映了 l 随压缩而减小的趋势,而取 $C_3=1$ 和 0 则得出明显不合理的结果。

El Tahry[12]在考虑密度脉动的前提下,导出了普遍可压缩流的 k-ε 方程。其未经模拟的原始的 ε 方程竟包含多达 68 个不同的项,足见其复杂程度,因而难以获得工程应用。由此方程出发,他得出 $C_3=-1/3$ 以及另一个附加项 $C_4 \rho k/\varepsilon \cdot \frac{\partial \mu}{\partial t}$,其中 μ 是分子黏度而 $C_4=1$,该附加项代表压缩性引起的温度变化对 ε 的影响。在大型计算程序 KIVA 系列[13]中,也纳入了经修正的 k-ε 模型,其 ε 方程的附加项为 $(C_3' - \frac{2}{3}C_1)\rho \varepsilon D$,而 $C_3' = -1.0$,这相当于我们所定义的 $C_3=-1.96$。

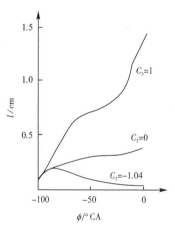

图 2-15　湍流尺度随时间变化

Coloman 和 Mansour[14]进一步推广了上述的快速畸变分析法。他们对 ε 方程进行修正的出发点是要求在快速压缩过程中,能够精确地计算耗散率 ε 的变化,由此得出

$$C_3 = \left[2C_1 + \left(\frac{3}{D_\nu}\right)(\mathrm{d}\nu/\mathrm{d}t) - 4\right]/3 \tag{2-64}$$

据称,此式的计算结果与直接数值模拟的结果相比较,显示出较式(2-62)有很大的改进。

总的说来,尽管人们对 ε 方程的压缩性修正已经进行了大量的研究,并取得了一定的成功,但到彻底解决这一问题,看来还有相当远的距离。从本质上说,k-ε 本身的缺陷使它应用于强压缩流就是一件牵强的事。因此,采用治标不治本的修正方法恐怕是难以根本奏效的。

3. k-ε 模型的强旋流修正

旋流所引起的流线曲率和离心力对流体微团会产生附加应变率,从而使湍流尺度和雷诺应力场都发生变化。k-ε 模型未能反映这一事实,因而需加以修正。主要是修正 ε 方程中的源项。但具体如何实施,目前仍是一个有争论的问题。Launder 等[15]主张把 ε 方程中的常值系数 C_2 改为函数形式

$$C'_2 = C_2(1 - f_1 Ri) \tag{2-65}$$

其中,f_1 是量级为 0.2 的经验常数;Ri 是梯度 Richardson 数,是通过把离心力与浮力相比拟而导出的

$$Ri = \frac{k^2}{\varepsilon^2} \frac{W}{r^2} \frac{\partial(rW)}{\partial r} \tag{2-66}$$

式中,W 是旋流速度;r 是径向坐标。对 C_2 如此修正在物理上意味着刚体涡类型的旋流对湍流有抑制作用,而自由涡类型的旋流则会增强湍流。Rodi 从相反的观点提出另一修正方案[16]。他不修正 C_2 而修正 C_1

$$C_1' = C_1(1 + f_2 R_f) \tag{2-67}$$

其中,f_2 是量级为 0.9 的经验常数;R_f 是通量 Richardson 数

$$R_f = \left(2\nu_t W \frac{\partial W/r}{\partial r}\right)/G \tag{2-68}$$

式中,G 是湍能产生项。

目前,Launder 的方案应用较多。文献[11]利用此方案计算了一台平顶活塞发动机缸内的湍流流场,其旋流初值为 9560r/min。计算结果如图 2-16 和图 2-17 所示。前者是从活塞顶到缸盖的中间平面上湍流度的径向分布,后者是旋流速度的径向分布。与实验结果的比较表明,对 ε 采用强旋流修正后,计算结果有比较明显的改进。

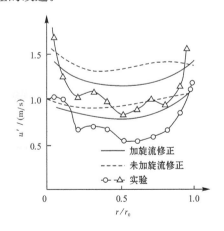

图 2-16　湍流度径向分布

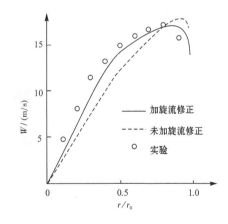

图 2-17　旋流速度径向分布

对 $k\varepsilon$ 模型的旋流修正还有其他一些方案。总的说来,这些方案都带有一定的经验性。它们各自对一些特定的场合能提供比较满意的结果,但都缺乏普适性。这是因为 $k\varepsilon$ 模型本质上不具备预测复杂湍流的能力。因此,为了较准确地预测

诸如浮力流、强旋流和流线有大曲率之类的复杂流动,必须舍弃 k-ε 模型而求助于更先进的雷诺应力模型。

2.3.5　k-ε 模型的发展

1. 可实现的 k-ε 模型

湍流模型理论中,有一个所谓"可实现性原则"。按照此原则,任何一个合格的湍流模型所得出的结果必须是真实的,即物理上可实现的,如湍流三个正应力的不得为负,雷诺应力张量 9 个分量组成的行列式不得为负等。计算实践发现,标准的 k-ε 模型对时均应变率特别大的情形,有可能导致负的湍流正应力。为了使模型满足可实现性,需要对正应力进行某种数学约束。为保证这种约束的实现,Shih 和 William 等认为湍动黏度计算式中的系数 C_μ 不应是常数,而应与应变率相联系。在此基础上,他们于 1995 年提出了可实现的(realizable)k-ε 模型[16]。此模型的表达式如下:

$$\frac{\partial(\rho k)}{\partial t}+\frac{\partial(\rho k u_i)}{\partial x_i}=\frac{\partial}{\partial x_j}\left[\left(\mu+\frac{\mu_t}{\sigma_k}\right)\frac{\partial k}{\partial x_j}\right]+G_k-\rho\varepsilon \tag{2-69}$$

$$\frac{\partial(\rho\varepsilon)}{\partial t}+\frac{\partial(\rho\varepsilon u_i)}{\partial x_i}=\frac{\partial}{\partial x_j}\left[\left(\mu+\frac{\mu_t}{\sigma_\varepsilon}\right)\frac{\partial\varepsilon}{\partial x_j}\right]+\rho C_1 S\varepsilon-C_2\rho\frac{\varepsilon^2}{k+\sqrt{\nu\varepsilon}} \tag{2-70}$$

其中,$\sigma_k=1.0,\sigma_\varepsilon=1.2,C_2=1.9$

而 C_1 是湍流与平均流时间尺度之比 η 的函数:

$$C_1=\max\left(0.43,\frac{\eta}{\eta+5}\right) \tag{2-71}$$

$$\eta=\frac{Sk}{t},\quad S=\sqrt{2S_{ij}S_{ij}}$$

式(2-69)和(2-70)中,μ_t 按下式计算:

$$\mu_t=\rho C_\mu\frac{k^2}{\varepsilon} \tag{2-72}$$

其中

$$C_\mu=\frac{1}{A_0+A_s U^* k/\varepsilon} \tag{2-73}$$

$$A_0=4.0,A_s=\sqrt{6}\cos(\Phi),\Phi=\frac{1}{3}\arccos(\sqrt{6}W)$$

$$W=\frac{S_{ij}S_{jk}S_{ki}}{\widetilde{S}^3},\quad \widetilde{S}=\sqrt{S_{ij}S_{ij}}$$

$$U^*=\sqrt{S_{ij}S_{ij}+\widetilde{\Omega}_{ij}\widetilde{\Omega}_{ij}} \tag{2-74}$$

S_{ij} 和 Ω_{ij} 分别是流体的变形率张量和旋转张量:

$$S_{ij} = \frac{1}{2}\left(\frac{\partial u_i}{\partial x_j} + \frac{\partial u_j}{\partial x_i}\right), \quad \Omega_{ij} = \frac{1}{2}\left(\frac{\partial u_i}{\partial x_j} - \frac{\partial u_j}{\partial x_i}\right) \qquad (2\text{-}75)$$

$$\tilde{\Omega}_{ij} = \Omega_{ij} - 2\varepsilon_{ijk}\omega_k$$

$$\Omega_{ij} = \bar{\Omega}_{ij} - \varepsilon_{ijk}\omega_k$$

这里,$\bar{\Omega}_{ij}$ 是从角速度为 ω_k 的参考系中观察到的时均旋转速率张量,这一项是专门用以表示旋转的影响;显然对无旋转的流场,上列 U^* 计算式根号中的第二项为零。

与标准的 k-ε 模型比较,可实现的 k-ε 模型的主要变化是:

(1) 湍动黏度计算公式中引入了与旋转和曲率有关的信息。

(2) ε 方程有很大变化,其产生项不包括 k 方程中的产生项 G_k,这样,现在的形式更好地体现了湍流能谱的特点,即不同尺度涡团之间的能量转换过程。

(3) ε 方程是从涡量扰动量均方根的精确输运方程推导出来的。ε 方程中的倒数第一项不具有任何奇异性,即使 k 值很小或为零,分母也不会为零。这与标准 k-ε 模型和 RNG k-ε 模型有很大区别。而且,可实现的 k-ε 模型满足对雷诺应力的约束条件,因此可以在雷诺应力上保持与真实湍流场的一致。这一点是标准 k-ε 模型和 RNG k-ε 模型都无法做到的。这个特点在计算中的好处是,可以更精确地模拟平面和圆形射流的扩散速度,同时在旋转流、带压强梯度的边界层计算和分离流计算等问题中,计算结果更符合真实情况。可实现的 k-ε 模型已被有效地用于各种不同类型的湍流模拟,不仅适用于管道内流动和边界层流动,还包括旋转均匀剪切流、有射流和混合流的自由流动以及带有分离的流动等。

2. v^2-f 模型

Durbin 于 1991 年提出的 v^2-f 模型是一种四方程模型[17],它是 k-ε 模型的推广,也属于涡黏度模型。除 k-ε 方程外,v^2-f 模型还要求解两个附加的方程,即垂直于壁面的法向应力分量 v^2 和一个椭圆型松弛函数 f 的微分方程,目的在于改进近壁湍流效应的模拟。v^2-f 模型的基本构思是认为,涡黏度在壁面附近衰减的主要原因在于壁面法向的速度脉动受到抑制,同时壁面附近湍流的各向异性和非局部的压强与应变的关系也起重要作用。

固体壁面对湍流正应力的影响有两种途径,即壁面阻尼作用与黏性阻尼作用。对前一作用,流场在远离壁面的区域($y^+ \leqslant 200$),就可以通过压力的变化相当敏感地感受到;而后者仅在近壁区的黏性底层内($y^+ \leqslant 20$)才起作用。在一般涡黏度模型中,这两种效应都是通过阻尼函数来考虑的。在 v^2-f 模型中,则是直接求解壁面正压力 v^2 的输运方程来计及这些效应。可以把 v^2 视为一个速度尺度,代表流线法向的速度脉动。v^2-f 模型的突出特点正是用速度尺度 v^2 代替湍流动能 k 计算湍流黏度,因此可以更准确地模拟湍流参数在壁面附近的耗散过程。函数 f 以

源项的形式出现在 v^2 方程中,它来自于雷诺应力模型中的压力应变相关项,当接近壁面时,它趋于零,并使 v^2 也趋于零。因此,$v^2\text{-}f$ 模型的适用范围可从自由流区一直延伸到壁面,并且无需使用壁面函数。$v^2\text{-}f$ 模型主要用于边界层计算和分离流计算。

$v^2\text{-}f$ 模型的控制方程如下:

$$\frac{\partial}{\partial t}(\rho k)+\frac{\rho}{\rho x_i}(\rho k u_i)=P-\rho \varepsilon +\frac{\partial}{\partial x_j}\left[\left(\mu+\frac{\mu_t}{\sigma_k}\right)\frac{\partial k}{\partial x_j}\right]+S_k \tag{2-76}$$

$$\frac{\partial}{\partial t}(\rho \varepsilon)+\frac{\partial}{\partial x_i}(\rho \varepsilon u_i)=\frac{C'_{\varepsilon 1}P-C_{\varepsilon 2}\rho \varepsilon}{T}+\frac{\partial}{\partial x_j}\left[\left(\mu+\frac{\mu_t}{\sigma_k}\right)\frac{\partial k}{\partial x_j}\right]+S_k \tag{2-77}$$

$$\frac{\partial}{\partial t}(\rho \overline{v^2})+\frac{\partial}{\partial x_i}(\rho \overline{v^2} u_i)=\rho k f-6\rho \overline{v^2}\frac{\varepsilon}{k}+\frac{\partial}{\partial x_j}\left[\left(\mu+\frac{\mu_t}{\sigma_k}\right)\frac{\partial \overline{v^2}}{\partial x_j}\right]+S\overline{v^2} \tag{2-78}$$

$$f-L^2\frac{\partial^2 f}{\partial x_j^2}=(C_1-1)\frac{\frac{2}{3}-\overline{v^2}/k}{T}+C_2\frac{P}{\rho k}+\frac{5\overline{v^2}/k}{T}+S_f \tag{2-79}$$

式中,$P=2\mu_t S^2$;$S^2\equiv S_{ij}S_{ij}$;T 和 L 分别是湍流的时间尺度和长度尺度,按下列方程计算:

$$T'=\max\left[\frac{k}{\varepsilon},6\sqrt{\frac{v}{\varepsilon}}\right]$$

$$T=\min\left[T',\frac{\alpha}{\sqrt{3}}\frac{k}{\overline{v^2}C_\mu\sqrt{2S^2}}\right]$$

$$L'=\min\left[\frac{k^{3/2}}{\varepsilon},\frac{1}{\sqrt{3}}\frac{k^{3/2}}{\overline{v^2}C_\mu\sqrt{2S^2}}\right]$$

$$L=C_L\max\left[L',C_\eta\left(\frac{v^3}{\varepsilon}\right)^{1/4}\right]$$

式中各常数的取值为

$$\alpha=0.6,C_1=1.4,C_2=0.3,C_{\varepsilon 1}=1.4,C_{\varepsilon 2}=1.9,C_\eta=70,$$
$$C_\mu=0.22,C_L=0.23,\sigma_k=1,\sigma_\varepsilon=1.3,C'_{\varepsilon 1}=C_{\varepsilon 1}\left(1+0.045\sqrt{k/\overline{v^2}}\right)$$

2.3.6　重整化群(RNG)方法在湍流模拟中的应用

1. RNG 的概念

重整化群(renormalization group,RNG)是一种用于构筑许多物理现象模型的通用方法。它的基本思路是通过在空间尺度上的一系列连续的变换,对原本十分复杂的系统或过程实现粗分辨率的或"粗粒化"(coarse grained)的描述,从而使问题得到简化而易于处理。以气体为例,任何 1mol 气体中都含有大约 6×10^{23} 个分子,这些分子各自都独立地做无规则运动。如果把这 1mol 气体作为一个系统,要完全准确地描述该系统,从理论上说,必须用 $3\times6\times10^{23}$ 个牛顿运动方程(假定每个分子可用 3 个坐标描述),这当然是不可能也不必要的。事实上我们可以用降低分辨率或粗粒化的方法对其进行简化的描述。粗粒化可以有不同的等级,稀薄气体的分子动力论用统计力学的方法,即用 Boltzmann 方程来描述该系统的粗粒化的动力特性。此方程是以在空间位置 x 和时间 t、速度为 v 的分子的概率密度函数作为未知数。这仍然是一种比较精细的等级上的描述。更粗一些的等级是在空间和时间尺度分别远大于分子的平均自由程和碰撞时间的情况下描述分子群的平均特性,这样得出的方程就是构成现代流体动力学基础的 N-S 方程。

　　RNG 方法起源于量子力学和高能物理中对基本粒子场的研究。正如 RNG 方法的创始人,诺贝尔物理奖获得者 Wilson 在 1985 年所说:"当求解基本方程所要求的网格小得令人无法接受时怎么办? 怎样才能把网格尺寸增大到超出直接数值求解所要求的范围,而又能保持基本方程所提供的真实可靠性? 重整化群就是能够解决这一问题的一个基本途径。"由于湍流的模拟与计算所面临的正是这一困难,从 20 世纪 70 年代后期开始,人们把 RNG 方法引入到湍流研究领域。Yakhot 和 Orszag[18]于 1986 年应用 RNG 方法建立了第一个湍流模型,并显示了它较之传统湍流建模方法的若干显著的优越性和发展潜力。最近 20 多年来,RNG 方法逐渐为人们所重视,这方面的基础和应用研究日趋活跃[19]。目前,基于 RNG 方法的湍流模型已经纳入一些商品化的流体动力学计算软件,如 FLUENT 和 KIVA 等。

　　那么,RNG 究竟如何实现对复杂系统的粗粒化描述呢? 在回答此问题前,必须指出,RNG 方法对所描述的对象有一个基本要求,这就是系统必须具有尺度不变性,即对系统而言,不存在一个由外部环境所施加的特征长度尺度和时间尺度。换言之,系统应具有自相似性。我们知道,湍流正具有这一特征,至少对于除开大涡之外的大部分涡区(平衡区),这种尺度不变性是成立的。

　　由于湍流的脉动结构及其随机变化可以分解为一系列不同时间尺度与空间尺度的波动的叠加,成为各种尺度涡团运动的总和,我们可用 Fourier 积分将其表示为时间上按频率分布的频谱,或空间上按波长分布的波数谱。既然小尺度涡区具有尺度不变性,那么我们可以把波数谱(或谱频)上高波数(高频)的那一端的一个微小部分从波谱上消去,物理上这相当于忽略尺度最小的(量级为 Kolmogorov 微尺度)的那一部分涡团的运动模态(mode),但它们对流场特性的影响可通过剩余各级涡的模态来表示。为实现这一点,需对其余各模态的控制方程进行修正。修正的结果是方程的基本形式并不改变,即仍为 N-S 方程。但方程中的一些参数,如黏性系数、质量力等已不再是原来的值,而是修正后的值。经过这一次消去和修正的过程,我们就对原始的控制方程进行了一次粗粒化,相当于计算网格有所放大。这种消去和修正过程可以反复进行下去，每重复一次，称为一次迭代。迭代的结果是越来越多的小涡团的运动模态从基本方程中消去，因而计算网格可以随之逐步粗化，直到可以为计算机的容量和速度所接受为止。

这里最关键的一点是，每进行一次消去小涡团的步骤后，剩下的大尺度运动的基本方程与消去之前的方程在形式上完全相同。所谓"重整化"（renormalization）就是通过尺度变换重新定义方程中的黏性系数、外力和截止波数（限定消去波数的范围）这些参数。这一系列消去和修正的过程在数学上相当于一组连续的变换。所谓"群"（group）就是为保持大尺度运动方程形式不变而实施的一组消去和近似的连续过程。

我们注意到，RNG 方法与大涡模拟的基本思想有共同之处。事实上，RNG 是一种普遍的方法。当我们把 RNG 方法对湍流基本方程实施到不同的程度或等级，就可得到不同等级的湍流模型。如果只消去最小的涡团，便得出 LES 或 SGS 模型，逐次消去较大的涡团，可得出雷诺应力模型乃至 k-ε 模型等。我们还注意到，RNG 理论与分形理论也有不少相似之处。它们都是建立在研究对象具有自相似结构的基础上，且都是通过不断改变观测尺度来研究过程中包含的不变因素。只不过分形是以几何体作为研究对象，而 RNG 是以物理量为研究对象。二者之间存在着深刻的联系。由于 RNG 的数学理论比较复杂，限于篇幅，我们在这里只简略地介绍其数学处理的思路，同时给出由 RNG 导出的 k-ε 模型的主要结果。

2. RNG 方法的数学背景

RNG 方法数学理论的基本思路可简述如下。

考虑一个典型的非线性方程

$$\partial\varphi/\partial t + N(\varphi) = \nu_0 \frac{\partial^2 \varphi}{\partial x_j^2} + f \tag{2-80}$$

式中，φ 是通用变量；$N(\varphi)$ 是非线性算子；ν_0 是分子输运系数；f 是一随机的源项。如令 φ 为速度 u_i，$N(\varphi)=u_j\partial u_i/\partial x_j$，上式即成为我们熟悉的 N-S 方程。相应地，$\nu_0$ 则表示分子黏性系数，f 表示对系统起激励作用的随机外力。

为简单起见，现假定随机力 f 具有高斯型分布。如果把方程（2-80）的因变量 φ 展为波数空间中的 Fourier 积分，则可相应地确定其波数的定义域为 $0<k<\Lambda_0$。进一步假定非线性项 $N(\varphi)$ 足够大，而且可以用一个量纲一耦合参数 λ（对 N-S 方程即为雷诺数）来表征：$\lambda_0=\lambda(\nu_0,D_0,\Lambda_0)$，此处 D_0 是随机力自相关矩 $\overline{ff}$（或写为 $\langle ff\rangle$）的振幅。利用量子场论中的广义摄动法，我们可以从所研究的问题中形式上消去小尺度模态 $\varphi(k)$，其中波数 k 之范围为 $\Lambda<k<\Lambda_0$，结果是得出定义在区间 $0<k<\Lambda$ 内的另一个运动方程：

$$\frac{\partial \varphi_\Lambda}{\partial t} + N_\Lambda(\varphi_\Lambda) = \nu_\Lambda \frac{\partial^2 \varphi_\Lambda}{\partial x_j^2} + f_\Lambda \tag{2-81}$$

该方程之量纲一耦合常数为

$$\lambda(\Lambda) = \lambda(\nu_0, D_0, \Lambda_0, D(\Lambda), \nu(\Lambda), \Lambda)$$

其中，$D(\Lambda)$ 和 $\nu(\Lambda)$ 分别是有效输运系数和诱导的随机噪声，它们反映了所消去小尺度模态的影响。我们始终可以这样来定义量纲一变量，使得有效耦合常数是新的非线性项 $N_\Lambda(\varphi)$ 的振幅。经过重整化处理的新参数和新的非线性项必须根据原始的运动方程显式地计算出来。我们的目的是要遵循耦合常数 $\lambda(\Lambda)$ 对截止波数 Λ 的依赖关系。在满足尺度不变性的范围内，有效耦合常数和所有的相关函数与分子参数 ν_0、D_0 和 Λ_0 无关。因此，在 $\Lambda \to 0$ 的极限情况下，必有

$$\lambda \to \lambda(D(\Lambda), \nu(\Lambda), \Lambda)$$

同时，有效耦合常数必趋于所谓"固定点"或"不变点"。

$$\lambda(\Lambda) = \lambda(\Lambda/C)$$

其中 $C > 1$ 是一任意常数。上式表明，在满足尺度不变性的范围内，$\lambda(\Lambda)$ 趋于一个与尺度 Λ 无关的常数 λ^*。如果 $\lambda^* \to 0$，则用新的变量 $D(\Lambda)$ 和 $\lambda(\Lambda)$ 所表述的问题是线性的并可求出解析解，如果 λ^* 为一小量，则可利用对小参数 λ^* 的渐近展开法（摄动法）而求得具有尺度不变性的变量场的一个显式的级数型表达式。如果只保留该级数的零阶项和一阶项，得到的是线性模型，如果保留更多的项，便得到相应阶次的非线性模型。

具体对湍流问题，RNG 方法的实施主要有以下几个步骤：

（1）利用对瞬时速度 u 的 Fourier 展开，建立波数空间的 N-S 方程。

（2）分割速度场，建立低波数模态的运动方程。把速度场的 Fourier 分量 $u(k, t)$ 分为高波数模 $u^+(k, t)(k > k_0)$ 和低波数模 $u^-(k, t)(k < k_0)$ 两部分，k_0 称为分割点。由高波数模的方程中解出 u^+，并将其代入低波数模的方程，以消除方程中所含的高波数模，从而得到相似的低波数模的 N-S 方程。这一过程可称为"消元"过程。通过消元，使高波数模即小尺度涡不再出现在方程中，它们对湍流运动的影响已经被归并到修正的黏性系数中（$\nu_1 = \nu_0 + \delta\nu_0$）。这样，除了波数 k 的取值域之外，低波数模的控制方程与原来的 N-S 方程形式完全相同。

（3）建立黏性系数的递推关系。如果对新建的低波数模的方程进行新的波数分割，并设新分割点为 $k_1(k_1 < k_0)$，那么，在重复步骤（1）和（2）之后，可得 $\nu_2 = \nu_1 + \delta\nu_1$ 以及在区间 $(0 \leqslant k \leqslant k_1)$ 中的 N-S 方程。依此类推，当进行 $n+1$ 次分割之后，相应的分割点为 $k_n(k_n = h^n k_0, 0 < h < 1)$，可得出小波数区间 $(0 \leqslant k \leqslant k_n)$ 中的 N-S 方程的黏性系数递推关系 $\nu_{n+1} = \nu_n + \delta\nu_n$，其中 $\delta\nu_n$ 可表为 ν_n 的函数形式。

（4）重新标度（rescale）。在低波数模的方程中，对自变量 k、t 和因变量 $u^-(k, t)$ 重新进行标度，具体方法是通过尺度变换将原来的变量转换为重整化后的变量。

例如把波数 k 转换为 $\tilde{k}(k=k_n\tilde{k}=h^n k_0\tilde{k})$。这样,方程中的变量 k、t 和 $\boldsymbol{u}^-(k,t)$ 分别转换成 $\tilde{k}$、$\tilde{t}$ 和 $\widetilde{\boldsymbol{u}}(\tilde{k},\tilde{t})$,从而使被消去的小尺度涡团的影响得到补偿,而方程将完全描述大尺度的运动特性。

至此,我们就完成了重整化过程的基本步骤。

McComb 在 1985 年用 RNG 方法对充分发展的湍流场进行了大涡模拟研究。其结果表明,当 $\tilde{k}=0.01$,$h=0.6$ 时,对不同的初始黏性系数 ν_0,$\nu_n(k)$ 只需进行 $4\sim6$ 次迭代,即趋于固定点。

3. 基于 RNG 方法的湍流模型

将上述 RNG 的基本方法应用于 N-S 方程,并引入我们所熟悉的湍能 k 及其耗散率 ε,以消除方程中的长度尺度,便可导出如下形式的 k-ε 模型:

$$\frac{\partial k}{\partial t}+U_j\frac{\partial k}{\partial x_j}=\frac{\partial}{\partial x_j}\left(\alpha\nu\frac{\partial k}{\partial x_j}\right)+\nu_t S^2-\varepsilon \tag{2-82}$$

$$\frac{\partial\varepsilon}{\partial t}+U_j\frac{\partial\varepsilon}{\partial x_j}=\frac{\partial}{\partial x_j}\left(\alpha\nu\frac{\partial\varepsilon}{\partial x_j}\right)-R+C_1\frac{\varepsilon}{k}\nu_t S^2-C_2\frac{\varepsilon^2}{k} \tag{2-83}$$

此模型与标准 k-ε 模型[式(2-55)和(2-59)]的主要区别有两点:一是其方程中的常数并非用经验方法确定,而是利用 RNG 理论推导出来的精确值。各常数的取值为 $C_1=1.42$,$C_2=1.68$,$\alpha=1/Pr=1.39$,而标准 k-ε 模型中经验常数的取值为 $C_1=1.44$,$C_2=1.92$,$\alpha_k=1/\sigma_k=1$,$\alpha_\varepsilon=1/\sigma_\varepsilon=0.75$。二是 ε 方程(2-169)中有一附加项 R,代表着平均应变率对 ε 的影响

$$R=2\nu S_{ij}\overline{\frac{\partial u_l}{\partial x_i}\frac{\partial u_l}{\partial x_i}}=\frac{C_\mu\eta^3(1-\eta/\eta_0)}{1+\beta\eta^3}\frac{\varepsilon^2}{k} \tag{2-84}$$

式中,$\eta=Sk/\varepsilon$ 是量纲一应变率或者平均流时间尺度与湍流时间尺度之比;$S=(2S_{ij}S_{ij})^{1/2}$ 是应变率张量的范数。η_0 是 η 在均匀剪切流中的典型值,取为 4.38,$\beta\approx0.012$ 是一常数。湍流黏性系数仍按公式 $\nu_t=C_\mu k^2/\varepsilon$ 计算,但 RNG 理论给出的常数 $C_\mu=0.0845$,这与标准 k-ε 模型中的经验常数 $C_\mu=0.09$ 相当接近。

与标准 k-ε 模型相比较,RNG 理论给出的常数 C_1 基本一致,但 C_2 则减小较多。由于 C_2 项在 ε 方程(2-183)中为负,C_2 减小的后果是减小 ε 的耗散,而使 ε 增大,从而使湍能 k 减小。这两方面的效果均使湍流黏度减小。在应变率较小的区域,R 项的作用是使 ν_t 略有增加,仍然小于标准 k-ε 模型所给出的值。但是在大应变率情况下($\eta/\eta_0>1$),R 将改变符号,从而使 ν_t 减小得更多,基于 RNG 的 k-ε 模型的这一特点能够较好地体现大剪切率所产生的强烈的各向异性效应以及非平衡效应。

另外,在低雷诺数区域,例如壁面附近,RNG 模型并不需要像通常的高雷诺数湍流那样求助于壁函数,而可以直接给出在各种雷诺数范围均成立的通用关系式

或者对模型常数进行修正的通用函数式,例如 k-ε 模型中湍流黏性系数可利用 RNG 理论表示为

$$\nu_\mathrm{t} = \nu\left[1 + \sqrt{\frac{C_\mu}{\nu\varepsilon}}k\right]^2 \tag{2-85}$$

在高雷诺数下,分子黏度远小于湍流黏度,略去括号中第一项,上式成为常见的形式 $\nu_\mathrm{t} = C_\mu k^2/\varepsilon$;在湍流速度极小的另一极端情况下,$k \rightarrow 0$,上式给出 $\nu_\mathrm{t} = \nu$,即为层流情况。故式(2-85)适用于全部雷诺数范围。

总的说来,基于 RNG 方法的湍流模型虽然问世时间不长,但在科学与工程计算中已得到越来越多的应用和好评,其主要优点可概括如下:

(1) RNG 湍流模型中不包含任何经验常数和可调节的参数。其模型常数是利用 RNG 理论精确地推导出来的,因而是通用的,不需要针对特定的问题进行调整或修正。

(2) RNG 湍流模型适用于各种雷诺数范围,包括层流、转捩过渡区以及充分发展的湍流,它可以考虑固壁和界面的影响而无需求助于壁函数之类的经验关系式。

(3) 由于 RNG 模型能较好地反映各向异性和非平衡过程等效应,对于带有分离、分层、旋转和冲击等效应的湍流均能作出比较满意的预测。对于与时间相关的大尺度运动,如包括旋涡脱落的尾迹流的详细结构,也能给以真实的模拟。

(4) RNG 湍流模型在数值计算上具有较好的稳定性和收敛性,与标准的 k-ε 模型相比,它的计算量只增加 10%~15%,而计算精度和适用范围却有很大改善。

4. 应用于内燃机的 RNG k-ε 模型

由于内燃机缸内工质有强烈的密度变化,常规的 RNG k-ε 模型必须作压缩性修正后,才能应用于内燃机。修正的原理和方法与 2.3.4 节所述相同,即在 k 和 ε 方程中补充包含平均流散度的项,并根据快速畸变理论确定相关系数的值。修正后的 RNG k-ε 模型可表示为如下形式:

$$\frac{\partial \rho k}{\partial t} + \nabla(\rho\bar{u}k) = -\frac{2}{3}\rho k\,\nabla\,\bar{u} + \mu_l\left[S^2 - \frac{2}{3}(\nabla\cdot\bar{u})^2\right] + \nabla(\alpha_k\mu\,\nabla\,k) - \rho\varepsilon \tag{2-86}$$

$$\frac{\partial\rho\varepsilon}{\partial t} + \nabla(\rho\bar{u}\varepsilon)$$
$$= -\left[\frac{2}{3}C_1 - C_3 + \frac{2}{3}C_\mu C_\eta\frac{k}{\varepsilon}\,\nabla\cdot\bar{u}\right]\rho\varepsilon\,\nabla\cdot\bar{u} + C\frac{\varepsilon}{k}\mu_1(\nabla\cdot\bar{u})^2 + \tag{2-87}$$
$$\nabla\cdot(\alpha_\varepsilon\mu\,\nabla\,\varepsilon) + \frac{\varepsilon}{k}\left\{\mu_1(C_1 - C_\eta)\left[S^2 - \frac{2}{3}(\nabla\cdot\bar{u})^2\right] - C_2\rho\varepsilon\right\}$$

Han 和 Reitz[20]针对各向同性(球对称)压缩这一理想情况,推出系数 C_3 的表达

式为

$$C_3 = \frac{-1 + 2C_1 - 3m(n-1) + (-1)^\delta \sqrt{6} C_\mu C_\eta \eta}{3} \tag{2-88}$$

式中

$$C_\eta = \frac{\eta(1 - \eta/\eta_0)}{1 + \beta \eta^3}$$
$$C' = 0$$

当散度 $\nabla \cdot \bar{u} < 0$ 时,$\delta = 1$;当 $\nabla \cdot \bar{u} > 0$ 时,$\delta = 0$。m 和 n 是与缸内热力学过程有关的常数,$m = 0.5$,n 是多变指数。

对于内燃机的几何构形和实际工况,将其工质受压缩情况视为轴向一维压缩或轴对称二维压缩比视为球对称压缩更为合理。文献[21]针对这两种情况,推出了相应的系数值:

一维压缩

$$C_3 = -2 + 2C_1/3 + (-1)^\delta \sqrt{2} C_\mu C_\eta \eta \tag{2-89}$$
$$C' = 2 - 4C_1/3$$

二维轴对称压缩

$$C_3 = -3/2 + 2C_1/3 + (-1)^\delta C_\mu C_\eta \eta \tag{2-90}$$
$$C' = 1/2 - C_1/3$$

KIVA 程序的新版本 KIVAⅢ中已纳入了 RNG $k\varepsilon$ 模型。文献[21]应用该模型分别对一平顶活塞和一带圆柱形凹坑燃烧室的湍流进行了模拟计算,结果较标准的 $k\varepsilon$ 模型(含压缩性修正)有较明显的改进。

2.3.7 雷诺应力模型(RSM)

湍流的各向异性特点本质上是由于雷诺应力张量与应变率张量二者的主轴系并不互相重合,因而用黏性牛顿流体的各向同性的本构关系式(2-33)和湍流黏度 μ_t 的概念来模拟雷诺应力有悖于物理真实,故经常不能给出好的结果。再者,涡黏度不能反映由于湍能在各主轴方向分配所引起的雷诺应力的各向异性,这是因为它完全忽略了压力应变关联项的效应。其直接后果之一是无法捕捉到湍流燃烧可能出现的逆梯度输运现象。要克服这一弊病,根本的出路是彻底抛弃 μ_t 的概念而直接建立雷诺应力的输运方程,并对其中脉动关联项加以模化后再进行求解。此即湍流的雷诺应力模型,或称二阶封闭模型(second moment closure,SMC)。

1. 雷诺应力输运方程

推导雷诺应力输运方程的出发点是瞬态流的 N-S 方程和平均流的雷诺方程。推导的基本步骤是:

(1) 将瞬时速度 $\widetilde{u}_j$ 乘以 $\widetilde{u}_i$ 的 N-S 方程,再将 $\widetilde{u}_i$ 乘以 $\widetilde{u}_j$ 的 N-S 方程,然后将二者相加,得到 $\widetilde{u}_i\widetilde{u}_j$ 的输运方程。

(2) 对 $\widetilde{u}_i\widetilde{u}_j$ 输运方程的各项实施雷诺分解和平均,得出 $\overline{\widetilde{u}_i\widetilde{u}_j}$ 的输运方程。

(3) 将平均速度 U_j 乘以 U_i 的雷诺方程,再将 U_i 乘以 U_j 的雷诺方程,然后将二者相加,得到 U_iU_j 的输运方程。

(4) 由于 $\overline{\widetilde{u}_i\widetilde{u}_j}=U_iU_j+\overline{u_iu_j}$,故将第(2)步和第(3)步得出的两个方程相减,便得到雷诺应力 $\overline{u_iu_j}$ 的输运方程

$$\frac{\partial}{\partial t}(\rho\overline{u_iu_j})+\frac{\partial}{\partial x_k}(\rho U_k\overline{u_iu_j})=D_{ij}+\varphi_{ij}+G_{ij}-\varepsilon_{ij} \tag{2-91}$$

上式左端两项分别为雷诺应力的时间变化率和对流项,D_{ij}、φ_{ij}、G_{ij} 和 ε_{ij} 分别称为雷诺应力的扩散项、压力应变项、产生项和耗散项。其具体表达式为

$$D_{ij}=-\frac{\partial}{\partial x_k}(\rho\overline{u_iu_ju_k}+\overline{pu_j}\delta_{ik}+\overline{pu_i}\delta_{jk}-\mu\frac{\partial}{\partial x_k}\overline{u_iu_j}) \tag{2-92}$$

$$\varphi_{ij}=\overline{p\left(\frac{\partial u_i}{\partial x_j}+\frac{\partial u_j}{\partial x_i}\right)} \tag{2-93}$$

$$G_{ij}=\rho\left(\overline{u_iu_k}\frac{\partial U_j}{\partial x_k}+\overline{u_ju_k}\frac{\partial U_i}{\partial x_k}\right) \tag{2-94}$$

$$\varepsilon_{ij}=2\mu\overline{\frac{\partial u_i}{\partial x_k}\frac{\partial u_j}{\partial x_k}} \tag{2-95}$$

扩散项 D_{ij} 以散度形式出现,具有守恒性。它一般不改变系统内雷诺应力总量的大小,而只改变其在系统内部的分布,使之趋于空间均匀。产生项 G_{ij} 代表雷诺应力与平均流梯度的相互作用,正是这种作用提供了雷诺应力的来源。耗散项 ε_{ij} 体现了分子黏性对湍流脉动的消耗作用,它总是使雷诺应力减小。压力应变项 φ_{ij} 代表脉动压力与脉动应变率之间的关联。以上四项除 G_{ij} 之外均含有二阶或三阶相关矩,必须引入适当的假设加以模拟之后,才能使雷诺应力输运方程封闭并进一步求解。

2. 雷诺应力模型(LRR 模型与 SSG 模型)

上述雷诺应力的精确输运方程及其相关理论是我国学者周培源早在 1940 年建立的。由于当时电子计算机尚未发明,该方程组没有求解的可能。直到 20 世纪 60 年代以后,由于计算机技术和数值方法的飞速发展,促使雷诺应力方程的建模和求解重新形成了新的研究热点,先后出现了多种二阶矩封闭模型,下面对方程中各项的模拟分别进行讨论,在此基础上,着重介绍当前应用较广的两种模型——线性的 LRR 模型和二阶的 SSG 模型。

1) 扩散项

D_{ij}[式(2-92)]中最后一项代表分子扩散作用,在高雷诺数下,该项可忽略不计。前三项反映了脉动速度三阶关联和压力脉动对应力的扩散作用。为了简单起见,可把压力脉动的影响归并到三阶相关项中,统一地采用 Launder 提出的所谓"通用梯度扩散模型"来加以模拟,即

$$\overline{u_k\varphi'} = -C_4 \frac{k}{\varepsilon} \overline{u_k u_l} \frac{\partial \overline{\varphi}}{\partial x_l} \tag{2-96}$$

把其中通用变量 φ 换为雷诺应力 $\overline{u_i u_j}$,则有

$$D_{ij} = \frac{\partial}{\partial x_k} \left(C_s \frac{k}{\varepsilon} \rho \overline{u_k u_l} \frac{\partial \overline{u_i u_j}}{\partial x_l} \right) \tag{2-97}$$

式中,常数 C_s 通常取值为 0.21。

2) 耗散项

耗散过程主要发生在小尺度涡区。理论和实验均已证明,在高雷诺数条件下,小尺度涡团结构接近于各向同性,因而可忽略各向异性的耗散,即认为湍流切应力耗散趋向于零,而黏性作用只引起湍流正应力,亦即湍能的耗散(因为 $k = \frac{1}{2}\overline{u_i u_i}$)。这样,张量形式的耗散项即简化为我们所熟悉的标量湍能耗散率

$$\varepsilon_{ij} = 2\mu \overline{\frac{\partial u_i}{\partial x_k} \frac{\partial u_j}{\partial x_k}} = \frac{2}{3}\mu \overline{\left(\frac{\partial u_l}{\partial x_k}\right)^2} \delta_{ij} = \frac{2}{3}\rho\varepsilon\delta_{ij} \tag{2-98}$$

应当指出,耗散项的这种模拟方案虽然很简便,但却缺乏严格的依据。目前在某些应用场合下,已经显示出明显的不足。因此,发展更为可靠实用的耗散率的模型是当前湍流研究中的一个相当活跃的课题。

3) 压力应变项

φ_{ij} 在雷诺应力的输运过程中起着十分重要的作用,特别是对压力有急剧变化的内燃机缸内湍流而言,该项的正确模拟,已经成为湍流模型成败的关键。因此我们在这里要对其加以较为详细的讨论。

模拟 φ_{ij} 的思路是首先建立并求解脉动压力 p 的微分方程,再设法研究影响 φ_{ij} 的重要因素,进而对这些影响因素分别实行模化。

用 x_l 方向的瞬态流的 N-S 方程减去该方向的雷诺方程,把得到的脉动速度 u_l 的输运方程对 x_l 取导数,再利用脉动速度场的不可压条件,便可导出脉动压力 p 的微分方程

$$\frac{1}{\rho} \frac{\partial^2 p}{\partial x_l^2} = -\frac{\partial^2}{\partial x_l \partial x_m}(u_l u_m - \overline{u_l u_m}) - 2\frac{\partial U_m}{\partial x_l}\frac{\partial u_l}{\partial x_m} \tag{2-99}$$

这是一个以 p 为因变量的泊松方程,它是椭圆形的,说明对脉动压力的影响来自四面八方;方程中不含分子黏性系数,说明 p 的传播不受分子黏性耗散作用的直

接影响。在远离固壁的空间系统中,泊松方程的通解可用以求解点为球心的一个球积分表为

$$\frac{p}{\rho} = \frac{1}{4\pi}\int_{\tau} A \frac{\mathrm{d}\tau}{r} \tag{2-100}$$

式中,A 代表方程(2-99)右边各项之总和;r 是积分球面的半径。把上式两端同乘以 $\rho\left(\dfrac{\partial u_i}{\partial x_j} + \dfrac{\partial u_j}{\partial x_i}\right)$ 并取平均,得到

$$\overline{p\left(\frac{\partial u_i}{\partial x_j} + \frac{\partial u_j}{\partial x_i}\right)} = \varphi_{ij} = \varphi_{ij1} + \varphi_{ij2} + \varphi_{ijw} \tag{2-101}$$

其中

$$\varphi_{ij1} = \frac{\rho}{4\pi}\int_{\tau} \overline{\left(\frac{\partial^2 u_l u_m}{\partial x_l \partial x_m}\right)\left(\frac{\partial u_i}{\partial x_j} + \frac{\partial u_j}{\partial x_i}\right)} \frac{\mathrm{d}\tau}{r} \tag{2-102}$$

$$\varphi_{ij2} = \frac{\rho}{2\pi}\int_{\tau} \left(\frac{\partial U_m}{\partial x_l}\right)\overline{\left(\frac{\partial u_l}{\partial x_m}\right)\left(\frac{\partial u_i}{\partial x_j} + \frac{\partial u_j}{\partial x_i}\right)} \frac{\mathrm{d}\tau}{r} \tag{2-103}$$

φ_{ijw} 为体现固壁边界影响的表面积分项,其表达式从略。φ_{ij1} 和 φ_{ij2} 所包含的积分难以得到显式结果,可行的途径只能是抓住其各自的特征,再根据压力应变项的功能,提出其模拟表达式。然后再根据计算结果与实验数据的对比,对模拟式进行改进和完善。

　　首先我们注意到,对于不可压流,作为张量的压力应变项的一个基本特点是其迹数(主对角线三元素之和)为零

$$\mathrm{tr}(\varphi_{ij}) = \varphi_{ii} = 2\,\overline{p\frac{\partial u_i}{\partial x_i}} = 0 \tag{2-104}$$

　　雷诺应力张量主对角线的三元素表示三个坐标方向上的雷诺正应力,也可视为湍能在三个方向上的分配。因此,$\varphi_{ii} = 0$ 意味着压力应变项对湍能 k 的大小没有影响,而只影响 k 在三个方向上的分配。φ_{ij} 对雷诺应力的主要作用也同样是使其在各分量之间进行再分配。但 φ_{ij1} 和 φ_{ij2} 这两部分各自产生这种再分配作用的机理是不同的。φ_{ij1} 的表达式中只含脉动量而与平均流参数无关,它所体现的湍流脉动场的作用总是使各个方向的雷诺应力趋向于相等,即趋于各向同性化。φ_{ij2} 则代表平均流场与湍流脉动场的相互作用。φ_{ij2} 在文献中通常被称为快速项。这一名称来自流体力学中的所谓"快速畸变"这一概念。假定在湍流流场中,急速地施加一个平均速度梯度,则按快速畸变理论,湍流涡团本身之间的非线性相互作用,以及由此而引起的 φ_{ij1} 的变化均可忽略不计,而唯一重要的脉动压力只能是与 φ_{ij2} 有关的那一部分。再者,当一个初始为各向同性的湍流场受到一个突发性应变(不一定很快)的作用时,运动方程中所有与 φ_{ij2} 无关的关联项都逐渐地从各向同性变为各向异性,而与 φ_{ij2} 有关的项则是立即变为各向异性。由于快速项对流场的各

向异性结构有强烈影响,对其实施模化时需特别慎重。

Rotta 根据 φ_{ij1} 的各向同性化作用,对其提出了下列模化方案:

$$\varphi_{ij1} = -C_1 \frac{\rho\varepsilon}{k}\left(\overline{u_i u_j} - \frac{2}{3}\delta_{ij}k\right) \tag{2-105}$$

右端括号中两项表示雷诺应力的各向异性部分。不难证明,这样模拟的 φ_{ij1} 具有使雷诺应力和湍能趋于各向同性的作用。常数 C_1 的取值范围为 $1.5\sim3.0$。

与此类似,Naot 等提出了快速项 φ_{ij2} 的模拟方案

$$\varphi_{ij2} = -C_2\left(G_{ij} - \frac{1}{3}\delta_{ij}G\right) \tag{2-106}$$

式中,G_{ij} 和 G 分别为雷诺应力和湍能(即雷诺应力的各向同性部分)的产生率,其中包含了平均流速度梯度与湍流脉动量的相互作用。上式体现出压力应变相关项使雷诺应力的产生率趋于各向同性的特征。常数 C_2 的取值范围为 $C_2\leqslant0.6$。

对可以忽略壁面影响的湍流系统而言,式(2-105)和式(2-106)是模拟压力应变项的典型方案。虽然多年来对 φ_{ij} 的模拟已经进行了比较深入广泛的研究,也提出了为数不少的模型,但大量的计算表明,从工程应用的角度来看,式(2-105)和式(2-106)所代表的较简单的模型对多数应用场合都能较好地兼顾准确性和经济性,其中 Launder、Reece 和 Rodi 三人于 1975 年提出的模型,取 $C_1=1.8,C_2=0.6$,简称为 LRR 模型,是目前应用最多的一种雷诺应力模型。

把 D_{ij}、ε_{ij} 和 φ_{ij} 的模拟式(2-97)、(2-98)、(2-105)和(2-106)代入式(2-91),我们便得到经模化后的所谓"标准"的雷诺应力的微分方程

$$\frac{\partial}{\partial t}(\rho\overline{u_i u_j}) + \frac{\partial}{\partial x_k}(\rho U_k \overline{u_i u_j}) = \frac{\partial}{\partial x_k}\left[C_s\rho\frac{k}{\varepsilon}\overline{u_k u_l}\frac{\partial}{\partial x_l}(\overline{u_i u_j}) - C_1\frac{\varepsilon}{k}\rho\left(\overline{u_i u_j} - \frac{2}{3}\delta_{ij}k\right)\right.$$
$$\left. - C_2\left(G_{ij} - \frac{2}{3}\delta_{ij}G\right) - \frac{2}{3}\delta_{ij}\rho\varepsilon + G_{ij}\right] \tag{2-107}$$

由于雷诺应力是二阶对称张量,有 6 个独立分量,因而式(2-107)代表 6 个微分方程。同时这些方程中还含有湍流参数 k 和 ε。k 可由雷诺应力中的 3 个正应力分量相加而得到,ε 则仍需求解其输运方程。但需注意,雷诺应力模型(RSM)中的 ε 方程与 k-ε 模型中的 ε 方程在形式上略有不同,这是由于在应力模型中不存在湍流黏性系数的概念,其经验常数的取值也略有不同。在 RSM 中经模化的 ε 方程为

$$\frac{\partial\varepsilon}{\partial t} + \frac{\partial}{\partial x_j}(\rho U_j\varepsilon) = \frac{\partial}{\partial x_j}\left(C_s\rho\frac{k}{\varepsilon}\overline{u_i u_j}\frac{\partial\varepsilon}{\partial x_i}\right) + C_{\varepsilon1}\frac{\varepsilon}{k}G - C_{\varepsilon2}\frac{\varepsilon^2}{k} \tag{2-108}$$

式中常数一般取值为 $C_s=0.15,C_{\varepsilon1}=1.34,C_{\varepsilon2}=1.8$。

式(2-107)与式(2-108)共 7 个方程一起构成了湍流的微分形式的雷诺应力模型(DSM)。

El Tahry[22]于 1983 年首次将上述 Launder 等的 DSM 模型用于计算一个轴对称模型气缸内的湍流流场。与实验数据的比较表明,计算结果相当好地重现了流场的特征及变化趋势,而且定量地看,较 k-ε 模型也有明显的改进,但在实验和计算之间,仍然存在一些偏差,特别是湍流脉动流的参数。

目前比较一致的看法是,按式(2-105)和式(2-106)模拟的压力应变项过于简单,因为它把 φ_{ij} 与雷诺应力间复杂的非线性关系简化为线性关系。

按照这一思想,Speziale、Sarkar 和 Gatski 于 1991 年提出了一个非线性的二阶应力模型,称为 SSG 模型[23]。他们在 φ_{ij} 的模拟式中引入了雷诺应力各向异性张量 a_{ij} 的平方项

$$
\begin{aligned}
\varphi_{ij} = & -C_1 \varepsilon a_{ij} + C_2 \varepsilon (a_{ik} a_{kj} - \frac{1}{3} a_{kl} a_{kl} \delta_{ij}) \\
& + C_3 k (S_{ij} - \frac{1}{3} \langle S \rangle \delta_{ij}) + C_4 k (a_{ik} S_{jk} - \frac{2}{3} a_{kl} S_{kl} \delta_{ij}) \\
& + C_5 k (a_{ik} \omega_{jk} + a_{jk} \omega_{ik})
\end{aligned}
\tag{2-109}
$$

式中,各常数取值为

$$
C_1 = 3.4 + 1.8 G_k / \varepsilon,\ C_2 = 4.2,\ C_3 = 0.8 - 1.3 \amalg_a^{1/2}
$$
$$
C_4 = 1.35,\ C_5 = 0.4,\ \amalg_a = a_{ij} a_{ji}
$$

a_{ij}、S_{ij} 和 ω_{jk} 分别是雷诺应力各向异性张量、平均流应变率张量和旋转张量[参见式(2-114)~(2-116)],$\langle S \rangle$ 是张量 S_{ij} 的迹数。

3. 雷诺应力模型应用于内燃机缸内湍流实例

Lea 和 Watkins[24]对一台平顶活塞、进气阀位于气缸轴线上的模型发动机的缸内流场进行了激光测试和数值模拟,分别用 k-ε 模型和 LRR 模型计算了进气和压缩冲程内的流场演化。图 2-18 是进气冲程中(90°CA)距缸盖 $Z=15\text{mm}$ 剖面上轴向平均速度和湍流度的分布。由图可见,DSM 与 k-ε 模型对平均速度给出了大致相同的预测;而对湍流度,k-ε 模型的结果反而优于 DSM。这被归因为测量的湍流度可能包含了平均流的循环变动以及进气射流的冲击效应而过高,而 k-ε 模型则被公认为具有高估湍流度的特点。图 2-19 是压缩冲程的比较(324°CA 和 360°CA 两个时刻)。这里,DSM 充分显示出其优越性,无论平均速度还是湍流度都与实验符合得很好,而 k-ε 模型则给出了误差很大,甚至不可接受的结果。

李芳等[25]应用 DSM 对一平顶活塞气缸内的湍流进行了模拟计算,着重研究雷诺应力的各向异性特征。分别采用两种 DSM(LRR 和 SSG)以及两种 k-ε 模型进行对比计算。图 2-20 所示为雷诺应力径向正应力与切向正应力之比值在压缩冲程中的演化。显然,DSM 如实地模拟了雷诺应力在上止点附近的各向异性特征,k-ε 模型则无法做到这一点。

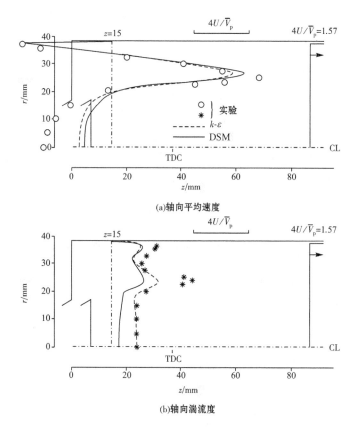

(a)轴向平均速度

(b)轴向湍流度

图 2-18　k-ε 模型与 DSM 的比较(吸气冲程 $90°CA$)

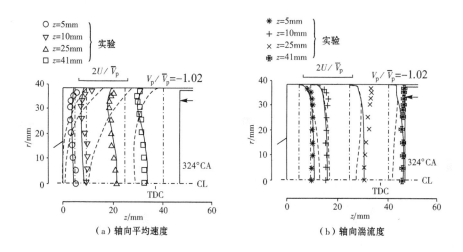

（a）轴向平均速度　　　　　　（b）轴向湍流度

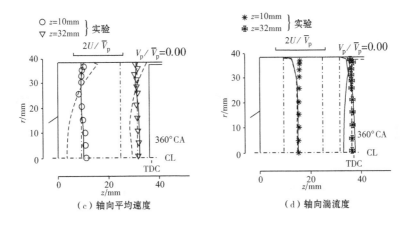

（c）轴向平均速度　　　　　　　　　　（d）轴向湍流度

图 2-19　k-ε 模型与 DSM 的比较（压缩冲程）

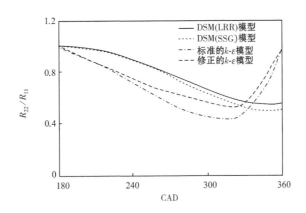

图 2-20　雷诺应力径向正应力分量与轴向正应力分量之比

雷诺应力模型在 20 世纪 90 年代曾经得到学术界较大的重视，被认为是一种有较大发展潜力的湍流模型。但是，伴随着新世纪的来临，由于计算机资源的快速发展，大涡模拟方法正逐步取代 DSM，成为研究热点并得到日益广泛的应用，因而目前 DSM 的价值主要是在学术研究方面，其在工程方面的应用并不多见。最近，Hamlington 等应用 DSM 对内燃机缸内非平衡湍流进行了研究[26]，着重考察其各向异性特征。通过对几种 DSM 模型计算结果与快速畸变理论以及实验结果的比较，他们发现，对缸内流动而言，湍流非平衡度（定义为湍流特征时间与平均流特征时间之比）是影响各类湍流模型预测能力的一个重要参数。在此基础上，他们提出了一个新的非平衡湍流的模型。

2.3.8　代数应力模型（ASM）

DSM 模型较之涡黏度模型具有明显的优越性，但从工程应用的角度来看，其计算成本现阶段仍然是难以接受的。因此，人们十分希望建立这样一类模型，它既能在一定程度上保留 DSM 的优点，而计算成本又可为一般的工程应用所接受。所谓代数应力模型正是这一思想的产物。

Rodi 等[27]首先提出了代数应力模型（ASM）的设想。其基本思路是设法将雷诺应力的微分输运方程简化为代数表达式，以克服 DSM 过分复杂的缺点，而同时又保留其能反映湍流各向异性的优点。由于微分方程中含应力导数的项是对流项与扩散项，因此要将微分方程简化为代数式，只需设法消去方程中的对流项和扩散项。为此，Rodi 等先后提出了两种不同的近似方法。

1. 平衡近似

该近似是基于湍流处于局部平衡态这一假设，从而可简单地略去应力微分方程中的对流和扩散输运项，并认为应力生成和耗散达到局部的平衡。于是，应力微分方程(2-107)便简化为

$$G_{ij} + \varphi_{ij} - \varepsilon_{ij} = 0$$

将式(2-98)、(2-105)和式(2-106)代入上式，经整理后可得

$$\overline{u_i u_j} = k\left[\frac{2}{3}\delta_{ij} + (1-C_2)(G_{ij} - \frac{2}{3}\delta_{ij}G_k)/C_1\rho\varepsilon\right] \tag{2-110}$$

此即描述雷诺应力的代数方程。

2. 线性近似

该近似并不简单地忽略应力的输运，而是假定其输运（对流和扩散）与湍能 k 的输运成正比，由此可推知，应力的生成与耗散正比于湍能的生成与耗散

$$(G_{ij} + \varphi_{ij} - \varepsilon_{ij}) \propto (G_k - \rho\varepsilon)$$

我们注意到，对上式左端各张量做下标的缩并，便得到右端（对不可压流 $\varphi_{ij} = 0$）。因而不难确定上式的比例系数，这样得到

$$G_{ij} + \varphi_{ij} - \varepsilon_{ij} = \frac{\overline{u_i u_j}}{k}(G_k - \rho\varepsilon) \tag{2-111}$$

代入左端各项的表达式，经整理后有

$$\overline{u_i u_j} = k\left[\frac{2}{3}\delta_{ij} + \frac{(1-C_2)(G_{ij} - \frac{2}{3}\delta_{ij}G_k)}{G_k + (C_1 - 1)\rho\varepsilon}\right] \tag{2-112}$$

注意到上式与式(2-110)的区别仅在右端第二项的分母有所不同。

由于代数应力模型表达式(2-110)和(2-112)之右端的 G_{ij} 中含有应力张量 $\overline{u_i u_k}$ 和 $\overline{u_j u_k}$，因而这两个表达式实际上都代表着雷诺应力的 6 个分量为未知数的代数方程组，必须联立求解。同时，由于方程中还含有湍流参数 k 和 ε，其中 k 虽然可由 3 个正应力得出，但 ε 却是一个独立的未知数。因而目前通常采用的方法是把代数应力表达式(2-110)或(2-112)与 k-ε 模型相结合。在这个意义上，我们可以把 ASM 称为扩展的 k-ε 模型。

为了进一步考察 ASM 与标准 k-ε 模型的异同，我们不妨把式(2-109)略加改造，将 G_{ij} 的表达式(2-94)代入，并假定湍能处于平衡态，即 $G_k = \rho\varepsilon$，再令 $\lambda = (1 - C_2)/C_1$，于是式(2-110)可改写为

$$\overline{u_i u_j} = (1 - \lambda)\frac{2}{3}\delta_{ij}k - \lambda\frac{k}{\varepsilon}\left(\overline{u_i u_k}\frac{\partial U_j}{\partial x_k} + \overline{u_j u_k}\frac{\partial U_i}{\partial x_k}\right) \qquad (2\text{-}113)$$

如将上式与标准 k-ε 模型中所用的 Boussinesq 公式相比

$$\overline{u_i u_j} = \frac{2}{3}\delta_{ij}k - C_\mu\frac{k^2}{\varepsilon}\left(\frac{\partial U_i}{\partial x_j} + \frac{\partial U_j}{\partial x_i}\right)$$

显然，除了常数不同外，二者主要的区别是，原来是标量的黏性系数 $C_\mu k^2/\varepsilon$ 被张量 $\lambda\,\overline{u_i u_k}k/\varepsilon$ 和 $\lambda\,\overline{u_j u_k}k/\varepsilon$ 所取代。这意味着，在 ASM 中，C_μ 不再是常数，而是变量，而且是一个张量，其值取决于 $\overline{u_i u_k}/k$ 和 $\overline{u_j u_k}/k$。这样得出的湍流黏性系数自然体现了更多的物理因素，特别是各向异性的影响。而且，ASM 中的模型常数 C_1、C_2 都是直接来自 DSM，此外再无新的经验常数。ASM 总的计算量较之 k-ε 模型增加不多，对于有旋流，流线有曲率，浮力和离心力起重要作用的场合，它往往能给出明显优于 k-ε 模型的预测结果。这些优点使得 ASM 近年来越来越受到重视，在工程上的应用也日益广泛。

但对内燃机而言，由于缸内湍流的复杂性和特殊性，式(2-110)和式(2-112)所代表的标准的 ASM 较之 k-ε 模型并无明显改善，这主要是因为它所包含的线性本构关系不适合于缸内湍流。ASM 的另一个重要缺点是数值求解上的困难，前已指出，应用 ASM 时，需将雷诺应力的一个代数方程组与 k-ε 方程耦合求解。对于一些较简单的流动，ASM 的代数方程组常可简化为雷诺应力与平均应变率之间的一个显式的代数式，从而可以方便地求解。但对于一般的三维流动，ASM 的代数方程组往往是病态的，其迭代求解的收敛性很差，有时甚至不收敛。为了克服 ASM 的这两个缺点，人们很希望构筑一个用应力与平均速度场参数之间的显式关系表达的非线性代数应力模型，亦即下面要介绍的非线性涡黏度模型。

2.3.9　非线性涡黏度模型（NLEVM）

如上所述，ASM 实质上可归结为一个能在一定程度上体现各向异性特征的联系雷诺应力与平均应变率的代数关系式。但这种线性本构关系对复杂的工程湍

流,如涉及强旋流、大流线曲率、浮升力和强压缩性等场合仍难以给出满意的预测。另一方面,微分应力模型虽然具有优越的性能,但其高昂的计算成本使其现阶段仍难以在工程计算中得到广泛应用。这样,介于此二者之间的非线性代数应力模型(NLASM)或非线性涡黏度模型(NLEVM)就成为多数工程应用中的最佳选择。NLASM 与 NLEVM 本质上是完全相同的,二者的区别仅在于构造模型的途径不同。NLASM 是从雷诺应力的输运方程出发通过一定假设将其简化为代数方程(如同 2.3.8 节所述),而 NLEVM 一般是从张量不变性原理出发,直接构筑应力与应变率之间的非线性代数关系式。事实上,NLASM 的建模过程中,同样离不开张量不变性理论。所以,本书不妨将其统称为 NLEVM。

应当指出,湍流模型在 20 世纪末的主要研究进展当首推非线性涡黏度模型。在该领域,不仅发表了为数可观的论文,提出了多种非线性模型,而且在实际应用上也呈现出一派蓬勃的局面[28~32]。限于篇幅,这里仅介绍其中两种三阶模型。

1. 三阶非线性涡黏度模型-DUT 模型

从国内现阶段计算机资源的实际情况出发,一个富有竞争力的湍流模型应当在计算成本上与 $k\varepsilon$ 模型相差不大,而又能充分反映缸内湍流"三强一异"的特点。本书作者试图采用理性力学的建模方法在这方面做一些探讨[33,34]。理性力学的基本方法是,把流动的宏观特性所必须遵循的原则(主要有坐标变换的不变性原则和模型的可实现性原则)作为建模时的约束条件,导出模型的一般表达式,最后利用实验数据或其他"标定"方法确定函数的具体形式和系数的值。这样得到的模型可望具有较大的通用性[35]。

Pope[36]根据张量不变性原理和量纲分析,提出了建立雷诺应力与平均流速度梯度之间本构关系的一个普遍方法,同时针对二维不可压流这一简单情况求出了一个具体的解,并证明了它较之常用准牛顿公式的优越性。文献[33]把 Pope 的分析方法推广到三维普遍情况,而且考虑了流体的压缩性,从而导出一个包括应变率张量 S_{ij} 和旋转张量 ω_{ij} 直到三阶项的非线性本构方程,称为 DUT(大连理工大学)模型。

在满足坐标不变性的前提下,根据雷诺方程可以证明,雷诺应力仅仅是平均流速度梯度 $\partial U_i/\partial x_j$ 的函数。该梯度可分解为一个对称张量(应变率张量 $\widetilde{S}_{ij}$)和一个反对称张量(旋转张量 $\widetilde{\omega}_{ij}$)之和

$$\frac{\partial U_i}{\partial x_j} = \frac{1}{2}\left(\frac{\partial U_i}{\partial x_j}+\frac{\partial U_j}{\partial x_i}\right) + \frac{1}{2}\left(\frac{\partial U_i}{\partial x_j}-\frac{\partial U_j}{\partial x_i}\right) = \widetilde{S}_{ij} + \widetilde{\omega}_{ij} \qquad (2\text{-}114)$$

对于缸内流动,平均流时间尺度与湍流时间尺度($\tau=k/\varepsilon$)同阶,故可用 τ 将 $\widetilde{S}_{ij}$ 和 $\widetilde{\omega}_{ij}$ 化为量纲一

$$S_{ij} = \widetilde{S}_{ij}k/\varepsilon, \quad \omega_{ij} = \widetilde{\omega}_{ij}k/\varepsilon \tag{2-115}$$

同时,我们集中考察雷诺应力张量的各向异性部分 a_{ij}(量纲一)

$$a_{ij} = \overline{u_i u_j}/k - 2\delta_{ij}/3 \tag{2-116}$$

显然 a_{ij} 是对称的零迹[$\mathrm{tr}(a_{ij}) = a_{ii} = 0$]张量,$\omega_{ij}$ 也为零迹,但 S_{ij} 之迹由于流体的压缩性而非零($S_{ii} = \mathrm{div}\boldsymbol{u} \neq 0$)。所谓本构方程就是建立 a_{ij} 与 S_{ij} 和 ω_{ij} 之间的普遍关系。

按照张量不变性理论,在二维情况下,由 S_{ij} 和 ω_{ij} 组成的线性无关的对称零迹的二阶张量只有 3 个,而三维情况下则有 10 个,它们是

$$
\left.
\begin{aligned}
&\boldsymbol{T}^1 = \boldsymbol{S} - \frac{1}{3}\boldsymbol{I}\langle\boldsymbol{S}\rangle && \boldsymbol{T}^2 = \boldsymbol{S}\boldsymbol{\Omega} - \boldsymbol{\Omega}\boldsymbol{S}\\
&\boldsymbol{T}^3 = \boldsymbol{S}^2 - \frac{1}{3}\boldsymbol{I}\langle\boldsymbol{S}^2\rangle, && \boldsymbol{T}^4 = \boldsymbol{\Omega}^2 - \frac{1}{3}\boldsymbol{I}\langle\boldsymbol{\Omega}^2\rangle\\
&\boldsymbol{T}^5 = \boldsymbol{\Omega}\boldsymbol{S}^2 - \boldsymbol{S}^2\boldsymbol{\Omega}, && \boldsymbol{T}^6 = \boldsymbol{\Omega}^2\boldsymbol{S} + \boldsymbol{S}\boldsymbol{\Omega}^2 - \frac{2}{3}\boldsymbol{I}\langle\boldsymbol{S}\boldsymbol{\Omega}^2\rangle\\
&\boldsymbol{T}^7 = \boldsymbol{\Omega}\boldsymbol{S}\boldsymbol{\Omega}^2 - \boldsymbol{\Omega}^2\boldsymbol{S}\boldsymbol{\Omega}, && \boldsymbol{T}^8 = \boldsymbol{S}\boldsymbol{\Omega}\boldsymbol{S}^2 - \boldsymbol{S}^2\boldsymbol{\Omega}\boldsymbol{S}\\
&\boldsymbol{T}^9 = \boldsymbol{\Omega}^2\boldsymbol{S}^2 + \boldsymbol{S}^2\boldsymbol{\Omega}^2 - \frac{2}{3}\boldsymbol{I}\langle\boldsymbol{S}^2\boldsymbol{\Omega}^2\rangle, && \boldsymbol{T}^{10} = \boldsymbol{\Omega}\boldsymbol{S}^2\boldsymbol{\Omega}^2 - \boldsymbol{\Omega}^2\boldsymbol{S}^2\boldsymbol{\Omega}
\end{aligned}
\right\} \tag{2-117}
$$

以上各式中,黑体字母表示张量,如 $\boldsymbol{I} = \delta_{ij}$,$\boldsymbol{S} = S_{ij}$,$\boldsymbol{S}^2 = S_{il}S_{lj}$,$\boldsymbol{\Omega}^2\boldsymbol{S} = \omega_{il}\omega_{lk}S_{kj}$ 等。〈·〉表示张量的不变量,即括号中张量之迹,如 $\langle\boldsymbol{S}^2\rangle = \mathrm{tr}\boldsymbol{S}^2 = S_{ij}S_{ji}$。在三维情况下,独立的不变量共有 6 个,即

$$\langle\boldsymbol{S}\rangle, \langle\boldsymbol{S}^2\rangle, \langle\boldsymbol{\Omega}^2\rangle, \langle\boldsymbol{S}^3\rangle, \langle\boldsymbol{S}\boldsymbol{\Omega}^2\rangle, \langle\boldsymbol{S}^2\boldsymbol{\Omega}^2\rangle \tag{2-118}$$

注意到对不可压流 $\langle\boldsymbol{S}\rangle = 0$,于是式(2-117)中 $\boldsymbol{T}^1$ 简化为 $\boldsymbol{T}^1 = \boldsymbol{S}$。Pope 证明,各向异性应力张量 $\boldsymbol{A}$ 的普遍形式可用 $\boldsymbol{T}^n$($n = 1, 2, \cdots, 10$)的张量多项式表示为

$$\boldsymbol{A} = \sum_n G^n \boldsymbol{T}^n \tag{2-119}$$

其中系数 G^n 是式(2-117)给出的各不变量的标量函数。这样,寻求本构关系的问题就转化为确定各系数 G^n。对一些简单的情况,可以利用实验数据的拟合来得出 G^n 的数值。但对于普遍情况,则必须借助于雷诺应力输运方程的某种简化形式,这里我们利用基于 Rodi 线性近似的代数应力模型式(2-112),应用张量记号并按式(2-116)用 a_{ij} 代替 $\overline{u_i u_j}$,该模型可表示为

$$\boldsymbol{A} = -g\left[b_1\boldsymbol{S} + b_2\left(\boldsymbol{A}\boldsymbol{S} + \boldsymbol{S}\boldsymbol{A} - \frac{2}{3}\boldsymbol{I}\langle\boldsymbol{A}\boldsymbol{S}\rangle\right) - b_3(\boldsymbol{A}\boldsymbol{\Omega} - \boldsymbol{\Omega}\boldsymbol{A})\right] \tag{2-120}$$

其中,$b_1 = 8/15$,$b_2 = (5 - 9C_2)/11$,$b_3 = (7C_2 + 1)/11$,$g = (C_1 + P/\varepsilon - 1)^{-1}$;$P$ 是雷诺应力的产生项;C_1、C_2 是 Launder 等提出的微分应力模型中的经验常数。

为确定标量系数 G^n,将方程(2-119)代入方程(2-120)得到

$$C\sum_n G^n T^n = -g\left\{b_1 T^1 + b_2\left[\sum_n G^n\left(T^n S + ST^n - \frac{2}{3}\langle T^n S\rangle I\right)\right]\right.$$
$$\left. -b_3\left[\sum_n g^n\left(T^n \Omega - \Omega T^n\right)\right]\right\} \tag{2-121}$$

由于 T^n 已包括系统中全部独立张量,从而 $T^n S$、ST^n、$T^n \Omega$ 和 ΩT^n 并非独立的,而可用 T^n 来表示,故可设

$$T^n S + ST^n - \frac{2}{3}\langle T^n S\rangle I = \sum_m {}^n H^m T^m \quad (m = 1, 2, \cdots, 10) \left.\right\}$$
$$T^n \Omega - \Omega T^n = \sum_m {}^n J^m T^m \qquad\qquad (n = 1, 2, \cdots, 10) \left.\right\} \tag{2-122}$$

式中,标量系数 ${}^n H^m$、${}^n J^m$ 是 T^n 的诸不变量的函数。利用张量分析中的 Cayley-Hamilton 定理,可把式(2-122)左端的张量组都用基本张量 T^n 来表示,然后让方程的两边对应项的系数相等,便可确定各系数 H 和 J,再代入方程(2-121),最后便得到一个以 G^n 为未知数的复杂的线性方程组,从而可解出各个 G^n。一般说来,如果考察全部 10 个基本张量,计算过程将变得极其繁杂而难以处理。为此我们设法对其进行简化。

根据张量理论,张量级数中高阶项的影响取决于基本张量的范数大小。对方程(2-119)而言,起决定性作用的是应变率张量的范数 $\parallel S \parallel$。如果 $\parallel S \parallel < 1$,则高阶项的影响将随着幂次的增大而逐渐减小。可以证明,对大多数内燃机而言,有 $0 < \parallel S \parallel < 1$。这表明,方程(2-119)中高阶项的影响是逐渐衰减,但又不能完全忽略。如果全部忽略二阶及二阶以上的各项,则得到的正是通常的线性本构方程。但如果保留全部 10 项 T^n,计算又过分复杂。因此,我们采取折中的方案,即保留 T^n 中的三阶项($n \leqslant 6$),而忽略影响相对较小的四、五阶项($7 \leqslant n \leqslant 10$)。这样,最后得出的非线性本构方程为

$$A = G^1(S - \langle S\rangle I/3) + G^2(S\Omega - \Omega S) + G^3(S^2 - \langle S^2\rangle I/3)$$
$$+ G^4(\Omega^2 - \langle \Omega^2\rangle I/3) + G^5(\Omega S^2 - S^2\Omega)$$
$$+ G^6(\Omega^2 S + S\Omega^2 - 2\langle S\Omega^2\rangle I/3) \tag{2-123}$$

式中各系数 G^n 的表达式非常冗长,此处从略。上式即为用显式表达的代数应力模型,它既充分地体现了非线性关系,又避免了求解应力的代数方程组难于收敛的困难。

常规的可压缩流线性本构关系即 Boussinesq 公式可改写为

$$A = -2C_\mu(S - \langle S\rangle I/3) \tag{2-124}$$

可见它正是方程(2-122)右端第一项($G^1 = -2C_\mu$)。如果保留方程(2-104)前两项,则可得出 Saffman 提出的考虑旋转张量的本构关系[28]

$$-\overline{u_i u_j} = 2\nu_t \widetilde{S}_{ij} - 2k\delta_{ij}/3 + C(k/\varepsilon)^2(\widetilde{S}_{ik}\widetilde{\omega}_{kj} + \widetilde{\omega}_{ik}\widetilde{S}_{kj}) \qquad (2\text{-}125)$$

可见常用的一些本构关系都不过是式(2-104)的特例,因而该式是具有较大通用性的本构方程。建立在此式基础上的非线性 ASM 可望比标准的 ASM 有更高的精度和更广的适应性。下面用两个算例来证明这一点。

图 2-21 是分别采用三种不同的湍流模型(k-ε、标准 ASM 和非线性 ASM)计算的一台平顶活塞发动机缸内平均湍能在压缩行程中的变化曲线。三条曲线显示相同的趋势,但压缩末期的湍能峰值有所不同。图 2-22 是这三种模型对一圆柱形凹坑燃烧室内湍流轴向平均速度和湍流度的计算结果及其与实验的比较。总体上看,非线性 ASM 的结果最接近实验值。

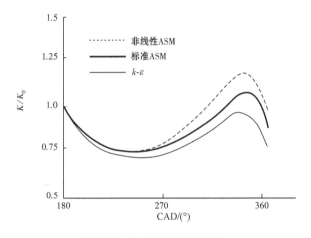

图 2-21 缸内平均湍能变化

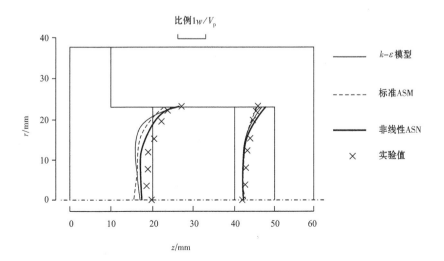

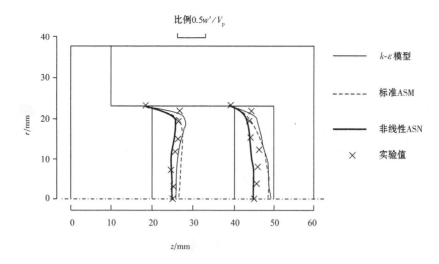

图 2-22　三种湍流模型计算结果的比较

所建立的非线性 ASM 模型虽较 k-ε 模型和标准的 ASM 模型有一定改进,但其预测精度和能力尚非十分理想。其主要原因是该模型的基础中仍包含着两个薄弱环节。一是作为本模型出发点的 Launder 等的 DSM 模型中对压力应变项的模拟过于简单;二是本模型仍然是基于 Rodi 的近似假设,完全忽略了应力输运方程中的瞬变项。这两点对多数工程湍流问题都是可以接受的,但对内燃机缸内湍流却不能成立。因此在进一步工作中,应以此两点为主攻目标,在压力应变项中引入高阶项,同时设法在 ASM 中考虑应力的时间变化率。这样将有可能使模型得到较大的改进。

2. 三阶非线性涡黏度模型-UMIST 模型

长期以来,英国曼彻斯特大学理工学院(UMIST)以 Launder 为首的研究小组在湍流的雷诺应力模型方面开展了持久深入的研究工作。20 世纪 90 年代以后,他们对非线性涡黏度模型给予了特别的关注,取得了重要的进展[29,30]。1996 年,几乎与 DUT 模型同时,他们也提出了一个三阶非线性涡黏度模型。他们认为,模型中的二阶项主要解决各向异性问题,而三阶项则可考虑流线弯曲等影响因素。该模型的数学形式为

$$\boldsymbol{A} = -2\frac{\nu_\mathrm{t}}{k}(\boldsymbol{S} - \langle\boldsymbol{S}\rangle\boldsymbol{I}/3) + C_1\frac{\nu_\mathrm{t}}{\varepsilon}(\boldsymbol{S}^2 - \langle\boldsymbol{S}^2\rangle\boldsymbol{I}/3) +$$

$$C_2\frac{\nu_\mathrm{t}}{\varepsilon}(\boldsymbol{S}\boldsymbol{\Omega} - \boldsymbol{\Omega}\boldsymbol{S}) + C_3\frac{\nu_\mathrm{t}}{\varepsilon}(\boldsymbol{\Omega}^2 - \langle\boldsymbol{\Omega}^2\rangle\boldsymbol{I}/3) +$$

$$C_4 \frac{\nu_t k}{\varepsilon^2}(\boldsymbol{\Omega S}^2 - \boldsymbol{S}^2\boldsymbol{\Omega}) +$$

$$C_5 \frac{\nu_t k}{\varepsilon^2}(\boldsymbol{\Omega}^2\boldsymbol{S} + \boldsymbol{S\Omega}^2 - 2\langle\boldsymbol{S\Omega}^2\rangle\boldsymbol{I}/3) +$$

$$C_6 \frac{\nu_t k}{\varepsilon^2}\langle\boldsymbol{S}^2\rangle\boldsymbol{S} + C_7 \frac{\nu_t k}{\varepsilon^2}\langle\boldsymbol{\Omega}^2\rangle\boldsymbol{S} \tag{2-126}$$

上式与方程(2-123)除各项系数写法有差别外,几乎完全相同,最后两项是从第一项中分离出来的。该模型的主要特点是:各项系数 $C_1, C_2, \cdots, C_7$ 不是单纯基于张量不变性理论和可实现性条件,而主要是根据宽范围的实验测量和直接数值模拟所提供的数据回归优化后得出的。方程中最后两项分离出来的原因正是为了便于针对某些基本的湍流流动情况进行比较,以确定系数取值。方程(2-126)中 $\nu_t = C_\mu k^2/\varepsilon$ 为湍流运动黏度,$\tilde{\varepsilon} = \varepsilon - 2\nu(\partial k^{1/2}/\partial x_j)^2$ 为湍能耗散率的各向同性部分。文献[29]给出的各系数的取值如表 2-3 所示。

表 2-3　方程(2-126)中各系数的值[29]

C_1	C_2	C_3	C_4	C_5	C_6	C_7
-0.1	0.1	0.26	$-10C_\mu^2$	0	$-5C_\mu^2$	$5C_\mu^2$

不久之后,Craft 等[30]发现,对于充分发展的湍流管流或明渠流,按表 2-3 所给系数值算出的三个方向的湍流度相差太小,即过分低估了其各向异性,这将在计算壁面热流时产生严重的误差。据此,他们认识到必须在系数中考虑到除湍流雷诺数之外的更多影响因素,即 DUT 模型系数中也包含的应变率张量和旋转张量的不变量$\langle\boldsymbol{S}\rangle$和$\langle\boldsymbol{\Omega}\rangle$。经过重新匹配和优化的各系数的取值如表 2-4 所示。

表 2-4　方程(2-126)中各系数修正值[30]

C_1	C_2	C_3	C_4	C_5	C_6	C_7
$-0.05\dfrac{f_q}{f_\mu}$	$0.11\dfrac{f_q}{f_\mu}$	$0.21\dfrac{f_q\widetilde{S}}{f_\mu(\widetilde{S}+\tilde{\omega})/2}$	$-0.8f_c$	0	$-0.5f_c$	$0.5f_c$

C_μ			f_μ		
$\dfrac{0.667r_\eta\{1-\exp[-0.415\exp(1.3\eta^{5/6})]\}}{1+1.8\eta}$			$\dfrac{1.1\sqrt{\varepsilon/\tilde{\varepsilon}}[1-0.8\exp(-R_t/30)]}{1+0.6A_2+0.2A_2^{3.5}}$		

r_η			f_q		f_c
$1+\langle1-\exp[-(2A_2)^3]\rangle\left[1+4\sqrt{\exp\left(-\dfrac{R_t}{20}\right)}\right]$			$\dfrac{r_\eta}{(1+0.0086\eta^2)^{1/2}}$		$\dfrac{r_\eta^2}{1+0.45\eta^{2.5}}$

近年来,文献中还报道了其他几种三阶非线性涡黏度模型,它们彼此间都没有本质区别,只是针对不同的应用场合,在系数的取值上有所不同而已。最近,Bianchi 等[37]应用 Speziale 的二阶模型和 UMIST 三阶模型对内燃机缸内的流动进行了比较系统的计算研究,他们根据实验和计算结果的对比与优化,将 UMIST 模型中的系数针对内燃机应用场合进一步加以修正,如表 2-5 所示。

表 2-5　方程(2-126)中各系数的修正值[37]

C_1	C_2	C_3	C_4	C_5	C_6	C_7
$-1/\widetilde{S}$	$1/\widetilde{S}$	0	$-5/\widetilde{S}$	0	$-5/\widetilde{S}$	$5/\widetilde{S}$

注:$\widetilde{S}=(S_{ij}S_{ij})^{1/2}k/\varepsilon$。

2.3.10　湍流的大涡模拟(LES)

1. LES 的控制方程

前面在介绍湍流基础知识中已经提到,湍流脉动结构中各种尺度涡团的统计特性及其对湍流所起的作用是各不相同的。大尺度涡团与流场的初始条件和边界条件有密切关系,呈现出各向异性的特点,因而各种不同类型的具体流动之间,其大涡团的结构和运动有很大差别。小涡团的运动特征受边界条件和初始条件影响甚小,是彼此相似而且各向同性的。由此人们自然想到,对大、小涡团在数值计算上可以用不同方式处理,即把对应于不同尺度涡团的量分为可解尺度量和亚网格尺度量。前者可被计算网格分辨出来,故无需加以模化,可直接求解三维非定常流控制方程,即 N-S 方程而得出。后者因小于网格,无法直接求解,需通过一定假设模化为可解尺度量的函数,亦即构筑其湍流模型。由于小尺度结构在统计上较好地满足各向同性,单独对其模化的结果必然要比对全部涡团同时模化来得更准确。这就是大涡模拟(large eddy simulation,LES)方法的基本思路。

应当注意的是,LES 中所谓大、小涡团的长度尺度不是流场计算的客观结果,而是由所选用网格的大小所决定的。如同一个筛子,能通过筛子网眼的为小涡团,不能通过的则为大涡团。因此实施大涡团模拟,必须有足够精细的网格,否则 LES 与普通的湍流全场模拟法就没有本质区别了。

实施 LES 的第一步是对大尺度速度场和标量场作出明确的定义。这些场必须是消去了,或更形象地说是"滤除"了小尺度脉动影响的局部平均场。为此,需将控制流场的输运方程在一个大小与差分网格同一量级的空间中取平均,这样得出的流场即为大尺度场,而实际场与大尺度场之差即为小尺度的湍流场(亚网格尺度场)。

因此,我们定义一个过滤速度 $\overline{u}_i$

$$\overline{u}_i(x,t) = \int G(x,x',\Delta)u_i(x',t)\mathrm{d}x' \qquad (2\text{-}127)$$

式中,$G(x,x',\Delta)$ 称为过滤函数,它决定大涡团在全部涡团中所占比例;Δ 是过滤

宽度,通常取成网格尺寸的 2 倍,对于三个方向尺寸不等的网格系统,Δ 取为

$$\Delta = 2(h_1 h_2 h_3)^{1/3} \tag{2-128}$$

或

$$\Delta = 2(h_1^2 + h_2^2 + h_3^2)^{1/2}/\sqrt{3} \tag{2-129}$$

式中,h_i 表示 i 方向网格尺寸。过滤函数的形式和过滤宽度的大小都有一定的选择性,对于均匀湍流,Reynolds 建议采用高斯分布型的过滤函数

$$G(x - x', \Delta) = A e^{-6r^2}/\Delta^2 \tag{2-130}$$

式中,A 为常数,其大小由过滤函数的归一化条件确定;$r \equiv |x - x'|$。

在大涡模拟中速度 u_i 可分解为过滤速度 $\overline{u_i}$ 及其偏离值 u_i' 之和,亦即大尺度分量与亚网格尺度分量之和,如图 2-23 所示。即(此处符号与本书其他各处有别,u_i 不表示脉动速度而表示瞬时速度)

$$u_i = \overline{u_i} + u_i' \tag{2-131}$$

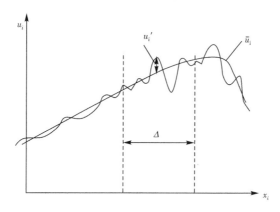

图 2-23　大涡模拟中速度的分解

与雷诺分解不同,对速度过滤时 $\overline{\overline{u_i}} \neq \overline{u_i}$,$\overline{u_i'} \neq 0$,因此,

$$\overline{u_i} = \overline{\overline{u_i}} + \overline{u_i'} \tag{2-132}$$

按上述规则对不可压连续方程和 N-S 方程实施过滤,可得

$$\frac{\partial \overline{u_i}}{\partial x_i} = 0 \tag{2-133}$$

$$\frac{\partial \overline{u_i}}{\partial t} + \frac{\partial \overline{u_i u_j}}{\partial x_j} = -\frac{1}{\rho} \frac{\partial \overline{p}}{\partial x_i} + \nu \frac{\partial^2 \overline{u_i}}{\partial x_j^2} \tag{2-134}$$

式中,$\overline{u_i u_j} = \overline{\overline{u_i}\,\overline{u_j}} + \overline{\overline{u_i} u_j'} + \overline{u_i' \overline{u_j}} + \overline{u_i' u_j'}$。可简化成

$$\overline{u_i u_j} = \overline{\overline{u_i}\,\overline{u_j}} + R_{ij}$$

式中,$R_{ij} = \overline{\overline{u_i} u_j'} + \overline{u_i' \overline{u_j}} + \overline{u_i' u_j'}$。

对于过滤速度的过滤乘积,通常写成

$$\overline{\overline{u_i}\,\overline{u_j}} = \overline{u_i}\,\overline{u_j} + L_{ij} \tag{2-135}$$

式中,L_{ij} 称为伦纳德(Leonard)应力,可以通过对过滤速度之积进行泰勒级数展开得到,显然 L_{ij} 的形式与选用的过滤函数有关。

$$\overline{\overline{u_i}\,\overline{u_j}} = \overline{u_i}\,\overline{u_j} + \frac{\Delta^2}{24}\frac{\partial^2(\overline{u_i}\,\overline{u_j})}{\partial x_k^2} + \cdots$$

略去高阶无穷小量,则有

$$L_{ij} = \frac{\Delta^2}{24}\frac{\partial^2(\overline{u_i}\,\overline{u_j})}{\partial x_k^2} \tag{2-136}$$

L_{ij} 与亚网格尺度应力一样,具有 Δ^2 的量级。

通常把 $(-\rho R_{ij})$ 称为亚网格尺度雷诺应力,它是在对 N-S 方程实施过滤的过程中出现的新的未知量,出自非线性的对流项。为使控制方程组封闭,需要对 R_{ij} 进行模拟,这就是亚网格尺度模型。

将 $\overline{u_i u_j}$ 中各有关表达式代入式(2-115),便得到 LES 中大尺度速度场的基本控制方程

$$\frac{\partial \overline{u_i}}{\partial t} + \frac{\partial(\overline{u_i}\,\overline{u_j})}{\partial x_j} = -\frac{\partial \overline{p}}{\rho \partial x_i} - \frac{\partial R_{ij}}{\partial x_j} - \frac{\partial L_{ij}}{\partial x_j} + \nu \frac{\partial^2 \overline{u_i}}{\partial x_j^2} \tag{2-137}$$

式中,R_{ij} 和 L_{ij} 分别由式(2-119)和式(2-117)给出;ν 是分子黏性系数。

LES 的控制方程与湍流时均流的雷诺方程(RANS)在形式上十分相似,但二者却有本质的区别。

(1)雷诺方程是对时间取平均得出的,即抹去了所有涡团所产生的时间上的脉动值;而 LES 是对湍流进行空间上的过滤,它滤除了小涡的脉动,却保留了大涡的脉动,这样得出的速度自然是瞬时速度(当然不再含高波数分量)。

(2)两者对涡团尺度的分辨能力有很大差别。LES 所能求解的尺度远远小于 RANS,该尺度通常取决于网格的分辨率;而 RANS 所能求解的尺度是取决于其所采用的湍流模型,而并非网格尺寸的函数(假定网格足够精细,以致可忽略数值扩散)。

(3)LES 的边界条件和初始条件必须包含有对湍流脉动在时间和空间上的足够的分辨率,以便能与 LES 所采用的时间步长和空间网格尺寸相匹配,而 RANS 只需在边界上的时均信息。对统计定常湍流,初始条件并不重要。但对发动机内的湍流,如果只计算一两个循环,则初始条件无论对 RANS 还是对 LES 都是很重要的。

(4)关于数值精度,由于 RANS 的湍流涡黏度远远大于 LES,而且一般并不随着网格的加密而显著减小,因此,在 RANS 中由于粗网格所引起的数值扩散远不如 LES 中那样严重。反之,在 LES 中由 SGS 所产生的物理扩散(即亚网格尺度扩散)是随着网格的加密而减小的。因为其模拟精度总是随着网格的细化而提高,

最后趋于 DNS。正确的做法只能是采用足够精细的网格和很小的时间步长,以保证其数值扩散远小于 RANS。至于如何评价 LES 的模拟精度,可以采用 Pope[37]提出的所谓 M 准则。这里 M 定义为模拟的亚网格湍能与流场总动能之比,流场总动能是可解尺度动能即直接计算的大尺度动能与亚网格湍能之和。一般认为,M 值小于 20%～25%,则 LES 的模拟结果是可以接受的。因而,对 LES 而言,并不存在通常数值计算中所谓"网格无关性"的概念,正确的做法只能是采用十分精细的网格和很小的时间步长,以保证其数值扩散远小于 RANS。

对内燃机缸内流动而言,LES 较之普通的全场模拟方法还有一个特别的优点。前已提出,由于高度的非定常性,缸内湍流研究应以相平均为宜。但由于各循环之间往往存在着很大的变动,从而使得相平均得出的结果与各单个循环中的量几乎没有什么关系。采用 LES 方法则不存在此矛盾,因为此时的湍流定义为某一时刻瞬时速度对局部平均值(过滤速度)的偏离。因此,对若干个循环分别进行LES 计算,则可确定循环间变动的大小。有人基于此理由而认为,采用 LES 可能是最终解决内燃机缸内湍流计算问题的最佳途径[38,39]。

2. 亚网格尺度模型

LES 中通常假定:亚网格尺度湍流与大尺度流场处于局部平衡状态;亚网格尺度应力 R_{ij} 决定于大尺度流场的应变率,这意味着亚网格尺度湍流动能的产生率与它的耗散率相平衡。

$$R_{ij} = 2\nu_{\mathrm{T}} S_{ij} \tag{2-138}$$

上式中的 ν_{T} 称为亚网格黏性系数,它和 RANS 中的涡黏性系数具有同样的物理意义和性质,只不过它不代表全部涡团而只代表亚网格小涡团对湍流动量输运的贡献,因此它的计算也几乎完全沿袭了 RANS 中涡黏度的模拟方法,也可分为零方程模型(代数模型)、单方程模型和多方程模型。目前应用最多的自然是零方程模型,即把 ν_{T} 表示为平均应变率的代数关系式,在实际应用中已出现了多种不同的形式,它们可统称为 Smagorinsky 模型(以最早提出这一模型的气象学家而得名)。

1) 常系数 Smagorinsky 模型

Smagorinsky 模型的基本形式:

$$\nu_{\mathrm{T}} = C_s \Delta^2 (S_{ij} S_{ij})^{1/2} \tag{2-139}$$

式中,C_s 为一经验常数,一般取值为 0.2 左右;Δ 为网格特征尺寸,通常取为 $\Delta = (\Delta x \Delta y \Delta z)^{1/3}$ 或者 $\Delta = [(\Delta x)^2 + (\Delta y)^2 + (\Delta z)^2]^{1/2}/\sqrt{3}$。数值试验表明,$C_s$ 不是一个普适的常数,需要针对不同类型的流动取不同的值,而且对强烈各向异性的湍流(如壁面湍流),C_s 不可能保持为常数。

2）动态 Smagorinsky 模型

为了克服常系数模型的上述弊病，Germano 等[40]提出一种动态 Smagorinsky 模型，其实质就是把系数 C_s 从常数改进为时间与空间的函数，使模型具有更广泛的适应性，特别是在固壁附近，它能自动对湍流黏度施加一种限制，从而无需在湍流方程中另外引入专门的阻尼函数。这样，该模型可以适用于包括近壁区和转捩区在内的复杂湍流。其关键措施是根据由两种不同过滤宽度计算得出的亚网格应力之差来确定系数 C_s。引入两个过滤宽度：$\overline{\Delta}$ 和 $\hat{\Delta}$，可分别称为"主滤波器"和"试验滤波器"，且 $\hat{\Delta} > \overline{\Delta}$，通常取为 $\hat{\Delta} = 2\overline{\Delta}$。任意变量 φ 经主滤波和试验滤波后可分别表示为 $\overline{\varphi}$ 和 $\hat{\varphi}$。两种滤波所产生的亚网格应力分别为 τ_{ij} 和 T_{ij}。由于试验滤波器的作用是施加在经过主滤波之后的流场上的假想的在较大尺度上的二次滤波，故有

$$L_{ij} = T_{ij} - \hat{\tau}_{ij} = \widehat{\overline{u_i}\overline{u_j}} - \hat{\overline{u}}_i \hat{\overline{u}}_j \tag{2-140}$$

L_{ij} 的物理意义是尺度介于 $\overline{\Delta}$ 和 $\hat{\Delta}$ 之间的湍涡运动所产生的应力。进一步可推出

$$L_{ij} = -2C_s \overline{\Delta}^2 M_{ij} \tag{2-141}$$

其中

$$M_{ij} = \overline{S}\,\overline{S}_{ij} - (\hat{\Delta}/\overline{\Delta})^2 \hat{\overline{S}}\,\hat{\overline{S}}_{ij} \tag{2-142}$$

式中，$S = 2(S_{ij}S_{ij})^{1/2}$。最后 C_s 可根据方程（2-141），并要求满足等式成立且误差最小的约束，即用最小二乘法得到

$$C_s \overline{\Delta}^2 = \frac{\langle L_{ij}M_{ij} \rangle}{2\langle M_{kl}M_{kl} \rangle} \tag{2-143}$$

其中，$\langle \cdot \rangle$ 表示在空间均匀的方向上取平均。此即动态 SGS 系数的计算公式。它在近年来的 LES 研究和计算中得到广泛的应用。但它仍然存在一些缺点，在某些场合下会得出不合理的 C_s 值。而且该模型还要求湍流至少在一个空间方向上具有统计均匀性，这也使其应用受到限制。近年来，文献中又陆续出现了对它的一些修正方案，如 Lagrange 动态系数模型。

3）WALE 模型

为了兼顾近壁处亚网格应力的特点以及湍流场涡团旋转变形对亚网格应力的影响，Nicoud 和 Ducros 等[41]将 Smagorinsky 模型进行了扩展，提出了壁面自适应局部涡黏模型（wall-adapting local eddy viscosity model，WALE）。

该模型使用过滤后的速度梯度张量 $\overline{g_{ij}} = \partial \overline{u}_i / \partial x_j$ 构造一个新的张量：

$$\psi_{ij}^d = \frac{1}{2}(\overline{g_{ij}}^2 + \overline{g_{ji}}^2) - \frac{1}{3}\delta_{ij}\overline{g_{kk}}^2 \tag{2-144}$$

其中，$\overline{g_{ij}}^2 = \overline{g_{ik}g_{kj}}$，将速度梯度张量分解为应变率张量和旋转张量：

$$\psi_{ij}^d = \overline{S_{ik}}\,\overline{S_{kj}} + \overline{\Omega_{ik}}\,\overline{\Omega_{kj}} - \frac{1}{3}\delta_{ij}(\overline{S_{mn}}\,\overline{S_{mn}} - \overline{\Omega_{mn}}\,\overline{\Omega_{mn}}) \qquad (2\text{-}145)$$

然后将亚网格涡粘系数定义为过滤尺寸、应变率张量和新构建张量的函数,其最终可表示为

$$\upsilon_t = (C_w\Delta)^2\,\frac{(\psi_{ij}^d\psi_{ij}^d)^{3/2}}{(S_{ij}S_{ij})^{5/2} + (\psi_{ij}^d\psi_{ij}^d)^{5/4}} \qquad (2\text{-}146)$$

其中系数 C_w 通常取 0.325。此模型同时考虑了应变率和旋转对湍流生成的影响,在接近壁面处表现出较好的性能,因而可降低在近壁区对网格密度的要求。

4) 亚网格单方程模型

Schumann[42]、Yoshizawa[43]、Menon[44]等提出将亚网格涡黏系数 ν_t 表示为亚网格湍动能的函数,然后通过求解亚网格湍动能输运方程来获得亚网格应力。模型化后的亚网格湍动能输运方程形式如下:

$$\frac{\partial\tilde{\rho}k^{sgs}}{\partial t} + \frac{\partial\tilde{\rho}\bar{u}k^{sgs}}{\partial x_j} = P^{sgs} - \varepsilon^{sgs} + \frac{\partial}{\partial x_j}\Big(\tilde{\rho}\,\frac{\nu_t}{Pr_t}\frac{\partial k^{sgs}}{\partial x_j}\Big) + \overline{\dot{W}} \qquad (2\text{-}147)$$

其中,$P^{sgs} = \tau_{ij}^{sgs}\dfrac{\partial\bar{u}_i}{\partial x_j}$ 表示亚网格湍动能生成项;ε^{sgs} 是亚网格黏性耗散项;$\overline{\dot{W}}$ 为湍动能源项。

我们知道能谱的一般形式为

$$E(k) = \alpha\varepsilon^{2/3}k^{-5/3}\exp\Big[-\frac{3}{2}\alpha\,(k\eta)^{4/3}\Big] \qquad (2\text{-}148)$$

其中,k 是波数,$\eta = \varepsilon^{-1/4}\nu^{3/4}$ 是 Kolmogorov 长度尺度;$\alpha = 1.5$ 是 Kolmogorov 常数。耗散能谱为 $D(k) = -2\nu k^2 E(k)$。亚网格湍动能以及亚网格耗散率可通过下式获得:

$$k^{sgs} = \int_{k_c}^{\infty}E(k)\mathrm{d}k \qquad \varepsilon^{sgs} = \int_{k_c}^{\infty}D(k)\mathrm{d}k \qquad (2\text{-}149)$$

其中,k_c 是最小可解尺度对应的波数(对应过滤尺寸 $\Delta(x)$)。忽略能谱高阶项的影响,通过积分可获得亚网格湍动能耗散率 $\varepsilon^{sgs} = C_\varepsilon\,(K^{sgs})^{3/2}/\Delta(x)$,其中系数 $C_\varepsilon = 0.931$(程序 KIVA3V 中该数取为 0.916)。亚网格涡黏系数通过能谱封闭理论获得的表达式为:$\nu_t = 0.28\sqrt{(E(k_c)k_c^{-1})}$,代入能谱的表达式可得

$$\nu_t = c_\nu\sqrt{k^{sgs}}\Delta(x)\exp\Big[-\frac{3}{2}\alpha\,(k\eta)^{4/3}\Big] \qquad (2\text{-}150)$$

忽略掉高阶指数项可得亚网格黏性系数为 $\nu_t = c_\nu\sqrt{k^{sgs}}\Delta(x)$,其中系数一般取为 $c_\nu = 0.067$。

与前述 Smagorinsky 模型之类的代数模型相比,单方程模型融合了湍流过程的更多的物理信息,如亚网格湍能的输运、产生与耗散的机理,因而能给出亚网格

应力的更准确的预测结果。其缺点是系数 c_ν 不是一个普适常数，仍需针对实际湍流问题进行调整。

5）动态亚网格单方程模型

Kim 和 Menon 等[45]对亚网格单方程模型进行了改进，采用的方法与动态 Smagorinsky 模型类似，即在亚网格单方程模型的基础上同样使用二次过滤操作，将原输运方程中的模型系数进行动态确定，从而增强了模型的普适性。

由于动态 Smagorinsky 模型中新的亚网格应力 L_{ij} 和实际亚网格应力 τ_{ij} 存在很高的相关性，即可以认为 $\tau_{ij}=CL_{ij}$，对 L_{ij} 进行张量缩并处理得到一个新增湍动能：

$$k_{\text{test}}=\frac{1}{2}L_{kk}=\frac{1}{2}\left((u_k)_{\text{fg}}(u_k)_{\text{fg}}-((u_k)_{\text{f}}(u_k)_{\text{f}})_{\text{g}}\right) \tag{2-151}$$

并将 L_{ij} 表达为

$$L_{ij}=2\nu_{\text{t}}(S_{ij})_{\text{fg}}-\frac{2}{3}k_{\text{test}}\delta_{ij} \tag{2-152}$$

其中亚网格黏性系数表示为 $\nu_{\text{t}}=C_k k_{\text{test}}^{1/2}\Delta_2$。对式（2-44）进行最小二乘法处理可以动态获取模型系数：

$$C_k=\frac{1}{2}\frac{L_{ij}M_{ij}}{M_{ij}M_{ij}} \tag{2-153}$$

$$M_{ij}=-\Delta_2 k_{\text{test}}^{1/2}(S_{ij})_{\text{fg}} \tag{2-154}$$

6）动态结构模型

Rutland 等[46]提出动态结构模型，该模型不使用湍流黏性的概念，而是将亚网格应力表示为一个张量系数与亚网格湍动能的函数：

$$\tau_{ij}^{\text{sgs}}=C_{\text{D}ij}k^{\text{sgs}} \tag{2-155}$$

通过二次过滤操作以及使用 Germano 等式可得张量系数：

$$C_{\text{D}ij}=\frac{2L_{ij}}{L_{kk}} \tag{2-156}$$

由于该模型未使用湍流黏性的概念，亚网格湍动能输运方程中的未封闭项需要重新模化。Pomraning 使用泰勒展开，给出了模型的封闭形式，详见文献[46]。由于该模型的系数是直接来自动态计算的应力张量，故可以反映湍流流场的复杂结构特性，包括能量的反向级联现象等，因此它适用于多种多样复杂的湍流流动，特别是已经应用到内燃机湍流数值模拟的研究中[47,48]。

3. 边界条件和初始条件

LES 方法对边界条件和初始条件有很高的要求，从而构成了一个相当棘手的问题，特别是固壁边界。在近壁区，湍涡的长度尺度随其到壁面的法向距离而减小,因而,为分辨这些尺度的网格也随之减小,导致计算边界层所需网格数急剧增大。据估计,计算外层需要的网格数与雷诺数的 0.4 次方成正比,而计算内层所需网格数则与雷诺数的 1.6 次方成正比。对于高雷诺数流动,其计算成本目前是无法接受的,故必须对壁面层建立专门的模型。具体采用的方法可大致分为三类[49]。第一类是平衡应力法,如同 RANS 一样,也是求助于壁函数,即在黏性底层之外建立半经验的代数关系式作为边界条件。通常假设近壁区内应力为平衡状态,并保持为常数,于是在外层的第一个节点处速度满足对数律:

$$U_{\text{ol}}^{+}=\frac{U_{\text{ol}}}{u_{\tau}}=\frac{1}{\kappa}\log\frac{y_{\text{ol}}u_{\tau}}{\nu}+B \qquad (2\text{-}157)$$

其中,下标 ol 表示外层第一个节点;u_{τ} 是摩擦速度。由此出发,根据应力的计算方法,可以得出不同的壁面律。例如 Groetzbach-Schmann 提出的平衡应力法计算成本低,但由于其完全忽略了内层湍流的动态变化,所以计算精度不够高,特别是对高雷诺数、边界层存在压力梯度以及三维扰动较强烈的场合,难以得出满意的预测。为弥补此不足,又发展出另外两类方法。第二类称为分区法或双层模型,即分别求解边界层的内外层。在内层采用一套精细的一维网格求解简化的雷诺平均的湍流边界层方程,外层的解为内层提供边界条件,而内层的计算提供外层 LES 计算所需的应力。此方法的计算量比平衡应力法高出大约 20%。第三类是 LES/RANS 混合法,即在内层求解 RANS 方程,而在外层解 LES 方程,在内外层交接处采用一些特殊的方法实现两种模型的耦合与转换,例如改变长度尺度,即从 RANS 模型的混合长度转换为 LES 的与网格尺寸相关联的尺度;或用一个混合函数把 RANS 的涡黏度与 LES 的亚网格黏度相融合。此方法的计算成本和精度显然比前两种都要高,它要求沿壁面法向的网格要足够精细,第一个节点通常要求布置在 $y^{+}\simeq1$ 处。随着计算机技术的快速发展,近年来混合法的应用日益增多。至于大涡模拟的初始条件,由于 LES 本身的瞬态性质以及内燃机固有的循环变动,可以预料,任何初始条件的设置对于单循环的模拟结果都必然会有很大的影响。因此,合理的办法是开展多循环计算。近年来国内外都开展了相当多的研究并取得了明显的进展,限于篇幅,本书不再介绍。

4. 内燃机大涡模拟应用实例

秦文瑾等[50]针对 Morse[51] 的模型发动机冷态流动进行了大涡模拟。该机为轴对称结构,转数 200r/min。中心线上布置的气阀固定,气流沿与轴向 30°角的环形通道进入汽缸。计算网格数目为 66 万。分别就常系数 Smagorinsky 模型、动态 Smagorinsky 模型、亚网格单方程模型以及 RNG k-ε 模型进行计算,并与实验数据作比较,如图 2-24 所示。图 2-24 上图中的三组曲线分别为缸内轴向位置(以气缸底部中心为原点)6cm、7cm 和 8cm 处轴向瞬时速度沿径向的分布。在 ATDC36°,

因雷诺数相对较小,湍流脉动较弱,LES 的模拟结果和 RANS 的模拟结果有较大的相似度,但与实验值相比较,RANS 模拟结果误差相对较大。同时计算的三个 LES 模型所模拟出来的结果有较大的相似性,说明在雷诺数低的情况下 LES 模型的选择对模拟缸内流场所产生的差异性不大。图 2-24 下图为 ATDC144°时,轴向 4cm、5cm、6cm、7cm 和 8cm 高度处轴向瞬时速度的径向分布。此时缸内空间增大,湍流场变得复杂,脉动增强。图中显示,与 LES 模拟相比,RANS 模拟误差进一步加大。同时在 LES 模拟中,三个模型模拟结果展现出一定的差异性,动态 Smagorinsky 模型的模拟结果与实验值最吻合。

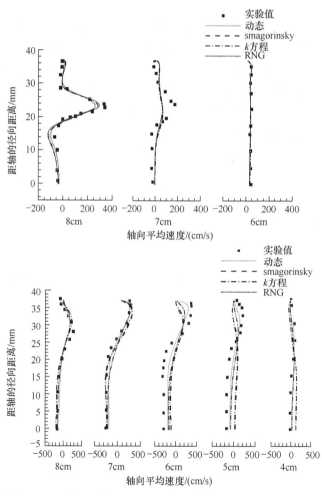

图 2-24　ATDC 36°(上)和 ATDC 144°(下)时的轴向平均速度

图 2-25 为 LES 和 RANS 模拟的 ATDC144°时、轴向位置 7cm 处轴向平均速度沿径向分布,图示为 5 个周期的计算结果。可以发现,LES 计算的各个周期曲

线有着明显的差异,并且各曲线走势有波动变化,而 RANS 模拟的各个周期曲线完全重合并且变化光滑,这充分地体现出 LES 非常适合用来模拟内燃机缸内瞬态流场,空间脉动和周期之间的脉动都可以很好地被捕捉到。

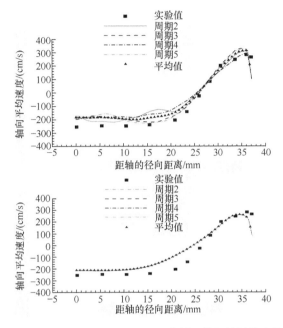

图 2-25 LES(上)与 RANS(下)多循环模拟结果的比较

文献[52]应用大涡模拟对一台福特四气门高速直喷柴油模型发动机 (HSDI)进行大涡模拟计算。该机压缩比 16,转速 2000r/min,亚网格应力模型选用动态单方程模型。采用 Q 准则作为缸内流场拟序结构识别方法,来捕捉流场内涡团结构及其演变规律。所谓 Q 准则就是速度梯度的第二不变量:

$$Q = \frac{1}{2}(\Omega_{ij}\Omega_{ij} - S_{ij}S_{ij})\tag{2-158}$$

其中,S_{ij} 和 Ω_{ij} 分别为的应变率张量和旋转张量,前者代表纯粹的变形运动,后者代表纯粹的旋转运动。张量内积 $\Omega_{ij}\Omega_{ij}$ 与拟涡能成正比,$S_{ij}S_{ij}$ 与动能耗散率成正比。若流场某区域内 Q 值为正,则说明该处的流体微元以旋转运动为主导,若 Q 值为负,则说明该处流体微元的旋转运动较弱,所以 Q 值的大小可以反映出该区域内的涡团强度。Hunt[53]提出通过选用正值 Q 来作为流场涡团的识别方法,称为 Q 准则法。

图 2-26 是利用 Q 准则模拟得出的该发动机进气和压缩冲程缸内拟序结构的空间分布与演化过程。由图可知,在进气冲程阶段里,进气射流对缸内湍流场的形成和演变具有决定性的影响,流场呈现瞬变性和随机性的特点,既有大尺度的宏观

气体运动,又有局部小尺度的强烈湍流脉动。不同尺度的涡团的来源以及在缸内空间分布也有各自特点,大尺度涡团主要来自于进气射流的强剪切作用和壁面的

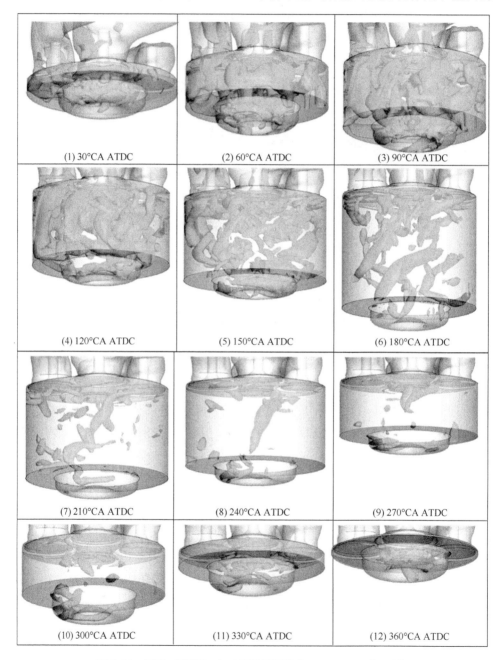

(1) 30°CA ATDC (2) 60°CA ATDC (3) 90°CA ATDC

(4) 120°CA ATDC (5) 150°CA ATDC (6) 180°CA ATDC

(7) 210°CA ATDC (8) 240°CA ATDC (9) 270°CA ATDC

(10) 300°CA ATDC (11) 330°CA ATDC (12) 360°CA ATDC

图 2-26 标准工况下缸内工质涡量场演化 $Q=1.0\times10^7(1/s^2)$

强摩擦作用,故其分布主要集中在进气门下方区域以及近壁面区域,而小尺度涡团多是由大尺度涡团破碎产生,故其分布相对零散,充斥在整个流场空间里。在压缩阶段,前期进气射流对流场形成的影响已经削弱,湍流脉动逐渐减小,流场开始逐渐呈现均匀化,原流场大涡团的影响也逐渐消失。在压缩后期阶段,由于在挤流和缸体几何构形双重作用下,活塞顶部燃烧室内流场再次呈现复杂性,小涡团随即出现,湍流脉动逐渐增强。

2.3.11　湍流的直接数值模拟

　　大涡模拟概念的进一步延伸就是湍流的直接数值模拟(direct numerical simulation,DNS),亦即不借助任何湍流模型,而利用数值方法直接求解控制湍流运动的三维非定常N-S方程组。事实上,如果在 LES 中把网格划分得十分精细,以至于网格尺寸 $\Delta < l_K$(Kolmogorov 微尺度),这样湍流脉动结构中的全部尺度都可以为网格所分辨,故而亚网格尺度不复存在,于是 LES 就转化成 DNS。可见 DNS 是 LES 的一个极端情况。

　　这里的先决条件是网格必须小于最小的湍流尺度。具体地说,为了能得出有实际意义的解,要求数值积分区域在每一个空间方向上至少要容纳 10 个大尺度涡团;而在最小尺度涡团(l_K)内部,又至少需划分 10 个网格。由此可以推知,在每一个空间方向上布置的网格数至少是 $n \sim Re^{3/4}$(Re 是以流场特征长度和特征速度定义的雷诺数),而三维网格单元总数则高达 $Re^{9/4}$。考虑到工程实际中常见湍流雷诺数均在 10^6 以上,可知 DNS 对计算机能力的要求是极高的。因而以人类目前所拥有的计算机,还只能将 DNS 局限于满足下列条件的流动系统:①低雷诺数;②简单的边界条件;③系统的初始统计特性已知。

　　DNS 是 20 世纪 80 年代初期才发展起来的。虽然其目前水平距实际工程应用尚有不小的距离,但它在湍流基础研究方面已经显示出巨大的优越性。由于在 DNS 的计算中没有引入任何人为的假设,故可以认为它是一种与通常的实验测试手段等价的"计算机实验"。可以利用它来检验现有湍流模型中所用假设的正确性,提供模型中待定常数的数值,以及解释湍流测试中所观察到的某些现象。美国斯坦福大学湍流研究中心对 DNS 的研究和应用做了开拓性工作。例如,他们在 1985 年完成的均匀湍流在球对称压缩下演变过程的 DNS 计算结果,已经成为用以检验可压缩流湍流模型的一个重要依据,这类湍流模型大多是基于快速畸变理论且针对内燃机的。

　　Schmitt 等[54]最近针对前已提及的 Morse[51]的模型发动机缸内冷态流动进行了多循环的直接模拟。他们采用谱元法(spectral element method)直接求解不可压流动的 N-S 方程,基于缸径和活塞速度的最大雷诺数是 3070,属于低雷诺数流动,使用了近17万个六面体谱元,对应于$56.8×10^6$个节点,总共计算了8个循环,花费时间$1.6×10^6$CPUh。计算结果与实验非常吻合。基于DNS获取的大量数据,作者对缸内流动特征及其演化过程进行了详尽的分析,特别是得出有关湍流脉动、循环变动及其统计变化规律的大量信息。在新近发表的另一项研究中[55],这些作者进一步用DNS研究了同一台发动机中活塞压缩作用对缸内流场、温度场和组分浓度场的影响。结果显示,压缩到TDC时,缸内湍流场是各向异性的,轴向脉动速度大约比径向和周向脉动速度要小30%;温度的积分尺度要比湍能积分尺度大25%;而组分的不均匀度则几乎可忽略不计。

随着HCCI发动机研究的兴起,DNS近年的一个发展趋势是直接应用到HCCI着火与燃烧过程的模拟。由于计算量过于庞大,目前还只能限于二维模拟。Bansal等[56]对二甲醚/空气混合气在定容弹内的湍流自点火现象进行了二维DNS模拟,旨在研究HCCI发动机湍流混合与自点火化学之间相互作用中的基础问题。计算采用了包含30种组分的简化机理。DNS结果显示,二甲醚的自着火是一个复杂的三阶段过程,每一阶段对应于一个不同的化学动力学路径。湍流和化学反应的独特的相互作用是产生标量梯度,从而促进分子输运过程。通过应用数值诊断技术,他们发现混合气的着火过程中,存在着不同的放热模态。

随着新一代超级计算机乃至"超超级"计算机(hypercomputer)的不断涌现,可以预见,DNS必将成为湍流基础研究和应用研究的一个重要方向。

2.4　湍流的快速畸变理论

快速畸变理论(rapid distortion theory,RDT)是基于快速畸变假设的一种简化的湍流统计理论。所谓快速畸变是指平均流场在非常大的速度梯度作用下,流体微团发生的极其迅速的变形。此理论主要是由英国剑桥大学卡文迪许实验室的Batchelor和Townsend等建立的[57]。本章前面已经多次提到RDT,这里对此作一些较为具体的介绍。

RDT的基本假设是:

(1)流体的畸变足够迅速,以致可忽略湍涡间的非线性相互作用,从而可用线性分析的方法处理平均流与湍流间的相互作用。该假设要求平均流畸变的时间尺度远小于湍涡衰变的时间尺度(u'/l或k/ε)。

(2)雷诺数需足够大,以致可忽略黏性对湍能的耗散作用。

(3)湍流的初始状态是均匀的(至少是局部均匀),但不必是各向同性。这样,各脉动量的Fourier分量可以互相叠加。

快速畸变的要求是一个相当苛刻的要求。自然界和工程系统中满足此条件的情况并不多见。由于内燃机的高速周期性运转,其缸内流体承受很大的变形,因而人们自然地把 RDT 用于分析内燃机缸内湍流。Wong 等[58] 在这方面的工作较为典型。为了将 RDT 具体应用于内燃机且使问题得到简化,Wong 等引入了下列附加假设:

(1) 任何时刻缸内涡团的最大尺寸不超过活塞顶与缸盖之间的距离。

(2) 缸内气体运动是二维轴对称型。

(3) 缸内宏观流动规律即平均流速度为已知,可以是人为规定的,也可以是根据活塞运动规律而确定的。

(4) 任一流体微团的运动轨迹取决于其快速畸变,而不是取决于湍流的脉动。

(5) 假设(4)所确定的畸变流场控制着脉动涡量的发展和演变。

RDT 涉及较多的湍流统计理论的知识,这些已超出本书的范围。这里仅列出其主要结果,关于具体的推导过程可参阅文献[57]。

从湍流瞬时流的 N-S 方程减去雷诺方程,我们便得到均匀湍流中脉动速度的控制方程

$$\frac{\partial u_i}{\partial t} + U_j \frac{\partial u_i}{\partial x_j} + u_j \frac{\partial U_i}{\partial x_j} + u_j \frac{\partial u_i}{\partial x_j} = -\frac{\partial p}{\rho \partial x_i} + \nu \frac{\partial^2 u_i}{\partial x_j^2} \tag{2-159}$$

其中,脉动速度 u_i 可表示为 Fourier 级数形式

$$u_i(\boldsymbol{x},t) = \sum a_i(\boldsymbol{k},t)\exp(\mathrm{i}\boldsymbol{k}\cdot\boldsymbol{x}) \tag{2-160}$$

或更一般地表示为 Fourier 积分

$$u_i(x,t) = \int a_i(\boldsymbol{k},t)\exp(\mathrm{i}\boldsymbol{k}\cdot\boldsymbol{x})\mathrm{d}\boldsymbol{k} \tag{2-161}$$

其中,$\boldsymbol{k}$ 为三维空间中的波数向量。

脉动速度场中每一 Fourier 分量随时间的变化可以用其振幅的微分方程和该分量的波数变化率方程来描述。因为

$$-\frac{\partial^2 p}{\partial x_i^2} = 2\frac{\partial U_i}{\partial x_l}\frac{\partial u_l}{\partial x_i} + \frac{\partial u_i}{\partial x_l}\frac{\partial u_l}{\partial x_i}$$

故有

$$\frac{\mathrm{d}a_i(\boldsymbol{k})}{\mathrm{d}t} = -\nu k^2 a_i(\boldsymbol{k}) - \frac{\partial U_i}{\partial x_j}a_j(\boldsymbol{k}) + 2\frac{k_i k_j}{k^2}\frac{\partial U_j}{\partial x_l}a_l(\boldsymbol{k}) +$$

$$\mathrm{i}\sum_{k'+k''=k}(k_j\frac{k_i k_l}{k^2} - \delta_{il}k_j)a_j(\boldsymbol{k}')a_l(\boldsymbol{k}'') \tag{2-162}$$

$$\frac{\mathrm{d}k_i}{\mathrm{d}t} = -\frac{\partial U_j}{\partial x_i}k_j \tag{2-163}$$

式(2-162)中 k 为波数向量之模,$k = |\boldsymbol{k}|$。方程(2-163)表示由平均流速度引起的波数的变化,亦即涡团的旋转和变形。

方程(2-162)右端前三项对振幅 a 而言是线性的。第一项代表黏性应力引起的振幅的变化,第二、三项代表湍流运动与平均流之间相互作用引起的振幅的变化。最后一大项对 a 是非线性的,代表不同波数的湍流分量之间的相互作用,两个不同波数 k' 和 k'' 之和为 k。该非线性项的存在使得方程的求解极为困难,因而人们力图将其加以简化。

对自由剪切湍流的实验观测表明,湍流脉动场中大部分湍能都储存在较大的涡团中(含能涡)。这些涡团在结构上是相当稳定的,它们把能量传递给较小的涡团,而自身结构并无显著变化。这意味着,两个不同的 Fourier 分量之间的相互作用对其自身并无明显影响,而它们对更小的涡(较大波数)的作用主要体现为增大了湍流场的涡黏度。这样,我们就可以忽略方程(2-162)中的最后一项,而将其右端第一项中的分子黏性系数 ν 代之以有效黏性系数 ν_t。另一方面,当平均流速度梯度足够大时,流场将发生迅速畸变,以致黏性耗散作用还来不及进行。这样,我们就可以进一步忽略方程(2-162)中的黏性项(尽管 ν 已换成了 ν_t),从而得到快速畸变方程

$$\frac{\mathrm{d}a_i(\boldsymbol{k})}{\mathrm{d}t} = -\frac{\partial U_i}{\partial x_j}a_j(\boldsymbol{k}) + 2\frac{k_ik_j}{k^2}\frac{\partial U_j}{\partial x_l}a_l(\boldsymbol{k}) \tag{2-164}$$

该方程是线性的,只要平均流速度梯度为已知,则易于求解。

RDT 所求解的基本方程组由连续方程、动量方程和涡量输运方程组成。

连续方程

$$\frac{1}{\rho}\frac{\mathrm{D}\rho}{\mathrm{D}t} = \frac{\partial U_j}{\partial x_j} \tag{2-165}$$

在柱坐标系下简化为

$$\frac{1}{r}\frac{\partial}{\partial r}(rV_r) = -\frac{1}{\rho}\frac{\mathrm{D}\rho}{\mathrm{D}t} \tag{2-166}$$

式中,r 是径向坐标;V_r 是径向平均速度。

动量方程在 Lagrange 坐标系下可表示为

$$\mathrm{d}\boldsymbol{x}/\mathrm{d}t = \boldsymbol{U} \tag{2-167}$$

对二维轴对称情况则简化为

$$\mathrm{d}r/\mathrm{d}t = V_r \tag{2-168}$$

无黏可压缩流体的涡量输运方程具有输运方程的一般形式

$$\frac{\mathrm{D}\omega_i}{\mathrm{D}t} = \frac{\partial \omega_i}{\partial t} + U_j\frac{\partial \omega_i}{\partial x_j} = \omega_j\frac{\partial U_i}{\partial x_j} + \omega_i\frac{\partial U_j}{\partial x_j} \tag{2-169}$$

左端两项是 ω_i 的时间变化率和对流项,右端两项分别是平均流速度梯度的拉伸作用和压缩性引起的 ω_i 的变化。把上式与连续方程(2-165)合并可得

$$\frac{\mathrm{D}}{\mathrm{D}t}\left(\frac{\omega_i}{\rho}\right) = \frac{\omega_j}{\rho}\frac{\partial U_i}{\partial x_j} \tag{2-170}$$

　　现观察流场中一根微涡管,当它在运动过程中发生变形时,如忽略黏性,则应保持角动量守恒,故其涡量与其横截面积成反比,而其长度的变化也应与其横截面积成反比。因此我们有

$$\frac{(\omega_i/\rho)_t}{\mid(\omega_i/\rho)_0\mid}=\frac{\delta l_i(t)}{\mid\delta l_i(t_0)\mid} \tag{2-171}$$

式中,δl_i 是涡线的有向长度元。如果涡线元的端点在初始时刻 t_0 和时刻 t 的位置分别为 $\boldsymbol{x}_0$ 和 $\boldsymbol{x}$,则有

$$\frac{\delta l_i(t)}{\delta l_j(t_0)}=\frac{\partial x_i}{\partial x_{0j}}=\gamma_{ij} \tag{2-172}$$

于是可推知方程(2-170)的解为

$$\omega_i(\boldsymbol{x},t)=(\rho/\rho_0)\omega_{0j}\gamma_{ij} \tag{2-173}$$

此即著名的 Cauchy 涡量方程,其中 $\gamma_{ij}(\boldsymbol{x}_0,t)=\partial x_i/\partial x_{0j}$ 是畸变张量,它表示受到平均流速度梯度作用的流体微团在某一时刻 t 的位置 x_i 相对于其初始位置 x_{0j} 的变化率。方程(2-173)表示在畸变作用下流场涡量的变化规律。下面我们进一步讨论在畸变作用下,湍流脉动速度的 Fourier 分量的变化规律。

　　初始时刻 $t=0$ 时,随机的湍流脉动速度和脉动涡量可分别用均匀球对称波数空间内的 Fourier 积分表示为

$$u_{0i}=\iiint_{-\infty}^{\infty}S_{0i}(\boldsymbol{k})\mathrm{e}^{\mathrm{i}\boldsymbol{k}\cdot\boldsymbol{x}}\mathrm{d}\boldsymbol{k} \tag{2-174}$$

$$\omega_{0j}=\iiint_{-\infty}^{\infty}f_{0j}(\boldsymbol{k})\mathrm{e}^{\mathrm{i}\boldsymbol{k}\cdot\boldsymbol{x}}\mathrm{d}\boldsymbol{k} \tag{2-175}$$

　　发生畸变以后,湍流速度可用其初始速度的 Fourier 变换表示为

$$u_i=\iiint_{-\infty}^{\infty}Q_{in}(\boldsymbol{x},t,\boldsymbol{k})S_{0n}\mathrm{d}\boldsymbol{k} \tag{2-176}$$

其中,Q_{in} 是所谓湍流能量传递函数,可根据湍流的动力学方程来确定。如果假定流体所经受的畸变在各个方向均匀分布,则有

$$Q_{in}=A_{in}(\boldsymbol{x},t)\mathrm{e}^{\mathrm{i}\boldsymbol{\chi}\cdot\boldsymbol{x}} \tag{2-177}$$

式中,$\boldsymbol{\chi}$ 是当地波数向量。将式(2-177)代入式(2-176)得

$$u_i=\iiint A_{in}\mathrm{e}^{\mathrm{i}\boldsymbol{\chi}\cdot\boldsymbol{x}}S_{0n}\mathrm{d}\boldsymbol{k} \tag{2-178}$$

　　要得到 u_i,需首先确定 A_{in}。为此,我们引入三维脉动流 $\boldsymbol{u}$ 之流函数矢量 $\boldsymbol{\psi}$

$$\boldsymbol{u}=\boldsymbol{\nabla}\times\boldsymbol{\psi}\;\text{或}\;u_i=\varepsilon_{ijk}\partial\psi_k/\partial x_j \tag{2-179}$$

　　发生畸变之后,$\boldsymbol{\psi}$ 与初始涡量场 ω_{0j} 之 Fourier 变换 f_{0j}[式(2-175)]有下列关系:

$$\psi_i = \iiint_{-\infty}^{\infty} \alpha_{ij}(\boldsymbol{x}, t, k) f_{0j}(\boldsymbol{k}) \mathrm{d}\boldsymbol{k} \tag{2-180}$$

由于 $\boldsymbol{\omega} = \boldsymbol{\nabla} \times u$,取旋度可得 $\boldsymbol{\omega} = \boldsymbol{\nabla} \times (\boldsymbol{\nabla} \times \boldsymbol{\psi})$,即

$$\omega_i = \varepsilon_{ijk} \frac{\partial}{\partial x_j} \left(\varepsilon_{klm} \frac{\partial \psi_m}{\partial x_l} \right) = \mathbf{grad} \ \mathrm{div} \boldsymbol{\psi} - \boldsymbol{\nabla}^2 \boldsymbol{\psi}$$

引入无散条件 $\mathrm{div} \boldsymbol{\psi} = 0$,于是有

$$\boldsymbol{\nabla}^2 \boldsymbol{\psi} = -\boldsymbol{\omega} \tag{2-181}$$

对涡量方程(2-173)取 Fourier 变换

$$\omega_i(\boldsymbol{x}, t) = \frac{\rho}{\rho_0} \gamma_{ij}(x, y, t) \omega_{0j}(x - \Delta x, y - \Delta y, z, t = 0)$$

$$= \frac{\rho}{\rho_0} \gamma_{ij}(x, y, t) \iiint_{-\infty}^{\infty} f_{0j} \exp\{\mathrm{i}[k_1(x - \Delta x) + k_2(y - \Delta y) + k_3 z]\} \mathrm{d}\boldsymbol{k} \tag{2-182}$$

将式(2-180)和(2-182)代入式(2-181)得

$$\boldsymbol{\nabla}^2 \iiint_{-\infty}^{\infty} \alpha_{ij} f_{0j}(\boldsymbol{k}) \mathrm{d}\boldsymbol{k} = -\frac{\rho}{\rho_0} \gamma_{ij} \iiint_{-\infty}^{\infty} f_{0j} \exp\{\mathrm{i}[k_1(x - \Delta x) + k_2(y - \Delta y) + k_3 z]\} \mathrm{d}\boldsymbol{k}$$

去掉积分号即得

$$\boldsymbol{\nabla}^2 \alpha_{ij} = -\frac{\rho}{\rho_0} \gamma_{ij} \mathrm{e}^{\mathrm{i}[k_1(x - \Delta x) + k_2(y - \Delta y) + k_3 z]} \tag{2-183}$$

如果畸变张量 γ_{ij} 已知,则 α_{ij},从而 u_i 均可求得。为了便于分析和计算,假定流场的畸变是均匀分布的,于是式(2-177)成立。其中 $\boldsymbol{\chi}$ 和 A_{in} 均为空间和时间的函数。但在所谓"准均匀"的情况下,$\boldsymbol{\chi}$ 和 A_{in} 在 $|\boldsymbol{\chi}|^{-1}$ 这一距离上的变化幅度是很小的,以致可以忽略,此条件对于小涡区是易于满足的。于是有

$$A(\boldsymbol{x}, t) \approx A(t), \ \chi_i(\boldsymbol{x}, t) \approx \chi_i(t)$$

这样,方程(2-183)之解就易于求出并表示为

$$\alpha_{ij} = \frac{\rho}{\rho_0} \frac{\gamma_{ij}}{\chi^2} \mathrm{e}^{\mathrm{i}(\chi_1 x + \chi_2 y + \chi_3 z)} \tag{2-184}$$

将上式代入式(2-180)得

$$\psi_i = \iiint_{-\infty}^{\infty} \frac{\rho}{\rho_0} \frac{\gamma_{ij}}{\chi^2} \mathrm{e}^{\mathrm{i}(\chi_1 x + \chi_2 y + \chi_3 z)} \mathrm{i}\varepsilon_{jln} k_l S_{0n} \mathrm{d}\boldsymbol{k} \tag{2-185}$$

对式(2-79)取旋度便可得脉动速度

$$u_i = \varepsilon_{ipq} \partial \psi_q / \partial x_p = -\varepsilon_{ipq} \iiint_{-\infty}^{\infty} \gamma_{qi} \frac{\rho}{\rho_0} \frac{\chi_k}{\chi^2} \delta_{kp} \mathrm{e}^{\mathrm{i}\boldsymbol{\chi} \cdot \boldsymbol{x}} k_l \varepsilon_{jln} S_{0n} \mathrm{d}\boldsymbol{k} \tag{2-186}$$

将上式与式(2-78)对比,立即便得出脉动分速的 Fourier 振幅

$$A_{\mathrm{in}} = -\varepsilon_{ipq}\varepsilon_{jln}\chi_p k_l \left(\frac{\rho}{\rho_0}\right)\gamma_{qj}/\chi^2 \tag{2-187}$$

利用式(2-186)可求出脉动速度的相关矩(此处以符号⟨·⟩表示)

$$\langle u_i(\boldsymbol{x},t)u_j(\boldsymbol{x},t')\rangle$$

$$= \iiint_{-\infty}^{\infty} A_{\mathrm{in}}(\boldsymbol{x},t)A_{jm}^*(\boldsymbol{x},t')\varphi_{0nm}(\boldsymbol{k})\mathrm{d}\boldsymbol{k} \tag{2-188}$$

式中,* 表示共轭复数;φ_{0nm}是波数空间中的三维谱张量。如假定湍流的初态为各向同性,则 φ_{0nm} 可表示为比较简单的形式

$$\varphi_{0nm}(k) = (k^2\delta_{nm} - k_n k_m)E_0(k)/4\pi k^4 \tag{2-189}$$

式中,$E_0(k)$是初始一维能谱函数,即波数空间中湍能的分布密度。

根据式(2-188)求出速度相关矩后,就可进一步确定湍流强度、长度尺度以及各种谱。这样,我们就可了解整个流场的湍流特性及其变化规律。

Hoult 等应用 RDT 分析了轴对称气缸内气体在压缩冲程内的畸变过程。图 2-27 是实测的和计算的能谱的比较,图 2-28 是计算得出的压缩冲程中湍流度随曲轴转角的变化,同时示出了由不同研究者用热线风速仪实测的三个结果。总的看来,理论与实验是相吻合的。但这只是针对一种简单的模型发动机,对于真实发动机的复杂结构和工况,RDT 的应用就会受到很大限制。

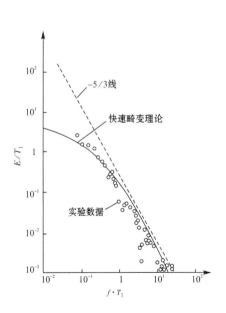

图 2-27　实测的和计算的能谱
（活塞位置对应压缩上止点）

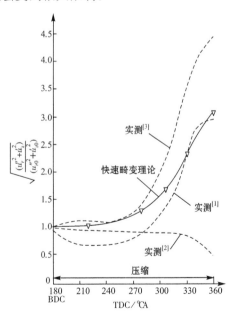

图 2-28　计算的压缩冲程紊流强度(实线)与
实测结果(虚线)的比较

RDT 的优点是,当流场满足它所提出的几个假设时,它是一种精确的理论,其中不包含其他模型都必有的经验常数。然而易于证明,一般内燃机即使转速很高,仍不足以满足快速畸变的假设。因而它在内燃机中的应用主要限于提供一种极限情况下的理论解,作为建立其他湍流模型时的一个参照标准。例如,Reynolds[9] 和 Morel[10] 在对 k-ε 模型进行压缩性修正时,都是利用 RDT 来确定 ε 方程中附加项的系数(见第 2.3.4 节)。

2.5　本征正交分解(POD)方法在湍流分析中的应用

通过多周期的实验测量或数值计算可以获得信息丰富的流场数据库,这些数据是直观而原始的,需要对其进行加工以提取出人们关心的湍流脉动和循环变动信息。传统的做法类似研究统计湍流,对多周期采样数据进行相平均操作,将流场分解为周期平均流场和周期脉动流场。周期平均流场可提供内燃机稳定工作状态下较为可信的统计信息,同时周期脉动流场也可提供发动机工作循环变动的整体特性。该方法是从宏观整体上来进行估计和分析。但若想进一步深入探讨湍流的脉动结构,特别是对于湍流场中拟序结构的产生、发展和消亡过程的研究,单纯的相平均方法还远远不够。而本征正交分解(POD)方法可以突破传统方法的局限性,为研究缸内流场研究提供一个客观、量化的分析手段,由于该方法可对缸内矢量场(速度场),标量场(温度场、浓度场)的采样数据进行分解以及重组等多方面的加工,故其能够提供更多缸内流场非直观信息,进而更有利于深入理解缸内物理化学现象。在研究内燃机循环变动方面,它也为人们提供了新的思路,通过对缸内湍流场进行深加工,可以揭示更多的循环变动细节。

本征正交分解法(proper orthogonal decomposition,POD)是处理随机过程与系统的一种有效而实用的方法。此方法最早是由 Karhune 和 Loève 提出,故又称为 Karhunen-Loève 分解。该方法能够客观地从原始数据库中提取均方意义下的正交基(模态),来描述数据集合的特征。由于可以事先知道各阶模态所占有的能量比重,研究者可以对高阶模态进行选择性的忽略,进而实现对湍流的降维近似。Lumley[59] 在 1967 年将 POD 方法引入湍流研究,后来该方法被广泛地应用于湍流数据分析和湍流低维模型的建立。

在湍流拟序结构研究中,POD 方法也有着广泛的用途。21 世纪初 POD 方法被引入到发动机缸内湍流场的研究领域中,成为高性能发动机研究和开发的重要技术手段。研究者除了对实验数据进行 POD 分析外,近年来也将其应用于数值模拟研究。特别是大涡模拟得出的有关流场的海量数据,可以通过 POD 转化为直观的信息,描绘出更加详细生动的流场细节。下面对 POD 方法做一具体介绍。

2.5.1　POD 数学方法

为了对非线性湍流场进行线性化近似,需先确定一组基函数,使得三维瞬态流场在该基函数上的投影与原流场最为接近,即

$$\max \frac{\langle |\,(u(x,t),\varphi(x))\,|^2\rangle}{[\varphi(x),\varphi(x)]} = \frac{\langle |\,(u(x,t),\psi(x))\,|^2\rangle}{[\psi(x),\psi(x)]} \tag{2-190}$$

当 ψ 满足下式时,就成为我们需要的基函数:

$$\int_\Omega R_{ij}(x,y)\psi_j(y)\mathrm{d}y = \lambda\psi_i(x) \tag{2-191}$$

其中,$R_{ij}(x,y) = (u(x,t),u(y,t))$ 是流场两点二阶相关 Hermit 矩阵。由于该矩阵是满秩的,其特征基函数可相互正交,即原瞬态流场在这组基函数上的投影互不干扰。通过投影,原无限维的湍流场实现了线性化处理:

$$u(x,t) = \sum_{k=1}^{N_{\mathrm{mode}}} (a^{(k)}(t)\psi^{(k)}(x)) \tag{2-192}$$

即原始流场被分解成依赖于空间的基函数 $\psi^{(k)}(x)$ 和依赖于时间的系数 $a^{(k)}(t)$ 两部分。不仅基函数之间相互无关,时间系数之间也是相互无关的,即

$$\langle a^{(i)}a^{(j)}\rangle = \delta_{ij}\lambda^{(i)} \tag{2-193}$$

其中括号表示对其内的量进行平均运算。相关矩阵还可以对角化为

$$R_{ij}(x,y) = \sum_{k=1}^{N_{\mathrm{mode}}} \lambda^{(k)}\psi_i^{(k)}\psi_j^{(k)} \tag{2-194}$$

其中,N_{mode} 为总模态数目;$\lambda^{(i)}$ 为非负特征值。对相关矩阵进行缩并得

$$E = \frac{1}{2}\int_\Omega (u(x,t)u(x,t))\mathrm{d}x = \frac{1}{2}\sum_{k=1}^{N_{\mathrm{mode}}} \lambda^{(k)} \tag{2-195}$$

其中,E 是流场总动能。该式表明不同模态特征值的大小可以反映出各模态对流场动能的贡献程度,且特征值总和等于两倍的流场动能。不同 POD 模态上的能量分布可以通过特征值的分布来体现。将特征值按照大小递减的顺序排列,则最大特征值所对应的 POD 模态捕获了流场的大多数能量,其他模态捕获的能量依次递减。因此特征值大小可以作为衡量流场组织性强弱的判定条件。特征值最大的模态即对应于平均流场;含有较多能量的模态即对应于流场的大尺度拟序结构;而含能量较少的模态则对应湍流小尺度流场。如果特征值序列快速递减,则说明流场整体规律性较强,局部脉动弱,从而可认为缸内流场循环变动较小。此时绝大部分流场动能可被较少数目的 POD 模态捕获。使用 POD 降维的最大的好处是只需将原瞬态湍流场在少数几个 POD 模态上投影就可捕获流场大部分的动能,而这是其他分解方法无法做到的。

在应用经典 POD 方法时,需要计算空间相关矩阵,由于流场采样点数目巨大,

该方法往往需要过高的计算机资源。对此,Sirovich[60]提出了"快照"方法,每一个"快照"均代表某一时刻的原始瞬态流场。该方法和原直接法等效,但却大大提高了计算效率。将流场同一位置处不同采样时间点上的速度变量相互做内积,可得到一相关矩阵:

$$(u^{(i)}, u^{(j)}) = \sum_{n=1}^{N} \left[\sum_{d=1}^{D} (u_d^{(i)}(x_n) \cdot u_d^{(j)}(x_n)) \right] = N_{\text{mode}} \cdot C_{ij} \qquad (2\text{-}196)$$

其中,D 为空间维数;N 为空间采样点总数;N_{mode} 为时间采样点总数;i、j 分别表示不同的时间点。然后计算相关矩阵的特征值和特征向量:

$$\begin{bmatrix} C_{11} & \cdots & C_{1N_{\text{mode}}} \\ \vdots & \ddots & \vdots \\ C_{N_{\text{mode}}1} & \cdots & C_{N_{\text{mode}}N_{\text{mode}}} \end{bmatrix} \begin{bmatrix} A_1 \\ \vdots \\ A_{N_{\text{mode}}} \end{bmatrix}^{(k)} = \lambda^{(k)} \begin{bmatrix} A_1 \\ \vdots \\ A_{N_{\text{mode}}} \end{bmatrix}^{(k)} \qquad (2\text{-}197)$$

空间正交基函数(POD 模态)可表示为特征向量分量与原流场乘积的线性组合:

$$\psi_d^{(k)}(x_n) = \sum_{m=1}^{N_{\text{mode}}} (A_m^{(k)} u_d^{(m)}(x_n)) \qquad (2\text{-}198)$$

每个 POD 模态均与其特征值、特征向量一一对应。另外时间系数可通过将流场向正交基上投影的方式获得

$$a^{(k)}(t) = (u^{(i)}, \psi^{(k)}) = \sum_{n=1}^{N} \left[\sum_{d=1}^{D} (u_d^{(i)}(x_n) \psi_d^{(j)}(x_n)) \right] \qquad (2\text{-}199)$$

2.5.2　POD 流场四分解

在传统发动机研究领域中,研究者大多按照将缸内瞬态湍流场分解为平均流场(周期相平均)和脉动流场两部分的思路进行分析。引入 POD 方法后,湍流场的分解可以得到进一步的细化,从而获得更详细的流场细节信息。Roudnitzky 等人[61]使用 POD 三分解方法将缸内瞬态流场过滤为三部分:平均流场、拟序流场以及湍流流场。平均流场携带着瞬态流场大部分动能;拟序流场含有流场的大尺度拟序结构;湍流流场则代表着小尺度涡团的湍流脉动。通过施用该方法,并选择合适的模态数目,实现了三部分流场的分离和重构,获得了极其丰富的缸内流场信息。

实施三分解方法的一个困难是如何确定各部分流场分界的模态数,特别是拟序流场和脉动流场的分界模态数往往不是一个确定的数,而是一个变动的范围,这样分界数的确定就难免带有一定主观性。为克服此困难,笔者所在研究团队对 POD 三分解方法进行拓展,发展出 POD 四分解法[62]。基本思想是引入一个新的分流场—过渡流场,并将瞬时流场分割成四部分:平均流场、拟序流场、过渡流场以及湍流流场。其中拟序流场、过渡流场和湍流流场又可共同构成脉动流场。这种四分解方法可用数学公式表示为

$$u(x,t) = u^{\text{mean}}(x,t) + u^{\text{fluctuation}}(x,t)$$
$$= u^{\text{mean}}(x,t) + u^{\text{coherent}}(x,t) + u^{\text{transition}}(x,t) + u^{\text{turbulent}}(x,t) \qquad (2\text{-}200)$$

其中等式右端第一项 u^{mean} 为平均流场,其代表着宏观整体流动并且包含着全部流场绝大部分动能。此时的平均流场不同于传统雷诺平均场合下的相平均流场,其依然包含着时间因素,故又可称为瞬时平均流场。第二项 $u^{\text{fluctuation}}$ 代表脉动流场,其可被进一步分解为三部分。其中 u^{coherent} 为拟序流场,其携带着流场大部分脉动能量,对应着流场大尺度的拟序结构,在发动机循环变动中扮演着极其重要的角色。$u^{\text{transition}}$ 是过渡流场,其在大尺度涡团和小尺度涡团的能量级联中发挥着重要的作用。$u^{\text{turbulent}}$ 是湍流流场,其携带的动能最少,代表着流场内小尺度涡团脉动结构,这部分流场可被近似视为均质各向同性。

在对全部流场数据库进行 POD"快照"分解后,一共可以获得 N_{mode} 个模态。通过选取不同的模态集合,可以实现各分流场的重构。于是,原瞬态流场可通过以下四个重构公式实现四部分流场的分离:

$$u^{\text{mean}}(x,t) = \sum_{k=1}^{M}\left(a^{(k)}(t)\psi^{(k)}(x)\right) \qquad (2\text{-}201)$$

$$u^{\text{coherent}}(x,t) = \sum_{k=M+1}^{C}\left(a^{(k)}(t)\psi^{(k)}(x)\right) \qquad (2\text{-}202)$$

$$u^{\text{transition}}(x,t) = \sum_{k=C+1}^{T}\left(a^{(k)}(t)\psi^{(k)}(x)\right) \qquad (2\text{-}203)$$

$$u^{\text{turbulent}}(x,t) = \sum_{k=T+1}^{N_{\text{mode}}}\left(a^{(k)}(t)\psi^{(k)}(x)\right) \qquad (2\text{-}204)$$

其中,M、C 和 T 分别为平均流场和拟序流场之间,拟序流场和过渡流场之间,以及过渡流场和湍流流场之间的边界模态数。于是,POD 四分解的关键步骤成了边界模态数的确定。这可通过由不同模态数重构而形成的各分流场之间的相关性分析来确定,具体方法可参阅文献[62]。

图 2-29 示出了根据对一台 4 气门单缸汽油机在 3 个不同进气门升程下缸内流场的大涡模拟结果重构的各分流场[63]。数值模拟数据采自连续 12 个周期,图中显示的是第 3 周期 90°CA ATDC 时刻的瞬时滚流流场,以及 POD 四分解后的各个分流场流线图。可以看到四个分流场存在着显著的差异,各自的特征尺度有着明显的不同,呈现依次递减特点。平均流场显示出宏观滚流流动特征,而拟序流场的空间分布以非均匀的大尺度随机涡团为主,少数高阶模态重构的湍流流场则表现为随机紊乱的小尺度涡团现象,具有空间分布近似均匀和各向同性的特点。同时还可以发现,改变气门最大升程会对瞬态流场和各个分流场产生直接影响,除了影响流场速度大小外,对流场局部空间内涡团的分布也有较大影响,特别是拟序流场和过渡流场。由于平均流场受到的宏观因素影响较多,故在不同升程下相互

之间差异性略小,宏观流动较为一致,均有着明显的大尺度滚流流动,只是滚流中心的位置以及局部流场速度大小有些区别;另一方面,最小尺度的湍流流场受到气门升程改变的影响也较小,小涡团仍然体现着空间均匀随机性分布特点,只是携带的湍动能略有不同。

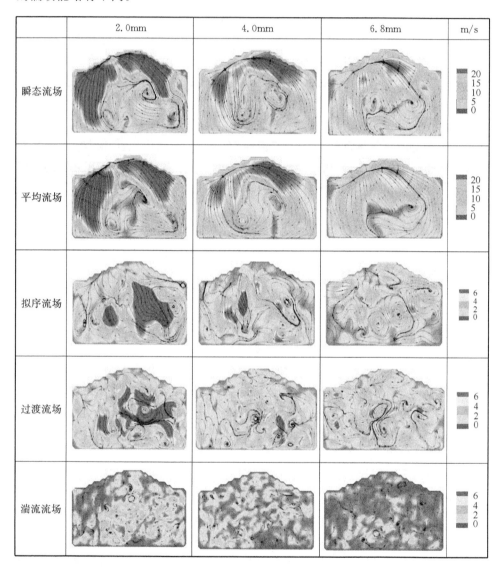

图 2-29　第 3 周期 90°CA ATDC 时刻瞬态流场及各分流场

本章参考文献

[1] Townsend A A. The Structure of Turbulent Shear Flow. London:Cambridge University

Press,1976

[2] 秦文瑾,解茂昭,贾明,等.4气门直喷式汽油机缸内湍流场多周期循环变动的大涡模拟.内燃机学报,2012,30:234-240

[3] 解茂昭.直喷式柴油机缸内涡流、挤流和湍流的数值研究.大连理工大学学报,1990,30:93-100

[4] Lancaster D R. Effects of Engine Variables on Turbulence in Spark-Ignition Engine. SAE 760159,1976

[5] Haselman L C, Westbrook C K. A Theoretical Model for Two-Phase Fuel Injection Stratified charge Engines. SAE 780318,1978

[6] Butler T D, et al. CONCHAS: An ALE Computer Code for Multicomponent Chemically Reactive Fluid Flow at All Speeds. Los Alamos Scientific Laboratory (LASL) Report: LA-8129-MS,1979

[7] Amsden A A, et al. KIVA: A Computer Program for 2 and 3 Dimensional Fluid Flows with Chemical Reactions and Fuel Sprays. LASL Report: LA-10245-MS,1985

[8] Spalart P R, Allmaras. A One-Equation Turbulence Model for Aerodynamic Flows. Recherche Aerospatiale, No. 1,1994:5-21

[9] Reynolds W C. Modeling of Fluid Motion in Engines-An Lntroductory Overview. Combustion Modeling in Reciprocating Engines. New York: Plenum Press,1980

[10] Morel T, Mansour N N. Modeling of Turbulence in Internal Combustion Engines. SAE 820040,1982

[11] 解茂昭.非定常强压缩性湍流流动的数值模拟.工程热物理学报,1990,10:456458

[12] El Tahry S H. k-ε equation for compressible reciprocating engine flows. AIAA Journal Energy,1983,7:345-353

[13] Amsden A A, et al. KIVA-II: A Computer Program for Chemically Reactive Flows with Sprays. LASL Report: LA-115 60-MS,1989

[14] Coleman G N, Mansour N N. Modeling the rapid spherical compression of isotropic turbulence. Physics of Fluids,1991,A3:225-2259

[15] Launder B E, Priddin C H, Sharma B I. The calculation of turbulent Boundary layers on spinning and curved surfaces. Journal of Fluids Engineering,1977,99:231-239

[16] Shih T H, Liou W W, Shabbir A, et al. A new k-ε eddy-viscosity model for high reynolds number turbulent flows-model development and validation. Computers Fluids,1995,24(3):227-238

[17] Durbin P A. Separated flow computations with the k-ε-$v2$ Model. AIAA Journal,1995,33(4):659-664

[18] Yakhot V, Orszag S A. Renormalization group analysis of turbulence. I. basic throry. Journal of Scientific Computing,1986,1:1-51

[19] Yakhot V, Orszag S A. Development of turbulence models for shear flows by a double expansion technique. Physics of Fluids A,1992,4:1515-1520

[20] Han Z,Reitz R D. Turbulence modeling of internal combustion engines using RNG k-e Models. Combustion Science and Technology,1995,106:267-295

[21] 马贵阳,解茂昭. 用 RNG k-e 模型计算内燃机缸内湍流流动. 燃烧科学与技术,2002,8:171-175

[22] El Tahry S H. Application of a Reynolds stress model to engine like flow calculations. ASME Journal of Fluids Engineering,1985,107:444-450

[23] Gatski T B,Jongen T. Nonlinear eddy viscosity and algebraic stress models for solving complex turbulent flows. Progress in Aerospace Sciences,2000,36:655-68

[24] Lea C J,Watkins A P. Differential stress modeling of turbulent flows on model reciprocating engines. Proceedings of the Institution of Mechanical Engineers,1997,D221:59,77

[25] 李芳,解茂昭. 二阶矩封闭模型应用于内燃机缸内湍流的计算. 大连理工大学学报,1999,39:542-546

[26] Hamlington P E,Ihme M. Modeling of non-equilibrium homogeneous turbulence in rapidly compressed flows. Flow Turbulence Combustion,2014,93:93-124

[27] Rodi W A. New Algebraic stress relation for calculating the reynolds stresses,Zeitschrift für Angewandte Mathematik und Mechanik,1976,56:219-221

[28] Shih T H,Zhu J,Lumley J L. A new Reynolds algebraic equation model. Computer Methods in Applied Mechanics and Engineering,1995,125:287-302

[29] Craft T J,Launder B E,Suga K. Development and application of a cubic eddy-viscosity model of turbulence. International Journal of Heat and Fluid Flow,1996,17:108-115

[30] Craft T J,Launder B E,Suga K. Prediction of turbulent transitional phenomena with a nonlinear eddy-viscosity model. International Journal of Heat and Fluid Flow, 1997, 18:1528-1540

[31] Durbin P A,Pettersson-Reif B A. On algebraic second moment models. Flow Turbulence and Combustion,1999,63:323-374

[32] 马贵阳,解茂昭. 非线形代数应力模型在内燃机缸内湍流计算中的应用. 大连理工大学学报,2001,41:676-680

[33] Xie M. Progress and exploration in mathematical modeling of turbulent flows in internal combustion engines//Fan W,Yao J:Computational Combustion. Hefei:Press of University of Science and Technology of China,1994:99-106

[34] 陈石,解茂昭. 内燃机缸内湍流的一个非线性代数应力模型. 内燃机学报,1996,14:249-256

[35] 陈义良. 湍流计算模型. 合肥:中国科技大学出版社,1991

[36] Pope S B. A more general effective-viscosity hypothesis. Journal of Fluid Mechanics,1975,72:331-340

[37] Bianchi G M,Cantore G,Parmeggiani P,et al. On application of nonlinear k-e models for internal combustion engine flows. Journal of Engineering for Gas Turbines and Power,2002,124:668-677

[38] 周磊,解茂昭,罗开红,等. 大涡模拟在内燃机中应用的研究进展. 力学学报,2013,4:

467-482

[39] Rutland C J. Large-eddy simulations for internal combustion engines-a review. International Journal of Engine Research,2011,12(5):421-451

[40] Germano M,Piomelli U,Moin P,et al. A dynamic subgrid-scale eddy viscosity model. Physics of Fluids A,1991,3:1760-1765

[41] Naitoh K,Kuwahara K. Large eddy simulation and direct simulation of compressible turbulence and combusting flows in engines based on the BI-scales method. Fluid Dynamics Research,1992,10:299-325

[42] Schumann U. Subgrid scale model for finite difference simulations of turbulent flows in plane channels and annuli. Journal of computational physics,1975,18(4):376-404

[43] Yoshizawa A,Horiuti K. A statistically-derived subgrid-scale kinetic energy model for the large-eddy simulation of turbulent flows. Physical Society of Japan, Journal, 1985, 54: 2834-2839

[44] Menon S,Yeung P K,Kim W W. Effect of subgrid models on the computed interscale energy transfer in isotropic turbulence. Computers and Fluids,1996,25(2):165-180. Haworth D C,Jansen K. Large-eddy simulation on unstructured deforming meshes: towards reciprocating IC engines. Computers and Fluids,2000,29:493-524

[45] Kim W W,Menon S. Application of the localized dynamic subgrid-scale model to turbulent wall-bounded flows. AIAA,Aerospace Sciences Meeting and Exhibit,35th,1997

[46] Chumakov S G,Rutland C J. Dynamic structure subgrid-scale models for large eddy simulation. International Journal for Numerical Methods in Fluids,2005,47(8-9):911-923

[47] Hu B,Jhavar R,Singh S,et al. Combustion Modeling of Diesel Combustion with Partially Premixed Conditions. SAE Paper,2007:01-0163

[48] Banerjee S,Liang T,Rutland C,et al. Validation of an LES Multimode Combustion Model for Diesel Combustion. SAE Technical Paper,2010:01-0361

[49] Piomelli, U. Wall-layer models for large-eddy simulations. Progress in Aerospace Sciences, 2008,44(6),437-446

[50] Qin W J,Xie M Z,Jia M,et al. Large eddy simulation of in-cylinder turbulent flows in a DI-SI gasoline engine. Applied Mathematical Modelling,2014,38:5967-5985

[51] Morse A,Whitelaw J,Yianneskis M. Turbulent flow measurement by Laser Doppler Anemometry in a motored reciprocating engine. Imperial College Mechanical Engineering Department Report FS/78/24,1978

[52] 秦文瑾,解茂昭,贾明. 基于大涡模拟的发动机缸内湍流流动及拟序结构. 内燃机学报, 2012,30:133-140

[53] Hunt J C R,Wray A,Moin P. Eddies,stream,and convergence zones in turbulent flows. Center for Turbulence Research Report CTR-S88,1988:193-208

[54] Schmitt M,Frouzakis C E,Tomboulides A G,et al. Direct numerical simulation of multiple cycles in a valve/piston assembly. Physics of Fluids,2014,26:035105

[55] Schmitt M,Frouzakis C E. Direct numerical simulation of the effect of compression on the flow,temperature and composition under engine-like conditions. Proceedings of the Combustion Institute,2015,35:3069-3077

[56] Bansal G,Mascarenhas A,Chen J H. Direct numerical simulations of autoignition in stratified dimethyl-ether (DME)/air turbulent mixtures. Combustion and Flame, 2015, 162: 688-702

[57] Hunt J C R,Carruthers D J. Rapid distortion theory and the problems of turbulence. Journal of Fluid Mechanics,1990,212:497-532

[58] Wong V W, Hoult D P. Rapid Distortion Theory Applied to Turbulent Combustion. SAE 790357,1979

[59] Lumley J. The structure of inhomogeneous turbulent flows. Atmospheric Turbulence and Radio Wave Propagation,1967:166-178

[60] Sirovich L. Empirical eigenfunctions and low dimensional systems. New perspectives in turbulence,1991,5:139

[61] Roudnitzky S,Druault P,Guibert P. Proper orthogonal decomposition of in-cylinder engine flow into mean component,coherent structures and random Gaussian fluctuations. Journal of Turbulence,2006,7(70):1-19

[62] Qin W J,Xie M Z,Jia M,et al. Analysis of in-cylinder turbulent flows in a DISI gasoline engine with a POD quadruple decomposition. Journal of Engineering for Gas Turbines and Power-Transaction of ASME,2014,136:111506/1-15

[63] Qin W J,Xie M Z,Jia M,et al. Large eddy simulation and proper orthogonal decomposition analysis of turbulent flows in a direct injection spark ignition engine:Cyclic variation and effect and effect of valve lift. Science China,2014,57:489-504

第 3 章 燃油喷雾模型

在柴油机和某些新型汽油机中,燃油的喷射、雾化和蒸发及其与空气的混合对发动机的燃烧和排放具有关键性作用。然而,喷雾的数值模拟却是一个极其困难的课题。这是因为缸内气体的宏观流动和湍流脉动对喷雾都有强烈的影响。而喷雾本身又是由尺寸各异的大量细微油滴、油蒸气与空气组成的两相混合物。要正确模拟喷雾形成即燃料与空气的混合过程,必须依靠两相流和统计力学的理论,但这种繁复的两相流计算是以高额的计算成本为代价的。工程应用上,人们有时宁可采用比较简单而节省的方法。所以迄今为止,已经发展出复杂程度和预测精度各不相同的多种喷雾模型。总的来说,无论是准维模型还是多维模型,都可以分为均相气态射流模型和气液两相模型这两大类。

鉴于液体雾化与喷雾过程在国民经济许多部门都有广泛应用,加之其重要的理论和学术意义,国内外对该领域的研究都十分重视,以致近年已逐渐形成了流体力学和工程热物理的一个新的分支。在这种形势的推动下,关于发动机喷雾模型的研究近年来取得了长足的进展。本书对其中具有代表性的成果进行介绍。

本章主要讨论喷雾的多维模型,准维模型则放在第 4 章中与燃烧模型一起讨论。首先,我们对内燃机中燃油喷雾场的几何结构和物理特性作一介绍,然后分别讨论目前在内燃机领域中应用较多的气相射流模型和油气两相模型。在此基础上,再深入介绍作为当前研究热点的喷雾过程的若干子模型,特别是油束分裂与雾化及其与固壁相互作用的模型。

3.1 喷雾场的结构

液态燃油被喷入燃烧室空间后,形成一个由液柱、油滴、油蒸气和空气组成的多相混合物的场,我们称之为喷雾场。对柴油机而言,喷雾场在动力学和热力学上都是瞬变而又极不均匀的。为了便于研究,可把整个喷雾场划分为不同的区域。

目前,柴油机上应用最广泛的是多孔喷油嘴,其中每一孔都产生一束喷雾。我们取其中一束为对象,并忽略各油束之间的干扰,即着重讨论圆柱形单孔油嘴形成的喷雾场。这也是迄今为止学术界和工程界研究得最广泛的情况。

从运动学的角度来看,燃油喷雾场的结构与不可压流体的自由淹没射流相似。后者在空间结构上可以分为射流核心区、初始区和充分发展区(自模区)三部分。发动机内的喷雾场也可相应划分为液核区、发展中区(这两区合称为近场区)和充分发展区(远场区)(图 3-1)。由于燃油密度远大于空气密度,故喷雾中各区的相对长度(与喷嘴直径之比)远大于不可压射流中各区的相应值。

过去很长一段时间,人们曾经认为,由于缸内温度、压力已达到临界状态,燃油一经射出喷嘴,就立即完成雾化,变为气态。但随着实验手段的进步,大量观测表明,雾化并非在喷射瞬间即完成,喷雾内部确实存在一个长度为喷嘴直径几十倍的形为连续液柱的核心,称为未受扰液核(intact liquid core)或分裂长度(breakup length)(图 3-1 中的 x_1)。一种新近的更严格的观点认为,此二者是有区别的。分裂长度是指从喷嘴出口到射流表面开始形成液滴处的距离;而未受扰液核是指从喷嘴出口到射流轴线也开始分裂成液滴的那一点的距离,但后者很难从实验中观测到。由于雾化时,分裂首先发生在液柱表面,故两个长度并不相同。

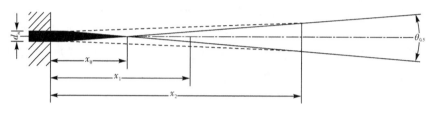

图 3-1　不可压射流和实心锥喷雾结构示意图

实验表明,即使在高于 30MPa 的喷油压力下,分裂长度仍可达 10～30mm。液核的存在对雾化过程具有重要影响,因而近年来日益受到重视。在液核的周围,一部分燃油已经雾化,并从四周卷吸进大量空气,使喷雾边界在横向扩展,直到图 3-1 中 x_2 处,此即发展中区。x_2 可达喷嘴直径 D 的几百倍,一般如 $D=0.1～0.3$mm,则 x_2 为 2～10cm。当 $x>x_2$ 后,喷雾进入自模区,其速度分布与其到虚原点 x_0 的距离成比例,此区称为充分发展区或远场区。在柴油机环境下,由于燃烧室空间所限,近场区的尺寸已经与燃烧室半径相当,加之缸内气体流动的非定常性,故喷雾场一般不能达到充分发展区。

3.1.1　喷雾场的分区

由于燃油喷雾是两相混合物,其动力学与热力学特性与不可压流体自由淹没射流有很大区别。从气液两相耦合作用的角度出发,O'Rourke 和 Bracco[1] 把燃油喷雾场按其离喷嘴的距离由远到近依次划分为极稀薄区、稀薄区、稠密区和翻腾流区(churning)4 个区域。

1) 极稀薄区

这是喷雾场最外围的部分。由于油滴在空间的扩散以及在此过程中大部分质量已经蒸发,因而油滴微小和分散到如此程度,以致与气体相比较,可忽略其质量和体积。对油滴而言,气体好似一个无穷大的"汇",尽管油滴与气体间仍有质量、动量和能量交换作用,但可认为气体不受此交换过程的影响。同时,油滴之间的相互作用,如碰撞、变形、聚合、破碎和振动等均可忽略。唯一需考虑的效应是如何描述油滴的湍流扩散。从数值模拟角度来看,对该区只需求解气相方程,而忽略颗粒相。

2）稀薄区

该区中油滴的数密度大于第一区,其总质量与气体相比是可观的,但其所占体积仍然微不足道。这意味着油滴间距离远远大于其直径,故可忽略油滴间直接的相互作用,但"油滴↔气体↔油滴"这种间接的作用不可忽略,即油滴可影响周围气体的状态,后者又反过来影响其他油滴与气体之间的相互作用。因而在数值计算中,需同时交替求解气相和颗粒相的控制方程组,以体现两相之间的耦合。

3）稠密区

此区内,油滴在两相混合物中占据了可观的体积,但仍以离散态存在于连续的气相场中。与稀薄区相比,油滴间距离要小得多,故不能再忽略油滴间相互作用。这包括两类效应:碰撞和"准碰撞",前者是指运动中的两个油滴实际发生接触;后者是指两个油滴不发生实际接触,故质量不变,但动量发生变化。例如,一油滴穿越另一油滴的尾迹,引起其速度改变。准碰撞的频率远大于碰撞频率,碰撞的直接后果是油滴的变形、聚合或破碎,从而对喷雾场的平均滴径等参数有重要影响。O'Rourke[2]对稠密喷雾中的各种效应及其数值模拟进行了详尽的研究。他借用统计力学的方法,用碰撞频率函数、碰撞效率等参数来描述碰撞效应。碰撞的结果究竟是聚合还是分裂,则根据一个变迁(transition)概率函数来确定。此外,"油滴↔气体↔油滴"效应仍然存在,而且由于油滴的密集,油滴和气体间的质量、动量和能量交换率不能再像稀薄喷雾那样沿用单个油滴的计算公式。因此,稠密区的物理和数学描述要比稀薄区复杂得多。

4）翻腾流区

在紧邻液核的周围地带,液体已开始分裂,但由于在两相混合物中,液体所占体积分数与气体相当甚至超过之,故燃油不能在气体中弥散开以形成油滴,而是以薄片、纤丝或网络的形式存在。翻腾流是雾化过程的第一步产物,是液核到油滴的中间状态,研究其特性对揭示雾化机理有重要意义。

3.1.2　喷雾的近场特性

对柴油机而言,喷雾中具有重要实践意义的是其近场区的结构和特性。主要特征参数包括分裂长度、喷雾锥角、喷雾贯穿度和平均滴径分布(SMD),如图 3-2 所示。

根据实验结果,液体射流的分裂长度与喷射速度、液体黏度、喷嘴尺寸和结构等因素有密切关系。分裂长度 L_b 随喷速 v_i 的变化如图 3-3 所示,可见流动状态对

L_b 有决定性影响。随喷速的增长，图中曲线可分为 6 个区，依次为滴落区、光滑流（层流）区、过渡区、波动流（湍流）区、不完全雾化区和完全雾化区。在层流区和湍

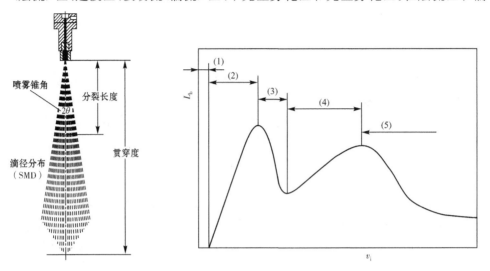

图 3-2　喷雾的特征参数　　　　　图 3-3　分裂长度与喷射速度的关系

流区，L_b 均随 v_i 而增大；在过渡区和不完全雾化区则呈相反的趋势。在完全雾化区，分裂长度基本上不再随喷速变化。广安博之利用金属丝网探测喷嘴和雾束间最小电阻的方法确定柴油机喷雾场的 L_b。其实验结果表明，当 20m/s $< v_i <$ 60m/s 时，射流是处于第二类风生分裂阶段（参见 3.5.1 节），L_b 随 v_i 增高而增长；当 $v_i >$ 60m/s 时，射流开始雾化，L_b 随 v_i 增高而减小；但 $v_i >$ 150m/s 后，L_b 几乎保持常数。在 v_i 不变的情况下，L_b 随背压升高和喷孔直径 D 的减小而减小。同时，L_b 还与喷嘴的长径比（喷孔长度 l/ 喷孔直径 D）有关。实验证明，当 $l/D = 4$，L_b 达到最小值。关于柴油机喷雾场的锥角、贯穿度和滴径分布，各国多年来已经进行了大量的研究，并总结出一系列计算公式（将在后面雾化模型一节中介绍）。这些公式在工程实践中有广泛的用途，但它们都未涉及雾化过程的机理，所以各有其特定的应用范围而缺乏普遍性。

3.2　气相射流模型

所谓气相射流模型是沿用准维模型的假定，认为燃油以气体射流形式进入气缸，但比准维模型优越得多的是，它无需对喷射的锥角、贯穿度和浓度分布等作任何人为的假设。只要给定油气射流的初速度的大小和方向，其后续的演变过程和浓度分布均可自行算出。因为这只需在冷态流基础上，补充求解一个以燃料密度或其

浓度为因变量的控制方程即可实现。至于初始条件,可假定油气初速 v_g 与实际射油速度 v_l 相等,而 v_l 可根据理论或实测的射油率以及喷孔几何参数确定

$$v_g = v_l = \frac{1}{\eta A_1} \frac{\partial G}{\partial t} \tag{3-1}$$

式中,$\partial G / \partial t$ 为射油率;A_1 为喷口截面积;η 是其流量系数。油气的初始密度按下式确定

$$\rho_g = \rho_l A_1 / A_g \tag{3-2}$$

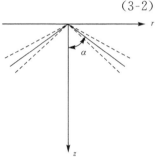

式中,ρ_l 是燃油密度;A_g 是假想的油气喷口面积,可取为喷油器所在网格单元的截面积。式(3-1)和式(3-2)保证了气相射流与实际液相射流具有相同的质量流率和动量流率。对于二维轴对称模型,喷油器应置于缸盖中心处,这样,计算平面内的一股射流代表着真实缸内一个顶角为 2α 的空心圆锥(图 3-4)。此模型与多孔油嘴的喷雾自然有明显差异,但却真实地模拟了轴针式油嘴以及伞喷燃烧系统喷雾的几何和动力学特性。文献[3]把此模型与计算流体力学的任意拉格朗日-欧拉法(ALE)相结合,计算了缩口深 ω 形柴油机燃烧室中

图 3-4 空心圆锥喷雾模型

喷雾的形成与发展过程。图 3-5 所示为上止点前(BTDC)15.3°CA 和上止点后(ATDC)0.8°CA 时用质量分数表示的燃油浓度分布(射油定时为 18°CA)。图 3-6 为计算的喷雾径向贯穿度与实验结果之比较,二者的吻合相当好。此方法与冷态流场计算相比较,工作量增加不多,却能同时解出缸内流场和燃油浓度场,为进一步计算燃烧和排放打下基础,不失为一种在工程上有较大实用价值的方法。

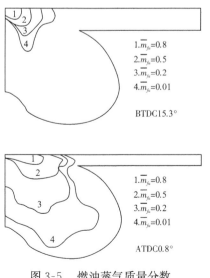

1.$\overline{m}_{fu} = 0.8$
2.$\overline{m}_{fu} = 0.5$
3.$\overline{m}_{fu} = 0.2$
4.$\overline{m}_{fu} = 0.01$

BTDC15.3°

1.$\overline{m}_{fu} = 0.8$
2.$\overline{m}_{fu} = 0.5$
3.$\overline{m}_{fu} = 0.2$
4.$\overline{m}_{fu} = 0.01$

ATDC0.8°

图 3-5 燃油蒸气质量分数

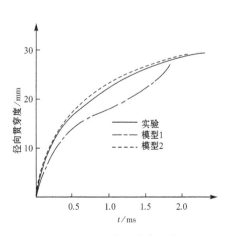

图 3-6 径向贯穿度比较

3.3　　油气两相模型

均相气态模型虽有工程实用价值,但它毕竟不能模拟和反映喷雾的物理本质。随着多维两相流理论的发展,更接近物理真实的两相喷雾模型蓬勃发展起来。研究两相流和多相流目前主要有两种不同的观点。一种是只把流体相作为连续介质,以欧拉方式研究其流场,而把颗粒(液滴) 相作为离散体系,应用拉格朗日运动坐标系研究颗粒或颗粒群在流场中的动力学和热力学特性(如颗粒轨道及其传热传质过程等),故可称为欧拉- 拉氏法;另一种观点则不仅把流体相作为连续介质,同时也把颗粒相视为拟连续介质或拟流体,认为后者在空间中有连续的速度、温度等参数分布及等价的输运性质(黏性、扩散和导热等),因而称为欧拉- 欧拉法或双流体法。具体到内燃机而言,从这两种观点出发,就分别发展出离散液滴模型(DDM) 和连续液滴模型(CDM) 这两类模型。两者的共同点是,它们都从燃油喷雾具有气液两相结构这一基本事实出发,着重模拟发生在气液交界面上的相互作用,即两相之间的质量、动量和能量交换过程。为此,必须同时求解两相的诸控制方程,但二者求解的思路和方法是完全不同的。

3.3.1　连续液滴模型(CDM)

一般地说,从离散体系的角度来看,颗粒群中各个颗粒可能具有不同的直径 d_p,不同的速度 u_{pi},不同的温度 T_p 和不同的空间位置 x_i 等不同的参数,而具有某一相同参数的颗粒,它们的其余参数未必相同,例如具有相同直径的颗粒不一定有相同的速度或温度。因此,最普遍的描述方法是把颗粒作为统计群来处理。若参数处于空间范围 $x_i \rightarrow x_i + dx_i$,速度范围 $u_{pi} \rightarrow u_{pi} + du_{pi}$,尺寸范围 $d_p \rightarrow d_p + d(d_p)$,温度范围 $T_p \rightarrow T_p + dT_p$ 内颗粒的数密度(类似于概率密度)为

$$f(x_i, u_{pi}, d_p, T_p, t) dx_i du_{pi} d(d_p) dT_p dt$$

则按统计力学中的 Louville 守恒定理,在无颗粒碰撞(稀疏颗粒悬浮流) 时将有

$$\frac{\partial f}{\partial t} + \frac{\partial f}{\partial x_i}\frac{dx_i}{dt} + \frac{\partial f}{\partial u_{pi}}\frac{du_{pi}}{dt} + \frac{\partial f}{\partial d_p}\frac{d(d_p)}{dt} + \frac{\partial f}{\partial T_p}\frac{dT_p}{dt} = 0 \qquad (3-3)$$

根据相空间容积变化率为零的原理,并针对液体喷雾,上式可改写为

$$\frac{\partial f}{\partial t} + \frac{\partial}{\partial x_i}(fu_i) + \frac{\partial}{\partial u_{di}}(f\dot{u}_{di}) + \frac{\partial}{\partial r}(f\dot{r}) + \frac{\partial}{\partial T_d}(f\dot{T}_d) = f_s \qquad (3-4)$$

式中,下标 d 表示液滴;r 为液滴半径;$\dot{u}_{di}$、$\dot{r}$ 和 $\dot{T}_d$ 分别为 u_{di}、r 和 T_d 的时间变化率;f_s 是考虑到油滴间相互作用(如聚合、碰撞等) 引起的 f 的源项。上式即燃烧学中的所谓喷雾方程。f 是时间 t、空间 x_i、速度 u_{di}、滴径 r 和温度 T_d 的函数。对三维情况,方程的自变量多达 9 个,其复杂性可想而知。在求解此方程之前,必须先规定或

能够计算时间导数 $\dot{u}_{di}$、$\dot{r}$ 和 $\dot{T}_d$ 以及源项 f_s，这些导数值通常取自单个液滴的实验数据，而反映液滴相互作用的源项 f_s 则可借助有关学科，如统计力学和气象学中云雾动力学的有关知识。

方程(3-4)所描述的液滴群相当于一种拟流体。如果认为液滴群与气体之间始终保持动力平衡和热平衡，即在空间各点液滴与气体的平均速度及温度均相等，则可把液滴群与气体作为统一的流体来处理(这种模型称为无滑移模型，因液滴与气体之间无相对运动)。于是，对液滴群只需一个喷雾方程来描述其质量平衡即可，不再需要动量方程和能量方程。对于气相，则只需在原来均相流方程组的基础上增加一个相应的源项，以考虑液滴群的影响，同时将气体密度乘以一个体积分数 φ 即可。

$$\varphi = 1 - \int \frac{4}{3}\pi r^3 f \, dr du_{di} \, dT_d \tag{3-5}$$

理论上说，以求解喷雾方程为基础的 CDM 方法可以为喷雾场提供全面而详尽的描述，这一优点是其他方法无可比拟的。然而，由于其计算量太大，现阶段难以应用于实际工程问题。目前，人们把研究和应用的重点放在 DDM 方法上。

3.3.2　离散液滴模型(DDM)

为了克服 CDM 计算量太大的困难，人们自然地想到可把连续的液滴群离散为有限的尺寸组，这样就产生了 DDM。DDM 也是一种统计描述，但它基于蒙特卡罗方法。它不考虑全部油滴，而只处理其中若干具有代表性的统计样本。每个样本都代表一定数目的大小和状态都完全相同的油滴。用拉格朗日方式跟踪这些油滴样本的运动，即求解描述其运动轨迹和传热传质过程的一组常微分方程。液相对气相的干扰以附加源项的形式出现在描述气相的偏微分方程中。交替求解气液两相的方程，就可得出每一时刻缸内各组分浓度分布和其他参数。美国 Los Alamos 实验室[4] 和英国帝国理工学院[5] 于 1980 年各自独立地发展了这种方法，并获得较满意的结果。

DDM 在建模过程中引入下列基本假设：

(1) 忽略液态燃油射流的分裂和雾化过程，即认为燃油一旦离开喷嘴，就成为离散的微小液滴。

(2) 连续分布的油滴直径可以用有限个名义滴径来代表。

(3) 油滴与气体之间通过相对运动、传热和蒸发而实现动量、能量和质量交换，油滴对气体的作用等价地分布于有关的流体网格单元中。

(4) 一般喷雾可作为稀薄喷雾处理，从而忽略油滴彼此间的相互作用。

在 DDM 中，气相控制方程仍是冷态流场的那些方程，只是增加了一个新的源

项 $S_{d\varphi}$,表示液滴对气相的影响。作为统计样本的油滴是这样产生出来的:根据由实验测定的或经验性的滴径概率分布曲线,把连续分布的滴径分成 N_j 个区段,每一段内的油滴直径均用同一名义直径 d_j 代表。这样,直径为 d_j 的一个样本就代表一定数目 N_{dj} 个性质完全相同的油滴。N_{dj} 可根据射油规律确定。具体地说,可以把喷油率曲线所包围的面积(即循环供油量)按一定时间步长(例如 $1°$ 曲轴转角)离散为若干区段,如图 3-7 所示。每一区段的油量为 δm_i。同时,把喷油孔截面离散成 N_i 个小面积,油滴样本从每块小面积的中心射入气缸(图 3-7)。于是,在每一时间步长内,就有 $N_i \times N_j$ 个油滴样本被产生出来,其总油量为 δm_i。由此可得出在时间步长 δt_i 内进入气缸,直径为 d_j 的样本所代表的具有同样特性的油滴数目

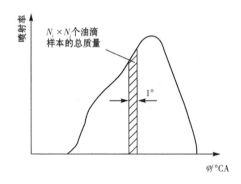

图 3-7　喷雾的离散化

$$N_{dj} = \frac{\delta m_i \sigma_j}{\sum_{j=1}^{N_j} \sigma_j \pi \rho_l d_j^3 / 6} \tag{3-6}$$

式中,ρ_l 是燃油密度;σ_j 是名义直径为 d_j 的油滴数在全部油滴数中所占概率。喷射过程中,某一直径油滴出现的体积概率为

$$\frac{dV}{V} = \frac{b^4}{6} x^3 e^{-bx} dx \tag{3-7}$$

式中,x 为滴径;V 为燃油体积;b 为与平均滴径有关的常数。体积分布概率与数目分布概率有如下关系:

$$\frac{dV}{dx} = \frac{\pi x}{6} \frac{dN}{dx} \tag{3-8}$$

式中,N 为直径小于 x 的油滴总数,由此可得出直径在 x_1 与 x_2 之间出现的油滴数概率为

$$\sigma_j = \frac{dN}{N} = e^{-bx_1} - e^{-bx_2} \tag{3-9}$$

如图 3-8 所示,若取 $x_1 = \dfrac{1}{2}(d_j + d_{j-1})$,$x_2 = \dfrac{1}{2}(d_j + d_{j+1})$,则 σ_j 就是式(3-9)中用到的 σ_j。

　　用上述方法确定的油滴样本应按一定的初始状态射入汽缸。由于目前对雾化过程了解尚不深入,初始条件只能根据实验结果来规定。对轴对称模型,一种最简便的做法是,假定喷油器位于缸盖中心,如图 3-9 所示,α 是喷射方向与气缸轴线的夹角,β 是油滴运动方向与喷嘴中心线夹角的最大值,亦即喷雾扩散角。β 由实验确定。为简单起见,假定油滴初始方向在 2β 范围内从 0 到 β 线性变化,而速度大小是均匀分布的。油滴离开喷口后,用拉格朗日方式跟踪其运动,即求解下列常微分方程组:

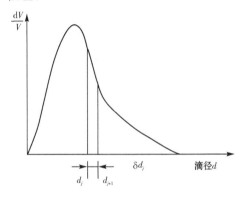

图 3-8　油滴体积概率分布　　　　　　图 3-9　油滴的初始条件

油滴轨迹方法

$$\frac{\mathrm{d}x_i}{\mathrm{d}t} = u_{\mathrm{d}i} \tag{3-10}$$

运动方程

$$\frac{\mathrm{d}u_{\mathrm{d}i}}{\mathrm{d}t} = \frac{3}{4} C_{\mathrm{D}} \frac{\rho_{\mathrm{g}}}{\rho_{\mathrm{l}}} \frac{1}{d} \mid U_i - u_{\mathrm{d}i} \mid (U_i - u_{\mathrm{d}i}) \tag{3-11}$$

质量方程(蒸发)

$$\frac{\mathrm{d}M}{\mathrm{d}t} = -2\pi D \frac{pt}{RT} \ln\left(\frac{p_{\mathrm{t}} - p_{\mathrm{v},\infty}}{p_{\mathrm{t}} - p_{\mathrm{v},\mathrm{s}}}\right) Sh \tag{3-12}$$

能量方程(传热)

$$MC_p \frac{\mathrm{d}T_{\mathrm{d}}}{\mathrm{d}t} = \pi d K (T_{\mathrm{g}} - T_{\mathrm{d}}) \frac{z}{\mathrm{e}^z - 1} Nu + L \frac{\mathrm{d}M}{\mathrm{d}t} \tag{3-13}$$

式中,x、u 为油滴的坐标矢径和速度;U_i、T_{g} 为油滴所在处气体速度和温度;C_{D} 为油滴在气体中运动的阻力系数;D 为燃油蒸气扩散系数;L 为燃油蒸发潜热;$p_{\mathrm{v},\infty}$ 和 $p_{\mathrm{v},\mathrm{s}}$ 分别为油滴周围环境中蒸气分压力和油滴表面饱和蒸气压;$\overline{RT}$ 表示该项取

为油滴表面和环境的平均值;$z/(e^z - 1)$是对未考虑传质的热导率的修正因子

$$z = \frac{C_{pv} \mathrm{d}m/\mathrm{d}t}{\pi d K Nu} \tag{3-14}$$

C_{pv}为蒸汽比热容。方程中用到的阻力系数和Nu、Sh数一般按经验公式计算,例如

$$\left. \begin{array}{l} C_D = \dfrac{24}{Re}, \quad Re \leqslant 0.48 \\[2mm] C_D = 27Re^{-0.84}, \quad 0.48 < Re \leqslant 78 \\[2mm] C_D = 0.27Re^{0.217}, \quad Re > 78 \end{array} \right\} \tag{3-15}$$

$$Nu = 2 + 0.6Re^{1/2}Pr^{1/3} \tag{3-16}$$

$$Sh = 2 + 0.6Re^{1/2}Sc^{1/3} \tag{3-17}$$

常微分方程组(3-10)~(3-13)可以方便地用普通的龙格-库塔等算法求解。油滴在气体流场中穿行时,不断地与周围气体进行质量、动量和能量交换。对每一网格单元中的气体而言,来自油滴的这种耦合作用可表示为气相控制方程中的一个附加源项

$$S_{p\varphi} = \frac{1}{\delta t_i} \sum_p \left[(m\varphi)^0 - (m\varphi)^n \right] \tag{3-18}$$

式中,上标0和n分别表示时间步δt_i开始和结束时刻;m为油滴质量;$\sum_p$表示对δt_i内位于该网格单元中的全部油滴求和。整个喷射过程中,气液两相间的耦合作用通过在时间坐标上交替求解气液两相的控制方程来实现。一个时间步内的计算顺序如下:

(1)如果本时刻正处在喷油周期内,则按规定的初始条件,喷入一组新油滴。如已超出喷油周期,则直接转入第(2)步。

(2)用前一时刻的流场数据计算本时间步新射入油滴的运动历程及其对气相流场的耦合源项。

(3)考虑全部油滴(包括本时刻新射入的及以前累积射入的)的耦合作用,求解气相控制方程,得到流场各参数的值。

(4)利用新的流场数据计算所有油滴新的位置及各参数,并计算它们对流场的耦合源项。

英国帝国理工学院的Gosman首先用上文介绍的方法对一台直喷柴油机的喷雾场进行了预测[5]。他的计算表明,油滴对气体流场的耦合作用是很强的,不可忽视的。同时,燃油喷雾在其周围产生一个局部湍流场,其强度在量级上与进气和挤压涡流相当。这些结论对于柴油机的设计和研究是颇有价值的。

Los Alamos实验室所提出的DDM模型[4]与上述Gosman等的模型大同小异。主要的区别在于对燃油喷射的初始状态考虑得更细致一些。此模型假定,从喷

口射出的油滴半径符合概率论中的 χ^2 规律

$$f(r) = \frac{1}{\bar{r}} e^{-r/\bar{r}} \tag{3-19}$$

式中,$\bar{r}$ 是按油滴数目平均的半径。对于 χ^2 分布,$\bar{r}$ 与 Sauter 平均半径 r_{32} 之关系为 $r_{32}/3$,而 r_{32} 是作为输入量人为规定的。

再定义一个滴径的概率密度函数 $g(r)$。这样,$g(r)\mathrm{d}r$ 表示油滴半径处于 r 与 $r + \mathrm{d}r$ 之间的概率,而任一个油滴样本所代表的同样滴径之油滴数目就与 $f(r)/g(r)$ 成正比。由于当 $g(r)$ 为最大值时,滴径分布具有最佳分辨率,因此欲在油滴质量最集中之处获得其尺寸分布最佳分辨率,则 $g(r)$ 应正比于燃油的质量分布 $r^3 f(r)$;而每个样本所代表的油滴数应正比于 r^{-3}。由此推知,每个样本所代表的全部油滴的总质量应为常数,并等于每一循环中所喷入燃油总质量除以规定的样本数目。

以循环总油量加以归一化的分布函数 $g(r)$ 可表示为

$$g(r) = \frac{r^3}{6\bar{r}^3} f(r) = \frac{R^3}{6\bar{r}} e^{-R} \tag{3-20}$$

式中,$R = r/\bar{r}$,我们希望能按照概率密度 $g(r)$ 随机地选择油滴半径。为此必须首先算出 $g(r)$ 的累积概率(或积分概率)$h(r)$,然后将 $h(r)$ 转换为在区间 $(0,1)$ 之间的均匀分布的随机数。

$$h(r) = \int_0^R g(R)\mathrm{d}R = \int_0^R \frac{R}{6\bar{r}} e^{-R} \mathrm{d}R$$
$$= 1 - e^{-R}\left(1 + R + \frac{1}{2}R^2 + \frac{1}{6}R^3\right) \tag{3-21}$$

由于 $h(2\bar{r}) = 0.997 \approx 1$,如果选取油滴样本数为 N,则带宽 $\Delta r = 12\bar{r}/N = 4r_{32}/N$。如令 X 是区间 $(0,1)$ 之间的随机数,则易于求出其相应的数 n,以满足

$$h[12\bar{r}(n-1)/N] \leqslant X < h[12\bar{r}n/N] \tag{3-22}$$

于是相应的滴径为

$$r = 0.12\bar{r}n = 0.04r_{32} \tag{3-23}$$

照此办理就可得到随机分布的初始滴径。

该模型中,假定油滴之初始速度和温度均为常数,射出的方向在规定的锥角(通过缸轴的平面内)$(\varphi_1 \sim \varphi_2)$ 和圆周角(与缸轴垂直的平面内)$(0 \sim 2\pi)$ 之间均匀分布。

油滴的运动和蒸发过程的跟踪计算与上述 Gosman 的方法基本相同,即求解常微分方程组 $(3\text{-}10) \sim (3\text{-}13)$,但其中阻力系数的选取和蒸发过程计算式有所不同。

3.4　两相喷雾的动力学和热力学过程

前节为了说明 DDM 的基本思想和实施方法,以最早提出的 Gosman 的模型为例进行了较全面的介绍。事实上,内燃机的燃油喷雾是一极其复杂的系统,涉及许多互相耦合的物理与化学子过程。其中每一过程都构成一个特定的研究领域。近年来涌现出大量的新成果,本节将对几个重要的动力学和热力学过程及其数学模拟进行介绍。

3.4.1　油滴的阻力与变形

油滴的空间分布及其运动状态在很大程度上取决于其运动过程中所受到的阻力(运动颗粒所受的其他力,如 Magnus 力、Saffman 力和 Basset 力等均忽略不计)。油滴的运动方程可简单地写为

$$\rho_l V_d \mathrm{d}\boldsymbol{v}/\mathrm{d}t = \rho_l V_d \boldsymbol{F} = C_D A_f \rho_g u^2/2(\boldsymbol{U}/|\boldsymbol{U}|) \tag{3-24}$$

其中,$\boldsymbol{U}$ 是油滴与气体的相对速度,$\boldsymbol{U} = \boldsymbol{u} - \boldsymbol{v}$;$V_d = 4\pi r^3/3$,$A_f = \pi r^2$,分别是球形油滴的体积和迎风面积。如果假定气体速度和油滴半径均保持不变,则方程(3-24)简化为

$$\frac{\mathrm{d}\boldsymbol{v}}{\mathrm{d}t} = \frac{9\mu}{2\rho_l r^2}(\boldsymbol{u} - \boldsymbol{v}) = (\boldsymbol{u} - \boldsymbol{v})/\tau_m \tag{3-25}$$

其中,$\tau_m = 2\rho_l r^2/9\mu$ 是油滴的动量弛豫时间。假定气体为静止状态,$\boldsymbol{u} = 0$,则积分上式可得出

$$\boldsymbol{U} = \boldsymbol{U}_0 \exp(-t/\tau_m) \tag{3-26}$$

其中,$\boldsymbol{U}_0$ 是油滴的初速。方程(3-26)表明,油滴的速度随时间增长按指数规律衰减,但利用该式来计算瞬态喷雾的贯穿度是不可靠的。这是因为油滴传递给气体的动量会改变气体的状态。同时,处于喷雾尖梢的油滴所产生的尾迹会减小后续油滴与气体之间的速度差,从而减小其阻力。这样,后面的油滴有可能超过尖梢部的油滴,这一过程反复进行,其结果是喷雾的贯穿度远远超过对单个油滴在同样初始条件下计算得出的贯穿度。因此,有必要对如同方程(3-27)那样由单个液滴运动规律得出的阻力系数经验公式加以修正或采用更合适的公式,如 KIVA 程序中采用如下公式:

$$\left.\begin{array}{ll} C_D = \dfrac{24}{Re}(1 + \dfrac{1}{6}Re^{2/3}), & \text{当 } Re \leqslant 1000 \\[2mm] C_D = 0.424, & \text{当 } Re > 1000 \end{array}\right\} \tag{3-27}$$

其中,雷诺数定义为

$$Re = \frac{2\rho \mid U_i - u_{di} \mid r}{\mu_{air}(\widetilde{T})}, \quad \mu_{air}(\widetilde{T}) = \frac{A_1 \widetilde{T}^{3/2}}{\widetilde{T} + A_2} \tag{3-28}$$

式中，A_1、A_2 均为常数；$\widetilde{T}$ 为气体和油滴的加权平均温度，$\widetilde{T} = (T + 2T_d)/3$。

油滴的蒸发通过其半径变化来描述：

$$\dot{r} = -\frac{(\rho D)_{air} \widetilde{T}}{2\rho_l r} B_d Sh \tag{3-29}$$

$(\rho D)_{air}$ 为油气在空气中的扩散率。谢尔伍德数定义为

$$Sh = (2 + 0.6 Re^{1/2} Sc^{1/3}) \ln(1 + B_d)/B_d \tag{3-30}$$

其中，施密特数 $Sc = \mu_{air}(\widetilde{T})/\rho D_{air}(\widetilde{T})$。

$$B_d = \frac{m_f^* - m_f}{1 - m_f} \tag{3-31}$$

式中，m_f^* 和 m_f 分别为油滴表面和周围环境中燃油蒸气的质量分数

$$m_f^* = \frac{\overline{W}_f}{\overline{W}_f + \overline{W}_0(p/p_v - 1)} \tag{3-32}$$

式中，$\overline{W}_f$ 是燃油的相对分子质量；$\overline{W}_0$ 是除燃油之外各组分在当地的平均相对分子质量；p_v 是油蒸气在温度 T_d 下之平衡压力。

对于稠密喷雾，方程(3-27)用下式代替

$$C_D = \frac{24}{Re}(\theta^{-2.65} + Re^{2/3}\theta^{-1.78}/6) \tag{3-33}$$

其中，θ 是当地空隙率。该式是来自流化床的实验结果。

液滴与固体颗粒的一个重要区别是其在运动过程中会发生显著的变形，而且还可能在气流作用下发生旋转。这样，其迎风面积就有所变化，阻力系数也有相应的改变。要准确地模拟油滴的阻力和运动，这些因素是不能不考虑的。当球形液滴在气流中运动时，从垂直于气流的方向看，气动力在其外表面上产生的静压是不均匀的。其前后驻点压力最大，而随着距驻点距离的增大，压力逐渐减小。由于液滴内外压差的不平衡，使液滴发生变形。在平行于气流的方向被压缩，而在垂直于气流的方向被拉伸，即从球形变为椭圆形。Liu 等[6] 假定变形油滴平行于气流方向截面为一长短轴分别为 a 和 b 的椭圆，并引入一变形因子

$$y' = \min[1, (\frac{a}{r} - 1)] \tag{3-34}$$

式中，r 为油滴的初始半径。方程(3-34)意味着，当 $a = 2r$ 时，油滴的变形达到极限而发生分裂。这样，变形因子 y' 的取值范围是在 0 和 1 之间，两个极限值分别对应无变形($a = r$) 和最大变形($a = 2r$) 两种情况。修正后的阻力系数按下式计算

$$C_D' = C_D(1 + 2.632 y') \tag{3-35}$$

其中，C_D 仍按方程(3-27)计算。

　　进一步的研究发现,式(3-35)对高速液滴给出的阻力值过小。分析表明,这与液滴的旋转运动有关。在传统的阻力计算公式中,总是使用液滴的最大横截面积作为迎风面积。对于液滴仅有平动的情况,这无疑是正确的。但在高湍流度的发动机燃烧室中,液滴在强烈湍流作用下(特别对那些从壁面反弹的液滴),除了微观的平动外,还会发生随机的旋转运动,因而其迎风面积也并非总是其最大横截面积。为考虑迎风面积的这种随机变化,可利用一随机数 P 来修正旋转液滴的迎风面积:

$$A_{fM} = \pi a[b + P(a - b)] \tag{3-36}$$

其中,P 是区间$(0,1)$之中的随机数。当 P 取 0 或 1 时,上式分别对应液滴的迎风面积的最小(πab)和最大(πa^2)值。式(3-35)也相应地修正为

$$C_{D,M} = C_D(1 + 2.632Py') \tag{3-37}$$

计算结果与实验的比较表明,液滴的旋转效应对那些体积大且气液相对速度较高的液滴较为显著,这是因为这些液滴易于从壁面反弹并发生旋转。因此,Liu 等[6]建议,对未发生碰壁的液滴可不考虑旋转效应,在用方程(3-24)计算其加速度时,阻力系数和迎风面积分别按方程(3-35)和 $A_f = \pi a^2$ 计算。对那些从壁面反弹的液滴,则分别按方程(3-37)和(3-36)计算,以考虑旋转效应。

3.4.2　油滴的传热与蒸发

　　油滴在其运动过程中的受热与蒸发过程,是混合气形成的一个重要环节。它直接影响到混合气的浓度分布,从而影响到发动机的着火滞燃期、燃烧率乃至排放特性。特别在冷起动和低负荷工况下,其影响更为显著。因此,在 DDM 模型中,必须纳入尽可能实用可靠的油滴蒸发子模型。影响油滴蒸发的因素很多,例如,油滴的运动,油滴之间的相互作用(取决于油滴群密集的程度),燃料的成分,环境的压力与温度等。鉴于问题的复杂性,早期的模型大多是根据单一成分的单独液滴在常温常压下的实验结果总结出来的半经验公式。一般的燃烧学教科书中都有相关的介绍,这里不再详述。

　　包括前面介绍的 Gosman 模型中的传热传质公式[方程(3-10)～(3-13)]以及 KIVA 程序中最初所采用的蒸发模型都是针对低压环境的单组分燃料的经验公式,用到内燃机的高压及多组分的情况显然不太合适。汽油及柴油等实际燃料都是含有多达数百种组分的混合物,各种组分的蒸发和着火特性都互不相同。在早期的蒸发模型中一般将燃料视为某种典型的烃类,如十四烷。这一假设对环境温度足够高、液滴较小的中小柴油机的正常运行工况尚可接受,因为此时液滴蒸发的特征时间与燃料空气混合的特征时间及其着火滞燃期相当,甚至更短。这样,起重要作用的并非燃料的组分结构,而是液滴的总蒸发率及其热值。但是,对于环境温度较低,油滴较大及发动机转速较低的情况(如冷起动),不同组分间蒸发率的差别就可能引起组分的分层,从而影响着火及运行特性。此外,这些效应对于早期直喷和进气

道喷射的火花点火发动机也可能相当显著,这是由于其喷射压力和环境温度均较低,因而油滴较大而需较长的蒸发时间。同时,在发动机燃烧室的高压环境下,燃料表现出一系列与低压情况下有很大差异的特征。

首先,在高压下,液体燃料接近或达到其临界状态,在气液界面上二者的密度趋于一致,二者的传热传质速率也趋于一致。因此,传统模型中普遍采用的准稳态气体假设不再成立。该假设认为,气相中的热质传递过程远远慢于液相,故可把气体处理为准稳态。但在高压下,气体和液体的传热传质必须同样处理。

其次,在临界点附近,液体和气体的某些物性都有剧烈的变化。例如,燃料的蒸发潜热趋于零,导热系数等在临界点附近急剧上升。特别对气体而言,由于远远偏离理想状态,必须选用能够包括真实效应的更复杂的状态方程(这里存在着多种可能的选择)。

第三,如何进行热力学平衡计算是高压蒸发模型所面临的另一个重要问题。要达到热平衡,不仅要求在气液界面上,两相的所有组分的温度和压力都相等,而且要求其偏摩尔吉布斯自由能或化学势也必须相等。换言之,热力学相平衡的必要条件是在界面上吉布斯自由能取最小值。为此,最方便的办法是利用逸度的概念,即要求任何一种组分 i 在液相和气相中的逸度均相等。这里,逸度相当于平衡压力的一个指标,而且包含了所有由高压所引起的液体和气体的非理想效应。

第四,气体在液体燃料中的可溶解性也是影响多组分燃料液滴高压蒸发的一个重要因素。

鉴于上述原因,高压多组分燃料的蒸发机理及其数值模拟得到了燃烧界的广泛重视,近 30 年来相继提出了为数可观的数学模型。从应用的角度看,这些模型可分为两大类:一类是以单独液滴为对象,着重探索其蒸发过程的机理及影响因素;另一类则致力于将蒸发过程的子模型纳入到整个喷雾形成、发展乃至燃烧的模拟中。本书只介绍后一类中具有代表性的成果。

早期的液滴蒸发模型的一个重要缺陷是将液滴视为空间均匀而仅随时间变化,即忽略各参数在液滴内部的梯度,将其视为零维。近期的模型则大多考虑到空间的不均匀性,发展成液滴的一维乃至二维模型。其中 Jin 和 Borman[7] 于 1985 年提出的一维模型较有代表性。该模型的基本假设是:

(1) 液滴为球对称,故可用径向的一个空间坐标来描述。

(2) 环绕液滴的压力在空间上均匀分布。

(3) 气液界面处于热力学平衡状态。

(4) 热量传递与质量传递之间不存在交叉现象,即忽略 Soret 效应与 Dufour 效应。

(5) 气体只溶解于液滴表面一薄层内而不向其内部扩散。

　　利用液滴表面气相与液相处于热平衡的假设(即要求各组分在气液两相中的逸度相等),可求出界面两侧各组分的浓度。然后以此为边界条件求解液滴的质量方程和能量方程,沿液滴半径划分 10 个左右网格,用有限差分求解。油滴内部的环流可用所谓"有效扩散率"来简单地模拟,即经验性地增大扩散和导热系数,以包括内部环流增强液滴内传热传质的效应。例如,采用下列形式的公式来计算有效热导率 k_l^e 和有效扩散率 $D_l^{e[8]}$ 。

$$\frac{k_l^e}{k_l} = \frac{D_l^e}{D_l} = 1.86 + 0.86\mathrm{tanh}\left[2.245\mathrm{lg}\left(\frac{Re_l Pr_l}{30}\right)\right] \tag{3-38}$$

　　考虑到 DDM 方法中,一般需要计算大量的油滴样本,对每一样本均重复上述计算过程,故较之零维液滴模型,计算成本会显著增大。有关方程的具体表达式和求解方法的细节,读者可在文献[7]中找到,这里不再详述。

　　近年来,又出现了几种精度更高但计算量较大的多组分蒸发模型,它们大体上可分为连续多组分法(CMC)和离散多组分法(DMC)两类。连续法认为燃料是由不同组分构成的连续(或半连续)的热力学系统,其结构可用组分的概率密度函数(PDF)来描述。PDF 是基于组分的相对分子质量、沸点或碳原子数等基本特征参数来构建的,而燃料的物性参数均可用 PDF 推算得出。连续法的优点是计算量较小,但预测精度略差。再者,当应用于燃烧计算时,特别是当采用详细反应机理时,连续法很难实现与燃烧模型的耦合。与此相反,离散法是选用有限种有代表性的燃料组分来描述实际多组分燃料(一般 2～10 种);对每种组分通过求解其输运方程来描述其变化历程,这样它可以很方便地纳入涉及多组分的反应动力学模型,但计算成本则较高。近年来,各国对离散法的研究相当活跃,其中 Ra 和 Reitz[8] 于 2009 年提出的模型较有代表性,获得了较广泛的应用。下面对此模型进行简要介绍。

　　该模型的基本思想是对多组分球形液滴分别建立其气液两相各组分的传热传质方程,然后通过气液界面的热力学平衡关系,确定其有效传热系数及蒸发率。

　　假定球形液滴对周围气体没有吸附作用,则液体的质量变化可以表示为

$$\frac{\mathrm{d}}{\mathrm{d}t}\left(y_{i,l}\rho_l \frac{3}{4}\pi R^3\right) = \dot{m}_i 4\pi R^2 \tag{3-39}$$

其中,R 是液滴半径;$y_{i,l}$ 和 $\dot{m}_i$ 分别是组分 i 的质量分数和蒸发率;ρ_l 是液体密度。液滴能量变化为

$$\frac{\mathrm{d}}{\mathrm{d}t}\left(\int_0^R c_{v,l}\rho_l 4\pi r^2 T(r)\mathrm{d}r\right) = \frac{\mathrm{d}}{\mathrm{d}t}\left(c_{v,l}\rho_l \frac{3}{4}\pi R^3 T_d\right) = 4\pi R^2 (q_i - \dot{m}c_{v,l}T_s)$$

$$\tag{3-40}$$

其中, $c_{v,1}$ 是液体比热容; q_i 是单位面积上从液滴表面向其内部的传热率; T_d 和 T_s 分别是液滴的平均温度和表面温度。

气相组分的控制方程为

$$\frac{\partial}{\partial t}[\rho y_i] + \nabla \cdot [\rho y_i v] = \nabla \cdot (\rho D_i \nabla y_i) + s_{g,i} \tag{3-41}$$

其中, D_i 为组分 i 的扩散系数; $s_{g,i}$ 是源项。

将上式对所有燃料组分求和,可得双组分系统(燃料与空气)的组分守恒方程

$$\frac{\partial}{\partial t}[\rho y_f] + \nabla \cdot [\rho y_f v] = \nabla \cdot (\rho \overline{D} \nabla y_f) + s_g \tag{3-42}$$

气体能量守恒方程:

$$\overline{C} \frac{\partial}{\partial t}(\rho T) + \overline{C} \nabla \cdot (\rho v T) = \nabla \cdot \lambda \nabla T + (\overline{C_{pf} D_f} - C_{pa} \overline{D}) \rho \nabla y_f \cdot \nabla T \tag{3-43}$$

式中, $\overline{C}_p$ 和 C_{pa} 分别是气体混合物的平均比热容和空气比热容;而 $\overline{C_{pf} D_f}$ 是燃料比热容与扩散系数的积。上式中末项代表组分间扩散产生的能量输运。

液滴与周围气体的平衡条件是液相与气相各组分的化学势 μ 相等。蒸气的表面质量分数可以借助 Raoult 定律来确定:

$$p_{i,v} = x_{i,v} P = x_{i,l} P_{sat,i} \tag{3-44}$$

其中, P_i 是蒸气相中组分 i 在液滴表面的分压; $P_{sat,i}(T)$ 是单纯组分 i 在温度 T 下的蒸气压力; X_i 是组分 i 的摩尔分数。

利用液滴与周围气体界面上热质传递的平衡关系可以确定液滴的表面温度。液滴的传热包括由液滴内部到表面的传热 q_i 和外部气体到液滴表面的传热 q_o。二者之和就是液滴表面蒸发所消耗的热量

$$L(T_s)\dot{m} = q_i + q_o \tag{3-45}$$

其中, $L(T_s)$ 是燃料在表面温度 T_s 下的蒸发潜热; $\dot{m}$ 是蒸发率。内部的传热假定为包括内部环流影响的对流传热过程。液滴内部传热系数根据热导率 λ 以及热边界层的非稳态当量厚度 δ_e 来确定:

$$q_i = h_{Leff}(T_d - T_s) = \frac{\lambda}{\delta_e}(T_d - T_s) \tag{3-46}$$

其中, T_d 和 T_s 分别是液滴的内部温度和表面温度; δ_e 可利用有效热导率计算:

$$\delta_e = \sqrt{\pi \alpha_{eff} t} = \sqrt{\pi \chi \alpha_L t}$$

其中, $\alpha_{eff} = \chi \alpha_L$ 是液滴的有效热扩散率(导温系数)

$$\chi = 1.86 + 0.86\tanh[2.225\log_{10}(Pe_1/30)]$$

Pe_1 是液滴的 Peclet 数。通过求解蒸气相的能量方程,并考虑内扩散及斯特凡流的影响,可以确定外部热流的有效传热系数,进一步求解接近液滴表面的能量方程(3-43),就可得到外热流的方程

$$q_o = \frac{\kappa \overline{C}_p \dot{m}}{\exp\left[\dfrac{2r_0 \overline{C}_p \dot{m}}{\lambda Nu} - \dfrac{[C_a](y_{\text{fsur}} - y_{\text{fo}})}{\lambda}\dfrac{Sh}{Nu} - 1\right]}(T_{\text{sur}} - T_s) = h_{\text{o,eff}}(T_{\text{sur}} - T_s)$$

(3-47)

式中,r_0 是液滴半径;$\overline{C}_p$ 是包括燃油蒸气的混合气体的平均比热容;κ 是一相关系数;$[C_a] = (C_{pf} - C_{pa})\rho\overline{D}$ 是燃料与空气之间内扩散的能量通量之差,即 $\rho(\overline{C_{pf}D_f} - C_{pa}\overline{D}_f)$,$\overline{D}_f$ 是燃料的平均扩散系数;y_{fo} 和 y_{fsur} 分别是燃料在界面和周围环境的质量分数;T_{sur} 是环境气体温度。

将方程(3-46)与(3-47)代入方程(3-45),即得到联系蒸发率与液滴温度及周边混合气体温度的显式方程

$$\dot{m}_L(T_s) = h_{\text{Leff}}(T_d - T_s) + \frac{\kappa \overline{C}_p \dot{m}}{\exp\left[\dfrac{2r_0 \overline{C}_p \dot{m}}{\lambda Nu} - \dfrac{[C_A](y_{\text{fsur}} - y_{\text{fo}})}{\lambda}\dfrac{Sh}{Nu} - 1\right]}(T_{\text{sur}} - T_s)$$

(3-48)

对液滴表面的传质率可利用包含 Spalding 传质数的传质方程来计算:

$$\dot{m} = g_m \ln(1 + B_m)$$

(3-49)

其中,g_m 是传质系数,$g_m = Sh\rho\overline{D}/2R$;$B_m$ 是 Spalding 数,$B_m = (y_{\text{fs}} - y_{\text{fsur}})/(1 - y_{\text{fs}})$。由于外部热流的有效传热系数是与蒸发率相耦合的,液滴表面温度需要交替求解以上两个平衡方程(3-48)和(3-49)来求出,求解时假定传热过程是准稳态的。

3.4.3　液滴的湍流扩散

前节介绍的 DDM 方法在计算油滴轨道时不考虑气相湍流脉动的影响。事实上,湍流涡团的无规则运动必然使油滴在其运动过程中不断受到一种随机的干扰力。油滴愈小,这种随机干扰运动愈明显,因而液滴的轨道并非光滑的曲线,而是充满曲折和脉动的不光滑曲线。由湍流脉动在运动粒子上产生的这种附加的随机运动就是所谓的湍流扩散。这在某种意义上类似于分子无规则运动所引起的微小粒子的布朗运动。柴油机中雾化油滴直径为几个到几十微米的量级,湍流扩散对其运动的影响是不能忽略的,这一扩散有时甚至可能完全改变油滴轨道的形状和

位置。因此,在喷雾的气体-油滴两相模型中,必须考虑液滴的湍流扩散。对 CDM 而言,这不难实现。我们只需在喷雾方程中增加一个自变量,即引入气相湍流脉动速度 u_i。对 DDM,则可类似地采用一种随机轨道模拟法。此法是直接从拉格朗日坐标系中液滴运动方程(3-10)～(3-13)出发,在考虑气体湍流脉动的前提下,计算液滴的随机轨道及各参数沿轨道的变化经历。为此,只需在液滴运动方程 (3-11)中气体速度 U_i 上增加一个脉动速度 u_i,即

$$\frac{\mathrm{d}u_{\mathrm{d}i}}{\mathrm{d}t} = \frac{3}{4}C_{\mathrm{D}}\frac{\rho_{\mathrm{g}}}{\rho_{\mathrm{l}}}\frac{1}{d}\mid U_i + u_i - u_{\mathrm{d}i}\mid (U_i + u_i - u_{\mathrm{d}i}) \tag{3-50}$$

如假定气体湍流场为各向同性和局部均匀,且脉动速度的概率密度分布符合高斯分布,则有

$$\overline{u_1^2} = \overline{u_2^2} = \overline{u_3^2} = \frac{2}{3}k \tag{3-51}$$

近期的研究表明[11],高压喷雾对气体湍流有明显的各向异性效应,则上式可修正为

$$\overline{u_1^2} = \overline{u_2^2} = 0.52k \tag{3-52}$$

$$\overline{u_3^2} = 0.96k$$

其中,u_3 为沿喷雾轴线方向的速度,且 u_i 之概率分布为

$$f(u_i) = \pm \left(\frac{2}{3}k\right)^{1/2} \mathrm{erfc}(\mid x\mid) \tag{3-53}$$

式中,erfc 表示完全误差函数;x 是在范围 $\mid x\mid < 1$ 内具有均匀分布的随机变量。上式亦可写为

$$u_i = \xi\left(\frac{2}{3}k\right)^{1/2} \tag{3-54}$$

式中,ξ 为随机数,可由计算机的随机数发生器自动产生。

将方程(3-50)在时间间隔 τ_{int} 内积分便得出液滴在气体湍涡作用下在该时间内所前进的一段路程,即随机轨道。τ_{int} 为液滴与随机取样的气体湍涡相互作用的时间,可由下式判断选取:

$$\tau_{\mathrm{int}} = \min(\tau_{\mathrm{T}}, \tau_{\mathrm{R}}) \tag{3-55}$$

τ_{R} 为液滴穿越一个典型的随机湍涡所需的时间,即所谓滞留时间(residence time),可通过求解线性化的液滴动量方程而得出

$$\tau_{\mathrm{R}} = -\tau\ln\left(1 - \frac{l_{\mathrm{e}}}{\tau\mid u_i - u_{\mathrm{d}i}\mid}\right) \tag{3-56}$$

式中,τ 为液滴的弛豫时间

$$\tau = \frac{8}{3}\frac{\rho r_1}{\rho C_{\mathrm{D}}\mid u_i - u_{\mathrm{d}i}\mid} \tag{3-57}$$

l_e 为随机湍涡的长度尺度

$$l_e = C_\mu^{3/4} k^{3/2} / \varepsilon \tag{3-58}$$

τ_T 为湍涡脉动的特征时间(eddy turn over time)

$$\tau_T = l_e / (\overline{u_1^2})^{1/2} \tag{3-59}$$

当 $l_e > \tau \mid u_i - u_{di} \mid$ 时,式(3-56)中对数算符后为负值,τ_R 无解,此时可取 $\tau_{int} = \tau_T$。

在 KIVA-3V 程序中,湍流作用时间 τ_{int} 取为

$$\tau_{int} = \min\left[\frac{k}{\varepsilon}, \alpha \frac{k^{3/2}}{\varepsilon} \frac{1}{\mid U_i + u_i - u_{di} \mid}\right] \tag{3-60}$$

其中,经验常数 $\alpha = 0.16432$。

式(3-55)或(3-60)只是计算液滴与湍流相互作用的一种简化的近似方法。实际上,这种相互作用不仅取决于液滴的滞留时间和湍涡脉动时间,还取决于液滴直径与涡团尺寸之比,液滴与湍流之速度比,液滴分布密度(单位体积内或一典型涡团中液滴的数目)等因素。但目前对这些方面的研究还很不透彻,所以这里都未予以考虑。

利用随机轨道法可以计算燃料的浓度分布,但为此需计算大量的轨道(如数千条)才能达到足够精度,因此工作量很大。

3.4.4 液滴的碰撞和聚合

在稠密喷雾区中,油滴之间的距离比稀薄区要小得多,甚至可达与其直径为同一量级。因此,油滴彼此之间存在着强烈的相互作用,主要表现为油滴的相互碰撞、聚合以及较大油滴的分裂破碎。这些效应对于喷雾场的特性具有重要影响,在对模拟精度要求高的场合必须加以考虑。本节只讨论油滴的碰撞和聚合,关于其分裂破碎将作为二次雾化现象在下一节中介绍。

根据不同的运动状态和碰撞条件,液滴之间的碰撞可能主要产生两种不同的后果:一是两个液滴聚结在一起形成一个较大的液滴;二是所谓"摩擦碰撞(grazing collision),即相互碰撞的两个液滴在碰撞后各自保持其原有的大小和温度,只是速度的大小和方向发生变化。

O'Rourke[2] 从统计力学和概率论出发推导出了概率函数 σ 的精确表达式,但由于其过分的复杂性,很难在工程上得到应用,迄今尚未见到有关求解带源项的喷雾方程的报导,比较实用的办法仍然是把源项的计算离散化,并纳入到 DDM 的计算中。下面对该方法加以简单介绍。

为了判断液滴之间是否会发生碰撞,需首先引入碰撞频率这一概念,利用它来计算某一液滴样本 A 所代表的一个液滴与其他样本中某一液滴发生碰撞的概率 P。为了简化计算,假定样本 A 所代表的全部油滴都具有相同的行为,即它们与其他样本的油滴发生碰撞的概率均为 P。由于同一样本中全部液滴行为相同,而碰撞

后果又只能是聚合或摩擦接触，因此发生碰撞后并不会产生出新的样本来。最后对大量计算次数的结果进行系综平均，或者对稳态计算进行时间平均，就可得到碰撞结果的概率分布。

在 DDM 中，规定仅当两个样本处于同一网格单元内时才考虑二者的碰撞。同时为方便起见，假定每个样本所代表的全部油滴均匀分布在该网格单元中。我们将相碰粒子中较大者称为"出击粒子"，较小者称为"被撞粒子"。这样，一个出击粒子与全部被撞粒子相碰撞的频率为

$$v = \frac{N_2}{V} \pi (r_1 + r_2)^2 \mid u_{d1} - u_{d2} \mid \tag{3-61}$$

式中，下标 1 和 2 分别代表出击粒子和被撞粒子；N_1、N_2 分别是其样本所代表的液滴数；V 是样本 1 和 2 同时存在于其中的网格单元的体积。

出击粒子和被撞粒子发生 n 次碰撞的概率符合平均值为 $\bar{n}$ 的泊松分布

$$P_n = \mathrm{e}^{-\bar{n}} \frac{\bar{n}^n}{n!} \tag{3-62}$$

其中，$\bar{n}$ 为在时间步长 Δt 内平均发生的碰撞次数。这样，不发生碰撞的概率则为 $P_0 = \mathrm{e}^{-\bar{n}}$（因 $0! = 1$）。为计算发生碰撞的可能性，引入一个在区间 $(0, 1)$ 内的随机数 X。如果 $X < P_0$，则无需计算样本 1 和 2 所代表油滴之间的碰撞。如果 $X > P_0$，则再引入第二个随机数 $Y(0 < Y < 1)$，并将 $b = Y(r_1 + r_2)$ 定义为碰撞冲击参数。b 的作用是用以判别碰撞的后果究竟是聚合碰撞还是摩擦碰撞。如果 b 小于某一临界值 b_{cr}，则发生摩擦碰撞。b_{cr} 计算式为

$$b_{cr}^2 = (r_1 + r_2)^2 \min(1.0, 2.4 f(\beta)/We) \tag{3-63}$$

式中，$f(\beta) = \beta^3 - 2.4\beta^2 + 2.7\beta$；$\beta = r_2/r_1 (r_1 \leqslant r_2)$；$We = \rho_e \mid u_{d1} - u_{d2} \mid^2 r_1/\sigma(\overline{T}_d)$ σ 为液滴表面张力，$\overline{T}_d$ 为两个油滴的质量加权平均温度。

$$\overline{T}_d = \frac{r_1^3 T_{d1} + r_2^3 T_{d2}}{r_1^3 + r_2^3}$$

式 (3-63) 的物理意义是：如果相碰撞的一对粒子聚合后的旋转动能超过其重新分开成两个粒子所需要的表面能，它们就会重新分离。

如果碰撞的结果是聚结，每个出击粒子上所聚结的粒子数目 n 可根据概率按下式求出

$$\sum_{k=0}^{n-1} P_k \leqslant X < \sum_{k=0}^{n} P_k \tag{3-64}$$

这意味着有 n 个被撞粒子聚结到同一个出击粒子上，因而需从有关样本所代表的液滴数目中减去 n，同时出击粒子的尺寸、温度和速度也需做相应的修正。修正依据是碰撞前后质量、动量和能量保持守恒。如果碰撞概率很大，以致按式 (3-64) 算出的 n 超过网格单元中现有的被撞粒子总数 N_2，则应按 $n = N_2$ 计算，而且代表这

些粒子的样本将不复存在,需将其从计算中删除。

如果是摩擦碰撞,则假定每个液滴只与另一样本中的液滴发生一次碰撞,即实际发生的碰撞次数是 $N = \min(N_1, N_2)$。碰撞之后,双方仍属于各自原来的样本。但需按碰撞前后质量和动量平衡的原则修正其各个参数。此时要考虑到碰撞过程中有部分动能被耗散掉,耗散的数量取决于碰撞冲击参数 b。实际上,在摩擦碰撞中,往往还会产生几个微小的所谓"卫星液滴",但计算中都忽略不计。

此外,当两个液滴之间的相对速度很大时,其碰撞的结果还可能是"粉碎",即产生很多细小油滴。这种情况目前还不能模拟。

3.5 油束分裂及雾化模型

射流是自然界和工程中大量存在的现象。对发动机而言,液体燃油的喷射、雾化及其与空气的混合是整个燃烧过程中的一个关键环节。良好的雾化是实现高效率燃烧的前提,对于节能和净化具有重要的意义。长期以来,人们对发动机中的喷雾场进行了大量的研究,但由于基础理论和测试手段的限制,这方面的研究历来偏重于喷雾的几何特性(喷雾锥角、贯穿长度、油滴尺寸及其空间分布)和物理特性(油滴运动和蒸发规律及其与周围气体间的相互作用等),而对控制雾化过程,决定雾化质量优劣的关键,即雾化机理知之甚少。20世纪70年代后期以来,由于各种先进测试手段相继问世,给研究雾化的详尽过程提供了有力的工具。国外一些学者开始把研究重点转向雾化机理。由于雾化过程涉及流体稳定性理论中一系列基础问题,因而深入掌握雾化机理不仅对燃烧工程具有重要实践意义,而且是流体力学中的一个具有特殊意义的研究领域。同时,随着人们对雾化机理了解的不断深入,近年来,雾化模型的研究呈现出十分活跃的态势,成为发动机研究领域的一个亮点。

3.5.1 液体射流分裂雾化的四种形态

液体从喷嘴被射入另一种流体介质(液体或气体)后,由于气动力、惯性力、黏性力和表面张力等各种力的相互作用,连续的液柱会分裂破碎,成为形状各异的离散团块。不同的射流状态可产生不同的分裂形式,其决定性因素是喷射速度(或喷嘴内外的压力差)。对于圆柱形喷嘴而言,按照压差递增的顺序,射流的分裂雾化可以归纳为以下四种方式。

1) 瑞利(Rayleigh)型分裂(图 3-10(a))

分裂发生在射流下游距喷口相当远处,形成直径大于射流直径的液滴。这种分裂是由于射流液面出现的轴对称振荡波在表面张力作用下增长而引起的。

2）第一类风生分裂（wind-induced breakup，图 3-10(b)）

它也发生在射流下游相当远处，液滴直径与射流直径为同一量级。其分裂原因是射流与周围气体的相对运动（即表面风）增强了表面张力的作用，而表面曲率的变化又使得液柱内部产生不均匀的静压力分布（半径小处压力大，半径大处压力小），压力梯度使液体流向曲率大处，从而加速了液柱的分裂。此时表面张力起着不稳定作用，促进分裂。

3）第二类风生分裂（图 3-10(c)）

分裂发生在距喷口一定距离处（短于第一类），形成的平均滴径远小于射流直径。分裂的原因是小波长扰动波的不稳定增长。这种小波长波也是由射流与气体间的相对风所引起，但此时表面张力的作用是抑制扰动波的增长。

4）雾化（图 3-10(d)）

液体一经射离喷口，就立即在其外表面上发生分裂，生成大量细微液滴。其平均直径远远小于喷嘴的直径。此种分裂方式是本节讨论的主要对象。发生雾化时，分裂长度为零，但未扰液核并不为零，因射流内部尚未分裂破碎。

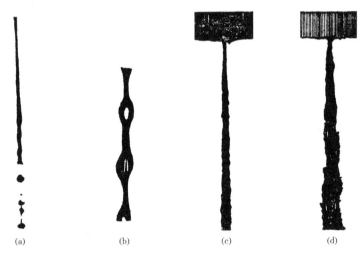

(a)　　　　　　(b)　　　　　　(c)　　　　　　(d)

图 3-10　液体射流分裂的四种形态

一些研究者力图通过各种量纲一参数（相似准则）来描述和区分不同的分裂形态。Ohnesorge 建议采用一个组合参数 $Z = \mu_l / \sqrt{\rho_l d_0 \sigma}$，其中 μ_l 和 ρ_l 分别为液体的黏度和密度，σ 为其表面张力，d_0 为喷口亦即射流直径。并将 Z 与雷诺数 $Re = \rho_l U_0 d_0 / \mu_l$（$U_0$ 为喷射速度）相联系[11]。在分别以 Z 和 Re 为纵横坐标并按对数比例绘出的图上，各种分裂形态的边界均为倾斜的直线。

Ranz[12] 研究了气体密度对射流分裂的影响。他认为韦伯数 $We = \rho_l U^2 d_0 / \sigma$ 是起控制作用的参数，并建议把 $We > 13$ 作为射流发生雾化的判据。但实际上仅用一个反映表面张力的韦伯数是很不全面的。实验表明，液体的黏度（雷诺数）以及气

液两相之密度比 ρ_g/ρ_l 对射流分裂的形态都有着重要的影响。

尽管高速液体射流的雾化在工程中具有广泛而重要的应用,但人们对雾化过程细节和机理的了解却远远不如对低速射流的分裂和破碎了解得那样深入。迄今为止,已经提出了数种关于雾化机理的解释[13],但其中没有一种能完全令人信服并经受实验的检验。现将早期(20 世纪 70 年代以前)和近期(最近 30 余年)的主要研究成果分别作一概略介绍。

3.5.2　雾化机理研究概况

1. 早期的研究

1) 空气动力干扰说

人们早已知道,气动力干扰是低速射流分裂破碎的动因。由此自然推想到,在高速情况下也有同样的效应。基于此种考虑,Castleman 在 1932 年就提出了气动力干扰说。他认为,由于射流与周围气体之间的气动干扰作用,使射流表面产生不稳定的波动。随着速度增加,不稳定波的波长越来越短,直短到微米量级,于是射流立即散布成雾状。这是发展得比较充分的一种理论。一些研究者利用线性摄动分析法,从分析轴对称射流表面上无限小波动的稳定性入手,在忽略气体黏性,并假定表面的波幅远小于射流半径的前提下,把描述气体和液体扰动速度及压力的 N-S 方程线性化。引入流函数求解方程组,可得出联系波增长率及其波长的一个函数关系式。Ranz 把 Taylor 关于流体稳定性的著名理论应用于这一学说后提出,液滴尺寸取决于最不稳定波的波长,且导出了喷雾锥角的一个表达式。

2) 湍流扰动说

Dejuhasz 于 1931 年提出射流的雾化过程发生在喷嘴内部,而液体本身的湍流度可能起着重要作用。Schweitzer 认为,做湍流管流运动的喷嘴内液体的径向分速会在喷嘴出口处立即引起扰动,从而产生雾化。还有其他一些人也提出了类似的假说。

3) 空化扰动说

Bergwerk 认为,喷嘴内的湍流分速在所讨论雷诺数范围不足以引起雾化现象,他把雾化归因于喷嘴内空化现象所产生的大振幅压力扰动。Nurick 证明,对圆形喷口,其锐边形成的空泡会造成喷雾混合率的大幅度下降,但对矩形喷口,则不存在这种效应。

4) 边界条件突变说

在喷嘴出口处,液体的边界条件发生突变。一些学者认为这是引起雾化的原因。Shkadov 研究了交界面处边界层内切应力的变化,证实此处存在着不稳定的短波长表面波。Rupe 则从另一角度出发,认为雾化是由速度型的改变而引起。他观察到高速层流液体射流可能比充分发展的湍流射流更不稳定,并认为这是由于在喷嘴出口处,层流射流突然失去了喷嘴壁面的限制,而使得截面内速度分布骤然改变所致。射流内动能的重新分布产生了一个径向分速,从而成为射流的扰动源。由于湍流射流具有较丰满而平坦的速度型,故喷口边界条件变化对其速度分布影响甚小,故而较之层流射流具有较大的稳定性。

5) 压力振荡说

Giffen 等注意到,燃油供给系统产生的压力振荡对雾化过程有一定影响。由于一般喷射系统中普遍存在着压力振荡,因而它可能对雾化起着重要作用。

2. 近期的研究

最近 30 余年来,各种先进的电子和光学测试手段在国内外都日益广泛地应用于喷雾场研究。这为深入揭示雾化机理提供了坚实的物质基础,开辟了光明的前景。

普林斯顿大学以 Reitz 和 Bracco[13] 为首的研究组以自己的理论研究、实验观测和数值计算为基础,对前人提出的各种雾化机理进行深入的分析比较之后,得出结论:上述五种假说中任何一种都不能单独地圆满解释雾化现象,但其中气动力干扰说是最有发展前途的,只是需对其加以修正和补充。他们认为,高速射流与周围气体之间的气动相互作用导致液面不稳定波迅速而有选择性地增长,这是雾化的基本动因。与此同时,喷嘴的几何特性对表面波的初始振幅也有着重要影响。从控制雾化过程的 N-S 方程的求解来看,线性摄动法求出的解中还含有一个反映初始振幅大小的未定参数,如果把该参数与喷嘴几何特性联系起来,就可对不同喷嘴所产生的不同的雾化特性作出较圆满的分析和预测。Bracco 等把此理论称为增广的气动力干扰机理(supplemented aerodynamic-interaction mechanism)。由此出发,他们导出了喷雾锥角、初始滴径和分裂长度的计算公式。

尽管气动力干扰理论已得到不少实验结果的支持,但林松飘(S. P. Lin)[14] 指出,它在理论上有一严重缺陷,即假定射流表面所受扰动在各处以相同速率增长。事实上,扰动在空间上并非均匀,而是沿着射流方向增大的。这一特性对流动稳定性有重要影响,因为一个在随时间变化的扰动下是稳定的流动在随空间变化的扰动下可能成为不稳定的。为此,他们采用稳定性分析方法对雾化机理进行了研究。其结论是,雾化的主要起因是空气压力脉动在气液界面上引起的薄膜波的共振,最后导致射流的不稳定。但只有当喷嘴出口处初始扰动的振幅超过某一临界值时,雾化才会立即在喷嘴出口发生,否则就存在一个分裂长度。雾化的第二位原因是气体的黏性效应。气体与高速液体射流的摩擦作用会在其界面上形成薄边界层。由于不稳定性,此边界层会产生剪切波(Tollmien-Schlichting 波),最后导致射流分裂破碎。但其生成的液滴要比压力振荡导致的雾化大得多。

广安博之[15] 在多年研究的基础上提出,柴油机中的燃油喷雾可分为不完全喷雾和完全喷雾两种形态(图 3-11)。不完全喷雾产生于较低的喷射速度下。液体平滑地沿喷嘴的内管道喷出,离开喷嘴后保持一段未受扰液核 L_c 后才发生雾化。在光滑液柱与雾化区之间的液柱有一个分裂变形的过程,此过渡段的锥角 θ_d 小于喷雾的锥角 θ_s,二者的有效原点分别位于离喷口 L_a 和 L_s 的距离处。完全喷雾发生在较高的喷射速度下。此时液柱发生分裂的过渡过程已不复存在。在喷嘴内部产生的空化会引起内部湍流。液体在此湍流的扰动作用以及离开喷嘴后所受到的空气动力作用下,立刻在喷嘴处发生分裂。这两类喷雾的雾化机理是不同的。主要区别在于喷嘴内部流场的空化现象对促进雾化有重要作用。这一结论在本质上和 Bracco 的观点是一致的,只不过把初始扰动归结为空化所引起。

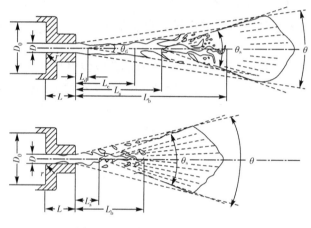

图 3-11　不完全喷雾与完全喷雾

广安根据大量实验数据,回归得出下列计算柴油机喷雾基本参数的经验公式:

分裂长度

$$L_b = 0.7D\left(1 + 0.4\,\frac{r}{D}\right)\left(\frac{p_g}{\rho_l V_i^2}\right)^{0.05}\left(\frac{L}{D}\right)^{0.13}\left(\frac{\rho_l}{\rho_g}\right)^{0.5} \tag{3-65}$$

喷雾锥角

$$\theta = 83.5\left(\frac{L}{D}\right)^{-0.22}\left(\frac{D}{D_0}\right)^{0.15}\left(\frac{\rho_g}{\rho_l}\right)^{0.26} \tag{3-66}$$

喷雾贯穿度

$$S = 0.39\left(\frac{2\Delta p}{\rho_l}\right)^{0.5}t, \qquad 当\,0 < t < t_b$$

$$S = 2.95\left(\frac{2\Delta p}{\rho_l}\right)^{0.25}(Dt)^{0.5}, \quad 当\,t > t_b \tag{3-67}$$

$$t_b = 28.65\,\frac{\rho_l D}{(\rho_g \Delta p)^{0.5}}$$

肖特平均直径

$$\overline{X}_{32} = \max(\overline{X}_{32}^{\text{LS}}, \overline{X}_{32}^{\text{HS}})$$

$$\overline{X}_{32}^{\text{LS}} = 4.12DRe^{0.12}We^{-0.75}\left(\frac{\mu_l}{\mu_g}\right)^{0.54}\left(\frac{\rho_l}{\rho_g}\right)^{0.18} \tag{3-68}$$

$$\overline{X}_{32}^{\text{HS}} = 0.38DRe^{0.25}We^{-0.32}\left(\frac{\mu_l}{\mu_g}\right)^{0.37}\left(\frac{\rho_l}{\rho_g}\right)^{0.47}$$

以上各式中，L 和 D 是喷孔的长度和直径；V_i 是喷射速度；t_b 是油束分裂时间；μ 是黏度；ρ 是密度；Δp 是喷射压差；下标 l 和 g 分别代表喷射的液体和周围气体；LS 表示喷射速度较低时的不完全喷雾；而 HS 表示高喷速下的完全喷雾。

20 世纪 90 年代以后，人们逐渐认识到液体射流分裂雾化并非由单一的某种机理所引起，而应该是多种因素综合作用的结果。目前比较一致的看法是，空气动力、喷孔内的空化现象和湍流扰动是三个基本原因。由于对空气动力不稳定性的研究已经比较成熟，故近期的研究多集中于空化与湍流扰动。

Chaves[16]、Soteriou[17] 等利用透明喷嘴深入研究了产生高速液体射流的喷孔内的流动过程，特别是空化现象（空泡的形成与演变）及其对雾化特性的影响，他们得出的主要结论有：

（1）在足够高的射流速度下，由于压力已低于液体的饱和蒸气压，液体蒸气及液体中溶解的气体会在喷孔入口附近凝聚成微小的气泡。大量的气泡聚集成附在喷孔壁面上的空泡区，在喷孔内形成局部的气-液两相流。

（2）空泡区的存在使液体的有效流通面积减小，从而显著增大液体的实际流速，同时空泡在喷孔内产生强烈脉动，增大湍流度，使流动趋于不稳定。

（3）当空泡区增大到一定程度，就会随液体射流一同冲出喷孔外，形成所谓"超空化"现象。此时，空泡在喷孔出口产生强烈扰动；加之空泡的溃裂相当于产生大量的气体微射流，这些微射流作用在液流射流表面，使后者极不稳定而导致雾化。

（4）空泡的扰动是射流雾化的起因，但其作用仅局限于射流出口那一瞬间，对后续的雾化过程，起关键作用的则是空气动力不稳定性，因此，喷雾的锥角、贯穿度和粒度等参数对空化并不敏感。

（5）液体燃油中溶解的空气含量对空化现象，从而对雾化特性有重要影响。如空气含量低，则对射流雾化有抑制作用；如其浓度高，则由于空化效应的加强而大大促进雾化。

基于空化导致雾化的理论，广安博之[18] 利用在喷嘴入口放置一微小金属丝网以及在其出口设置一小缝隙的方法来增强雾化，收到了良好的效果。丝网和缝隙的作用分别是促进空泡的形成和溃灭。

3.5.3　液体射流分裂与雾化的线性稳定性分析

综上所述,可知液体射流雾化机理的研究正在日益受到人们的重视。近年来无论是在理论上还是实验上,关于雾化机理的探索均已取得了明显的进展。由于雾化过程的复杂性,到彻底解决此问题看来还有相当的距离。不过,单就探索和分析雾化过程的基本思想和数学方法而言,目前基本上取得了共识,并在射流稳定性分析方面形成了一个比较完整的体系,这为进一步探索雾化过程的细节和机理打下了可靠的基础。本节将比较具体地介绍这方面具有代表性的成果,即 Reitz 等人的线性稳定性分析法、林松飘提出的关于雾化机理的统一理论以及非轴对称分裂与雾化理论的初步进展。

1. 射流表面波不稳定性的一般理论

考虑从一圆形喷口射入定常不可压气体中的一股圆柱形射流,Reitz 和 Bracco 等[13,19,20]采用一阶线性稳定性理论来研究液柱表面对外来扰动的稳定性。假定液柱为无限长,采用以射流速度U随液体一道运动的圆柱坐标系。当液柱受到外来小扰动的作用时,其表面将产生一个无限小的波形位移。用 Fourier 级数将此位移展开,则表面波幅的某一分量η可表示为

$$\eta = \eta_0 e^{ikz+\omega t} \tag{3-69}$$

式中,z为射流轴向坐标;η_0为初始扰动波幅;k和ω分别为振动的波数和频率,一般可以为复数,即$k = k_r + ik_i$,$\omega = \omega_r + i\omega_i$,下标 r 和 i 分别代表实部和虚部,$k_r = 2\pi/\lambda$,为$z$方向的波数,$\lambda$为波长,而$k_i$是振幅的空间变化因子。显然,当$k_i = 0$,振幅$\eta$不会随空间位置$z$改变,当$k_i < 0$,$\eta_0$将乘上一因子$e^{k_i z}$,故$\eta$将随$z$而增大,表面波动成为不稳定。反之,当$k_i > 0$,$\eta$随$z$而衰减,射流将保持稳定。同理,$\omega_i$为波频,而$\omega_r$为振幅的时间变化因子。当$\omega_r$大于、小于或等于零时,$\eta$将分别随时间增长、衰减或保持不变。可见,确定$k_i$和$\omega_r$是否为零是考察一个小扰动波动是否具有空间和时间稳定性的核心问题。在具体问题的研究中,一般都将空间稳定性与时间稳定性分开处理,即分别取$k_i = 0$或$\omega_r = 0$。在以下的讨论中,取$k_i = \omega_i = 0$,并略去k_r和ω_r的下标 r。

在小扰动前提下,可以忽略扰动速度及其导数的非线性项。于是描述射流液柱运动的线性化的 N-S 方程可写为

$$\frac{\partial u_1}{\partial z} + \frac{1}{r}\frac{\partial}{\partial r}(rv_1) = 0$$

$$\frac{\partial u_1}{\partial t} = -\frac{1}{\rho}\frac{\partial p_1}{\partial z} + v_1\left[\frac{\partial^2 u_1}{\partial z^2} + \frac{1}{r}\frac{\partial}{\partial r}\left(r\frac{\partial u_1}{\partial r}\right)\right]$$

$$\frac{\partial v_1}{\partial t} = -\frac{1}{\rho}\frac{\partial p_1}{\partial r} + v_1\left[\frac{\partial^2 v_1}{\partial z^2} + \frac{1}{r}\frac{\partial}{\partial r}\left(r\frac{\partial v_1}{\partial r}\right)\right] \tag{3-70}$$

式中,下标 1、2 分别代表液体和气体;u、v、p 表示扰动量;u_1、v_1 分别为轴向和径向的扰动速度。假定振幅 η 远小于喷孔,亦即射流的半径 a,则作为自由液面的射流表面的边界条件如下。

(1) 运动学条件要求法向无穿透:$v_1 = \partial\eta/\partial t$ $\qquad\qquad\qquad\qquad$ (3-71a)

(2) 切向力平衡 $\tau_{rz} = 0$:$\dfrac{\partial u_1}{\partial r} = -\dfrac{\partial v_1}{\partial z}$

(3) 法向力平衡要求液面内外压力差、黏性力、表面张力三者相平衡:

$$p_1 - p_2 - \tau_{rr} - T = 0 \tag{3-71b}$$

由于 $\tau_{rr} = 2\mu_1\partial v_1/\partial r$,表面张力 $T = \sigma\left(\dfrac{1}{r_N} + \dfrac{1}{r_T}\right)$,$r_N$、$r_T$ 分别为液面法向和切向曲率半径,根据微分几何知识,并作线性近似可得

$$T = -\frac{\sigma}{a^2}\left(\eta + a^2\frac{\partial^2\eta}{\partial z^2}\right) \tag{3-71c}$$

于是法向力平衡条件可表示为

$$p_2 - p_1 + 2\mu_1\frac{\partial v_1}{\partial r} - \frac{\sigma}{a^2}\left(\eta + a^2\frac{\partial^2\eta}{\partial z^2}\right) = 0 \tag{3-71d}$$

忽略气体黏性,则气相的线性化形式的运动方程为

$$\frac{\partial u_2}{\partial z} + \frac{1}{r}\frac{\partial}{\partial r}(rv_2) = 0$$

$$\frac{\partial u_2}{\partial t} + U(r)\frac{\partial u_2}{\partial z} + \frac{\mathrm{d}U}{\mathrm{d}r}v_2 = -\frac{1}{\rho_2}\frac{\partial p_2}{\partial z} \tag{3-72}$$

$$\frac{\partial v_2}{\partial t} + U(r)\frac{\partial v_2}{\partial z} = -\frac{1}{\rho_2}\frac{\partial p_2}{\partial r}$$

式中,$U(r)$ 为气体基本运动的速度。相应的边界条件为

$$\text{当 } r \approx a, \qquad v_2 = \frac{\partial\eta}{\partial t} + v\frac{\partial\eta}{\partial z} \tag{3-73}$$

$$\text{当 } r \to \infty, \qquad u_2, v_2, p_2 \to 0$$

线性化的运动方程组(3-70)可以求出分析解。为此可将动量方程求散度,并利用不可压条件,消去其中的不定常项和黏性项,从而得出压力 p_1 应满足 Laplace 方程 $\Delta p_1 = 0$,再设方程组(3-70)的解具有下列形式:

$$\varphi = \tilde{\varphi}(r)\exp(ikz + \omega t) \qquad (\varphi = u_1, v_1, p_1)$$

于是压力的 Laplace 方程可化为零阶 Bessel 方程

$$\frac{\partial^2\tilde{p}_1}{\partial r^2} + \frac{1}{r}\frac{\partial\tilde{p}_1}{\partial r} - k^2\tilde{p}_1 = 0 \tag{3-74}$$

解出压力之后将其代入运动方程(3-70),便可得出扰动速度的通解,其中包含多个 Bessel 函数以及待定的积分常数。为了确定这些常数,将通解代入边界条件式(3-71),从而得到以这些积分常数为未知数的线性齐次方程组。根据若存在非零解则系数行列式为零的条件,我们便得到下列形式的特征方程:

$$\omega^2 + 2v_1 k^2 \omega \left[\frac{I'_1(ka)}{I_0(ka)} - \frac{2kl}{k^2+l^2} \frac{I_1(ka)}{I_0(ka)} \frac{I'_1(la)}{I_1(la)} \right]$$

$$= \frac{\sigma k}{\rho_1 a^2} (1 - k^2 a^2) \left(\frac{l^2 - k^2}{l^2 + k^2} \right) \frac{I_1(ka)}{I_0(ka)} + \frac{\rho_2}{\rho_1} \left(U - \frac{i\omega}{k} \right)^2 k^2 \left(\frac{l^2 - k^2}{l^2 + k^2} \right) \frac{I_1(ka) K_0(ka)}{I_0(ka) K_1(ka)}$$

$$(3-75)$$

式中, I_m 和 $K_m (m = 0,1)$ 分别为变形的(虚宗量)m 阶第一类和第二类 Bessel 函数; I_m' 为其对自变量的导数; $l = \sqrt{k^2 + \omega/v_1}$ 。上式也可简写为

$$\beta^2 + 2Z k^2 a^2 F_1 \beta = ka(1 - k^2 a^2) F_2 + We_2 k^2 a^2 F_3 \qquad (3-76)$$

式中

$$\beta = \omega \sqrt{\rho_1 a^3/\sigma}, \qquad Z = \mu_1 / \sqrt{2\rho_1 \sigma a} \qquad (3-77)$$

$$We_2 = 2\rho_2 U^2 a/\sigma$$

$F_i(i = 1,2,3)$ 为归一化的 Bessel 函数。

方程(3-75)或(3-76)即是确定液体射流稳定性的所谓色散(dispersion)方程。它把扰动波的时间增长率 ω 与其波数 k 相联系。由于其中参数 l 仍是 ω 和 k 的函数,故其求解相当复杂,一般只能求得数值解。但我们不妨研究它在小波数和大波数下的两个极限情况。下面的讨论将说明,这些极限情况分别对应着本节开始所介绍的瑞利分裂形态和雾化形态。

(1)瑞利分裂形态。

对于低速无黏性液体射流,参数 $Z = We_2 = 0$,色散方程(3-75)简化为

$$\omega^2 = \frac{\sigma k}{\rho_1 a^2} (1 - k^2 a^2) \frac{I_1(ka)}{I_0(ka)} \qquad (3-78)$$

此即瑞利早在1878年所获得的结果。此方程表明,在 $ka < 1$ 范围内的全部波数,射流的液面都是不稳定的。量纲一的波增长率 $\omega/\sqrt{\sigma/\rho_1 a^3}$ 随波数 ka 的变化示于图 3-12。相应的实验结果证明线性化理论的预测是相当准确的。

(2)雾化形态。

雾化的基本特征有两点:一是射流表面在离开喷口后立即发生分裂;二是生成液滴的尺寸远远小于喷孔直径。后面这一点意味着此时表面扰动波的波长极小而波数极大,在理论上不妨认为 $ka \to \infty$。在这一极限情况下,色散方程(3-75)简化为

$$(\omega + 2v_1 k^2)^2 + \sigma k^3/\rho_1 - 4v_1^2 k^3 \sqrt{(k^2 + \omega/v_1)} + (\omega + iUk)^2 \rho_2/\rho_1 = 0 \qquad (3-79)$$

Taylor 在1940年就导出了这一方程,并且求出了波增长率的计算公式

$$\omega/kU = 2 \sqrt{\rho_1/\rho_2} x g(\Gamma, x) \qquad (3-80)$$

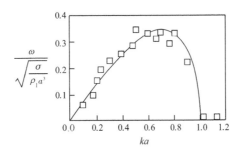

图 3-12　瑞利分裂形态的波增长率

式中

$$\Gamma = \frac{\rho_1}{\rho_2} \frac{\sigma^2}{\mu_1^2 U} = \frac{\rho_1}{\rho_2} \left(\frac{Re_1}{We_1} \right)^2 \qquad (3\text{-}81)$$

$$x = \rho_2 U^2 / \sigma k$$

$$Re_1 = \rho_1 U_0 d / \mu_1, \qquad We_1 = \rho_1 U_0^2 d / \sigma$$

函数 $g(\Gamma, x)$ 没有解析式,只能用数值方法求取,g 随 Γ 和 x 的变化规律示于图 3-13。由图可见,波增长率随 Γ 之增大而增大,同时随着 Γ 的增大,最大的波增长率出现在较短的波长下(k 增大),意味着雾化的程度也随之增大。

线性稳定性分析方法基本上正确反映了液体射流分裂雾化过程的主要特征,它所提供的结果在定性上是正确的,在定量上也能做出一定程度的预测。但此法得出的计算公式中都含有待定的经验系数。这些系数反映了喷射的初始扰动,即喷嘴内部流场的影响,因而与喷嘴的几何结构有着密切关系。另外,上述方法只考虑了扰动在时间上的增长,而忽略扰动波在空间上的变化。这显然是一个严重的缺陷。下面将要介绍的另一种线性理论,则是从空间稳定性的角度来考察分析射流雾化问题。

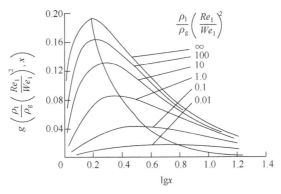

图 3-13　雾化形态的波增长率

2. 液体射流分裂雾化的统一理论[14,21]

林松飘(S. P. Lin)认为,Bracco 等只研究了扰动波随时间的增长,而忽略了其增长率在空间的变化,其结果是射流液面所受扰动在各处以相同速率增长。事实上,扰动在空间并非均匀分布和传播的。显然,在喷口处($x = 0$),即受扰射流的出发点,由于受喷嘴边界限制,扰动不可能增长,但随着射流往下游的运动,扰动是逐渐增大的,单纯研究时间稳定性显然不足以反映问题的全部。因为一个在随时间变化的扰动下具有稳定性的流动在随空间变化的扰动下可能成为不稳定的。基于这样的考虑,林松飘也从线性稳定性理论出发,采用与上述大致相同的方法分析液体射流的分裂与雾化过程,并着重分析其空间稳定性。

林松飘及其合作者把喷射速度、黏性力、表面张力和气体密度等参数的影响归结为三个独立的量纲为一的数,即雷诺数 Re、韦伯数 We 和气液密度比 $Q = \rho_2/\rho_1$。液体射流之所以表现出四种不同的分裂形态,正是由于这三个参数的相对大小不同而引起的。为了从几何上表征表面张力的作用,引入一个特征长度

$$b = \sigma/\rho_2 U^2 \tag{3-82}$$

称为薄膜长度。仍然假定分裂或雾化后所产生液滴的半径正比于不稳定扰动波的波长,而后者又正比于薄膜长度 b。这样,液滴滴径也与 b 成线性关系。既然四种分裂形态的主要区别之一是所形成液滴的尺寸量级不同,因而我们可以根据 b 与射流半径 r_0 的相对比值来考察各种不同的分裂形态,即

$$\frac{b}{r_0} = \frac{\sigma}{\rho_2 U^2 r_0} = \frac{\sigma}{\rho_1 U^2 r_0} \frac{\rho_1}{\rho_2} = \frac{We}{Q} \tag{3-83}$$

注意此处的韦伯数 We 定义为表面张力与惯性力之比,而多数文献及本书其他章节均定义为其倒数。

对于 Rayleigh 分裂形态,生成的滴径大于射流直径,故有 $b > r_0$ 或 $We > Q$,作为另一种极端情况,雾化,或称为 Taylor 形态,所产生滴径远小于 r_0,故有 $We \ll Q$。这样,我们看到,产生不同分裂形态的原因可以归结为 We 和 Q 这两个相似准则的相对比值。当然,这样的概括并不全面,因为雷诺数的影响尚未包括在内。林松飘基于以上的分析,在大量的参数范围内通过数值计算对雾化机理进行了探索。下面对其研究结果作一简要介绍。

考虑从喷嘴射入无界的无黏气体中的一股黏性不可压牛顿流体的圆柱形射流。液相和气相的控制方程组分别是 N-S 方程和 Euler 方程,它们在小扰动下的线化形式见式(3-70) 和式(3-72)。线性化的边界条件仍为式(3-71) ~ 式(3-73)。如忽略重力,则静止气体中的一股等截面且速度在截面上均匀分布的圆柱形射流是满足这组方程及边界条件的一个精确解。数学上的精确解代表着在物理上可以存在但可能不稳定的一种基本状态。为了探讨其稳定性,可对其施加下列形式的 Fourier 扰动分量

$$\eta = \eta_0 \exp(\bar{\omega} t + i \bar{k} z) \tag{3-84}$$

式中,η_0 是扰动波振幅;$\bar{\omega}$ 和 $\bar{k}$ 分别是复波频和复波数。如前所述,$\bar{\omega}$ 的实部 $\bar{\omega}_r$ 和 $\bar{k}$

的虚部 $\bar{k}_i$ 分别为 η 的时间和空间增长率。将式(3-84)代入运动方程和边界条件,按照上一节所介绍的方法,便可得到确定射流稳定性的特征方程:

$$(\omega - \mathrm{i}k)^2 + \frac{2k^2}{Re}\left[\frac{I_1{}'(k)}{I_0(k)} - \frac{2k\lambda}{\lambda^2 + k^2}\frac{I_1(k)I_1{}'(\lambda)}{I_0(k)I_1(\lambda)}\right](\omega - \mathrm{i}k)$$

$$+ \omega^2 Q \frac{\lambda^2 - k^2}{\lambda^2 + k^2}\frac{K_0(k)I_1(k)}{K_1(k)I_0(k)} - Wek(1 - k^2)\frac{\lambda^2 - k^2}{\lambda^2 + k^2}\frac{I_1(k)}{I_0(k)} = 0 \quad (3\text{-}85)$$

式中,ω 和 k 分别为量纲一的复波频和复波数,$\omega = \bar{\omega}r_0/U_0$,$k = \bar{k}r_0$;$\lambda^2 = k^2 + Re(\omega - \mathrm{i}k)$,雷诺数定义为 $Re = U_0 r_0/\nu_1$。上式在形式上与 Bracco 考察时间稳定性的特征方程(3-87)是相似的。但二者之间有两个重要区别,一是方程(3-85)是针对固定坐标系(坐标原点固定在喷口,射流方向为 $-z$)导出的,二是该方程中的 ω 和 k 均为复数,故可同时考察射流的时间和空间稳定性。我们注意到,方程中包含了三个独立的量纲为一的参数 Re、We 和 Q。

为了着重讨论空间稳定性问题,假定时间增长因子 $\omega_r = 0$,即 $\omega = \mathrm{i}\omega_i$。在 $Re \to \infty$,$Q \to 0$ 的极限情况下,特征方程(3-85)简化为

$$(\omega_i - k)^2 = \frac{Wek(k^2 - 1)I_1(k)}{I_0(k)} \quad (3\text{-}86)$$

雷诺数趋于无穷意味着黏性力可以忽略,Q 趋于零说明气体密度极小,从而液柱所受空气动力也可忽略。因此在这种情况下,对射流分裂起主导作用的是液体的表面张力,这反映在方程(3-86)中只含 We 一个控制参数。这种情况对应于 Rayleigh 分裂形态。方程(3-86)所给出的计算结果如图 3-14 中的曲线 R 所示。图中画出了空间增长率 k_i 随波数 k_r 的变化。显然在 $k_r < 1$ 的小波数下,射流均不稳定(由于射流方向设为 $-z$,故 $k_i > 0$ 表示不稳定),且其间存在一个最大增长率 $k_{i\max}$。

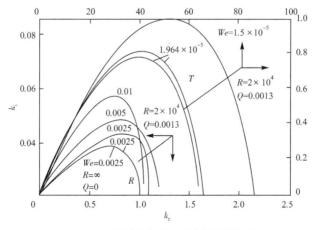

图 3-14　瑞利形态(R)和泰勒形态(T)

低速情况下,表面张力对射流的失稳破裂起着主导作用。这一点从物理上不难

解释。如图 3-15 所示的一股圆柱形射流,当它受到某种扰动后,表面曲率会发生变化。虽然射流横截面仍保持圆形,但截面直径沿射流轴作周期性变化。表面曲线的变化将引起射流内部压力发生变化,以平衡表面张力的作用。不失一般性,可认为扰动波长足够大(远大于射流直径),于是液柱的周向曲率远大于轴向曲率,即起主导作用的曲率半径是当地截面半径 a。对圆柱而言,表面张力所产生的液体内附加压力为 $p' = \sigma/2a$。因此,半径最小处(图中 A 点)压力最大,而半径最大处(B 和 C 点)压力最小。于是压力梯度迫使液体从小半径处流往大半径处,从而增大液面的变形,亦即使扰动增强。这种由表面张力的挤压收缩作用所引起的不稳定性最终使液柱分裂成直径大于射流直径的液滴。这种分裂还可用能量的观点加以解释。因为波长足够大的扰动引起失稳后,所生成液滴的表面的总和将小于原来液柱的表面积,从而使液体表面能减少而成为一种稳定的状态。因此,Rayleigh 分裂形态可归结为表面张力所引起的不稳定性。

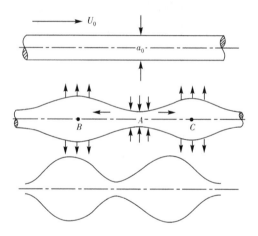

图 3-15　表面张力引起的射流分裂(示意图)

在作为另一极端情况的 Taylor 雾化形态下,因扰动波长极小,可认为波数 $k \to \infty$,取特征方程(3-85)中各 Bessel 函数在 $k \to \infty$ 时的渐近值,则此方程化简为

$$[Re(\omega - ik) + 2k^2]^2 + Re^2 Wek^3 + QRe^2\omega^2 - 4k^2\lambda = 0 \qquad (3\text{-}87)$$

此即前面已得出的 Taylor 方程(3-79)的另一种形式。由于 $We \ll Q$,可知表面张力对于雾化只起次要作用。而且与 Rayleigh 形态相反,此时表面张力是阻碍分裂,即对射流起稳定作用。这是因为雾化产生的液滴体积极小而数量极大,从而使射流液柱的总表面积大大地增加,其表面能也随之大大增加,故必须有其他力来克服表面张力而做功。这个力就是周围气体对射流产生的气动干扰力,林松飘称之为气液界面上的脉动压力。显然它与气体密度成正比,因而可通过气液密度比 Q 这一特征参数来表征。实验和计算结果都表明,如果射流射入真空,即使液体表面张力极小也不能发生雾化。反之,随着 Q 的增大,最不稳定波的波数 k_r 及其增长率 k_{imax} 都迅速

增大(参见图 3-16),说明气体密度愈大,则雾化发生得愈迅速,生成的液滴也愈小。反之,图 3-17 表明,若保持 Q 不变,则随着 We 的增大,不稳定波数的范围及其增长率都迅速衰减。这就证明了表面张力对射流的稳定(对雾化的遏制)作用。

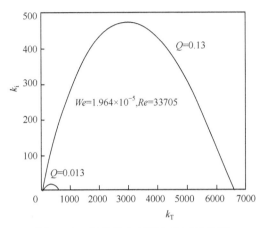

图 3-16 气体压力对雾化的减稳作用

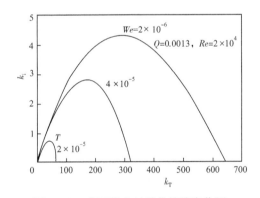

图 3-17 表面张力对雾化的稳定作用

最后,我们来讨论一下通过雷诺数体现出来的黏性效应对雾化所起的作用。首先,由于黏性总是要耗散能量,所以,不论是哪种形态的分裂,黏性都起着阻尼作用,即随着雷诺数的减小,不稳定波数的范围和最大增长率都相应减小。实验和计算都证明了这一点。但是黏性也可以成为分裂和雾化的一种动因。这一现象可以这样来分析:如果射流周围的气体存在黏性,则高速射流将在气液界面上形成一个薄的边界层。当射流速度增大到一定程度时,此边界层将失稳并形成剪切波(Tollmien-Schlichting 波)。此波能够从主流中吸取动能而增大,从而使射流失去稳定性。这样,在射流分裂雾化的临界过程中,除了前述压力脉动和表面张力的挤压作用这两个动因外还存在第三个动因:剪切波失稳。剪切波所产生的液滴尺寸的量级可以根据边界层失稳时临界剪切波之波长来估算。然而,关于自由射流表面上边界层内的速度型目前尚属未知,所以只能借用运动固壁边界层的结果,例如著名的 Blasius 流的稳定性分析的数据。对这种流动,稳定性分析所提供的临界雷诺数的临界波长是

$$Re_c = U\delta/\nu_2 = 400 \tag{3-88}$$

$$\lambda_c = \left(\frac{2\pi}{0.3}\right)\left(\frac{\delta}{0.32}\right) = 26180\nu_2/U \tag{3-89}$$

式中,δ 为边界层厚度。将此结果借用到液体射流,可把 δ 换为射流半径 r_0,同时将雷诺数乘以一修正因子 ν_2/ν_1(从气体转换为液体)。于是射流边界层剪切波的特征长度即临界波长为

$$\lambda_c = 26180 \frac{\nu_2}{\nu_1} \frac{r_0}{Re} \tag{3-90}$$

这样,在一般情况下,射流分裂雾化问题中同时存在着三个特征长度 λ_c、r_0 和 b,分别表征由剪切波、薄膜挤压和压力脉动这三种不同机理所产生的液滴的尺寸。但就每一具体工况而言,根据参数范围的不同,可能只有一个或两个特征尺度起主导作用。一般说来,剪切波只能扮演一个次要的角色。

例如,一股直径为 0.034cm,喷射速度为 $1.11 \times 10^4\text{cm/s}$ 的水射入压力为 1atm,黏度 $\nu_2 = 0.15\text{cm}^2/\text{s}$、温度为室温的空气中,方程(3-89)给出 $\lambda_c = 0.35\text{cm}$,如取 $\lambda_1 = 0.01\text{cm}^2/\text{s}, \sigma = 72\text{dyn/cm}, \rho_1 = 1\text{g/cm}^3, \rho_2 = 0.0013\text{g/cm}^3$,可算出 $Re = 18870, We = 3.438 \times 10^{-5}, Q = 0.0013$。由于 $We \ll Q$,可知该射流是处于 Taylor 分裂形态。其特征波长为 $2\pi b = 0.0028\text{cm}$,这比 λ_c 和 Rayleigh 形态的特征长度 $2\pi r_0 = 0.11\text{cm}$ 均小两个量级。实验结果也证实其滴径为 b 的量级。

如果本例中之射流速度和直径均缩小为原来的 $1/10$,则 $Re = 188.7, We = 3.438 \times 10^{-2}, Q = 1.3 \times 10^{-3}$,于是 $We \gg Q$,可知射流分裂的控制机理是 Rayleigh 形态,尽管由于 Re 大大减小,黏性效应变得显著,但由于此时 $\lambda_c = 3.5\text{cm}$,而 $2\pi r_0 = 0.011\text{cm}, 2\pi b = 0.28\text{cm}$,可见 $2\pi r_0$ 比 λ_c 小两个量级,比 $2\pi b$ 小一个量级。故按剪切波和压力脉动得出的滴径都大到不真实的程度。因而,起控制作用的机理只能是表面张力引起的薄膜挤压。

综上所述,我们可将三种机理的特征和适用范围归纳为表 3-1。

表 3-1　液体射流分裂与雾化机理

机理	特征长度	特征参数范围
表面张力挤压	r_0	$Q \ll We \begin{cases} Re > 10^4 \text{(Rayleigh 形态)} \\ Re < 10^4 \text{(Weber 形态)} \end{cases}$
气液两相间压力脉动	$b = \dfrac{We}{Q} r_0$	$We \ll Q < 1, Re > 1 \text{(Taylor 形态)}$
剪切波	$\lambda_c = 26180 \dfrac{\nu_0}{\nu_1} \dfrac{r_0}{Re}$	$\begin{cases} Q < We, & Re \sim 26180\nu_2/\nu_1 \\ Q > We, & Re \sim 26180(\nu_2/\nu_1)(Q/We) \end{cases}$

在结束本节的时候,我们把应用线性稳定性理论考察液体射流分裂雾化机理的主要结论概括为如下几点:

(1) 液体射流的分裂与雾化是液体受到气动力、惯性力、黏性力和表面张力共同作用的结果,因而其机理可以用雷诺数 Re、韦伯数 We 和气液密度比 Q 这几个相似准则来表征和分析。

(2) 根据射流工况参数的不同,其分裂与雾化可表现为不同的形态,并对应着三种不同的机理,即表面张力产生的薄膜波对液柱的挤压收缩,气液两相界面上的压力脉动以及黏性力产生的剪切波的失稳。其中前两种机理可分别在不同的情况下起主导作用,而第三种通常只能起次要作用。一般地说,对低速射流,表面张力是射流分裂的动因,它产生 Rayleigh 形态的分裂;对高速射流,表面张力反过来起着稳定作用,这时气液界面上的压力脉动即气动力是主要的不稳定因素,它引起 Taylor 形态的分裂,即雾化。但在某些参数范围内,不同的机理可以相互重叠,即同时成为分裂的起因(例如当 We 与 Q 同量级时)。

(3) 密度比 Q 对形成雾化形态起着重要作用,增大环境气体的密度(压力),有利于实现雾化。

(4) 上述结论是在线化理论范围内并针对相当简单化地忽略了多种因素的情况得出的,因而是既不全面也不完善的。例如,喷嘴几何结构的重要影响完全未得到反映,气体黏度也仅仅以参数的形式出现,没有把它纳入基本方程中,因而它与其他因素的耦合作用无法得到体现。再者,对空间稳定性的考察只局限于轴对称情况,完全忽视了扰动波在圆周方向的形成和发展,后者在某些情况下可能是引起雾化的关键因素。尽管有这些缺陷,线化稳定性分析在雾化机理的探索方面已经取得了相当大的进展,并且为进一步发展更完善的多维线性理论乃至非线性理论打下了良好的基础。

3. 液体射流的非轴对称分裂与雾化

以上介绍的液体射流雾化机理的线化稳定性分析方法虽然可对某些射流,特别是低速射流分裂与雾化的结果做出圆满的解释,但对射流分裂与雾化的过程却无法给出与实验观测相吻合的理论解释。按照轴对称理论分析给出的雾化模式,液柱表面在圆周方向(角向)受到大小相同的扰动,其不稳定波的增长率在角向也完全相同,因而最后发生分裂与雾化时,应当是以轴对称形式,即以微小液环的形状从液柱表面分离。然而,对高压射流喷雾的观测均表明,液柱发生分裂时,除了直接产生一些液滴外,首先主要是在液面沿纵向形成纤细的条带,这些条带进一步破裂而产生雾滴。这一事实表明,雾化并非是一种轴对称现象;非轴对称因素,即扰动波沿角向的变化和发展对雾化过程起着极为重要的作用。

长期以来,人们将注意力集中于液体射流在轴对称扰动下的不稳定性。这是因为除了理论和数值处理上的简便性之外,实践中易于观测到的低速射流的破裂确实表现出轴对称的特征,基于轴对称理论的 Rayleigh 型分裂机理圆满地分析和预测了表面张力所引起的低速射流的不稳定性。随着射流速度的增加,液柱的分裂显示出越来越明显的非轴对称性。Levich[22] 在 20 世纪 60 年代初就试图确定非轴对称性扰动对射流分裂和雾化特性的影响,但他只是在表面张力中考虑了非轴对称性,而表面张力所产生的各种模态的扰动中,轴对称模态是最不稳定的,其他各种非轴对称模态尽管也可能成为不稳定的,但均不起主导作用。因而未能揭示出非轴对称不稳定性对雾化过程的作用。并且使人们继续忽视对这一课题的研究。直到30 年之后,Yang[23] 才重新对此问题进行了比较严格的理论分析。他的方法仍是基于 Taylor 和 Bracco 等的线性化稳定性分析,只是在扰动量的方程中通过引入沿角向 θ 的变化而体现了非轴对称性

$$\varphi = \tilde{\varphi}(r)\exp[i(kz + m\theta) + \omega t] \tag{3-91}$$

式中,φ 代表压力或速度的扰动量;m 是与轴向波数 k 相对应的角向波数,或称角向模数,它表征自由液面的扰动波在角向的发展变化。

角向模数 m 的几何意义及其对射流分裂形态的重要影响可以从计算机绘制的射流液面扰动波形透视图(图 3-18)清晰地看出。由图可见,当 $m = 0$,扰动为轴对称形,射流的横截面均为圆形,但其半径沿轴向作周期性振荡变化,半径小处愈益变细,半径大处愈益加粗,最后轴对称地破裂而形成液滴,此即前文所述的

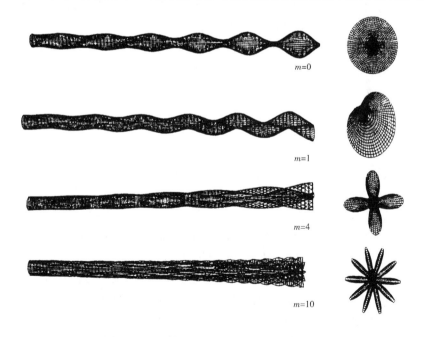

$m=0$

$m=1$

$m=4$

$m=10$

图 3-18 液体射流角向扰动模态透视图

Rayleigh 模态,显然它无法解释射流的雾化。当 $m = 1$ 时,射流横截面接近于椭圆形,其大小沿轴向保持不变,但轴线本身却呈正弦波式的扭曲,这种模态通常被形象地称为"蛇形"模态。随着角向模数 m 的增大,射流的横截面呈现出越来越复杂的形状,且相应地在角向具有 m 个波峰和波谷。从而使射流的柱形自由液面上形成凸凹不平的波纹流。当扰动的频率和振幅增大到足够的程度时,这些波纹就从液面被撕裂而形成极为纤细的液丝,进而分裂成无数细微的液滴。可见,利用非轴对称的扰动发展理论定性上可以比较圆满地解释大量实践中观察到的雾化现象。

Yang 对流非轴对称稳定性的分析虽然具有一定的开拓意义,但他为了简化计算,完全忽略了液体的黏性,同时他研究的对象是时间模式,即只考虑了扰动在时间上的增长,而工程上常见的扰动形式均为时间上振动、空间上增长。易世君等[24] 从这两方面改进了 Yang 的工作,用数值分析方法详细考察了黏性液体射流在空间模态下的稳定性及其雾化机理,下面简要介绍文献[24] 的主要结果。

非轴对称稳定性的分析方法原则上与轴对称分析方法完全相同,但由于增加了角向模数这一新的变量,致使理论分析和数值计算都要复杂得多。其特征方程十分冗长,故不在此列出。该方程中仍包含 Re、We 和 Q 三个量纲一参数。我们已经知道,黏性对液体射流的分裂与雾化总是起着稳定性作用。因而随着 Re 数的增大,射流的稳定性单调减小。这样,对射流分裂和雾化起主要控制作用的实际上是表面张力和气动力二者的相对强弱。因此,为了分析方便,可以引入一个新的量纲一参数—— 喷射数 $Je = We/Q$,并考察不同 Je 下射流的稳定性。

图 3-19 为轴对称情况下($m = 0$)扰动增长率随 Je 的变化。由图可见,在 $Je > 1$ 和 $Je < 1$ 这两个范围内,射流的稳定性呈相反的变化趋势:当 $Je > 1$ 时,扰动的

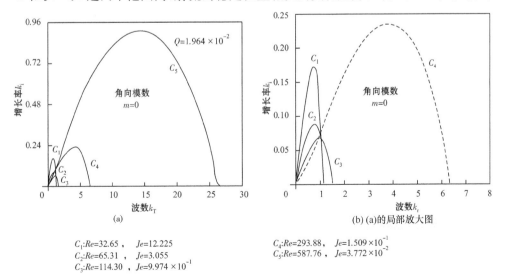

C_1:Re=32.65 ,　Je=12.225
C_2:Re=65.31 ,　Je=3.055
C_3:Re=114.30 ,　Je=9.974×10^{-1}
C_4:Re=293.88 ,　Je=1.509×10^{-1}
C_5:Re=587.76 ,　Je=3.772×10^{-2}

图 3-19　轴对称扰动增长率与 Je 的关系

最大增长率随 Je 的减小而减小(曲线 $C_1 \sim C_3$);当 $Je < 1$ 时,最大增长率随 Je 的减小反而增大(曲线 $C_3 \sim C_6$)。这是因为前者是表面张力起主控作用而后者是气动力起主控作用,而 Je 的减小意味着表面张力的减小或气动力的增大。在 $Je \approx 1$ 的范围内,两种力处于一种近似的平衡状态,此时,射流具有最大的稳定性(曲线 C_3)。

计算还表明,在 $Je > 1$ 范围内射流表面轴对称扰动占据绝对优势,$m = 0$ 模态是最不稳定的扰动模态,非轴对称动模态几乎不出现,即使出现其强度也远远小于轴对称扰动的强度。由此可知,表面张力所产生的不稳定性总是以轴对称形式出现的。

图 3-20 为非轴对称扰动模态随 Je 的演变情况。当 Je 从 1 减小时,非轴对称扰动开始出现且其强度随 Je 的减小而增大,由远小于轴对称扰动的强度逐步发展到接近、相当甚至超过轴对称扰动,而且同时出现几种不同 m 数的不稳定模态(图 3-20(c))。当 $Je \ll 1$ 时,非轴对称扰动成为最不稳定的模态,即其增长率为各种模态中之最大者。该模态所对应的角向模数称为临界模数,记为 m_c。

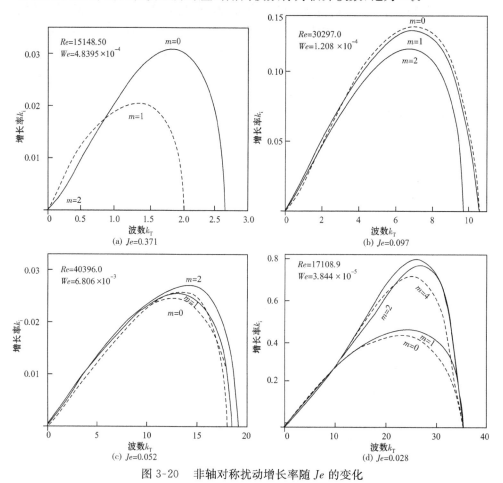

图 3-20　非轴对称扰动增长率随 Je 的变化

计算结果表明,对于任一组给定的流动参数,都存在一个临界模数。而且,即使 We、Q 和 Re 这几个参数各不相同,只要 Je 相同,那么其对应的 m_c 也相同,只是相应的扰动增长率有所不同而已。这里,密度比 Q 对增长率的大小起着控制作用。当 Je 相同时,增长率随着 Q 的增大而增大,这再次证明气动力对液体射流的雾化起着关键作用。另外,对于任一组给定的流动参数,利用数值计算还可以确定一个临界喷射数 Je_{cr},当 $Je > Je_{cr}$ 时,只存在轴对称扰动($m_c = 0$),当 $Je < Je_{cr}$ 时,则存在非轴对称的最大增长率,即 $m_c > 0$。

最后,从图 3-20(c) 还可看出,当 Je 足够小时,在临界模数 m_c 附近的几个模数也是相当的不稳定,其增长率与 m_c 所对应的增长率为同一量级,仅数值上略小一些。由此可以推断,液体射流的非轴对称分裂与雾化很可能是几种模态共同作用的结果。它们使得射流液面产生极不规则的变形,并在临界状态下同时在轴向和角向发生分裂,从而产生大小形状各不相同的液体微团乃至微滴。当然,不同模态扰动之间的相互作用是极其复杂的,必须借助于非线性理论才能作出定量的分析。

总的看来,液体射流的非轴对称稳定性分析无论定性上还是定量上都能够更好地解释射流分裂与雾化的实验现象,从而为人们深入认识和掌握雾化机理开辟了一条宽阔的途径。这方面的工作目前还处在发展初期,但它在不久的将来有望取得突破性的进展。

3.6　液体射流分裂雾化的模型

最近 30 年来,随着各种先进测试手段的广泛应用,以及基于 CFD 和 HPC(high performance computing,高性能计算)的数值模拟技术的飞跃发展,人们对液体分裂与雾化过程的了解不断深入。在此基础上,一系列有关液体射流分裂和喷雾形成的数学模型相继涌现。可以说,喷雾模型研究是整个内燃机计算燃烧学中近年来成果最为丰硕的领域。尽管这些模型目前都还未达到完善和理想的程度,但它们已经开始应用于科学研究和工程开发中,发挥着相当重要的作用。本节将对这些模型作一比较系统的介绍。

在介绍雾化模型前,我们首先要对初次雾化和二次雾化这两个重要概念作一说明。初次雾化是指高压液体从喷嘴射出之后,首先形成一股射流(即发动机中的油束),同时发生分裂。在此过程中可能产生大小形状各不相同的液体微团结构,从团块、条带、纤丝直到细小的雾粒。而二次雾化则是指初次雾化所产生的较大的团块和液滴在其运动过程中继续分裂破碎,形成更小的液滴和雾粒(当然,三次乃至更进一步的分裂雾化也是可能的,但其机理与二次雾化相同,实际效应也不重要,故可忽略之)。初次雾化与二次雾化尽管不乏相同和相似之处,但其基本机理是有本质区别的,前者比后者要复杂得多。初始雾化涉及气动稳定性、空化和湍流等多种因素,而二次雾化则主要归因于气动稳定性。因此,在模拟计算中,应对二者加以区别,建立不同的模型。但从目前实际研究工作来看,对此采取了不同的做法。有些人认为不必区分初次雾化和二次雾化,而采用统一的模型将二者一并处理。这种做法的主要目的是回避一次雾化模型的复杂性。另一些研究者则试图将这两个雾化过程分别考虑,并采用不同的模型或模型的组合来进行计算。下面,我们首先分别介绍几个常用的雾化模型,然后再讨论由它们的组合而成的一些较复杂的模型。

3.6.1　Kelvin-Helmholtz(K-H) 模型

1. 圆孔射流的分裂雾化

Reitz[25] 基于 3.5.3 节所介绍的线化稳定性理论,提出了第一个面向实际应用的液体分裂与雾化模型,最初称为 WAVE,意味着它是基于气液界面的波动分析近年来,普遍称为 K-H 模型。对方程(3-87)的数值解进行曲线拟合,可得出扰动波最大增长率($\omega_{max} = \Omega$) 及相应的波长 Λ 的计算公式(参见图 3-21)。

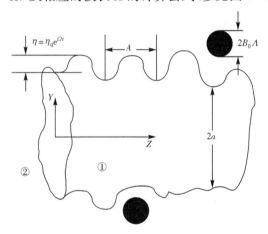

图 3-21　液体射流或团块表面波剥离示意图

$$\frac{\Lambda}{a} = 9.02 \frac{(1+0.45Z^{0.5})(1+0.4T^{0.7})}{(1+0.865We_2^{1.67})^{0.6}} \tag{3-92}$$

$$\Omega\left(\frac{\rho_1 a^3}{\sigma}\right)^{0.5} = \frac{0.34+0.38We_2^{1.5}}{(1+Z)(1+1.4T^{0.6})} \tag{3-93}$$

其中,各量纲一参数定义为

$$Z = \frac{We_1^{0.5}}{Re_1}, \quad T = ZWe_2^{0.5}, \quad We_1 = \frac{\rho_1 U^2 a}{\sigma}$$

$$Re_1 = \frac{Ua}{\nu_1} \qquad We_2 = \frac{\rho_2 U^2 a}{\sigma}$$

如果假定雾化过程所产生液滴的大小与波长 Λ 成正比,则可利用上述结果来估算液滴的半径:

$$r = B2\pi\sigma/\rho_2 U^2 \tag{3-94}$$

其中,B 为量级为 1 的常数。在实际计算中采用下列公式较为方便

$$r = B_0\Lambda, \qquad\qquad 当 B_0\Lambda \leqslant a \tag{3-95}$$

$$r = \min\begin{cases}(3\pi a^2 U/2\Omega)^{0.33} \\ (3a^2\Lambda/4)^{0.33}\end{cases}, \qquad 当 B_0\Lambda > a \tag{3-96}$$

式中,经验常数 $B_0 = 0.61$。

该模型还可用以估算喷雾的锥角和液核长度(已在 3.5.3 节中介绍)。需要指出,由于该模型是基于经典流体力学中的 Kelvin-Helmholtz 不稳定分析,故也常称为 K-H 模型。它不仅可以用于液体圆孔射流的分裂雾化,也可用于平面液片或曲面液膜的雾化以及液滴的二次雾化分析。

2. 液片和液膜的分裂雾化

在平面狭缝式喷嘴和轴针式喷嘴的场合,液体射流以平薄液片或圆锥形薄膜(伞形喷雾)的形式出现。其分裂与雾化过程与通常圆孔射流在现象上有所不同,但其机理是相似的,故也可用 WAVE 模型来分析。如图 3-22 所示,平面液膜在各种力联合作用下,波长为 Λ 的扰动波逐步增长,其振幅超过临界值后而发生断裂,并在表面张力作用下蜷缩成直径为 d_L 的细带,再进一步分裂成细小的液滴。对于无黏性圆环形射流,实验表明,当喷嘴圆环厚度大于临界值 $t = \sigma/(\rho_g U^2)$ 时,圆环射流的行为与实心圆孔射流是相似的;而当圆环厚度小于该临界值,则射流的行为类似于二维平面液膜。故这里只讨论平面液膜。对于低黏度液体,早期的研究给出其不稳定波的波长为 $\Lambda = 4\pi/(\rho_g U^2)$,其中 U 是液膜两个表面上气液相对速度的均方根值。液膜断裂后生成细带的直径 d_L 可假定它容纳了半个扰动波长内全部液体而得以确定

$$d_L = (4\Lambda s/\pi)^{1/2} \tag{3-97}$$

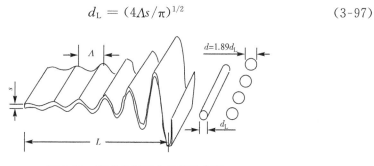

图 3-22　液膜分裂雾化机理示意图

其中,s 是液膜厚度。细带在表面张力作用下分裂成液滴的过程可按低速射流的

Rayleigh 型分裂来分析,由此得出液滴直径为 $d = 1.89 d_L$。于是,液滴半径的计算公式为

$$r = 3.78 (s/\rho_g U^2)^{1/2} \tag{3-98}$$

液膜的分裂长度为

$$L = D \left[\frac{\rho_l \sigma K \ln(\eta/\eta_0)}{\rho_g^2 U^2} \right]^{1/3} \tag{3-99}$$

其中,常数 $D = 20$;η 是液膜破裂时的波幅,参数 $\ln(\eta/\eta_0)$ 根据实验确定的值为 12。$K = 2sx$,x 是到喷嘴出口的距离。对锥形喷雾当地液膜的厚度 s 与其到喷孔的距离成反比。

3. "团块"雾化模型

应用 WAVE 模型虽然可以直接模拟和分析液体射流的分裂雾化过程,但其中由于忽略了包括喷孔内部流动在内的初始条件及雾化过程诸多细节的影响,而带有相当大的经验性。为了避开这一困难,Reitz 和 Diwakar[26] 认为,在密集喷雾内,射流的初次雾化和后续的液滴二次雾化这两个过程实际上是不可区分的。基于这一思想,他们提出了"团块"(Blob) 模型。该模型假定液体被射离喷嘴之后,在喷嘴附近形成较大的离散的液体团块(图 3-23)。从亚网格尺度的观点来看,这些团块与连续的未扰液核是等价的。但在数值模拟上,团块可以用液滴二次分裂与雾化的方法来处理。这样,可以不再区分初次雾化与二次雾化,从而有效地减少工作量。

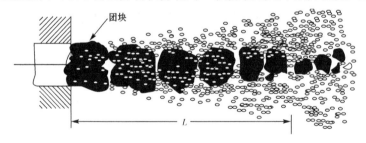

图 3-23　团块喷射分裂及雾化模型

将 WAVE 模型应用到团块上,假定团块(或母液滴)为球形,其半径为 a,则由团块所产生的子液滴的半径 r 也按式(3-95)和式(3-96)计算。

式(3-95)是基于假定 r 正比于团块表面最不稳定的或增长最快的表面波的波长。方程(3-96)是应用于直径大于射流直径的液滴(即低速分裂模态),同时假定射流所受扰动的频率为 $\Omega/2\pi$,且每一波长内的液体形成一个液滴。

随着团块分裂过程的进行,需要从母滴的质量中减去子滴的质量,于是团块或母滴的半径应按照下列规律变化。

$$da/dt = -(a - r)/\tau \tag{3-100}$$

其中, τ 是液滴的分裂时间

$$\tau = 3.726 B_1 a / \Lambda \Omega \tag{3-101}$$

B_1 是一与喷嘴内部的初始扰动有关的经验常数, 取决于喷嘴的结构和工作特性。其具体取值范围变动很大, 文献中有 $1.73 \sim 40$ 的报道。

图 3-24 是将团块分裂雾化模型应用于一台直喷式柴油机喷雾模拟的计算结果。图中团块和液滴的大小是按比例绘制的(但非真实尺寸)。该图清晰地显示了喷嘴附近由大的团块组成的液核区以及破碎后的液滴撞击燃烧室底部的情景。

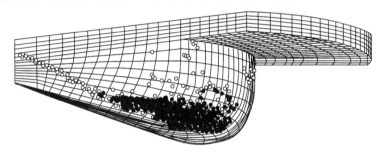

图 3-24　用团块模型计算的柴油机喷雾

团块模型较之直接用于射流的 WAVE 模型在计算上较为简便, 但存在着两个明显的缺点。第一是实际形状十分复杂的液体被团块简化为可用一个特征尺寸(半径)描述的球形。虽然原则上我们可以用更复杂的形状来模拟团块, 但由于缺乏关于高压喷雾液核区结构特征的详细而可靠的实验数据, 因而目前还难以确定采用更复杂的数学描述是否值得。第二是射流稳定性理论不能预测射流分裂时及其后续破碎过程中液滴的尺寸分布。因此, 在前面的计算公式中必须引入经验常数, 以图在一定程度上反映喷嘴内部流动以及喷雾内部各种因素的影响。鉴于当前实验数据的缺乏, 这些经验常数的局限性和不确定性是自不待言的。为此, 还需要从实验和理论上开展更为系统深入的研究。

3.6.2　Rayleigh-Taylor(R-T) 模型

K-H 模型是基于液体与气体界面上沿流动方向(切向)扰动波的不稳定分析, 即 Kelvin-Helmholtz 波的不稳定性增长。对于高压液体射流的雾化, 这是起主导作用的因素。但对于离散液滴的分裂雾化, 在气液界面的法向也存在由于两相之间密度的巨大差别而产生的惯性力, 从而会引起另一种扰动波, 即 Rayleigh-Taylor 波。R-T 波的不稳定增长是导致液滴分裂雾化的另一个重要原因(前节介绍的突变模态)。

当液滴在气流中作变速运动时, 其迎风面会产生许多不稳定的扰动波。为了简化分析, 假定:

(1) 在 R-T 不稳定波起主导作用的阶段, 可忽略 K-H 波以及边界层剥离的影响。

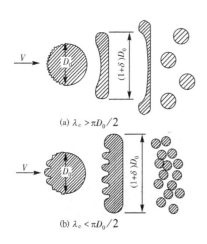

(a) $\lambda_c > \pi D_0 / 2$

(b) $\lambda_c < \pi D_0 / 2$

图 3-25　液滴的 R-T 分裂模型

（2）与临界 $We(We_c = 12)$ 相对应的特征长度称为 R-T 波的临界波长。仅当液滴迎风面的长度大于此临界波长后，液滴表面的不稳定波才会开始增长。

（3）液滴表面的波数取决于初始临界波长，并在液滴变形过程中保持不变。因此，扰动波的波长随着液滴的变形（扁平化）而增大。

（4）当不稳定波的振幅大于变形液滴的厚度时，液滴即发生分裂（图 3-25）。

根据这些假设，在液滴由球形变为扁平椭圆球的过程中，扰动波的波长增大，而作为波长函数的波的增长率也随之变化。通过研究不稳定波初始波谱对液滴分裂的影响，发现所有不稳定波中，对应于初始临界波长的那些波对液滴分裂起着主导作用。这些最不稳定的扰动波的波长和频率可表示为

$$\Lambda = \sqrt{3}\lambda_c \sqrt{\frac{3\sigma}{a\rho_1}} \tag{3-102}$$

$$\Omega = \sqrt{\frac{2a}{3}}\left(\frac{a\rho_1}{3\sigma}\right)^{1/4} \tag{3-103}$$

式中，λ_c 是初始 R-T 扰动波的临界波长；a 是液滴的加速度。临界波的增长率在变形过程中开始逐步增加到其最大值以后又逐渐减小，因此可假定其平均波增长率为最大增长率的一半，方程（3-102）的导出利用了这一假设。

$$a = \frac{3}{8} C_D \frac{\rho_g U}{\rho_1 r} \tag{3-104}$$

其中，U 是液滴与气体的相对速度；r 是液滴半径；C_D 是阻力系数。

液滴的分裂时间可对最不稳定扰动波的频率取倒数而得到

$$T = 4\left(\frac{\rho_1}{\rho_g}\right)^{1/2} C_D^{-3/4} We^{-1/4} \tag{3-105}$$

由以上讨论可知，R-T 扰动波必须在液滴直径大于临界扰动波的波长时才能使液滴发生分裂，所生成子液滴的尺寸要比 K-H 波所产生的子液滴大得多，其直径可按下述方法计算：先将母液滴的直径除以 R-T 波的临界波长，其商即为母液滴所产生的子液滴的总数，再按液体总体积（质量）不变的原则，就可得到每一子液滴的体积和直径。

在柴油机中，喷雾的初始速度很高，然后又受到很大的空气阻力，因而液滴所受惯性力是相当大的，这就使得 R-T 不稳定波的作用不可忽略，必须与 K-H 波同

时考虑。

图 3-26、图 3-27 是文献[29]对一台柴油机喷雾的计算机模拟和实验结果的对比。柴油机转速为 1600r/min，循环喷油量为 160mg。分别研究了常规单次喷射（图 3-26）和二次喷射（图 3-27）两种情况。喷雾模型分别采用单一 K-H 模型以及 K-H 及 R-T 相组合的模型。由图可见，无论喷雾贯穿度还是平均滴径（SMD），组合模型的计算结果均比单一 K-H 模型更接近实验结果。

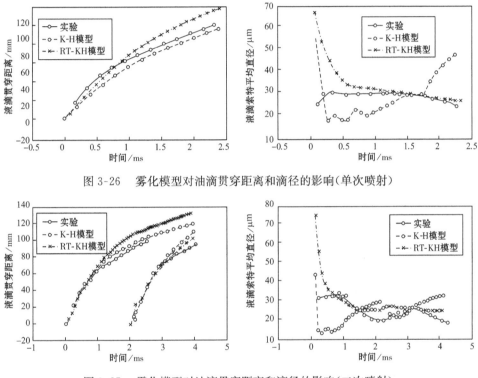

图 3-26　雾化模型对油滴贯穿距离和滴径的影响（单次喷射）

图 3-27　雾化模型对油滴贯穿距离和滴径的影响（二次喷射）

3.6.3　TAB 模型

无论 WAVE 模型还是由其派生的 KH-RT 模型都是基于气液界面扰动波的不稳定理论。其实，分析液滴的分裂雾化问题，还可以有别的途径，例如弹性力学理论。

喷雾场中的液滴在其运动过程中，受到各种力的作用，包括来自气体湍流涡团以及其他液滴的作用。这些力除了使液滴改变其轨道和速度外，还可能使液滴本身如同弹性体一样，发生振动和扭曲，当这种振动和变形达到一定程度时，液滴就会分裂或破碎。要描述这一现象，必须引入两个参数 y 和 $\dot{y}$。y 是液滴表面偏离其平衡位置的位移与液滴半径之比，$\dot{y}$ 则是 y 的时间变化率，亦即液面振动的量纲一的速度。显然 y 反映了液滴变形(偏离原来的球形)的程度。假定当 $y > 1$ 时,液滴发生分裂。这样,喷雾方程(3-4)中由于液滴分裂而产生的液滴数密度的源项可表示为

$$\dot{f}_{\text{bu}} = \int f(\boldsymbol{x}, t, \boldsymbol{u}_{\text{d1}}, r_1, T_{\text{d1}}, \dot{y}_1) \dot{y}_1 B \mathrm{d}\boldsymbol{u}_{\text{d1}} \mathrm{d}r_1 \mathrm{d}T_{\text{d1}} \mathrm{d}\dot{y}_1 \tag{3-106}$$

式中,$B = B(\boldsymbol{u}_{\text{d}}, r, T_{\text{d}}, y, \dot{y}, \boldsymbol{u}_{\text{d1}}, y_1, \boldsymbol{x}, t)$ 是分裂转换概率函数。$B \mathrm{d}\boldsymbol{u}_{\text{d}} \mathrm{d}T_{\text{d}} \mathrm{d}y \mathrm{d}\dot{y}$ 表示下标为1的一个液滴分裂破碎后所产生的,其特性参数在所含积分区间内的新液滴的可能数目。把穿越液面 $y = 1$ 的新液滴的局部通量乘上 B,然后在整个液面 $y > 1$ 上积分,便可得到 f 的源项 $\dot{f}_{\text{bu}}$,但如同碰撞源项一样,在实际应用中,人们宁可采取比较方便的与 DDM 相结合的离散化处理方法。

为此,引入下列假设。

(1)液滴的分裂是液滴在气动力、表面张力和黏性力共同作用下发生振动,且振幅增大到一定临界值的结果,故可借助弹性体的振动理论来描述。

(2)液滴分裂的结果是母液滴破碎而变成若干直径与速度(大小)均相同的子液滴。这样,它们仍然能用一个样本来代表。子液滴的运动方向是在与母液滴运动方向相垂直的平面内随机分布。这样对单个样本而言虽不满足动量守恒,但从大量样本统计平均意义上而言可满足动量守恒。

(3)液滴发生分裂之后,其子液滴不再发生二次分裂。

在 DDM 中,为了定量地描述液滴的变形,O'Rourke 和 Amsden[30] 按照 Taylor 的建议,把液滴的振动与变形同一个弹簧-重物系统的振动相比拟,称之为 TAB 模型(Taylor analogy breakup)。利用此模型,液滴表面的强迫或阻尼振动的微分方程可写为

$$\ddot{y} = \frac{2}{3} \frac{\rho}{\rho_1} \frac{(U + u - u_{\text{d}})^2}{r^2} - \frac{8\sigma(T_{\text{d}})}{\rho_1 r^3} y - \frac{5\mu_1(T_{\text{d}})}{\rho_1 r^2} \dot{y} \tag{3-107}$$

式中,$\mu_1(T_{\text{d}})$ 是液态燃油黏度。上式右端三项分别代表液滴所受的气动力、表面张力和黏性力,它们分别对液滴的振动起着激振力、恢复力和阻尼力的作用。如果假定物性参数 μ_1、σ 等为常数,则可求得方程(3-107)的精确解

$$y(t) = \frac{We}{R} + \exp\left(-\frac{t}{t_{\text{d}}}\right)\left[\left(y(0) - \frac{We}{12}\right)\cos\omega t + \frac{1}{\omega}\left(\dot{y}(0) + \frac{\dot{y}_0 - We/12}{t_{\text{d}}}\right)\sin\omega t\right]$$

$$\tag{3-108}$$

式中,We、t_{d} 和 ω 分别为韦伯数,黏性阻尼特征时间和振动频率。

$$We = \rho U^2 r / \sigma, \quad t_{\text{d}} = \frac{2}{5}\rho_1 r^2 / \mu_1, \quad \omega^2 = \frac{8\sigma}{\rho_1 r^3} - \frac{1}{t_{\text{d}}^2} \tag{3-109}$$

由于液滴变形度,亦即振幅 y 的增长需要一定的时间,所以必须在射油开始后每一时间步里进行判断,然后分几种情况进行讨论。为此,对每个油滴样本,我们首

先计算 We、t_d 和 ω^2，这时可能出现两种情况：

(1) $\omega^2 \leqslant 0$。这种情况仅对很小的液滴才会出现。于是可以忽略液滴的变形和振动，即置 $y = \dot{y} = 0$。

(2) $\omega^2 > 0$。我们计算无阻尼振动的振幅

$$A^2 = \left(y - \frac{We}{12}\right)^2 + \left(\frac{\dot{y}}{\omega}\right)^2 \tag{3-110}$$

此时又会出现两种情况。如果 $We/12 + A \leqslant 1.0$，则由方程(3-108)知，y 永远不会大于 1，于是不会发生分裂。

如果 $We/12 + A > 1.0$，则有可能发生分裂。为此我们须计算分裂时间 t_b，此时可假定液滴的振动在第一周期内是无阻尼的，除了极小的液滴之外，该假设一般都成立。于是，t_b 是下列三角方程的大于 t^n 的最小的根：

$$We/12 + A\cos[(t - t^n) + \varphi] = 1 \tag{3-111}$$

其中，t^n 为当前时间步所代表的时刻(上标 n 表示在第 n 时间步中变量所具有的值，下同。)

$$\cos\varphi = \frac{y^n - We/12}{A}, \sin\varphi = -\dot{y}^n/A\omega \tag{3-112}$$

如果 $t_b > t^{n+1}$，则在当前时间步里液滴不会发生分裂；反之，$t_b < t^{n+1}$ 时需要计算分裂。此时按下列计算分裂所产生的油滴群的 Sauter 平均半径

$$r_{32} = 3\bar{r} = \frac{r}{\dfrac{7}{3} + \dfrac{1}{8}\dfrac{\rho_1 r^3}{\sigma(T_d)}\dot{y}^2} \tag{3-113}$$

假定子液滴的速度大小均相同，并可表为

$$W = \frac{1}{2}r\dot{y} \tag{3-114}$$

其中 $\dot{y}$ 可根据方程(3-108)代入时间变量 $t = t_b$ 来计算。各子液滴的速度方向是在与母液滴运动方向(即母液滴与气体相对速度的方向)相垂直的平面内随机地分布。

子液滴的实际半径 r_b 则根据其 Sauter 半径按 χ^2 分布随机地选择。为了保证分裂前后质量守恒，发生分裂的母液滴的样本所代表的油滴数应变为

$$N^{n+1} = N^n(r^n/r_b)^3 \tag{3-115}$$

3.6.4　ETAB 模型

TAB 模型从总体上说计算量不是很大，其模拟精度一般也可接受，因而与 WAVE 模型一样，得到了比较广泛的应用，并纳入到 KIVA、FIRE 等通用软件中。但它也存在一些缺点，如对柴油机计算的液滴尺寸往往小于实际值。为此，

Tanner[31] 对 TAB 模型进行了改进，并将新的模型称为 ETAB 模型（enhanced TAB）。ETAB 在液滴变形的动力学分析方面与 TAB 完全相同，但对液滴分裂过程的模拟采用了新的方法。即通过所谓指数律把子液滴的平均尺寸与母液滴的分裂时间联系起来。同时，还利用母液滴与子液滴之间的能量平衡导出了子液滴速度分量的表达式。

ETAB 认为，液滴分裂的必要条件是其 We 超过临界值：$We > We_{cr} = 6$。对于无黏液体，根据方程（3-108）可推知，该条件相当于 $y(t) > 1$。进一步假设，子液滴的生成速率 $dn(t)/dt$ 正比于子液滴的总数 $n(t)$，而比例常数 K_b 则取决于液滴分裂的模态。该假设可表示为

$$dn(t)/dt = 3K_b n(t) \tag{3-116}$$

其中，常数 3 是为了简化最后的表达式而引入的。根据母子液滴之间的质量守恒，可知 $n(t) = m_0/\overline{m}(t)$。这里，$m_0$ 和 $\overline{m}$ 分别是母液滴的质量和子液滴群的平均质量。由于 $dn/dt = -(m_0/\overline{m}^2)(d\overline{m}/dt)$，故有

$$d\overline{m}/dt = -3K_b\overline{m} \tag{3-117}$$

其中，分裂常数 K_b 取决于母液滴的分裂模态

$$K_b = \begin{cases} k_1\omega, & \text{当 } We \leqslant We_t \\ k_2\omega\sqrt{We}, & \text{当 } We > We_t \end{cases} \tag{3-118}$$

We_t 为袋式分裂与边界层剥离分裂两种模态之间的转换 We，$We_t \approx 80$；k_1 和 k_2 是根据实验结果确定的经验常数，$k_1 \approx k_2 = 2/9$。由于分裂模态的转换是逐渐发生的，故计算结果对 We_t 的取值并不敏感。

为了简化分析，假定子液滴群的尺寸均相同。对于单独一个母液滴，这当然不符合事实。但考虑到实际喷雾中存在着数量巨大的液滴，而每个液滴分裂后产生的子液滴群都有一个较宽的尺寸分布范围，这样，从统计平均的意义而言，该假设不失为一个合理的近似。于是，由方程（3-117）可得

$$\frac{r_c}{r} = e^{-K_b t} \tag{3-119}$$

其中，r 和 r_c 分别是母液滴和子液滴的半径。上式表明，子液滴的平均半径随时间的增长按指数规律减小。

如同 TAB 模型一样，仍假设子液滴的速度方向与母液滴的运动方向相垂直。为了更准确地确定子液滴的平均速度，利用 TAB 模型的结果（方程（3-114）），但引入一系数 A：

$$W = \frac{1}{2}Ar\dot{y} \tag{3-120}$$

系数 A 的取值应根据严格的能量平衡原则来确定。我们将坐标系固定在母液滴的球心处，并随其运动。这样，母液滴的总能量是表面张力势能与其变形分裂所作功之积。变形功则是气动阻力与母液滴驻点处变形位移之积。根据液滴变形的几何关

系,可推知其驻点之变形为 $5r/9$。于是,母液滴的能量可表示为

$$E_{par} = 4\pi\sigma r^2 + 5\pi C_D\rho_g r^3 U^2/18 \tag{3-121}$$

其中,C_D 是阻力系数;U 是气液相对速度。每个子液滴的能量是其表面张力势能与动能之和

$$E_{chi} = 4\pi\sigma r^3/r_{32} + A^2\pi\rho_l r^5 \dot{y}^2/6 \tag{3-122}$$

右端第一项中 r_{32} 是 Sauter 平均半径,第二项利用了方程(3-129)。根据方程(3-121) 和(3-122)可以推出

$$A^2 = 3(1 - r/r_{32} + 5C_D We/72)\omega^2/\dot{y}^2 \tag{3-123}$$

其中,$\omega^2 = 8\sigma/(\rho_l r^3)$。如果忽略液体黏性($\mu_l = 0$),并利用初始条件 $y(0) = 0, \dot{y} = 0$,则有

$$y(t) = We(1 - \cos\omega t)/12 \tag{3-124}$$

由于液滴分裂的条件为 $y(t_b) = 1$,于是可得

$$\cos\omega t = 1 - 12/We$$

$$\dot{y}(t)/\omega = We\sin\omega t/12 = \sqrt{(We-6)/6} \tag{3-125}$$

当 We 很大时,可近似为 $\dot{y}/\omega = \sqrt{We/6}$,代入式(3-123),便得到

$$A^2 = \frac{5}{4}C_D + \frac{18}{We}\left(1 - \frac{r}{r_{32}}\right) \tag{3-126}$$

为了应用方便起见,可进一步给出 A 的一个粗略值。在柴油机典型工况下,液滴雷诺数 $Re \approx 500$。由此可知阻力系数 $C_D \approx 0.5$;而对典型的 $We(\approx 250)$,$r_{32}/r \approx 0.33$。将这些数据代入方程(3-126),可得 $A \approx 0.69$。将方程(3-120) 与方程(3-114)相比较,这意味着 ETAB 模型得出的子液滴速度大约只有 TAB 模型的 70%。相应地,其计算的平均滴径则显著增大(图 3-28)。图 3-29 和图 3-30 分别是用两种模型计算的液滴平均速度和平均半径沿喷雾径向的分布及其与实验结果的对比。由图可见,ETAB 模型较之 TAB 模型确实有比较显著的改进。

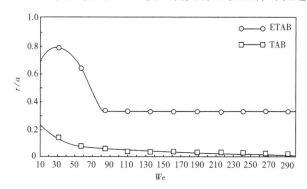

图 3-28　TAB 和 ETAB 模型计算滴径比较

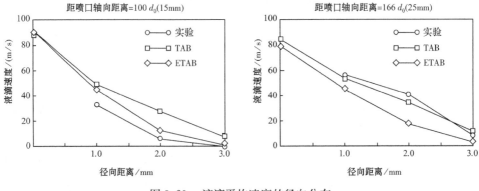

图 3-29　液滴平均速度的径向分布

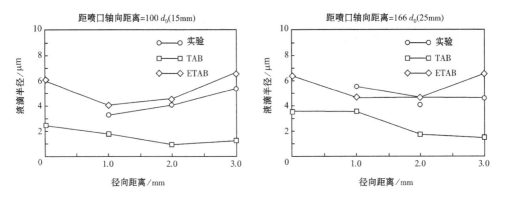

图 3-30　液滴平均半径的径向分布

与 TAB 模型相类似的，还有液滴变形和分裂模型[32]，简称 DDB(droplet distortion and breakup)。它认为液滴的分裂是由于其变形过度而引起。假定初始为球形的液滴在空气阻力作用下变为扁的椭球形（图 3-31），其横截面为长、短半轴分别为 a 和 b 的椭圆。考察变形后半个椭球质心的运动，设 y 为该质心到液滴对称平面的量纲一距离（以液滴初始半径 R 为单位），则可根据能量平衡关系导出 DDB 的基本方程

$$K\frac{\mathrm{d}^2 y}{\mathrm{d}t^2} + \frac{4N}{Re}\frac{1}{y^2}\frac{\mathrm{d}y}{\mathrm{d}t} + \frac{27\pi^2}{16We_r}y[1 - 2(cy)^{-6}] = \frac{3}{8} \tag{3-127}$$

式中，K 是液体与气体的密度比 ρ_l/ρ_g；N 是液体与气体动力黏度之比；$We_r = \rho_g U^2 R/\sigma = We_d/2$。当液滴达到即将分裂的临界状态时，其动能和黏性耗散能（在固连于液滴的运动坐标系下）均趋于零。由此可导出液滴分裂的判据：

$$\left(\frac{a}{R}\right)_{\text{break}} = \frac{3\pi}{4}y_{\text{break}} \approx \frac{3\pi}{4}\frac{3}{8}\frac{16We}{27\pi^2} = \frac{We}{6\pi}$$

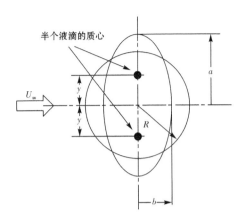

图 3-31　DDB 模型示意图

当实际的变形使 a 超过此值时,液滴即发生分裂。

DDB 模型可视为 TAB 模型的一种改型。其优点是考虑了液滴发生大变形时的非线性效应。

3.6.5　ELSA 模型

喷雾的初次雾化发生在液核周边。在这一区域,气液两相之间存在强烈的相互作用,描述液滴运动的离散方法(DDM)并不适用,因为它们不考虑离散相(液滴或气泡)的真实行为。事实上,实验中在该区域很少发现球形的液滴,而只能观测到一个连续的高度褶皱的气液界面。严格地说,前文所述的各种雾化模型都不能对该区域给出合理的描述,比较可行的方法是把气液界面的面积密度定义为一个函数,并导出其精确的输运方程。通过输运方程的求解来描述气液界面行为。ELSA(eulerian-Lagrangian spray and atomization)模型的基本思想即源于此。

ELSA 模型是由 Vallet 和 Borghi[33,34] 于 1999 年提出的。它主要基于以下 4 项假设:

(1) 在趋于无限大的雷诺数和韦伯数下,两相流场的大尺度特性与表面张力和黏度无关,因为表面张力和黏度主要是在小尺度下起作用的(如毛细现象和大变形率)。反之,流场小尺度特性,特别是液体射流分裂产生的液滴平均尺寸则直接与表面张力和黏度相关联。

(2) 与均相湍流一样,两相流的随机速度场可以借助各种湍流模型计算得到的平均值来确定。

(3) 液相向气体环境的弥散,可以如同经典均相湍流中的湍流扩散通量一样,通过求解一个适当定义并加以模拟的所谓"湍流扩散液体通量"的输运方程来计算。

（4）液体分裂产生的微团尺寸可以通过求解单位体积气液界面的平均表面积的输运方程来确定。

可见，ELSA 模型的基本出发点是认为高速液体射流的雾化过程同射入与环境气体具有大密度差的气体射流的湍流混合过程非常相似。因而，它只适用于如柴油机中的高雷诺数和高韦伯数的湍流喷雾雾化情况。可以预料，所采用的湍流模型对于计算结果会有重要影响。ELSA 模型可以同各个层次的湍流模型相耦合，从 RANS、LES 直到 DNS。

从计算的观点看，ELSA 模型是把欧拉和拉格朗日两种方法结合起来。整个喷雾区可划分为三个区域，即稠密区、稀薄区和过渡区。在接近喷嘴的稠密区域采用欧拉方法描述气液两相行为，而在喷嘴下游的稀薄区域则采用拉格朗日方法描述。ELSA 方法把喷雾视为液体和气体混合物组成的一种单一的"有效流体"。液相向气体环境的弥散通过一个局地的液体质量分数以及气液界面面积密度来描述，而此二者都是求解其各自的输运方程来求出。

在 ELSA 模型中，基本控制方程，即连续、动量、能量和湍流方程是针对"有效流体"的单相湍流求解。其密度可按下式计算：

$$\frac{1}{\bar{\rho}} = \frac{\widetilde{Y}_1}{\rho_1} + \frac{1 - \widetilde{Y}_L}{\rho_g} \tag{3-128}$$

相应的状态方程可表为

$$\bar{P} = \frac{\bar{\rho}(1 - \widetilde{Y}_1)R_g T_g}{1 - \bar{\rho}\widetilde{Y}_1/\rho_1}$$

式中，$\widetilde{Y}_1$ 是当地液相平均质量分数，$\widetilde{Y}_1 = 1$ 表示纯液相，$\widetilde{Y}_1 = 0$ 则表示纯气相；R_g 是气体常数；T_g 是混合物温度。液体质量分数 $\widetilde{Y}_1$ 的输运方程可写为

$$\frac{\partial \bar{\rho}\widetilde{Y}_1}{\partial t} + \frac{\partial}{\partial x_j}(\overline{\rho Y_1}\tilde{u}_j) = \frac{\partial}{\partial x_j}(\overline{\rho u''_j Y''_1}) \tag{3-129}$$

方程(3-129) 中的 $(\overline{\rho u''_j Y''_1})$ 项代表液相的湍流扩散质量通量，即液相与气相之间的质量交换，可用通常的梯度通量假设模拟：

$$(\overline{\rho u''_j Y''_1}) = -\frac{\mu_t}{Sc_t}\frac{\partial \widetilde{Y}_1}{\partial x_j} \tag{3-130}$$

需要注意，实际上液相与气相的速度是不同的，这样定义的扩散通量意味着 $\bar{u}_i$ 是气体和液滴的质量加权的平均速度。

气液界面面积密度即单位体积气液混合物中液体所具有的表面积，此密度给出了每一网格单元中所含液体的分裂程度的亚网格信息。面密度越大，意味着雾化越有效，当地的平均液滴尺寸就越小。平均面密度定义为单位体积的气液界面面积 $\left(\overline{\Sigma} = \frac{S_t}{V}\right)$，其方程可采用与火焰面密度输运方程类似的方法导出，但由于涉及湍

流过程中 RANS 或 LES 采用的时均或过滤法,导致该方程中包含有未知的相关项,对其必须加以封闭。该方程中包括了相应的源(汇)项,以考虑表面张力、蒸发、湍流拉伸以及液滴碰撞和聚结引起的液体表面积的产生和消耗。在 ELSA 的发展过程中,该方程陆续演化成多种不同的表达式,这里列出一种较简单的模化后的形式:

$$\frac{\partial \bar{\rho} \overline{\sum}}{\partial t} + \frac{\partial}{\partial x_j}(\bar{\rho}\tilde{u}_j \overline{\sum}) = \frac{\partial}{\partial x_j}\left[\bar{\rho}D_s \frac{\partial \overline{\sum}}{\partial x_j}\right] + \alpha_1 \frac{\bar{\rho}\overline{\sum}}{\tau_t}\left[1 - \frac{\overline{\sum}}{\overline{\sum}_{eq}}\right] \quad (3\text{-}131)$$

式中,常数 α_1 取值为 1.0;$\tau_t = \tilde{k}/\tilde{\varepsilon}$ 是湍流积分时间尺度。由于目前还缺乏详细的实验数据,难以对面密度方程的每一源项都分别建立模型,故采用一种简单的方式,假定湍流拉伸与皱褶、液滴碰撞与聚结以及液体表面不稳定性所引起的液体面密度的产生和耗散项都可通过一个总的湍流特征时间 τ_t 来反映,其基本思想是使液体面密度在这一时间内,在混合物的总湍动能和液体体积分数保持不变的条件下达到平衡值 $\overline{\sum}_{eq}$。而与这一平衡面密度值相对应的半径大致相当于液滴临界半径,即相应的流动状态下稳定液滴的半径,Blokkeel 等[35] 建议采用如下公式计算:

$$r_{eq} = C \frac{\sigma^{3/5} l_t^{2/5}}{\tilde{k}^{3/5}} \frac{(\bar{\rho}\tilde{Y})^{2/15}}{\rho_L^{11/15}} \quad (3\text{-}132)$$

其中,C 是经验常数,Reitz 等[36] 建议取为 4.0;$l_t = \tilde{k}^{3/2}/\varepsilon$ 是湍流长度尺度,在液滴为球形的假设下,当达到平衡时

$$\overline{\sum}_{eq} = 3\bar{\rho}\tilde{Y}_l/(\rho_l r_{eq}) \quad (3\text{-}133)$$

r_{eq} 的方程是基于液滴的当地的湍流运动的动能与其表面能相平衡的假设,亦即当地 We 数应为 1 的量级。

在 ELSA 方法的实施中,一个关键的问题是两种计算方式的切换。从欧拉方式到拉格朗日方式的切换是在过渡区内完成。切换的判据是在这一地带喷雾应该已足够稀薄,具体而言,要求当地液体体积分数满足某一临界值(例如 10%)。此值与计算单元内液滴的自由行程与液滴当量半径的比直接相关。拉格朗日计算初始化所需的液滴尺寸和液滴数根据当地液相质量分数和液相面密度确定。由于柴油机高速喷雾液相面密度中产生项与耗散机理的复杂性,这些项的模拟目前仍然带有很大的经验性。通常,液滴的初始数目和初始 Sauter 平均直径可按下式计算

$$n = \frac{\rho_l^2 \overline{\sum}^3}{36\pi(\bar{\rho}\tilde{Y}_l)^2}, D_{32} = \frac{6\bar{\rho}\tilde{Y}_l}{\rho_l \overline{\sum}} \quad (3\text{-}134)$$

这样,传统的拉格朗日液滴处理方法仍然可以用于那些不需要考虑喷雾分裂破碎过程的区域。应当指出,在必要情况下,对喷雾完全采用欧拉方法描述也是可

行的。在现代柴油机的喷射条件下,由于迅速的分裂与雾化,喷嘴出口的液核区域都很短,因而欧拉方法对高压喷射是特别有用的。

Lebas 等[37] 对一直径 0.1mm 的喷孔内喷出的柴油射流进行了数值模拟研究,并将 ELSA 模型和直接数值模拟(DNS)结果进行了对比,图 3-32 所示是二者计算的轴向剖面内液相体积分数的分布。可以看出,ELSA 的模拟结果在无论定性上还是定量上与 DNS 都是相当吻合的。

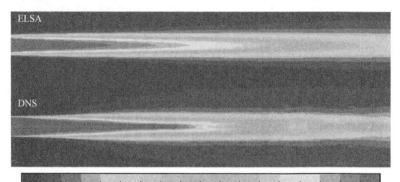

图 3-32　ELSA 与 DNS 计算的液相体积分数分布的比较

3.6.6　油束分裂及雾化的直接数值模拟

近年来,随着计算机技术的飞跃发展,采用直接数值模拟对雾化过程的研究开始增多。具体对燃料喷射与雾化过程而言,所谓直接数值模拟除了通常的对湍流不采用数学模型而直接计算之外,还有一个特别的含义,即对液体的分裂雾化过程,也不采用任何模型,而直接求解 N-S 方程并结合适当的气液界面捕捉技术,则液体和气体湍流流场的详细信息及气液界面的拓扑结构的演化过程,包括表面张力的影响,都可以直接获得。而这些信息,目前依靠实验技术还是不可能得到的。然而,由于柴油机高速高压喷射,其长度尺度和时间尺度都很小,数值求解的网格尺寸必须小至微米甚至亚微米量级,而时间步长则必须小至纳秒级,可以想象,目前受计算机资源的限制,能够开展直接模拟的计算域必定还是很小的,但高速射流发生初次雾化的空间尺度也很有限,通常发生在沿喷孔下游方向几十倍喷孔直径范围内,故在此范围内进行直接模拟具有很大的学术价值。

雾化过程直接模拟的一个关键问题是气液界面的识别与跟踪。通常可采用两类方法。一类是以 VOF 方法为代表的界面捕捉或界面重构方法,其核心思想是引入了网格体积分数的概念,即一个网格单元中气液两相各自所占的体积份额。定义 f 为当地平均液相体积分数, $f=1$ 表示纯液相网格, $f=0$ 则表示纯气相网格。而 f 值在 0 与 1 之间的网格,则跨越气液界面之上。f 满足下列对流输运方程:

$$\frac{\partial}{\partial t} f + u \cdot \nabla f = 0 \tag{3-135}$$

VOF 方法可以保证严格满足体积和质量守恒,但界面几何特征不够清晰准确。VOF 法的界面重构一般比较复杂,重构技术直接影响着 VOF 法的精度。

另一种方法,即 Level Set(LS) 法则恰好可以弥补此缺点。此方法也称为水平集方法或等值面函数法,其基本思想是定义一个距离函数,并将流场中的运动界面(如气液界面、火焰面等)定义为该距离函数的零等值面(二维情况为等值线),使这个界面在流体运动中始终保持函数值为零,且在界面附近保持单调。此函数也满足与上式相似的对流输运方程,求解此方程,即可获得每一时刻的界面位置。

Level Set 法捕获的界面整体效果好,不需要重构界面,比 VOF 具有更强的拓扑描述能力,而且较容易实施,但需要构造高阶格式,计算相对费时,体积守恒性不如 VOF。显然,VOF 与 LS 两种方法具有很好的互补性。因此,目前大多数研究者都采用两种方法相结合的途径。

2010 年以来,Shinjo 和 Umemura[38-40] 对液体射流的雾化过程及机理进行了细致而富有成果的直接数值模拟研究。从单纯冷态射流到包括燃料的蒸发与混合,从液柱表面不稳定波的发展到初次雾化,从液丝在液柱表面的形成到液丝断裂和液滴的形成,他们的数值结果获得了大量的信息,为揭示这些微观过程的复杂机理提供了具有很高价值的依据。当然,计算成本也十分高昂。例如喷射速度为 $100m/s$ 的一个算例,形为长方体的计算域尺寸为 $14.6D \times 4.5D \times 4.5D$,$D$ 为喷孔直径,网格尺寸为 $0.35\mu m$,网格总数达 60 亿。该项计算是在拥有 5760 个 CPU 的超级计算机 JAXA 上完成,共耗费 410h。

图 3-33 所示为计算得出的液柱头部雾化的瞬态截图。图 3-34 中为采用不同网格数得出的液柱表面不稳定波的截图,三幅图所对应的喷射速度分别为 30m/s、500m/s 和 100m/s,而其他参数相同;网格数分别为 4 亿、11.6 亿和 60 亿。其中,实线和虚线分别表示轴向和周向空间不稳定波的波长。可以清楚地看出,随着喷速的增大和网格的加密,We 数和 Re 数增大,空间不稳定波波长减小,产生的液滴也趋于细小。

计算结果十分清晰地显示,液体喷出之后,由于空气阻力,首先在液柱头部卷起成为蘑菇状(图 3-33),而在蘑菇形头部后面,形成强烈的非轴对称的气体涡旋。接着,流向涡团也出现了。在当地涡团运动的剪切作用下,蘑菇形头部的边缘发生分裂,形成沿流向的细长液丝。同时,在气动力作用下,液核表面不稳定的表面波逐渐增长,其凸起的波峰最终从液面分裂而形成液丝,而液丝则从其尖梢部位发生断裂而形成液滴。液丝的形成明显地依赖于韦伯数,产生液丝时韦伯数大约为 1 的量级。当韦伯数增大时,生成的液丝及液滴尺寸均减小。在高速射流情况下,相比于长波模态,液体雾化的短波模态是起决定性作用的。直接模拟结果所揭示的这些现象,与以往构建的雾化模型的假设基本相符。然而,直接模拟给出了高速射流雾化过程的清晰而直观的图像,这是任何模型或实验目前都无法提供的。

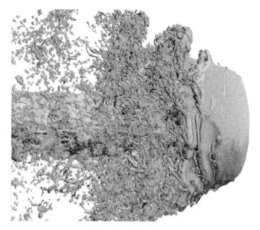

图 3-33　DNS 计算的液柱头部雾化的瞬态截图[38]

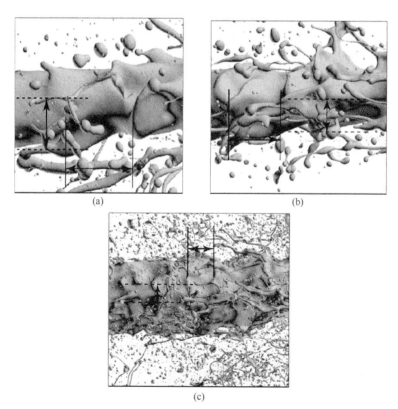

图 3-34　采用不同网格数得出的液柱表面不稳定波的截图

(a)、(b)、(c)图喷射速度分别为 30m/s、500m/s 和 100m/s,网格数分别为 4 亿、11.6 亿和 60 亿

3.7 考虑喷孔影响的模型

3.7.1 喷孔内的空化现象

在 3.5.2 节中已提到,喷孔内的空化现象是高压液体射流分裂雾化的三个基本原因之一,近年来人们也陆续地提出了若干模拟空化导致雾化过程的数学模型。在介绍这些模型之前,我们首先对圆管液流中的空化现象作一定性的讨论。

大家知道,对于定常流动的流体,静压随其速度的增大而降低。当流速很大时,其静压可能下降到低于其饱和蒸气压,这时,液体发生汽化而形成许多小的气泡;小气泡可长大或互相聚合而成为较大的气泡,从而在流管内形成局部的气液两相流。这就是空化现象,亦称空泡或空穴。

对于同一管道或喷孔,随着喷射压力或速度的增大,液体的流动可呈现五种不同的状态(图 3-35)。当任何一点的压力均高于饱和蒸气压时,流动为典型的湍流管流,喷孔上游高压室的液体以光滑流线流入喷孔。由于流道的突缩而在入口处发生分离,形成局部的旋涡区。涡区的大小取决于上下游压力比及喷嘴的结构,特别是入口边缘的尖锐程度(圆角)。在涡区之后,流体重新附壁,并由再附着点开始,形成边界层,其厚度向下游方向逐渐增长。在大约经过 40 倍孔径的长度后,流动成为充分发展的湍流管流[图 3-35(a)]。

当流速增大到使管内出现压力低于饱和蒸气压的低压区时,在涡区最小有效流道截面后方(因此处压力最低)开始产生气泡,从而形成局部的空泡流[图 3-35(b)]。

如流速继续增大,由于空泡业已形成,使得管内最低压力只能维持在饱和蒸气压而不能进一步降低,其后果是产生更多的气泡,使空泡区不断向下游延伸,一直到达喷孔出口,此即所谓超空化或全空化流态[图 3-35(c)]。

对于超空化流,在一定情况下,特别是当喷射速度高,而喷嘴较短时,会出现一种称之为挑射液流(简称挑流,hydraulic flip)的新的流态。此时,喷嘴下游周边的空气进入喷孔,与空泡区相汇合,使得空泡立即消失,而代之以附在管壁上的一薄层气体,该层气体将液体与管壁分隔开,其效果相当于使喷孔的内径减小[图 3-35(d)]。

如果喷嘴较长,或者其上游流场不均匀,则已经形成的挑流难以保持稳定的轴对称形态,而出现液体局部的重新附着现象,于是在管内又相应地恢复局部的空泡区。这称为局部挑射流或局部再附着流[图 3-35(e)]。

现代柴油机大多采用高压喷油器。理论和实验研究都表明,其喷孔内会出现上述空化现象。空化对油束的分裂雾化有着本质的影响,这主要表现在空化为射流的不稳定性提供了初始扰动,同时对射流的初始速度和初始锥角具有关键的作用。因

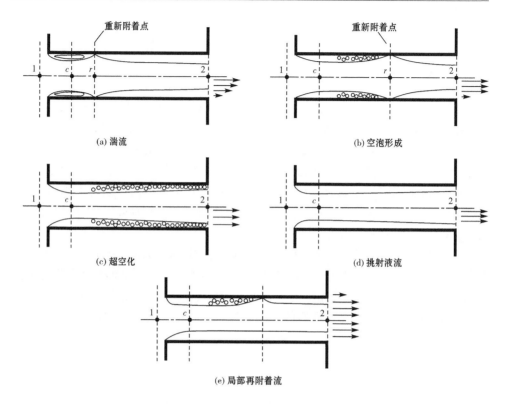

图 3-35　喷孔内的五种流动状态

此,一个完善的雾化模型应该包含一个反映喷孔内空泡流动及其扰动影响的子模型。近几年来,关于空化模型的研究虽已成为热点,取得了明显进展。空化模型大体上可分为详细模型和现象模型两类,现分别介绍之。

3.7.2　空化模型

1. 详细模型

所谓详细模型是指利用多维多相流的数值方法对喷孔内液流的空化现象及由之产生的气液两相流进行详细的模拟,力求反映该过程的细节和机理,同时需将喷孔内部流动的模拟与喷嘴之外油束的进一步分裂雾化过程的模拟耦合起来,从而实现对整个喷射和雾化过程的完整描述。

对于喷孔内部的液体-气泡两相流,CFD 中有多种模拟方法,如欧拉-欧拉双流体法、欧拉-拉格朗日(液体连续、气泡跟踪)法及跟踪气泡自由界面的 VOF 方法等。由于喷孔空泡流中包含数量很大但尺度微小的气泡群,采用欧拉-欧拉法较为适宜。此模型将液体和气泡群均视为连续介质,它们可视为在同一流场中不同的两相,两相在空间各点可以共存且相互渗透,但各自有不同的体积分数、速度、温度、密度等参数。两相之间通过动量、能量和质量的交换发生耦合，这种相互作用不仅对平均流运动，而且包括湍流脉动。这样，问题归结为耦合求解气液两相各自一组控制方程，即欧拉形式的输运方程。

基本控制方程中含有各相体积分数的变化率，这需要通过描述气泡动力学过程的补充方程才能使整个方程组得到封闭。假定蒸气相是由微小的球形气泡组成。气泡的直径可由若干个"公称直径"来代表。这样，每一组同直径的气泡群就构成多相流系统中的一相。这里为了简便起见，假定所有气泡直径相同，即蒸气只有一相。这些气泡在流动过程中随着压力的变化而生长或溃灭。若定义 n_0 为单位体积纯液体中所含气泡数（数密度），则蒸气相与液相之体积分数有下列关系：

$$\alpha_v = \alpha_1 \cdot n_0 \frac{4}{3} \pi R^3 \tag{3-136}$$

其中，R 是气泡半径。利用连续性方程可得出蒸气的产生率[42]

$$\frac{\mathrm{d}\alpha_v}{\mathrm{d}t} = \alpha_1 \frac{\mathrm{d}\left(n_0 \frac{4}{3}\pi R^3\right)}{\mathrm{d}t} + n_0 \frac{4}{3}\pi R^3 \frac{\mathrm{d}\alpha_1}{\mathrm{d}t} \tag{3-137}$$

即

$$\frac{\mathrm{d}\alpha_v}{\mathrm{d}t} = \frac{\alpha_1 n_0}{1 + \dfrac{\rho + \alpha_g(\rho_v - \rho_g)}{\rho + \alpha_g(\rho_1 - \rho_g)} \cdot n_0 \dfrac{4}{3}\pi R^3} \frac{\mathrm{d}\left(\dfrac{4}{3}\pi R^3\right)}{\mathrm{d}t} \tag{3-138}$$

气泡尺寸的变化率可按瑞利公式计算

$$\frac{\mathrm{d}R}{\mathrm{d}t} = \begin{cases} \sqrt{\dfrac{2}{3}\dfrac{p(R) - p_\infty}{\rho_1}}, & \text{当 } p(R) > p_\infty \\[3mm] -\sqrt{\dfrac{2}{3}\dfrac{p_\infty - p(R)}{\rho_1}}, & \text{当 } p(R) < p_\infty \end{cases} \tag{3-139}$$

式中，$p(R)$ 是气泡表面处液体的压力，可取为液体的饱和蒸气压；p_∞ 是远离气泡处液体的压力。

气泡数密度 n_0 是一个很重要的参数。它受许多因素影响，除喷射工况和喷嘴几何结构之外，还受液体物性特别是表面张力及流体纯净度影响。成核和聚合效应也不可忽略。理论上，可通过求解 n_0 的输运方程来确定它，但这会带来过高的计算成本，故目前一般都采用经验方法规定或通过数值试验确定。

另外，由于喷射速度很高，喷孔内流动为高雷诺数湍流，故还必须使用适当的湍流模型。一般用 $k\text{-}\varepsilon$ 类型的模型即可。

文献[43]采用上述方法对一模拟喷嘴连同其上下游流场进行了一体化模拟计算。喷孔为矩形截面直管道，尺寸为长×宽×高 = 1m×0.2m×0.28m，其计算网格如图 3-36 所示。由于对称性,只需计算其一半。气泡数密度 n_0 是根据与实验结果相吻合而通过数值试验得出的:$n_0 = 10^5/\text{mm}^3$,气泡初始半径取为 $R_0 = 0.3\mu\text{m}$,而蒸气的初始体积分数为 $\alpha_{v0} = 0.001190$。

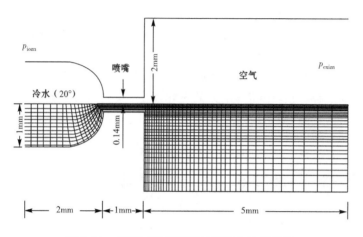

图 3-36　喷嘴二维模型的计算域和边界条件

　　作为计算结果的示例,图 3-37 给出了液体体积分数在整个计算域的分布,其中,(a)、(b) 两图分别示出了带空化模型与不带空化模型的结果,二者的差异是很明显的。由于空化的影响,射流在离开喷孔后其表面立即出现周期性的扰动波,而且相对未考虑空化过程的结果而言,其液核区域(深色)较小,而气液混合区(浅色) 明显较宽。这意味着空化现象确实对于液体射流的分裂雾化有着促进作用。

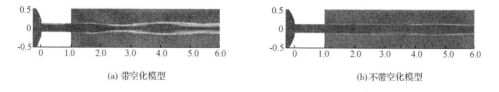

(a) 带空化模型　　　　　　　　　　　　　　(b) 不带空化模型

图 3-37　喷嘴流场计算结果

2. 现象模型

　　详细模型能够反映喷孔内空化现象的机理和细节,但其计算量太大,考虑到发动机燃烧过程多维模型本身已经是一个需要耗费高额计算机资源的庞大系统,而且空化过程的时间尺度和空间尺度都远小于喷雾混合和燃烧过程,要把详细空化模型纳入发动机的多维模型,目前,在计算成本上和数值方法上都有相当大的困难。为此,人们又把注意力投向比较实用的现象模型。

　　现象模型不注重空化过程的机理和细节,而着眼于从实际效果上模拟空泡的产生及溃灭对射流初始状态(即离开喷孔后那一瞬间)的影响,主要包括喷孔出口的流量系数和喷射速度、初始喷雾锥角参数的估算。

Arcoumauis 和 Gavaises[44] 提出了一个着重考虑了空化现象的柴油机燃油喷射和雾化的综合模型,主要包括喷孔内部流动、空化引起的分裂雾化和油滴径向分布三个子模型,现分述如下。

1) 喷孔内流模型

该子模型用于确定喷孔出口处的流动特征,并将其作为喷雾后续发展的初始条件。假定喷油器针阀腔内压力 p_s 是均匀的,则喷孔的流量系数可按下列经验公式计算:

$$C_d = \frac{\min(0.75, \frac{1}{2+CN}+0.6)}{0.85/(C_1+C_2)+C_3} \tag{3-140}$$

$$C_1 = [1+(0.5-0.3r_e/D)+0.3\cos\theta+0.2\cos^2\theta]^{-1/2}$$

$$C_2 = -0.00875L/D$$

$$C_3 = \frac{20}{Re}(1+2.25L/D)$$

其中,L 和 D 分别是喷孔长度和直径;r_e 是喷孔入口的圆角曲率半径;θ 是喷孔轴线与阀座斜面的夹角(参见图 3-38);Re 是基于喷孔直径和按喷孔几何截面积计算的平均速度;CN 是所谓空化数,定义为

$$CN = \frac{p_s - p_v}{p_b - p_v} \tag{3-141}$$

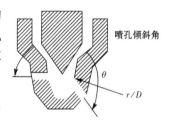

图 3-38　喷孔倾斜角

式中,p_b 和 p_v 分别是背压和液体的饱和蒸气压;p_s 是喷油嘴内腔压力。式(3-140)表明,流量系数不仅与喷孔的方位(θ 角)有关,而且通过参数 CN 体现了空化现象的影响,它可以在喷射过程中随上下游压力而变化,从而可以较准确地预测各喷孔的燃油喷射率(体积流率):

$$Q = C_d A_h \sqrt{\frac{2(p_s - p_b)}{\rho_l}} \tag{3-142}$$

式中,A_h 为喷孔截面积;ρ_l 为燃油密度。

为确定喷孔内是否发生空化,可先估算喷口入口附近由于流动分离所形成的最小截面积:$A_c = A_h \cdot C_d/C_f$。其中,C_f 是一经验常数,对湍流一般可取为 1。然后,对喷孔出口截面和最小面积截面应用伯努利方程,即可确定临界背压 p_{bc},当实际背压低于 p_{bc} 时,喷孔内即会产生空泡。当出现空泡后,喷孔出口实际流速应按下式估算:

$$u_e = \left(1 - \frac{A_h}{A_c} \cdot \frac{1}{CN}\right)\sqrt{\frac{2(p_s - p_b)}{\rho_l}} \tag{3-143}$$

此外,由于喷雾流场计算经常采用 $k\text{-}\varepsilon$ 湍流模型,其初始值也应由喷孔内流条件来确定。为此,可利用简化的一维 $k\text{-}\varepsilon$ 模型来估算:

$$k_0 = \frac{u_e^2}{8L/D}\left(\frac{1}{C_d^2} - k_f - 1\right) \tag{3-144}$$

$$\varepsilon_0 = \frac{C_e u_e^3}{2L}\left(\frac{1}{C_d^2} - k_f - 1\right) \tag{3-145}$$

其中,k_f 是形状损失系数(一般取为 0.45);$C_e = 0.274$ 是一经验常数。

应当指出,按上述方法计算的喷射特性(流量系数、喷射速度、有效流通面积及 k_0、ε_0 等)都是针对单个喷孔而言。这样,就可以对同一喷嘴的不同喷孔之间的喷射特性的差异进行比较分析。

2) 空化导致的雾化模型

该子模型用于反映空化对液体射流分裂雾化的影响,其基本假设是认为空泡的溃灭导致液体射流的分裂。由于空泡的压力远低于环境压力,气泡要么在到达射流表面之前溃灭,要么在射流表面溃灭。对这两种情况都可估算其特征时间,二者之中最小者则决定了雾化过程的时间尺度。同时气泡的扰动在射流表面的长度尺度也可确定。利用喷孔内流子模型可计算喷孔出口上由全部气泡所占据的总面积。将全部气泡折算为一个截面积相同的大气泡,则其半径为

$$R_{c,eff} = \sqrt{r_h^2 - r_{eff}^2}, \quad r_{eff} = (A_{eff}/\pi)^{1/2} \tag{3-146}$$

其中,A_{eff} 是喷孔出口有效流通面积。液体射流内部的湍流扰动速度可粗略地认为是

$$u_t = \sqrt{2k_0/3} \tag{3-147}$$

其中,k_0 按式(3-144)计算。半径为 R_c 的当量气泡的溃灭时间 τ_c 可按气泡动力学中的瑞利理论计算:

$$\tau_c = 0.9145 R_{c,eff}\sqrt{\rho_l/\rho_g} \tag{3-148}$$

假定气泡在射流内部沿径向运动速度等于液体的湍流脉动速度,则气泡到达射流表面的时间,亦即其爆裂时间 τ_b 可按下式计算:

$$\tau_b = (r_h - R_{c,eff})/u_t \tag{3-149}$$

按前文所述假设,射流分裂的特征时间应为

$$\tau_a = \min(\tau_c, \tau_b) \tag{3-150}$$

而雾化的长度尺度为

$$L_a = 2\pi(r_h - R_{c,eff}) \tag{3-151}$$

利用这些特征量,则可估算由于每一次气泡的溃灭或爆裂在液体射流表面所产生

的作用力

$$F_a = C \cdot CN_d \cdot M_j L_a / \tau_a^2 \tag{3-152}$$

其中，M_j 是发生分裂雾化的液体射流单元的质量；CN_d 是动态空化数，定义为 $CN_d = 2(p_b - p_v)/(\rho_l u_l^2)$，$u_l$ 是射流速度，可取为其出口速度 u_e；$C = 0.9$。力 F_a 是射流分裂雾化的原动力。另一方面，液体的表面张力是分裂的阻力。其计算公式为 $F_s = 2\pi r_g \cdot \sigma$，$r_g$ 是射流半径。因而雾化所形成的液滴的最大尺寸可根据两个力的平衡条件来确定：$F_a = F_s$。

具体计算中还需采用一些假设，例如，规定液滴的若干个直径 d_i 及其概率分布。最简单的办法是假定不同直径液滴出现的概率均相等。

喷雾的初始锥角 θ_s 可按下式计算：

$$\tan\frac{\theta_s}{2} = \frac{L_a}{\tau_a u_j} \tag{3-153}$$

3) 液滴径向分布模型

液体射流分裂后，其形成的液滴在整个喷雾锥角范围内并非均匀分布的。作为一种简化，可假定某个液滴出现在偏离喷雾轴线的某一角度位置的概率与其质量成反比。这意味着液滴的径向分布主要受其惯性控制。这样，液滴在喷雾锥角内分布的计算公式可用某液滴 i 偏离轴线的角度表示为

$$\theta_i = C_{pr}(\theta_s/2)(1 - m_i/m_{max}) \tag{3-154}$$

式中，m_i 和 m_{max} 分别是所计算液滴和可能产生的质量最大液滴的质量；C_{pr} 是取决于喷孔出口速度分布的系数：

$$C_{pr} = XQ(\theta_i)/Q_T \tag{3-155}$$

其中，X 是在区间 $(0,1)$ 内均匀分布的随机数；$Q(\theta_i)$ 是从以 θ_i 为中心的 $180°$ 范围内液体的质量流率；Q_T 是喷孔总的质量流率。$Q(\theta_i)$ 的数据需要由阀腔和喷孔流场作三维 CFD 计算来提供。在实际应用中可假设喷射速度是均布的，于是有 $C_{pr} = X$。

上述现象模型考虑了包括空化现象在内的多种因素的影响，能够较全面地为油束的二次雾化模型提供一些重要的初始条件，计算成本也不高，因而在实际应用中有较大的优越性。但另一方面，由于其中引入大量的假设，有些假设缺乏充分的根据，带有明显的任意性，所以其应用效果在很大程度上取决于具体问题。

图 3-39 和图 3-40 是文献[43]利用上述现象模型对射入静止大气压环境下的自由射流雾化的计算结果及其与实验的对比。所用喷嘴为孔径 0.22mm 的五孔喷嘴。图中分别显示了距离喷孔出口距离为 10mm、20mm、30mm 处沿喷雾轴线的液滴平均速度和均方根脉动速度以及 Sauter 平均直径。所采用的基本雾化模型是基于 WAVE 和 TAB 等的综合模型。同时，在此基础上，分别耦合了反映喷孔内流动的湍流扰动模型和空化模型。可以看出，加上空化模型后，计算结果大为改善，特别

是 SMD,有本质的变化。

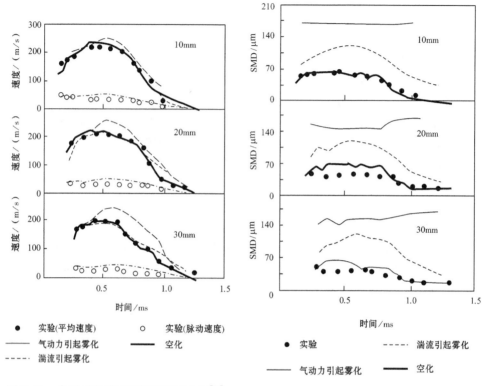

图 3-39　各种雾化模型计算的速度分布[43]　　图 3-40　各种雾化模型计算的平均滴径分布

3.7.3　组合模型

前文已经指出,液体射流的分裂雾化机理中至少包含气动力引起的气液界面的不稳定性、湍流扰动和空化扰动三大要素。因此,建立在其中任何一种或两种机理之上的模型都是不够全面、不够完善的。既然人们目前已经提出了分别反映某种机理或某些特定现象的雾化模型,能否把这些模型组合起来,使其系统而全面,从而大大拓宽应用范围呢?答案是肯定的。近年来,一些研究者已在此方向进行了成功的尝试,这就是所谓组合模型。

关于表面波不稳定性模型和空化模型,我们已经作了较系统的介绍。下面,将先对湍流扰动模型作一简介,然后再讨论组合模型。

1. 组合模型概述

具有代表性的湍流扰动模型是由 Huh 和 Gosman[45] 提出的。其基本思想是认为射流内部的湍流扰动和气体的惯性力是导致液体分裂雾化的动因。液体的湍流脉动在射流表面引起初始扰动,在后续的喷射进程中,由于气液界面的 K-H 不稳定性,初始扰动按指数规律增长,并最终导致射流的分裂雾化。因此,可认为表面波的波长 L_w 正比于湍流的积分长度尺度 L_t,而对雾化过程起主导作用的长度尺度 L_A 则与表面波波长成正比:

$$L_A = C_1 L_t = C_2 L_w \tag{3-156}$$

其中,经验常数 $C_1 = 2, C_2 = 0.5$。

同时假定雾化的时间尺度是湍流时间尺度和表面波时间尺度之线性和:

$$\tau_A = C_3 \tau_t + C_4 \tau_w \tag{3-157}$$

τ_w 取决于表面波按指数规律增长,直至其从射流表面分离而形成液滴的特征时间,可由 K-H 不稳定性理论推出

$$\tau_{w,t} = \left[\frac{\rho_l \rho_g}{(\rho_l + \rho_g)^2} \left(\frac{U}{L_w} \right)^2 - \frac{\sigma}{(\rho_l + \rho_g) L_w^3} \right]^{-1/2} \tag{3-158}$$

湍流的长度尺度和时间尺度可根据喷孔内流模型所提供的射流的初始湍流动能 k_0 及其耗散率 ε_0 得出

$$L_t = C_\mu \frac{k_0^{3/2}}{\varepsilon_0} \tag{3-159}$$

$$\tau_t = C_\mu \frac{k_0}{\varepsilon_0} \tag{3-160}$$

式中,k_0、ε_0 由方程(3-144)和(3-145)计算。$C_\mu = 0.09$,是来自 k-ε 模型中涡黏度的经验系数。一旦求出雾化过程的长度尺度,就可进一步计算喷雾的有关参数,如油滴(团块)尺寸、喷雾锥角等。如再与适当的二次雾化模型相耦合,则可进行更详细的喷雾场模拟计算。

在介绍组合模型之前,我们再次指出,实际的喷雾过程是由初次雾化和二次雾化两个阶段组成的。但迄今所提出的各种雾化模型中,多数都没有区分这两个阶段。这主要是由于对初次雾化的机理了解还不深透,同时也是为了避免问题变得过于复杂而采取的简化措施。近年来的研究进展已经确认射流的分裂雾化是由表面波不稳定性、空化现象和湍流扰动三大动因所引起,这就使我们有可能建立起更详细更全面的模型,对液体射流从喷射到雾化的全过程进行模拟。所谓组合模型,其基本思想是将一次雾化与二次雾化作为相互独立而又彼此衔接的两个阶段分别模拟,在每个阶段中依据某一主要参数的取值,而选用适当的子模型[46]。

在一次雾化阶段,选用模型的主要判据是喷射压力。对于中、低压喷射(如直喷式汽油机)喷孔内空化和湍流扰动的影响不大,故直接采用描述表面波增长的 WAVE 模型即可。但对于高压喷射,则需同时考虑三个动因。即首先用上面介绍的空化模型和湍流扰动模型分别计算喷孔内相关的特征长度和特征时间。由于两个过程同时进行,可认为发生较快的过程起控制作用。这意味着,在空化时间尺度

(式(3-150))和湍流时间尺度(式(3-166))二者中,取较小的一个作为雾化的特征时间,按此时间计算出的有关参数,可作为扰动波的初始条件,以进行后续的计算。

对于二次雾化阶段,选用模型的主要判据是液滴的韦伯数 We。在小 We 范围内,液滴的分裂主要由其表面的振动变形引起,故采用 TAB 模型。在袋式变形范围内,DDB 能较好地反映变形引起的分裂。在更高的 We 下,气动力所引起的表面波增长对液滴分裂的影响渐趋明显,故模型应逐步向 WAVE(即 K-H 不稳定性)过渡。当 $We > 1000$,意味着液滴足够大,或者气液之间相对速度很大,此时 R-T 不稳定波对液滴分裂有重要影响,故需将其与 WAVE 模型同时使用。整个组合模型的构成如表 3-2 所示。组合模型中虽然包含了多种模型,但其计算量较之单一模型并没有增加很多。这是因为每个液滴只有一个 We,故在每一时间步中只需计算一次,只是分别选用不同的模型而已。

表 3-2   组合模型的构成

		模型适用范围	模型
初次雾化		中、低压喷射	WAVE(K-H)
		高压喷射	空化＋湍流＋WAVE
二次雾化	振动分裂	$12 < We < 16$	TAB
	袋式分裂	$16 < We < 45$	DDB
	混沌分裂	$45 < We < 100$	DDB＋WAVE
	剥离分裂	$100 < We < 1000$	WAVE
	突变分裂	$We > 1000$	WAVE＋RT

最后,需要指出,目前的组合模型并不完善。第一,它只是简单地将各种小模型机械地"拼装"起来,尚未实现不同分裂雾化及模态及其机理的融合。当然,要实现这一目标,还有赖于大量深入的实验、理论和数值模拟研究。第二,初次雾化与二次雾化虽然有明确的定义,但实际上由于液滴的分裂可以是一个反复进行的过程,在计算实践中,往往很难对初次和二次雾化加以明确的区分和界定。不同的研究者可以采用不同的假设和判据,从而导致计算结果的差异。这一点,也需要通过大量数值实验来加以改进。

2. KH-ACT 模型

2010年,Som 与 Aggrawal[47] 对 K-H 模型进行了改进,在其中引入了喷嘴内部空化及湍流效应以及空气动力影响,因此,该模型称为 KH-ACT(aerodynamics,cavitation,and turbulence) 模型(图 3-41)。该模型利用分裂长度的概念把计算域分为两部分,在分裂长度以内,应用 K-H 模型或 KH-RT 模型计算射流的一次分裂;而在分裂尺度以外的区域,则根据流场和液滴的具体条件,采用 K-H 模型或

R-T 模型计算大液滴的二次分裂。

在 KH-ACT 模型中,喷射雾化过程是准动态地与喷嘴内部流动相耦合,喷嘴出口处由空化计算得出的参数和湍流瞬时强度作为初始条件与边界条件直接应用于喷嘴外喷雾的后续计算。其中,湍流的影响仍然是采用 Hhu 和 Gosman 的模型,即湍流的长度尺度和时间尺度分别用式(3-159)和式(3-160)计算。其中湍流瞬时动能与耗散率是根据各向同性湍流的假设,忽略 K 和 ε 方程中的对流、扩散以及产生项,从而得出

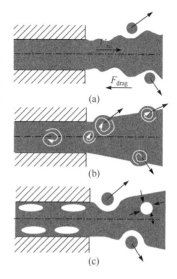

图 3-41　液体射流初次分裂的三种机理
(a) 空气动力影响;(b) 湍流效应;(c) 喷嘴内部空化

$$K(t) = \left\{ \frac{(K_0)^{c_\varepsilon}}{K_0(1 + C_\mu - C_\mu C_\varepsilon) + \varepsilon t(C_\varepsilon - 1)} \right\}^{1/(1-C_\varepsilon)} \tag{3-161}$$

$$\varepsilon(t) = \varepsilon \left\{ \frac{K(t)}{K_0} \right\}^{C_\varepsilon} \tag{3-162}$$

其中,K_0 和 ε_0 是湍动能和耗散率在喷射开始时喷嘴出口处的初值,可由喷嘴内流计算得出。

至于喷嘴内空化引起的燃油射流分裂模型,与前述 Arcoumanis 等[44] 的模型基本相同。唯一的区别是当量气泡 R_{cav} 半径的计算。Som 等采用如下公式:

$$R_{cav} = r_{hole} \sqrt{1 - C_a} \tag{3-163}$$

其中,R_{hole} 是喷孔出口半径;C_a 是喷孔流量系数,可根据喷嘴内流计算得出。

由气动力引起的液滴的二次分裂,采用 K-H 模型计算油滴的瞬时尺度尺度和时间尺度

$$L_{K-H} = r - r_{K-H} \tag{3-164}$$

$$\tau_{K-H} = \frac{3.276 B_1 r}{\Omega_{K-H} \Lambda_{K-H}} \tag{3-165}$$

对于三种机理引起的分裂分别计算其长度尺度和时间尺度之比,其中最大者将对分裂破碎过程其控制作用:

$$\frac{L_A}{\tau_A} = \max \left\{ \frac{L_{K-H}(t)}{\tau_{K-H}(t)}; \frac{L_{cav}(t)}{\tau_{cav}(t)}; \frac{L_T(t)}{\tau_T(t)} \right\} \tag{3-166}$$

如果空气动力起控制作用,则采用 K-H 模型计算初次雾化:

$$\frac{dr}{dt} = \frac{r - r_{K-H}}{\tau_{K-H}}, \quad r_{K-H} \leqslant r \tag{3-167}$$

如果空化或是湍流起决定作用,则采用下列公式:

$$\frac{dr}{dt} = -C_{T,cav} \frac{L_A}{\tau_A} \tag{3-168}$$

其中,$C_{T,cav}$ 是模型常数。

图 3-42 显示的是 K-H 和 KH-ACT 两种模型计算定容弹内蒸发喷雾的液核长度与蒸气贯穿距及其与实验结果的比较。可以看出,KH-ACT 模型较之 K-H 模型有比较明显的改进,前者由于考虑了多种因素,从而增强了雾化率,以致液核长度和喷雾贯穿距都有所减小。

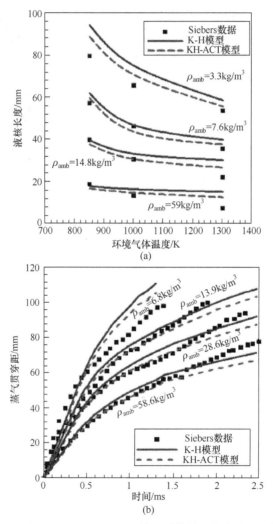

图 3-42 K-H 和 KH-ACT 两种模型计算结果与实验的比较[47]

3.8 喷雾与固壁相互作用及其模拟

由于燃烧室空间的限制,内燃机燃油喷雾与固壁发生碰撞是常见的现象,特别对中小型柴油机则更为普遍,有时甚至是不可避免的,但也可能是人们所希望而有意为之的.碰壁喷雾与自由喷雾相比,其运动特性、浓度分布乃至燃烧特性都有很大的不同.因此,一个比较完善的喷雾模型应当能够恰当地模拟喷雾的碰壁现象.

喷雾碰壁主要涉及两个物理过程:固壁所引起的油滴运动形态和动力特性的变化以及壁面油膜的形成和发展.这两个过程互相密切耦合,对发动机的燃烧和排放特性都会产生重要影响.喷雾碰壁相当于一个额外的二次雾化,它可显著加强喷雾中的传热传质,从而加速其蒸发与混合.这是因为油滴的破碎增加了喷雾总的表面积;同时气体射流在碰撞区产生旋涡可加速油滴的扩散.正是基于此原因,近年来,国内外都提出了为数不少的燃烧室设计方案,虽然在几何形状上各有特色,但其核心理念都是有意形成碰壁喷雾,以促进混合气快速、均匀地形成.另一方面,喷雾碰壁也招致某些不利的后果.燃油在壁面沉积而形成油膜,造成混合气局部过浓,从而增加未燃碳氢和碳烟的排放.为了使碰壁喷雾最大限度地扬长避短,就必须深入地了解油束与固壁之间相互作用的机理.本节将从碰壁现象入手,首先讨论液滴碰壁后可能发生的各种形态,然后分别介绍碰壁液滴的计算模型和壁面油膜的多维模型.

3.8.1　液滴碰壁的各种形态

喷雾碰壁实质上是大量密集的液滴与固壁的碰撞,各液滴的行为是互相干扰的,因而整个碰壁过程极其复杂.作为一种简化手段,同时也是建立碰壁模型的基础,我们可以分析单个球形液滴与固壁碰撞时可能产生的各种形态.前人对此已进行了不少的实验研究,文献中也有不同的归纳和分类,其中比较全面的是 Bai 和 Gosman[48] 归纳的下列七种形态(图3-43).

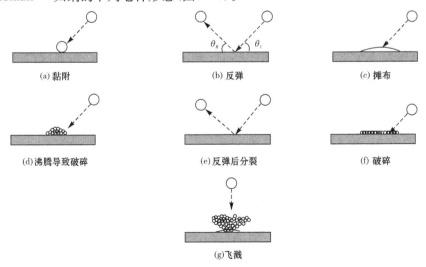

图 3-43　液滴碰壁的七种形态

(1) 黏附:当液滴速度很小或撞击能量很低,而且壁温 T_w 低于某一特征温度 T_{PA} 时,入射液滴以近似于球形黏附在壁面上。

(2) 摊布:液滴以不太大的能量撞击壁面,如是干壁,就在壁上摊开而散布成油膜;如是湿壁,即与原有的油膜相融合。

(3) 反弹:液滴与壁面相碰后发生反弹而离壁,可有两种情况:① 当壁温高于另一特征温度 T_{PR} 时,干壁上的油蒸气薄层阻碍了液滴与壁面的接触。② 在湿壁上,当撞击能量较低时,液滴与壁面液膜之间的空气薄层对液滴有缓冲作用,使液滴动能损失不大而发生反弹。

(4) 沸腾导致破碎:当壁温高于某一特征温度 T_N 时,即使液滴的撞击能量很小,它也会在热壁上迅速沸腾而引起破碎。

(5) 反弹后分裂:液滴撞击到热壁上($T_w \leqslant T_{PR}$)反弹,并分裂成 $2 \sim 3$ 个小液滴。

(6) 破碎:液滴在热壁($T_w > T_{PA}$)上首先发生大变形而向四周摊开,形成辐射状油膜,然后由油膜自身的热不稳定性引起油膜随机地发生破碎。

(7) 飞溅:当液滴以很高能量撞击固壁时,形成冠状的空间液膜,其周边进一步发展成微射流,最终射流失稳而溅射大量细小液滴。

不同碰撞形态的出现取决于碰撞过程的许多特征参数,包括入射液滴的速度、尺寸、温度、入射角、液体黏度、表面张力、壁面温度和粗糙度、气体在固壁上边界层的特征,对湿壁情况还有壁面油膜厚度等。由这些量可导出下列量纲为一的控制参数。

(1) 液滴韦伯数 $We = \rho_l v_n^2 d / \sigma$,它表征液滴动能和表面能的相对大小,其中 ρ_l、d 和 v_n 分别是液滴的密度、直径和法向入射速度。

(2) 液滴拉普拉斯(Laplace)数 $La = \rho \sigma d / \mu^2$,其中 μ 是液体黏度。该参数表征液体所受表面张力和黏性力的相对大小。

(3) 入射角 θ:液滴入射速度与所撞击平面之夹角。

(4) 特征温度比:在碰壁过程中,有若干重要的特征温度,按递增顺序为 $T_B < T_{PA} < T_N < T_{PR} < T_L$,它们可构成一系列温度比。

$$\frac{T_d}{T_B}, \frac{T_w}{T_B}, \frac{T_w}{T_{PA}}, \cdots, \frac{T_w}{T_L}$$

其中,T_B 是液体沸点;T_N 和 T_L 分别是液滴蒸发率达到最大和最小值时的温度;T_{PA} 和 T_{PR} 分别称为"黏附温度"和"反弹温度",当 $T_w < T_{PA}$,小撞击能量的液滴会发生黏附,当 $T_w > T_{PR}$,小撞击能量的液滴会发生反弹。

(5) 壁面液膜相对厚度:δ_0 / d。

(6) 壁面相对粗糙度:r_s / d,r_s 是绝对粗糙度。

对典型的小型直喷柴油机,碰撞前液滴的直径范围为 $5 \sim 100 \mu m$,撞击速度为

$10 \sim 20\mathrm{m/s}$，而温度为 $350 \sim 600\mathrm{K}$。按此估算，则液滴 We 为 $100 \sim 400$，La 为 $2000 \sim 3000$。而液膜最大厚度一般不超过 $60\mu\mathrm{m}$，故其相对厚度 δ_0/d 应为 1 的量级。在这些参数中，壁面温度和液滴韦伯数是起主导作用的，以此二者为纵横坐标可以定性地画出各种碰壁形态所发生的参数范围，如图 3-44 所示。

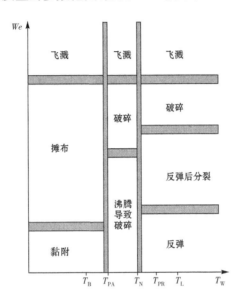

图 3-44 　各种液滴碰壁机理与 We 及壁温关系

对于直喷式柴油机而言，壁面温度一般均低于燃油的沸点，$T_\mathrm{w} < T_\mathrm{B}$。在此限制下，喷雾碰壁的形态主要有四种，即黏附、反弹、摊布和飞溅。其他一些研究者提出的模型与此大同小异。

3.8.2　碰壁液滴的计算模型

作为喷雾模型的一个子模型，碰壁液滴模型的任务主要有两个：一是要确定各种碰壁形态的定量数据，二是计算碰壁之后所形成子液滴或原液膜的相关参数，并将其结果作为源项提供给原喷雾模型中的有关方程或壁面油膜方程（将在下文介绍），这里主要介绍两种模型。

1. N-R(Naber-Reitz) 模型

Naber 和 Reitz 较早对碰壁喷雾开展了模拟研究，于 1988 年提出了本模型[49]。

根据液滴碰壁后可能出现的上述几种现象，他们将液滴碰壁归纳为三种模型，如图 3-45 所示。第一种称为黏附模型，液滴碰到壁面后即黏附在碰撞点处并继续蒸发；第二种称为反射模型，与固壁相碰的液滴按光学反射律从壁面弹回，即碰撞

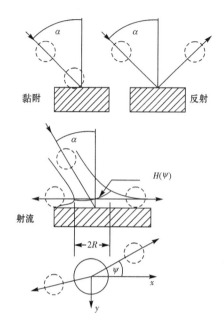

图 3-45　液滴碰壁的三种模型

后切向和法向速度的大小均保持不变但法向分速改变符号;第三种为射流模型,它假定入射液滴如同射流一般以切向沿壁面滑行。前两种模型可以按照普通的油滴模型计算其运动和(或) 蒸发,原则上无需加以特别处理。但第三种模型具有完全不同的运动形态,必须用新的数学模型来描述。对于二维无黏碰壁射流问题,Taylor 已根据质量和动量守恒方程求出了解析解。但对于三维问题(圆射流),仅仅依靠质量和动量守恒还不能确定附壁射流沿角向的厚度分布。为此,Naber 和 Reitz 引入一经验公式来确定此厚度分布 $H(\psi)$:

$$H(\psi) = H_\pi \exp[\beta(1 - \psi/\pi)] \tag{3-169}$$

式中,H_π 是液体薄层在圆周角 $\psi = \pi$ 处之厚度;β 是根据下列质量和动量守恒方程确定的参数:

$$\rho_1 q \pi a^2 = 2 \int_0^\pi \rho_1 q R H(\psi) \mathrm{d}\psi \tag{3-170}$$

$$\rho_1 q^2 \pi a^2 \sin\alpha = 2 \int_0^\pi \rho_1 q^2 R H(\psi) \cos\psi \mathrm{d}\psi \tag{3-171}$$

式中,α 是射流的倾斜角;a 是入射液流的半径;R 是定义液层厚度 $H(\psi)$ 所取的圆的半径(参见图 3-45)。从圆周角 ψ 与 $\psi + \mathrm{d}\psi$ 之间的微元扇形区中流出的液体流量正比于液层的厚度,这是因为根据势流理论,液体速度 q 沿流线保持不变。将方程(3-170) 与(3-171) 组合起来,我们得到

$$\sin\alpha \int_0^\pi H(\psi) \mathrm{d}\psi = \int_0^\pi H(\psi) \cos\psi \mathrm{d}\psi$$

利用式(3-169) 便有

$$\sin\alpha = \left(\frac{\mathrm{e}^\beta + 1}{\mathrm{e}^\beta - 1} \right) \Big/ \left[1 + \left(\frac{\pi}{\beta} \right)^2 \right] \tag{3-172}$$

上式即用于确定参数 β 的关系式。

至于液滴与壁面碰撞后形成射流的运动方向,即圆周角 ψ,也可借助势流理论来确定。为此,可将函数 $H(\psi)$ 理解为液滴碰壁后沿壁面在方向角 ψ 与 $\psi + \mathrm{d}\psi$ 之间射出的概率。这样,由方程(3-169) 可以推出

$$\psi = -\pi \ln[1 - P(1 - \mathrm{e}^{-\beta})]/\beta \tag{3-173}$$

式中,P 是在区间(0,1)内均匀分布的随机数。

　　Naber 和 Reitz 分别用上述三种碰壁喷雾模型进行了计算,并与实验数据进行了比较,结果表明,三种模型中射流模型与实验吻合得最好。其原因不难找到。在一般内燃机的多数工况下,喷雾油滴的韦伯数(基于平均滴径 SMD) 均远大于 40,因而油滴很难反弹而只能附在壁上,加之燃烧室壁温一般都低于燃油的沸点,故油滴将在壁面散布而形成湿壁。这样,射流模型较好地体现了碰壁喷雾的物理和几何特征。

　　图 3-46 示出了在两个不同碰撞角度下,计算得出的喷雾油滴分布及其整体形态。显然,随着喷雾倾斜角 α 的增大,喷雾与壁面之间的相互作用减弱。图中还给出了由实验观测得到的喷雾的轮廓线。可以看出,计算与实验的吻合程度是令人满意的。但计算得出的喷雾边界一般小于实测的轮廓。其原因可能是由于激光散射摄影术对微小的油滴最为敏感(因小油滴对光的散射率更高),而计算却只能考虑有限范围的滴径。

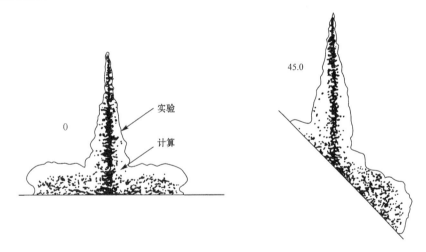

图 3-46　计算的碰壁喷雾形态和油滴分布(图中数字为喷雾倾斜角)

2. B-G(Bai-Gosman) 模型

　　Bai 和 Gosman[48] 在忽略相邻碰壁液滴的干扰和气体边界层影响的前提下,将前面介绍的七种碰壁形态对干壁和湿壁各简化为三种(按韦伯数递增顺序排列):

干壁:黏附 → 摊布 → 飞溅

湿壁:反弹 → 摊布 → 飞溅

　　为了确定各种形态所在参数范围的判据,Bai 和 Gosman 进一步假定:① 各种形态之间的转换均对应于一个确定的参数值而并非像事实那样有一定范围;② 黏附和摊布两种形态可合并为一种"附壁";③ 以韦伯数为基本参数,忽略一些次要参数的影响。由此出发,依据前人的实验数据,导出了界定各种形态的判据。

(1) 干壁。

附壁 → 飞溅,$We_c = A \cdot La^{-0.18}$。

其中系数 A 取决于壁面粗糙度 r_s,取值范围是从 $1322(r_s = 12\mu m)$ 到 $5264(r_s = 0.05\mu m)$。

(2) 湿壁。

反弹 → 附壁:$We_c \approx 5$。

附壁 → 飞溅:$We_c = 1320La^{-0.18}$。

根据上列判据和液滴的实际 We,可决定其碰壁后的形态,并可进而计算其相关的参数。对于附壁形态,液滴在碰壁处就地形成液膜,其计算方法将在下一小节介绍。这里只讨论反弹和飞溅两种情况。

① 反弹。

借鉴固体颗粒撞击固壁的研究结果,反弹液滴的速度与入射液滴速度有下列关系:

$$u_r = \frac{5}{7}u_e, \quad v_r = -\varepsilon v_e$$

其中,u 和 v 分别是切向与法向分速,下标 e 和 r 分别代表入射和反弹;ε 是所谓"恢复系数",可按下式计算:

$$\varepsilon = 0.993 - 1.760 + 1.56\theta^2 - 0.49\theta^3 \tag{3-174}$$

θ 是以弧度计的液滴入射角。知道反弹速度之后,就可继续按自由喷雾的 DDM 模型计算液滴的进一步发展演化。

② 飞溅。

飞溅的计算比反弹要复杂得多,我们需要确定二次液滴与入射液滴总质量之比 m_s/m_e,以及二次液滴的尺寸、速度大小和方向等。

质量比 m_s/m_e 取决于 We、La 以及液膜厚度、壁面粗糙度等多个参数。由于缺乏实验资料,可按简化的经验公式计算。

$$r_m = \frac{m_s}{m_e} = \begin{cases} 0.2 + 0.6\alpha, & \text{用于干壁} \\ 0.2 + 0.9\alpha, & \text{用于湿壁} \end{cases}$$

其中,α 是在 $(0,1)$ 范围内均匀分布的随机数。注意,对湿壁的情况,质量比有可能大于 1,意味着溅射的二次液滴有可能卷吸并带走壁上油膜中的部分液体。

假定撞壁的每个液滴团产生两个质量相等 $(m_s/2)$ 的二次液滴团,但后者所含液滴的直径和速度并不相等,分别为 d_1、d_2 和 U_1、U_2。如两个二次液滴团所含液滴数分别为 N_1 和 N_2,则按质量守恒可写出

$$N_1 d_1^3 + N_2 d_2^3 = r_m d^3 \tag{3-175}$$

借用气象学中的相关数据可拟合出确定总的二次液滴数 $N = N_1 + N_2$ 的关系式:

$$N = a_0(We/We_c - 1) \tag{3-176}$$

式中,$a_0 \approx 5$,如在$(1, N)$范围内随机选择 N_1,则 N_2 也随之确定。于是,滴径 d_1、d_2 可按下列关系求出

$$N_1 d_1^3 = N_2 d_2^3 = r_m d^3/2 \tag{3-177}$$

二次液滴的速度要分三步来确定。首先,根据总能量守恒,可写出

$$m_s(U_1^2 + U_2^2) + \pi\sigma(N_1 d_1^2 + N_2 d_2^2) = E_{k,s} \tag{3-178}$$

左端两项分别代表总的动能和表面能,$E_{k,s} = E_k - E_{k,c}$ 是溅射动能,E_k 是入射液滴动能,$E_{k,c}$ 是临界溅射动能,当 $E_k < E_{k,c}$ 时则不能发生飞溅。后者可根据临界韦伯数计算:

$$E_{k,c} = We_c \pi\sigma d^2/12 \tag{3-179}$$

然后,再次借用气象学中雨滴大小与速度的关系式,可导出

$$\left(\frac{U_1}{U_2}\right) \approx \ln\left(\frac{d_1}{d}\right)\bigg/\ln\left(\frac{d_2}{d}\right) \tag{3-180}$$

上式意味着二次液滴尺寸越大,其速度则越小。

最后,根据碰壁前后动量守恒关系,可得出

$$m_s U_1 \cos(\theta_1)/2 + m_s U_2 \cos(\theta_2)/2 = C_f m_e V \cos\theta \tag{3-181}$$

式中,C_f 是摩擦系数,取值为 $0.6 \sim 0.8$;θ_1 和 θ_2 是二次油滴的溅射角(溅射液滴团与固壁的夹角)。假定飞溅发生在以过碰撞点的法线为轴线的顶角为 $160°$ 的锥角范围内,如果随机地选取 θ_1,则可按上式确定 θ_2,从而就确定了溅射速度的方向。

至于溅射之后继续附在壁上的那一部分液体,需要作为源项归并到壁面油膜的微分方程中。

应当指出,B-G 模型在很大程度上属于经验模型,其多数计算公式均来自实验数据的拟合,因此在应用时,必须注意其适用范围,经常还需要对其中的经验常数作必要的调整。此外,类似的模型在文献中还有若干[50~53],它们彼此的主要区别在于对界定各种碰壁形态的判据公式有所不同,这正是经验模型的一个主要特点。

3. 一个适用于 PCCI 发动机的碰壁模型

PCCI(预混合压燃)发动机的研发和应用近年来得到广泛的重视。在 PCCI 发动机中,由于采用高压喷射和早喷技术,喷雾/壁面碰撞和相互作用对混合气形成及发动机的燃烧与排放特性具有特别重要的影响。实验数据显示,以往一些较成熟的喷雾碰壁模型并不完全适合 PCCI 发动机的工作条件,以致对若干重要的喷雾参数,如喷雾外廓形状、贯穿距及子液滴特性等难以做出准确的预测。针对此情况,张延志等[54] 基于近年发表的相关实验结果,对 Bai-Gosman 模型及其他一些模型进行整合改进,发展了一个适合 PCCI 发动机的喷雾/壁面相互作用模型。

　　新的喷雾碰壁模型考虑干壁和湿壁的区别,并考虑如下几种碰撞形态:在干壁上发生沉积和飞溅;在湿壁上发生黏附、反弹、摊布和飞溅。为了确定何种条件下会发生何种形态的碰撞,通过几个无量纲数描述作用于碰撞液滴上的各种力的相对大小,并由此建立各种形态之间的转换判据,这些参数包括韦伯数(We)、雷诺数(Re)、拉普拉斯数(La)、奥内佐格数(Oh)和毛细数(Ca)。

　　对干壁上沉积与飞溅之间的过渡转换的判据是取自 Cssali 等的经验公式:

$$K_{\text{dry,splash}} = 649 + 3.76 R_{\text{nd}}^{-0.63} \tag{3-182}$$

其中,R_{nd} 是无量纲的表面粗糙度,定义为表面粗糙度 R 与入射液滴直径 d_b 之比。参数 K_{dry} 是一个无量纲数,一般定义为如下形式:

$$K_{\text{dry}} = A Oh^a We^b \tag{3-183}$$

其中,A、a 和 b 均为经验常数。$A=1,a=-0.4,b=1$,将这些数值代入式(3-182),可得到

$$We_{\text{dry,splash}} = Oh^{0.4}(649 + 3.76 R_{\text{nd}}^{-0.63}) \tag{3-184}$$

　　对于湿壁,从黏附形态到反弹形态及反弹到摊布形态的过渡判据是 Stanton 和 Rutland 建议的经验公式

$$We_{\text{wet,stick}} = 5, We_{\text{wet,rebound}} = 10$$

　　当入射液滴的韦伯数超过了黏附和反弹之间的过渡值时,入射液滴将从由预撞击形成的油膜上反弹;否则,它将以近似于球形附在壁上。当入射液滴的韦伯数超过了反弹与摊布之间的过渡值,入射液滴会在冲击瞬间与液膜合并;否则它将从壁面上反弹。从摊布到飞溅的过渡是基于 Wang 等提出的判据:

$$We_{\text{wet,stick}} = \begin{cases} 450 & \delta \leqslant 0.1 \\ 1375.7\delta + 340 & 0.1 < \delta < 1.0 \\ 1043.8 + 232.6\delta^{-1} - 1094.4\delta^{-2} + 1576.4\delta^{-3} & \delta > 1.0 \end{cases}$$

$$\tag{3-185}$$

其中,δ 是无量纲液膜厚度,定义为平均液膜厚度 h 与入射液滴直径之比。假定液滴撞击湿壁时,过渡判据只受液膜厚度的影响,而壁面粗糙度的影响可以忽略。

　　对于碰撞后液滴的有关参数计算,模型采用了如下假设:对黏附形态,碰撞液滴以球形黏附在液膜表面;对沉积和摊布形态,液滴在碰撞瞬间与液膜融合;对反弹形态,若入射液滴动能较小,则其从液膜上反弹,反弹后速度的大小与方向按前述 Bai-Gosman 模型计算。

　　对飞溅形态,情况比较复杂,有较多的参数需要确定。首先,如果液滴碰撞干壁,质量比(即反弹总质量与入射总质量之比)可根据 Yarin 和 Weiss 的实验结果拟合的公式计算:

$$\gamma_{\text{m}} = \frac{m_{\text{a}}}{m_{\text{b}}} = 0.80\{1 - \exp[-3.17 \times 10^{-4}(K - K_{\text{cr}})]\} \tag{3-186}$$

其中,K_{cr} 是方程(3-183) 定义的参数 K 的临界值。对碰撞湿壁的情况,则有

$$\gamma_m = \frac{m_a}{m_b} = 0.2 + 0.9\varepsilon$$

ε 是区间(0,1) 内均匀分布的随机数。

飞溅形成大小不一的子液滴,其尺寸分布可以用对数正态分布描述,其一般形式为

$$f(d_a) = \frac{1}{d_a \sigma \sqrt{2\pi}} \exp\left\{-\frac{[\ln(d_a) - \ln(d_m)]^2}{2\sigma^2}\right\} \tag{3-187}$$

其中,σ 和 d_m 分别是几何标准差和几何平均直径。后者由下式给出:

$$\frac{d_m}{d_b} = 19.86 K'^{-0.5} \tag{3-188}$$

其中,$K' = WeRe^{0.5}$。σ 可以用最大熵原理确定。Wu 等给出确定二次液滴直径的正态分布函数的具体形式为

$$f(d_a/d_b) = \frac{\sqrt{3}}{\sqrt{\pi}(d_a/d_b)} \exp\left\{-3\left[\ln\left(\frac{d_a}{d_b}\right) - \frac{1}{6} - \ln\left(\frac{d_m}{d_b}\right)\right]\right\} \tag{3-189}$$

上式对一般情况均能给出与实验相符的滴径分布,但对于柴油机而言,由于其高压喷射及液滴的高能量碰撞,会产生非常细小的液滴,故需将式(3-188) 修正为

$$\frac{d_m}{d_b} = \max(19.86 K'^{-0.5}, 0.05) \tag{3-190}$$

为了计算飞溅形成的子液滴的速度分布,假设倾斜碰撞所产生子液滴的速度场可视为切向碰撞和法向碰撞所产生的速度场的叠加。切向飞溅碰撞只产生切向飞溅速度 V_{at},其大小只与入射切向速度 V_{bt} 有关;而法向飞溅碰撞只产生法向飞溅速度 V_{an},它的方向既非切向,也非法向(参见图 3-47)。总的飞溅速度等于切向速度与法向速度的矢量和。

法向速度 $\vec{V}_{an}$ 的大小可以根据 Nukiyama-Tanasawa 分布函数确定:

$$f(V_{an}) = \frac{4}{\sqrt{\pi}} \frac{V_{an}^2}{V_{a,\max}^3} \exp\left[-\left(\frac{V_{an}}{V_{a,\max}}\right)^2\right] \tag{3-191}$$

其中,$V_{a,\max} = 0.3 V_{bn}$。法向速度 $\vec{V}_{an}$ 的方向,可通过子液滴的反射角 θ 和方位角 β 来确定。这里 θ 取为(2,30) 范围内均布,β 按下式计算:

$$\beta = -\frac{\pi}{\chi} \ln[1 - k(1 - e^{-\chi})] \tag{3-192}$$

其中,k 是在区间(0,1) 之内均匀分布的随机数;χ 是与液滴入射角 φ 有关的一个参数:

$$\sin\varphi = \frac{e^\chi + 1}{e^\chi - 1} \frac{\chi^2}{\chi^2 + \pi^2} \tag{3-193}$$

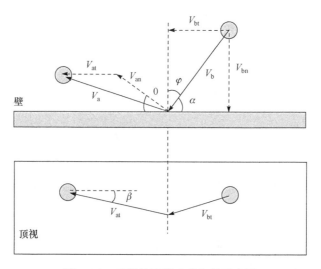

图 3-47　飞溅液滴的速度矢量示意图

假定切向飞溅对飞溅液滴的法向速度没有影响,而只是将其一部分切向动量传递给子液滴,则由切向飞溅产生的子液滴的切向速度是

$$\vec{V}_{at} = \xi \vec{V}_{bt} \tag{3-194}$$

其中,ξ 是摩擦系数,取值为 0.95。

　　此模型针对各种碰壁喷雾的基础实验以及 PCCI 发动机进行了相当广泛的验证。结果表明,相比以往的模拟,该模型在 PCCI 发动机的工况范围内的预测精度均有明显提高。图 3-48 显示的是喷射压力分别为 80MPa 和 120MPa,背压为 3MPa 的实验和计算的碰壁喷雾的外廓剖面图。可以看出,无论喷雾在壁面上的半径和高度,计算与实验都达到了满意的吻合。

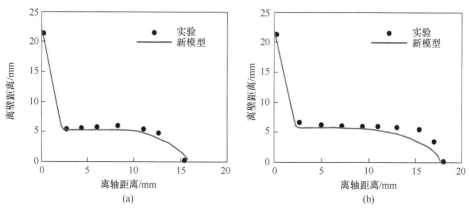

图 3-48　实验和计算的碰壁喷雾的外廓剖面图

背压 3MPa,喷射压力:(a) 80MPa,(b) 120MPa

4. 壁面油膜的多维模型

喷雾碰壁后在壁面形成的油膜是发动机未燃碳氢和碳烟排放的主要原因之一,特别在冷起动和低负荷工况更为严重。为了解决这一所谓冷起动问题,必须通过先进的分析手段来深入了解壁面油膜形成和发展的机理,寻求有效的应对措施。在此推动下,近年来,壁面油膜的多维模型研究受到重视,并取得了有实用价值的成果。

燃烧室壁面通常是复杂的空间曲面。沉积在其上的液体形成可流动的薄膜(厚度 $10 \sim 300\mu m$),原则上需要用三维的质量、动量和能量方程来描述。其中涉及多种复杂的物理过程(图 3-49),包括以不同形态撞击壁面的液滴对液膜的质量、动量和能量的贡献,液膜在剪切应力、重力和惯性力驱动下的流动,液膜与气体边界层之间的传热传质,与固壁间的热传导以及流动分离现象等。限于目前计算机的能力及人们对这些现象的认识水平,对它们进行全面的模拟是不可能的。为此,在壁面油膜的多维模型中,引入下列简化假设:

(1) 固壁温度低于燃料的沸点。这样,液滴碰壁的各种形态,只需考虑附壁和飞溅。

(2) 引入"薄膜近似"(以下几条假设均基于此近似)。油膜厚度远小于壁面的特征曲率半径。

(3) 液膜的流动为层流,其速度方向沿壁面的切向,大小沿液膜的法向(厚度)线性变化,本假设意味着忽略液膜的法向速度。

(4) 液膜所受重力和惯性力可忽略不计。

(5) 由于液膜流速远小于气体流速,故在计算气体与液体的相对速度时,可忽略液膜速度。

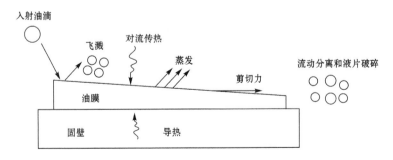

图 3-49　燃烧室壁面物理过程

根据薄膜近似,液膜中各参数在其厚度方向的变化率远远小于其他两个方向。我们选取固连在壁面上的三维直角坐标系,使 x、z 坐标与壁面相切,而 y 坐标沿壁面法向(厚度方向)。假定油膜内液体的速度分布为从壁面开始与其厚度(y)成线

性关系,则可将各守恒方程沿 y 向积分,从而将油膜流的控制方程组从三维降为二维,并可写为如下形式:

连续性方程

$$\frac{\partial \rho_l h}{\partial t} + \boldsymbol{\nabla}_s \left[(\rho_l \bar{\boldsymbol{u}}_1 - \boldsymbol{v}_w) h \right] = \dot{M} \tag{3-195}$$

动量方程

$$\rho h \left\{ \frac{\partial \boldsymbol{u}_f}{\partial t} + \left[(\boldsymbol{u}_f - \boldsymbol{u}_w) \boldsymbol{\nabla}_s \right] \boldsymbol{u}_f \right\} + h \boldsymbol{\nabla}_s p_f$$

$$= \tau_w \boldsymbol{t} - \mu_l (T_f) \frac{\boldsymbol{u}_f - \boldsymbol{u}_w}{h/2} + \dot{\boldsymbol{P}}_{imp} - (\dot{\boldsymbol{P}}_{imp} \cdot \boldsymbol{n}) \boldsymbol{n} + \dot{M}_{imp} \left[(\boldsymbol{u}_w \cdot \boldsymbol{n}) \boldsymbol{n} - \boldsymbol{u}_f \right] + \delta p_f \boldsymbol{n} + \rho h \boldsymbol{g} \tag{3-196}$$

能量方程

$$\rho_l h C_{vl} \left\{ \frac{\partial \overline{T}_1}{\partial t} + \left[(\bar{\boldsymbol{u}}_1 - \boldsymbol{v}_w) \cdot \boldsymbol{\nabla}_s \right] \overline{T}_\varepsilon \right\}$$

$$= \lambda_l (\overline{T}_1) \left(\frac{T_s - \overline{T}_1}{h/2} - \frac{\overline{T}_1 - T_w}{h/2} \right) + \dot{Q}_{imp} - I_1 (\overline{T}_1) \dot{M}_{imp} \tag{3-197}$$

连续方程中的质量源项由三部分组成

$$\dot{M} = \dot{M}_{imp} + \dot{M}_{rent} + \dot{M}_{vap} \tag{3-198}$$

$\dot{M}_{imp}$ 是由液滴撞击壁面引起的油膜质量变化

$$\dot{M}_{imp} = \iiint_{\boldsymbol{v} \cdot \boldsymbol{n} < 0} \frac{4}{3} \pi r^3 \rho_l \boldsymbol{v} \cdot \boldsymbol{n} f(\boldsymbol{x}_s, \boldsymbol{v}, r, T_d, t) d\boldsymbol{v} dr dT_d \tag{3-199}$$

$\dot{M}_{rent}$ 是由于油膜脱离壁面而被气体卷吸所引起的油膜质量变化,一般可忽略不计。$\dot{M}_{vap}$ 是油膜蒸发引起的质量变化,可按规定的壁函数计算。

动量方程(3-196)中 $\dot{\boldsymbol{P}}_{imp}$ 是由于液滴碰壁产生的动量源项

$$\dot{\boldsymbol{P}}_{imp} = -\iiint \frac{4}{3} \pi r^3 \rho \boldsymbol{v} \boldsymbol{v} \cdot \boldsymbol{n} f(\boldsymbol{x}_s, \boldsymbol{v}, r, T_d, t) d\boldsymbol{v} dr dT_d \tag{3-200}$$

能量方程(3-197)中,Q_{imp} 是由于液滴碰壁产生的能量源项

$$\dot{Q}_{imp} = -\iiint_{\boldsymbol{v} \cdot \boldsymbol{n} < 0} \frac{4}{3} \pi r^3 \rho_l I_1 (T_d) \boldsymbol{v} \cdot \boldsymbol{n} f(\boldsymbol{x}_s, \boldsymbol{v}, r, T_d, t) d\boldsymbol{v} dr dT_d \tag{3-201}$$

以上诸方程中,h 是液膜厚度;$\bar{\boldsymbol{u}}_1$ 和 $\boldsymbol{v}_w$ 分别是相对地面坐标系中的液膜当地平均速度和壁面运动速度(例如活塞和气阀的速度);$\boldsymbol{\nabla}_s$ 是表面梯度算子,代表壁面的法

向;τ_w 是油膜在气体一侧的剪切应力;T_f 是油膜沿法向的平均温度;p_f 是油膜压力;δp_f 是跨越油膜的压力差;μ_f 是液体黏度;I_f、C_{vf} 和 λ_f 分别是液体的比内能、定容比热容和热导率;x_s 是壁面上点的坐标;n、t 分别是过 x_s 点的单位法向量和切向量;f 是计算喷雾的 DDM 模型中的液滴分布函数,它是液滴与固壁的撞击点坐标 x_s、液滴速度 v、半径 r、温度 T_d 和时间 t 的函数,各碰撞源项式(3-200)的积分中,对速度的积分域要求满足 $v \cdot n < 0$。这意味着只有那些法向分速为负(指向壁面)的液滴才对碰撞有贡献。

油膜的蒸发在其表面产生一个油蒸气的法向流动,从而使气体边界层的湍流结构有所改变。因此,通常用于湍流边界层中输运系数和黏性应力及热流的壁函数不再适用,而需根据蒸发率加以修正,详情可参阅文献[55]。

壁面油膜的方程组的求解还必须与燃烧室中气相方程组相耦合。这可通过在气相方程中分别增加由油膜蒸发所产生的质量、动量和能量源项来实现

$$S_\rho = \dot{M}_{vap} \delta(y - y_s)$$

$$S_u = [\dot{M}_{vap}(2\bar{u}_l - v_{wall}) - \tau_w t] \delta(y - y_s)$$

$$S_I = [\dot{M}_{vap} h_v(T_s) - Q] \delta(y - y_s) \tag{3-202}$$

其中,y 是垂直于壁面的坐标;y_s 是壁面的 y 值;$h_v(T_s)$ 是按壁温 T_s 计算的油蒸气的比焓。

3.9　跨临界/超临界喷雾概述

在全球化石能源日益枯竭与环保法规日趋严格的形势下,各国内燃机的研究者与制造商为开发出高效低污染的发动机始终在进行着不懈的努力。随着 HCCI(均质压燃)、PCCI(预混合压燃)、RCCI(反应控制压燃)以及 TLC(低温燃烧)等一系列发动机燃烧新概念的提出,高喷射压力、高增压、高背压等技术措施被广泛应用,目前燃油喷射压力已高达 150～200MPa。同时,缸内平均压力也出现进一步升高的趋势。特别是近期,基于高密度低温燃烧等新概念,增压压力显著提高;有的发动机采用两级,甚至三级涡轮增压,致使在燃油喷射时刻缸内压力高达 2.5MPa 以上,着火之后,压力更能跃升至超过 6MPa。而大多数烃类燃料的临界压力是在 1.5～3.0MPa 的范围内(表 3-3)。可见,缸内背压接近和超过燃料临界点并非是一种小概率现象,从而使近临界/跨临界/超临界喷雾混合成为内燃机研究者一个不可回避的课题。

表 3-3　烃类燃料的临界参数

化合物	分子式	临界压力 P_c/ bar	临界温度 T_c/K
乙醇	C_2H_5OH	61.5	514
乙烷	C_2H_6	48.7	305
丙烷	C_3H_8	42.5	370
苯	C_6H_6	48.9	562
庚烷	C_7H_{16}	27.4	540
辛烷	C_8H_{18}	25.7	544
癸烷	$C_{10}H_{22}$	21.2	618
十二烷	$C_{12}H_{26}$	18.2	658
十四烷	$C_{14}H_{30}$	15.7	693

众所周知,临界点是热力学上的一个奇点。超临界状态下的流体具有与亚临界状态截然不同的属性。在超临界状态下,液体与气体之间的界面已经不复存在,液体的表面张力与蒸发潜热都趋于零,故实际上不再有液体与气体之区分,而只能统称为超临界流体,其密度接近液体,而输运特性接近气体。液体在接近临界点时,其等温压缩系数、比定压热容以及气体在液体中的可溶性均急剧增加。这样,通常在发动机燃料喷射与混合气形成过程中发生的液体射流分裂雾化(包括初次雾化与二次及多次雾化),以及液滴蒸发等现象不复出现。图 3-50 清楚地显示了亚临界射流与超临界射流的区别,其中图(a)为亚临界情况(相对压力 $Pr<1,Pr=P/P_c$),射流表面有大量由于初次和二次雾化产生的液丝与液滴;图(b)为低超临界情况($Pr=1.22$),射流表面不再产生微小液滴,而是在稠密流体边缘出现由液态条带组成的梳子状结构;图(c)为高超临界情况($Pr=2.71$),此时液相密度明显降低,气液界面已很难辨识,取而代之的是一个主要由扩散过程控制的气液两相混合层,沿其法向存在着很大的密度梯度。此混合层的出现归因于液体表面张力的消失和气液界面厚度的增大。因此,液体射流的解体和混合气的形成不再是由表面张力和空气动力不稳定性控制,而是受控于湍流扩散过程。值得注意的是,此时流体状态显示出强烈的热力学非理想性(理想气体状态方程不再成立),而流体输运特性的变化也远远偏离亚临界下的规律。

可见,跨临界/超临界环境下,燃料喷射与燃料/空气混合气的形成过程具有与亚临界工况完全不同的、极其复杂的机理。而迄今为止,人们对此了解还十分肤浅。

较长时期以来,跨临界/超临界喷射与混合过程的研究主要是针对液体火箭发动机的推进剂开展的。仅仅在最近几年,才出现了以内燃机为背景的相关研究。美国 Sandia 国家实验室 Oefelein 及其团队[55~57]在此领域的研究工作引人瞩目,他们在实验与数值模拟研究方面均取得了重要进展。但其研究迄今仍限于高压定

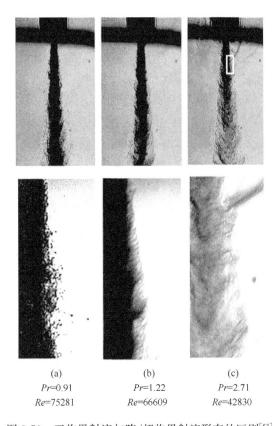

(a) (b) (c)

Pr=0.91 Pr=1.22 Pr=2.71

Re=75281 Re=66609 Re=42830

图 3-50   亚临界射流与跨/超临界射流形态的区别[63]

容弹内的跨临界/超临界喷射,尚未涉及真实的发动机。以下的内容,主要是基于
Oefelein 等的新近的研究成果。

数值模拟方面,采用大涡模拟研究射流气液界面混合层的动力学和热力学演
变过程。在对正庚烷喷入高温高压环境的行为进行详尽的观察与测试的基础上,
采用一种高密度流体近似法模拟超临界流体,以取代传统的雾化模型。为了正确
描述真实流体的热力学行为,选用了两种立方型状态方程,即 Peng-Rpbinson(PR)
和 Soave-Redlich-Kwong(SRK)方程。结果发现,这两种方程在较宽广的压力、温
度和混合物范围内都能对流体热物性给出满意的结果。总的来说,SRK 在亚临界
范围表现较好,而 PR 方程在超临界范围表现较好。但在临界点附近,二者的误差
都比较大,这时如要追求高精度,可以采用更为准确也远为复杂的 BWR 方程。对
混合物的物性,除了状态方程以外,还需要借助推广的对应态原理[58,59],其基本思
想是认为,均相混合物的热物性可根据作为参考的某种假想的纯流体在对应热力
学状态下的物性乘以一比例系数而得到。利用此原理,还可以求得黏度和热导率
等输运系数。

　　处理多组分多相混合物界面问题,必须涉及蒸气-液体界面平衡理论。假定液体与其蒸气是处于热力学平衡态,平衡条件是液体与蒸气的温度、压力和组分的化学势相等。于是,多组分混合物的临界点可以这样确定:在超临界压力下,液相和蒸气相的混合物成分在该点达到彼此相等。

　　其结果揭示,在特定的跨临界/超临界条件下,蒸气分子平均自由程可以大大减小,以致小于气液界面厚度,从而使原本不连续的两相界面变成连续状态。他们提出了一个计算多组分多相混合物的详细的热力学特性的模型,并将其与气液平衡理论和线性梯度理论相结合,用以解释在跨临界/超临界环境下,液体喷射过程从经典的两相喷雾雾化现象向扩散控制的单相混合的转捩行为。他们把这种转捩的主要机制归因为三种因素的共同作用,即高温引起的气液界面厚度的增大、高压引起的分子平均自由行程的减小以及表面张力的降低。可以用一个无量纲准则——界面克努森(Knudsen)数来判别界面的这两种不同机制,其定义是

$$Kn = \frac{\lambda_v}{\ell}$$

其中,λ_v 是蒸气分子的平均自由程;ℓ 是界面特征厚度。认为当 $Kn > 0.1$ 时,界面是不连续的气液两相界面,而当 $Kn < 0.1$ 时,则成为增厚的连续界面。图 3-51 是针对典型的发动机工况计算得出的液体燃料射流界面机制及其分裂雾化机理图。其中,横坐标和纵坐标分别是环境的折算温度与折算压力(实际值与临界值之比),曲线 $Kn = 0.1$ 形状类似于一条双曲线,它将整个平面分成两个区域,左下方对应 $Kn > 0.1$,喷雾的形成属于传统的亚临界射流分裂、破碎蒸发雾化机理;右上方对应 $Kn < 0.1$,喷雾的形成则是连续的混合层中由扩散控制的超临界混合机理。图中还画出了三种发动机的典型工作范围,其中直喷式汽油机是在温度超临界而压力亚临界的区域,采用燃油晚喷的柴油机是在温度压力均超临界的区域,而燃气轮机则是跨越从亚临界到超临界的一个相当大的范围。

　　Oefelein 等的工作无疑对超临界喷射雾化机理的研究具有开创性意义,但他们忽略了一个重要问题,即超临界情况下的所谓伪沸腾现象。传统的观点认为,当流体的热力学状态超过其临界点后,液体与气体之间的区别不复存在,而成为均一的超临界流体。但新近的研究表明[60],超临界流体状态并非均匀分布的,而是可以分为划分为两个不同的区域,即一个与液体相似的区域和一个与气体相似的区域,这种情况很类似于亚临界状态。这两个区域由亚临界的气液共存线的延长线为分界线,即所谓 Widom 线。当流体状态变化跨越 Widom 线时,其热物性和输运特性会发生急剧变化,其等压比热达到最大值,而超临界流体从类似于液体变为类似于气体,此即所谓伪沸腾现象。此时微小的温度改变都会引起射流特性的很大变化。仅当压力远远超过临界压力时,伪沸腾现象才会消失。因此,即使同样喷入

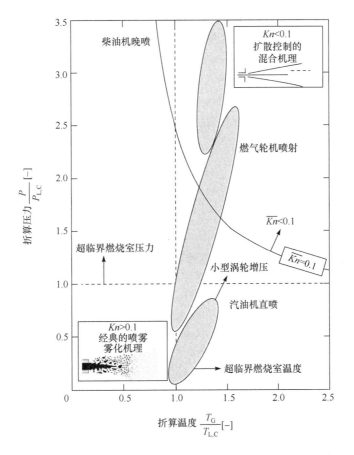

图 3-51　高压液体燃料射流界面机制及其分裂雾化机理图[57]

超临界环境,跨临界/超临界喷射与高超临界喷射在射流动力特征与雾化特性方面
也有很大区别。

　　从工程实践的层面看,大量实验表明,无论是单一液滴还是液体射流过渡到
超临界时(从亚临界状态进入一个压力与温度都超过其热力学临界点的环境时),
其表面都并非立即达到临界状态,而是仅当压力显著超过燃料临界压力时才达到
临界状态。再者,由于液滴或射流本身内部的温度分布是不均匀的,即使表面达
到临界点,其内部还需要一定时间通过传热达到升温。所以,过去曾被广泛接受
的瞬间完成超临界雾化的假设是不正确的。这里仍然存在一个雾化或解体的高
度瞬态过程。因此,气液两相界面的相平衡及其演化机理的准确描述及模拟仍
然是一开放的问题[61]。迄今为止,关于跨临界/超临界燃料射流与喷雾的模型
均忽略了这一雾化过程,而直接将其视为高密度的气相射流,显然是不够精确与
完善的。

　　回顾近半个世纪来的内燃机喷雾机理研究,不难发现,人们的认识确实经历了一个否定之否定,螺旋式上升而不断深化的过程。最初简单地设想射流为超临界状态而瞬间气化;其后发现射流中确有未受扰液核及周边液丝、液滴的存在,从而提出各类分裂雾化模型;直到近期的跨临界/超临界实验显示了有液核却无液滴的确切证据。这一切表明,有必要对发动机燃料雾化混合过程的机理与模型,重新进行全面的审视和深入的探索,以建立统一的亚/跨/超临界的喷雾混合模型。

本章参考文献

[1] O'Rourke P J, Bracco F V. Modeling of drop interactions in thick sprays and comparisons with experiments. Proceedings of the Institution of Mechanical Engineers, 1980, 9: 101-116

[2] O'Rourke P J. Collective Drop Effects on Vaporizing Liquid Sprays. Los Alamos Scientific Laboratory Report: LA-9069, 1981

[3] 解茂昭. 直喷式柴油机缸内气体运动和燃油喷雾的二维数值分析. 空气动力学学报, 1989, 7: 156-161

[4] Amsden A A, et al. KIVA-II: A Computer Program for Chemically Reactive Flows with Sprays. Los Alamos: LA-115 60-MS, 1989

[5] Gosman A D, Johns J R. Computer Analysis of Fuel-Air Mixing in D. I. Diesel Engines. SAE 800091, 1980

[6] Liu A B, Mather D, Reitz R D. Modeling the Effects of Drop Drag and Breakup on Fuel sprays. SAE Paper 970879, 1997

[7] Jin J D, Borman G L. A Model for Multicomponent Droplet Vaporization at High Ambient Pressures. SAE Technical Paper 850264, 1985

[8] Ra Y, Reitz R D. A vaporization model for discrete multi-component fuel sprays. International Journal of Multiphase Flow, 2009, 35: 101-117

[9] Yi Y, Zhu G S, Reitz R D. High-Pressure Spray and Combustion Modeling Using Continuous Ther-modynamics for Diesel Fuels. SAE Paper 2001-01-0998, 2001

[10] Zhu G S, Reitz R D. Engine droplet high-pressure vaporization modeling. ASME Journal of Engineering for Gas Turbine and Power, 2001, 123: 412-418

[11] Pelloni P, Bianchi G M. Modeling the Diesel Fuel Spray Break-up by Using A Hybrid Model. SAE Technical Paper 1999-01-0226, 1999

[12] Ranz W E. On sprays and spraying. Canadian Journal of Chemical Engineering, 1958, 36: 175

[13] Reitz R D, Bracco F V. Mechanism of atomization of a liquid jet. Physics of Fluids, 1982, 25: 1730-1742

[14] Lin S P, Kang D J. Atomization of a liquid jet. Physics of Fluids, 1987, 30: 2000-2006

[15] Hiroyasu H, Arai M. Structure of Fuel Sprays in Diesel Engine. SAE Paper 900475, 1990

[16] Chaves H, Knapp M, Kubitzek A. Experimental Study of Cavitation in the Nozzle Hole of Diesel Injectors Using Transparent Nozzles. SAE Paper 950290, 1995

[17] Soteriou C, Andrews R, Smith M. Direct Injection Diesel Sprays and the Effect of Cavitation and Hydraulic Flip on Atomization. SAE Paper 950080, 1995

[18] Tamaki N, Shimizu M, Hiroyasu H. Enhancement of the atomization of a liquid jet by cavitation in a nozzle hole. Atomization and Sprays, 2001, 11: 125-137

[19] Reitz R D, Diwakar R. The Effect of Drop Breakup on Fuel Sprays. SAE 860469, 1986

[20] Wu K J, Reitz R D, Bracco F V. Measurements of drop size at the spray edge near the nozzle in atomizing liquid jets. Physics of Fluids, 1986, 29: 941-951

[21] Lin S P, Lian Z W. Mechanisms of the Breakup of Liquid Jets. AIAA Journal, 1990, 28: 120-126

[22] Levich V G. Physicochemical Hydrodynamics. New York: Prentice-Hall, 1962

[23] Yang H Q. Asymmetric instability of a liquid jet. Physics of Fluids, 1992, A4: 681-689

[24] Yi S J, Xie M Z, Chen B X. The breakup and atomization of a viscous liquid jet. Acta Mechanica Sinica, 1996, 12: 124-133

[25] Reitz R D. Modeling atomization processes in high-pressure vaporizing sprays. Atomization and Sprays, 1987, 3: 309-337

[26] Reitz R D, Diwakar R. Structure of High Pressure Fuel Sprays. SAE Paper 870598, 1987

[27] Lee C H, Reitz R D. An experimental study of effect of gas density on the distortion and breakup mechanism of drop in high speed gas stream. International Journal of Multiphase Flow, 2000, 29: 229-244

[28] Bower S K, Chang S K, Corradini M L. Physical mechanisms for atomization of a jet spray: A comparison of models and experiments. SAE Paper 881318, 1988

[29] Su T F, Patterson M A, Reitz R D, et al. Experimental and numerical studies of high pressure multiple injection sprays. SAE Paper 960861, 1996

[30] O'Rourke D J, Amsden A A. The TAB method for numerical calculation of spray droplet breakup. SAE 872089, 1989

[31] Tanner F X. Liquid Jet Atomization and Droplet Breakup Modeling of Non —Evaporating Diesel Fuel Sprays. SAE Paper 970050, 1997

[32] Rotondi R, Bella G, Grimaldi C. Atomization of High-Pressure Diesel Spray: Experimental Validation of a New Breakup Model. SAE Paper 2001-01-1070, 2001

[33] Vallet A, Burluka A A, Borghi R. Development of a Eulerian model for the atomization of a liquid jet. Atomization and Sprays, 2001, 11: 619-642

[34] Ning W, Reitz R D, Lippert A M, et al. Development of a next-generation spray and atomization model using an Eulerian-Lagrangian methodology. 17th Int. Multidimensional Engine Modeling User's Group Meeting, Detroit, MI. 2007

[35] Blokkeel G, Barbeau B, Borghi R. A 3D Eulerian Model to Improve the Primary Breakupof Atomizing Jet. SAE Technical Paper, 2003-01-005, 2003

[36] Wang Y, Lee W G, Reitz R D, et al. Numerical Simulation of Diesel Sprays Using an Eulerian-Lagrangian Spray and Atomization(ELSA)Model Coupled with Nozzle Flow. SAE Paper

2011-01-0386,2011

[37] Lebas R,Ménard T,Beau P A,et al. Numerical simulation of primary break-up and atomization:DNS andmodelling study. International Journal of Multiphase Flow,2009,35:247-260

[38] Shinjo J,Umemura A. Simulation of liquid jet primary breakup:dynamics ofligament and droplet formation. International Journal of Multiphase Flow,2010,36:513-532

[39] Shinjo J,Umemura A. Detailed simulation of primary atomization mechanisms in diesel jet sprays (isolated identification of liquid jet tip effects). Proceedings of the Combustion Institute,2011,33:2089-2097

[40] Shinjo J,Xia j,Umemura A. Droplet/ligament modulation of local small-scale turbulence and calar mixing in a dense fuel spray. Proceedings of the Combustion Institute,2015,35:1595-1602

[41] Su T F,Patterson M A,Rolf D,et al. Farrell,Experimental and Numerical Studies of High Pressure Multiple Injection Sprays. SAE Technical Paper 960861,1996

[42] von Kuensberg Sarre C,Kong S,Reitz R. Modeling the Effects of Injector Nozzle Geometry on Diesel Sprays. SAE Paper 1999-01-0912,1999

[43] Yuan W,Schnerr G H. Numerical simulation of two-phase flow in injection nozzles:interaction of cavitation and external jet formation. ASME Journal of Fluids Engineering,2003,125:963-969

[44] Arcoumanis C,Gaivaises M,French B. Effect of Fuel Injection Processes on the Structure of Diesel Sprays. SAE Paper 970799,1997

[45] Huh K,Gosman A D. A Phenomenological Model of Diesel Spray Atomization. Proceedings of The International Conference on Multiphase Flows,Tsukuba,Japan,1991

[46] Bianchi G M,Pelloni P. Modeling the Diesel Fuel Spray Breakup by Using a Hybrid Model. SAE Paper 1999-01-226,1999

[47] Som S,Aggarwal S K. Effects of primary breakup modeling on spray and combustion characteristics of compression ignition engines. Combustion and Flame,2010,157:1179-1193

[48] Bai C,Gosman A D. Development of Methodology for Spray Impingement Simulation. SAE Paper 950283,1995

[49] Naber J D,Reitz R D. Modeling Engine Spray/Wall Impingement. SAE Paper 881316,1988

[50] Senda J,Fujimoto H. Multi-component Fuel Consideration for Spray Evaporation Field and Spray-Wall Interaction. SAE Paper 2001-01-1071,2001

[51] Ahmadi-Befrui B,Uchil N,Gosman A D,et al. Modeling and Simulation of Thin Liquid Films by Spray-Wall Interaction. SAE Paper,960627,1996

[52] Mondo C,Sommerfeld M,Tropea C. On the modeling of liquid spray impinging on surfaces. Atomization and Sprays,1998,8:625-652

[53] O' Rourke P,Amsden A. A spray/wall interaction submodel for the KIVA-3 wall film Mode. SAE Paper. 2000-01-0271,2000

[54] Zhang Y Z,Jia M,Liu H,et al. Development of a new spray/wall interaction model for

diesel spray under pcci-engine relevant conditions. Atomization and Sprays,2014,24:41-80

[55] Dahm R N,Oefelein J C. On the transition between two-phase and single-phase interface dynamics in multicomponent fluids at supercritical pressures. Physics of Fluids, 2013, 25:092103

[56] Dahms R N,Manin J,Pickett L M,et al. Understanding high-pressure gas-liquid interface phenomena in Diesel engines,Proceedings of the Combustion Institute,2013,34:1667-1675

[57] Dahm R N,Oefelein J C. Liquid jet breakup regimesat supercritical pressures. Combustion and Flame,2015,162:3648-3657

[58] Ely J F,Hanley H J M. Prediction of transport-properties. 1. Viscosity of fluids and mixtures. Industrial and Engineering Chemistry Fundamentals,1981,20:323-332

[59] Ely J F,Hanley H J M. Prediction of transport-properties. 2. Thermal-conductivity of pure fluids and mixtures. Industrial and Engineering Chemistry Fundamentals,1983,22:90-97

[60] Banuti D T. Crossing the widom-line-supercritical pseudo-boiling. Journal of Supercritical Fluids,2015,98:12-16

[61] 解茂昭. 内燃机跨临界/超临界燃料喷雾混合过程的机理与模型. 燃烧科学与技术,2014, 20:1-9

[62] Stanton D W,Rutland C J. Multi-Dimensional modeling of thin liquid films and spray-wall interac-tions resulting from impinging sprays. International Journal of Heat and Mass Transfer,1998,41:3037-3054

[63] Chehroudi B,Cohn R,Talley D. Cryogenic shear layers:experiments and phenomenological modeling of the initial growth rate under subcritical and supercritical conditions. International Journal of Heat and Fluid Flow,2002,23(5):554-563

第4章　内燃机燃烧与排放模型

4.1　概　　述

在前面两章中我们分别介绍了内燃机缸内湍流流动和燃油喷雾模型。这两个子模型既描述了缸内物理化学过程中两个重要的分过程,同时又构成了缸内化学反应即燃烧与排放模型的基础。离开了这两个子模型,要全面准确地描述发动机的燃烧过程是绝不可能的。另一方面,从工程应用实际出发,人们最关心和最需要的是直接与发动机燃烧过程本身联系的一些性能参数,如功率、油耗、排烟等指标。早在数值计算手段远不如今天这样发达的 20 世纪 50~60 年代,人们已经开始对发动机的燃烧进行"黑箱式"的宏观模拟,即不涉及燃烧过程的细节和真实机理,只求能对其宏观的整体效果做出有一定精度的模拟和预测。在这种意义上,产生了不依赖于流动模型和喷雾模型而独立存在的内燃机燃烧模型,即所谓零维模型或热力学模型,因为其参数在整个气缸内均匀而不随空间变化,而且是以热力学的质量平衡和能量平衡关系作为全部计算的基础。

零维模型把整个气缸处理为均匀场,这一假设未免过于粗糙,特别是均匀的温度场无法预测人们日益重视的排放指标。好在空间均匀性的假设是易于排除的。为此,我们并非一定要求助于含空间变量的偏微分方程,而只需人为地把燃烧室空间划分为若干个区域(例如按照燃料分布的等浓度线或火焰前锋位置来划分)。这样,在每个区域内,方程仍保持以时间为唯一自变量的常微分方程形式,而在不同区域之间,参数的分布是不相同的,从而可在一定程度上反映空间的不均匀性。因此,这类模型称为准维模型(quasidimentional model),或按其分区的数目称为双区或多区模型。另一方面,由于这种空间非均匀性的引入,使得人们不必再像零维模型那样,面对缸内复杂的过程束手无策,而只能将其作为"黑箱"对待。相反,我们现在有了一定的回旋余地,即可对缸内燃烧过程的关键环节,例如汽油机中的火焰传播和柴油机中的喷雾混合,进行现象上的模拟,从而使模拟的精度和预测能力较之零维模型有大幅度的改进。当然,这种模拟完全侧重于过程的表象,而不注重其详细的机理和本质。因此,准维模型也被称为现象模型(phenomenological model)。由于准维模型既避免了零维模型的简陋,又不像多维模型那样需要巨大的计算工作量以及对各个物理化学子过程的详细深入了解,因而受到工程界的特别欢迎。无论在国内还是国外,准维模型目前仍然是内燃机燃烧系统开发和生产部门广泛使用的一种燃烧模型。

如果把零维和准维模型分别认为是"黑箱"和"灰箱"模型,那么,"白箱"模型就是多维模型。只有依靠多维模型,我们才能了解和掌握缸内各参数随时间和空间的分布和变化规律,从而进一步洞察发动机燃烧过程的详细机理。零维模型和准维模型并不注重其模拟方法能否如实反映缸内过程真实的物理化学机理。其目的仅在于通过经验系数的调整而能在一定实用范围内对发动机的燃烧作出精度可满足工程需要的分析和预测。与此相反,作为指导发动机研究和发展的一个强有力的工具,多维模型力图摆脱经验性的因素,而立足于各有关学科最新理论成就,对缸内过程进行全面深入的模拟。它不但能重现缸内过程宏观的表面特性,而且能揭示并反映其微观机理。因而,它是一种纯理论模型。当然,在现阶段,多维模型还不能完全摆脱经验的成分。例如,湍流模型和化学反应模型中的经验常数仍是必不可少的。但这些经验常数却是零维和准维模型中那些随机型而变的常数所不能与之相提并论的。它们已经具有相当大的通用性,只是不能单纯依据理论来确定而已。

多维模型目前正处在迅速发展的阶段,它的一些子模型,特别是湍流燃烧模型,还未达到成熟。但随着计算机技术的飞跃发展和相关诸学科中新成果的不断涌现,多维模型的研究、开发和应用正以前所未有的规模和速度向前发展。特别是湍流燃烧模型的研究和应用,最近二十余年来取得了长足的进展,同时也不断充实和加深计算燃烧学学科的内容。本章在前两章流动模型和喷雾模型的基础上,着重介绍湍流燃烧的多维模型,同时为了兼顾知识的系统性以及工程实际的需要,也以相当的篇幅介绍零维模型和准维模型。

4.2　汽油机燃烧的零维和准维模型

4.2.1　零维单区模型

在单区模型中,完全忽略气缸内各参数的空间变化,即认为缸内充量的压力、温度和组分在缸内均匀分布,只随时间(即曲轴转角位置)变化,从而也就忽略了已燃气体与未燃气体之间的区别。在这种模型中,燃烧成了一种简单的加热过程。整个模型是基于热力学的质量平衡和能量平衡关系。

如图 4-1 所示,把燃烧室空间视为一开式热力系统。此系统的能量平衡可利用热力学第一定律表示为

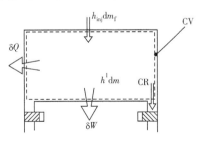

图 4-1　热力学零维开系统

$$\frac{\mathrm{d}(me)}{\mathrm{d}\theta}=-p\,\frac{\mathrm{d}V}{\mathrm{d}\theta}-\frac{\mathrm{d}Q_{\mathrm{w}}}{\mathrm{d}\theta}+\sum m_i h_i$$

$$e = e^0 + \int_{T_0}^{T} C_V \, \mathrm{d}T \tag{4-1}$$

式中,p、T、e 和 m 分别是缸内混合气的压力、温度、比内能和质量;V 是燃烧室容积;C_V 是比定压热容;T_0 是参考温度;e^0 是在温度 T_0 下的生成能;Q_w 表示由缸壁散热引起的热量损失;m_i 和 h_i 分别是流入缸内气体组分的质量流率及其比焓;θ 是曲轴转角。

在无泄漏的情况下,质量守恒方程为 $\mathrm{d}m/\mathrm{d}\theta = 0$,但实际上活塞环不能绝对密封,因而活塞与缸壁之间会发生漏气,于是质量方程应写为

$$\mathrm{d}m/\mathrm{d}\theta = - \, \mathrm{d}m_{\mathrm{CR}}/\mathrm{d}\theta \tag{4-2}$$

式中,m_{CR} 表示穿过环缝泄漏的气体质量,它可以根据环缝的容积 V_{CR} 和压力并利用状态方程来近似地计算

$$\frac{\mathrm{d}m_{\mathrm{CR}}}{\mathrm{d}\theta} = V_{\mathrm{CR}} \frac{\mathrm{d}p/\mathrm{d}\theta}{R T_{\mathrm{w}}} \tag{4-3}$$

式中已假定环缝内压力等于缸内压力(这当然是一个粗略的假设),T_{w} 为缸壁温度。注意,在压缩冲程,$\mathrm{d}m_{\mathrm{CR}}/\mathrm{d}\theta > 0$,而在膨胀冲程则反之。方程(4-1)可改写为

$$\frac{\mathrm{d}Q_{\mathrm{C}}}{\mathrm{d}\theta} = m C_V \frac{\mathrm{d}T}{\mathrm{d}\theta} + p \frac{\mathrm{d}V}{\mathrm{d}\theta} + \frac{\mathrm{d}Q_{\mathrm{w}}}{\mathrm{d}\theta} + (h - e) \frac{\mathrm{d}m_{\mathrm{CR}}}{\mathrm{d}\theta} \tag{4-4}$$

式中,Q_{C} 为燃烧所释放的热量。

除了质量和能量平衡方程外,还假定缸内气体满足理想气体的状态方程

$$pV = mRT \tag{4-5}$$

将方程(4-2)、(4-3)和(4-5)代入方程(4-4),我们便得到一个把放热率与缸内压力、容积等参数相联系的方程。要求解此方程,必须首先利用经验方法确定两个基本参数,一个是缸壁传热损失 Q_{w},关于传热率的计算我们将在 5.2 节中介绍;另一个则是混合气的质量燃烧率 m_{b},对于零维模型,燃烧率必须人为地预先给定,这也正是零维模型与准维模型的一个本质区别。在准维模型中,燃烧率不是人为给定,而是借助一定的假设,用一个经验性的子模型计算出来。零维模型中通常采用的燃烧率公式是韦别(Wiebe)函数

$$x_{\mathrm{b}}(\theta) = \frac{m_{\mathrm{b}}}{m} = 1 - \exp\left[-a \left(\frac{\theta - \theta_0}{\Delta \theta_{\mathrm{b}}} \right)^{n+1} \right] \tag{4-6}$$

式中,$x_{\mathrm{b}}(\theta)$ 表示在曲轴转角 θ 的时刻已燃烧气体的质量分数;θ_0 为燃烧开始时对应的曲轴转角;$\Delta\theta_{\mathrm{b}}$ 为燃烧持续期;a 和 n 是可调节的经验参数,一般取 $a = 5$,$n = 2$。

还经常采用余弦函数形式的燃烧率

$$x_{\mathrm{b}}(\theta) = \{1 - \cos[\pi(\theta - \theta_0)/\Delta\theta_{\mathrm{b}}]\}/2 \tag{4-7}$$

应当注意,方程(4-6)和(4-7)中的 θ_0、$\Delta\theta_{\mathrm{b}}$、$a$ 和 n 等参数经常需要根据发动机的转速、空燃比和燃烧室几何形状加以调整。

放热率可直接由质量燃烧率得出

$$dQ_C/d\theta = Cdm_b/d\theta \qquad (4-8)$$

式中,C 为燃料的燃烧热。

燃料氧化过程结束之后,缸内的已燃气体接近于热力学平衡状态。已燃气的热物性,通常是通过对已燃气体性质的热力学平衡值加以曲线拟合,或者用热力学平衡的近似模型,或者通过全面的热力学平衡计算来确定。

零维模型完全不能考虑燃烧室几何形状的影响,且忽略了火焰传播过程以及燃烧室内已燃气和未燃气同时存在的现象。要克服这一缺点,不难用分区的办法来解决。这样,我们就得到了双区或多区模型。

4.2.2　准维多区模型

我们在本章一开始即已指出,准维模型较之零维模型的基本区别有两点,一是燃烧室空间不再被视为一个均匀场,而是分区处理;二是质量燃烧率不必再预先给定,而是依靠简单的现象模型通过计算而得出。这两点有着密切的联系。因为只有空间分区之后,才有可能引入关于火焰传播之类的物理模型。因此,在文献中,准维模型和多区模型这两个术语经常是通用的。当然,也有少数例外情况。例如,我们可以把汽油机燃烧室分为已燃和未燃两个区,但燃烧率仍然采用预先给定的经验公式。这样的双区模型从物理本质上说仍然属于零维模型的范畴。

准维多区模型中最简单也最常用的是双区模型。在双区模型中,缸内混合气被划分为已燃和未燃两个区,两区之间由一个不连续的界面,即火焰锋面分隔开,如图 4-2 所示。两个区中温度和组分互不相同,但整个燃烧室内压力是均匀的。应当指出,未燃区中温度均匀的假设是合理的;但已燃区中,由于燃烧发生的先后不同且燃烧引起的温升速率极大,因而实际上存在着显著的温度梯度。解决这个问题的一个办法是进一步将已燃区再划分成若干子区,于是便成为多区模型。但这样将使计算工作量显著增加,而带来的计算精度上的收益并不明显。因而汽油机的多区模型在工程应用上比较少见。

双区模型一般只考虑火焰锋面的位置和几何形状,而忽略了火焰的详细结构。

已燃区和未燃区的控制方程为

质量方程

$$m = m_u + m_b \qquad (4-9)$$

$$\frac{dm}{d\theta} = \frac{dm_u}{d\theta} + \frac{dm_b}{d\theta} = -\frac{dm_{u,CR}}{d\theta} - \frac{dm_{b,CR}}{d\theta} \qquad (4-10)$$

状态方程

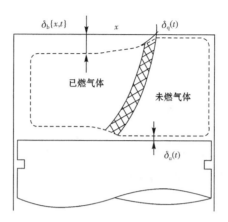

图 4-2　双区模型

$$V = V_u + V_b$$
$$pV_u = m_u R_u T_u \left.\right\}$$
$$pV_b = m_b R_b T_b$$

(4-11)

能量方程

$$\frac{d}{d\theta}(m_u e_u) = -p \frac{dV_u}{d\theta} - \frac{dQ_u}{d\theta} + h_u \frac{dm_{u,R}}{d\theta} - h_u \frac{dm_{u,CR}}{d\theta} \quad (4-12)$$

$$\frac{d}{d\theta}(m_b e_b) = -p \frac{dV_b}{d\theta} - \frac{dQ_b}{d\theta} + h_b \frac{dm_{b,R}}{d\theta} - h_b \frac{dm_{b,CR}}{d\theta} \quad (4-13)$$

$$e_u = e_u^0 + \int_{T0}^{T} C_{Vu} dT, \quad e_b = e_b^0 + \int_{T0}^{T} C_{Vb} dT$$

式中,下标 u 和 b 分别表示未燃气体和已燃气体。方程(4-12)和(4-13)右端第二项为壁面传热损失,第三项代表化学反应 R 引起的焓的变化,第四项表示由于环缝泄漏而引起质量流所携带的焓。注意

$$\frac{dm_{u,R}}{d\theta} = -\frac{dm_{b,R}}{d\theta} = -\frac{dm_C}{d\theta} \quad (4-14)$$

式中,$dm_C/d\theta$ 是混合气的质量燃烧率。利用方程(4-10)和(4-14),能量方程(4-12)和(4-13)可改写为

$$m_u C_{Vu} \frac{dT_u}{d\theta} = -p \frac{dV_u}{d\theta} - \frac{dQ_u}{d\theta} + (h_u - e_u) \frac{dm_{u,R}}{d\theta} + (e_u - h) \frac{dm_{u,CR}}{d\theta} \quad (4-15)$$

$$m_b C_{Vb} \frac{dT_b}{d\theta} = -p \frac{dV_b}{d\theta} - \frac{dQ_b}{d\theta} + (h_b - e_b) \frac{dm_{b,R}}{d\theta} + (e_b - h) \frac{dm_{b,CR}}{d\theta} \quad (4-16)$$

$$h_u = e_u + pV_u/m_u, \quad h_b = e_b + pV_b/m_b$$

式(4-15)和(4-16)中的比焓 h 应按漏气率的符号确定:当 $dm_{u,CR}/d\theta > 0$,则 $h =$

h_u；当 $dm_{b,CR}/d\theta > 0$，则 $h = h_b$，漏气质量流率 $dm_{CR}/d\theta$ 可按单区模型中的方程 (4-3) 计算。

把方程组(4-11)中后两个方程相加，便可确定缸内压力

$$p(V_u + V_b) = m_u R_u T_u + m_b R_b T_b \tag{4-17}$$

其中，气体常数 R 是压力、温度、剩余气体质量分数 f 和当量比 ϕ 的函数。

已燃气和未燃气的质量分数可写为

$$x_u = m_u/m, \quad x_b = m_b/m$$

将 x_b 的方程对曲轴转角取导数，我们得到

$$\frac{dm_b}{d\theta} = x_b \frac{dm}{d\theta} + m \frac{dx_b}{d\theta} = \frac{dm_C}{d\theta} - \frac{dm_{b,CR}}{d\theta} \tag{4-18}$$

或者

$$\frac{dm_C}{d\theta} = \frac{dm_{b,CR}}{d\theta} + x_b \frac{dm}{d\theta} + m \frac{dx_b}{d\theta} \tag{4-19}$$

方程组(4-3)、(4-9)、(4-10)和(4-14)~(4-17)构成了求解 m_u、m_b、V_b、T_u、T_b、m_C 和 p 等未知数的一阶常微分方程组。但此方程组尚未封闭。欲使其封闭，必须知道质量燃烧率 $dm_C/d\theta$ 和火焰锋面的几何形状。通常都假设火焰从火花塞开始以球形向四周传播，而燃烧率(或湍流火焰速度)可以如同零维模型那样采用人为规定的经验公式[方程(4-6)和(4-7)]，或者借助现象模型来计算。

应当指出，利用球形火焰假设算出的火焰表面积可能比实际面积小得多。这是因为从几何上看，该假设给出的火焰面的面积与体积之比为各种形状中的最小值，而且实际上由于燃烧室形状的限制，球形火焰假设能够成立的时间是很短暂的。此外，燃烧所产生的湍流流场与火焰锋会发生强烈的相互作用，使火焰受到空气动力上和几何上的拉伸，从而发生扭曲和皱折，使其表面积大大增加。

作为汽油机准维燃烧模型的核心问题，下面两小节分别介绍质量燃烧率的两种计算方法。第一种是基于对燃烧过程的物理和化学上的观察，建立计算燃烧率的现象模型；第二种是通过计算湍流火焰传播速度来获得燃烧率。

4.2.3　计算燃烧率的现象模型

由于火花点火式内燃机中燃烧的核心问题是湍流火焰在混合气中的传播，燃烧室内的湍流特性对此具有决定性影响。因此，这类模型力图根据描述缸内湍流状态的一些参数，如湍流强度、长度和时间的积分尺度和微尺度，再加上燃油氧化反应的化学动力学参数来确定燃烧率。其主要目标是预测作为燃烧室几何结构和运行参数之函数的质量燃烧率和着火延迟(滞燃期)。

在火花点火发动机中，一般用一道表面积为 A_f，中心在火花塞的球形火焰的

传播来模拟其燃烧过程（参见图 4-2）。如设火焰锋面在密度为 ρ_u 的未燃混合气中的湍流传播速度为 S_T，则质量燃烧率可简单地表示为

$$\mathrm{d}m_b/\mathrm{d}t = \rho_u A_f S_T$$

实验表明，S_T 正比于湍流度 u'。因而相当多的研究者假设 S_T 与层流火焰速度 S_L 成正比，而其比例系数则是 u' 的函数。这种方法很简便，但有一个主要缺点，就是不能计及湍流长度尺度对 S_T 的影响，这种影响实际上是相当重要的，特别是在着火与熄火阶段。我们将在 4.2.4 节讨论这类模型。

本节所要讨论的计算质量燃烧率的现象模型也同样要利用球形火焰面假设，但还要通过进一步的物理假设来体现长度尺度等湍流参数的影响。准维模型虽然不能对缸内流场和湍流参数的空间分布作出详细的预测，但它可以把燃烧室作为一个整体，借助某些经验的或简化的方法计算湍流参数的空间平均值及其随时间（曲轴转角）的变化规律。这意味着，准维模型也可以像多维模型一样，包含一个湍流子模型。

这类模型中具有代表性的是湍流卷吸模型，主要是由 Blizard、Keck[1] 和 Tabaczynski[2] 等提出并发展的。它对汽油机燃烧过程引入以下几条基本假设：

（1）火焰的传播首先是由于流场中大的湍流涡团把新鲜混合气卷入火焰锋面，卷吸速度正比于湍流度，然后在 Taylor 微尺度量级的小涡团内以层流的方式进行燃烧，因为在此尺度下扩散过程是分子过程。

（2）质量燃烧率正比于涡团对未燃气体的卷吸率。

（3）湍流的强度和特征尺度取决于发动机的转速和结构。即湍流度与转速成正比，积分尺度与气阀升程或点火时燃烧室高度成正比。

以上列假设为基础的汽油机内湍流预混合燃烧的物理图像示于图 4-3。有一定厚度的湍流火焰前锋可用一近似的球面（图中的虚线）来表示。由于湍流涡团的脉动作用，使得此球面并非光滑，而是充满了皱折，因而显得凸凹不平。火焰前锋以层流火焰速度 S_L 向外推进。新鲜混合气由于湍流的对流和卷吸作用以特征速度 u_T 穿越火焰前锋进入燃烧区。图 4-3 左面小图绘出了湍流火焰的细微结构。δ_L 是反应层的厚度，它为 Kolmogorov 微尺度 l_K 的量级（$0.1 \sim 0.4\mathrm{mm}$），l_T 是 Taylor 微尺度，亦即火焰皱折的特征尺度。整个火焰层的厚度 L_T 之量级通常为 $5 \sim 8\mathrm{mm}$。基于这样一个物理模型，Keck 等给出了湍流涡团卷吸和燃烧模型的控制方程：

$$\mathrm{d}m_b/\mathrm{d}t = \rho_u A_f S_L + \mu/\tau_b \tag{4-20}$$

$$\frac{\mathrm{d}\mu}{\mathrm{d}t} = \rho_u A_f u_T \left[1 - \exp\left(-\frac{t}{\tau_b} \right) \right] - \frac{\mu}{\tau_b} \tag{4-21}$$

$$\mu = m_e - m_b = \rho_u(V_f - V_b) = \rho_u L_T(A_L - A_f) \tag{4-22}$$

$$\tau_b = l_T/S_L \tag{4-23}$$

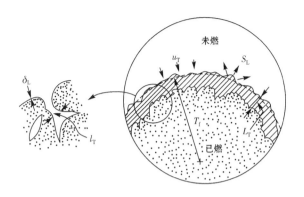

图 4-3　火花点火发动机湍流预混火焰结构示意图

　　方程(4-20)左端为质量燃烧率。它由两部分组成,第一部分是由右端第一项所代表的球形火焰锋以层流燃烧速度 S_L 整体地向外推进所产生的燃烧率;第二部分是由方程(4-21)所表示的由湍流涡团对新鲜混合气的卷吸所产生的燃烧率。这里 $\mu = m_e - m_b$ 表示已被卷入火焰锋但尚未燃烧的混合气质量,m_e 是被卷吸的总质量。这样,方程(4-21)左端 $\mathrm{d}\mu/\mathrm{d}t$ 表示火焰区中未燃混合气的质量变化率,右端第一项为穿越火焰前锋的未燃混合气的湍流对流质量流率,其中指数项 $\exp(-t/\tau_b)$ 的引入是考虑到当时间 $t < \tau_b$ 时,火焰仍处于层流状态,火焰锋面上皱折和破碎的单个未燃气团块("小岛")尚未出现时的情况,这样可使燃烧起始阶段的计算结果更符合实际情况。方程(4-21)与(4-20)右端第二项相同,但符号相反。它表示已经卷吸到火焰区内,但尚未燃烧的混合气的燃烧率,亦即处于皱折和"小岛"中的未燃气。而皱折和小岛是由于火焰锋面在湍流涡团的拉伸和扭曲作用下所产生的。

　　式(4-22)中的 V_f 和 V_b 分别表示火焰体积和已燃气体体积。它们均可用相应的理论层流火焰面积 A_L 和实际火焰面积 A_f 与火焰厚度 L_T 之乘积来表示。理论层流火焰面积定义为在相同燃烧率下,若以层流状态燃烧时应具有的火焰前锋之表面积

$$A_L = \frac{\mathrm{d}m_b/\mathrm{d}t}{\rho_u S_L} \tag{4-24}$$

而实际火焰面积是按照在燃烧侧视或俯视图上与火焰前锋最拟合的球半径所计算的火焰前锋面积。

　　式(4-23)给出了在涡团内以层流形式进行燃烧所持续的特征时间。

　　方程(4-20)和(4-21)有 4 种重要的极限情况:

　　(1) 混合气处于静止状态 $u_T \to 0$ 或 $l_T \to 0$,此时我们得到 $S_b \to S_L$,即整个火焰以层流方式传播。

（2）当燃烧起始时刻，由 $t \to 0$ 可推得 $S_b \to S_L$。说明燃烧刚开始时为层流状态。

（3）准稳定状态，即 $d\mu/dt \to 0$，此时，方程给出 $S_b \approx u_T + S_L$，即火焰速度等于层流火焰速度加上湍流涡团对新鲜混合气的卷吸速度。

（4）当火焰接触壁面后的最后燃烧阶段，此时火焰面积 $A_f \to 0$，方程给出

$$m_b/m_b(t_b) = \exp[-(t - t_w)/\tau_b]$$

模型方程（4-20）～（4-23）中所包含的 u_T 和 τ_b（或 $l_T = \tau_b S_L$）是两个关键的湍流参数，可以用两种途径来获得。一是应用在实验数据基础上拟合而得的经验关系式（代数方程），即构成本节介绍的代数湍流模型；二是应用更基础的模型，即求解湍流量的常微分方程，此即后面将介绍的单方程模型和双方程模型。

Keck[1] 给出了计算 u_T 和 l_T 的经验公式，这是基于前述第（3）条假设而导出的。

$$u_T = 0.08\overline{u_i}(\rho_u/\rho_i)^{1/2} \tag{4-25}$$

$$l_T = 0.8L_{iV}(\rho_i/\rho_u)^{3/4} \tag{4-26}$$

式中，ρ_i 为进气状态下混合气密度；ρ_u 为点火时刻未燃气密度；L_{iV} 为进气门升程；$\overline{u_i}$ 为进气口处混合气平均速度

$$\overline{u_i} = \tau_V(A_p/A_{in})C_m \tag{4-27}$$

式中，τ_V 为容积效率；A_p 为活塞面积；A_{in} 为气门最大开度时的进气口面积；C_m 为活塞平均速度。实际燃烧过程中 u_T 和 l_T 并非常数，但变化不大，可视为常数。

4.2.4 湍流火焰传播速度模型

这类模型本质上与前面介绍的涡团卷吸模型完全相同，不同之处仅在于求解问题的途径。湍流火焰传播模型仍然假定火焰以球形传播，其燃烧率的表达式与层流燃烧完全一样，只是用一个当量的湍流火焰速度 S_T 代替层流火焰速度，即

$$dm_b/dt = \rho_u A_f S_T \tag{4-28}$$

问题从而归结为如何寻求 S_T。较简单的方法是假定 S_T 与 S_L 之间存在着某种线性关系

$$\mathrm{FSR} = S_T/S_L = f$$

式中，FSR（flame speed ratio）意为火焰速度比。关于 FSR 的计算，人们已陆续提出一些经验公式，其核心思想都是把 FSR 与发动机基本工况参数（如转速）、缸内湍流特性相联系，例如广安等[3] 提出

$$f = 1 + \alpha \cdot \mathrm{rpm} \tag{4-29}$$

式中，rpm 为发动机每分钟转数；α 为一常数，量级为 0.002。Fagelson 等[4] 提出

$$f = ARe^B \tag{4-30}$$

式中，Re 为雷诺数；A、B 为常数。

Mathur 等[5] 建议

$$f = 1 + \beta u'/S_L \tag{4-31}$$

式中，u' 为燃烧室湍流度；常数 $\beta = 4.01$。

以上几个经验公式虽很简便，但都是针对特定机型和工况建立起来的，其局限性是显然的。比较先进的准维模型应当充分考虑到湍流火焰的特征（即使是表象上的特征），再加以适当的分析和模拟。下面介绍 Heywood 推荐的这样一个模型[6,7]。

该模型对汽油机中湍流火焰传播过程引入下列假设：

（1）混合气点火发生在以 Kolmogorov 微尺度 l_K 为特征尺度的湍流小涡区，即高耗散区。

（2）着火后火焰借助微涡管以（$S_L + u'$）的速度以球形向外传播，即湍流火焰速度等于层流火焰速度与湍流度之和。

（3）在 Taylor 微尺度 l_T 的空间范围内，涡团以层流状态进行燃烧（参见图 4-3）。因此尺度为 l_T 的小涡的燃烧时间为 $\tau_C = l_T/S_L$，而具有积分尺度 l_I 的大涡的燃烧持续时间为 $\tau_b = l_I/S_T$。

基于这些假设，火焰前锋对新鲜混合气的质量卷吸率及其燃烧率可分别表示为

$$dm_e/dt = \rho_u A_e (S_L + u') \tag{4-32}$$

$$dm_b/dt = (m_e + m_b)/\tau_C \tag{4-33}$$

式(4-33)是从小涡团卷吸燃烧的角度来计算燃烧率，它等价于从宏观的角度计算燃烧率的公式(4-28)。

为了求解以上方程，对燃烧室内点火前后的湍流参数作下列假定：

（1）点火时刻燃烧室内湍流场为均匀和各向同性的，此时尺度 l_I 和 l_T 之间有以下关系：

$$\frac{l_T}{l_I} = \left(\frac{15}{A}\right)^{-1/2} Re_t^{-1/2} = C_4 \left(\frac{u' l_I}{\nu}\right)^{-1/2} \tag{4-34}$$

（2）点火前的湍流强度正比于活塞平均速度 C_m

$$u' = C_2 C_m$$

并认为在正常的点火提前角变动范围内湍流度不变。

（3）点火前的积分尺度 l_I 正比于燃烧室瞬时高度

$$l_I = C_3 h$$

（4）滞燃期正比于燃烧单个大涡所需的时间

$$\Delta t_{ign} = C_1 \tau_b$$

（5）点火后未燃区的湍流度 u' 和积分尺度 l_I 与气体密度变化率之间的关系满足角动量守恒

$$l_I = l_{I_0} (\rho_{u_0}/\rho_u)^{1/3}, \quad u' = u'_0 (\rho_u/\rho_{u_0})^{1/3} \tag{4-35}$$

式中带下标"0"的量为点火时刻之参数值。u'_0 可按下式计算

$$u'_0 = CC_m D^2 / l_{iv} d_{iv}$$

式中，C 为常数；D、l_{iv}、d_{iv} 分别为气缸直径、进气门最大升程及其直径。

以上各式中系数 C、C_1、C_2、C_3 和 C_4 均由实验数据和相应理论计算结果拟合得出。

既然湍流火焰速度 $S_T = l_I / \tau_b$，所以欲求 S_T，必须先确定大涡团的燃烧时间 τ_b。为此，我们首先来求小涡团的燃烧时间 τ_C。计算未燃气卷吸率的方程(4-32)可改写为

$$dm_e / dt = \rho_u \cdot 4\pi r^2 (S_L + u') \tag{4-36}$$

式中，r 为火焰半径，此半径之外无着火点。将燃烧率公式(4-33)对时间取导数，可得

$$\tau_C \frac{d^2 m_b}{dt^2} + \frac{dm_b}{dt} - \frac{dm_e}{dt} = 0 \tag{4-37}$$

引入下列无量纲参数：

$$\tau^* = t/\tau_e, \quad \varepsilon = \tau_C/\tau_e, \quad x = m_b \bigg/ \left[\frac{3}{4}\pi\rho_u\left(\frac{l_I}{2}\right)^3\right]$$

$$\alpha = r \bigg/ \frac{l_I}{2}, \quad \beta = \rho_u/\rho_b$$

式中，特征时间 $\tau_e = l_I / u'$ 为大涡团的"半衰期"；x 为无量纲的瞬时燃烧质量。利用这些参数，方程(4-37)可化为无量纲形式

$$\varepsilon \frac{d^2 x}{d\tau^{*2}} + \frac{dx}{d\tau^*} - 6\left(1 - \frac{S_L}{u'}\right)\left(\beta x + \varepsilon \frac{dx}{d\tau^*}\right)^{2/3} = 0 \tag{4-38}$$

上式近似于二阶常微分方程，应与方程(4-36)联立求解，可用 Runge-Kutta 之类的方法求其数值解。当 $x = 1$ 时，所对应的时间即为卷吸一个大涡团的质量 $\frac{3}{4}\pi\rho_u(l_I/2)^3$ 所需的时间 τ_{me}。此后，涡团内剩余的混合气不经卷吸而燃烧，其所需时间服从对数规律，于是整个大涡团烧尽的时间 τ_b 可表示为

$$\tau_b = \tau_{me} + \tau_C \ln\left[e^{-2}\left(1 - \frac{m_b}{m_e}\right)\right] \tag{4-39}$$

Tabaczynski 在相当宽广的参数范围内($u' = 1 \sim 12 \text{m/s}, l_I = 0.5 \sim 4\text{cm}, \varphi = 0.6 \sim 1.2$)用数值方法求解 τ_b 值，经拟合后得到无量纲关系式

$$\tau_b^* = 1.8\varepsilon^{2/3} \tag{4-40}$$

转换为有量纲形式

$$\tau_b = \tau_e \times 1.8\left(\frac{\tau_C}{\tau_e}\right)^{2/3} = 1.8\left(\frac{l_I}{u'}\right)^{1/3}\left(\frac{l_T}{S_L}\right)^{2/3} \tag{4-41}$$

由于 $S_T = l_I \tau_b$，将式(4-34)、式(4-35)和式(4-41)代入，即可得到湍流火焰速度的计算公式

$$\mathrm{FSR} = C_s \left(\frac{u'}{S_L}\right)^{\frac{1}{3}} \left(\frac{\rho_u}{\rho_0}\right)^{\frac{1}{9}} \left(\frac{u'_0 l_I}{\nu}\right)^{\frac{1}{3}} \tag{4-42}$$

式中，系数 C_s 由实验确定。由上式可知，S_T 与湍流度 $u'^{3/2}$、层流火焰速度 $S_L^{2/3}$ 以及湍流积分尺度 $l_I^{1/3}$ 等参数成正比。

最后，关于层流火焰速度 S_L，以上均视为已知量。事实上，S_L 主要取决于化学动力学因素，但目前仍缺乏严格的理论计算方法，一般采用基于实验数据的经验公式，例如 Van Tiggelen 提出的公式

$$S_L = KC' \left[X_F^a X_{O_2}^b \exp(-E/RT_m)\right]^{1/2} \tag{4-43}$$

式中，$C' = (8RT_m/\pi\widetilde{M})^{1/2}$ 为链反应载体的平均分子速度；$\widetilde{M}$ 为相对分子质量；$T_m = T_u + 0.74(T_b - T_u)$ 为反应区的平均温度，T_b 和 T_u 分别为已燃区和未燃区温度；X_F 和 X_{O_2} 分别为未燃气中燃料和氧的摩尔分数；a 和 b 为燃料和氧的反应阶数，对烃燃料，$a + b = 1$

$$K = \frac{2T_u}{\sqrt{3\pi} T_m} \left(\frac{p}{p_r}\right)^a$$

式中，p_r 为参考压力，$p_r = 98.1\mathrm{kPa}$。

式(4-43)中共含有 4 个常数：E、$\widetilde{M}$、a 和 b，需根据实验数据拟合确定。对异辛烷燃料，可取 $E = 161.6\mathrm{kJ/mol}$，$\widetilde{M} = 68$，$a = -0.22$，$b = -0.71$。

4.3 柴油机燃烧的零维和准维模型

4.3.1 零维模型

柴油机燃烧的零维模型的起源和基础是柴油机放热率分析。后者是 20 世纪 50～60 年代柴油机数学模拟的主要工作。它的基本思想是由实际发动机测得的示功图 $p = f(\varphi)$，通过热力学第一定律，计算出更直接地反映燃烧过程特征的燃烧规律。其实质是通过数学手段把实验延伸。放热率的研究不仅为诊断和评价柴油机的燃烧过程和工作循环的合理性提供了手段和方法，更重要的是形象地展现了燃烧过程的物理图像，为进一步分析和研究燃烧过程的物理-化学机理，建立预测模型打下了基础。

建立零维模型的目的是对柴油机燃烧过程的一些宏观性能参数做预测分析，如示功图随发动机运行工况及燃烧初始参数变化的规律等。因此，零维模型对柴油机中非定常、非均匀的压力场、温度场、速度场和化学组分浓度场耦合在一起的

实际燃烧过程做了如下假设:

(1) 柴油机气缸内的各物理量在空间是均匀的。

(2) 缸内工质符合理想气体状态方程。燃料的燃烧为完全燃烧,即燃烧产物全部变成 H_2O、CO_2、N_2、O_2。

(3) 缸内工质在各瞬时均达到热力学平衡态,工质的状态由质量和能量守恒方程、理想气体状态方程控制。

建立在以上假设条件下,用一个含有若干修正系数 C_i 的经验或半经验的常微分方程或代数方程描述柴油机缸内燃料燃烧速率,并附以热力学基本方程、理想气体状态方程和初始及边界条件来模拟柴油机燃烧过程的模型,即为柴油机的零维燃烧模型。

作为零维模型之基础的热力学基本方程是质量和能量守恒方程。如果忽略由于活塞环的泄漏而流入环缝的气体,缸内质量守恒方程可写为

$$dm/dt = \dot{m}_{in} - \dot{m}_{ex} + \dot{m}_f \tag{4-44}$$

式中,m 是缸内气体总质量;右端三项依次为通过气阀流入和流出的质量流率,以及燃料喷射引起的质量增加率。

能量守恒定律即热力学第一定律,对缸内混合气可写为

$$\frac{d}{dt}(me) = -p\frac{dV}{dt} + \dot{q}_w + \sum h_j \dot{m}_j \tag{4-45}$$

式中,e 是混合气之比内能;$\dot{q}_w$ 是气体对缸壁的瞬时传热率;最后一项表示由流入、流出气体及喷入燃料所携带的焓的通量之总和;V 为气缸容积。关于传热率的计算将在第 5 章中介绍。于是,剩下的一个关键问题就是建立计算燃烧率的方程。为使模型具有通用性,一般都将燃烧率方程整理成无量纲形式

$$dx/d\theta = f(C_i, \theta) \tag{4-46}$$

$$C_i/C_{io} = \Phi_i(\lambda_l, \boldsymbol{A}) \tag{4-47}$$

式中

$$\theta = (\varphi - \varphi_{in} - \varphi_{id})/\Delta\varphi \tag{4-48}$$

$$\Delta\varphi = \varphi_{en} - \varphi_{in} - \varphi_{id} \tag{4-49}$$

φ 是发动机曲轴转角,即时间变量;下标 in、en、id 分别表示射油、燃烧终点和滞燃期。

$$x = g_f/G_f \tag{4-50}$$

式中,g_f 为到 0 时刻为止,已燃烧的燃油质量;G_f 为每循环喷入气缸的总油量。

方程(4-47)是燃烧率方程(4-46)中各系数 C_i 与发动机工况参数和结构参数的关系式方程。λ_l 是各变量的通用无量纲形式,如 $\lambda_1 = p_a/p_{a0}$,$\lambda_2 = T_a/T_{a0}$ 等。此处 p_a、T_a 为进气压力和温度,下标 0 表示标准工况。$\boldsymbol{A}$ 是 C_i 与 λ_l 关系式中系数

矩阵。

显然,无量纲的燃烧率函数应满足下列要求:

(1)　　$f(C_i,\theta)=0$,　　　$\theta \leqslant 0$ 或 $\theta \geqslant 1$

(2)　　$f(C_i,\theta) \geqslant 0$,　　　$0 < \theta < 1$

(3)　　$\int_0^1 f(C_i,\theta)\mathrm{d}\theta = 1$

由以上分析,建立零维模型主要有两项工作。一是找到合适的燃烧速率的函数形式 $f(C_i,\theta)$;二是找到式(4-47)中各元素 Φ_i 的函数形式并确定系数阵 A。当然,滞燃期 φ_{id} 的计算也是非常重要的,计算燃烧过程时需要知道燃烧始点,这是模型的初值条件之一。

零维模型经过近半个世纪的发展,目前已相当成熟并已广泛应用于工程实际。迄今公开报道的零维模型是多种多样的,但基本上不外乎两大类。一类为含有一定物理意义的半经验模型,另一类为偏重数学技巧的经验模型。这里我们选择前一类中的混合气体准备率模型和后一类中的韦别函数模型以及 V_{2g} 模型来讨论,这几个模型在建模思想上有一定代表性,在工程上应用也比较多。

1. 混合气准备率模型

Whitehouse 等[8] 通过对大量实验数据的研究,认为柴油机的燃烧过程主要由燃料的蒸发扩散及其与空气的混合所控制。从单个油滴的蒸发和燃烧的研究入手,他推出了如下模型。

对一个密度一定的油滴,其表面积 A' 与直径的平方成正比,质量 m 与直径的三次方成正比。所以单个油滴的表面积与其质量的 2/3 次幂成正比。假设在任何时候,缸内未蒸发的燃料全都以油滴的形式存在,而且直径相同。则全部燃料的总表面积为

$$A \propto nm^{2/3} \tag{4-51}$$

式中,n 为油滴数目。尚未蒸发的燃料总质量 G_u 与单个油滴质量 g 的关系为

$$g = G_u/n \tag{4-52}$$

假设喷入缸内油滴初始直径为 d_0,则到所计算时刻喷入燃油总质量 $G_i \propto nd_0^3$ $\propto n$,于是缸内油滴的总表面积

$$A \propto n(G_u/n)^{2/3} \propto n^{1/3}G_u^{2/3} \propto G_i^{1/3}G_u^{2/3} \tag{4-53}$$

Spalding 在对单个油滴燃烧速率的研究中,建议取燃烧速率正比于油滴的直径而不是表面积。但 Whitehouse 认为仍可用式(4-53)的形式计算燃烧率,只是要调节一下未准备好的燃料质量 G_u 的指数。由此给出控制柴油机扩散燃烧速率的燃料蒸发速率公式

$$B = k \cdot G_i^y \cdot G_u^{(1-y)} \cdot p_{O_2}^l \tag{4-54}$$

式中,B 为燃油蒸发速率;p_{O_2} 为缸内氧气分压力;y、k 和 l 为待定常数。

液态油滴的燃烧要经过两个阶段。第一阶段为蒸发气化,称为物理准备;第二阶段是气体燃料的化学反应放热。所以蒸发速率也称为准备率。对准备好的燃料,Whitehouse 引用含有 Arrehenius 表达式的化学反应速率公式计算反应率

$$R = \frac{k' p_{O_2}}{N \sqrt{T}} \cdot \exp(-T_a/T) \cdot \int_0^\varphi (B-R)\mathrm{d}\varphi \tag{4-55}$$

式中,T_a 表示燃料的活化温度,为待定参量;$\int_0^\varphi (B-R)\mathrm{d}\varphi$ 为未燃的气体燃料质量,kg;N 为发动机转数,r/min;R 为燃料的化学反应速率,kg/ 单位曲轴转角。

用准备率 B 和反应率 R 来计算柴油机的燃烧过程,物理意义是显明的。在初始燃烧阶段,主要是在滞燃期内准备好的气态燃料的预混合燃烧,这时 $\int_0^\varphi (B-R)\mathrm{d}\varphi$ 大于零,由化学反应速率 R 控制。预混合燃烧结束后,即 $\int_0^\varphi (B-R)\mathrm{d}\varphi$ 小于零时,则是燃料一边蒸发准备,一边燃烧的扩散燃烧阶段。这主要由蒸发准备速率 B 控制。因此,将自变量 φ 经过简单的变换,Whitehouse 的模型可以归结为如下无量纲式:

$$\frac{\mathrm{d}x}{\mathrm{d}\theta} = f(C_i, \theta) = \begin{cases} \dfrac{C_1 p_{O_2}}{G_f N \sqrt{T}} \exp(-C_2/T) I, & \text{当 } I > 0 \\ C_3 G_i^{C_4} G_u^{(1-C_4)} p_{O_2}^{C_5}/G_f, & \text{当 } I < 0 \end{cases} \tag{4-56}$$

$$I = \int_{-\varphi_{in}-\varphi_{id}}^{\theta} (B-R)\mathrm{d}\theta$$

方程(4-56)中包含 5 个待定常数 $C_i(i = 1, 2, \cdots, 5)$。除 C_1 和 C_3 为比例常数外,其他常数都具有一定的物理意义。C_2 相当于燃料的活化温度,体现了其化学性质;C_4 为燃料蒸发指数,与其黏度、蒸发特征等物理性质有关;C_5 在一定意义上体现了燃空当量比的影响。此外,这些常数还是发动机的结构和运行参数的函数,因此必须针对特定的机型并以实验数据为基础来确定。

图 4-4 是利用 Whitehouse 的准备率模型计算的放热率。由图可见,用准备率和反应率可以很好地描述放热率的基本图形。

2. 韦别代用燃烧规律

韦别根据链式化学反应理论,认为参与化学反应的原始物质的分子数与能引起有效反应的活化中心数目成正比,推导出如下形式的半经验公式:

$$x = 1 - \mathrm{e}^{-cy^{m+1}} \tag{4-57}$$

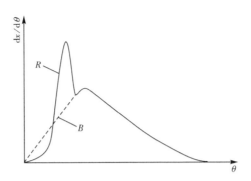

图 4-4　用准备率和反应率计算放热率

$$\frac{\mathrm{d}x}{\mathrm{d}y} = c(m+1)y^m \mathrm{e}^{-cy^{m+1}} \tag{4-58}$$

式中，y 是无因次时间函数，$y = \dfrac{\varphi - \varphi_{vB}}{\varphi_{vE} - \varphi_{vB}} = \dfrac{\varphi - \varphi_{vB}}{\varphi_z}$，$\varphi$、$\varphi_{vB}$、$\varphi_{vE}$ 分别为瞬时曲轴转角、燃烧始点角和燃烧终点角，φ_z 是燃烧持续角；m 是燃烧品质指数；c 是常系数。

根据燃烧过程的特点，式(4-57)、式(4-58)应满足下列条件：

燃烧开始时，$\varphi = \varphi_{vB}$，$y = 0$，$x = 0$；

燃烧结束时，$\varphi = \varphi_{vE}$，$y = 1$，$x = 1$。

在式(4-57)中，当 $y = 1$ 时，只有 $c \to +\infty$ 时，才能使 $x = 1$，假定燃烧结束时，已烧掉的燃料占循环供油量的 99.9%，即 $x = 0.999$，此时 x 与 1 的偏差小于 0.1%，由此可得到 $c = 6.908$。这样，式(4-57)、式(4-58)可以写成

$$x = 1 - \mathrm{e}^{-6.908y^{m+1}} \tag{4-59}$$

$$\frac{\mathrm{d}x}{\mathrm{d}\varphi} = 6.908 \frac{m+1}{\varphi_z} \left(\frac{\varphi - \varphi_{vB}}{\varphi_z}\right)^m \cdot \mathrm{e}^{-6.908\left(\frac{\varphi - \varphi_{vB}}{\varphi_z}\right)^{m+1}} \tag{4-60}$$

由以上两式可以看出，只要适当选取三个参数 m、φ_{vB}、φ_{vE}，由韦别公式表达的放热率就唯一被确定下来。m、φ_{vB}、φ_{vE} 三个参数可根据某一工况发动机的实验数据或参考同类型发动机的数据选取。

燃烧品质指数 m 是表征放热率分布的一个函数，它决定了放热率曲线的形状，如图4-5所示。m 愈大，放热率图形的重心愈向后移，燃烧愈柔和，压力升高比愈平缓；反之，则燃烧愈粗暴，压力升高比也愈大，初期放热量愈多。因此 m 值应根据不同的机型及发动机转速来选取，对于中、低速柴油机，在标定工况下，m 一般为 $0.5 \sim 1.0$。

燃烧始点角 φ_{vB}，各种机型不一样，可根据不同类型发动机选取，一般在标定工况下，φ_{vB} 在上止点前 $1° \sim 10°$。在标定工况下，燃烧持续角 φ_z 可在 $80° \sim 100°$ 曲轴转角选取，若燃烧组织得不好，φ_z 应选大些。

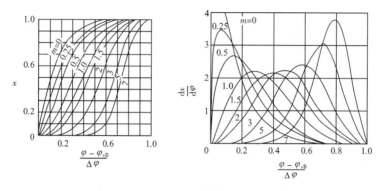

图 4-5 燃烧品质指数 m 对放热率的影响

由于韦别函数曲线只有一个峰值,所以用于中、低速柴油机上常获得令人满意的结果,而在拟合具有双峰的放热率曲线时,会产生较大的误差,对后者可以采用所谓双韦别函数或者下面将要介绍的 V_{2g} 模型。

3. V_{2g} 模型

V_{2g} 模型是偏重用数学技巧模拟柴油机放热率的模型。柴油机的放热率,特别是小型高速机,一般有两个凸峰。通常的模型对这两个凸峰,特别是第二个凸峰非常突出的情况,均不能给出很好的模拟。1978 年,王荣生等[10] 用一个韦别函数和两个 Gauss 函数的叠加建立了一个含有 8 个待定参数的模型,称为 V_{2g} 模型。

V_{2g} 模型的基本思想是用含有两个可变参数 C_1 和 C_2 的韦别函数描述放热率的主体部分。

$$V(\theta) = C_2 \cdot (C_1 + 1)\theta^{C_1} \cdot \exp(-C_2\theta^{(C_1+1)})/\Delta\varphi \qquad (4\text{-}61)$$

在此基础上,分别由两个 Gauss 函数 $g_1(\theta)$ 和 $g_2(\theta)$ 描述放热率的第一和第二个凸峰。

$$g_1(\theta) = \frac{1}{C_4\sqrt{2\pi}}\exp\left[-\frac{(\theta - C_2)^2}{2C_4^2}\right] \qquad (4\text{-}62)$$

$$g_2(\theta) = \frac{1}{C_8\sqrt{2\pi}}\exp\left[-\frac{(\theta - C_7)^2}{2C_8^2}\right] \qquad (4\text{-}63)$$

在每一曲轴转角 φ,放热率均由三部分组成,如图 4-6 所示。设 V_{2g} 模型是这三个函数的线性叠加,其权值分别为 $\varepsilon_i(i = 1, 2, 3)$,且 $\sum_{i=1}^{3}\varepsilon_i = 1$。如设 $\varepsilon_2 = C_5$,$\varepsilon_3 = C_6$,则 $\varepsilon_1 = 1 - C_5 - C_6$,由此可得出 V_{2g} 模型的燃烧率方程

$$\frac{\mathrm{d}x}{\mathrm{d}\theta} = V_{2g}(\theta, C_i) = f(C_i, \theta)$$

$$= (1 - C_5 - C_6) \cdot \frac{C_2}{\Delta\varphi}(C_1 + 1) \cdot \theta^{C_1} \cdot \exp(-C_2\theta^{C_1+1}) +$$

$$C_5 \frac{1}{C_4 \sqrt{2\pi}}\exp\left[-\frac{(\theta - C_3)^2}{2C_4^2}\right] + C_6 \frac{1}{C_8 \sqrt{2\pi}}\exp\left[-\frac{(\theta - C_7)^2}{2C_8^2}\right] \quad (4\text{-}64)$$

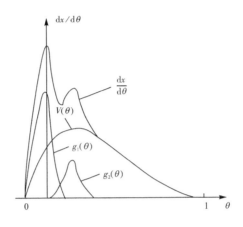

图 4-6　V_{2g} 模型原理图

V_{2g} 模型建立的基本出发点是直接通过数学手段，寻求一个数学方程拟合实际发动机的放热率。它不同于 Whitehouse 模型，Whitehouse 从一定物理概念出发建立模型。但有趣的是，V_{2g} 模型中的 8 个待定参数也具有自己的物理意义。其中韦别函数中 C_1 和 C_2 两个参数即上一小节中的 m 和 C。C_3 和 C_7 分别为两个 Gauss 函数的数学期望，在这里则分别表示了放热率第一凸峰和第二凸峰的峰值所对应的曲轴转角到燃烧始点的距离，即第一及第二凸峰出现的时间。C_4 和 C_8 是 Gauss 函数的均方差，它们分别控制两个凸峰的值和宽度，表示了预混合燃烧和扩散燃烧的放热强度。C_5 和 C_6 是比例因子。因此，在某种意义上说，虽然半经验模型和经验模型基于不同的出发点(前者从物理概念出发，后者从数学技巧出发)，但只要模型建立得合适，可有异曲同工之效。

4.3.2　准维模型

准维模型主要是为研究和预测柴油机的排放特性及寻求对其控制的措施而发展起来的。我们知道，柴油机的燃烧主要受控于燃料与空气混合，即喷雾区内的物理化学过程。喷雾中燃料与空气的混合决定了缸内的温度和化学成分场，从而在不同的区域产生了各种燃烧产物。准维燃烧模型即基于这一特点，将整个燃烧过程抽象为喷雾、燃烧(包括燃烧准备)、传热和化学反应等子过程，分别建立子模型，再由燃烧室内总质量、能量守恒及容积等约束条件确定各子模型的关系，来描述整个燃烧过程，计算排放产物的形成。

如同多维模型一样,现在的准维模型大体也可分为两大类:一是忽略燃料雾化和蒸发过程的气态射流模型[11];二是用燃料油滴的蒸发速率控制燃烧的油滴模型[12]。两类模型虽然出发点或侧重点不同,但其基本处理方法和假设有下列共同之处。

(1)采用最新的测试方法,如高速纹影摄影和激光全息摄影等深入、细致地研究柴油机喷雾的基本规律和现象。

(2)在实验的基础上,建立描述喷雾过程的基本方程式,如喷雾贯穿度、锥角、燃料浓度和油滴分布及有涡流情况下喷雾截面变化等。这些方程大都是在无燃烧的定容容器中的实验基础上建立的。在使用这些公式时,假定燃烧不影响以上方程,各喷雾之间独立,没有相互作用。

(3)对基于以上方程描述的喷雾分区,把每个子区当做有化学反应的开口热力学系统,建立各子区的能量及化学反应方程。

(4)由于压力传播速度很快,故认为燃烧室内压力是均匀的。

(5)建立各子区的传热和排放模型。

下面,我们分别就柴油机准维燃烧模型的几个子模型的基本特点和模拟方法进行讨论。

1. 喷雾模型

燃油喷雾模型是整个准维模型的基础。前面已指出,喷雾模型可分为油气模型和油滴模型两大类。前者认为燃料的雾化与蒸发速率远远大于燃料与空气的混合速率,加之当接近压缩终点时,燃烧室内的状态已超过了燃油的临界状态,因此,燃料一旦射入燃烧室后立即成为气态,故可用一股气相射流来模拟实为两相混合物的喷雾。这类模型以林慰梓(W. T. Lyn)[11]为代表。油滴模型则以广安博之[12]为代表,它忽略液体射流的雾化分裂过程,假定燃料直接以油滴形式射入燃烧室,并认为油滴的蒸发速率对燃烧过程起控制作用。油气模型和油滴模型在对喷雾的几何和力学描述以及计算方法上各有其特点,但从模拟燃烧过程的基本思想上来看,又有不少类似之处。下面从4个方面进行分析和讨论。

1)喷雾的几何形态

关于燃油喷雾场的结构及其几何和力学特征,我们已在第3章中做了比较详细的介绍。这里仅结合准维模型的特点,介绍一下对喷雾场简化的半经验描述和模拟方法。

实验观测表明,柴油机的喷雾轮廓可视为由一个圆锥体和一旋转抛物体组成(参见图3-2),其几何形态可由喷雾贯穿度和锥角描述。准维模型中通常采用的研究方法是,在一定假设的基础上根据流体力学中的一些基本理论,如动量守恒、湍流自由射流等,推导出根据喷射工况和燃料及气体特征参数估算贯穿度 x_t 和锥角

θ 的半经验公式:

$$x_t = x_t(\Delta p^{a_1}, d_0^{a_2}, \rho_1^{a_3}, \rho_g^{a_4}, t^{a_5}, \cdots) \tag{4-65}$$

$$\theta = \theta(\Delta p^{b_1}, d_0^{b_2}, \rho_1^{b_3}, \rho_g^{b_4}, \cdots) \tag{4-66}$$

式中,Δp 为喷嘴内外压力差 $\Delta p = p_{\text{inj}} - p_a$;$d_0$ 为喷孔直径;ρ_1、ρ_g 分别为燃油与空气之密度;t 为时间。各经验常数 a_i、b_i 主要根据实验数据拟合回归得出。

林慰梓对图 4-7 所示的气相射流模型给出了下列喷雾几何参数的计算公式:

$$x_t = \frac{450 d_0^{0.5} (\rho_1/\rho_d)^{0.4}}{1 + (\rho_g/\rho_{\text{atm}})^{0.85}} (\rho_g/\rho_{\text{atm}})^{0.5} \Delta p^{0.25} t^{0.6} \tag{4-67}$$

$$x_l = 0.5 F (t - \Delta t)^{0.6} \tag{4-68}$$

$$\tan(\theta/2) = \mathrm{d}b/\mathrm{d}x = 0.12(1 + \rho_a/\rho_j) \tag{4-69}$$

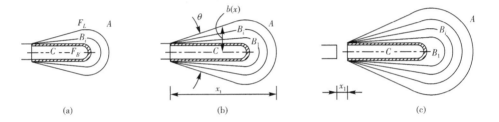

图 4-7 Cummins 准维多区模型

式中,d_0 为喷孔直径;ρ 为密度;b 为喷雾外边界;x_l 为喷油结束后之尾部贯穿度。下标 l、d、g、atm、j 分别表示燃料、参考柴油、空气、大气及喷雾。

在广安提出的油滴模型中,把圆锥形喷雾在 y 方向分为 L 个网格,沿 x 方向则按计算步长 Δt 内的贯穿增长划分网格。各子区的运动轨迹由贯穿度和锥角方程决定(图 4-8)

$$x_{C_1} = \begin{cases} 0.39 \sqrt{2\Delta p/\rho_1} \cdot (t - i\Delta t), & 0 \leqslant t - i\Delta t < t_b \\ 2.95 (\Delta p/\rho_a)^{0.25} d_0^{0.5} (t - i\Delta t), & t - i\Delta t > t_b \end{cases} \tag{4-70}$$

t_b 为喷雾中油核的分裂长度

$$t_b = 28 \cdot 56 \rho_1 d_0 (\rho_g \Delta p)^{0.5} \tag{4-71}$$

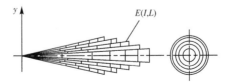

图 4-8 广安的喷雾模型

在 y 方向由于速度分布而引起外区域贯穿速度小于轴线的速度,故对 y 方向各子区的贯穿有

$$x_{ij} = x_{i1} \exp[-0.008857(j-1)^2] \tag{4-72}$$

喷雾的锥角为

$$\theta = 0.05(\rho_g \Delta p d_0^2 / \mu_a^2)^{\frac{1}{4}} \tag{4-73}$$

2) 喷雾中燃料浓度分布

喷雾中燃料与空气的分布控制着燃烧过程,也是模型计算的核心部分。可以用两种方式描述这一分布。在气相模型中,采用随时空连续变化的函数来描述燃油质量浓度分布

$$C = g_f / G = f_1(x, y, t) \tag{4-74}$$

式中,g_f 和 G 分别为 t 时刻在空间点 (x, y) 处的燃油质量和总质量。

林慰梓的模型中喷雾中燃料的浓度分布为

$$C_m(x, 0, t) = \begin{cases} 1/[\alpha(t)x + 1], & x_1 < x < x_t \\ 0, & x < x_1, x > x_t \end{cases} \tag{4-75}$$

$$\frac{C(x, y, t)}{C_m(x, 0, t)} = 1 - (y/b)^{1.5} \tag{4-76}$$

式(4-75) 中的 $\alpha(t)$ 是描述浓度瞬态特性的时间因子,可根据喷雾体中燃料质量守恒条件确定。由气相假设,喷雾中混合气的密度可借助状态方程求出

$$\rho = \frac{p_g}{[(1-C)R_g - CR_f]T_g} \tag{4-77}$$

式中,R_g 和 R_f 分别是空气和油气的气体常数。

油滴模型则研究喷雾中具有某一直径 D 的油滴所占的体积 V 的分布:

$$dV/V = f_2(D/D_{32}) \tag{4-78}$$

式中,D_{32} 是 Sauter 平均直径;dV 是油滴直径 D 到 dD 之间的体积增量。广安[12] 等对 Rosin-Rammler 分布、拔山-棚泽分布、对数分布和上限对数分布等均做了检验。在模拟柴油机的条件下,给出了无量纲表达式

$$dV/V = 13.5 \left(\frac{D}{D_{32}}\right)^3 \exp\left[-3\left(\frac{D}{D_{32}}\right)\right] d\left(\frac{D}{D_{32}}\right) \tag{4-79}$$

D_{32} 是表征喷雾雾化质量的一个特征量。知道 D_{32} 后,可由式(4-79) 求出喷雾中某一直径 D 的油滴所占的体积,用以计算燃料的蒸发。

3) 喷雾子区划分

多维模型的计算是将全空间场划分节点,建立各节点的守恒方程,而准维模型的计算是根据对实际喷雾和燃烧现象的观察和分析,抓住主要因素 —— 喷雾的作用,按燃料的浓度分布或喷雾的几何轮廓,划出若干子区,建立各子区的守恒方程进行计算。这是准维模型在算法上的一大特点。这样划分子区,可将本来要用一组

偏微分方程求解的问题简化成一常微分方程组,而且网格也大量减少。使整个计算工作量大大降低。目前准维模型有两种典型的分区方法:

(1) 保持各子区的燃料质量不变,按喷雾的等浓度线确定各子区的边界。整个燃烧室有一个空气区,若干个燃烧区和一个过浓混合物的核心区。图 4-7 所示林慰梓的模型是这种分区的典型代表。

(2) 按照喷雾的几何外形,假设一个燃料浓度在喷雾径向的分布曲线,并人为地在径向划分若干网格,在轴向则随着喷射的进行按计算步长划分子区,这样整个喷雾被划分成一定数量的单元,各单元内的燃料浓度根据假定的径向分布函数以及在相应时间步长内射入的油量来确定。然后通过求解常微分方程来跟踪各单元的蒸发、混合和燃烧。此方法的基本思想与多维模型中的 DDM 法有类似之处。图 4-8 所示的广安的模型是这种分区的代表。再如 Hiraki 和 Rife[13] 对直喷式分层充量(DISC)发动机所建立的一个准维多区模型中,将喷雾体沿其轴向划分为若干个圆锥台形状的子区,每个子区都可从周围环境中卷吸空气,进行混合和燃烧,因而各子区都可能含有已燃气和未燃混合气两部分。图 4-9 和图 4-10 分别示出了该模型的喷雾分区和着火燃烧后的组分变化。

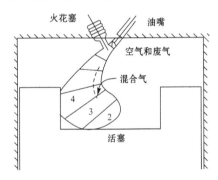

图 4-9　Hiraki 的喷雾模型

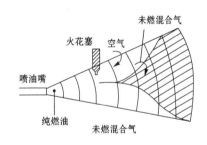

图 4-10　Hiraki 的燃烧模型

4) 旋流和碰壁对喷雾的影响

柴油机燃烧室内经常存在较强的旋流,即绕气缸轴线的大尺度旋转运动。在旋流的作用下,喷雾不能再保持为轴对称的圆锥体加抛物体的形式。喷雾由于旋流的影响而发生的偏转和变形可以在必要的简化假设下利用流体力学中的基本方程加以计算。

Sinnamon 等[14] 把喷雾视为在与缸轴相垂直平面内的定常气体射流而导出下列形式的连续方程和动量方程(图 4-11):

$$\frac{\mathrm{d}}{\mathrm{d}S}\left(\int_0^{r_0} \frac{m_\mathrm{f}}{m}\rho v 2\pi r \mathrm{d}r\right) = 0 \qquad (4\text{-}80)$$

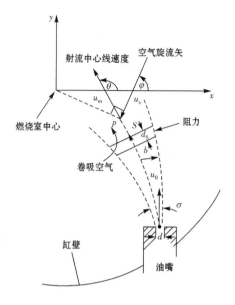

图 4-11　Sinnamon 的模型

$$\frac{\mathrm{d}}{\mathrm{d}S}\Big(\int_0^{r_0} \rho v 2\pi r \mathrm{d}r\Big) = (\rho_\mathrm{m}\rho_\infty)^{1/2} 2\pi r_0$$

$$\big[\alpha \mid v - V_t \mid + \lambda \mid V_n \mid\big] = \frac{\mathrm{d}\dot{m}}{\mathrm{d}S} \tag{4-81}$$

$$\frac{\mathrm{d}}{\mathrm{d}S}\Big(\cos\theta \int_0^{r_0} \rho v^2 2\pi r \mathrm{d}r\Big) = V_S\cos\phi\, \frac{\mathrm{d}\dot{m}}{\mathrm{d}S} - F_\mathrm{d}\sin\phi \tag{4-82}$$

$$\frac{\mathrm{d}}{\mathrm{d}S}\Big(\sin\theta \int_0^{r_0} \rho v^2 2\pi r \mathrm{d}r\Big) = V_S\sin\phi\, \frac{\mathrm{d}\dot{m}}{\mathrm{d}S} + F_\mathrm{d}\cos\phi \tag{4-83}$$

$$v - V_t = (v_\mathrm{max} - V_t)\Big[1 - \Big(\frac{r}{r_0}\Big)^{1.5}\Big]^2$$

以上各式中，S 表示以喷嘴为原点的沿喷雾轴线的曲线坐标；V、V_t 和 V_n 分别为空气旋流速度及其在平行和垂直于喷雾轴线方向上的分量；v 是喷雾中各点当地速度；v_max 是其轴线上的速度；ρ_m 为射流轴线上混合气之密度；ρ_∞ 是喷雾之外空气的密度；r 是喷雾径向坐标；r_0 是其外半径；ϕ 和 θ 分别是旋流速度和喷雾轴线与 x 轴之夹角；F_d 是喷雾所受空气阻力，$F_\mathrm{d} = C_\mathrm{d}\rho_\infty V_n^2$，$C_\mathrm{d}$ 为阻力系数；$\dot{m}$ 是空气卷吸率；α 和 λ 分别是轴向和法向的卷吸参数，是经验确定的常数。

　　在推导这些方程时，已假定喷雾偏转后，横截面仍保持圆形。方程(4-80) 和 (4-81)分别为燃油质量和燃料空气总质量的守恒方程，方程(4-82)和(4-83)分别

是 x 方向和 y 方向的动量方程,其右端第一项代表卷吸空气所引起的射流动量的变化,第二项是空气阻力所引起的动量损失。

进一步假定喷雾中燃料浓度分布为

$$C/C_{max} = 1 - (r/r_0)^{1.5} \tag{4-84}$$

混合气的密度则可表示为

$$\rho = \rho_\infty/[1 - (C/C_{max})(1 - \rho_\infty/\rho_f)] \tag{4-85}$$

求解常微分方程组(4-80)~(4-83),即可确定喷雾的速度和密度分布,进一步就可求出喷雾的轨迹、几何轮廓和浓度分布。图 4-12 为喷雾轨迹和贯穿度的典型计算结果,可见,与实验是相当吻合的。

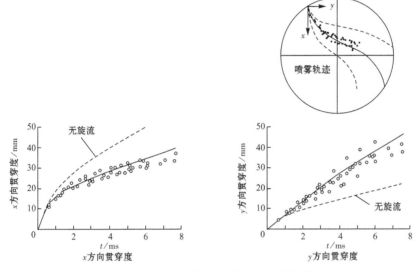

图 4-12　旋流对喷雾轨道和贯穿度的影响

喷雾碰到缸壁或燃烧室壁后就形成壁面射流,如图 4-13 所示。其进一步动态演变和有关参数也可利用质量和动量守恒来求出。通常需引入一些简化假设,例如忽略壁面摩擦,认为壁射流的最大速度在壁面上,而该速度与其到壁面原点的距离成反比;再给定射流内的一个速度分布型(通常取为抛物线形),这样就可计算壁面射流的贯穿度和最大速度等参数随时间的变化规律。图 4-14 是 Idoam 等[17]用准维模型计算得出的碰壁喷雾的轮廓线随时间的演化过程。

2. 燃烧模型

燃烧模型的核心是计算燃烧率,此外还包括滞燃期和燃烧所形成的化学平衡组分的计算。关于平衡组分计算,许多教材和专著中均有介绍,本书从略。滞燃期将在下一小节讨论,这里先介绍燃烧率的计算。

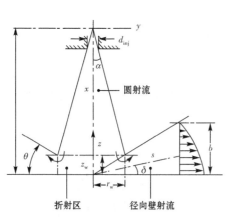

图 4-13　碰壁喷雾模型　　　　　图 4-14　碰壁喷雾发展过程

柴油机的燃烧过程主要由滞燃期内所形成的混合气着火而引起的预混合燃烧和后续的扩散燃烧这两个阶段组成。两个阶段燃烧率的计算相应地有所不同。预混合燃烧可按 Arrehenius 类型的化学动力学公式计算,而扩散燃烧则由当时当地的燃空当量比控制。如广安博之认为,油滴模型中每个小区的燃烧取决于燃油蒸发率或空气卷吸率,第 j 小区的燃烧率可表示为

$$\mathrm{d}m_{\mathrm{f},j}/\mathrm{d}t = \begin{cases} \mathrm{d}m_{\mathrm{fu},j}/\mathrm{d}t, & \varphi_j \leqslant 1 \\ \mathrm{d}m_{\mathrm{fc},j}/\mathrm{d}t, & \varphi_j > 1 \end{cases} \tag{4-86}$$

式中,$m_{\mathrm{fu},j}$ 为第 j 小区中已蒸发的燃料质量;$m_{\mathrm{fc},j}$ 是第 j 小区中与空气卷吸量按化学计量比相对应的燃油蒸气质量;φ_j 为该区的燃空当量比。

总的放热率则为

$$\frac{\mathrm{d}Q_{\mathrm{c}}}{\mathrm{d}t} = h_{\mathrm{u}} \sum_{j=1}^{N} \frac{\mathrm{d}m_{\mathrm{f},j}}{\mathrm{d}t} \tag{4-87}$$

式中,N 为小区之总数。

Watson 等[16] 的模型则取燃烧率为

$$\begin{cases} \mathrm{d}y_j/\mathrm{d}t = A\rho_{a,j}(1-y_j)(1-\varphi_j y_j), & \text{当 } \varphi_j \text{ 在可燃限内} \\ \mathrm{d}y_j/\mathrm{d}t = 0, & \text{当 } \varphi_j \text{ 超过可燃限} \end{cases} \tag{4-88}$$

式中,$y = m_{\mathrm{fb},j}/m_{\mathrm{f}}$,$m_{\mathrm{fb},j}$ 和 $m_{\mathrm{f},j}$ 分别为第 j 小区中已烧掉的燃料质量和总的燃料质量。

有一些模型借用汽油机中湍流涡团卷吸和燃烧的思想,在柴油机燃烧率计算中引入了湍流参数。Kono 等[17] 建立了一个油滴蒸发-卷吸模型,并将 Borgenakke 等的汽油机准维模型移植过来,以考虑进排气流、旋流和湍流的影响。他们所采用

的 $k\text{-}\varepsilon$ 双方程模型为

$$\rho \frac{\mathrm{d}k}{\mathrm{d}t} = \frac{2}{3}k\frac{\mathrm{d}\rho}{\mathrm{d}t} + \mu_t\left(\frac{\partial v_\theta}{\partial r} - \frac{v_\theta}{r}\right)^2 + \frac{\dot{m}_{\mathrm{in}}}{V}(k_{\mathrm{in}} - k) - \rho\varepsilon \tag{4-89}$$

$$\rho \frac{\mathrm{d}\varepsilon}{\mathrm{d}t} = \frac{4}{3}\varepsilon\frac{\mathrm{d}\rho}{\mathrm{d}t} + C_1 \frac{\varepsilon}{k}P_{\mathrm{sh}} + \frac{\dot{m}_{\mathrm{in}}}{V}(\varepsilon_{\mathrm{in}} - \varepsilon) - C_2\rho\frac{\varepsilon^2}{k} \tag{4-90}$$

上两式中,右端前三项分别为 k 和 ε 的产生项,它们依次为压缩、剪切和边界进出流量的贡献,最后一项为耗散项。如果缸内不存在旋流,或者旋流为刚体涡类型,则剪切项消失。

求出 k 和 ε 后,即可确定湍流长度尺度等参数,进而可计算燃烧率。Kono 等假定空气卷吸和燃烧过程是独立的,且燃烧率正比于在预混合燃烧阶段所卷吸空气的总量。

在预混合燃烧阶段卷吸率和燃烧率可表示为

$$\frac{\mathrm{d}m_e}{\mathrm{d}t} = \sum_j (\rho_{f,j}\rho_a)^{1/2} 2\pi R_j(x_{j+1} - x_j) C_x \mid v_j - v_{a,j} \mid \tag{4-91}$$

$$\frac{\mathrm{d}m_b}{\mathrm{d}t} = C_1 \frac{m_e}{\tau_c}, \qquad \tau_c = \frac{l_T}{S_L} \tag{4-92}$$

式中, x_j 和 R_j 为第 j 小区沿喷雾轴线的坐标和小区的半径; v_j 和 $v_{a,j}$ 分别为当地射流和空气的速度; C_x、C_1 均为常数; l_T 是 Taylor 微尺度; S_L 是层流火焰速度。

扩散燃烧阶段的空气卷吸率的燃烧率为

$$\frac{\mathrm{d}m_e}{\mathrm{d}t} = C_e \frac{m_e}{\tau_e}, \quad \tau_e = \left(\frac{l_I}{\varepsilon}\right)^{1/3}, \quad l_I = C_\mu^{3/4}\frac{k^{3/2}}{\varepsilon} \tag{4-93}$$

$$\frac{\mathrm{d}m_b}{\mathrm{d}t} = \frac{m_e}{\tau_c} \tag{4-94}$$

式中, l_I 是积分(载能涡)长度尺度; C_2 是常数; $C_\mu = 0.09$。

Hiraki 和 Rife[13] 的模型则是借用了 Keck[1] 提出的汽油机的燃烧率模型(参见图4-10),认为单个涡团的燃烧率正比于火焰中未燃混合气的质量

$$\frac{\mathrm{d}m_b}{\mathrm{d}t} = \frac{m_u}{\tau} = \frac{m_e - m_b}{\tau} \tag{4-95}$$

式中,空气卷吸率为

$$\mathrm{d}m_e/\mathrm{d}t = A\sqrt{\rho_u\rho_b}u_e \tag{4-96}$$

u_e 为卷吸速度,假设其与燃料喷射速度成正比, $u_e = 0.22u_f$; τ 为反应特征时间, $\tau = l_T/S_L$。Taylor 微尺度 l_T 按经验公式计算:

$$l_T = 0.17 \times (进气门升程 / 压缩比)$$

Plee 和 Ahnad 用准维模型研究了柴油机中预混合燃烧与扩散燃烧这两个阶段的相对重要性。他们在均匀各向同性湍流假设的基础上求解缸内湍能 k 的微分方

程,并求得了 Taylor 微尺度 l_T 和积分尺度 l_I。利用这些湍流参数和有关变量确定缸内过程的特征时间,即滞燃期 t_{ig},燃烧特征时间 t_c 和燃空混合特征时间 t_m。其中 t_{ig} 按经验公式计算(见后),而

$$t_c = \frac{\delta_L}{S_L} = \frac{K}{\rho_u C_p S_L^2}, \quad t_m = \frac{l_T^2}{6\nu}$$

$$\frac{l_T}{l_I} = \left(\frac{15}{Re}\right)^{1/2}, \quad Re = \frac{l_I u'}{\nu}$$

式中,δ_L 是层流火焰厚度,它取决于热扩散率 $K/\rho_u C_p$ 和层流火焰速度;K 和 C_p 分别是混合气热导率和比热容。

在柴油机的着火阶段,$t_{ig} \gg t_m$,而在扩散燃烧阶段,$t_c \ll t_m$。

3. 滞燃期的计算

滞燃期是柴油机工作过程的一个重要参数,尽管它只占工作循环的一小段时间,但却直接影响到发动机的动力指标、噪声大小及工作粗暴性。在工作循环计算时,为了确定燃烧始点,对供油进行优化,或变工况预测燃烧放热率曲线,都要确定滞燃期,因此滞燃期的计算有很大意义。目前已发表的滞燃期计算的公式很多,但由于研究者实验条件及对滞燃期的定义不同,计算结果差别很大。一般来说,滞燃期有三种不同的定义。

(1) 压升滞燃期:以缸内压力线偏离纯压缩线的起点作为燃烧始点。

(2) 温升滞燃期:以缸内温度曲线偏离纯压缩温度线的起点作为燃烧始点。

(3) 闪光滞燃期:以光电管能观察到缸内闪光作为燃烧始点。

上述三种滞燃期并不相等,以闪光滞燃期为最长。目前人们往往将喷油始点至由于燃烧而产生的第一个压力升高的可见点之间的时间间隔作为滞燃期。在滞燃期内的燃烧室中的过程是很复杂的。它是由一系列物理化学准备过程组成的,因此要准确地预算滞燃期内每个细节目前尚不可能。实验证明,在正常喷雾质量情况下,那些影响化学准备过程的因素,例如燃料的十六烷值、缸内压力、温度等,决定了滞燃期的长短,而那些影响物理准备过程的因素则作用甚微。各国研究者在大量实验的基础上,提出了许多确定滞燃期的公式,他们通常都以 Arrehenius 的化学反应速度公式的形式来描述滞燃期

$$\tau_i = A\exp\left(\frac{E}{R_m T}\right)p^{-n} \quad \text{(ms)} \tag{4-97}$$

式中,A 是比例常数;E、n 分别是综合反应的表观活化能和反应的级数;T、p 分别是滞燃期间平均温度和压力。

式(4-97) 没有体现出十六烷值的影响。对于不同的燃料,将有不同的 E 值,于是在经验公式中引入燃料十六烷值对滞燃期的影响

$$\tau_i = \left(\frac{40}{CN}\right)^m A \exp\left(\frac{E_0}{R_m T}\right) p^{-n} \quad (\text{ms}) \tag{4-98}$$

式中，CN 是燃料的十六烷值；E_0 是十六烷值等于 40 的表观活化能。其他燃料的滞燃期则用 $\left(\dfrac{40}{CN}\right)^m$ 项来修正。

下面介绍几种常见的滞燃期计算公式。

1）Wolfer 公式

Wolfer 以压升滞燃期定义，在两个定容弹中做试验测定出来的，也是目前应用较多的公式

$$\tau_i = 0.44 p^{-1.19} \exp\left(\frac{4650}{T}\right) \quad (\text{ms}) \tag{4-99}$$

式中，p 和 T 分别为滞燃期的平均压力（bar）和温度。

他认为，如果燃油温度在 37.8℃ 以上，滞燃期的长短几乎与燃油空气比、燃烧室形状、喷油器结构、喷油压力、空气涡流比及燃油温度无关，并认为该公式对十六烷值大于 50 的燃油都相当准确。实际上，由于他的实验所用燃烧器中空气扰动较弱，未充分考虑空气扰动的影响，因而对具有强烈空气扰动的预燃室、半开式及涡流室柴油机，用该公式计算值偏大，而对中、低速机比较适用。

2）Sitkei 公式

Sitkei 考虑了多相着火，将滞燃期分为三个阶段，即与喷射系统有关的物理滞燃期、冷焰滞燃期、蓝焰和爆炸火焰合并的滞燃期，其中化学滞燃期采用了化学反应动力学公式的形式，得出下述公式：

$$\tau_i = 0.5 + (0.1332 p^{-0.7} + 0.00463 p^{-1.8}) \exp\left(\frac{3930}{T}\right) \quad (\text{ms}) \tag{4-100}$$

式中，p、T 分别为滞燃期内的平均压力和温度。

该式以闪光滞燃期定义，为高速预燃式及深坑式发动机的实验结果。

3）Shipinski 公式

Shipinski 以闪光滞燃期为定义，在小型高速直喷式柴油机上进行试验，得出下列经验公式：

$$\tau_i = 0.0271 \left(\frac{40}{CN}\right)^{0.69} p^{-0.386} \exp\left(\frac{8360}{RT}\right) \quad (\text{ms}) \tag{4-101}$$

式中引入了十六烷值的修正项，其中 p 的单位是 psi（1psi $= 6.89476 \times 10^3$ Pa），温度单位为 °R $\left(1°\text{R} = \dfrac{5}{9} t, t\ \text{为开氏度}\right)$。

4）Hardenberg-Hase 公式[18]

Heywood 在其《内燃机基础》[6] 一书中推荐使用此公式，它在宽广的发动机类

型和工况下均能提供与实验吻合良好的结果。此公式给出的以曲轴转角度数表示的滞燃期为

$$\tau_i(CA) = (0.36 + 0.22\overline{S}_P)\exp\left[E_A\left(\frac{1}{RT} - \frac{1}{17190}\right)\left(\frac{21.2}{p-12.4}\right)^{0.63}\right]$$

(4-102)

式中，$\overline{S}_P$ 为活塞平均速度 (m/s)；R 是普适气体常数 $[8.3143J/(mol \cdot K)]$；$E_A(J/mol)$ 是表观活化能

$$E_A = 618840/(CN + 25)$$

如转换为毫秒，则可利用下式

$$\tau_i(ms) = \tau_i(CA)/0.06N$$

N 是发动机每分钟转数。

此外尚有为数众多的滞燃期的计算公式，可参看有关专著和手册(如文献[9]、[22])。由于着火过程本身受许多复杂因素的影响，各种类型柴油机的着火过程和运行条件存在着很大差别，加之研究者对滞燃期的定义和实验条件的差异，故计算结果常有较大出入，至今尚没有一个通用于各种机型的滞燃期公式，因此在使用时应注意选择合适的公式。

在零维燃烧模型中，通常选用上面介绍的经验公式计算 τ_i。在准维模型中，为了提高计算精度，考虑到在滞燃期内温度、压力和当量比均为变值，可采用积分法来确定 τ_i

$$\int_0^{\tau_i}\frac{\mathrm{d}t}{\tau} = 1, \quad \tau = ap^b\varphi^c\exp(T^*/T)$$

(4-103)

式中，φ 为当量比；T^* 为活化温度；a、b、c 为经验常数。积分从喷油时刻开始。注意，由于各小区中 p、T 和 φ 均不同，故其 τ_i 也不相同。

自 20 世纪 90 年代以来，由于多维模型的蓬勃兴起，柴油机准维燃烧模型不再是研究热点，但其作为相关研究和工程开发重要工具的地位并未改变，文献[20] ～[22]是其近年来有代表性的应用实例。

4.4　湍流燃烧模型

包括内燃机在内的各种燃烧设备中的燃烧过程几乎都是湍流燃烧，而湍流燃烧是一种极其复杂的带化学反应的流动现象。这种复杂性不仅在于人们至今对单纯的(无化学反应的)湍流流动问题尚未彻底解决，更重要的原因是湍流与燃烧的相互作用涉及许多因素，流动参数与化学动力学参数之间耦合的机理极其复杂。人们对这一机理的认识至今仍处在相当肤浅的阶段。

定性地看，燃烧化学反应可通过多种渠道影响湍流特性。首先，燃烧放出的热量使流场中各处流体发生不同程度的膨胀，从而引起密度变化，甚至产生显著的密

度梯度。此梯度的重要后果是使在多数场合下被忽略的浮力效应明显增强,从而使湍流脉动具有各向异性的特点,使湍流结构复杂化,增加了数值模拟的困难。密度变化的另一后果是使密度本身产生强烈脉动。因此,对反应湍流而言,一般不能像经典湍流理论中那样忽略密度脉动。计算实例证明,输运方程中密度与速度的相关项对湍能的生成有显著影响。另一方面,燃烧引起的温度升高,会使流体的输运系数随之变化,从而影响湍流的输运特性。总的看来,燃烧对湍流的影响,目前尚不十分清楚,一般只能做定性的讨论。迄今为止,有化学反应湍流的模型方程和封闭假设多数是从等密度无反应湍流理论中照搬过来的,而后者基本上是基于简单的量纲分析,因此照搬过来是缺乏理论根据的。因为燃烧又引入了新的无量纲量,如密度比,而且在其未封闭的精确方程中,还含有若干在等密度情况下不存在的量。为了定量分析燃烧对湍流的影响,还需从理论和实验两方面进行大量的研究。

湍流对燃烧的影响主要体现在它能强烈地影响化学反应速率(简称反应率)。众所周知,湍流燃烧率一般大大高于层流燃烧率。定性地看,湍流中大尺度涡团的运动使火焰锋面变形而产生皱褶,其表面积大大增加;同时,小尺度涡团的随机运动大大增强了组分间的质量、动量和能量传递。这两方面作用都使湍流燃烧能以比层流燃烧快得多的速率进行。在高雷诺数情况下,甚至从"表面燃烧"变成"容积燃烧"。湍流化学反应率主要取决于反应物之间的混合率以及温度、组分浓度等参数的湍流脉动率。各种参数对反应率有不同程度的影响,取决于火焰的类型和特定的边界条件及初始条件。

由此可见,与经典的无反应、不可压流体的湍流流动问题相比,湍流燃烧问题的复杂性和困难度都大大增加,以致在目前知识水平上,还难以建立起完善的湍流燃烧理论。可行的途径只能是借助一定的简化假设和数学工具,并或多或少地依靠实验数据,建立各种湍流燃烧过程的数学模型。本节将对几种比较常用或较有发展潜力的湍流燃烧模型,并结合其在内燃机中的应用加以介绍。

4.4.1　湍流燃烧的平均反应率及相关矩封闭法

在讨论湍流燃烧的反应率之前,我们首先须引入"简单反应系统"和"快速反应"这两个概念。

众所周知,工程中的燃烧现象都是机理极其复杂的化学反应,其中包含大量的基元反应和中间产物。常用烃燃料的燃烧往往是多种烃混合物的燃烧,其详细的反应机理是极其复杂的,甚至目前仍是未知的。另一方面,化学动力学方程的求解通常是反应流数值计算中耗费机时最多的部分。有文献报道,求解化学方程所需机时比流动方程(对流 - 扩散)要高一个量级。要考虑复杂的、包括数千个基元反应的链反应过程,算出几十乃至几百种中间和最终产物随时间和空间的分布情况,这在现阶段虽已实现,但毕竟代价太高,难以为工程应用所接受。因此,人们目前通常采用这样的折中办法：在零维或一维模型中应用较复杂的反应机理，重点探索各基元反应和各种组分间的微观作用，而二、三维模型着重研究各参数场的宏观特性，对化学反应只注重其热效应，即按所谓"简单化学反应系统"来处理。这意味着用下列理想不可逆单步总反应代替复杂的反应机理。

$$1kg\ 燃料 + Skg\ 氧化剂 \rightarrow (1+S)kg\ 产物 \tag{4-104}$$

式中，S 是 1kg 燃料完全燃烧时理论上所需的氧化剂公斤数，显然它仅与燃料与氧化剂的种类有关，而与化学反应机理和流动状态无关。同时还假定各组分的交换系数 Γ 均相等，且等于总焓的交换系数 Γ_h，这意味着刘易斯数 $Le = 1$。

另外，为避免计算反应速率的困难，还经常采用快速反应假设，即认为反应速率足够大，以致远远超过组分间的混合速率。燃料和氧化剂一旦混合，它们之间的反应立即完成，所以二者不可能在同一时刻共存于空间任意一个点。这也意味着反应在每一瞬时都处于化学平衡状态。就内燃机而言，燃烧研究除排放之外多半着重于其热效应，如温度和热流分布、热效率等。对此，简单反应系统和快速反应一般都是合理的假设，这种简化在计算上带来很大效益。

用数值模拟方法分析和预测湍流燃烧现象的关键问题是正确模拟平均化学反应率，即燃料的湍流燃烧速率。在层流情况下，燃烧一般是受化学动力学控制的。对上述描述燃烧过程的总反应(4-104)，其反应率可用熟知的 Arrehenius 公式表示

$$R_{fu} = -A\rho^2 Y_{fu} Y_{ox} \exp(-E/RT) \tag{4-105}$$

在湍流燃烧情况下，由于上式是质量分数 Y_{fu}、Y_{ox} 和温度 T 的非线性函数，当我们按照传统的雷诺分解法，对 R_{fu} 进行分解和平均后，其表达式中包含多个脉动量的相关矩。故平均反应率并不等于用这些变量的平均值算出的反应率，即

$$\overline{R}_{fu} \neq -A\rho^2 \overline{Y}_{fu} \overline{Y}_{ox} \exp(-E/R\overline{T}) \tag{4-106}$$

有文献指出，上式两边有时相差 $1 \sim 3$ 个数量级。可见，计算平均反应速率时，必须考虑湍流脉动相关量。因此，如何计算 $\overline{R}_{fu}$，或者说湍流反应率的封闭问题，就成为湍流燃烧数值模拟的核心问题。由于湍流反应率是湍流混合、分子扩散和化学动力学三方面因素共同作用的结果，目前还不可能得出一个能把 $\overline{R}_{fu}$ 与局部参数相联系的通用公式。只能在一定假设的基础上，发展简化的数学模型。迄今所提出的湍流燃烧模型，按其所采用的模拟假设和数学方法，大致可分为四大类，即相关矩封闭法、基于湍流混合速率的方法、统计分析法（包括概率密度函数和条件矩等方法）和基于湍流火焰结构几何描述的方法。这里先对相关矩封闭法做一简要介绍。后面几节将分别讨论其他三种方法，重点是目前研究和应用较多的第二和第三种方法。

相关矩封闭法是用传统的雷诺分解法，即把湍流瞬时量分解为平均量和脉动量，再代入瞬时反应率方程中，并需将其中指数项按平均温度的泰勒级数展开。于是，湍流平均反应率可写为如下函数形式：

$$\overline{R}_{\text{fu}} = f\left(\overline{Y}_{\text{fu}}, \overline{Y}_{\text{ox}}, \overline{T}, \overline{T'^2}, \frac{\epsilon}{k}, \overline{Y_{\text{fu}}'^2}, \overline{Y_{\text{fu}}'Y_{\text{ox}}'}, \overline{Y_{\text{fu}}'T'}, \cdots\right) \tag{4-107}$$

式中的相关矩 $\overline{T'^2}$、$\overline{Y_{\text{fu}}'^2}$、$\overline{Y_{\text{fu}}'Y_{\text{ox}}'}$ 等都是新的未知数。因此，方程是不封闭的。欲使方程封闭，必须借助一定的物理假设，对这些相关矩加以模拟，即把它们表示为湍流平均量或其他可求解量的函数。这种直接从经典湍流理论中借用过来的模拟方法就是所谓矩方法。

如果用一个系数 F 代表各未知相关矩的影响，则不等式(4-106)可改写为等式

$$\overline{R}_{\text{fu}} = -A\rho^2 \overline{Y}_{\text{fu}} \overline{Y}_{\text{ox}} \exp(-E/R\overline{T})(1 + F) \tag{4-108}$$

其中，F 是各脉动相关矩的函数

$$F = f\left[\frac{\sqrt{\overline{T'^2}}}{\overline{T}}, \overline{Y_{\text{fu}}'^2}, \frac{\overline{Y_{\text{fu}}'Y_{\text{ox}}'}}{\overline{Y}_{\text{fu}}\overline{Y}_{\text{ox}}}, \overline{Y_{\text{ox}}'^2}, \frac{\overline{Y_{\text{fu}}'T'}}{\overline{Y}_{\text{fu}}\overline{T}}, \cdots\right] \tag{4-109}$$

文献[23]给出了此函数的精确形式及其计算方法。F 可取正值或负值，取决于具体燃料和火焰类型。例如，对甲烷的燃烧，F 可达到 5，而在 NO 形成的反应中，F 甚至可高达 40。可见湍流脉动对燃烧率影响之大。

在矩方法中，如果不借助于概率密度函数，则各相关矩一般需通过求解其输运方程来求出。出现在这些输运方程中的高阶相关矩要利用物理假设化为低阶矩的代数函数，才能使方程封闭。另一个途径是依照代数应力模型，直接用代数式模拟各二阶相关矩。矩方法是一种发展较早的方法，它对预混燃烧和扩散燃烧均适用，但它有两个缺点：第一，需要求解许多输运方程，工作量太大；第二，此方法是以 Arrehenius 反应率公式中指数项的级数展开为基础的，故存在由非线性引起的收敛性问题。当温度有强烈脉动，或活化温度 E/R 大于平均温度时级数发散，此方法失效[24]。

迄今为止，矩方法主要在超声速燃烧和大气边界层反应流中有所应用。在这两种场合下，温度可粗略地视为常数，使问题大大简化，其在内燃机中则鲜有应用。文献[25]针对柴油引燃天然气发动机的燃烧提出了一个代数封闭的二阶矩燃烧模型，效果尚可。

4.4.2　基于湍流混合速率的方法

1. 涡团破碎模型(EBU)

如前所述，湍流反应率是受湍流混合、分子扩散和化学动力学三方面因素所控制的。在不少情况下，湍流起着主导作用。按照湍流理论，湍流运动是大量的尺度各不相同的涡团随机运动的总和。伴随着湍能从大涡团到小涡团的级联输送过程，涡团从最大尺度逐步减小到分子扩散起重要作用的微尺度。这一过程是由能

量的级联输运率或涡团的破碎率所控制的惯性过程。当湍流处于平衡状态时(不增强也不衰减),湍能的级联输运率与其黏性耗散率是相等的。因而尽管分子过程是化学反应进行的直接原因,但其进行的速率在大雷诺数下都与分子输运系数无关,而是取决于惯性过程的速率。为了突出湍流混合这一主要矛盾,简化数值分析,人们提出了一些基于湍流混合速率的燃烧模型。其中最著名的是 Spalding[27]的旋涡或涡团破碎模型(eddy break up,EBU)。此模型的基本思想是:对预混火焰,湍流燃烧区中的已燃气体和未燃气体都是以大小不等并作随机运动的涡团形式存在。化学反应在这两种涡团的交界面上发生。化学反应率取决于未燃气涡团在湍流作用下破碎成更小涡团的速率,而此破碎速率正比于湍流脉动动能 k 的耗散率 ε。这样就将湍流反应率与湍流基本参数 k 和 ε 联系起来。一般情况下,EBU的公式为

$$\overline{R}_{\mathrm{fu}} = \frac{C}{\tau_{\mathrm{t}}} \left(\frac{\overline{Y}_{\mathrm{fu}}}{\overline{Y}_{\mathrm{fu},0}} \right) \times \left(1 - \frac{\overline{Y}_{\mathrm{fu}}}{\overline{Y}_{\mathrm{fu},0}} \right) \tag{4-110}$$

式中,$\overline{Y}_{\mathrm{fu},0}$ 是燃料初始浓度;τ_{t} 是湍流混合特征时间。EBU 模型给出的计算二维边界层湍流燃烧率的公式为

$$\overline{R}_{\mathrm{fu}} = -C_{\mathrm{E}}\rho\overline{Y}_{\mathrm{fu}} \mid \frac{\partial \overline{u}}{\partial y} \mid \tag{4-111}$$

或 $$\overline{R}_{\mathrm{fu}} = -C_{\mathrm{R}}\rho(g^{1/2})\varepsilon/k$$

式中,C_{E} 和 C_{R} 是常数;g 是当地燃料质量分数脉动的均方值,$g = \overline{Y_{\mathrm{fu}}^2}$。

g 可以用与 $\overline{Y}_{\mathrm{fu}}$ 或其梯度相关联的代数式来表示,如

$$g = C(\overline{Y}_{\mathrm{fu}})^2 \tag{4-112}$$

或 $$g = l^2(\partial\overline{Y}_{\mathrm{fu}}/\partial y)^2 \tag{4-113}$$

式中,C 和 l 均为常数。

也可通过求解 g 的微分输运方程来求得

$$\rho\frac{\mathrm{D}g}{\mathrm{D}t} = \frac{\partial}{\partial y}\left(\Gamma_{\mathrm{g}}\frac{\partial g}{\partial y} \right)C_{\mathrm{g1}}\mu_{\mathrm{e}}\frac{\partial\overline{Y}_{\mathrm{fu}}}{\partial y} - C_{\mathrm{g2}}\rho g\varepsilon/k \tag{4-114}$$

式中,$\Gamma_{\mathrm{g}} = \mu_{\mathrm{e}}/\sigma_{\mathrm{g}}$、$\sigma_{\mathrm{g}}$、$C_{\mathrm{g1}}$ 和 C_{g2} 均为常数,其值通常取为 $C_{\mathrm{g1}} = 2.8$,$C_{\mathrm{g2}} = 1.79$,$\sigma_{\mathrm{g}} = 0.7$。

旋涡破碎模型突出了湍流混合对燃烧率的控制作用。它在物理上比较直观,计算也较简便,但它完全忽略了分子扩散和化学动力学因素的作用,故只能用于高雷诺数的湍流燃烧现象。

2. 涡团耗散概念模型(EDC)

EBU 模型只能用于预混燃烧。Magnussen 等[28]在此基础上提出一种可同时

用于预混和扩散燃烧的模型。其基本思想是燃烧率是由燃料和氧化剂在分子尺度水平上相互混合的速率所决定的,即由两种涡团的破碎率和耗散率所决定。对扩散燃烧,燃料和氧化剂分别形成两种涡团;对预混燃烧,两种涡团则是由已燃气体形成的"热"涡团和未燃混合气形成的"冷"涡团。燃烧总是在两种涡团的界面上进行。基于此模型的燃烧率可表示为半经验关系式

$$\overline{R}_{fu} = -\frac{B\rho\varepsilon}{k}\min\left\{\overline{Y}_{fu}, \frac{\overline{Y}_{ox}}{S}, \frac{C\overline{Y}_{pr}}{1+S}\right\} \tag{4-115}$$

式中,B、C 均为经验系数;$\overline{Y}_{fu}$、$\overline{Y}_{ox}$、$\overline{Y}_{pr}$ 分别为燃料、氧化剂和燃烧产物的平均质量分数;S 是氧化剂的化学计量系数;min 表示取括号内三项中最小者。上式的物理意义是燃烧反应只能发生在湍流的微结构上,即 Kolmogorov 尺度的涡团上。一旦起控制作用的组分(括号内三项中最小者)的化学时间尺度大于 Kolmogorov 时间尺度,燃烧反应即会淬熄。此公式适应范围较广,甚至可用于部分预混、部分扩散燃烧的复杂情况(如柴油机),只需对系数加以调整。此公式与 EBU 公式很相似,但有一重要区别,只含组分的平均浓度而不涉及其脉动浓度,故无需求解脉动浓度 g 的输运方程。但其中系数的选取仍是经验性的,并非通用的常数。

Borghi 等从湍流火焰的微观结构出发,对 EBU 模型进行了考察。他们借助"层流小火焰"(flamelet)理论(详见 4.4.5 节)进行统计模拟计算。这种理论认为,湍流火焰可以视为由随机分布的微小的层流火焰组合而成,因而湍流的平均燃烧率不仅取决于混合率,还应受到无量纲参数 $k^{1/2}/u_l$ 的强烈影响,这里 k 是湍能,u_l 是给定混合气的层流燃烧速度。这是因为在给定容积内,层流小火焰的面积不仅受湍流脉动的控制,同时也受到小火焰所固有的传播速率的控制,而后者是与 u_l 直接相联系的。Borghi 等把其统计模拟计算结果整理为 $\overline{R}_{fu} \cdot \tau_t$ 与无量纲参数 $\overline{Y}_{fu}/\overline{Y}_{fu,0}$ 以及 $k^{1/2}/u_l$ 之间的函数关系,通过曲线拟合,得到 EBU 模型方程(4-110)的修正形式:

$$\overline{R}_{fu} = -\frac{C}{\tau_t}\left(1 + \frac{4.4}{1+3.2k^{1/2}/u_l}\right)\overline{Y}_{fu}\left(1 - \frac{\overline{Y}_{fu}}{\overline{Y}_{fu,0}}\right) \tag{4-116}$$

上式也可视为是方程(4-110)的推广,当 $k^{1/2} \gg u_l$,即湍流脉动远远超过层流小火焰的传播时,上式就简化为 EBU 的原型式(4-110)。

Ahmadi-Befrui[29] 等利用 EBU 模型计算了一台汽油机的燃烧过程,其系数取值为 $B = 4.0$,$C = 0.5$。

Grasso 和 Bracco[30] 从同样的湍流混合率起控制作用的思想出发,对发动机的燃烧提出了一个类似的模型:

$$\begin{cases} \dfrac{\overline{Y}_{pr}}{1+S} > \overline{Y}_{fu} \text{ 和 } \overline{Y}_{ox}/S \quad \text{且 } \varphi < 1\text{：} \overline{R}_{fu} = -C\rho \overline{Y}_{fu} \dfrac{\varepsilon}{k} \\[3mm] \dfrac{\overline{Y}_{pr}}{1+S} > \overline{Y}_{fu} \text{ 和 } \overline{Y}_{ox}/S \quad \text{且 } \varphi > 1\text{：} \overline{R}_{fu} = -C\rho \dfrac{\overline{Y}_{ox}}{S} \dfrac{\varepsilon}{k} \\[3mm] \dfrac{\overline{Y}_{pr}}{1+S} < \overline{Y}_{fu} \text{ 和 } \overline{Y}_{ox}/S\text{：} \qquad\qquad \overline{R}_{fu} = -C\rho \dfrac{\overline{Y}_{pr}}{1+S} \dfrac{\varepsilon}{k} \end{cases} \tag{4-117}$$

式中，C 为常数。

EDC 模型自提出以后 30 年间，Magnusson 等不断对其进行了改进，在理论上对其加以完善，使此模型得到了广泛的应用[31,32]。目前，涡耗散概念已成为处理湍流与化学反应耦合问题的一个普遍的概念，而且不再局限于简单的反应机理，也可以纳入详细反应机理。如前所述，EDC 模型是基于湍流涡团输运与耗散过程的详细描述。改进后的 EDC 模型实质上是一种亚网格描述法，反映亚网格尺度上的分子混合。一个计算网格单元内的全部流场被划分为称为"精细结构"(fine structure)的反应区和称为"整体流体"(bulk fluid)的包围在"精细结构"周围的流体两部分。图 4-15 是 EDC 模型的网格单元结构示意图

所谓"精细结构"是指其尺度与湍流的最小尺度即 Kolmogorov 尺度相当，湍动能在这一尺度下耗散为热。EDC 假定所有气相组分的化学反应均发生在"精细结构"的微小反应区内，假定精细结构内的混合是在分子水平上快速进行。因此 EDC 模型这种化学与湍流混合的耦合方法对于预混、部分预混和非预混燃烧都是适用的。

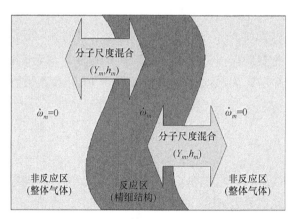

图 4-15　EDC 模型的网格单元结构示意图

当化学反应是采用快速反应假设时，精细结构区的状态取为化学平衡态或给定的状态；当采用详细反应机理时，此反应区在化学上则类似于稳态良好搅拌反应器，即在压力恒定条件下，以当前时刻的组分质量分数和温度为初始条件，按反应

机理给定的速率进行。对精细结构内的几何与动力特性无需详细的计算,其特征参数可根据湍流模型提供的长度尺度和时间尺度确定。

相比于精细结构,发生在整体流体中的化学反应则全部都被忽略。在整体流体区域主要发生湍流混合,向反应区进行各种组分的输运,同时将反应产物从精细结构区带离。这里要注意的是区分精细结构的反应率和整个网格单元的平均反应率,但二者又密切关联,后者作为源项出现在时间平均的组分和温度的输运方程中。精细结构与整体流体之间的耦合及相互作用直接影响总的燃烧率。这一过程可以理解为,每一计算单元内的精细结构都代表一道火焰,它将该单元内的全部流体都转化为燃烧平衡产物。因此,EDC 模型有效地抓住了燃烧过程中化学反应与湍流这两个方面的基本特征,而不必求解亚网格尺度的精细结构的具体几何特征。

在大约 30 年的发展历程中,EDC 模型及方法先后出现了多种版本。近期,Hong 等[33]针对内燃机的特点对 EDC 模型进行了改进,在其精细结构和整体气体区的控制方程中引入了非定常项,使其能应用于内燃机的瞬态燃烧过程。精细结构的组分和能量方程如下:

$$\frac{\mathrm{d}Y_m^*}{\mathrm{d}t} = -\frac{1}{\tau_r}(Y_m^* - \bar{Y}_m) + \frac{\dot{\omega}_m^* W_m}{\rho^*}, \tag{4-118}$$

$$\frac{\mathrm{d}T^*}{\mathrm{d}t} = \frac{1}{C_p^*}\left[\frac{1}{\tau_r}\sum_{m=1}^{M}\bar{Y}_m(\bar{h}_m - h_m^*) - \sum_{m=1}^{M}\frac{h_m^*\dot{\omega}_m^* W_m}{\rho^*}\right] \tag{4-119}$$

以上两式中,右端第一项代表精细结构与整体流体区之间的湍流混合作用,第二项代表有限反应速率的影响。上标 * 表示精细结构的参数值,而横杠表示网格单元平均值,$\dot{\omega}_m$ 和 W_m 分别是组分 m 的反应率和相对分子质量,$\dot{\omega}_m$ 的计算可以采用简单或详细的反应机理。τ_r 是组分在精细结构中的滞留时间:

$$\tau_r = \frac{1 - \chi\gamma^*}{\dot{m}^*} \tag{4-120}$$

其中,$\dot{m}^*$ 是精细结构与整体流体区之间的质量交换率;γ^* 是精细结构所占有所在单元的质量分数;χ 是精细结构中组分质量参与反应的比例,因缺乏可靠的数据,目前一般取为 1。$\dot{m}^*$ 和 γ^* 由下列公式计算:

$$\dot{m}^* = 2.43\left(\frac{\varepsilon}{\nu}\right)^{1/2} \tag{4-121}$$

$$\gamma^* = \left[2.13\left(\frac{\nu\varepsilon}{k^2}\right)^{1/4}\right]^3 \tag{4-122}$$

方程(4-118)和(4-119)的解确定了精细结构的参数状态,由于已假定化学反应只在精细结构内发生,于是可以得到网格单元内某组分的平均反应率为

$$\dot{\omega}_{m,\mathrm{EDC}} = \frac{\bar{\rho}\chi\gamma^*}{W_m\tau_r}(Y_m^* - \bar{Y}_m) \tag{4-123}$$

该式作为整个单元内组分平均值 $\bar{Y}_m$ 的输运方程的源项,使其得到封闭。

EDC 的具体求解过程如下。在每一时间步开始时,利用网格单元内的参数平均值作为平衡计算的初始组分和温度,而由平衡计算获得的燃烧产物的组分和温度则作为精细结构的初始条件。利用绝热平衡条件计算确定精细结构中组分和温度的初始值。这样,就完成了精细结构内的燃烧计算,并在亚网格的局部区域内形成高温区。

整体气体区的所有标量变量都根据单元平均的条件来确定。精细结构与整体气体之间的相互作用通过求解 EDC 模型的方程来实现集成。在每一时间步的结束时,对精细结构和整体气体的状态进行更新。

可见,改进的 EDC 模型较之原来的 EDC 模型的主要优点是,不仅考虑了高雷诺数和高达姆科勒数下,湍流燃烧受控于湍流混合的情况;而且也兼顾了化学反应速率起控制作用的情况,例如着火过程及污染物的形成。Hong 等为了实现着火过程与燃烧过程的转换与衔接,采用了一种简便的方法,即引入一个转换参数 α,其取值在 0 与 1 之间。对着火控制的反应,$\alpha=0$;对燃烧控制的反应,$\alpha=1$。α 的值由各网格单元内剩余的反应物的数量确定。

$$\bar{\dot{\omega}}_m = (1-\alpha) \cdot \bar{\dot{\omega}}_{m,\text{Ignition}} + \alpha \cdot \bar{\dot{\omega}}_{m,\text{EDC}} \tag{4-124}$$

商业软件 Fluent 中对网格单元的平均反应率采用了如下形式:

$$w_i = \frac{\rho_g (\xi^*)^2}{\tau^* [1-(\xi^*)^3]} (Y_i^* - Y_i) \tag{4-125}$$

式中,ξ^* 表示精细结构占网格比例的长度分数;τ^* 表示反应进行的时间尺度,上标的星号代表精细结构的参数。二者可采用经验关联式来计算,即

$$\xi^* = C_\xi \left(\frac{\nu\varepsilon}{k^2}\right)^{1/4} \tag{4-126}$$

$$\tau^* = C_\tau \left(\frac{\nu}{\varepsilon}\right)^{1/2} \tag{4-127}$$

式中,C_ξ 表示体积分数常数,值为 2.1377;C_τ 表示时间尺度常数,值为 0.4082。注意到式(4-125)与式(4-123)大同小异。

4.4.3　特征时间模型

EBU 模型原则上只适合于高雷诺数的湍流燃烧,而不适用于化学动力学因素起主导作用的情况,例如着火阶段以及燃烧过程中的低温区或过度的贫油区和富油区。对于这些场合,仍以采用 Arrehenius 公式为宜。如果同时兼顾这两种情况,就得出所谓混合模型,或称特征时间模型,即

$$\bar{R}_{\text{fu}} = \begin{cases} \bar{R}_A, & \text{按 Arrehenius 公式}(4\text{-}105), \text{当} \gamma \geqslant 1 \\ \bar{R}_E, & \text{按 EBU 公式}(4\text{-}115), \qquad \text{当} \gamma < 1 \end{cases} \tag{4-128}$$

γ 为化学动力学时间尺度 t_r 与湍流时间尺度 t_m 之比

$$\gamma = \frac{t_r}{t_m} = \frac{A\rho \, \exp(-E/RT)}{k/\varepsilon} \tag{4-129}$$

如对 R_A 和 R_E 取调和平均，则得到平均反应率

$$\overline{R}_{fu} = \frac{R_A R_E}{R_A + R_E} \tag{4-130}$$

上式无论对化学动力学控制还是混合控制的燃烧均适用。对 $R_A \gg R_E$ 或 $R_E \gg R_A$ 这两种极端情况，上式就简化为式(4-128)。

以 Magnussen 公式为代表的 EBU 类的模型(4-115)或混合模型(4-118)，由于其形式简单，适用面广，而在迄今为止的多维模拟计算中得到了广泛应用。

沿着此方向，人们陆续提出一些特征时间燃烧模型的新方案。Abraham 等[34,35]在研究一台以丙烷／空气预混合气为燃料的发动机中的火焰形成和传播时，把燃烧率或某一组分的质量变化率表示为

$$\rho = -(\rho_i - \rho_i^*)/\tau_C$$

式中，ρ_i 和 ρ_i^* 分别是组分 i 的分密度及其当时当地的热力学平衡值；τ_C 是达到平衡所需的特征反应时间，即弛豫时间。假定 τ_C 对全部组分均相同，且等于层流反应时间 τ_l 和湍流混合时间 τ_t 之和

$$\tau_C = \tau_l + \tau_t \tag{4-131}$$

τ_l 可按照 Arrehenius 类型的公式，并通过实验数据的拟合来确定其中常数

$$\tau_l = 1.54 \times 10^{-12} T \left(\frac{p}{p_0}\right)^{-0.75} \exp\left[(1 + 0.08 \mid \varphi - 1.15 \mid)\frac{E}{RT}\right] \tag{4-132}$$

式中，$p_0 = 1$ atm；φ 是当量比。

湍流混合时间是在 Magnussen 公式(4-115)基础上加以修改

$$\left.\begin{array}{ll} \tau_t = C_{m2} \dfrac{k}{\varepsilon} F, & \text{当 } H \geqslant 1 \\[2mm] \tau_t = C_{m3} \dfrac{k}{\varepsilon}(1+S)hF, & \text{当 } H < 1 \end{array}\right\} \tag{4-133}$$

$$H = \frac{C_{m3}}{C_{m2}} \frac{h}{1+S}, h = \frac{m_f - m_f^*}{m_p - m_{ps}}, S = \frac{m_o - m_o^*}{m_f - m_f^*} \tag{4-134}$$

$$F = 1 - \exp\left(-\frac{t - t_S}{\tau_d}\right) \tag{4-135}$$

式中，下标 f、o 和 p 分别表示燃料、氧气和燃烧产物；下标 s 表示点火时刻的值；＊表示平衡值。由于在火焰核形成的初期起控制作用的是分子扩散和化学动力学因素，只有当火焰核长大到一定尺寸后，湍流才开始起控制作用。因此对 τ_t 引入延迟因子 F，其意义是使湍流混合的初始时刻等于层流反应时间再加上一个延迟，以便

层流火焰能够传播相当于 $2 \sim 3$ 倍湍涡长度 l 的距离。此处，延迟时间 τ_d 定义为

$$\tau_d = C_{ml} l / S_l, \quad l = C_\mu^{3/4} / k^{3/2} / \varepsilon, \quad C_{ml} = 2.75$$

S_l 为层流火焰速度，按下面的经验公式计算：

$$S_l = S_{l0} (T/T_0)^{1.75} (p/p_0)^{-0.125} \tag{4-136}$$

S_{l0} 是在标准状态下 $(T_0 = 298K, p_0 = 1atm)$ 的层流火焰速度。

该模型近年得到较多的应用，但根据具体的发动机机型和工况，还需对其中一些细节进行修正和调整。如 Kong 和 Reitz[36] 在对均匀进气压燃式发动机燃烧过程进行的多维模拟计算中，将式 (4-131) 改为

$$\tau_C = \tau_l + \tau_i + F\tau_t \tag{4-137}$$

除了 τ_l 和 τ_t 外，增加了滞燃期 τ_i 的影响，τ_i 按化学动力学公式计算

$$\tau_i = [A\exp(-E/RT)]^{-1} \tag{4-138}$$

由于该机型的燃烧特点，其延迟因子 F 不采用式 (4-135) 计算，而是取为

$$F = \min\{1, \delta/l\} \tag{4-139}$$

l 是湍流积分尺度，而 δ 是扩散长度尺度

$$\delta = \int_0^t \sqrt{D/(\tau_l + \tau_t)} \, dt \tag{4-140}$$

式中，D 是气体的分子扩散速率。在着火前的低温下，τ_i 相当大，而 δ 趋于零，使此时 F 取值为 D，从而在式 (4-137) 中排除 τ_t 的作用；当燃烧开始以后，火焰核迅速增大，δ 随之增大，F 取值变为 1，使得湍流混合最后成为控制因素。

以上介绍的这几种特征时间模型应用于柴油机时需加以适当修正。主要是延迟因子 F 的计算有所不同。这是因为柴油机的燃烧过程比汽油机更为复杂，而且实验上观察不到汽油机那样的层流火焰核心的生长过程。但是确定 F 的基本思想仍然是认为燃烧始于层流环境下的化学动力学因素，经过一定的时间后，湍流才开始施加其影响。文献[37] 建议特征反应时间取为

$$\tau_C = \tau_l + F\tau_t \tag{4-141}$$

其中，$\tau_t = C_2 k/\varepsilon$，$C_2$ 是经验常数，如采用标准的 $k\text{-}\varepsilon$ 湍流模型，$C_2 = 0.142$；如采用 RNG $k\text{-}\varepsilon$ 模型，$C_2 = 0.1$。延迟因子按下列经验公式计算：

$$F = (1 - e^{-r})/0.632 \tag{4-142}$$

其中，r 是燃烧产物质量分数之和与系统中除惰性组分之外全部组分质量分数总和之比，常数 0.632 的作用是使 F 的取值范围为 $(0,1)$。对于燃料在空气中燃烧生成 CO、CO_2、H_2O 和 H_2 四种产物的简单反应系统，

$$r = \frac{Y_{CO_2} + Y_{CO} + Y_{H_2O} + Y_{H_2}}{1 - Y_{N_2}} \tag{4-143}$$

显然，r 在物理上表征着系统中各地燃烧反应进行得完全的程度，其值在 0 与 1 之间变化。$r = 0$，代表尚未燃烧的情况；$r = 1$，表明燃烧彻底完成，燃料和氧气均已消

耗殆尽。

以上介绍的这几种模型只考虑了以单步总反应形式出现的简单化学反应系统,而且还假定各组分的弛豫时间 τ_C 均相等。其实,我们完全可以取消这些限制,而将特征时间模型推广到更一般的情况。

为此目的,我们来考虑有限速率化学反应对无限速率即平衡反应的偏离。由于平衡反应的弛豫时间为零,因而这种偏离程度可以转换为实际反应的弛豫时间的长短来表示。

式(4-105)所表示的 Arrehenius 形式的平均反应率可以对组分 i 写为

$$\overline{R}_{iA} = \overline{R}_i^e + \left(\frac{\partial \overline{R}_i}{\partial C_j}\right)^e (C_j - C_j^e) = \left(\frac{\partial \overline{R}_i}{\partial C_j}\right)^e (C_j - C_j^e) \tag{4-144}$$

式中,下标 A 表示 Arrehenius 反应率;上标 e 表示化学平衡态;C_j 是组分 j 的浓度。注意到在平衡态下,$\overline{R}_i^e = 0$。偏导数 $(\partial \overline{R}_i / \partial C_j)^e$ 的物理意义是,在平衡态下,组分 j 的单位变化量所引起的反应率 $\overline{R}_i$ 的变化,其倒数具有时间的量纲,可记为

$$\tau_{ij}^A = \left[(\partial \overline{R}_i / \partial C_j)^e\right]^{-1} \tag{4-145}$$

于是式(4-144)可改写为

$$\overline{R}_{iA} = (C_j - C_j^e) / \tau_{ij}^A \tag{4-146}$$

注意,τ_{ij}^A 是二阶张量,故式(4-145)满足爱因斯坦求和法则,即对同一项中相同的下标要求和(但 i,j 取值可大于 3)。τ_{ij}^A 的物理意义是,为使组分 i 达到化学平衡所需的组分 j 的弛豫时间。它是温度、压力和系统组分的函数。一般来说,由于化学反应率的刚性特征,各个 τ_{ij} 具有不同的量级。

另一方面,由涡团破碎模型所得出的反应率也可表示为与式(4-146)类似的形式

$$\overline{R}_{iE} = (C_j - C_j^e) / \tau_{ij}^E \tag{4-147}$$

上标 E 代表 EBU,τ_{ij}^E 是湍流特征量 k、ε 的函数,例如

$$\tau_{ij}^E = B_{ij} k / \varepsilon$$

B_{ij} 是 EBU 公式(4-115)中的系数 B。

对于反应动力学和湍流混合两种机制并存的燃烧系统,可以利用式(4-146)和式(4-147)计算平均反应率。仿前,对二者取调和平均,我们得到

$$\overline{R}_i = \frac{C_i - C_j^e}{\tau_{ij}^E + \tau_{ij}^A} \tag{4-148}$$

对湍流混合起控制作用的场合,$\tau_{ij}^E \gg \tau_{ij}^A$,上式简化为式(4-147);反之,对化学动力学起控制作用的场合,则简化为式(4-146)。

τ_{ij}^A 的值取决于具体的化学反应和组分,其计算相当繁琐,而且如果考虑的反应和组分较多,则计算所需的存储和机时都会大大增加,因此这种方法目前在工程上尚鲜见应用。

4.4.4 概率密度函数方法

1. 概率密度函数的概念

大家知道,研究湍流问题最常用的方法是雷诺分解和平均法,即利用平均值和脉动均方值来表征湍流流场中的各个变量。作为随机量,湍流参数还可以通过另一种方法,即概率密度函数(probability density function,PDF)来表征。这种方法的着眼点并非寻求随机量在空间任一点的瞬时值随时间变化的严格规律,而是想法求出它取某一值的可能性,即概率。我们定义 $P(f)\mathrm{d}f$ 表示随机变量 f 的值处于 f 和 $(f+\mathrm{d}f)$ 之间的概率(也可理解为 f 取此范围内值的时间分数),则 $P(f)$ 称为变量 f 的概率密度函数。一般情况下,$P(f)$ 是空间位置的函数,它当然也随 f 的种类和性质而变化。如果限定 f 的值在 0 与 1 之间变动,则显然有

$$\int_0^1 P(f)\mathrm{d}f = 1 \tag{4-149}$$

而

$$I(f) = \int_0^f P(f)\mathrm{d}f \tag{4-150}$$

称为积分概率函数,它表示随机量 f 处于 0 到 f 之间的概率。$P(f)$ 和 $I(f)$ 示意地表示于图 4-16 中,$P(f)$ 曲线下面积等于 1×1 的矩形面积。

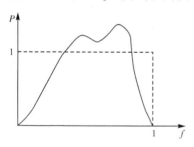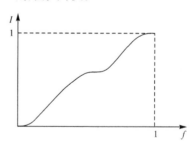

图 4-16　概率密度函数和积分概率函数

通常用的 f 的时均值与 $P(f)$ 的关系是

$$\overline{f} = \int_0^1 fP(f)\mathrm{d}f \tag{4-151}$$

又由 $\int_0^1 f^2 P(f)\mathrm{d}f = \overline{f^2} = \overline{f}^2 + \overline{f'^2}$,可得 f 的脉动均方值 $\overline{f'^2}$ 与 $P(f)$ 的关系

$$\overline{f'^2} = \int_0^1 (f - \overline{f})^2 P(f)\mathrm{d}f = \int_0^1 f^2 P(f)\mathrm{d}f - \overline{f}^2 \tag{4-152}$$

自然也可用 PDF 来描述湍流场中的速度、温度等变量。例如,对速度可写

$$\overline{u}_i = \int_{-\infty}^{+\infty} u_i P(u_i)\mathrm{d}u_i$$

同多元函数一样,PDF 的自变量也可以是不止一个随机量,这样就得到所谓联合概率密度函数。如随机量 f 在 f 与 $f+\mathrm{d}f$ 之间,以及 u_i 在 u_i 与 $u_i+\mathrm{d}u_i$ 之间出现的共同概率为 $P(u_i,f)\mathrm{d}u_i\mathrm{d}f$,$P(u_i,f)$ 即为 u_i 与 f 的联合概率密度函数。由此可以有

$$I = \int_{-\infty}^{u_i} \int_0^f P(u_i,f)\mathrm{d}u_i\mathrm{d}f \tag{4-153}$$

$$\int_{-\infty}^{+\infty} \int_0^1 P(u_i,f)\mathrm{d}u_i\mathrm{d}f = 1 \tag{4-154}$$

$$\overline{f} = \int_0^1 \int_{-\infty}^{+\infty} fP(u_i,f)\mathrm{d}f\mathrm{d}u_i \tag{4-155}$$

将这个概念加以推广,可以规定更一般的 PDF 的形式为

$$P(u_1,u_2,u_3,f_1,f_2,f_3,\cdots,\rho,T)\mathrm{d}u_1\mathrm{d}u_2\mathrm{d}u_3\mathrm{d}f_1\mathrm{d}f_2\mathrm{d}f_3\cdots\mathrm{d}\rho\mathrm{d}T$$

2. 守恒标量及其耗散率

在用 PDF 方法描述湍流燃烧过程时,常常要用到守恒标量、混合分数和反应度这几个概念。

通常把满足无源守恒方程的量称为守恒量。在一定条件下,守恒量之间存在着特别简单的定量关系。利用这种关系,在知道了一个守恒量的空间分布之后,就可以根据边界值,十分方便地确定其他守恒量的空间分布。

设 φ_1 和 φ_2 是两个守恒量,都满足输运方程

$$\rho \frac{\mathrm{D}\varphi}{\mathrm{D}t} = \frac{\partial}{\partial x_j}\left(\Gamma_\varphi \frac{\partial \varphi}{\partial x_j}\right) \tag{4-156}$$

假定有两股流体(例如燃料和氧化剂)流入系统,它们的进口与出口状态 A、B 均为已知,而在其他所有需要边界的地方,它们的梯度值为零。显然,如果 φ_1 和 φ_2 的交换系数相等,则按式

$$\varphi_3 = \left(\frac{\varphi_1 - \varphi_{1,A}}{\varphi_{1,B} - \varphi_{1,A}} - \frac{\varphi_2 - \varphi_{2,A}}{\varphi_{2,B} - \varphi_{2,A}}\right) \tag{4-157}$$

定义的 φ_3 必然也满足方程(4-156)。不难看出,φ_3 在进口处的边界条件应当是

$$\varphi_{3,A} = \varphi_{3,B} = 0$$

在其他边界,$\partial\varphi_3/\partial n = 0$,$n$ 代表该边界的法线。

因此,对于稳态问题,φ_3 必然在体系内部处处为零。对于非稳态问题,如果 φ_3 的初值为零,那么 φ_3 必然在体系内部处处保持为零,这意味着

$$\frac{\varphi_1 - \varphi_{1,A}}{\varphi_{1,B} - \varphi_{1,A}} = \frac{\varphi_2 - \varphi_{2,A}}{\varphi_{2,B} - \varphi_{2,A}} \tag{4-158}$$

在体系内部处处成立,这就是在一定前提条件下成立的守恒量之间的线性关系式。这样,如果我们通过解微分方程得到了一个守恒量(如 φ_2)的分布之后,只需利用另一个量(如 φ_1)的边界值($\varphi_{1,A}$ 和 $\varphi_{1,B}$)就可以方便地得出该量在体系内部的分

布,而不必再求解其微分方程。这就意味着如果已知 φ_2 的分布,在一定条件下就可以完全确定其他守恒量。对不同的燃烧过程,可以引入不同的守恒量。对于扩散控制的燃烧,燃料、氧化剂的浓度(以质量分数表示)控制方程分别是

$$\rho\frac{\mathrm{D}\overline{Y}_{\mathrm{fu}}}{\mathrm{D}t}=\frac{\partial}{\partial x_j}\left(\Gamma_{\mathrm{e,fu}}\frac{\partial\overline{Y}_{\mathrm{fu}}}{\partial x_j}\right)+\overline{R}_{\mathrm{fu}} \tag{4-159}$$

$$\rho\frac{\mathrm{D}\overline{Y}_{\mathrm{ox}}}{\mathrm{D}t}=\frac{\partial}{\partial x_j}\left(\Gamma_{\mathrm{e,ox}}\frac{\partial\overline{Y}_{\mathrm{ox}}}{\partial x_j}\right)+\overline{R}_{\mathrm{ox}} \tag{4-160}$$

式中,$\Gamma_{\mathrm{e,fu}}$ 和 $\Gamma_{\mathrm{e,ox}}$ 分别表示燃料和氧化剂的有效交换系数。

把式(4-160)的各项除以燃料与氧化剂的化学当量比 S,然后用式(4-159)减去它,即得到

$$\rho\frac{\mathrm{D}Z}{\mathrm{D}t}=\frac{\partial}{\partial x_j}\left(\Gamma_{\mathrm{e,z}}\frac{\partial Z}{\partial x_j}\right)+\overline{R}_{\mathrm{f}} \tag{4-161}$$

式中,$Z=\overline{Y}_{\mathrm{fu}}-\overline{Y}_{\mathrm{ox}}/S$ 通常称为混合分数;$\overline{R}_{\mathrm{f}}=\overline{R}_{\mathrm{fu}}-\overline{R}_{\mathrm{ox}}/S$。根据简单化学反应的假设,我们有 $\Gamma_{\mathrm{e,f}}=\Gamma_{\mathrm{e,fu}}=\Gamma_{\mathrm{e,ox}}$,$\overline{R}_{\mathrm{f}}=0$,这样就得到了常见的混合分数的方程

$$\rho\frac{\mathrm{D}Z}{\mathrm{D}t}=\frac{\partial}{\partial x_j}\left(\Gamma_{\mathrm{e,z}}\frac{\partial Z}{\partial x_j}\right) \tag{4-162}$$

这是一个无源方程,它的求解要比解有源方程方便得多。对于一般的燃烧过程,为确定各组分质量分数的分布,只需求解一个有源方程(如 $\overline{Y}_{\mathrm{fu}}$ 的方程)和一个无源方程就够了。又因为混合分数的方程对其瞬时值也同样成立,所以对可以认为燃料和氧化剂的瞬时值在空间同一点不共存的扩散火焰来说,只要设法求得混合分数的瞬时值,就可以知道各组分质量分数的瞬时值了。

在实际应用中,常用归一化的 Z 取代上面定义的 Z,这样 Z 的定义式为

$$Z=\frac{Z'-Z'_A}{Z'_B-Z_A},\quad Z'=Y_{\mathrm{fu}}-Y_{\mathrm{ox}}/S \tag{4-163}$$

式中,A 和 B 表示两个参考状态,其值通常与边界条件相联系,在整个计算过程中保持不变。

上式主要应用于用燃料和氧化剂描述的单步反应。对于包含多步反应或复杂机理的反应系统,采用基于化学元素的、按同样方式定义的混合分数则更为方便。

对于湍流预混合燃烧,混合分数 Z 不适用,可以定义另一个守恒标量,即反应度 c:

$$c=(Y_{\mathrm{fu}}-Y_{\mathrm{fu,u}})/(Y_{\mathrm{fu,b}}-Y_{\mathrm{fu,u}}) \tag{4-164}$$

式中,下标 u 和 b 分别表示可燃混合气在完全未燃和完全燃烧时的参数。$Y_{\mathrm{fu,u}}$ 和 $Y_{\mathrm{fu,b}}$ 决定于系统的初始状态和边界值,所以在求解系统内部过程时,它们保持常数,不受湍流脉动的影响。

c 的值处于 0 和 1 之间,它的大小代表了反应进行的程度

$$\overline{c} = (\overline{Y}_{\mathrm{fu}} - Y_{\mathrm{fu,u}})/(Y_{\mathrm{fu,b}} - Y_{\mathrm{fu,u}})$$

显然,$\overline{c}$ 和 $\overline{Y}_{\mathrm{fu}}$ 遵守同一个微分方程,不同的只是源项差一个常系数。

与守恒标量密切相关的一个量是其耗散率。通常简称为标量耗散率,其定义为(以混合分数为例)

$$\chi = D\left(\frac{\partial Z}{\partial x_j} \frac{\partial Z}{\partial x_j}\right) = D \mid \nabla Z \mid^2 \tag{4-165}$$

式中,D 为 Z 的扩散率,即式(4-162)中的 $\Gamma_{e,z}$。从 χ 的定义式不难看出,它与湍能耗散率 ε 的相似性。其物理意义是,标量穿越其等值面的扩散率,其倒数是标量的扩散时间,Z 的等值面意味着混合分数取某一常数的曲面,当该值为化学当量比时,此曲面即为扩散燃烧的火焰面。因而标量耗散率是与燃烧过程密切相关的一个物理量。特别对于湍流燃烧过程,χ 作为一个随机量也可按雷诺数平均分解为平均耗散率和脉动耗散率两部分:

$$\overline{\rho\chi} = \overline{\rho D \nabla Z \cdot \nabla Z} = \overline{\rho D \nabla \overline{Z} \cdot \nabla \overline{Z}} + 2\overline{\rho D \nabla Z' \cdot \nabla \overline{Z}} + \overline{\rho D \nabla Z' \cdot \nabla Z'} \tag{4-166}$$

通常,Z 的平均值的梯度远小于其脉动值梯度,因而可假设 $\nabla \overline{Z} = 0$,于是可得

$$\overline{\rho\chi} \approx \overline{\rho D \nabla Z' \cdot \nabla Z'} \tag{4-167}$$

可见,在湍流燃烧中,标量耗散率与守恒标量脉动梯度的均方值成正比。正如湍流动能耗散率 ε 是湍流涡团脉动运动衰减速率的度量一样,标量耗散率是由于湍流微混合作用引起的组分浓度脉动衰减速率的度量。由于燃烧率归根到底是取决于反应物之间的直接接触,因而燃烧率与标量耗散率之间有着密切联系。稍后我们将会看到,标量耗散率直接或间接地出现在各种湍流模型的平均燃烧率的表达式中。例如,对于快速反应系统或由混合率控制的燃烧中,平均燃烧率是与 Z 或反应度 c 的标量耗散率成正比的。因此,标量耗散率是湍流燃烧模拟中一个十分重要的概念和关键的参数。

3. 概率密度函数方法

化学反应率是热力学状态量 ρ、T 和各组分质量分数 $Y_j (j=1,2,\cdots)$ 的非线性函数。这些量的脉动对平均反应率可能有强烈的影响。故平均反应率的精确表达式可借助 PDF 方法写为

$$\overline{R}_{\mathrm{fu}} = \iint \cdots \int R_{\mathrm{fu}}(\rho, T, Y_j(j=1,2,\cdots)) \cdot$$
$$P(\rho, T, Y_j(j=1,2,\cdots), x)\mathrm{d}\rho\mathrm{d}T\mathrm{d}Y_j(j=1,2,\cdots) \tag{4-168}$$

其中,$P(\rho, T, Y_j(j=1,2,\cdots), x)$ 是在点 x 处,参变量 ρ、T、Y_j 的联合概率密度函数。确定 PDF 有两种方法。第一是根据经验预先假定 PDF 的分布形状;第二是建立

PDF 的精确的输运方程,利用适当假设对其中一些项加以模拟后,直接求解。

1) 假定 PDF 的方法

这是一种简单而常用的方法。如上所述,不论预混合火焰还是扩散火焰,在一定假设条件下都可以简化为单个可输运守恒标量的问题,即所有热力学参数、各组分质量分数和化学反应速率都表示为这个标量的函数。对扩散火焰,此标量取为反应物的混合分数;对预混合火焰,取为反应度 c。

f 和 c 都是满足无源输运方程的守恒标量,现统一记为 c。只要能求出 c 的 PDF,即可求出各热力学参数、化学组分和反应速率的平均值。为此,首先从 c 的守恒方程导出其平均值 $\bar{c}$ 和脉动均方值 $\overline{c'^2}$ 的输运方程[形如式(4-114)],推导方法可参见文献[38],与湍流模型中其他基本方程联立求解,可得出 $\bar{c}$ 和 $\overline{c'^2}$ 的空间分布。对归一化的 c,其 PDF 一般可写为

$$P(c) = \alpha\delta(c) + \beta\delta(1-c) + [H(c) - H(c-1)]\gamma f(c) \tag{4-169}$$

式中,α、β 和 γ 分别为 $c = 0,1$ 和中间状态时的概率;$f(c)$ 是中间状态的 PDF;δ 是 Dirac δ 函数;H 是 Heaviside 阶跃函数。如能根据经验事先规定 $f(c)$ 的函数形式,则问题就迎刃而解。这是因为

$$\int_0^1 f(c)\mathrm{d}c = 1, \quad \int_0^1 cP(c)\mathrm{d}c = \bar{c}, \quad \int_0^1 (c-\bar{c})^2 P(c)\mathrm{d}c = \overline{c'^2}$$

上列三方程可确定 α、β 和 γ 三个未知数,从而确定了概率密度函数 $P(c)$ 的空间分布。由此可得出反应率和状态量的平均值

$$\overline{R}_{\mathrm{fu}} = \int_0^1 R_{\mathrm{fu}}(c)P(c)\mathrm{d}c, \quad \overline{\varphi} = \int_0^1 \varphi(c)P(c)\mathrm{d}c$$

可见,关键问题是如何选取 $f(c)$。Spalding 建议的一种最简单的形式是双 δ 函数或"城垛式"分布,即 c 只取 c^+ 和 c^- 两个值

$$P(c) = a\delta(c - c^-) + (1-a)\delta(c - c^+) \tag{4-170}$$

其中系数 a 取 0.5 最为简单。这意味着 c 取 c^+ 和 c^- 两个值的机会均等,于是有

$$c^+ = \bar{c} + \sqrt{g}, \quad c^- = \bar{c} - \sqrt{g}, \quad g = \overline{c'^2} \tag{4-171}$$

注意,由于 c 的取值范围只能在 0 与 1 之间,故必须保证 $c^- \geqslant 0, c^+ \leqslant 1$。

如前所述,$\bar{c}$ 和 g 已经连同湍流模型的其他基本方程求出,从而利用式(4-171)可求出 c^+ 和 c^- 的空间分布,亦即确定了概率密度函数 $P(c)$。

这种 PDF 当然不符合真实情况,但由于其简单性,计算结果也与实验基本吻合,故获得了较广泛的应用。稍后,又有人相继提出了更复杂的 PDF,如高斯正态分布、截尾高斯分布以及 β 函数等。不少作者指出,湍流燃烧的计算结果对 PDF 的选取并不很敏感。一般来说,只要选取的 PDF 能正确反映某些基本特点(如峰值),得出的结果都是比较满意的。

2）求解 PDF 的输运方程

如同任一可输运标量 φ 一样，φ 的概率密度函数 $P(\varphi)$ 本身也是一个可输运标量，因而，可以利用随机变量 φ 的输运方程导出平均概率密度函数 $\overline{P}(\varphi)$ 的输运方程，求解此方程就可得出 $\overline{P}(\varphi)$。显然，这种方法比上述人为假定 $P(c)$ 的方法更具有普遍性，用途也很广。$\overline{P}(\varphi)$ 方程的推导可见文献[38]。此方程的精确形式中含有多个脉动相关矩。在做数值处理之前必须对其加以模拟，若仍采用梯度输运假设，则模拟后的输运方程为

$$\rho \frac{\partial \overline{P}(\varphi)}{\partial t} + \rho \overline{u_j} \frac{\partial}{\partial x_j} \overline{P}(\varphi) = \frac{\partial}{\partial x_j}\left[\Gamma_T \frac{\partial \overline{P}(\varphi)}{\partial x_j}\right] - \frac{\partial}{\partial \varphi}\left[\overline{P}(\varphi)R(\varphi)\right] + E(\varphi)$$

$$(4\text{-}172)$$

方程左端第一项是 $\overline{P}$ 随时间的变化；第二项是平均速度 $\overline{u}_j$ 引起的 $\overline{P}$ 在 x 空间的对流输运；右端第一项为湍流脉动引起的 $\overline{P}$ 在 x 空间的扩散输运；第二项为化学反应引起 $\overline{P}$ 在 φ 空间的输运；第三项代表 φ 空间内分子混合的作用。对多变量的 PDF 也可导出类似的方程，只是形式更加复杂。用数值方法求解输运方程，得出 $\overline{P}(\varphi)$ 的分布，就可进而求出平均反应率和其他参数。

随着电子计算机的飞速发展，可以预料，这种方法是很有潜力的。但目前一般仍限于用有限差分法求解二维流单变量的 PDF，并已获得一些有用的结果。对于多变量 PDF，由于受计算机存储和速度限制，有限差分法不适用，一般用蒙特卡罗法求解。据称，其所需机时仅与维数成线性关系，存贮量也不太大，结果亦令人满意[39]。目前，不少人正致力于对 PDF 输运方程的封闭假设和求解方法进行探索，并取得了重要进展[40,41]。

4．柴油机喷雾燃烧过程的 PDF 模拟

近十年来，人们开始将 PDF 模型应用于内燃机湍流燃烧过程的数值模拟，并取得较好的效果。

柴油机燃烧涉及液雾的蒸发与微混合过程，同时存在着局部性的预混合燃烧与整体的扩散燃烧。对于这样复杂的问题，采用求解 PDF 的输运方程的办法具有明显的优势。常见的做法是用蒙特卡罗法求解 PDF 的输运方程，并将其作为子程序模块耦合到 KIVA、FIRE 等通用软件中[37]。为全面描述混合气状态的随机变化，我们建立以混合气各组分质量分数 $Y_1, Y_2, \cdots, Y_M$ 和气体比焓 h（或温度 T）以及空间 x，时间 t 为自变量的联合 PDF。假定以矢量 $\boldsymbol{\psi}$ 表示由各组分 $Y_i(i=1,2,\cdots,M)$ 和焓 h 组成的标量的相空间，则联合 PDF，$P(\quad,x,t)$ 的输运方程可写为

$$\frac{\partial}{\partial t}(\overline{\rho}\widetilde{P}) + \frac{\partial}{\partial x_j}(\overline{\rho}\widetilde{u_j}\widetilde{P})$$

$$= \frac{\partial}{\partial x_j}\left(\Gamma_t \frac{\partial \widetilde{P}}{\partial x_j}\right) + \frac{\partial}{\partial \psi_a}\left(\overline{\frac{l}{g} \frac{\partial J_j^a}{\partial x_j}}\bar{\rho}\widetilde{P}\right) - \frac{\partial}{\partial \psi_a}(\bar{\rho}\widetilde{P}S'_a) + \frac{\partial}{\partial \psi_a}(S_m \psi \widetilde{P} - \bar{\rho}\widetilde{P}S''_a) \quad (4\text{-}173)$$

式中，$\widetilde{P} = \widetilde{P}(\quad, \mathbf{x}, t)$ 是密度加权平均的联合概率密度函数；$S'_a = S'_a(\quad, \mathbf{x}, t)$ 是由化学反应产生的　的源项；S''_a 是燃油喷雾蒸发所产生的 ψ 的源项。下标 j 代表 $\mathbf{x}$ 空间，a 代表　空间。方程左端两项和右端第一项分别是我们熟悉的 $\widetilde{P}$ 的非定常项、对流项和扩散项，Γ_t 是 $\widetilde{P}$ 的扩散率，J_j^a 为组分 a 在 j 方向的扩散流。其余三项在普通物理量的输运方程中是不存在的，它们代表 $\widetilde{P}$ 在　空间内输运所产生的效应。

用蒙特卡罗法求解 PDF 输运方程(4-173)的要点是在每个有限容积网格单元中引入一组随机的虚拟的颗粒(共 N 个)来代表混合气的概率密度。各变量的系综平均的概率定义为出现在给定区间内的与该变量相关的颗粒数与颗粒总数之比。

蒙特卡罗解法的实质是把 PDF 输运方程从欧拉形式转变为拉格朗日形式，用离散的流体质点或"颗粒"代替连续的空间场。求解的过程就是跟踪这些随机颗粒运动轨迹和各有关参数随时间的变化过程。各参数的系综平均概率定义为参数值处于给定范围内的颗粒数与颗粒总数之比。蒙特卡罗解法的具体步骤是：

(1) 将物理空间离散为许多单元(网格)，在每个单元中引入一定数量 N 的虚拟的颗粒，每个颗粒具有一定的质量。给定颗粒的初始位置，并根据 PDF 的初始条件，用随机数产生器确定各颗粒的初始参数值(速度和标量)。一般假定初始速度满足正态分布，标量满足均匀分布。

(2) 给定时间步长 Δt，每一时间步长内的计算又分为三步进行。第一步是除第二、三步所涉及各项之外全部项的更新，包括物理空间和相空间内的扩散和源项等；第二步是随机混合项的计算，涉及颗粒间的相互作用；第三步是计算对流项和平均压力梯度，颗粒的标量参数不变，只有速度和位置进行更新。

(3) 对物理空间中各单元内的随机颗粒进行统计平均，以求得所需要的各参数的平均值及二阶矩等统计量。统计平均的方法可用系综平均或最小平方的三次样条函数法等，后者较为准确。

法国人 Borghi 领导的研究小组在湍流燃烧的 PDF 模型方面开展了比较系统的研究。图 4-17 和图 4-18 取自其典型的计算结果[44]。采用了 30×50 的二维轴对称计算网格，每个网格中采用的随机颗粒数为 1000，使用更多的颗粒对计算结果没有实质影响。

图 4-17 所示为利用上述方法求得的一模拟柴油喷雾中油蒸气质量分数 Y_v 的概率分布及其随时间的变化。显然，$P(Y_v)$ 由最初的随机分布逐步演化为单峰式分布，说明混合气由不均匀状态发展到比较均匀的状态。

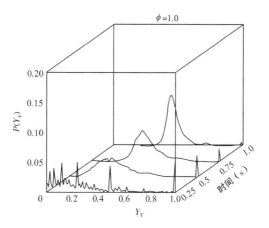

图 4-17　燃料蒸气质量分数的概率分布

图 4-18 为 PDF 方法计算的柴油机燃油喷射和燃烧过程的主要结果及其与实验结果的比较。其中图 4-18(a) 为喷雾贯穿度、油滴空间分布及温度分布的实验结

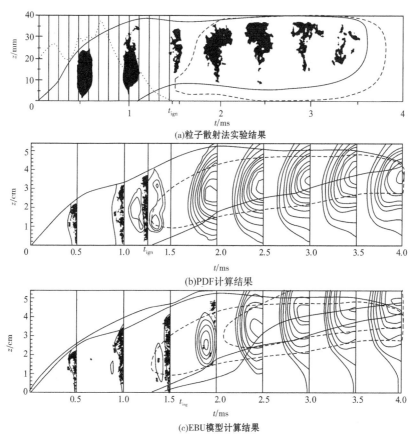

(a)粒子散射法实验结果

(b)PDF计算结果

(c)EBU模型计算结果

图 4-18　柴油机喷雾场的 PDF 计算结果与实验的比较

果。喷油持续期为1.2ms，油量为6.0mg，喷射前缸内压力为4MPa，温度为900K。图左侧的虚线为喷射压力曲线。图4-18(b)和图4-18(c)分别为用PDF方法和EBU模型对同样条件的模拟结果。各图中的粗实线所包围区域代表燃油喷雾所占据的范围，即燃油蒸气质量分数超过+0.01的区域[图4-18(a)中的实线为根据粒子散射实验取系综平均得出的轮廓线]。各图中的虚线所包围区域代表火焰所在范围，即燃烧室内温度超过1800K的区域[图4-18(a)中的虚线是根据OH基的浓度测量结果给出，可作为判断火焰的一个根据]。此外，计算结果中还给出了喷射接近终止时$(1 \sim 1.5ms)T = 1100K$的等温线，以此作为压燃着火的判据，因此可确定着火点的位置。对比三幅图不难看出，PDF的结果明显优于EBU模型，后者给出的富油区（实线）和高温区（虚线）范围与实验差别较大，计算的燃烧率偏高，而且着火滞燃期也明显过长。而PDF模型则与实验吻合较好。

采用PDF方法模拟湍流燃烧过程，其主要优越性在于化学反应率是以$\tilde{P}$的封闭函数形式出现，从而不需对其加以模拟。同时在计算中不必区别燃烧是由化学动力学控制还是由湍流混合率控制，因为PDF方法本身已经考虑到了各种可能的情况。所以PDF方法总的说来是明显地强化了燃烧模型中理性的成分而淡化了经验的成分。为此付出的代价则是计算成本的增加。同时，PDF方法目前还远未达到成熟的阶段，但对它的研究和应用正处于上升趋势。下面两小节要介绍的层流小火焰模型和条件矩封闭模型都属于统计分析法。它们都是PDF方法进一步发展的产物。

4.4.5 湍流燃烧的层流小火焰模型

1. 层流小火焰概念

从化学动力学的角度来看，大多数湍流燃烧过程的反应速率都是很大的，即反应是快速的，但又不是无限快。这在几何上意味着其反应区是一个厚度很小的薄层，燃烧反应的长度尺度和时间尺度均小于湍流微混合的尺度，即Kolmogorov尺度。在这种尺度下的火焰实质上是受分子扩散和输运控制的层流小火焰(flame-let)，而湍流火焰可以视为嵌入湍流场内的具有一维结构的层流小火焰的集合或系综。如图4-19所示的湍流射流火焰，其表面被一很薄的反应区所包围，反应区由形状极不规则而又高度瞬变的小火焰组成，对其取系综平均则得到一形状如刷子般的湍流瞬态火焰锋，常称为"湍流火刷"。此锋面是将燃料和氧化剂分隔开的一个薄层，如将其局部放大[图4-19(c)]，则可视为一典型的一维对冲层流火焰。由此出发，即得到湍流燃烧的层流小火焰模型。既然湍流火焰是层流小火焰的系综，我们就可以把湍流燃烧问题分解为两步：第一，针对问题所需要的参数范围，确定每一涉及状态下层流火焰的结构（即温度、组分等参数的分布）。换言之，即建立层流小火焰的数据库。数据库的建立可以用层流燃烧实验的办法，也可通过数值计算来完成。由于不涉及湍流问题，而且方程是一维的（以混合分数为自变量），计算量很小,故可以采用详细的反应机理(目前已有这样的商用软件可供使用,如 CHEMKIN 中的子程序 OPPDIF)。第二,在层流小火焰数据库的基础上,构造所需要的湍流火焰,即完成该系综的统计平均,一般可采取假设守恒标量的概率密度函数这样的途径来完成。由这两个步骤来看,层流小火焰模型的核心思想是把化学动力学问题和湍流问题分开处理,即成功地实现了二者的解耦。其实,不仅是小火焰模型,几乎所有的湍流燃烧模型的核心思想和直接目标都是力求实现化学动力学和湍流的解耦。

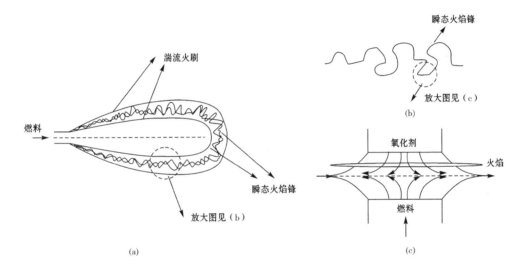

图 4-19　湍流射流火焰结构示意图

层流小火焰这一概念首先是由 Williams 于 1975 年提出来的,其含义是具有内部结构的层流火焰薄层。稍后,Peters[45] 将其应用于湍流燃烧领域,发展出层流小火焰模型,并成为目前最著名的湍流燃烧模型之一,在湍流扩散燃烧和预混合燃烧的各相关领域内,得到日益广泛的应用,其中也包括内燃机领域。在应用小火焰模型的时候,要注意两点:第一,要区分小火焰与火焰面(flame sheet)。这是两个不同的概念,前者是有一定厚度,有一定内部结构的火焰薄层,而后者是指理想化无限薄的发生燃烧反应的几何面,化学上对应于反应速率为无限大(目前在中文文献中有时将这两个概念混用)。第二,应用小火焰模型有两个前提:一是化学反应时间尺度与湍流最小时间尺度相比要足够小,即达姆科勒数 $Da \gg 1$;第二,反应区必须很薄,即燃烧反应的长度尺度小于湍流涡团微尺度。

2. 内燃机湍流燃烧的层流小火焰模型

根据层流小火焰的定义,其燃烧反应仅发生在以混合分数等值面等于其化学

当量比 $Z(x_i,t)=Z_{st}$ 的表面为中心的一个薄层内。由此出发,Peters[45] 采用流体力学中的 Crocco 坐标变换,引入新的坐标系,将其原点置于火焰中心面($Z=Z_{st}$)上,并用混合分数 Z 取代 x 坐标,即 Z 坐标垂直于化学当量比表面,其他两个空间坐标与之正交。经坐标变换后,物理空间中的组分和能量平衡方程在混合分数空间(简称为相空间)中转化为一维形式:

$$\rho \frac{\partial Y_i}{\partial t} - \rho \frac{\chi}{2Le_i} \frac{\partial^2 Y_i}{\partial Z^2} - \dot{m}_i = 0 \tag{4-174}$$

$$\rho \frac{\partial T}{\partial t} - \rho \frac{\chi}{2} \frac{\partial^2 T}{\partial Z^2} + \sum_{i=1}^{N} \frac{h_i}{C_p} \dot{m}_i - \frac{1}{C_p} \left(\frac{\partial p}{\partial t} + q_R \right) = 0 \tag{4-175}$$

其中,χ 为 4.4.1 节中介绍过的标量耗散率:

$$\chi = 2D \left(\frac{\partial Z}{\partial x_a} \right)^2 \tag{4-176}$$

Le_i 是组分 i 的 Lewis 数,定义为 $Le_i = \lambda/(\rho C_p D_i)$,$D_i$ 是组分 i 的分子扩散率,$\dot{m}_i$ 是化学反应生成率源项:

$$\dot{m}_i = W_i \sum_k \nu_{ik} w_k \tag{4-177}$$

其中,W_i 是组分 i 的相对分子质量;ν_{ik} 是组分 i 在反应 k 中的化学计量系数;w_k 是反应 k 的反应率;q_R 是辐射热损失项。

小火焰方程(4-174) 和(4-175) 中,不含对流项,其原因是所有标量在物理空间中都经受同一速度场引起的对流输运,因而在由标量组合而成的混合分数的相空间中不再存在彼此之间的对流效应。这是引入相空间坐标变换的主要好处之一。现在,流场的影响主要体现在标量耗散率中。它描述了反应物向反应区扩散输运的速率以及热量扩散速率。对于反应速率无限快的层流扩散火焰,质量燃烧率正比于 χ。但实际反应速率并非无限快,当混合速率很大时,化学反应率可能慢于燃料和氧化剂进入反应区的速率,从而使化学反应偏离平衡态。因此,可以用 χ 来描述燃烧系统偏离平衡态的程度。而且,当 χ 超过某一临界值时,由于向反应区两侧的扩散热损失大于化学反应放热,可能导致熄火。由此可见 χ 的重要作用。χ 和 Z 是层流小火焰模型中两个最重要的基本变量,它们决定了小火焰的结构和动态特性。

早期的小火焰模拟方法中采用稳态层流小火焰模型(steady laminar flamelet model,SLFM),即假定湍流火焰中的扩散与化学反应二者达到局部的平衡,就如同具有同样 Z 和 χ 值的稳态层流火焰一样。当然,在湍流燃烧过程中,Z 和 X 在时间和空间上都总是处于不断脉动之中,但是只要我们能够找到联合概率密度函数 $P(Z,\chi,x,t)$,则根据湍流火焰是层流小火焰的系综这一观点,将 SLFM 所提供的计算结果对 PDF 积分就可以得到所需要的湍流火焰参数。为此,我们需要完成两件工作：

（1）在所需的参数范围内，进行层流火焰的大量计算，即建立层流小火焰数据库。

（2）通过适当途径，确定湍流燃烧的联合 PDF，一般可采取假设 PDF 的方法，必要时也可求解其输运方程。

前已述及，湍流扩散火焰可简化为稳态一维层流对冲火焰的系综。此时，小火焰方程可大大地简化为

$$\frac{\partial Y_i}{\partial t} = \dot{\omega}_i + \left(\frac{\chi}{Le_i}\right)\left(\frac{\partial^2 Y_i}{\partial Z^2}\right) \tag{4-178}$$

$$\frac{\partial T}{\partial t} = -\sum_{n=1}^{N} \frac{h_n \dot{\omega}_n}{C_p} + \chi\left(\frac{\partial^2 T}{\partial Z^2}\right) \tag{4-179}$$

给定温度和各组分的边界条件，将 χ 作为参数，就可以方便地求解上列方程组，将得到的结果以"列表"的形式存储起来，就形成了以 Z 和 χ 为基本变量的层流小火焰数据库。化学动力学软件包 CHEMKIN 中所含 OPPDIF 模块[47] 是计算一维层流对冲扩散火焰的专用工具，可以直接用于生成该数据库。

为了确定湍流燃烧所需的 Z 和 χ 的联合 PDF，一般采用 4.4.4 节所介绍的假设 PDF 的方法。为了简化计算，可进一步假定 Z 和 χ 二者统计上是互相独立的。于是，联合 PDF 可简化为单变量的 PDF，$P(Z,\chi) = P(Z) \cdot P(\chi)$，这样，我们只需规定两个单变量的 PDF。为确定 $P(Z)$，必须知道随机量 Z 的一阶和二阶矩，即其平均值 $\overline{Z}$ 和脉动均方值 $\widetilde{Z''^2}$ 随时间和空间的变化规律（按 Favre 平均，$Z = \widetilde{Z} + Z'$）。这可以通过求解二者的输运方程来完成：

$$\frac{\partial(\overline{\rho}\,\overline{Z})}{\partial t} + \boldsymbol{\nabla}(\overline{\rho}\,\overline{\boldsymbol{u}}\,\overline{Z}) = \boldsymbol{\nabla}\left[\frac{\mu}{Sc_{\overline{Z}}}\boldsymbol{\nabla}\,\overline{Z}\right] + \rho \tag{4-180}$$

$$\frac{\partial(\overline{\rho}\,\widetilde{Z''^2})}{\partial t} + \boldsymbol{\nabla}(\overline{\rho}\,\overline{\boldsymbol{u}}\,\widetilde{Z''^2}) = \boldsymbol{\nabla}\left[\frac{\mu}{Sc_{\widetilde{Z''^2}}}\boldsymbol{\nabla}\,\widetilde{Z''^2}\right] + \frac{2\mu}{Sc_{\widetilde{Z''^2}}}(\boldsymbol{\nabla}\,\overline{Z})^2 - \overline{\rho}\,\overline{\chi} \tag{4-181}$$

多维燃烧计算目前一般都利用通用 CFD 软件来求解各基本流场参数的输运方程。在此基础上增加 $\widetilde{Z}$ 和 $\widetilde{Z''^2}$ 两个方程不是难事，计算量也增加不多。

至于 PDF 的形状，一般取为 β 函数或截尾高斯函数，β 函数定义为

$$B(Z,\alpha,\beta) = \frac{\Gamma(\alpha+\beta)}{\Gamma(\alpha)+\Gamma(\beta)} Z^{\alpha-1}(1-Z)^{\beta-1} \tag{4-182}$$

$$\alpha,\beta > 0, 0 \leqslant Z \leqslant 1$$

其中 Γ 函数定义为

$$\Gamma(\alpha) = \int_0^{+\infty} t^{\alpha-1} e^{-t} dt \tag{4-183}$$

式(4-182)中的两个参数 α、β 可通过 Z 的一、二阶矩求得

$$\overline{Z} = \frac{\alpha}{\alpha+\beta}, \quad \widetilde{Z''^2} = \frac{\alpha\beta}{(\alpha+\beta)^2(\alpha+\beta+1)} \tag{4-184}$$

图 4-20 所示为 $\widetilde{Z} = 0.5$，$\widetilde{Z''^2} = 0.001$，$0.01$ 和 0.2 时的 β 函数形式的 PDF 的分布曲线。截尾高斯函数的公式可参阅文献[48]，其计算结果与 β 函数差别很小，但其中两个参数 σ 和 μ(作用相当于 β 函数中的 α、β)的计算比较麻烦。

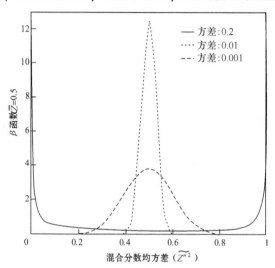

图 4-20 β 函数与混合分数均方差 $\widetilde{Z''^2}$ 的关系

标量耗散率的 PDF 可假设为对数正态分布：

$$P(\chi) = \frac{1}{\chi\sigma_n\sqrt{2\pi}}\exp\left[-\frac{(\ln\chi-\mu)^2}{2\sigma^2}\right] \tag{4-185}$$

其中，参数 σ 和 μ 也根据 χ 的一、二阶矩确定：

$$\overline{\chi} = \exp\left(\mu+\frac{\sigma^2}{2}\right), \quad \widetilde{\chi''^2} = \overline{\chi}^2[\exp(\sigma^2)-1] \tag{4-186}$$

$\widetilde{\chi}$ 和 $\widetilde{\chi''^2}$ 理论上也需通过求解其输运方程来求出。但实践中一般均不这样做，而是对 $\widetilde{\chi}$ 建立简单得多的模型：

$$\overline{\chi} = C_\chi\frac{\widetilde{\varepsilon}}{\widetilde{k}}\widetilde{Z''^2} \tag{4-187}$$

其中经验常数 $C_\chi = 2$，该模型是基于假设：标量的长度尺度和时间尺度与无反应湍流的长度和时间尺度成正比。同时假定 $\widetilde{\chi''^2}$ 为常数，例如 1。这样就可方便地按方程(4-185)确定 $P(\chi)$。最后，我们所需的反映湍流火焰结构的组分浓度和温度可

通过对 PDF 的积分而求得

$$\widetilde{Y}_i = \int_0^\infty \int_0^1 Y_i(\chi,Z)P(Z)P(\chi)\mathrm{d}Z\mathrm{d}\chi \tag{4-188}$$

$$\widetilde{T} = \int_0^\infty \int_0^1 T(\chi,Z)P(Z)P(\chi)\mathrm{d}Z\mathrm{d}\chi \tag{4-189}$$

其中 Y_i 和 T 之值可从已建立好的层流小火焰数据库直接或通过插值取得。

在工程计算中还可采用一种更简便的方法。由于标量耗散率的脉动相对较小，故可忽略其对 PDF 的影响，即在方程(4-188)和(4-189)中令 $P(\chi)=1$。同时在利用 SLFM 建立小火焰数据库时，方程(4-178)和(4-179)中的 χ 可用一常数 $\overline{\chi}_{\mathrm{st}}$ 代替，后者表示对应于 Z 为化学当量比时的标量耗散率。而对层流扩散火焰，χ 与混合分数 Z 之间存在如下函数关系：

$$\chi = \frac{a_{\mathrm{s}}}{\pi}\exp\{-2[\mathrm{erfc}^{-1}(2Z)]^2\} \tag{4-190}$$

其中，erfc^{-1} 是补余误差函数的反函数；a_{s} 是火焰特征应变率，在对冲扩散火焰中即为驻点流速度梯度。上式表明，标量耗散率与火焰应变率是成比例的。

文献[48]利用层流小火焰模型对柴油机环境下的喷雾扩散燃烧进行了模拟计算。图4-21是利用三种不同形式的 PDF 所计算的放热率(HRR)和积累放热率(CHR)的比较。由图可见，截尾高斯函数与 β 函数的计算结果几乎没有区别，而单脉冲函数(δ 函数)的结果则偏高。这显然归因于 δ 函数是一种极端的假设，它把全部概率集中到一个混合分数下(即 $Z=\widetilde{Z}$ 时，$P(Z)=1$；否则为 0)，其燃烧过程必然最快完成，而引起较高的放热率，但从另一角度看，即使如此极端的假设，计算结果也基本合理，误差不超过 10%，这表明模拟计算的湍流燃烧确实对 PDF 的假设形状不敏感。

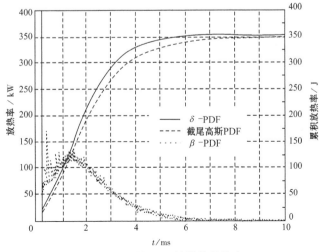

图 4-21 三种 PDF 计算的放热率

图 4-22 是以正庚烷为燃料计算的湍流扩散火焰的结构,包括温度和各种主要组分在混合分数空间内的分布。能够应用详细的或复杂的反应机理,预测各种中间组分的演变,这也是层流小火焰模型的一个重要优点。

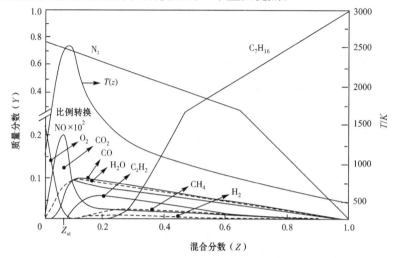

图 4-22　正庚烷的湍流火焰结构

3. 代表性互动小火焰模型(RIF)

上节介绍的 SLFM 模型是用层流小火焰数据库结合 PDF 方法来模拟湍流燃烧,其中隐含着一个"准稳态"假设。因为稳态小火焰数据库是分别针对具体的"小火焰参数"(即标量耗散率、压力和相关的边界条件这些直接影响小火焰的解且必须预先给定的参数)而得出的,其中并未考虑瞬态效应。在瞬态情况下,小火焰参数的改变引起小火焰解的改变总是需要一定的作用时间,即小火焰解对其参数的响应并非无限快。换言之,对于比较强烈的非稳态燃烧过程,小火焰参数变化的历史效应不可忽略。这意味着,小火焰并非其影响参数的"单值函数",对于一组给定的小火焰参数,小火焰解不具有唯一性。实验表明,通过标量耗散率体现的流场参数变化在这一点上表现最为明显。因而,对于内燃机这样典型的瞬态燃烧过程,简单地直接调用稳态小火焰数据库并不能给出满意的模拟和预测。为解决这一问题,Pitsch 和 Peters 等[49~53]提出了代表性互动小火焰模型(representative interactive flamelet,RIF)。

这里首先需说明 RIF 名称的含义。为了考虑参数变化的历史效应,新模型不能再像 SLFM 那样事先建立小火焰数据库,然后在对燃烧流场进行 CFD 计算时直接调用小火焰数据,而必须把小火焰的计算纳入到 CFD 计算中,使二者耦合起来,在每一时间步中都同时进行计算并相互调用数据,因而是一种交互作用的互动式计算。其次,在 SLFM 中,小火焰计算是在以混合分数为自变量的相空间内完成,完全不涉及物理空间;而在 RIF 中,由于小火焰计算被耦合到 CFD 计算中,故纳入到物理空间的网格中是不可避免的。但要对所有网格单元都进行小火焰的计算将使得计算成本太高,实际上也没有必要。因此可以选择有限数量的空间域,使每一域中小火焰参数的统计平均值大致相同,于是可以用一道小火焰来代表整个域内的燃烧历程,因此称为"代表性"小火焰。

　　Barths 和 Peters 等[50]提出了一种所谓欧拉颗粒小火焰模型(EPFM),可以有效地处理代表性小火焰。在物理空间中引入若干虚拟的但有一定质量的流体颗粒,每个颗粒代表一道小火焰。它们在湍流流场中的运动轨迹可以代表非稳态小火焰随时间的变化经历以及小火焰参数的瞬态影响。每个颗粒有不同的起始位置,记为 x,于是,物理空间中的组分 i 的质量分数可表示为

$$\widetilde{Y}_i(\boldsymbol{x},t) = \int_{x_0}\int_0^1 \widetilde{f}_{Z,x0}(\eta,\boldsymbol{x}_0^+,\boldsymbol{x},t)Y_i(\eta,\boldsymbol{x}_0^+,t)\mathrm{d}\eta\mathrm{d}\boldsymbol{x}_0^+ \qquad (4\text{-}191)$$

其中,$\widetilde{f}$ 是 Z 和 x_0 的联合 PDF;η 和 $\boldsymbol{x}_0^+$ 是分别对应于 Z 和 x_0 的积分变量。假定 $\widetilde{f}(\eta,\boldsymbol{x}_0^+)$ 可分解为两个单变量 PDF 之积:$\widetilde{f} = \widetilde{f}_1(\eta)\widetilde{f}_2(\boldsymbol{x}_0^+)$,同时假定共有 n 个颗粒,每个代表物理空间内一个子域及一道小火焰,其初始位置为 $\boldsymbol{x}_0,l(l=1,2,\cdots,n)$。于是,第 i 个子域中组分 i 的质量分数为

$$Y_i(\eta,\boldsymbol{x}_{0,l,t}^+) = Y_{i,l}(\eta,t) \qquad (4\text{-}192)$$

　　这样,对整个空间域的积分等于对全部子域积分之和,方程(4-191)可写为

$$\widetilde{\boldsymbol{Y}_i}(\boldsymbol{x},t) = \sum_{l=1}^{n_i}\int_{\boldsymbol{x}_{0,l}}\widetilde{f}_{\boldsymbol{x}_0}(\boldsymbol{x}_0^+;\boldsymbol{x},t)\int_0^1 \widetilde{f}_Z(\eta,\boldsymbol{x},t)Y_{i,l}(\eta,t)\mathrm{d}\eta\mathrm{d}\boldsymbol{x}_0^+ \qquad (4\text{-}193)$$

上式可重新写为

$$\widetilde{\boldsymbol{Y}_i}(\boldsymbol{x},t) = \sum_{l=1}^{n_i}\widetilde{I}_l(\boldsymbol{x},t)\int_0^1 \widetilde{f}_Z(\eta,\boldsymbol{x},t)Y_{i,l}(\eta,t)\mathrm{d}\eta \qquad (4\text{-}194)$$

其中

$$\widetilde{I}_l(\boldsymbol{x},t) = \int_{\boldsymbol{x}_{0,l}}\widetilde{f}_{\boldsymbol{x}_0}(\boldsymbol{x}_0^+;\boldsymbol{x},t)\mathrm{d}\boldsymbol{x}_0^+ \qquad (4\text{-}195)$$

是从原点 $x_{0,l}$ 出发的颗粒可能在 t 时刻出现在空间位置 x 的概率。EPFM 方法不直接跟踪颗粒的运动轨迹和历程,而是用欧拉方式求解概率密度函数 $\widetilde{I}_l$ 的输运方程,这正是"欧拉颗粒"名称之来历。$\widetilde{I}_l$ 的输运方程具有如下标准形式:

$$\frac{\partial \overline{\rho}\widetilde{I}_l}{\partial t} + \boldsymbol{\nabla}(\overline{\rho}\,\overline{\boldsymbol{v}}\,\widetilde{I}_l) - \boldsymbol{\nabla}(\overline{\rho}\frac{\nu_\mathrm{T}}{Sc_\mathrm{T}}\boldsymbol{\nabla}\widetilde{I}_l) = 0 \qquad (4\text{-}196)$$

　　利用 CFD 程序对每一道小火焰均求解上列输运方程,将解出的概率 $\widetilde{I}_l$ 代入方程(4-194),即可得出各组分的浓度分布。整个计算的关键是利用 RIF 概念实现物

理空间CFD程序和相空间内小火焰程序的耦合。二者互动的计算流程如图4-23的框图所示。在CFD程序中求解流动和湍流参数、焓$\tilde{H}_i$、混合分数及其脉动均方值；同时向小火焰程序提供其所需的流场参数：标量耗散率和压力。小火焰程序则在同一时间步长求解非稳态小火焰方程(4-196)，其所用的时间步长比CFD的时间步长小得多。换言之，在CFD的一个步长内，小火焰的计算要进行许多步。通过这种方式，实现了流体动力学过程与化学过程之间的解耦。小火焰程序计算出组分浓度，输入到方程(4-194)，得出平均浓度在物理空间的分布。此外，平均温度是利用CFD提供的焓和已求出的组分得以确定并反馈到CFD程序中。

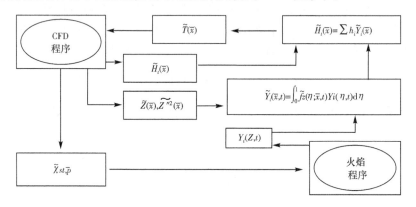

图 4-23　RIF 方法示意图（小火焰程序与 CFD 程序的耦合）

　　由于小火焰的计算并非在每个物理空间网格内，而是在比网格大得多的子域（由欧拉颗粒代表）内进行的，其用到的流场参数耗散率 χ 和压力 p 的值必须是在该域内的平均值。对一般工程应用，压力可简单地假设为空间均匀，而标量耗散率则必须加以适当模化后再取统计平均值，详情可参阅文献[50]、[51]。

　　近年来，RIF 模型在柴油机、燃气轮机等工程问题中得到了一系列成功的应用，因此，日益受到重视，有可能成为湍流燃烧模拟的一个研究热点。特别对内燃机领域而言，由于其燃烧过程的强瞬变性，RIF 是一种很具优势的模型。

　　文献[52]应用 RIF 模型对一台 Audi V6 TDI 车用直喷式柴油机的燃烧和排放特性进行了模拟计算。

　　图 4-24 是计算的缸内平均压力曲线与实验结果的对比。分别采用 4 种小火焰数目(1,10,20,50)进行计算。由图可见，10 道小火焰的结果与实验几乎已经完全吻合，而 20 道和 50 道的结果与 10 道的差别已难以区分，故未在图上示出，而仅用 1 道小火焰（相当于整个燃烧室内标量耗散率均布）的结果与实验有较明显差别，其着火时刻大约滞后了 2° 曲轴转角，而最高压力约高出 3%。这是因为全部预混合可燃气瞬间同时着火所造成的，而在小火焰数目较多的情况，着火是分配到各道火焰上逐步完成的。

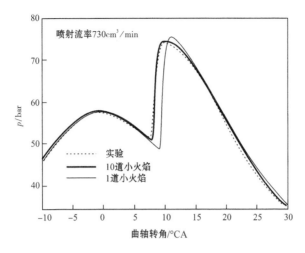

图 4-24　RIF 计算的缸内平均压力

图 4-25 所示为 NO_x 和碳烟排放量,分别用 RIF 和涡耗散概念 EDC 模型进行计算。两种模型的优劣一目了然。RIF 的结果无论 NO_x 还是碳烟,与实验都吻合得相当好。特别是在 EGR 率低于 20% 的范围内。而 EDC 的计算则有很大误差,特别是碳烟比实验值高出十余倍之多。这表明,RIF 模型在发动机排放特性预测方面有很大的优势。当然,二者除燃烧模型不同之外,排放模型也有区别。

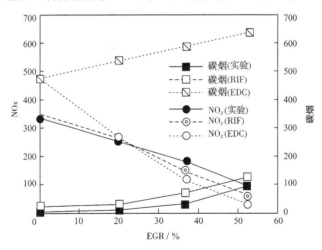

图 4-25　NO_x 和碳烟排放量随 EGR 率的变化

4.4.6　湍流燃烧的条件矩封闭模型

条件矩封闭模型(conditional moment closure,CMC)是由 Klimenko[54] 和

Bilger[55] 于 20 世纪 90 年代初期各自独立提出的。它也是一种基于统计理论的湍流燃烧模型。大量的理论和实验研究表明,在湍流燃烧过程中,许多湍流参数的脉动都与某一个关键标量(对预混燃烧为反应度 c,对扩散燃烧为混合分数 Z)的脉动相联系。因此,在对湍流随机量进行统计平均分析时,如果限定该关键标量取某一特定值,即取条件平均,则有条件的脉动均方值将远小于无条件的平均值。图 4-26 所示为甲醇扩散燃烧的温度和组分 OH 质量分数随混合分数变化的实验结果。图中的曲线为层流火焰的实验结果,图 4-26(a) 中的点子为随机实验结果,图 4-26(b) 中的小标记则为规定混合分数 Z 取特定值 η 的条件平均结果(不同的标记代表不同的截面)。显然,由于温度和组分都是 Z 的强非线性函数,其湍流的实验值相对于层流值(可视为无条件平均值)有强烈的脉动[图 4-26(a)],但条件平均值相对于层流值而言,温度和 OH 浓度的脉动都大大减弱了。这一例子充分说明,相对于一般的雷诺平均法或 Favre 平均法而言,条件平均法所得出的条件脉动值要远小于条件平均值。这意味着湍流脉动被大大削弱,从而可将化学动力学与湍流分开处理,即实现二者的解耦。

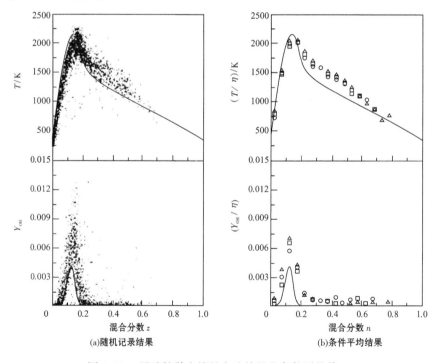

图 4-26 甲醇扩散火焰的实验结果和条件平均值

条件平均的脉动矩即为该守恒标量的条件矩,以反应度为例,如限定其取值为 c^*,则其条件矩可记为 $\overline{\varphi/c=c^*}$。

这里对条件矩的数学概念作一简要介绍。某随机量 Y_1 在满足条件 $Y_2 = Z_2$ 下的平均值或数学期望可表示为

$$\langle Y_1 \mid Y_2 = Z_2 \rangle = \int_{-\infty}^{+\infty} Z_1 P(Z_1 \mid Y_2 = Z_2) \mathrm{d}Z_1$$

$$= \frac{\int_{-\infty}^{+\infty} Z_1 P(Z_1, Z_2) \mathrm{d}Z_1}{P(Z_2)} \tag{4-197}$$

其中，P 为满足同样条件的概率密度函数；条件平均值 $\langle Y_1 \mid Y_2 = Z_2 \rangle$ 也可简记为 $\langle Y_1 \mid Z_2 \rangle$。以湍流预混合火焰为例，质量分数 Y_i 的平均值可按其条件平均值的概率积分计算

$$\bar{\rho}\tilde{Y}_i = \int_0^1 \langle \rho Y_i \mid c = c^* \rangle P(c^*, \boldsymbol{x}, t) \mathrm{d}c^* \tag{4-198}$$

而 Y_i 的条件平均值则需求解其输运方程来得出。为此，先引入组分 Y_i 的条件平均量 Q_i：

$$Q_i(c^*) = \langle \rho Y_i \mid c = c^* \rangle / (\rho \mid c = c^*)$$

Q_i 的输运方程可写为

$$\overline{(\rho \mid c = c^*)}\frac{\partial Q_i}{\partial t} = -\overline{(\rho u_i \mid c = c^*)}\frac{\partial Q_i}{\partial x_i} + \overline{(\rho\chi \mid c = c^*)}\frac{\partial^2 Q_i}{\partial c^{*2}} +$$

$$\overline{(\omega_i \mid c = c^*)} + E_{Q_i} + E_{Y_i} \tag{4-199}$$

上式右端五项依次为 Q_i 的对流输运项、湍流微混合项（体现在其中的标量耗散率 χ）、化学反应产生的源项、分子扩散项和湍流脉动作用项（湍流脉动引起的对条件平均值的偏移）。最后两项一般可忽略，而前三项均未封闭，必须根据一定的模拟假设使其封闭后，方程才能求解。由于标量的条件脉动值很小，故化学源项中可忽略各标量的脉动，而直接用其条件平均值来计算，即化学源项可在一阶水平上被封闭。这充分体现了条件矩模型的优点。此外，在利用方程计算标量时，其中的 PDF 必须如前节所介绍的那样，给出假定的分布。

条件矩模型在理论上是很严格的，其基本方程的导出没有采用任何简化假设，因而适用于各种湍流燃烧过程，但其计算量较大。目前 CMC 仍在改进和发展之中，其应用范围正在扩大。Han 和 Hah[56] 进行了这方面的初步尝试，他们将 CMC 应用于一台直喷式柴油机燃油喷射和燃烧过程的模拟，其基本思路借鉴了 RIF 模型，即用 CMC 计算火焰结构（温度、组分浓度），并使其与计算缸内过程的 CFD 软件 KIVA 相耦合。他们将喷油量分为几等份，按先后顺序喷入计算域内，假定每一份燃油产生一道相应于 RIF 模型中的小火焰。通过求解燃油蒸气质量 $\tilde{F}_i(i = 1, 2, \cdots, n)$ 的输运方程，得到各道火焰中油蒸气的权重因子 $I_j = \tilde{F}_j / \sum_{i=1}^n \tilde{F}_i$，再利用 CMC 方程求出第 i 种组分在第 j 道火焰中的条件平均质量分数 Q_{ij}，则条件平均的 i 组分的

总质量分数为 $Q_i = \sum\limits_{j=1}^{n} Q_{ij} I_j(\boldsymbol{x},t)$，进而就可按方程(4-198)计算 Farve 平均的质量分数 $\widetilde{Y}_i(\boldsymbol{x},t)$ 和温度、内能等参数。KIVA 与 CMC 的互动及整个计算流程如图 4-27 所示，其中 N 是标量耗散率，PDF 采用了 β 函数。

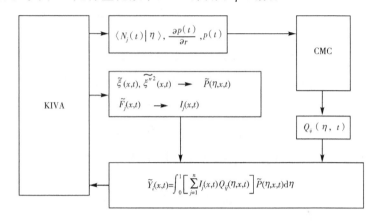

图 4-27　CMC 程序与 KIVA 程序的耦合

4.4.7　基于湍流火焰几何描述的模型

湍流火焰是化学反应流场中具有特殊物理、化学和几何特征的空间曲面(严格地说，是近似于曲面的几何体)。如果我们在分析湍流火焰时，暂时抛开其物理和化学的内涵，而将其视为单纯的几何曲面，则同前述各种模型一样，也可达到使流体动力学与化学解耦，使问题简化的目的。所谓视为单纯的几何面，意味着火焰厚度小得可以忽略，火焰面仅仅是新鲜预混气与已燃气体之间(对预混合燃烧)，或燃料与氧化剂之间(对扩散燃烧)的一个无限薄界面。在对火焰面进行几何分析时，有两种途径：一种是沿火焰面的切向进行，即把火焰面视为等值面，对预混燃烧，是反应度 c 为常数的面；对扩散燃烧，是混合分数 Z 为常数的面。我们可以研究这些等值面的拓扑结构和动力学特性。另一种是从火焰面的法向进行分析，研究在垂直火焰的方向，亦即随着到火焰面的距离，流场的燃烧特性是如何演变的。由这两种途径分别得出了湍流燃烧的火焰面密度模型和火焰距离函数，即所谓 G 方程模型。此外，基于对湍流流场内拟序结构以及分形特征的描述和分析，也发展出一些有特色的燃烧模型。本节将对前三种模型加以介绍，而分形模型则在 4.4.9 节单独讨论。

1. 火焰面密度模型

火焰面密度模型过去曾被称为拟序小火焰模型(coherent flamelet model)，因为它确实与前节介绍的层流小火焰模型有很密切的关系。它的基本假设是,在达姆科勒数 Da 很高的情况下,反应区变得很薄,化学反应尺度小于湍流最小涡的尺度。因此,湍流已经不能影响各处局部火焰的内部结构,而只能使火焰在其自身平面内发生应变和扭曲。因而各局部火焰均可视为是层流火焰,其燃烧率可通过分析一维层流拉伸火焰(如对冲火焰)或利用火焰传播速度关系式来求得。在这些方面,它与层流小火焰模型几乎完全相同。不同的是总的燃烧率的计算方法,它是将单位火焰面积(即所谓火焰面积密度)的燃烧率对整个火焰面积积分来求出的。因此称为火焰面积密度(简称为火焰面密度)模型。

火焰面密度 Σ 的严格定义是单位体积所拥有的火焰面积:$\Sigma = \delta A/\delta V$,亦即火焰的比表面积。于是,组分 i 的平均燃烧率可表示为

$$\overline{\dot{\omega}_i} = \dot{\Omega}_i \Sigma \tag{4-200}$$

其中,$\dot{\Omega}_i$ 是当地的单位火焰面积的平均燃烧率在火焰面法向(即"厚度"方向)的积分。显然,$\dot{\Omega}_i$ 取决于当地火焰锋面的特性,而且可按其对应的层流原型火焰来计算。式(4-200)的最大优点是简捷地实现了化学动力学(体现在 $\dot{\Omega}_i$ 中)与湍流(体现在 Σ 中)的解耦。

火焰面密度的计算大致有三种方法,即利用经验性的代数表达式、求解 Σ 的输运方程和借助分形理论。

1) 计算火焰面密度的代数公式

Bray 和 Libby[57] 根据新鲜混合气与已燃气体之间存在湍流间歇性的假设,导出了下列公式:

$$\Sigma = g\frac{\overline{c}(1-\overline{c})}{\sigma_y L_y} = \frac{g}{\sigma_y L_y}\frac{1+\tau}{(1+\tau\overline{c})^2}\overline{c}(1-\overline{c}) \tag{4-201}$$

式中,g 是量级为 1 的常数;τ 是湍流时间尺度;L_y 是湍流火焰锋上皱折的长度尺度,一般假定它与湍流的积分尺度 l_t 成正比:

$$L_y = C_l l_t \left(\frac{S_L}{u'}\right)^n \tag{4-202}$$

其中,C_l 和 n 均是量级为 1 的经验常数;S_L 和 u' 分别是层流火焰速度和湍流度。方程(4-201)中的 σ_y 称为小火焰方向系数,它反映了小火焰的空间方位对 Σ 的影响,可根据火焰锋法线与平均火焰刷(见图 4-19)之法线的夹角来计算,或者按火焰锋与反应度 $\overline{c}$ 的等值面的平均夹角来计算。但在实际应用中,一般取为常数 $\sigma_y \approx 0.5$。该公式在文献中被称为 BML 模型。经实验验证,表明有足够的精度。

2) 求解火焰面密度输运方程

火焰面密度作为湍流燃烧过程的一个特征参数,也是一个可输量,因而我们

可推导出其输运方程。推导的步骤类似于 PDF 的输运方程。其中间过程和最后的数学表达式都相当复杂[46]，这里均略去，只给出方程的示意形式：

$$\frac{\partial \Sigma}{\partial t} + \nabla(\widetilde{U}\Sigma) = \nabla\left(\frac{\nu_t}{\sigma_\Sigma}\nabla\Sigma\right) + S_1 + S_2 + S_3 - D \tag{4-203}$$

上式具有标准的输运方程形式。其中左端两项和右端第一项分别是 Σ 的时间变化率、对流项和扩散项，其中 σ_Σ 是 Σ 的普朗特数。最后一项 D 代表火焰面积的耗散项，而其他三项 S_1、S_2 和 S_3 为火焰面积的源项，分别代表平均流场作用在火焰表面的应变率、湍流脉动产生的应变率以及其他因素引起的 Σ 的增加或减少。需注意的是，这四项中都含有未封闭的湍流相关矩，因而必须分别为其建立模型，使方程封闭后才能求解。迄今为止，各国的研究者已经提出了为数不少的模型。稍后，我们将结合火焰面密度在内燃机中的应用，介绍一种用模型封闭后的 Σ 方程。

3）用分形理论计算火焰面密度

由于湍流火焰是一种典型的分形结构，其几何特征可以方便地利用分形理论加以定量描述。例如，Gouldin 等[58,59] 提出了如下公式：

$$\Sigma = \left(\frac{L_o}{L_i}\right)^{D-2}/L_o \tag{4-204}$$

式中，D 是湍流火焰的分维数；L_i 和 L_o 分别是湍流特征尺度的内、外截止点。关于分形理论的基本概念及其在内燃机湍流燃烧模型中的应用，将在 4.4.9 节专门介绍。

文献[60] 应用火焰面密度的代数公式计算了一台火花点火式发动机的湍流燃烧，其采用的公式与式(4-204) 略有不同：

$$\Sigma = \bar{c}(1-\bar{c})/L_y \tag{4-205}$$

长度尺度 L_y 按下式计算：

$$L_y = \frac{1}{C_o}\frac{\nu}{u_L^o}\left[\left(1 + C_f\frac{u'}{u_L^o}\right)\exp\left(-C_{L_1}\left(\frac{u'}{u_L^o}\right)^{C_{L_2}}\right)\right]^{-1} \tag{4-206}$$

其中，ν 是分子运动黏度；u_L^o 是未受拉伸的层流火焰速度，可按下列经验公式，根据当量比 ϕ、温度 T 和压力 p 求出：

$$u_L^o(\phi) = A_1\phi^{A_2}\exp[-A_3(\phi - A_4)^2]\left(\frac{T_y}{T_{ref}}\right)^{A_5}\left(\frac{p_r}{p_{ref}}\right)^{A_6} \tag{4-207}$$

式中，参考温度和压力分别为 $T_{ref} = 300K$，$p_{ref} = 1atm$；模型常数 A_1，A_2，$\cdots$，A_6 与燃料类型有关，对于丙烷和异辛烷，各 A_i 的具体数值以及方程(4-206)中各常数 C、C_f、C_{L1} 和 C_{L2} 的数值均在文献[60]中给出。

确定 Σ 之后，质量燃烧率就可方便地得出

$$\bar{\omega} = \rho u_L^o I_o\Sigma \tag{4-208}$$

其中，I_o 是火焰密度因子，代表火焰在流场中的应变对燃烧率的影响，参见

4.4.8 节。

Masculus 和 Rutland[61] 对柴油机的燃烧过程进行了系统的模拟。他们提出了一个"三段模型",即把整个燃烧过程划分为互不相同而又有所重叠的三个阶段:低温着火段、高温预混合燃烧段和扩散燃烧段。着火过程用 Shell 模型计算;高温预混燃烧用单步 Arrehenius 公式模拟,而扩散燃烧则采用了火焰面密度模型,并且通过求解输运方程来确定火焰面密度。

Σ 的输运方程被进一步简化为

$$\frac{\partial}{\partial t}(\bar{\rho}\tilde{\Sigma}) + \frac{\partial}{\partial x_j}(\bar{\rho}\tilde{\Sigma}\tilde{u}_j) = \frac{\partial}{\partial x_j}\left(\frac{\nu_t}{\sigma_\Sigma}\frac{\partial \Sigma}{\partial x_j}\right) + P + D \tag{4-209}$$

这里用 Σ 的产生项 P 和破坏项 D 代替了方程(4-203)中的三个源项和耗散项。P 表示流场(包括平均流和湍流)对火焰的拉伸和变形作用引起的火焰面积的增加,可简单地模拟为

$$P = \alpha\tilde{\varepsilon}_s\tilde{\Sigma} \tag{4-210}$$

其中,$\tilde{\varepsilon}_s$ 是流场引起的火焰面应变率,模型常数 $\alpha = 20$。$\tilde{\varepsilon}_s$ 包括平均流和湍流两部分作用。前者与流场的散度(体变形率)相联系,后者与涡团脉动的应变率,即耗散率 ε 相关。由此得出 $\tilde{\varepsilon}_s$ 的模拟公式

$$\tilde{\varepsilon}_s = -\frac{1}{4\alpha}\boldsymbol{\nabla}\cdot\bar{\boldsymbol{u}} + \sqrt{\frac{\varepsilon}{3\nu}} \tag{4-211}$$

ε 可由 k-ε 湍流模型方便地得到。一般脉动应变率远大于平均应变率,故上式中第一项可忽略。同时利用涡黏度模型中,$\nu_t \propto k^2/\varepsilon$ 的关系,式(4-211)可简化为

$$\tilde{\varepsilon}_s = \varepsilon/k \tag{4-212}$$

输运方程(4-209)中 Σ 的破坏项 D 可由多种因素引起,包括当地反应物的耗尽,火焰的过度拉伸以及壁面激冷等。这些现象都导致小火焰的局部熄灭而使 Σ 减小。反应物耗尽的影响可模拟为

$$\frac{\mathrm{d}\Sigma}{\mathrm{d}t}\Big|_{\text{Reactant Depletion}} = \beta_1\left[\frac{\rho_{o,\infty}V_{D,o}}{\bar{\rho}_{o,\infty}} + \frac{\rho_{f,\infty}V_{D,f}}{\bar{\rho}_{f,\infty}}\right]\Sigma^2 \tag{4-213}$$

其中,β 是模型常数,文献[61]的计算中取 $\beta = 5$;$V_{D,f}$ 是单位火焰面积中燃料的体积消耗率,文献[62]给出了其计算公式:

$$V_{D,f} = Y_{f,\text{TIF},+\infty}\frac{\bar{\rho}}{\rho_{f,\infty}}\sqrt{\frac{\varepsilon_s\overline{D}}{2\pi}}\frac{(\Phi+1)}{\Phi}\mathrm{e}^{-\left[\text{rerf}\left(\frac{\Phi-1}{\Phi+1}\right)\right]^2} \tag{4-214}$$

其中,rerf 表示反误差函数;$Y_{f,\text{TIF},+\infty}$ 是远离火焰处燃料的质量分数;Φ 是基于远离火焰锋面处反应物浓度的当量比;D 是扩散系数。此外,根据反应物是以化学计量比向火焰锋扩散这一事实也可求出 $V_{D,f}$,由于它具有速度的量纲,所以也经常被称为扩散速度。$V_{D,o}$ 则是相应的氧气的扩散速度。$\rho_{o,\infty}$ 和 $\rho_{f,\infty}$ 分别是氧气和燃料在远

离火焰处的密度。

火焰的拉伸使火焰面积增加,但过度的拉伸(超过某一临界应变率 $\varepsilon_{s,cr}$) 又使火焰猝熄,二者在几何上的机理是相同的,故过度拉伸引起的 Σ 的破坏项可用与方程(4-210) 相类似的形式来模拟:

$$D_2 = -2\alpha(\varepsilon_s - \varepsilon_{s,cr})H(\varepsilon_s - \varepsilon_{s,cr})\Sigma \qquad (4\text{-}215)$$

其中,H 是 Heaviside 阶跃函数,临界应变率对于预混火焰为 $10^4 \sim 10^5 \text{ s}^{-1}$ 量级。

最后,火焰在壁面的猝熄也不能忽略。对柴油机而言,接近壁面处燃烧较弱,故在缺乏更好模型的情况下,在计算中可简单地规定所有与壁面相邻单元中的 Σ 的产生项[方程(4-210)] 为零。

将 P 和 D 的模型表达式[式(4-210)、式(4-213) 和式(4-215)] 代入输运方程(4-209) 就可对其进行求解了。一般的做法是将火焰面模型纳入到通用软件(如KIVA,FIRE 等)中,与燃烧室内流场耦合求解。由于方程(4-209) 是标准的标量输运方程,故其求解并不产生新的困难。求出 Σ 之后,总的反应率,即反应物 i 的质量消耗率就很容易确定:

$$\rho_i = \rho_{i,\infty}V_{D,i}\Sigma \qquad (4\text{-}216)$$

式中,$\rho_{i,\infty}$ 是反应物 i 在远离火焰锋处的密度;i 表示燃料或氧化剂。

文献[61] 对多台真实柴油机的燃烧进行了系统的模拟计算。结果显示,该模型明显优于特征时间尺度模型,这是可以预料到的。但模型中包含了若干经验常数,其数值需要通过数值试验来确定,而且其对机型和工况的普适性还需要通过大量的计算来深入考查。图4-28 和图4-29 给出了 Σ 输运方程中源项所含的拉伸系数 α 和破坏系数 β 对计算结果的影响。图中示出了 α 和 β 在放大一倍和缩小一半的范围内(基准值 $\alpha = 20, \beta = 5$) 变动时计算得出的缸内平均压力的变化。图中黑点对应于各种情况下最高压力的位置。图 4-28 显示,当 α 增大一倍或减小一半时,最高

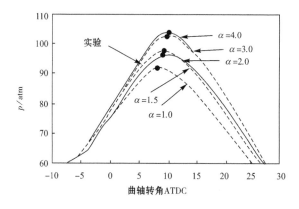

图 4-28　拉伸系数 α 对缸内压力计算的影响

压力均相应增加或减小 10％，可见二者之间大致呈线性关系。最高压力出现的时刻随 α 的增加而略微推迟。图 4-29 显示 β 的影响也呈现出同样的规律，区别仅在于是反向变化，即 β 增大，压力减小。

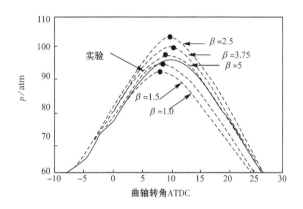

图 4-29 破坏系数对缸内压力计算的影响

2. 火焰距离函数(G 方程) 模型

在计算流体力学中，有一类专门用于跟踪运动界面的方法，称为 Level-set 法。将该方法应用于湍流燃烧问题，就是所谓 G 方程模型。在湍流预混燃烧中，可以将火焰面作为一个具有特征意义的参照面来研究反应流场的特性。Williams 建议引入火焰距离函数 G 这一概念[63]。$G(x)$ 定义为流场中某点 x 到火焰锋面的距离。$G = 0$ 为火焰锋本身所在位置，它将流场划分为两个区域：$G > 0$ 代表已燃区域；$G < 0$ 为未燃区域。因此，距离函数与反应度 c 有确定的对应关系，它在预混火焰中所起的作用相当于混合分数在扩散火焰中的作用，该方法在数值计算的实施上也类似于扩散燃烧的层流小火焰模型。

G 方程可直接由反应度 $\tilde{c}$ 的输运方程转换而来，它具有标准的输运方程形式

$$\frac{\partial \tilde{G}}{\partial t} + \overline{\tilde{u}} \, \boldsymbol{\nabla} \, \tilde{G} = \frac{\rho u}{\overline{\rho}} S_t \mid \boldsymbol{\nabla} \, \tilde{G} \mid \tag{4-217}$$

其中，S_t 是湍流火焰速度，需要由一个专门的模型或经验公式来提供。一旦 S_t 已知，则可由上式解出距离函数的平均值 $\tilde{G}$。同时再利用经验公式或求解输运方程，求出其脉动均方值 $\widetilde{G'^2}$。这样，根据 $\tilde{G}$ 和 $\widetilde{G'^2}$ 可构造出 G 的概率密度函数，再利用事先创建好的层流小火焰数据库，就可求出湍流预混火焰各参数的分布。

由于内燃机的多维流场计算一般都采用随活塞而运动的移动网格，从而给 G 方程的求解和火焰面的跟踪带来了相当的方便。例如，对于采用 ALE 方法的

KIVA 程序而言,由于流场速度是定义在网格单元的顶点上,则描述湍流火焰锋平均位置的 G 方程(4-217)可改写为

$$\frac{\partial \widetilde{G}}{\partial t} + (\widetilde{\boldsymbol{v}}_f - \widetilde{\boldsymbol{v}}_{\text{vertex}}) \cdot \boldsymbol{\nabla} \widetilde{G} = \frac{\overline{\rho}_u}{\overline{\rho}} S_t^0 \mid \boldsymbol{\nabla} \widetilde{G} \mid - D_t \widetilde{k}_m \mid \boldsymbol{\nabla} \widetilde{G} \mid \qquad (4\text{-}218)$$

式中,$\widetilde{\boldsymbol{v}}_f$ 和 $\widetilde{\boldsymbol{v}}_{\text{vertex}}$ 分别是火焰锋处气流速度及网格单元顶点移动的速度;$\widetilde{k}_m$ 是火焰的平均曲率,可以借助 $\widetilde{G}$ 函数表示为

$$\widetilde{k}_m = \boldsymbol{\nabla} \cdot \left(- \frac{\boldsymbol{\nabla} \widetilde{G}}{\mid \boldsymbol{\nabla} \widetilde{G} \mid} \right) \qquad (4\text{-}219)$$

D_t 是湍流扩散率,S_t^0 是湍流火焰速度,可以利用 Peters[63] 给出的公式计算:

$$S_t^0 = S_l^0 + v' \left\{ - \frac{a_4 b_3^2}{2b_1} Da + \left[\left(\frac{a_4 b_3^2}{2b_1} Da \right)^2 + a_4 b_3^2 Da \right]^{1/2} \right\} \qquad (4\text{-}220)$$

式中,$v' = (2k/3)^{1/2}$ 是湍流度;常数 $a_4 = 0.78, b_1 = 2.0, b_3 = 1.0$(均由相关的湍流模型导出)。达姆科勒数 Da 定义为

$$Da = S_l^0 l / v' l_F \qquad (4\text{-}221)$$

其中,l 是湍流积分尺度,取为 $l = 0.16 k^{1.5} / \varepsilon$;$l_F$ 是火焰厚度:

$$l_F = (\lambda/C_p)_0 / (\rho S_l^0)_u \qquad (4\text{-}222)$$

式中,热导率 λ 和比热容 C_p 按火焰内层温度计算,而层流火焰速度 S_l^0 和密度 ρ 则取为未燃混合气的值。

文献[64]应用上述方法,将 G 方程模型与 KIVA-3 程序相耦合,同时利用假设 PDF 的方法对一台以丙烷为燃料的直喷式火花点火发动机的燃烧和 NO_x 排放进行了模拟计算,结果与实验吻合较好。其特点是较真实地反映了火焰在燃烧室内的传播情况,特别是捕获到在壁面附近火焰传播减缓的特征。这一点用其他燃烧模型是难以做到的。

G 方程模型的主要优点是不需了解火焰内部结构的细节,而将整个湍流火焰作为一个移动和传播的界面来分析。这对于那些主要注重火焰宏观特性的应用场合是一个很好的选择。

4.4.8 ECFM-3Z 模型

拟序火焰模型(coherent flame model, CFM)是基于火焰面密度概念的一类燃烧模型,在前一节已做过简介。CFM 主要适于湍流预混合燃烧。它假定燃料的氧化反应发生在一个火焰薄层中,此薄层把已燃气体与未燃气体分隔开并向着未燃混合气一侧传播。CFM 模型的核心思想是,在达姆科勒数很高的条件下,由于火焰很薄,可以认为燃料的平均燃烧率等于火焰面密度(即单位火焰体积所具有的火焰表面积)与单位火焰面积的反应率之乘积,而后者通常利用当地层流火焰速

度来求出。火焰面密度是通过求解其输运方程得出，这一点特别适用于发动机中的非平衡燃烧过程的模拟。因为发动机工作的瞬变性，燃烧会引起火焰皱褶的增加，其火焰面密度的变化是一非平衡过程，只有求解输运方程才能得出较准确的预测。

Colin 等[65]对 FCM 进行了改进，使其能够应用于非均匀的预混合燃烧，特别是燃烧过程远较一般的湍流预混燃烧复杂的火花点火式发动机。在这类发动机中，缸内混合气并非完全均匀，而是有明显的分层，而且可能含有再循环的废气（EGR）。改进后的 CFM 称为 ECFM(extended FCM)。它不仅可计算汽油机的点火，预混合燃烧和爆震，还可以计算污染物的形成。ECFM 主要的改进包括：

（1）改进了局地的新鲜气体和已燃气体的状态参数的计算方法，从而可以考虑缸内混合气分布不均匀和大尺度分层现象。

（2）可考虑多组分燃料对燃烧过程的影响，并计算多组分燃料的爆震。

（3）通过构建组分方差（脉动均方值）及标量耗散率的模型考虑混合气小尺度分层的影响。

（4）对火花点火模型 AKTIM 进行了改进，从而可纳入湍流对点火及燃烧初始阶段的影响。

ECFM 模型与大多数湍流燃烧模型一样，假定燃料与空气在局地达到了较充分的混合状态，即认为燃料在反应区即使有分层但并不明显，因此，用方差加标量耗散率的模型就可以足够准确地描述混合气的状态。但对柴油机而言，这一假设与实际有较大偏差，这是因为燃油喷射时油滴与周围空气之间形成了浓度的高度分层。要精确描述这种分层，理论上可采用条件矩方法，对燃料浓度即混合分数的所有取值都加以考虑，但条件矩的计算成本太高，有必要寻求一种较简便又能考虑混合气在反应区的分层的方法。正是这一思想导致了 ECFM-3Z 模型的产生。

1. ECFM-3Z 模型的原理

ECFM-3Z 模型[66]是 ECFM 模型的进一步扩展，使其既可以用于预混合火焰，也可以用于扩散火焰。这里 3Z 意为 3 区，即为了考虑燃料与空气的混合与扩散燃烧过程，与 EDC 模型类似，采用一种亚网格描述方法，将每个计算网格进一步划分为 3 个区：一个纯燃料区，一个纯空气并包括可能存在的废气（EGR）区，和一个燃料与空气并存的混合区。而且随着燃烧的进行，由于预混火焰的形成与传播，将各区再一分为二地分成已燃区和未燃区，这样整个单元进一步细分为 6 个区。以火焰形式传向未燃区的燃烧为预混燃烧（PF），而已燃区中的燃烧则为扩散燃烧（DF）。这样的理论假设更接近柴油机的实际燃烧过程。图 4-30 为 ECFM-3Z 模型的概念示意图。

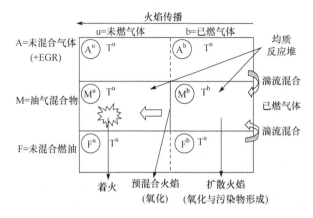

图 4-30　ECFM-3Z 模型概念示意图

在 ECFM-3Z 模型中，为了同时兼顾预混与非预混燃烧两种情况，借用了条件矩的思想，应用一种简化的双条件的描述法反映气体的亚网格状态（包括混合状态和反应状态）下的参数分布。即混合气的状态是由两个参数 Z 和 c 描述的。这里，Z 是混合分数，c 是反应进展变量，简称反应度。数学上，相当于两个条件变量，但与条件矩方法不同的是，Z 和 c 的相空间不是用大量的离散值来表示，而是仅分别用三个和两个值代表，即气体的混合状态和反应状态可以分别借助三个和两个 delta 函数（脉冲函数）描述。

于是，混合分数 Z 的概率密度函数可表示为

$$P(Z) = a\delta(Z) + b\delta(Z - \bar{Z}^M) + c\delta(Z - 1) \tag{4-223}$$

上式右端三项分别对应未混合的空气区 A、混合区 M 和未混合的燃料区 F。这意味着，原本连续分布的 Z 简化为只取 3 种值。其中 $\bar{Z}^M$ 是混合分数在混合区的平均值。混合分数是用人为规定的一个燃油示踪组分 Y_{TF} 来定义的[66]。燃油区包括液相燃油区和纯气相燃油区。它通过湍流混合的方式向油气混合区进行传输。空气区中的氧气（包括 EGR 气体）通过湍流混合的方式也不断被卷吸到燃烧区中。

对于反应状态，则用反应度

$$\tilde{c} = 1 - \frac{\bar{m}^u}{\bar{m}} = 1 - \frac{\widetilde{Y}_{Fu}^u}{\widetilde{Y}_{TFu}} \tag{4-224}$$

描述燃烧反应的进程，即计算单元内未燃气和已燃气的质量变化。反应度 c 被假定为双 delta 函数分布。即只考虑两种状态：当已燃气质量为零，则 c 值为 0；当混合区内所含全部燃油质量已耗尽时，其值为 1。分别用上标 u 和 b 表示未燃新鲜气和已燃气体，如 M^u 是未燃预混合区，自燃（AI）即发生在该区，预混合气形成的量直接影响到着火反应的强度。采用这种双条件描述法（混合态与反应态），不仅可考虑微尺度下燃料与温度分层引起的湍流与燃烧的相互作用，而且可以全面描述各种燃

烧模式下燃烧反应的进程。

为了理解燃烧过程中各区的演变历程,现以直喷式燃烧室为例,结合图 4-31 加以说明。一开始,燃烧室内只有单纯的空气,存在于 A^u 区。当喷入燃烧室内的液相燃油喷雾蒸发后形成的油蒸气进入 F^u 区。此时燃油和空气最初是完全没有混合的,故混合区 M 不存在,如图 4-31 中工况 A 所示。混合模型使未混合的燃油和空气向 M 区传递,如图 4-31 中工况 B 所示。M^u 区一旦形成并达到着火延迟期后,即发生自燃着火。M^u 区中的新鲜气体开始快速消耗,形成的已燃气体则进入 M^b 区,如图 4-31 中工况 C 所示。

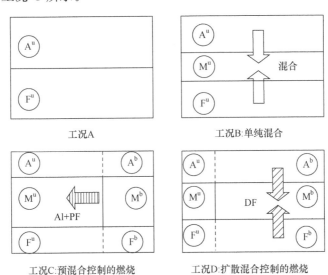

工况A

工况B:单纯混合

工况C:预混合控制的燃烧

工况D:扩散混合控制的燃烧

图 4-31　ECFM-3Z 模型燃烧过程中各区的演变历程

火花点火式发动机是通过火花塞实现点火,并产生一道预混合火焰将未燃气体与已燃气体分开。在此情况下,ECFM-3Z 带有专门的点火模型,并且通过火焰面密度模型计算燃烧进程。M^u 区中的未燃混合气被消耗而转化成 M^b 区中的已燃气,同样导致图 4-31 中的工况 C。

在已燃气体区 M^b 中,进行火焰后化学反应的计算,包括用 Arrhenius 公式计算可能存在的剩余燃油的氧化(如果混合气很浓或是扩散火焰),NO_x 和 CO 的形成以及化学平衡计算,这样可以获得精确的已燃气体温度,还可以计算排放物种类(NO、CO 和碳烟)的浓度。

对柴油机类型而言,即使燃烧反应在混合区中已经开始($c > 0$),存在于 F 区和 A 区的未混合燃油和空气同样对燃烧反应具有重要作用,如图 4-31 中工况 D 所示。此时这些未混合气体继续向混合区中移动。F 区中份额为 c 的那部分气体(对应于图中 F^b 区),与 M^b 区的已燃气体混合,随后在 M^b 区中通过火焰后化学反应被消耗；A^b 区中的空气也同样被消耗。由于混合时间通常远大于化学时间，因此 M^b 区中的燃烧是混合控制的燃烧，即扩散火焰燃烧。份额为 $(1-c)$ 的另一部分未混合气体的则与 M^u 区中的未燃气体混合，随后被自着火及预混合燃烧消耗。值得注意的是，F^u 和 F^b 区中的气体具有相同的组分和相同的温度 T^u，只是它们假定所处的位置不同，A^u 和 A^b 区也同样。

综上所述，ECFM-3Z 模型通过对燃烧过程的系统而全面的描述，使 AI、PF、DF 等所有的燃烧方式都可以在此模型中展现出来，因而该模型适用于所有类型的燃烧装置，而不必事先估计可能发生的燃烧类型，正是由于这一突出的优势，使得 ECFM-3Z 模型近年来在发动机及相关领域的研究和工程开发中都得到了广泛的应用。

2. 气体状态的描述

各组分质量分数在网格单元内的 Favre 平均值通过求解其如下形式的输运方程得出：

$$\frac{\partial \bar{\rho}\widetilde{Y}_X}{\partial t} + \frac{\partial \overline{\rho}\overline{u}_i\widetilde{Y}_X}{\partial x_i} = \frac{\partial}{\partial x_i}\left[\left(\frac{\mu}{Sc} + \frac{\mu_t}{Sc_t}\right)\frac{\partial \widetilde{Y}_X}{\partial x_i}\right] + \bar{\omega}_x \tag{4-225}$$

其中 x 代表任一组分，以燃油为例，全部燃油分为两部分：新鲜气体中的燃油 $\widetilde{Y}^u_{Fu}$ 和已燃气体中的燃油 $\widetilde{Y}^b_{Fu}$。$\widetilde{Y}^u_{Fu}$ 是通过自着火和预混合燃烧消耗的，而 $\widetilde{Y}^b_{Fu}$ 是通过扩散燃烧消耗的。这两部分燃油的输运方程分别如下：

$$\frac{\partial \bar{\rho}\widetilde{Y}^u_{Fu}}{\partial t} + \frac{\partial \overline{\rho}\overline{u}_i\widetilde{Y}^u_{Fu}}{\partial x_i} = \frac{\partial}{\partial x_i}\left[\left(\frac{\mu}{Sc} + \frac{\mu_t}{Sc_t}\right)\frac{\partial \widetilde{Y}^u_{Fu}}{\partial x_i}\right] + \bar{\rho}\widetilde{S}^u_{Fu} + \bar{\omega}^u_{Fu} - \bar{\omega}^{u \to b}_{Fu}$$

$$\frac{\partial \bar{\rho}\widetilde{Y}^b_{Fu}}{\partial t} + \frac{\partial \overline{\rho}\overline{u}_i\widetilde{Y}^b_{Fu}}{\partial x_i} = \frac{\partial}{\partial x_i}\left[\left[\frac{\mu}{Sc} + \frac{\mu_t}{Sc_t}\right]\frac{\partial \widetilde{Y}^b_{Fu}}{\partial x_i}\right] + \bar{\rho}\widetilde{S}^b_{Fu} + \bar{\omega}^b_{Fu} - \bar{\omega}^{b \to b}_{Fu} \tag{4-226}$$

上式中，源项 $\widetilde{S}_{Fn}$ 表示燃油液滴蒸发产生的气相燃油，它根据燃烧进程分为未燃和已燃两部分，并按下式计算：

$$\widetilde{S}^b_{Fn} = \widetilde{S}_{Fu}\tilde{c}, \widetilde{S}^u_{Fn} = \widetilde{S}_{Fn}(1-\bar{c})$$

如果局部燃空当量比高于化学计量比，则表示新鲜气体中没有足够的氧气用以完全氧化燃油。此时，M^u 区中燃油的一部分被预混合燃烧或被自着火消耗，而不能被氧化的那一部分则转移到已燃区 M^b 中进行后氧化。同样，当自着火或预混合燃烧进行时，F^u 区中的燃油则完全没有消耗，这部分燃油被整体地转移到已燃气体区域 F^b 中。源项 $\bar{\omega}^{a \to b}$ 正是代表这部分燃油质量的传递。显然，在未燃燃油和已燃燃油方程中该项具有相反的符号。反应率 $\bar{\omega}^u_{Fa}$ 代表通过自着火或预混合燃烧方式消耗的未燃燃油的氧化，反应率 $\bar{\omega}^b_{Fa}$ 代表通过扩散燃烧方式消耗的已燃燃油的氧化。

燃烧率的计算要用到各组分与温度的条件值(亚网格值)。为此必须首先了解条件量和非条件量的区别与联系。混合区某组分 X 的条件平均密度 $\bar{\rho}_X^{\rm M}|_{\rm M}$ 与无条件平均密度 $\bar{\rho}_X^{\rm M}$ 有如下关系:

$$\bar{\rho}_X^{\rm M}|_{\rm M} = \frac{\overline{m}_X^{\rm M}}{V^{\rm M}} = \frac{\overline{m}_X^{\rm M}}{V}\frac{V}{V^{\rm M}} = \bar{\rho}_X^{\rm M}C_{\rm VM} = \bar{\rho}^{\rm M}|_{\rm M}\widetilde{Y}_X^{\rm M}|_{\rm M} \qquad (4\text{-}227)$$

式中,$V_{\rm M}$ 是混合区所占体积;$C_{\rm VM}$ 是体积分数。混合区的条件平均密度 $\bar{\rho}^{\rm M}|_{\rm M}$ 可表为

$$\bar{\rho}^{\rm M}|_{\rm M} = (\bar{\rho} - \bar{\rho}^{A+F})C_{\rm VM} \qquad (4\text{-}228)$$

知道了 C_{cM} 和 $\bar{\rho}^{\rm M}|_{\rm M}$,就可以按式(4-227)求得未燃燃料和已燃燃料的条件平均的密度,分别表示为 $\bar{\rho}_{\rm Fu}^{\rm u,M}|_{\rm M}$ 和 $\bar{\rho}_{\rm Fu}^{\rm b,M}|_{\rm M}$。

M 区中条件平均的质量分数可分为未燃新鲜气和已燃气体两部分:

$$\widetilde{Y}_x^{\rm M}|_{\rm M} = \widetilde{Y}_x^{\rm u,M}|_{\rm M} + \widetilde{Y}_x^{\rm b,M}|_{\rm M} \qquad (4\text{-}229)$$

引入燃油示踪组分的原因可解释如下:$\widetilde{Y}_{\rm TFu}$ 可视为燃烧开始以前燃油的质量分数,对于理想混合的工质而言,$\widetilde{Y}_{\rm TFu}$ 在空间和时间上都是不变的。但在实际情况下,由于不可能实现理想混合,所以要随空间和时间而变化。为了精确地计算 $\widetilde{Y}_{\rm TFu}$,引入人为定义的一个燃油示踪组分 $T_{\rm Fu}$,其密度为 $\bar{\rho}_{\rm TFu} = \bar{\rho}\widetilde{Y}_{\rm TFu}$。这种示踪组分可以像它所代表的真实组分一样进行对流与扩散,但它不参与燃烧过程,因而不会因燃烧而损耗,也不影响热力学平衡。其输运方程与一般组分的相同,只是不含反应源项。所以可以作为一个相对参考量使用。

3. 燃烧率的计算

方程(4-226)中燃烧率的计算需根据燃烧模式的不同而采用不同方法。预混合燃烧(PF)是通过求解火焰面密度 Σ(或 $\sigma,\Sigma = \rho\sigma$)的输运方程(参见式(4-203))计算,其具体形式如下:

$$\frac{\partial \rho\sigma}{\partial t} + \nabla\cdot(\rho\sigma u) - \nabla\cdot\left(\frac{\mu}{\sigma_\Sigma} + \frac{\mu_{\rm t}}{\sigma_\Sigma}\nabla\sigma\right)$$

$$= \left(\frac{2}{3}\nabla\cdot u + \alpha\Gamma\frac{\varepsilon}{k} + \frac{2}{3}\frac{\rho_{\rm u}}{\rho_{\rm b}}U_1\frac{S}{V_{\rm b}} - \beta U_1\frac{\Sigma}{1-\bar{c}} - \frac{2}{3}\frac{1}{\gamma p}\frac{{\rm d}p}{{\rm d}t}\right)\Sigma + \phi(\Sigma) \qquad (4\text{-}230)$$

其中,右端括号内的 5 项中前 3 项分别代表平均流的压缩性(即体积变化)、湍流的拉伸作用、火焰的热膨胀和曲率引起的火焰面密度的增加;后两项表示燃料消耗和压力变化引起的火焰面密度的损耗。$\bar{c} = 1 - (\rho Y_{\rm f})/(\rho_{\rm u}Y_{\rm Tf})$ 是平均反应度,U_1 是层流火焰速度,S 是火焰面积,$V_{\rm b}$ 是已燃气体体积,α 和 β 是经验常数,$\alpha = 1.6$,$\beta = 1.0$,Γ 是间隙性湍流净火焰拉伸(intermittent turbulent net flame stretch, ITNFS)[68] 函数。源项 $\phi(\Sigma)$ 表示点火期间火花塞产生的对流作用的影响。注意火

焰面输运方程在不同文献中有不同的表达式，使用时应注意根据其适用条件和场合选用。

于是燃料消耗率即燃烧率可表为

$$\bar{\omega}_{Fu}^{u} = \bar{\rho}^{u,M} \mid_{M} Y_{Fu}^{M} \mid_{M} U_l \Sigma \quad \bar{\omega}_{Fu}^{u} = \bar{\rho}^{u,M} \mid_{u,M} \widetilde{Y}_{Fu}^{u,M} \mid_{u,M} U_l \Sigma \quad (4\text{-}231)$$

层流火焰速度可根据条件采用不同的公式计算，例如

$$U_l = S_{l0} \left(\frac{T_u}{T_0}\right)^a \left(\frac{p}{p_0}\right)^b (1 - 2.1 X_{res}) \quad (4\text{-}232)$$

式中，S_{l0} 是 $T_0 = 300K$，$P_0 = 1bar$ 状态下的绝热火焰速度；P_0 和 T_0 分别是参考压力和温度；T_u 是已燃气体的温度；X_{res} 是剩余气体的摩尔分数；a、b 是经验常数。

预混火焰后的扩散燃烧(DF)用 EBU(EDC) 模型求解，即认为燃烧率与燃料及空气卷入热的已燃气体的混合率成正比。这意味着，被输送到已燃气体区的燃料（过浓而不能被预混合燃烧消耗的燃料蒸气小团块，或穿透到已燃气体区的油滴蒸发所产生的蒸气）经过一个短暂的滞燃期后立即被全部消耗，详情可参见文献[65]。至于点火过程(AI)，可采用 AKTIM 模型或其他模型。

4. AKTIM 火花点火模型

与 ECFM 模型相配套，Colin 等[69] 还提出一个适合于火花点火发动机的点火模型，称为跟踪电弧和火焰核的点火模型(arc and kernel tracking ignition model, AKTIM)，它能够计算滞燃期及火焰核的形成和发展，并确定火焰和已燃气体的初值及其在点火位置周围的分布。

AKTIM 由 4 个子模型组成(图 4-32)。第一个子模型用于模拟火花塞电感系统，计算次级线圈所能提供的用于点火的电能等参数。第二个是电火花子模型，是用有规则地沿火花轨迹布置的一组颗粒表示，并随时间增长在平均流场的拉伸作用下而延伸，其长度可以达到电极间距离的数倍。第三个是火核子模型，火核也由一组拉格朗日示踪粒子描述，每个火核可以视为发动机在一个特定循环内的球形初始火焰，其发展历程同样用 ECFM 模型描述。其间，此火焰形状和动态特性在平均流与湍流的对流作用下发生变化。它从电路获得能量，而通过与火花塞的接触消耗能量。第四个子模型通过一组与燃烧室网格无关的固定的颗粒描述火花塞自身，因此当活塞运动时，对火花塞无需重新划分网格。

AKTIM 模型可以模拟火花塞提供的电能的大小、缸内充量分层、火花塞引起的热损失、缸

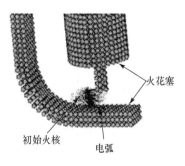

火花塞

初始火核　　电弧

图 4-32　AKTIM 火花
点火模型示意图

内湍流特性对早期火核发展的影响等多种点火过程的影响因素.它与 ECFM 相结合,可以对汽油机的点火与燃烧过程给出较为切合实际的模拟结果。

4.4.9　湍流火焰传播的分形模型

我们已经知道,湍流火焰与层流火焰的主要区别是,在湍流涡团的强烈扰动作用下,湍流火焰的锋面不再保持为一个比较规则而光滑的薄层,其反应面大大加宽,而且受到剧烈的拉伸和扭曲,从而产生皱褶和破碎,使其实际表面积大为增加,以致从表面燃烧转变为容积燃烧,从而使燃烧率较之层流燃烧成倍地提高。

我们在 4.2 节中讨论汽油机的准维燃烧模型时已经提到,研究汽油机燃烧率的一个传统方法是在层流火焰理论的基础上,引入一定的假设考虑湍流效应,从而得出计算湍流火焰速度的半经验公式。其典型代表是 Damköhler 和 Shelkin 所创立的皱折层流火焰的表面燃烧理论。这一理论认为燃烧率的增大与火焰前锋面积的增大成正比,并进一步假定发生扭曲变形的火焰前锋是由许多锥体的表面之总和组成。这些锥体的底部是一脉动涡团,其直径与湍流积分尺度 l_{I} 成正比,而锥高与湍流强度(脉动速度之均方根 u')及涡团寿命成正比。由此导出的湍流火焰速度的计算公式为

$$\frac{S_{\mathrm{T}}}{S_{\mathrm{L}}} = \frac{A_{\mathrm{T}}}{A_{\mathrm{L}}} = \sqrt{1 + \left(\frac{2u'}{S_{\mathrm{L}}}\right)^2} \tag{4-233}$$

式中,A 为火焰锋面积,S 为火焰传播速度;下标 L 和 T 分别表示层流和湍流。

实际上,湍流火焰的外形远远偏离了光滑的曲面,因而用经典几何学来确定其表面积产生的误差太大。即使火焰速度与火焰前锋面积成正比的假设是正确的,得出的湍流火焰速度也往往失真。正是在这点上,分形几何这门新兴学科给我们提供了一个极有用的工具。下面先对分形几何的基本概念作一简单介绍,然后再讨论它在内燃机湍流火焰传播模型中的应用。

1. 分形几何的基本概念

大家知道,几何学的研究对象是物体的形状,而经典几何学是以规则而光滑的几何形状为其研究对象的。如初等平面几何的主要研究对象实质上是直线与圆;平面解析几何的研究对象是一次与二次曲线;微分几何的研究对象是光滑的曲线与曲面;而代数几何的研究对象是真空间中的代数曲线。概言之,经典几何学实际是对客观世界中物体形状的近似的或抽象化的描述。例如把凹凸不平的地球表面看做光滑的球面;把阶梯形的山坡看成一个斜面等等。然而在自然界中,绝大多数事物都是既不规则又不光滑的,例如弯弯曲曲的海岸线,起伏不平的山脉,变幻无常的浮云,千姿百态的生物等等。尽管把它们近似地视为光滑物体并不妨碍我们得到大体正确的结论,但是随着科学技术的进步,人们对事物认识的准确性和深刻性要

求越来越高,把不规则的物体形状加以规则化的处理方法已经不能令人满意。基于这样的认识,美国数学家 Mandelbrot 于 20 世纪 70 年代创立了一门新的几何学——分形几何(fractal geometry)[70],用以刻画自然界和社会生活中的不规则形象,并已日益广泛地渗透到各个学科领域,获得了不少可喜的成果。现在我们有充分的理由说,分形几何比人们司空见惯的简单而规则的几何图形更能接近于大自然的本来面目。

所谓"分形"(fractal),源于拉丁文 fractus,是 Mandelbrot 杜撰的一个新名词,用来指那些不规则的、零乱分散的、凹凸不平的、支离破碎的图形。分形几何中最重要的两个概念是分数维数(简称分维)和自相似性。

在经典几何学中,点是零维的,直线和各种曲线是一维的,平面和各种曲面都是二维的,空间是三维的。这种维数只取整数值,是拓扑学意义下的维数,记为 D_T,而在分形几何中的分形维数 D,可以是整数,也可以是分数,甚至是无理数,利用分维的概念能够更准确地描述曲线或图形的非规则性特性。

我们来看一条经典的分形曲线,即所谓 Koch 雪花曲线的构造过程。如图 4-33 所示,取一个正三角形作为源多边形[图 4-33(a)],取一条折线作为生成器或生成线[图 4-33(b)]。构造规则是从边长 $3s$ 的等边三角形开始,让其每一条边按生成线变形,即在每条边的居中的三分之一段上作一边长为 s 的等边三角形,并把每一三角形的底边抹掉,于是得到六角形[图 4-33(c)],如此类推变下去,第一次变成[图 4-33(c)],第二次变成[图 4-33(d)]。随着变形的进行,图形变得越来越复杂。图形的周长将趋于无穷大,但面积却为有限值,即趋于三角形面积的 8/5。极限曲线是连续的,但处处不光滑,即不可微。这与经典几何学所研究的处处续,至少分段分片光滑的曲线和曲面形成了两个极端。这是对客观物体的形状从两个相反的方向进行抽象的结果,现实世界中的物体形状介于这两个极端之间。

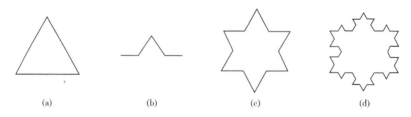

(a)   (b)   (c)   (d)

图 4-33 Koch 曲线的构造过程

显然,经典几何学中维数的概念不能反映出 Koch 曲线这类图形的特征,由此而引出了分维的概念。分形理论的基本观点是维数是可以连续变化的。设某分维曲线的生成线是由 N 条等长直线段连接而成的折线段,若生成线两端的距离与这些直线段的长度之比(相似比)为 $1/r$,则这条分维曲线的维数定义为

$$D_f = \ln N / \ln(1/r)$$

如图 4-33 所示的 Koch 曲线,生成线由 4 段长为 l 的线段组成,生成线两端距离为 $3l$,故相似比为 $1/r = 3$,因此 Koch 曲线的维数为 $D = \ln4/\ln3 = 1.26$。

从 Koch 曲线的生成过程我们已经可以看出它的另一个重要特征——自相似性。自相似性亦即无尺度性。简单地说,就是局部是整体成比例缩小的性质。形象地说,当我们用放大倍数不同的放大镜去观察对象时,所看到的图形都是相同的,即与放大倍数(尺度)无关。自相似性的重要性在于,自然界和人类社会中许多复杂的事物背后均隐含有这种特征,即貌似无规则的表面现象下隐含着无穷嵌套的自相似性的几何结构。一旦认识到这一点,世上大量事物的"无规则性"即以出人意料的规则性呈现在我们眼前。如湍流流场的涡团结构,就是一个具有自相似性的典型的分形系统。

至于分数维的意义,可以这样来理解。一条具有分形特征即自相似性的曲线,例如一段海岸线,无论我们在多大和多小的尺度下来观察和测量,其中始终都充满了迂回曲折,因此,其长度是趋于无穷大,然而其面积却始终是零。所以其维数应大于有限长度光滑曲线的维数 1,而小于有限面积光滑曲面的维数 2。同理,一个具有分形特征的皱折曲面,其维数应大于光滑曲面的维数 2,而小于规则空间的维数 3。由此可见,分数维数表征了图形的不规则程度,图形越不规则,其分维数 D 就越大。换言之,分维数 D 是图形复杂程度及其空间填充能力的量度。因此,分维是一个具有深刻物理内涵的刻画物体表面几何形貌的参数。

Mandelbrot 还证明,对具有分形特征的曲线,如果把用某一尺度 ε 测量它得出的长度 L 与 ε 的关系用对数坐标画出来,则所得结果为一直线,即 L 正比于 ε^{1-D}。同理,用某一尺度测出的分形曲面的面积正比于 ε^{2-D},这里 D 是曲线或曲面的分数维数。这一结论对于我们确定湍流火焰的特性是很有用的。

2. 分形理论在湍流燃烧模拟中的应用

根据分形的定义,我们可以推知,湍流和湍流火焰都具有典型的分形特征。湍流流场中充满了尺度从大到小连续变化的涡团。这些涡团在运动规律和几何特征上都是相似的,只不过尺度不同而已。它们组成了明显的自相似图形族。具有不同尺度的涡团图形在同一时刻互相重叠,从而形成表观上的混沌和无序现象,其背后却隐含着有序性。可见分形理论从几何上给湍流的半随机半有序的特征提供了有力的证据。Mandelbrot 研究了均匀各向同性湍流流场中皱折曲面的分形特征,认为其分维数 D 应在 $2\frac{1}{2}$ 与 $2\frac{1}{3}$ 之间。

前已指出,分形是一种极端现象。在大量的自然现象和工程实际中,满足分形特征的尺度并非在大小两端都是无限延伸的,而是有一定的尺度范围。因而在分析实际问题时,需引入所谓尺度的上下限或内外截止点(inner and outer cutoffs)这样一个概念。其意义是,当特征尺度超过这两个界限时,自相似性不复存在,从而由分形理论导出的公式不再适用。例如就湍流流动和燃烧问题而言,最小尺度显然受到分子输运和耗散过程的限制。因此,其内截止点就是我们熟知的 Kolmogorov 微尺度 l_K。从物理上看,湍流微涡团尺度不能小于 l_K;几何上这意味着,即使测量尺度 ε 趋于零,皱折曲面的面积 A 也只能趋于某一有限值 A_i,而并非无穷大。同理,湍流的积分尺度 l_1 起着外截止点的作用。这意味着,当 $\varepsilon > l_1$ 时,曲面已显得足够光滑,A 将变得与 ε 无关,而不再随着 ε 的增大而减小。图 4-34 用对数坐标示出了 A 与 ε 之间在一定范围内成立的线性关系。其中图 4-34(a) 是不存在内外截止点的情况,图 4-34(b) 是存在内外截止点 ε_i 和 ε_o 的情况,图 4-34(c) 示出了小火焰传播速率对 ε_i 的影响。

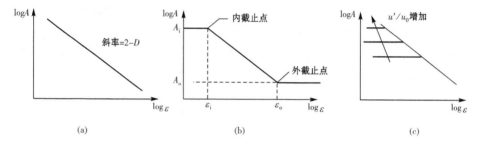

图 4-34　特征尺度的内外截止点

Gouldin[71] 于 1987 年首先将分形理论用于模拟具有皱折层流小火焰形态的湍流预混合燃烧。其基本观点是:① 湍流燃烧率是由火焰面上的皱折变形率,而不是由卷吸作用所控制,其皱折变形过程可利用分形理论计算。② 承认 Shelkin 的假设,即湍流与层流火焰速度之比等于其火焰前锋面积之比。③ 湍流火焰和层流火焰的特征尺度分别为内外截止点,由于面积与尺度的 $(2-D)$ 次方成正比,故有

$$\frac{S_T}{S'_L} = \frac{A_T}{A_L} = \left(\frac{l_K}{l_1}\right)^{2-D} = \left(\frac{l_1}{l_K}\right)^{D-2} = (C^{1/4}Re^{3/4})^{D-2} \tag{4-234}$$

式中,S'_L 是拉伸的层流火焰速度,其意义见下。最后一个等号是根据均匀各向同性湍流统计理论,其中 C 是量级为 1 的常数,$Re = u'l_1/\nu$。应当指出,上式只是一个近似关系,因为内外截止点并不恰等于 l_K 和 l_1,而是具体的湍流结构和火焰变形状态(拉伸扭曲)的函数。上式的比较严格的表达是

$$S_T = S'_L(L_{max}/L_{min})^{D-2} \tag{4-235}$$

L_{max} 和 L_{min} 分别是火焰皱折的最大和最小尺度。

利用式(4-235)计算湍流火焰速度时,必须首先确定如下三个基本参数。

1) 皱折火焰的分数维数 D

目前还没有通用的精确计算方法。一般有两个途径:一个途径是利用实验手段,主要是利用先进的激光高速摄影技术,拍摄湍流火焰的图像,再结合专门的图

像处理技术,从而估算出 D 值。另一个途径是通过半经验理论计算 D。其思路不外乎是根据实验观测结果,引入一定假设,从而建立分维 D 与湍流基本参数之间的半经验公式。对于高雷诺数下湍流预混合火焰,各种理论得出的火焰锋面的 D 一般在 $2.33 \sim 2.41$ 范围内。

Santavicca 等认为产生火焰皱折的机理是以湍流度 u' 为表征的湍流脉动作用[72],而以层流火焰速度 S_L 表征的燃烧过程则具有相反的效应,即迫使火焰皱折变得平滑。基于这种观点,他们提出火焰的分维 D 应当是在两个极限值之间按上述两个相反的因素取加权平均值

$$D = 2.35 \frac{u'}{u' + S_L} + 2.0 \frac{S_L}{u' + S_L} \tag{4-236}$$

式中,系数 2.35 和 2.0 分别为对应于湍流和层流情况下的 D 值。

总的说来,分维 D 的计算迄今尚无严格而准确的方法。幸好实验表明,对于均匀各向同性湍流而言,其分形特征基本相似,因此 D 值变化范围不大。

2) S'_L 与 S_L 的关系

式(4-234)和(4-235)中的 S'_L 是受拉伸的层流火焰速度,而并非普通的未受拉伸的层流火焰速度 S_L,后者可根据热力学参数精确地确定。如果假定 $Pr = Le = 1$,并忽略火焰散热损失,则 S'_L 与 S_L 之间有下列关系:

$$S'_L = S_L(1 - \nu K / S_L^2) \tag{4-237}$$

式中,ν 是未燃混合气的运动黏度;K 是火焰拉伸系数。在发动机中,火焰受到的拉伸主要有两个起因,一个是由于火焰的不稳定膨胀,另一个是引起火焰的最小皱折的那些涡团所发生的应变。这样,K 由两部分组成

$$K = K_E + K_S$$

K_E 和 K_S 分别代表与火焰膨胀和小尺度涡应变率有关的拉伸系数。对于球形火焰在静态混合气中膨胀的简化情况

$$K_E = \frac{2}{r_f} \frac{\mathrm{d}r_f}{\mathrm{d}t}$$

r_f 是火焰的当量球半径。

$$K_S = \sqrt{\frac{\varepsilon}{\nu}} C^{-2/3}$$

式中,常数 C 是最小火焰皱折与 Kolmogorov 微尺度 l_K 的比例系数(即 $L_{min} = C l_K$),对发动机燃烧一般取为 $C = 3.55$;ε 是湍能耗散率。

3) 火焰的最大和最小皱折尺度

如前所述,这两个尺度并不等于湍流积分尺度 l_I 和微尺度 l_K,但二者之间有一定联系。目前对此尚缺乏透彻的研究,故只能根据假设经验性地确定皱折尺度,即 $L_{min} = C l_K$。系数 C 取决于具体的燃烧系统和火焰类型,对于火花点火式发动机,取

为 3.55。

至于 $L_{\max}$,有三种不同的假设:

(1) 假设 $L_{\max}$ 在整个燃烧过程中都等于瞬时火焰的当量球半径 $L_{\max} = r_{\mathrm{f}}$,这一假设代表着 $L_{\max}$ 物理上可能的上限。

(2) 假设 $L_{\max}$ 等于活塞顶与气缸盖之间余隙的高度 h_{g}。有关实验数据表明,积分长度尺度大约为 h_{g} 的 30%,由此可以推出一个简单的关系式,即 $L_{\max}$ 与 $L_{\min}$ 之比约等于湍流积分尺度与微尺度之比

$$\frac{L_{\max}}{L_{\min}} = \frac{h_{\mathrm{g}}}{3.55 l_{\mathrm{K}}} \approx \frac{l_{\mathrm{I}}}{l_{\mathrm{K}}} \tag{4-238}$$

(3) 假设 $L_{\max}$ 等于积分尺度的 2 倍,$L_{\max} = 2l_{\mathrm{I}}$。根据此假设计算得出的燃烧率最小。

一旦确定了 D、S'_{L}、$L_{\max}$ 和 $L_{\min}$ 这几个基本参数之后,就可利用式(4-235)计算湍流火焰速度 S_{T} 或直接利用下式计算质量燃烧率:

$$\dot{m}_{\mathrm{b}} = \rho_{\mathrm{u}} A_{\mathrm{L}} S_{\mathrm{T}} = \rho_{\mathrm{u}} A_{\mathrm{L}} S'_{\mathrm{L}} \left(\frac{L_{\max}}{L_{\min}}\right)^{D-2} \tag{4-239}$$

式中,A_{L} 是层流火焰前锋面积,在球形火焰的假设下,计算式为

$$A_{\mathrm{L}} = \frac{\pi}{4} B^2 \left[2\left(\frac{2r_{\mathrm{f}}}{B}\right)^2 (\beta - \alpha) \right] = 2\pi r_{\mathrm{f}}^2 (\beta - \alpha) \tag{4-240}$$

式中,B 是缸径;r_{f} 是火焰当量球半径,可根据缸内已燃烧区的体积 V_{f} 按下式估算:

$$V_{\mathrm{f}} = \frac{\pi}{8} B^3 \left\{ \left\{ \frac{1}{3}\left(\frac{2r_{\mathrm{f}}}{B}\right)^3 \left[\alpha^3 - \beta^3 - 3(\alpha - \beta)\right] \right\} + \frac{2r_{\mathrm{f}}}{B}\alpha \right\} \tag{4-241}$$

$$\begin{cases} \text{当 } 2r_{\mathrm{f}}/B < 1, & \alpha = 0 \\ \text{当 } 2r_{\mathrm{f}}/B > 1, & \alpha = \sqrt{1 - (B/2r_{\mathrm{f}})^2} \end{cases}$$

$$\begin{cases} \text{当 } r_{\mathrm{f}}/h_{\mathrm{g}} < 1, & \beta = 1 \\ \text{当 } r_{\mathrm{f}}/h_{\mathrm{g}} > 1, & \beta = h_{\mathrm{g}}/r_{\mathrm{f}} \end{cases}$$

燃烧率公式(4-239)可以纳入任何准维燃烧模型,但同时还必须有一个提供湍流尺度的湍流模型,如常用的 k-ε 模型(参见 4.2 节)。这样就可以对汽油机整个燃烧过程以及各种有关参数进行模拟计算。

3. 火花点火发动机湍流燃烧的分形模型

湍流燃烧的分形模型实质上也属于基于火焰几何结构描述的湍流燃烧模型。其中也要用到层流小火焰模型等概念,这从侧面反映了数学描述与物理机理不可截然分割这一事实。就发动机领域的分形燃烧模型而言,美国 Texas 大学 Austin 分校 Matthwes 领导的研究组的工作最为突出,他们在 20 世纪 90 年代前期和中期的

一系列研究取得了开创性的成果[73~76]。他们首先利用分形理论建立了一个火花点火发动机燃烧的双区模型，对一台具有浅盘形燃烧室的发动机进行了比较全面的模拟[73]，所得结果很令人鼓舞，特别是缸内压力变化规律在各种负荷和当量比下，计算结果与实验均完全吻合。

　　该模型在数学上主要是基于 4.4.8 节所介绍的方法，而在物理上则利用了层流拟序小火焰的概念。如图 4-35 所示，宏观的厚度为 S_T 的火焰面将燃烧室分割为已燃区（燃烧产物）和未燃区（可燃混合气），当地火焰速度是拉伸层流火焰速度 S'_L。微观地看，湍流的强烈脉动使火焰锋面（实际厚度为 S_L）发生皱折而形成分形结构，其结果是火焰在应变率和曲率作用下受到拉伸，面积大为增加，燃烧率也随之增加。该模型得出的湍流火焰速度公式为

$$S_T = I_o S_L (\varepsilon_o / \varepsilon_i)^{D-2} \tag{4-242}$$

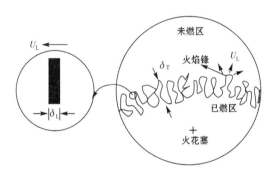

图 4-35　发动机中层流小火焰的分形结构

式中，D 为分维，按式（4-236）计算；I_o 为火焰应变率因子

$$I_o = 1 - K\left(\frac{\nu}{S_L^2}\right) = 1 - \left[\left(\frac{\nu}{S_L^2}\right)\left(\frac{\varepsilon}{\nu}\right)^{1/2} + 2\frac{\delta_L}{r_f}\frac{\rho_u}{\rho_b}\right] \tag{4-243}$$

ε_i 和 ε_o 分别是对应于内外截止点的湍流的耗散率，假定在充分发展的湍流燃烧阶段，它们分别与湍流的 Kolmogorov 微尺度和积分尺度成正比：

$$\varepsilon_o / \varepsilon_i = L / \eta$$
$$\eta = (\nu^3 / \varepsilon)^{1/4}$$

ν 为未燃混合气的运动黏度，式（4-243）中 K 为火焰应度率，r_f 为火焰半径，ρ_u 和 ρ_b 分别为未燃和已燃气体的密度。

　　Zhao 等[77] 提出了与上个模型略有不同的另一个分形燃烧模型，其质量燃烧率公式为

$$\overline{\dot{\omega}}_T = \frac{c_f y_{fu}}{(b_1 - b_2)} \frac{\rho_u S_{Lo}}{MW_f}\left(\frac{\delta_L}{L_t}\right)^{\frac{1}{2}}\left[1 - A'\left(\frac{\delta_L}{L_t}\right)^2 Re_L^{2/3}\right]\frac{Re_L^{\frac{3d_1-4}{4}}}{L_t}\overline{c}(1-\overline{c})$$

$$\tag{4-244}$$

式中,b_1 和 b_2 是燃料在单步燃烧反应中的化学计量系数;MW_f 是燃料相对分子质量;δ_L 是火焰厚度,$\delta_L = V_L/S_{Lo}$;L_t 是湍流积分尺度:

$$L_t = 0.39 k^{3/2}/\varepsilon$$

雷诺数 $Re_L = u'L_t/\nu_L$,其中湍流度 $u' = (2k/3)^{1/2}$;A' 和 c_f 是经验系数,$A' = 0.1$。

分维 D 的计算采用与方程(4-236)有所不同的公式

$$D = 2.0 \frac{200}{Re_L + 200} + 2.35 \frac{Re_L}{Re_L + 200} \tag{4-245}$$

$\bar{c}$ 是反应度,定义为

$$\bar{c} = \frac{\bar{y}_{fu} - \bar{y}_f}{\bar{y}_{fu} - \bar{y}_{fb}}$$

其中,$\bar{y}_f$、$\bar{y}_{fu}$ 和 $\bar{y}_{fb}$ 分别是当地燃料、未燃气体和已燃气体的质量分数。

　　上述模型在物理上只考虑了火焰的皱折效应。但进一步的实验观测表明,在高 Re 和高 Da 数下,汽油机中的湍流火焰可表现出更为复杂的性态。这时,在已经皱折的火焰面的基础上,已燃气体和未燃气体可进一步向对方的领域"侵袭"或"卷吞",使得原本连续而皱折的、局部为层流状的火焰锋发生大尺度的卷曲和回旋,而呈现手指头或半岛的形状,即火焰的"手指头"突伸到主火焰锋的前方,而未燃混合气的"手指头"则突伸到主火焰锋的后方。这种半岛形火焰在机理上与皱折火焰是不同的。主要表现在火焰皱折是发生在湍流积分尺度的量级下,而半岛形火焰卷曲的尺度则要大得多。随着湍流强度与层流火焰速度之比的增大,半岛形火焰对发动机湍流燃烧的作用也越来越大。因此,火花点火发动机的湍流燃烧模型应当包括皱折和半岛这两种不同的燃烧机理。

　　Kido 等[78] 首先提出了一个考虑半岛火焰机理的分形模型。他们用微探头法观测定容弹中的预混合湍流火焰,发现了火焰锋的严重卷曲且有小岛状的已燃或未燃气的团块存在。这些小岛实际上是微小的手指或半岛状结构。他们还发现,湍流度与层流火焰速度的比值 $r_s = u'/S_L$ 是决定火焰结构的重要参数。当 r_s 较小时,火焰为皱折结构,而当 r_s 足够大时,火焰就变为半岛结构。据此他们提出了一个分形模型。假定组成湍流火焰的小火焰具有分形特征,并将小火焰分为两部分,即连续的火焰锋面和位于其后的"反应物小岛"(实际上更可能为半岛)。该模型给出的湍流火焰速度为

$$S_T = (1 - Ka)S_L \left(\frac{\varepsilon_o}{\varepsilon_i}\right)^{D-2} (1 + \xi) \tag{4-246}$$

式中,$(1 - Ka)$ 实际上就是式(4-242)中应变率因子 I_o 的简化。这里 Ka 是 Karlovitz 数,定义为 $Ka = K\delta_L/S_L$。上式与式(4-242)很相似。主要的区别在于参数 ξ,它是表征火焰总体结构的一个指标,并代表由半岛火焰所燃烧的部分与由皱折火焰所燃烧部分之比。ξ 值越大,则半岛火焰对湍流燃烧过程的贡献就越大。ξ 的

计算可根据由定容弹试验所总结出的经验公式计算

$$\xi = 4\left(\frac{\delta_o}{\delta}\right)\left(\frac{\delta}{L}\right)\left(\frac{\varepsilon_o}{\varepsilon_i}\right)^{D-2}\frac{1-Ka}{\exp(cS_L/u')-1} \tag{4-247}$$

式中，c 是经验常数，$c = 4.8$；δ_o 是层流火焰反应区厚度；δ 是预热区厚度：$\delta = \nu/PrS_L$；Pr 是普朗特数。对烃类燃料，δ_o/δ 取值大约为 4.5。

Kido 等认为，对于 $\xi < 0.01$ 的火焰，可称为皱折层流火焰，因为在此情况下，即使火焰锋的皱折可使湍流燃烧率远大于层流燃烧率，但并不存在以反应物小岛形式出现的小火焰。这种情况对应于著名的湍流燃烧模态 Borghi 图中的皱折层流小火焰模态(图 4-36)。在 $0.01 \leqslant \xi \leqslant 1.3$ 的范围内，湍流燃烧速率随着湍流度的增大而增大，直到达到其最大值。此情况称为小岛形反应火焰。它对应于图 4-35 中的波纹小火焰模态。当 $\xi > 1.3$ 时，随着湍流度的增大，湍流燃烧率反而降低，表明此时已经发生了火焰的局部淬熄，对应于图 4-36 中的分布式火焰模态。

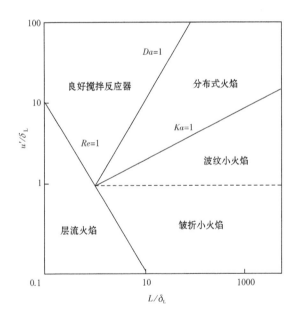

图 4-36　湍流燃烧的各种模态

该模型的预测结果与定容弹的实验吻合得很好，但未在实际发动机上加以验证。

应当指出，作为一门诞生不久的新兴学科，分形几何目前还是不成熟的，它的基本概念、理论和方法都有待于完善化和系统化。分形理论在燃烧科学和技术中的应用，目前也仅仅是萌芽阶段，距离实用化还相当遥远。但重要的一点是，人们现有的探索已经表明，作为当代非线性科学的一支方面军，分形几何由于其观念上的突破性和理论上的深刻性,有可能为湍流和湍流燃烧研究提供具有巨大潜力的工程实用工具。因此我们应当密切关注它的发展,不断地将其新的成果移植到内燃机燃烧模拟这一领域中来。

本章参考文献

[1] Blizard N C,Keck J C. Experimental and Theoretical Investigation of Turbulent Burning Model for In-ternal Combustion Engines. SAE 740191,1974

[2] Tabaczynski R J. A Turbulent Entrainment Model for SI Engine Combustion. AE770647,1977

[3] Hiroyasu H,Kadota T. Computer simulation for combustion and exhaust emissions on SI engines. 15th Symposium (International) on Combustion,1975:1213-1223

[4] Fagelson J T,McLean W J,de Boer P C T. Performance and NO_x emissions of si engines using alternative fuels-quasi one-dimensional modeling. Combustion Science and Technology,1978,18:47-57

[5] Mathur H B,Babu M K G,Reddi K S. A Thermodynamic Simulation Model for a Methanol Fueled SI Engine. SAE 830333,1983

[6] Heywood J B. Internal Combustion Engine Fundamentals. New York:McGrow-Hill Book Company,1988

[7] 蒋德明,等. 火花点火发动机的燃烧. 西安:西安交通大学出版社,1992

[8] Whitehouse N D,Way R J B. Rate of heat release in diesel engines and its correlation with fuel in-jection data. Proceedings of the Institution of Mechanical Engineers,1968,184(3):17-27

[9] Wiebe I. Halbempirische Formel fur die Verbrennungsgeschwindigkeit//Sitkei G. Kraftstof-faufbereitung und Verbrennung bei Dieselmotoren. Heidelberg:Springer Verlag,1964:156-159

[10] 王荣生,夏尊诠. 柴油机放热率的 V2g 数学模型. 大连工学院学报,1978,17:118-123

[11] Shahed S M,Chiu W S,Lyn W T. A mathematical model of diesel combustion. Symposium on Combustion in Engines,IME C94/75,1975:119-128

[12] Hiroyasu H,Kadota T. Models for Combustion and Formation of Nitric Oxide,Soot in DI Diesel Engines. SAE 760129,1976

[13] Hiraki H,Rife J M. Performance and NO_x Model of a DISC Engine. SAE 800050,1980

[14] Sinnamon J. An Experimental and Analytical Study of Engine Fuel Spray Trajectories. SAE800135,1980

[15] Acetal I. An Experimental and Analytical Study of Jet Impingement and Wall Jets in High Swirl DI Diesel Engines using the Hydrautic Analogy. SAE 850263,1985

[16] Meguerdichian M,Watson N. Prediction of Mixture Formation and Heat Release in Diesel Engine. SAE780225,1978

[17] Kono S,Nagao A,Motooka H. Prediction of In-cylinder Flow and Spray Formation Effects on Combustion in DI Diesel Engines. SAE 850108,1985

[18] Hardenberg H O,Hase F W. An Empirical Formula for Computing the Pressure Rise Delay

of a Fuel of DI Diesel Engines. SAE790493,1979

[19] 高孝洪. 内燃机工作过程数值计算. 北京:国防工业出版社,1986

[20] Rakopoulos C D. Rakopoulos D C. Validation and sensitivity analysis of a two zone Diesel engine model for combustion and emissions prediction. Energy Conversion and Management,2004,45:1471-1495

[21] Dec J E. A Conceptual Model of DI Diesel Combustion Based on Laser Sheet Imaging. SAE Paper970873,1997

[22] Giannattasio P,Micheli D. Phenomenological Modelling of IDI Diesel Engines. SAE Paper 971592,1997

[23] Borghi R. Etude Theorique de Levolution Residuelle de Produits Pollutants Dans les Jets de Turbo-Re-acteure. AGARD CP,1973,125

[24] Zhou L X,Wang F,Zhang J. Simulation of swirling combustion and NO formation using a USM turbulence-chemistry model. Fuel,2003,82:1579-1586

[25] 宋金瓯,姚春德,解茂昭. 柴油引燃天然气发动机燃烧模型的研究. 内燃机学报,2003,21:303-307

[26] Naji T W,Said R,Borghi R P. Towards a General Turbulent Combustion Model for SI Engines. SAE890672,1989

[27] Spalding D B. Mixing and Chemical Reaction in Steady Confined Turbulent Flames. 13th Symposium (International) on Combustion,1971

[28] Magnassen B F,Hjertager B H. On Mathematical Modeling of Turbulent Combustion with Special Emphasis on Soot Formation and Combustion. 16th Symposium (International) on Combustion,1977

[29] Ahmadi-Befrui B,Brandstatter W,Kratochwill H. Calculation of Inhomogeneous-Charge Combustion in a Swirl-Assisted Lean-Burn Engine. SAE Technical Paper,910266,1991

[30] Grasso F,Bracco F V. Evaluation of a mixing-controlled model for engine combustion. Combustion Science and Technology,1982,28:185-210

[31] Ertesvåg I S,Magnussen B F. The eddy dissipation turbulence energy cascade model. Combustion Science and Technology,2000,159:1,213-235

[32] Magnussen B F. The eddy dissipation concept:a bridge between science and technology. ECCOMAS Thematic Conference on Computational Combustion,Lisbon,June 21-24,2005

[33] Hong S J,Wooldridge M S,Im H G,et al. Modeling of diesel combustion,soot and no emissions based on a modified eddy dissipation concept. Combustion Science and Technology,2008,180:8,1421-1448

[34] Abraham J,Bracco F V. Comparisons of Computed and Measured Pressure in a Premixed-charge Natural-gas-fueled Rotary Engine. SAE Technical Paper 890671,1989

[35] Abraham J,Bracco F V. Comparisons of computed and measured premixed charge engine combustion. Combustion and Flame,1985,60:309-322

[36] Kong S C,Ayoub N,Reitz R D. Modeling Combustion in Compression Ignition Homogeneous Charge Engines. SAE920512,1992

[37] Kong S C,Han Z,Reitz R D. The development and application of a diesel ignition and com-

bustion model for multidimensional engine simulations. SAE Technical Paper 950278,1995

[38] GBrien E E. The Probability density function approach to reacting turbulent flows//Libby P A,Williams F A. Turbulent Reacting Flows. New York:Springer-Verlag,1980

[39] Pope S B. A Monte Carlo method for the PDF equations of turbulent flows. Combustion Science and Technology,1981,25:159

[40] Cant R S. Lectures on computational combustion//Fan W,Yao J. Computational Combustion. Hefei:Press of USTC,1994

[41] Pope S B. Advances in PDF methods for turbulent reactive flows. Proceedings of the Tenth European Turbulence Conference,Barcelona,2004

[42] Haworth D C. Progress in probability density function methods for turbulent reacting flows. Progress In Energy and Combustion Science,2010,36:168-259

[43] AVL LIST GMBH,AVL FIRE 8. 2 Manual,Graz,Austria,2003

[44] Durand P,Gorokhovski M,Borghi R. Application of the probability density function model to diesel engine combustion. Combustion Science and Technology,1999,144:47-78

[45] Peters N. Laminar diffusion flame let models in non-premixed turbulent combustion. Progress in Energy and Combustion Science,1984,10:319-339

[46] Vervisch L,Veynante D. Turbulent combustion modeling. Progress in Energy and Combustion Science,2002:28:193-266

[47] Lutz A,Kee R,Grcar J,et al. Oppdif:a Fortran Program for Computing Opposed-Flow Diffusion Flames. SANDIA National Laboratory Report SAND96-8243 UC-1409,1997

[48] Lee D,Rutland C J. Probability density function combustion modeling of diesel engines. Combustion Science and Technology,2002,174(10):19-54

[49] Pitsch H,Wan Y P,Peters N. Numerical investigation of soot formation and oxidation under diesel engine conditions. SAE-Paper 952357,1995

[50] Barths H,Hasse C,Bikas G,et al. Simulation of combustion in direct injection diesel engines using a Eulerian particle flamelet model. 28th Symposium (International) on Combustion, 2000:1161-1168

[51] Hergart C,Peters N. Simulating the Combustion in a DI Diesel Engine Applying a New Model for the Conditional Scalar Dissipation Rate. SAE Paper 2001-01-1001,2001

[52] Barths H,Hasse C,Peters N. Computational fluid dynamics modeling of non-premixed combustion in direct injection diesel engines. International Journal of Engine Research,2000,1: 249-267

[53] Szuhai K,Ijszenga M,Tanke H J,et al. Numerical investigation of the autoignition of turbulent gaseous jets in a high-pressure environment using the multiple-RIF model. Fuel,2004, 83:375-386

[54] Klimenko A Y,Bilger R W. Conditional moment closure for turbulent combustion. Progress in Energy and Combustion Science,1999,25:595-687

[55] Bilger R W. Conditional moment closure for turbulent reacting flow. Physics of Fluids A

Fluid Dynamics,1993,5:436-447

[56] Han I,Huh K Y. Conditional moment closure modeling of turbulent spray combustion in a direct injection diesel engine. International Multidimensional Engine Modeling Users Group Meeting,Detroit,Ml,USA,March 7,2004

[57] Bray K N C,Champion M,Libby P A. The interaction between turbulence and chemistry in premixed tubulent flames. Borghi R,Murphy S N. Turbulent Reacting Flows,Lecture Notes in Engineering. Berlin:Spinger,1989,40:541-563

[58] Gouldin F C,Bray K N C,Chen J Y. Chemical closure model for fractal flamelets. Combust Flame,1989,77:241-259

[59] Bozza F,Gimelli A,Merola S S. Validation of a Fractal Combustion Model Through Flame Imaging. SAE Paper 2005-01-1120,2005

[60] Ranasinghe J,Cant S. A Turbulent Combustion Model for a Stratified Charged Spark Ignited Internal Combustion Engine. SAE Paper 2000-01-0275,2000

[61] Musculus P,Rutland R J. An Application of the Coherent Flamelet Model to Diesel Engine. SAE Paper 950281,1995

[62] Marble F E,Broadwell J E. The coherent flame model for turbulent chemical reactions. Project Squid Report,1977,TRW-9-PU

[63] Peters N. The turbulent burning velocity for large scale and small scale turbulence. Journal of Mathematical Fluid Mechanics,1999,384:107-132

[64] Tan Z,Kong S C,Reitz R D. Modeling premixed and direct injection SI engine combustion using the G-equation model. SAE Technical Paper 2003-01-1843,2003

[65] Colin O,Benkenida A,Angelberger C. A 3D modeling of mixing,ignition and combustion phenomena in highly stratified gasoline engines. Oil and Gas Science and Technology,Review IFP,2003,58:1,47-62

[66] Colin O,Benkenida A. The 3-zones extended coherent flame model (ECFM3Z) for computing premixed/diffusion combustion. Oil and Gas Science and Technology,Review IFP,2004,59(6):593-609

[67] Colin O,Pires da Cruz A,Jay S. Detailed chemistry based auto-ignition model including low temperature phenomena applied to 3D engine calculations. Proceedings of the combustion Institute,2005

[68] Meneveau C,Poinsot T. Stretching and quenching of flame lets in premixed turbulent combustion. Combustion and Flame,1991,86:311-332

[69] Duclos J M,Colin O. Arc and kernel tracking ignition model for 3D spark-ignition engine calculations. COMODIA,2001:343-350

[70] Mandelbrot B B. Fractal Geometry of Nature. New York: W. H. Freeman and Company,1982

[71] Gouldin F C. An application of fractals to modeling premixed turbulent flames. Combustion and Flame,1987,68:249-266

[72] Liou al. A Fractal Model of Turbulent Flame Kernel Growth. SAE 900024,1990

[73] Matthews R D,Chin Y W. Use Fractals to Model Turbulent Combustion in Spark Ignition Engines. SAE Paper 910079,1991

[74] Chin Y W,Matthews R D, Nichols S P, et al. Use of fractal geometry to model turbulent combustion in SI engines. Combustion Science and Technology,1992,86:1-30

[75] Wu C M,Roberts C E,Matthews R D. et al. Effects of Engine Speed on Combustion in SI Engines:Comparisons of Predictions of a Fractal Burning Model With Experimental Data. SAE Technical Papers 932714,1993

[76] Matthews R D, Hall M J,Dai W,et al. Combustion Modeling in SI Engines With a Peninsula-Fractal Combustion Model. SAE Technical Papers 960072,1996

[77] Zhao X,Matthews R D,Ellzey J L. Three-Dimensional Numerical Simulation of Flame Propagation in Spark Ignition Engines. SAE Technical Paper 932713,1993

[78] Kido H, Huang S. Comparison of Premixed Turbulent Burning Velocity Models Taking Account of Turbulence and Flame Spatial Scales. SAE Technical Papers 930218,1993

第5章 内燃机缸内传热模型

5.1 引 言

内燃机的传热既是与燃烧现象密切耦合的一个子过程,又是整个发动机工作过程循环模拟的一个重要环节。然而,内燃机的传热问题又堪称所有工程传热问题中最复杂的一个。这首先是由于内燃机工作过程强烈非定常性所带来的温度变化的高度瞬变性,以致在毫秒量级的时间内,燃烧室表面的热流量可从零变至高达 $10MW/m^2$;同时温度和热流的空间变化也非常剧烈:在相距仅仅 1cm 的部位上,热流峰值相差可达 $5MW/m^2$。由复杂的湍流燃烧过程和燃气的三维湍流运动所造成的传热过程的这种复杂性要求用在空间和时间上都有很高分辨率的实验和计算手段来加以研究。然而这一任务直到今天仍然未能圆满解决,以致从人们开始对内燃机传热进行模拟计算以来,虽然已逾 90 年,但至今仍未能建立起一个能对缸内传热进行圆满预测的模型。在工程实践中,仍然在相当大的程度上依靠经验或半经验的预测方法。值得庆幸的是,发动机的传热对其工作性能的影响要比缸内流动和燃烧过程的影响小得多。例如,在进行放热率计算时,传热项的精度对所计算的放热率只有次要的影响。但这并不意味着对传热问题可以不加以重视。事实恰恰相反,传热计算涉及发动机的许多方面。这里且不说它在发动机热负荷计算乃至结构强度设计方面的关键作用,单是在性能方面近年来出现的一些新的课题,也对传热研究提出了越来越高的要求。首先是发动机污染物的排放预测,不少有害物的生成,例如 NO_x 和碳烟等对缸内温度的分布和变化极其敏感。其次是隔热技术的应用,即所谓“绝热”发动机的研制,要求人们能足够准确地预测各种隔热材料所能达到的绝热度及其对发动机性能的影响,要求对于传热过程特别是辐射传热有更深入的了解。正是这些新的课题给缸内传热的研究和模拟以强劲的推动力,使得在该领域内近年来呈现出相当活跃的景象。

一般来说,发动机的传热计算包括 3 个方面:①工质与燃烧室内壁面之间的热量交换(这包括对流和辐射两种方式);②燃烧室壁内部的热传导;③燃烧室外壁面与冷却介质之间的对流和沸腾传热。对于燃烧过程和工作过程的模拟计算而言,我们感兴趣的主要是工质与燃烧室内壁之间的换热。因此本章讨论的范围限于上述第一个方面。

从数值模拟的观点来看,作为整个燃烧模型子模型之一的传热模型,主要有两个功能,一个是通过与能量方程的耦合,提供缸内温度分布,二是提供壁面温度和热流分布,这往往也是求解缸内温度场的边界条件。抛开固壁内部的导热不谈,则我们要处理的主要是对流和辐射这两种换热方式。其中工质内部之间的对流传热已经由能量方程中的对流项所体现,故无需再建立单独的模型。所以内燃机缸内传热模型,主要有两个方面:一是工质与固壁之间的对流换热模型,二是辐射换热模型。由于对流与辐射二者机理完全不同,所以除少数简单的经验模型外,通常都将二者分开处理。如同流动模型和燃烧模型一样,它们也可按照所含空间变量的多少,分为零维、准维和多维模型三种。但就传热计算的方法而言,零维模型与准维模型并没有实质区别,都是基于经验和半经验的方法,所以我们将把二者放在一起介绍。多维模型则由于是基于求解偏微分控制方程,有很大的回旋余地。因而无论是处理流体与固壁的对流换热还是辐射换热,它都有其独具的特点和优势,也是本章讨论的重点。

5.2　经验和半经验传热模型

经验和半经验模型的着眼点是用简单实用的方法求出燃烧室和气缸壁面的热流,而并不理会缸内温度场的空间分布和变化规律以及实际传热过程的机理和细节。因此这类模型一般都是基于下列假设:

(1) 传热过程是准定常的,即忽略非定常效应,认为热流的变化与对流温差的变化具有相同的相位(事实上,瞬时对流温差所导致的热流变化相对于温差本身有一滞后)。

(2) 忽略传热系数的空间变化,认为在同一时刻,燃烧室各部位的对流换热系数均相同。

(3) 工质温度在整个缸内(对单区模型)或各个区内(对多区模型)为均匀分布,利用此平均温度去计算平均热流。

根据这些假设,由燃烧室内工质传入壁面的热流可简单地表示为

$$q' = h(T - T_w) \tag{5-1}$$

式中,T 是气体的平均温度,可根据示功图,按燃烧室的瞬时压力和容积利用状态方程求出;T_w 是壁面温度;h 是对流传热系数或放热系数。

式(5-1)并没有提供关于热流 q' 的任何实质的计算方法,所以倒不如将其视为传热系数 h 的定义式,热流的计算实质上归结到系数 h 的计算。为此,人们已经进行了大量的研究,并总结出为数众多的计算公式。这些公式按照其所包含经验成分的多少,可分为经验公式和半经验公式两大类,或者分别称为有量纲公式和无量纲公式。下面分别对其进行讨论。

5.2.1　计算对流传热系数的经验模型

经验模型是直接根据实验数据加以拟合回归以后得出的公式,这些实验都是基于有限的机型和工况,其中的经验常数都含有量纲,未能考虑不同机型和工况之间是否有相似性,因而难以推广到较宽的应用范围。

1) Nussel 公式

Nussel 在 1923 年第一个对内燃机的传热计算进行研究[1],他根据自己对定容弹的实验,并参考了某些实际发动机上的数据,提出了下列公式:

$$h = 5.41 \times 10^{-3}(1+1.24v_m)(p^2 T)^{1/3} \quad [kW/(m^2 \cdot K)] \tag{5-2}$$

式中,v_m 为活塞平均速度,m/s;p 是缸内气体压力,MPa;T 是缸内气体温度,K。

后来的研究者发现上式过分夸大了 v_m 的作用,并分别提出了一些修正方案。如 Brilling 于 1958 年提出用$(3.5+0.185v_m)$代替式中的$(1+1.24v_m)$;Van Tyen 则建议用$(3.22+0.864v_m)$代替之,该公式现已很少使用。

2) Eichelberg 公式

Eichelberg 是最早(1939 年)直接测量瞬时壁温,并由此计算瞬时热流的研究者。其实验是在自然吸气低速大功率二冲程和四冲程发动机上进行的。他提出的公式是

$$h = 7.67 \times 10^{-3} v_m^{1/3}(pT)^{1/2} \quad [kW/(m^2 \cdot K)] \tag{5-3}$$

该公式在工作过程和热强度计算中应用较多,适用于大型直喷式柴油机。但实验表明,它对活塞平均速度的作用估计过低,v_m 的指数应该用 0.5~0.8 来代替 1/3,效果更好。

3) Pflaum 公式

Pflaum 于 1961 年采用了式(5-3)中关于 pT 的函数形式,但引入了增压压力 p_k,以便将其公式推广到增压发动机上:

$$h = 0.62(pT)^{0.5} D^{-0.25}(6.2-5.2 \times 5.7^{-0.01v_m^2} + 0.025v_m)f(p_k)$$
$$f(p_k) = 2.71 p_k^{0.25},对缸盖和活塞顶 \tag{5-4}$$
$$f(p_k) = 0.95 p_k^{0.66},对缸套$$

实验证明,上式计算的 h 偏大。此公式也未得到普遍应用。

5.2.2　计算对流传热系数的半经验模型

经验模型都是针对少数特定机型和工况总结出来的公式,其适用范围是很有限的。为了克服这一缺点,人们自然想到可以通过量纲分析并引入相似准则的办法来考虑不同机型和工况之间的相似性,从而扩大传热计算模型的应用范围。这样得出的计算公式称为半经验公式或无量纲公式。

构筑半经验模型的基本方法是把描述传热过程的基本方程即能量方程写成无

量纲形式。为此需引入一些参考量,使方程中各参数无量纲化,同时还需引入下列假设:

(1) 气体的热导率和比热容均为常数;

(2) 压力在空间均布;

(3) 燃烧放热可以视为一个在空间分布的热源;

(4) 忽略不同组分之间的对流与扩散。

这样,无量纲化的能量方程可写为

$$\frac{\partial T^*}{\partial \tau} = \frac{1}{RePr}\frac{\partial^2 T^*}{\partial x_j \partial x_j} - v_j^* \frac{\partial T^*}{\partial x_j} + \left(\frac{\gamma-1}{\gamma}\right)\frac{T^*}{p^*}\frac{\mathrm{d}p^*}{\mathrm{d}\tau} + q^* \tag{5-5}$$

式中

$$p^* = p/p_0, \quad T^* = T/T_0, \quad v_j^* = v_j/v_0, \quad q^* = q/(C_p\rho T_0 v_0/D)$$

$$\tau = tv_0/D, \quad Re = \rho v_0 D/\mu, \quad Pr = C_p\mu/\lambda, \quad \gamma = C_p/C_V$$

其中,p_0、T_0、D 分别为参考压力、温度和长度;v_j 是 j 方向速度(矢量);v_0 是参考速度(标量)。方程(5-5)左端是温度的瞬变项,右端各项分别是温度(内能)的扩散(传导)项,对流项,压力功项和热源项。

把能量方程(5-5)和连续方程以及运动方程联立求解,就可得出联系无量纲准则努塞尔数 Nu、雷诺数 Re 和普朗特数 Pr 的一个关系式,但其中还包含由于 p^* 和 q^* 产生的附加项,而且 $\mathrm{d}p^*/\mathrm{d}\tau$ 项在燃烧期间会变得相当大,从方程(5-5)中可看出,该项的系数是比容(密度的倒数),它将随时间以及在边界层中的位置发生显著的变化。此外,雷诺数中所含的密度也是随时间而变化的量。因此,要导出一个联系各相似准则及有关各参数的普通关系式是极其困难的,即使能导出来,必然也是十分复杂而难于应用。为此,只能采取大大简化的方法。工程上常用的一种简单形式为

$$Nu = CRe^n \tag{5-6}$$

式中,C、n 为经验常数;努塞尔数定义为 $Nu = hD/\lambda$,λ 为气体热导率。式(5-6)来自于不可压流体流经平板时对流换热这一简化情况下的理论解,有时称为指数律。目前在工程上广泛应用的各种半经验模型都是基于式(5-6)的形式,只是对常数 C 和 n 的选取各自不同。

1) Annand 公式

Annand 在 1963 年以气缸直径 D 作为特征尺度,以活塞平均速度 v_m 作为特征速度,由此计算 Re 和 Nu,通过对瞬态热流的实验数据进行回归分析后得出

$$Nu = aRe^{0.7} \tag{5-7}$$

系数 a 取值范围是 $0.35 \sim 0.8$,取决于工质运动强度。Annand[2] 后来对上式作了修正,使壁面热流公式成为

$$q' = \frac{\lambda}{D} Re^{0.7} \left[a(T - T_w) + \frac{a'}{\omega} \frac{dT}{dt} \right] \tag{5-8}$$

式中,a'是常数;ω是发动机曲轴的角速度。引入温度导数项的目的是为了补偿气流运动的非定常性。上式是根据有进气旋流的直喷柴油机的实验结果得出的。尽管式(5-8)提供的结果比式(5-7)有相当的改进,但对不同工况的预测结果表明,为了达到与实验满意的吻合,其中常数的取值对不同的工况仍有较大的差别。Annand 推荐的系数平均取值为 $a=0.12, a'=0.2$。

2) Woschni 公式

Woschni[3]同样以指数律为基础,提出

$$Nu = 0.035 Re^{0.8} \tag{5-9}$$

式中,计算雷诺数的特征速度取为影响传热过程的平均气体速度,对不同阶段有不同取值。Woschni认为燃烧所引起的工质运动与气缸压力及发动机"反拖"时压力差值有关,从而把特征速度表示为

$$v = C_1 v_m + C_2 \frac{V_s T_1}{p_1 V_1} (p - p_0) \quad (\text{m/s}) \tag{5-10}$$

式中,p_0是发动机反拖时的压力,MPa;V_s是气缸工作容积,m^3;带下标 1 的量表示进气阀关闭后至燃烧始点前工质在任一时刻的状态。常数的取值为

对换气过程　　　　$C_1 = 6.18, C_2 = 0$

对压缩过程　　　　$C_1 = 2.28, C_2 = 0$

对燃烧和膨胀过程　$C_1 = 2.28, C_2 = 3.24 \times 10^{-3}$

将式(5-10)代入式(5-9),最后得出的传热系数为

$$h = 0.13 D^{-0.2} p^{0.8} v^{0.8} T^{-0.53} \quad [\text{kW/(m}^2 \cdot \text{K)}] \tag{5-11}$$

应当指出,上式中已经包括了辐射换热的影响,尽管形式上只是稳态对流传热的形式。在考虑旋流的影响时,Woschni 建议对常数 C_1 作如下修正:

对换气过程　　$C_1 = 6.18 + 0.417 v_s / v_m$

对压缩、燃烧和膨胀过程　$C_1 = 2.28 + 0.308 v_s / v_m \tag{5-12}$

式中,v_s 为旋流速度。

式(5-11)是根据燃烧室壁面在正常温度下的实验结果总结而得出的,其中未考虑到壁温的影响。为了定量地确定这一影响,Woschni 后来又进行了广泛的实验研究,发现式(5-11)和式(5-10)中的系数 C_2 与平均壁温 T_w 成线性关系,这样,他于 1987 年提出了下面的修正方案[4]:

$$C_2 = 2.3 \times 10^5 (T_w - 600) + 0.005 \tag{5-13}$$

这样,式(5-11)的适用范围可推广到壁温超过 600K,甚至高达 1000K 的场合,例如采用隔热材料的绝热发动机。

Woschni 公式是至今仍被广泛应用的一个公式。

3) Sitkei 公式

Sitkei 认为指数律公式(5-6)中的指数 n 应取为 0.7。而其中的特征长度用当量直径 $d_e = 4V/A$ 来计算。由于燃烧室容积 V 及表面积 A 均随时间而变化,故 d_e 也将随时间变化。他提出的对流传热系数的计算公式为[5]

$$h = 0.04(1+b)\frac{p^{0.7}v_m^{0.3}}{T^{0.2}d_e^{0.3}} \quad [\text{kW}/(\text{m}^2 \cdot \text{K})] \tag{5-14}$$

式中,常数 b 是用于考虑燃烧所产生的气体湍流运动对传热速率的贡献,其值取决于燃烧室类型:

$$b = 0 \sim 0.03 \qquad 直喷式$$
$$b = 0.05 \sim 0.1 \qquad 深坑式$$
$$b = 0.15 \sim 0.25 \qquad 涡流式$$
$$b = 0.25 \sim 0.35 \qquad 预燃式$$

4) Le Feuvre 公式

Le Feuvre[6] 提出的指数律形为

$$Nu = aRe^{0.8}Pr^{0.33} \tag{5-15}$$

其中特征速度取为旋流速度 $v_s = \omega r$,这里 ω 是旋流角速度,r 是当地半径。于是 $Re = \rho r^2 \omega/\mu$,而传热系数公式成为

$$h = a\frac{\lambda}{r}\left(\frac{\omega r^2 \rho}{\mu}\right)^{0.8}Pr^{0.33} \tag{5-16}$$

Le Feuvre 根据倒拖发动机的实验结果,得出系数 $a = 0.047$。Dent 在旋流比更高的发动机上做了实验,得出 $a = 0.0255$。

关于传热系数的经验和半经验公式还有不少,这里介绍的只是较典型或常用的几种。Woschni 对这些公式进行了比较,即利用相同的输入数据按不同的公式计算,得出的传热系数随曲轴转角的变化如图 5-1 所示。由图可见,尽管各种公式预测的 h 的变化规律均相同,但数量上却有很大差别。这一方面反映了经验模型本身固有的缺陷,同时也是由于作为这些公式之基础的实验结果是来自不同的机型和工况。因此在选择使用这些公式时,要特别弄清其实验背景和适用范围。迄今为止,经验和半经验模型主要应用于发动机工作过程循环模拟,其中,Annand 和 Woschni 的公式适用性较为宽广。

5.2.3 辐射传热的经验模型

早期的研究者多数认为内燃机中气体对缸壁的传热过程主要是对流传热,而辐射传热可以忽略不计。因而他们的经验公式都是按照对流传热模型建立的。其中一部分公式实际已经把辐射传热效应一并包含在内。但是,随着研究的深入,人们认识到辐射传热是不能忽视的,至少对柴油机是如此。不少研究结果都表明,在

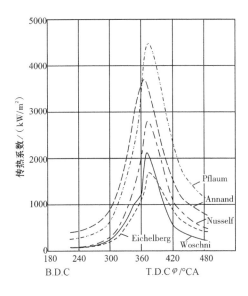

图 5-1　各种传热系数公式的比较

柴油机中,辐射传热量在发动机一个循环的平均总传热量内所占份额可达 20% ~ 30%,甚至更多。实验得出的结论为:柴油机火焰像一个灰体,在相当窄的波长范围内进行辐射,其发射率的变化范围大约是,从上止点时的 1.0 到上止点后 50°时的 0.6。对汽油机中辐射传热的研究比柴油机要少。在均质快速燃烧的正常条件下,不形成固态的中间产物,此时只要考虑气相的辐射,实际上即二氧化碳和水蒸气的辐射,从某些估算曾得出典型的最大有效发射率约为 0.1。由于在膨胀冲程随着温度降低,辐射要比对流减小得更为迅速,因此就总的传热效果而言,相对于对流,辐射可以忽略不计。

目前通常的做法是分别计算对流传热和辐射传热的热流,二者相加即为壁面总热流

$$q' = q'_c + q'_r \tag{5-17}$$

由于实验测试上的困难,关于辐射换热,至今尚没有很成熟的经验公式。

Nussel 早在 1923 年提出对流换热公式(5-2)的同时,也给出了壁面辐射热流的计算公式

$$q'_r = \frac{4.21 \times 10^{-4}}{1/\varepsilon_g + 1/\varepsilon_w - 1}(T/100)^4 - (T_w/100)^4 \quad (kW/m^2) \tag{5-18}$$

式中,ε_g 和 ε_w 分别是气体和壁面的发射率。

Annand 给出了类似的公式

$$q'_r = 1.5\sigma(T^4 - T_w^4) \tag{5-19}$$

式中,σ 是 Boltzmann 常数。目前常用的经验公式形为

$$q'_r = \varepsilon\sigma(T^4 - T^4_w) \tag{5-20}$$

其中发射率(黑度)ε可采用灰体假设来计算

$$\varepsilon = c(1 - e^{-KL}) \tag{5-21}$$

式中,K为火焰中气体的吸收系数,与气体在单位辐射长度内所含有的碳粒和油滴密度有关,按经验关系有$K = 4 \times 10^4 \rho_F$,ρ_F为缸内已燃燃料密度。L为辐射路径,对缸套$L = D$(缸径);对活塞及缸盖$L = s$(活塞顶与缸盖之间的瞬时距离),c是经验常数,对缸盖与活塞,$c = 0.9$,对缸套$c = 0.25$。

Flynn等[7]用单色仪测定不同波长下的辐射强度,从而得到在各个曲轴转角位置下气体的表观辐射温度T_R、表观灰体黑度以及总的辐射传热率。其结果表明,T_R远高于混合物的平均温度,在最大辐射阶段,表观黑度为$0.8 \sim 0.9$,而到燃烧终了时逐渐降为零。根据这些实验结果,他们把公式(5-20)修改为

$$q'_r = \varepsilon_a\sigma(T^4_R - T^4_w) \tag{5-22}$$

式中,ε_a为表观黑度,表观辐射温度T_R接近于放热高峰期的绝热火焰温度。Assanis于1985年在其博士论文中提出了T_R的一个表达式

$$T_R = [T + T(\varphi = 1.1)]/2 \tag{5-23}$$

式中,$T(\varphi = 1.1)$是燃烧产物在当量比1.1时的温度,它是瞬时温度和压力的函数,可按以下步骤计算。首先按绝热压缩过程求出空气瞬时温度

$$T_a = T_{a,ig}\left(\frac{p}{p_{ij}}\right)^{(\gamma-1)/\gamma}$$

假定ε_a在整个燃烧持续期内从其着火时之最大值0.9到最后的最小值0之间为线性变化,可推出

当$800K < T_a < 1200K$:

$T(\varphi = 1.1) = [1 + 0.0002317(T_a - 950)][2726.3 + 0.9306p - 0.003233p^2]$;

当$450K < T_a < 800K$:

$T(\varphi = 1.1) = [1 + 0.000249(T_a - 650)][2497.3 + 4.752p - 0.11065p^2 + 0.000898p^3]$

图5-2和图5-3是Assanis利用零维燃烧模型和本节介绍的传热经验公式对一台涡轮复合增压柴油机传热率的典型计算结果。图5-2表明,对活塞顶和缸盖的对流传热率大约是辐射传热率的4倍;而对缸套,此比值约为2。图5-3是一台采用陶瓷材料的部分绝热发动机与一台普通水冷柴油机的传热率的对比。由图可见,普通柴油机的对流和总的传热率远大于部分绝热机,但二者的辐射传热率几乎完全相同。

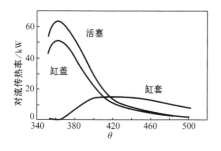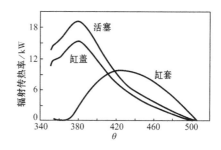

图 5-2　计算的壁面对流和辐射传热率

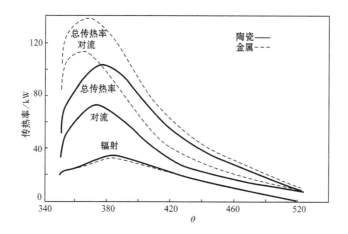

图 5-3　绝热发动机和普通发动机壁面传热率的比较

5.3　壁面对流换热的多区模型

发动机燃烧室内温度分布在空间上是很不均匀的,特别在燃烧期间,存在着很大的温度梯度。因而在缸内不同区域之间,存在着强烈的对流和辐射换热作用。零维模型(单区模型)将整个燃烧室作为均匀场处理,从而只能计算缸内工质的平均温度及其与缸壁之间的热交换。由此产生的误差虽然对发动机放热规律的计算影响不大,但对于 NO_x 等排放物的计算则是根本不能接受的。为此人们又研究和开发了各类准维或多区模型,通过人为地对缸内空间加以分区,从而能在一定程度上反映温度、浓度等参数的不均匀性,并为预测污染物的排放打下了基础。关于准维燃烧模型,已在第 4 章中作了比较详细的介绍。而准维模型中的传热计算,大多数并没有什么新的特点,其理论基础仍然是作为零维模型基础的那些经验和半经验公式。具体算法上通常采用分配法,即以缸内工质的平均温度为参数求出燃烧室总的传热量 Q_t,然后按各子区的质量加权平均温度分配给各子区,便得到各子

区的传热率

$$\frac{\mathrm{d}Q_i}{\mathrm{d}t} = \frac{G_i T_i}{\sum_i G_i T_i} \frac{\mathrm{d}Q_t}{\mathrm{d}t} \tag{5-24}$$

式中,G_i、T_i 分别为第 i 区的质量和温度。

更为准确的处理方法是不采用整个气缸的平均温度,而是在传热系数的计算公式中代入有关子区的温度,工质与壁面的对流传热用与壁面相邻区的温度计算,辐射传热则用高温产物的温度以及喷雾的表面积进行计算。于是第 i 区总的壁面热流可用下式表示:

$$q_i' = h_i(T_a - T_{wi}) + \varepsilon\sigma(T_b{}^4 - T_{wi}{}^4)A_b/A_i \tag{5-25}$$

式中,T_a、T_b 分别为与壁面接触空气区和燃烧产物区的温度;A_b 为燃烧产物区的表面积。

也有少数研究者力图在准维模型的框架内纳入具有一定物理内涵的传热子模型。Borgenakke等[9]的模型研究工作在这方面具有代表性。其基本思想是通过求解燃烧室壁面的非定常湍流边界层方程来确定工质与壁面之间的有效换热率。下面对此模型作一概略介绍。

为了预测工质对燃烧室壁的瞬态传热,可以把壁面热流用广义导热问题的 Fourier 定律写成

$$q_w = -\rho C_p \left(\frac{\nu_e}{\sigma}\right)\frac{\partial T}{\partial y} \tag{5-26}$$

式中,y 是与壁面垂直方向的坐标;$\dfrac{\nu_e}{\sigma}$ 是有效热导率,它由层流和湍流热导率两部分组成

$$\frac{\nu_e}{\sigma} = \frac{\nu}{Pr} + \frac{\nu_T}{\sigma_T} \tag{5-27}$$

其中,ν 是运动黏度;σ、σ_T 和 Pr 分别是层流、湍流普朗特数和有效普朗特数;下标 e 和 T 分别表示有效量和湍流量。假定当地热流 q 为一维而且在穿越边界层厚度内保持常数,将方程(5-26)在边界层厚度上积分,我们得到

$$T - T_w = q_w \int_0^\delta \frac{\sigma}{\rho C_p \nu_e} \mathrm{d}y$$

定义有效热导率 λ_e

$$\lambda_e = \frac{\delta}{\displaystyle\int_0^\delta \frac{\sigma}{\rho C_p \nu_e} \mathrm{d}y} \tag{5-28}$$

则上式可改写为

$$q_w = \frac{\lambda_e(T - T_w)}{\delta} \tag{5-29}$$

式中,δ 为边界层厚度;T 是边界层外边界上的温度。由上式可见,为了计算瞬时热流,必须首先确定 λ_e 和 δ。

为了确定边界层厚度 $\delta(t)$,我们来考虑边界层内的热能平衡,其平衡微分方程可写为

$$\frac{d}{dt}\int_0^\delta \rho C_p T dy - C_p T_\infty \int_0^\delta \rho dy = \delta \frac{dp_\infty}{dt} - q_w \tag{5-30}$$

上式已经考虑了工质压缩性和压力变化的影响。利用理想气体状态方程并假定密度在边界层内为线性分布,则由式(5-30)可导出边界层厚度 δ 的微分方程

$$\frac{1}{2}\rho_w C_p(T - T_w)\frac{d\delta}{dt} = q_w + \delta\left(\frac{C_p}{R} - 1\right)\frac{dp_\infty}{dt} - C_p T_\infty \delta \frac{d\rho_m}{dt} \tag{5-31}$$

式中,ρ_m 和 ρ_w 分别是热边界层内气体平均密度和与缸壁相接触的气体密度;R 是气体常数。严格地说,上式左端还应含有对流项,但在不考虑挤流和旋流等宏观流动的前提下,可忽略对流项。线性微分方程(5-31)对小 δ 值可写为如下形式:

$$\frac{d\delta}{dt} = 2A\delta^{-1} + 2B\delta \tag{5-32}$$

其中,A、B 均为 p_∞、ρ_m、T_w 等参数的函数。由式(5-29)可知,q_w 正比于 δ^{-1},如果假定 A、B 在一个小的时间间隔内保持常数,则在此时间 $t_0 \to t$ 内积分式(5-32)便可得到

$$\left.\begin{array}{l} \delta^2 = \delta_0^2 + \dfrac{A}{B}e^{4B(t-t_0)} - \dfrac{A}{B}, \quad B \neq 0 \\[2mm] \delta^2 = \delta_0^2 + 4A(t-t_0), \qquad\quad B = 0 \end{array}\right\} \tag{5-33}$$

此式用于计算火焰尾部的边界层厚度 δ,其中 δ_0 取为火焰淬熄距离,$t-t_0$ 是火焰前锋和尾部分别通过壁面某一固定点的时间间隔。

此外,还需确定有效热导率 λ_e,由其定义式(5-28)可看出,若有效黏度 ν_e 已知,则 λ_e 可求出。由于 ν_e 是层流黏度 ν 与湍流黏度 ν_t 之和,而 ν_t 可由湍流模型提供的湍流参数确定,因而有

$$\nu_e = \nu + \nu_t = \nu + k^{1/2}l_1 \tag{5-34}$$

式中,k 是湍能;l_1 是湍流积分尺度。此二参数均由湍流子模型提供。假定边界层内湍流处于平衡状态,即湍能的扩散率等于其耗散率,而且长度尺度在边界层内为线性变化,于是可根据边界层的相似解而导出

$$\nu_e/\sigma = \nu/Pr(1 + C_1 Z^n) \tag{5-35}$$

其中,$Z = y/\delta$,$C_1 = \delta^n(k_\infty/l_\infty)^{1/2} Pr C_L/\nu$,$n = 3/2$,下标 ∞ 表示湍流核心区的参数。

最后由式(5-28)得到有效热导率

$$\lambda_e = \frac{\lambda_1}{\displaystyle\int_0^1 (1 + C_1 Z^n)^{-1} dZ} \tag{5-36}$$

式中,λ_l 为层流热导率。

　　分别由式(5-33)和式(5-36)确定 δ 和 λ_e 后,就可方便地由方程(5-29)求出壁面热流。

　　Borgenakke 等利用该模型对浅盘式燃烧室的汽油机中燃烧和传热进行了大量的模拟计算,并与实验数据和两种典型的半经验模型的计算结果进行了比较。图 5-4 所示为无量纲传热率随"缸径/冲程"比的变化。图中 Q_N、Q_W 和 Q_A 分别表示由该模型、Woschni 公式和Annand公式给出的计算结果,图 5-5 是无量纲传热率随当量比 ϕ 的变化。两张图都表明,Borgenakke 等的准维模型具有较强的预测能力,与实验结果符合得最好;Woschni 公式在三者中居于中等,而 Annand 公式则与实验结果相差较大。其原因自然是由于准维模型中所包含的湍流子模型和热边界层传热子模型能在一定程度上反映缸内过程的机理,而不是像经验或半经验模型那样单纯依靠几个平均量和可调节的经验常数。

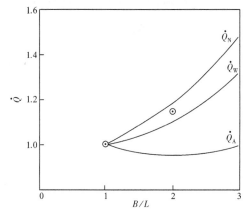

图 5-4　无量纲传热率与缸径/冲程比的关系

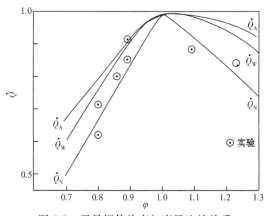

图 5-5　无量纲传热率与当量比的关系

上述模型虽然具有较好的性能,但涉及参数较多,计算量较大,Davis 和 Borgenakke[10]于 1982 年提出了它的一个简化方案。其基本思想是沿用半经验模型的指数律 $Nu \sim Re^n$。不过将雷诺数改为湍流雷诺数 Re_t,以便更好地反映湍流特性对传热率的影响

$$Re_t = u'l_1/\nu = k^{1/2}l_1/\nu = \nu_t/\nu \tag{5-37}$$

可见,Re_t 正是湍流黏度与层流黏度之比。通过这一简单的形式,使传热过程与湍流特性相联系,而后者又是与旋流和燃烧直接相关的。这种依赖关系可表示为

$$Nu = C_1(\sqrt{k}l_1/\nu)^n \tag{5-38}$$

事实上可以证明,上式正是方程(5-29)当热边界层厚度足够大时的极限情况。

5.4　壁面对流换热的多维模型

5.4.1　热边界层法

从前面几章的介绍我们已经看到,多维模型通过求解描述缸内过程的一组偏微分方程而能从本质上和细节上对缸内湍流流动、燃烧和排放等现象实现全面而深入的模拟和预测。同样,对传热现象的模拟计算而言,多维模型也是一个强有力的工具。我们在本章的引言部分已经指出,内燃机缸内传热模型主要包括两个方面,即工质与固壁之间的对流换热模型和缸内辐射换热,由于对流与辐射难以实现耦合计算,一般均采取分别处理的方法。本节集中讨论壁面对流换热的多维模拟方法,下节将专门介绍辐射换热模型。

我们知道,壁面对流换热是一种典型的边界层现象。对内燃机而言,由于缸内工质强烈瞬变性的湍流运动以及压缩和燃烧引起的压力、温度、密度的剧烈变化,使得缸壁边界层是瞬变的三维可压缩湍流边界层。如要对壁面传热过程进行详细的模拟,就必须求解这样一个复杂的边界层问题,而且还要使它与缸内空间三维湍流流场的解实现耦合,由于二者具有量级不同的空间尺度,要完成其耦合,不仅计算工作量极大,而且在数值处理方法上也有很大困难。因此,人们都转而寻求其他较为简单易行的方法。目前在壁面换热问题的多维模拟中,常用的方法有两种,一是所谓"壁函数"方法,即利用一些基于简单湍流流动(如湍流管流)而得出的代数关系式来描述壁面热流;二是求解描述壁面传热过程的一维能量方程。关于壁函数方法,由于求壁面热流与壁面摩擦力的理论和方法都具有共同性,所以将其放在第 7 章讨论边界条件的处理时一并介绍(见 7.4 节)。本节只讨论求解一维能量方程的方法。

壁函数方法目前在各种多维模型中均得到普遍应用。然而,由于内燃机缸内压力存在着剧烈变化,使得温度边界层与速度边界层之间的相似性难以再成立,而且缸内传热的瞬变性和工质的可压缩性,也不满足导出壁函数的基本前提(定常不

可压流)。这些原因使得把壁函数应用于发动机传热可能会产生较大的误差。而求解可压缩非定常流的能量方程,则可克服这一缺陷。

如上所述,缸壁速度边界层和热边界层都是三维湍流边界层,但对于一些比较简单的燃烧室几何形状,如平壁或曲率较小的曲壁,壁面法向的温度梯度远远大于其切向的梯度,此时把热边界层视为一维,将是一个良好的近似。即使在燃烧进行期间,如果火焰是顺壁面的法向或接近于法向传播,一维假设仍然成立,但若火焰平行于壁面传播,一维假设则可能产生较大误差。

早在20世纪40年代就已经有人对求解一维能量方程进行过研究,近年来,此方法逐渐开始受到重视。这里所介绍的内容主要是 Yang 和 Martin[11] 的研究成果。

为了用一维能量方程近似地描述燃烧室壁面上三维湍流边界层中的传热现象,需引入下列假设:

(1) 温度、密度等参数在平行于壁面的方向上变化率为零,因而只需考虑壁面法向的变化率。

(2) 壁面上动量与热量传递的机理和定常不可压湍流边界层中的传递过程是相似的。同时还假设湍流黏度与湍流导热系数成正比。在发动机缸内流动以旋流起主导作用的情况下,此假设是合理的,但如果在边界层与湍流核心区之间存在着大尺度的动量输运,则可能使此假设失效。

(3) 压力在整个缸内为均布,即压力仅是时间的函数。

(4) 气体的导热系数正比于气体的热力学温度。

(5) 缸内工质为理想气体。

在以上假设下,描述壁面边界层能量平衡的一维能量方程可写为

$$\rho C_p \frac{\partial T}{\partial t} + \rho v C_p \frac{\partial T}{\partial y} = \frac{\partial}{\partial y}\left[(\lambda + \lambda_t)\frac{\partial T}{\partial y}\right] + \frac{\mathrm{d}p}{\mathrm{d}t} + \rho Q \tag{5-39}$$

式中,y 是垂直于壁面方向的坐标;λ 和 λ_t 分别为层流和湍流导热系数;Q 是燃烧产生的化学源项。利用连续方程并引入坐标变换

$$y' = \int_0^y \frac{\rho}{\rho_0}\mathrm{d}y$$

式中,下标"0"表示参考状态,此处取为 $t=0$ 时的初始值,则可将方程(5-39)中的对流项消去,再利用理想气体状态方程,则式(5-39)可改写为

$$\frac{\partial T}{\partial t} = \frac{\lambda_0}{\rho_0 C_p}\frac{\partial}{\partial y'}\left[\frac{\lambda\rho}{\lambda_0\rho_0}\left(1 + \frac{\lambda_t}{\lambda}\right)\frac{\partial T}{\partial y'}\right] + \frac{\gamma-1}{\gamma}\frac{T}{p}\frac{\mathrm{d}p}{\mathrm{d}t} + \frac{Q}{C_p} \tag{5-40}$$

式中,$\gamma = C_p/C_V$ 为比热容比。假定远离壁面的气体受压缩过程为等熵压缩

$$p/p_0 = (T_\infty/T_0)^{\gamma/(\gamma-1)}$$

T_∞ 是边界层外部的温度,再利用前面引入的假设(4),则有 $\lambda\rho/(\lambda_0\rho_0) = p/p_0$,而导

热系数与黏性系数之间通过普朗特数相联系：$\lambda_t/\lambda = (Pr/Pr_t)(\mu_t/\mu)$，再引入无量纲温度

$$\varphi(y',t) = T(y',t)/T(\infty,t) - 1 \tag{5-41}$$

于是方程(5-40)可化为下面无量纲形式：

$$\frac{\partial \varphi}{\partial t} = \alpha_0 \frac{p}{p_0} \frac{\partial}{\partial y'} \left[\left(1 + \varepsilon \frac{\lambda_t}{\lambda} \right) \frac{\partial \varphi}{\partial y'} \right] + \frac{Q}{C_p T_\infty} \tag{5-42}$$

式中，$\alpha_0 = \lambda_0/\rho_0 C_p$ 为热扩散率；$\varepsilon = Pr/Pr_t$。上式的边界条件和初始条件为

$$\left.\begin{array}{l} \varphi(0,t) = T(0,t)/T(\infty,t) - 1 = f(t) \\ \varphi(\infty,t) = 0 \\ \varphi(y',0) = T(y',0)/T(\infty,0) - 1 = f(0)g(y') \end{array}\right\} \tag{5-43}$$

二阶微分方程(5-42)是非线性的，因为其系数中尚包含未知数 λ_t，为了将方程线性化以便于求解，可以利用湍流边界层理论提供的半经验关系，Yang 和 Martin 建议采用下式：

$$\frac{\lambda_t}{\lambda} = \varepsilon \kappa y^+ \left[1 - \exp(-2a\kappa y^+) \right] \tag{5-44}$$

式中，$y^+ = \rho_0 u^* y'/\mu_w$ 为无量纲的边界层坐标；$u^* = \sqrt{\tau_w/\rho}$ 为摩擦速度；κ 为卡门常数，$\kappa = 0.41$；常数 $a = 0.06$。

为将方程无量纲化，再引入一特征长度

$$l = \mu_w/(\kappa \rho_0 u^*) = y'/\kappa y^+$$

于是可定义无量纲长度和无量纲时间

$$l = y'/l = \kappa y^+ \tag{5-45}$$

$$\tau = \int \frac{p}{p_0} \frac{\alpha_0}{l^2} \mathrm{d}t \tag{5-46}$$

将式(5-44)~(5-46)代入方程(5-42)，并假定 ε 为常数，便可得到无量纲的线性化的能量方程

$$\frac{\partial \varphi}{\partial \tau} = \frac{\partial}{\partial \eta} \left\{ \left[1 + \varepsilon \eta (1 - \exp(-2a\eta)) \right] \frac{\partial \varphi}{\partial \eta} \right\} + q(\eta,\tau) \tag{5-47}$$

式中，q 为无量纲化学源项

$$q(\eta,\tau) = \frac{Ql^2}{C_p T_\infty \alpha_0} \frac{p_0}{p} \tag{5-48}$$

边界条件和初始条件式(5-43)转化为

$$\left.\begin{array}{l} \varphi(0,\tau) = T(0,\tau)/T_\infty - 1 = f(\tau) \\ \lim_{\eta \to \infty} \partial \varphi/\partial \eta = 0 \\ \varphi(\eta,0) = T(\eta,0)/T_\infty - 1 = f(0)g(\eta) \end{array}\right\} \tag{5-49}$$

由于方程(5-47)是线性的，故可用叠加法求解，以便将非齐次的化学源项和非

齐次的初始和边界条件分别处理。为此,可设方程(5-47)的解具有下列形式:

$$\varphi(\eta,\tau) = U(\eta,\tau) + V(\eta,\tau) + W(\eta,\tau)$$

U、V、W 分别代表初始边界层、压力变化和燃烧放热对 φ 的影响,利用正则摄动法不难求出 U、V、W 的解析解。具体求解方法可参看文献[11],这里不再介绍。求出热边界层内的温度分布 $\varphi(\eta,\tau)$ 后,就很容易得到我们所需要的壁面热流

$$q_w(\eta,\tau) = \lambda T_0 \left(\frac{p}{p_0}\right)^{\frac{\gamma-1}{\gamma}} \frac{\kappa p_0 u^*}{\mu_w} \left[\lim_{\eta\to\infty}\left(\frac{\partial U}{\partial\eta} + \frac{\partial W}{\partial\eta} + \frac{\partial V}{\partial\eta}\right)\right] \qquad (5\text{-}50)$$

U、V、W 是极其复杂的函数形式,实际应用中仍以求方程(5-47)的数值解比较方便。通过对大量的数值解进行多参数曲线拟合,最后可得出下列形式的近似解:

$$\begin{aligned}
q_w = \lambda T_0 \left(\frac{p}{p_0}\right)^{\frac{\gamma-1}{\gamma}} \frac{\kappa p_0 u^*}{\mu_w} &\left\{ -f(0)\left[(\pi(\tau+\tau_0))^{-1/2} + 0.082\left[1 - \exp\left(-\frac{\sqrt{\tau+\tau_0}}{3}\right)\right]\right] \right. \\
&- \int_0^\tau \left[(\pi(\tau-\theta))^{-1/2} + 0.082\left[1 - \exp\left(\frac{-\sqrt{\tau-\theta}}{3}\right)\right]\right]\frac{\mathrm{d}f(\theta)}{\mathrm{d}\theta}\mathrm{d}\theta \\
&\left. + \int_0^T (\sqrt{\tau-\theta} + 0.084(\tau-\theta)]\exp\left[\frac{-1.1d^{0.79}}{\sqrt{\tau-\theta} + 0.084(\tau-\theta)}\right]\frac{\mathrm{d}q}{\mathrm{d}\theta}\mathrm{d}\theta \right\}
\end{aligned}$$

$$(5\text{-}51)$$

式中,τ_0 是在压缩开始之前形成初始热边界层所需的时间,可以根据测量的初始热边界层厚度来推算,也可利用式(5-46)按 $180°$ 曲轴转角位置时(压缩始点)计算。右端第三项中的 d 是无量纲的火焰淬熄距离,它与实际淬熄距离 y_d 的关系为

$$d = \frac{1}{l}\int_0^{y_d} \frac{\rho}{\rho_0}\mathrm{d}y$$

淬熄距离 d 出现在式(5-51)中,这是因为它是在有火焰的情况下,影响壁面传热的一个重要参数。尽管当火焰在燃烧室内传播时,其放热率 Q 可以认为是一个空间分布的源项,但在远离壁面的区域,燃烧热对壁面热流影响很小,只有在距壁面大约 1mm 之内,源项 Q 才具有重要意义。而此时火焰是否淬熄则是决定 Q 的一个关键参数。

还应指出,式(5-51)给出的热流从形式上看仅是时间 τ 的函数,这是一维假设的必然结果,但实际上 q_w 还取决于边界条件 T_∞ 等,它只是某点的局部热流,只要我们将按多维模型求出的壁面各点边界层外部的温度代入式(5-51),就可以得出 q_w 在缸壁的分布。

图 5-6 是 Martin 等利用本方法对一台浅盘式燃烧室发动机壁面传热率的计算结果。图中还示出了利用两种不同壁函数(对数律和改进的对数律)计算的结果以及实验结果。此图清楚地显示出求解一维能量方程法优于壁函数法,其计算结果无论在热流的峰值还是相位上都最接近于实验结果。其计算工作量自然也要相应地增加一些。

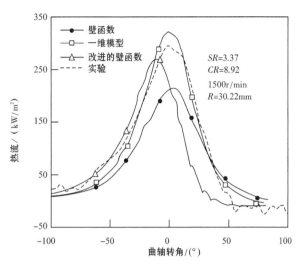

图 5-6　一维模型与壁函数法的比较

Park 和 Assanis 等[12]也应用热边界层法提出了一个缸内多维传热模型,其主要特点是在热边界层内纳入了流体压缩性的影响。他们认为,压缩性影响主要体现在密度的变化,而密度变化又是通过温度的变化反映出来。于是,他们假设热边界层内温度分布为幂函数形式,其中包含了一个通过实验数据拟合的模型常数。从而可预测压缩性在热边界层内对密度、黏度和湍流普朗特数和涡黏度变化的影响。

5.4.2　计算壁面对流换热的共轭传热法

以上介绍的计算壁面对流换热的方法,无论是多区还是多维模型,都有一个缺点,就是只考虑流体域,并利用基于恒定表面温度的壁面律计算壁面热流。而实际上,发动机燃烧室壁面温度是非均匀而且瞬变的,恒定壁温的假设会导致燃烧室壁面热流计算的误差,从而直接影响到燃烧室部件热应力的计算。在 20 世纪 90 年代乃至 21 世纪初,一些研究者采用一种半耦合的方法对这一假设进行改进,即不仅考虑流体的传热,也同时考虑固体内部的导热;并分别用 CFD 程序来求解发生在流体域的燃烧与传热以及有限元程序求解固体域的热传导,二者计算的壁温互为边界条件,通过一个迭代过程实现二者的耦合。首先从 CFD 计算得出壁面热流,然后以此作为固体热传导计算的边界条件,得出新的壁面温度;然后使用更新后的壁温进行随后的流场计算。重复此过程,直到最后收敛至正确的壁温和热流。对于工作状态高度非均匀的柴油机而言,这种半耦合方法不够准确;加之由于对流体和固体采用两种不同的程序,使这种计算方法实施不够方便而且效率较低。

与半耦合法不同，共轭传热法（CHT）是一种全耦合的方法，共轭法使用相同的数值方法和同一个计算机程序同时求解流体和固体中的传热，并通过流固两域的热耦合确定流固界面的温度。由于发动机的瞬态特性与燃烧室复杂几何形状，采用共轭法有明显的优势。采用共轭法，不需要事先指定一个预估的燃烧室壁面温度；使用此方法也有利于壁面油膜的模拟；由于瞬态非均匀壁面温度可以提高壁面油膜蒸发的模拟精度，从而改进碳烟和未燃碳氢排放的预测。由于这些优点，共轭传热法近年来得到较多应用，并且被纳入一些商业 CFD 软件。

在共轭传热法的相关研究中，Li 和 Kong[13] 的工作较有代表性，他们利用共轭梯度法求解固体结构域的非定常导热方程，而流体域的 N-S 方程及喷雾和燃烧方程则采用共轭梯度法和通常的 CFD 方法求解。两域的耦合通过在流固界面施加热边界条件（相等的温度和相等的热流量）实现。这种数值方法是基于发动机 CFD 软件 KIVA-4 实施的，采用非结构化网格，通过一组与网格坐标相关联的几何系数对界面上的网格单元的表面进行映射，实现流固耦合。

共轭传热法所求解的方程包括流体域的质量、动量、能量和化学组分的平衡方程，以及固体域的热传导方程，这里不再赘述。以下仅简要介绍流固耦合的具体实施方法。

发动机缸内流动的湍流边界层通常都非常薄，远小于计算网格的尺寸。精确地计算热流要求壁面附近划分极精细的网格。为了缓解这一要求，燃烧室内流体对壁面的热流量可用简化的对流换热公式表示为

$$J_w = h_c (T_w - T_f) \tag{5-52}$$

其中，J_w 是通过壁面的热流量；T_f 和 T_w 分别是近壁网格单元中心和壁面温度；h_c 是对流换热系数，按下列湍流壁函数计算：

$$h_c = \begin{cases} \dfrac{\rho c_p (u^*)^2}{Pr_l u} & (Re \leqslant Re_c) \\[4mm] \dfrac{\rho c_p (u^*)^2}{Pr_t u - (Pr_t - Pr_l) u^* Re_c^{1/2}} & (Re > Re_c) \end{cases} \tag{5-53}$$

其中，Pr_l 和 Pr_t 分别是层流和湍流普朗特数；u^* 是摩擦速度；$u = |\vec{u} - w_{\text{wall}} \vec{k}|$ 是气体相对于壁面的速度，其中 $\vec{u}$ 是距离壁面 y 处的速度，w_{wall} 是壁面速度，$\vec{k}$ 是 k 方向的单位向量，$Re = \rho y u / \mu_l$ 是雷诺数，μ_l 是层流黏度；Re_c 是湍流边界层中从层流底层过渡到对数层的转捩雷诺数，$Re_c = 114$。

如前所述，传统的方法中壁面温度 T_w 是假设不变的，而在共轭法中，T_w 从是根据跨越流固界面热流的平衡而自动计算得出。由离散化的固体能量方程可推得差分形式的温度方程：

$$T^{n+1} = T^n + \frac{\Delta t}{\rho V C_s} \sum_f K_f^n [\Phi_D \nabla T^{n+1} + (1 - \Phi_D) \nabla T^n]_f \cdot \vec{A}_f^n \tag{5-54}$$

其中,上标 $n+1$ 和 n 代表时间步;V 是网格单元体积;Φ_D 是用于增强数值计算稳定性和控制计算效率的参数,其取值可在 0 到 1 之间变化,根据固体的热物性确定。方程右端温度梯度与表面积的点积项 $(\Delta T)_f \cdot \vec{A}_f$ 可利用几何系数和中心差分离散为

$$(\nabla T)_f \cdot \vec{A}_f = a_c(T_c - T_{cn}) + a_{12}(T_1 - T_2) + a_{43}(T_4 - T_3) \qquad (5\text{-}55)$$

其中,T_c 和 T_{cn} 分别是单元中心和与它相邻单元的温度;$T_i (i=1,2,3,4)$ 是单元表面 f 各边中点的温度,如图 5-7 所示;a_c、a_{12}、a_{43} 是与表面 f 相关联的几何系数(参见图 5-7),可以通过求解一组 3 阶代数方程组而得出,详情可参阅文献[14]。

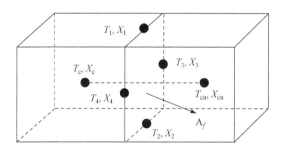

图 5-7　计算几何系数的示意图

显然,方程(5-54)是隐式的,必须通过一迭代过程来求解,文献[13]采用了所谓预置共轭梯度法求解。为了达到足够的精度,有必要进行连续多个发动机工作循环的计算,以获得周期稳态解。

在流固界面上,热平衡条件要求穿过界面的热流保持连续,流体对固体壁面的传热率 $Q_{w,fluid}$ 是壁表面面积与壁面热流 $J_{w,fluid}$ 的乘积,后者由方程(5-52)计算。固体的传热率 $Q_{w,solid}$ 可由固体的导热方程推得:

$$Q_{w,solid} = K_{fw}(\nabla T)_{fw} \cdot \vec{A}_{fw} \qquad (5\text{-}56)$$

其中,下标 fw 表示界面处固体单元的表面,上式右端按方程(5-55)计算:

$$K_{fw}(\nabla T)_{fw} \cdot \vec{A}_f = K_{fw}[a_c(T - T_w) + a_{12}(T_1 - T_2) + a_{43}(T_4 - T_3)]_{fw}$$

$$(5\text{-}57)$$

热平衡条件要求 $Q_{w,fluid} = Q_{w,solid}$,将式(5-52)和式(5-56)代入,即得到壁面温度:

$$T_w = \frac{K_{fw}[a_c T_c + a_{12}(T_1 - T_2) + a_{43}(T_4 - T_3)]_{fw} + h_c T_f A_{fw}}{K_{fw}(a_c)_{fw} + h_c A_{fw}} \qquad (5\text{-}58)$$

此温度用于流固界面两侧的热边界计算。

采用非结构化网格的求解法需要在计算中保证在相邻信息的传递过程中具有连通性(connectivity)。由于固体域和流体域的不同特性,需要在其各自的领域内

求解一组相应的方程。因此,在每个域内必须建立连通性。换言之,在一个域中的界面单元不包括作为其跨越界面的相邻单元,虽然这些单元在物理空间中是彼此相邻的。要建立两个域之间的连通性并应用上述热边界条件,对共享一个界面的两个域的相邻单元的两个表面施行一种独特的一对一映射。例如,在流体域中一个边界单元的一个固体表面是与其相应的固体域的边界单元的固体表面相关联。以这种方式,每个域的求解过程不会受到另一域的影响,而这两个域仍然可以通过映射相互作用。此映射关系是在计算开始前设置好的,并且在整个计算过程中保持不变,如果在界面上没有单元表面发生更新,即没有运动的边界。但如果有运动边界,则界面上表面的映射将根据边界的运动进行相应的更新。

另外,关于初始温度的设置需注意,流固界面的初始温度与初始固体的初始温度相同。其值将在计算过程中自动更新。例如,在每一个时间步长,流体域的热流是用壁函数计算(方程(5-53))。固体的热流是用近壁单元的差分方程(5-57)确定。界面温度是由式(5-58)确定。这个温度是用来更新界面两侧的温度。此过程一直进行,直到收敛到周期稳态。

5.5 辐射传热的多区模型

我们在 5.2.3 节中已讨论了辐射传热的经验模型,其中所介绍的计算公式都是拟合实验数据而得出的,其计算精度和适用范围都难以满足发动机研究和开发的日益提高的要求。自 20 世纪 80 年代末以来,随着国际热物理界对火焰辐射问题研究的深入,一些研究者开始致力于开发内燃机缸内辐射换热的准维多区模型乃至多维模型,并取得了一定的进展。但是总的看来,与发动机燃烧过程的其他子模型,如湍流流动、喷雾混合和燃烧与排放等模型相比较,缸内辐射换热模型的发展现状并不容乐观。主要表现在两个方面,首先是研究的规模小,据笔者所知,从20 世纪 80 年代初至今,国际上公开发表的以缸内辐射换热模型为主题的研究论文大约不超过50篇,可见该项研究尚未形成热点;其次是研究的深度和广度都不够,一些在热动力其他领域,如工业炉和航空发动机中已经成功应用的计算方法尚未在内燃机中得到充分的试验和考核,以至于在现今各种多维燃烧模型,包括被广泛应用的 KIVA 系列程序中,都尚未纳入辐射换热子模型。形成辐射模型发展相对滞后这一现象的主要原因乃是辐射换热本身的特点及其复杂性。

5.5.1 辐射传递方程的特点

辐射换热与导热或对流换热相比较,在物理本质和数学描述上都有本质的差别。对于导热或对流换热而言,必须有中间介质存在。导热是依靠微观粒子(分子、原子或自由电子)的运动来传递能量;对流则是依靠流体微团的宏观运动来传递能量。而辐射传热是依赖于电磁波或光子来传递能量,它不需要中间介质。因此两物体进行辐射换热时,不需直接接触。其次,物体在辐射换热过程中,不但有能量的传递,即能量由高温物体传向低温物体,而且还有能量形式的转化,即由内能转化为辐射能,最后再转化为另一物体的内能。正因为此,辐射换热过程不能像导热和对流换热那样,用对流-扩散形式的微分输运方程来描述,而必须用描述电磁波传播的方程来描述。例如,燃烧室内的辐射换热,如果要对其中任意一个微元气体写出能量平衡方程时,它不但和邻近气体有辐射能交换,而且与燃烧空间内任何一个微元气体以及固壁之间也有辐射能交换。这样,描述能量平衡就不是一个简单的微分方程,而是复杂的积分微分方程

$$\frac{\mathrm{d}I}{\mathrm{d}S} = \beta(I_\mathrm{b} - I) + \sigma_\mathrm{s}\left(\frac{1}{4\pi}\int_{4\pi} I(\omega')\boldsymbol{\Phi}(\omega,\omega')\mathrm{d}\omega' - I\right) \tag{5-59}$$

式中,I 是在空间立体角 ω 方向的入射辐射强度;I_b 是黑体辐射强度;β 是吸收系数;σ_s 是介质的散射系数;ω 是空间立体角;$\boldsymbol{\Phi}$ 是相函数或散射函数,表示在 ω' 方向入射而能被散射到以 ω 为中心的增量为 $\mathrm{d}\omega'$ 立体角范围内的那一部分能量所占的份额或概率。这样,上式左端为辐射强度在 S 方向的变化率,右端的第一、二项分别表示由于介质的吸收和散射作用引起的辐射强度的变化。

由于积分号内有未知数 $I(\omega')$ 出现,所以式(5-59)是一个复杂的积分微分方程。同时还应注意到,由该方程本身并不能求出辐射强度,因为后者是通过Stefan-Boltzmann定律由温度分布所决定的。再者,吸收导数和散射系数等介质的辐射性质也是温度的函数,然而气体的温度分布必须通过求解能量守恒方程来求得,但能量方程中又反过来包含有辐射热流密度。可见,归根到底,这是一个辐射传递方程与能量方程的耦合求解问题。这样一个非线性耦合的积分微分方程的求解显然是一个十分棘手的课题,不用说解析解,即使求数值解也非易事,通常都需对其进行必要的简化后才能加以求解。

辐射传递方程(5-59)与能量方程之间耦合的困难性还在于二者之间在数学表达上没有共性,用于求解通用输运方程的有限差分法或有限容积法很难同时用于求解辐射传递方程。因此目前比较常用的办法是把辐射换热问题从整个燃烧模型中分离出来,再采用适当的数值方法单独求解其控制方程(5-59)。至于二者之间的耦合,理论上必须通过一迭代过程来实现,但由于计算工作量太大,迄今只能对一些简单的问题(如层流边界层对流-辐射耦合换热)在一定假设下借助摄动法(匹配渐近展开法)来求解,而对发动机中这样复杂的换热问题,如何实现对流与辐射的耦合则是一个尚未解决的课题。

关于辐射传递方程(5-59)的求解,目前常用的数值方法主要有区域法、热流法(热通量法)和蒙特卡罗法以及由它们派生出来的一些方法,如离散传播法、球形谐波近似法和矩近似法等。其中区域法由于在几何处理上比较易于与发动机的准

维多区燃烧模型相协调,而且其所需的温度、浓度分布和介质辐射特性等参数也可直接由多区燃烧模型获得,因而在发动机缸内辐射换热计算中,区域法是应用较多的一种。从本质上说,这种辐射模型也属于准维模型,所以我们把它放在本节中介绍。至于其他几种方法,将列入多维模型,而在下节介绍。当然这样划分并不很准确,只是为了与燃烧模型的划分取得一致而已。

5.5.2 区域法在缸内辐射传热中的应用

区域法(zonal method)是 Hottle[15]于 20 世纪 60 年代提出的,是目前在工程计算中应用较为广泛的一种方法。其基本思想是化整为零,即将求解的辐射换热的空间域和四周壁面分别划分为若干体积区和面积区,假定每一区域内温度和辐射物性都均匀一致,对每一区域列出辐射能量平衡方程,得到一组以热流或温度为未知数的联立方程组。解此方程组,便可得出各域内温度和热流的数值解。区域法是一种发展比较成熟的方法,相关文献中有系统的介绍[16,21],这里不再赘述其原理,仅就其在内燃机中的应用做一介绍。

既然区域法的基本特点是将求解域划分为子区,而发动机的准维多区燃烧模型也是以此为特征,因此二者的结合就是自然而然的了。但是二者的分区并不完全一致,故必须从物理和几何角度出发,引入一定的假设,在燃烧计算和辐射换热计算之间进行必要的协调。下面,我们先讨论准维模型在几何上的处理方法,然后再介绍辐射换热模型中所必需的一些基本参数的计算。

1. 几何处理和分区方法

我们知道,多区燃烧模型中的分区只需对燃烧室空间进行,而且分区的主要依据是燃料浓度分布(气相模型)或喷雾的几何轮廓(油滴模型)。对辐射换热的区域法而言,除了空间分区之外,整个燃烧室壁面也需分区。一般说来,分区数目越多,计算结果则越准确,但分区数目是受到计算机容量和计算成本限制的。因此,人们往往从具体求解的问题出发,采用各不相同的分区方案。而且一般都引入以下假设:

(1)发动机中主要的辐射源是碳粒(碳烟),气体辐射只具有次要的作用,要么可以全部忽略,要么只考虑燃烧产物中二氧化碳和水蒸气的辐射作用。在喷雾燃烧区与燃烧室壁面之间的空气区是光学薄介质,不考虑其辐射和吸收作用。

(2)与高温火焰区相比较,壁面温度要低得多,因而可以忽略壁面的反向辐射。

(3)无论含碳粒的混合气体还是缸壁都可视为灰体。

根据这三条假设,缸内辐射传热问题就归结为这样几方面的计算:

① 作为辐射源的燃气羽流与作为接受体的缸壁之间的直接交换面积;

② 确定燃气羽流的温度和碳粒浓度；

③ 确定碳粒和气体的辐射率。

Chapman 等[18]提出了一个在几何处理上比较细致的柴油机辐射换热的多区模型。该机为轴对称结构，活塞顶上带 ω 型凹坑燃烧室，喷油嘴位于气缸轴线上，有 8 个喷孔，如图 5-8(a)所示。这样，辐射源是 8 股喷雾形成的圆锥状燃气羽流。由于对称性，作为受热面的缸盖，缸壁和活塞顶只需计算整个圆周的 1/8（圆心角 22.5°），如图 5-8(b)所示，但 8 股羽流的辐射必须同时都考虑。羽流的几何形状，即圆锥体的锥角和贯穿度按林慰梓等的多区模型（见 4.3 节）计算。每股羽流的锥面划分为 56 个小区，而缸盖、缸套和活塞顶（1/8 部分）分别分为 128、144 和 64 个小区。然后按前面介绍的公式计算羽流和壁面之间的直接交换面积 S_iS_j。

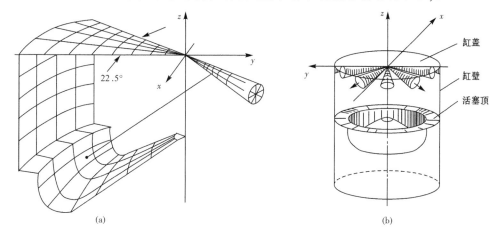

图 5-8　Chapman 的多区辐热模型

该模型比较真实地模拟了喷雾和燃烧室的几何特征，而且分区的数目较大，可望提供较好的计算结果，然而其计算是相当复杂而费时的。

Whitehouse 等[19]为了避开计算交换面积的复杂性，提出了一个简化气缸模型，即用一个当量圆柱体代替具有凹坑形燃烧室的气缸。当量气缸之体积可用两种不同的方案确定，第一种方案是使当量气缸与真实气缸的体积相等，并按相同规律随曲轴转角变化；第二种方案是从辐射和吸收的观点出发，要求当辐射源位于喷雾中心时，两个气缸壁面之吸收率相等。第二种方案得出的气缸当量直径小于第一种方案，这是因为真实气缸中无吸收作用的空气区被省去了。

真实的喷雾也用若干个共轴的当量圆柱来模拟，每两个柱面之间为一个区，其中当量比即燃料浓度为均布。但是这些柱形区域只是用于辐射换热计算，其温度和浓度数据是由基于真实气缸几何形状的多区燃烧模型的计算结果，然后经插值转换到这些当量圆柱区域的。为计算直接交换面积，进一步把这些柱面沿轴向和

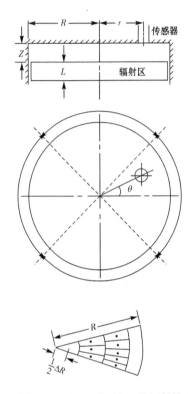

图 5-9　Chang 和 Rhee 的辐射模型

周向划分成方形小区。此方法虽然大大减小了计算交换面积的工作量,但几何上的失真必然给辐射计算造成较大误差。因而此法只能用于比较和研究各种参数的影响趋势,而难以提供关于缸内辐射换热的准确资料。

Chang 和 Rhee[16]针对几何形状简单的浅盘形燃烧室提出了另一种简化的模型,他们把含有碳粒的辐射源视为一个二维圆盘,其光学长度是预先给定的。同时还假设该系统内各气体组分处于平衡状态,其温度为绝热火焰温度,可按当地燃空比和气缸压力计算。根据燃油喷束的数目将圆盘形空间划分为若干个扇形,每个扇形进一步划分为小区,如图 5-9 所示(图中为 4 个扇形区)。同时还假定吸收辐射热的受热面(缸盖和活塞顶)与发射面互相平行,这样就使交换面积或角系数的计算变得非常简单。

从以上的讨论可以看出,由于区域法中很大一部分工作量是花在交换面积的计算上,对工程上所要求的经济而实用的准维模型而言,如要纳入辐射模型,势必在气缸和燃烧的几何处理方面或多或少地采用一些简化假设,除这里介绍的几种外,还有其他一些简化方案。考虑到准维模型原本就是针对较特定的机型,并不追求很大的通用性,所以针对具体的计算任务,采取灵活的几何处理手段,这既是必要的,也是可行的。

2. 碳粒辐射率的计算

碳粒是柴油机中最重要的辐射源。其辐射率可按下列步骤计算:

(1)计算碳粒的单色辐射率 $\varepsilon_{s\lambda}$;

(2)确定碳粒的单色吸收系数 $K_{s\lambda}$;

(3)计算碳粒的总的辐射率。

碳粒的单色辐射率可按下式计算:

$$\varepsilon_{s\lambda} = 1 - \exp(-K_{s\lambda}L) \tag{5-60}$$

式中,$K_{s\lambda}$ 是碳粒的单色吸收系数;L 是平均射线长度,取决于辐射源的几何尺寸。

我们知道,碳粒是极其微小的颗粒,其平均尺寸量级为 $0.1\mu m$,即约为红外波长的 1/10,在这种情况下,可以忽略碳粒的散射效应,而利用所谓瑞利极限(Rayleigh limit)关系式来计算其吸收系数

$$K_{s\lambda} = \frac{36n^2 k(\pi/\lambda)f_V}{(n^2 - n^2 k^2 + 2)^2 + 4n^2 k^2} \tag{5-61}$$

式中，n 和 k 分别是碳粒的折射指数和衰减指数；λ 是波长；f_V 是碳粒在混合气体中所占体积分数，由多区燃烧模型提供。上式是根据经典电磁波理论推导出来的。光学常数 n 和 k 主要取决于碳粒成分中氢与碳的质量比(H/C)，同时与碳粒分子结构有一定关系，而对温度变化不敏感。表 5-1 给出了不同波长下乙炔和丙烷两种碳粒的光学常数值，大多数实际燃烧系统中所生成碳粒的 H/C 比值均在表中所给出的两个极端情况之间，可以用内插的方法确定它。

表 5-1　碳粒的光学常数

$\lambda/\mu m$	乙炔碳粒 (H/C=1/14.7)		丙烷碳粒 (H/C=1/4.6)	
	n	k	n	k
0.4358	1.56	0.46	1.57	0.46
0.45	1.56	0.48	1.56	0.50
0.55	1.56	0.46	1.57	0.53
0.65	1.57	0.44	1.56	0.52
0.8065	1.57	0.46	1.57	0.49
2.5	2.31	1.26	2.04	1.15
3.0	2.62	1.62	2.21	1.23
4.0	2.74	1.64	2.38	1.44
6.0	3.22	1.84	2.62	1.67
10.0	4.80	3.82	3.48	2.46

碳粒的全辐射率可通过在全波长范围积分而得出

$$\varepsilon_s = \int_0^\infty \varepsilon_{s\lambda} E_{b\lambda}(T) \mathrm{d}\lambda / \sigma T^4 \tag{5-62}$$

其中，$E_{b\lambda}$ 是 Planck 辐射函数

$$E_{b\lambda}(T) = \frac{2\pi h c^2}{\lambda^5 [\exp(hc/\lambda KT) - 1]} \tag{5-63}$$

$$c = 2.988 \times 10^{10}\,\mathrm{cm/s}$$

$$K = 1.38 \times 10^{-16}\,\mathrm{erg/K}$$

$$h = 6.625 \times 10^{-27}\,\mathrm{erg/s}$$

σ 是 Stefan-Boltzmann 常数。把方程(5-63)代入方程(5-62)，我们便得到

$$\varepsilon_s = 1 - \int_0^\infty e^{-K_{s\lambda}L} E_{b\lambda}(T) d\lambda / \sigma T^4 \tag{5-64}$$

为了求出上式的精确解,Chang 和 Rhee[19]引入两个无量纲变量 x 和 a

$$x = hc/\lambda KT \tag{5-65}$$

$$a = \frac{36\pi n^2 k}{(n^2 - n^2 k^2 + 2)^2 + 4n^2 k^2} f_V L \frac{KT}{ch} \tag{5-66}$$

于是,方程(5-64)可改写为

$$\varepsilon_s = 1 - \frac{15}{\pi^4} \int_0^\infty e^{-ax} \frac{x^3}{e^x - 1} dx \tag{5-67}$$

或数值积分形式

$$\varepsilon_s = 1 - \frac{15}{\pi^4} \sum_{i=1}^M \int_{x_i}^{x_{i+1}} e^{-a_i x} \frac{x^3}{e^x - 1} dx \tag{5-68}$$

式中,M 是整个积分范围所划分的区间数;a_i 是参数 a 在第 i 个区间的取值。方程(5-68)的解为

$$\int_{x_i}^{x_{i+1}} e^{-a_i x} \frac{x^3}{e^x - 1} dx = S(3, a_i, x_i) - S(3, a_i, x_{i+1}) \tag{5-69}$$

$$S(3, a, x) = \sum_{n=1}^\infty e^{-(n+a)x} \sum_{i=0}^3 \left[\frac{\Gamma(3+1)}{\Gamma(3-i+1)} (n+a)^{-i-1} x^{3-i} \right] \tag{5-70}$$

式中,Γ 为伽玛函数。利用上面的表达式,我们便求得碳粒在给定温度下的辐射率

$$\varepsilon_s = 1 - \frac{15}{\pi^4} \sum_{i=1}^M \left[S(3, a_i, x_i) - S(3, a_i, x_{i+1}) \right] \tag{5-71}$$

上述方法虽然能得出 ε_s 的精确解,但是计算相当冗长。在某些场合下,为简单起见,可直接利用平均波长按式(5-60)计算碳粒的平均辐射率

$$\varepsilon_{sm} = 1 - \exp(-K_{sm}L) \tag{5-72}$$

式中,K_{sm} 是将平均波长 λ_m 代入方程(5-64)而得出的碳粒的平均吸收系数。Felshe 和田长霖给出了计算 λ_m 的经验公式

$$\lambda_m T = 4107 \times 10^{-6} (\text{m} \cdot \text{K}) \tag{5-73}$$

3. 气体辐射率的计算

尽管火焰中包含为数众多的气体成分,但就热辐射而言,一般只需考虑二氧化碳和水蒸气,而且可忽略其散射作用。但气体产物对辐射具有很强的选择性吸收和发射。因此,辐射性质随辐射波长的变化必须考虑。

为计算气体产物在热辐射波长上的吸收和发射,需将整个频谱范围划分成许多小的谱带,并假设各气体组分的吸收和发射特性在这些谱带上均匀或按某种函

数关系光滑变化。显然,划分的谱带越窄,计算越精确。工程上常用的有窄谱带和宽谱带这两种模型。

　　窄谱带模型是从气体分子的光谱吸收线和发射线出发,构造光谱线的形状和位置。谱线的形状体现了压力、温度、光程长度及辐射气体的固有性质对吸收和发射特性的影响。对不同的条件,谱线形状可有不同取法。有两种不同的方法用于确定谱线的位置,一种是均匀模型,另一种是统计模型。

　　宽谱带模型基于气体辐射在整个光谱范围内并非连续的,而是集中在某些谱带上这一事实,通过实验得出各谱带上的发射和吸收特性,然后用经验公式将这些数据加以拟合。由不同的经验公式出发,可得到不同的宽谱带模型。内燃机中应用较多的是 Edwards 和 Balakrishnan[20] 提出的模型。

　　水蒸气的主振动-转动谱带位于 $1.38\mu m$、$1.87\mu m$、$2.7\mu m$ 和 $6.3\mu m$,此外还有一个弱转动谱带位于 $20\mu m$;二氧化碳的主谱带位于 $1.9\mu m$、$2.7\mu m$、$4.3\mu m$ 和 $15\mu m$,还在 $9.4\mu m$ 和 $10.4\mu m$ 有两个弱谱带。可见,H_2O 和 CO_2 在 $2.7\mu m$ 有一公共的谱带。

　　谱带的吸收率可以表示为与辐射率方程(5-63)相同的形式

$$\alpha_\nu = 1 - \exp(-K_\nu L) \tag{5-74}$$

式中,ν 是波数;K_ν 是气体的吸收系数。

　　在 Edwards 和 Balakrishnan 的宽谱带模型中,某一个谱带的总吸收率 A_i 定义为该谱带的宽度

$$A_i = \int \alpha_\nu d(\nu - \nu_i) \tag{5-75}$$

积分域为谱带 i,式中 ν_i 是该谱带中心的波数。

　　对于气体辐射的每一谱带,该模型都提供一个经验关系式,此关系式将谱带总强度 α,带宽参数 A_0,谱线宽参数 β 以及有效压力 p_e 等相联系。有效压力定义为

$$p_e = [p/p_0 + (p_i/p_0)(b-1)]^N \tag{5-76}$$

式中,p_0 是大气压;p 是发动机缸内压力;p_i 是吸收气体的分压;N、b 均为常数,其取值在文献[19]中给出。

　　如果已知气体密度 ρ,射线长度 L,以及上述 A_0、β、α 等谱带参数(详见文献[19]),便可求得一组通用的谱带吸收率关系式,用于计算气体各辐射谱带的总吸收率 A_i。由于在宽谱带模型中已假定气体在谱带内的发射率为 1,而在带外为 0,则第 i 个谱带的气体发射率可用无量纲量 x 表示为

$$\varepsilon_{g,i} = \frac{15}{\pi^4} \int_{\text{带}i} \frac{x^3}{e^x - 1} dx \tag{5-77}$$

其中,x 定义为 $x = hc\nu/KT$,与式(5-65)相同,只是将波长 λ 换为波数 ν。上式的精确解可以采用与方程(5-67)相同的解法求出,各谱带的积分范围由表 5-2 给出,表

中 ν_l、ν_u 和 ν_c 分别表示谱带下限、上限和中心处的波数。在谱带无重叠的情况下，如果谱带的上下限中已给定一个，则另一个可按下式求出

$$\nu_{u,i} - \nu_{l,i} = A_i$$

如果谱带的中心波数已知(表 5-2)，则其上下限均可求出

$$\nu_{u,i} = \nu_{c,l} + A_i/2, \ \nu_{l,i} = \nu_{c,i} - A_i/2$$

这样，第 i 谱带气体的辐射率可表示为

$$\varepsilon_{g,i} = \frac{15}{\pi^4}\left[S(3,0,x_{l,i}) - S(3,0,x_{u,i})\right] \tag{5-78}$$

该谱带的变量范围是 $x_{l,i} < x < x_{u,i}$，上式中

$$S(3,0,x) = \sum_{n=1}^{\infty}\left[e^{-nx}\sum_{i=0}^{3}\frac{x^{3-i}}{i+1}\frac{\Gamma(3+1)}{\Gamma(3-i+1)}\right] \tag{5-79}$$

表 5-2　H_2O 和 CO_2 的辐射谱带

	μ	ν_l/cm^{-1}	ν_c/cm^{-1}		μ	ν_l/cm^{-1}	ν_c/cm^{-1}
H_2O 谱带	20	0		CO_2 谱带	15	667	
	6.3		1600		10.4	960	
	2.7		3760		9.4	1060	
	1.87		5350		4.3		2410
					2.7	3660	
	1.38		7250		2.0	5200	

　　最后，把 CO_2 和 H_2O 在所有谱带的辐射率相加，我们便得到气体的总的辐射率

$$\varepsilon_g = \sum_i \varepsilon_{g,i} \tag{5-80}$$

　　在实际计算中，有时为方便起见，可把碳粒和气体的辐射效应合并在一起，用一个总辐射率表示

$$\varepsilon = 1 - e^{-KL} \tag{5-81}$$

式中，$K = K_s + K_g$ 为总吸收率，于是有

$$\varepsilon = 1 - e^{-(K_s+K_g)L} = 1 - (1-\varepsilon_s)(1-\varepsilon_g) \tag{5-82}$$

利用此 ε 即可计算总的辐射热流。

4. 典型算例

Chapman 等[17]利用区域法对一台转速为 2100r/min 的涡轮增压柴油机的缸内辐射换热进行了模拟计算。其几何处理已在前文作了介绍,区域划分情况如图 5-8 所示。由于采用的子区数目较大,故计算结果能达到较高的空间和时间分辨率。图 5-10 所示为辐射热流在活塞顶和燃烧室凹坑内壁面 5 个不同位置随曲轴转角的变化。图 5-11 为辐射温度沿燃烧室壁的空间分布及其随时间的变化。这里的辐射温度定义为 $T_R = (F/\sigma)^{1/4}$,F 是壁上瞬时的入射热流,σ 是 Stefan-Boltzmann 常数。T_R 可视为一个当量黑体表面平衡温度。由图可知,燃烧室壁之辐射热流无论在空间和时间上都有迅速而剧烈的变化。这些信息对于发动机,特别是绝热发动机的设计和研究是很有价值的。

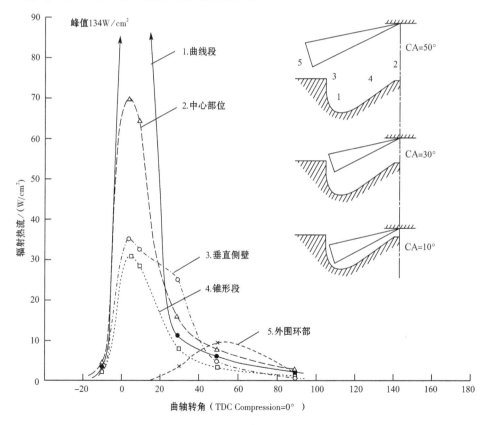

图 5-10　燃烧室壁面辐射温度的分布与变化

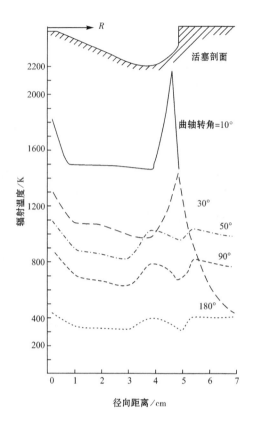

图 5-11　燃烧室壁面辐射温度的分布与变化

5.6　辐射传热的多维模型

5.6.1　概述

辐射传热的多维计算中早期应用较多的有热流法和蒙特卡罗法,近期则有球谐波近似法、离散传递法和离散坐标法等。

辐射强度是空间位置、辐射传播方向和波长的函数。辐射的方向性使辐射问题复杂化,因为有可能的方向都需加以考虑。如能将辐射强度随方向的变化与随位置的变化分开处理,例如假定在给定的立体角中辐射强度均匀,则辐射传播方程可大为简化。复杂的积分微分方程可简化为一些耦合的线性微分方程,这些方程的因变量就是平均的辐射强度或称辐射热流。这样的处理方法就构成了辐射传热的热流法或称热通量法。

根据所假定的辐射强度均匀的空间立体角数目的不同,可得到双热流、四热流或六热流法。显然,热流数越多,方法就越精确。以热流法为基础,还发展出一些精度较高的方法,如矩近似法、离散传播法和球谐波近似法等。热流法简单实用,其最大优点是热流方程在形式上与通用的输运方程一致,完全可以用通常的有限差分或有限元法求解,因而可以方便地纳入总的燃烧过程的多维模型中,与其他基本方程联立求解,而且所需计算量也较小。但它也有两个缺点:一是各个坐标方向上的辐射热流在模型方程中是彼此独立的,因而可能产生物理上的不真实;二是要得到热流方程,必须先假定辐射强度的空间分布,这种假定总是带有一定任意性。这两个缺点使得热流法的计算精度不如其他几种方法。尽管如此,由于它的简单实用,在工程上仍然得到较多的应用。

蒙特卡罗法也称作概率模拟法,它原是一种求定积分的数学方法,具体运用到辐射换热计算中,便是对各微元体的吸收情况作概率模拟计算,而不需计算各能束射线沿途被逐步地吸收和穿透的情况。蒙特卡罗法完全避免了复杂的积分微分方程的运算,它依据的仅仅是统计概率的基本概念,因而其应用几乎不受任何条件的限制,例如任意复杂的边界和各种波长不同的辐射。因而自 20 世纪 60 年代以后,蒙特卡罗法得到日益广泛的应用和研究。它的主要缺点是计算量比较大。

热流法和蒙特卡罗法在相关文献中已有有详细论述[16,21],本书不再介绍。以下各节分别介绍球谐波近似法、离散传递法和离散坐标法。

5.6.2 球谐波近似法

球形谐波法最早是在天体物理学中发展起来的一种方法。它的基本思路与热流法相同,都属于微分近似法,即把复杂的积分微分方程化为便于求解的微分方程形式。球形谐波法的关键之处在于把辐射强度表示为球谐函数的级数。从数学物理方程理论中我们知道,勒让德(Legendre)函数是一种具有正交性的典型的球函数,利用它可以方便地处理球形空间中的数学物理方程,而得出以 Legendre 级数形式表示的微分方程的解。由于空间某点发出的辐射是以该点为中心的球形向四周传播,故辐射传递方程(5-59)中的辐射强度可用 Legendre 级数表示为

$$I(r,\theta,\varphi) = \sum_{l=0}^{\infty}\sum_{m=-l}^{l} A_l^m P_l^m(\cos\theta)\mathrm{e}^{\mathrm{i}m\varphi} \tag{5-83}$$

式中,P_l^m 是 l 阶连带 Legendre 多项式,当 l 趋于无穷大时,上式代表辐射强度在球坐标系(r,θ,φ)中的精确解。故问题转化为求级数中各项的系数 A_l^m

$$A_l^m = \frac{2l+1}{4\pi}\frac{(l-m)!}{(l+m)!}\int_{\varphi=0}^{2\pi}\int_{\theta=0}^{\pi} I(r,\theta,\varphi)P_l^m(\cos\theta)\big[\mathrm{e}^{\mathrm{i}m\varphi}\big]^*\sin\theta\mathrm{d}\theta\mathrm{d}\varphi \tag{5-84}$$

式中,$[\ \ ]^*$ 表示共轭复数。

在实际计算中,P_l^m 只需取有限的几项即可。工程上用得最多的是所谓 P_1 近似和 P_3 近似。由于 Legendre 级数的各项均可表示为 θ 角的简单的正弦或余弦函数,故方程(5-127)可化为辐射强度的各阶矩的微分方程形式。在柱形空间中零

阶强度矩定义为

$$I_0(r,z) = \int_{\varphi=0}^{2\pi} \int_{\theta=0}^{\pi} I(r,z,\theta,\varphi)\sin\theta\mathrm{d}\theta\mathrm{d}\varphi \tag{5-85}$$

而 n 阶强度矩定义为

$$I_{ij\cdots n}(r,z) = \int_{\varphi=0}^{2\pi} \int_{\theta=0}^{\pi} I_i I_j \cdots I_n I(r,z,\theta,\varphi)\sin\theta\mathrm{d}\theta\mathrm{d}\varphi \tag{5-86}$$

式中, $I_i, I_j, \cdots, I_n$ 是空间角的方向余弦,它们可分别有三种取值,即 $\cos\theta$、$\cos\varphi\sin\theta$ 和 $\sin\varphi\cos\theta$。

我们所感兴趣的辐射热流可利用一阶强度矩来表示。例如在轴对称柱坐标系中有

$$q_i(r,z) = I_i(r,z) \tag{5-87}$$

式中, q_i 为 i 方向的辐射热流; I_i 为一阶强度矩, $i=1,3$,分别代表径向 r 和轴向 z。因此只要能求出辐射强度的一阶矩 I_i,问题就得到了解决。

方程(5-84)的所谓 P_1 近似和 P_3 近似,就是把其中的 Legendre 级数在 1 阶或 3 阶截断,从而可导出一阶矩的方程。例如在 P_1 近似中, I_i 的方程为

$$I_i(r,z) = -\frac{1}{3\tau_0(1-\sigma_0 g)}\frac{\partial I_0}{\partial x_i} \tag{5-88}$$

而 I_0 可通过求解下列椭圆型偏微分方程求出

$$\left(\frac{\partial^2}{\partial r^2} + \frac{\partial^2}{\partial z^2} + \frac{1}{r}\frac{\partial}{\partial r}\right)I_0 = 3Sr_0(1-\sigma_0 g)\tau_0 \tag{5-89}$$

式中, σ_0 是无量纲的散射系数; g 是与散射相函数在勒让德级数中展开式系数有关的参数; τ_0 是无量纲的光学厚度; r_0 是参考长度; S 是单位体积介质在单位时间内得到或损失的辐射热。求解方程(5-82)~(5-85),就可得出辐射热流 q_i。

P_3 近似法与此类似,但由于引入更多的项,故需求解 4 个强度矩的偏微分方程,即零阶矩 I_0 和二阶矩 I_{11}、I_{33} 和 I_{13}。其计算量较之 P_1 要大大增加,计算精度也有相应的提高。各强度矩的偏微分方程是线性的椭圆型方程,但各方程互相耦合,加之介质的辐射特性并非常数,因而不可能求出解析解,一般只能采用有限差分法等求数值解。求解时,先求 P_1 近似解,然后以此为迭代初值,进一步求 P_3 近似解。Mengüc 等[22]利用此方法求解了 Whitehouse 等[18]用多区模型计算过的柴油机缸内的辐射换热(见 5.5.2 节)。他们在计算中考虑了散射和非均匀的吸收系数的影响。计算结果表明,散射的影响不大,但吸收系数的非均匀性效应却是不可忽略的。其典型的计算结果如图 5-12 所示。图中分别给出了用 P_1 和 P_3 两种近似得出的活塞顶和缸盖上辐射热流的径向分布。Mengüc 等在其先前的研究中已经充分证明了 P_3 模型具有很高的精度。将 P_1 近似的结果与 P_3 的结果相比较,可知 P_1 的精度一般也是可以接受的,只是在燃烧室外围得出的热流有较大误差。其计算得出的总的壁面热流比 P_3 近似高出 20%。考虑到 P_1 模型只需求解一个

偏微分方程,而且较易于纳入总的燃烧模型,因而被认为是一种在工程上颇有发展前景的辐射换热模型。

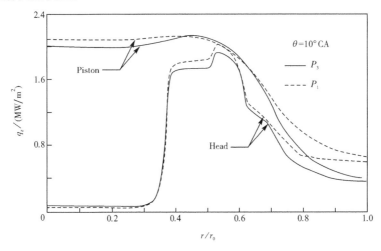

图 5-12　球形谐波法计算的壁面辐射热流分布

5.6.3　离散传递法

离散传递法(discrete transfer method,DTM)是由 Lockwood 和 Shah[23] 于 1980 年提出的相对较新的辐射传热计算方法。它通过离散的空间和边界网格对热辐射射线进行跟踪,因而它兼具区域法和蒙特卡罗法的特点。它与蒙特卡罗法的主要区别在于其特征射线的方向是人为规定的而不是随机选择的。其基本思想是将换热的边界作为辐射的吸收和发射源,将边界网格面上向半球空间发射的辐射能离散成有限数量的能束。这些能束穿过内部网格被介质吸收后,到达另外的边界面。在各边界网格面上进出的辐射能达到平衡。

DTM 中网格划分与一般有限容积法相同。如图 5-13 所示,假定取下边界面为接收面,则从该面的中心点 P_i 引出 $N=N_\theta \times N_\phi$ 条特征射线,将半球空间划分为以这些特征射线为方向的 N 个微元立体角,亦即以 P_i 为中心,将经度 θ 和纬度 ϕ 分别划分成 N_θ 和 N_ϕ 份。各特征射线分别与其他边界网格面相交于如图 5-13 中 Q_r 点。选 Q_r 所在边界面为发射面,其辐射强度为 I_{or}(初始条件给定或上次迭代取值),Q_r 面沿该特征射线向 P_i 发射能束。假定该边界面沿该射线方向发射的辐射能全部集中在这条特征射线上,于是该能束穿越相关内部网格后到达 P_i 点。

由于 DMT 在特征射线中处理散射尚有困难,故目前均假定介质无散射,则辐射传递方程(5-59)在第 n 个网格单元上的积分为

$$I_{n+1} = I_n \mathrm{e}^{-\beta\delta s} + \frac{\sigma T^4}{\pi}(1-\mathrm{e}^{-\beta\delta s}) \tag{5-90}$$

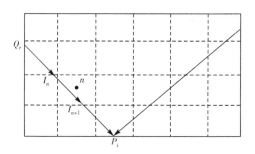

图 5-13　离散传递法示意图

式中，δs 为该射线穿过该网格所通过的距离。该能束到达 P_i 点时的辐射强度 I_r 便可由上式对沿途各网格逐个计算得出。将半球空间中 N 个 I_r 叠加即为进入接收面 P_i 的辐射热流：

$$q_p^+ = \sum_{r=1}^{N} I_r \sin\theta\cos\theta\Delta\theta\Delta\phi \qquad (5\text{-}91)$$

离开 P_i 面的辐射热流可由边界条件得出

$$q_p^- = (1-\varepsilon_w)q_p^+ + \varepsilon_w\sigma T_w^4 \qquad (5\text{-}92)$$

式中，ε_w 和 T_w 分别为壁面发射率和壁面温度。

通过累加所有进出某一内部网格单元的特征射线辐射强度的变化量，即可得到该单元所获得的净辐射热源：

$$Q_{r,n} = \sum_p \sum_r (I_{n+1} - I_n)\sin\theta\cos\theta\Delta\theta\Delta\phi\Delta A_p \qquad (5\text{-}93)$$

式中，ΔA_p 为发射面 P_i 的面积。

由于辐射热源的计算与整个燃烧流场能量方程的求解是相互耦合的，故实际计算需要一个迭代过程。

DTM 只在两个边界面之间跟踪能束的传递和吸收，而不像蒙特卡罗法要跟踪到概率吸收位置为止，常需要考虑壁面的反射。因而 DTM 克服了蒙特卡罗法的统计误差及计算时间长的缺点。同时，DTM 还易于与流场的 CFD 计算相耦合。这些优点使 DTM 近年来得到了较多的应用。其主要缺点是目前尚难以应用于有散射的介质。文献[24]应用 DTM 对一台柴油机的辐射换热作了模拟计算，其结果与实验结果相当吻合。

5.6.4　离散坐标法

Chandrasekhar[25]早在 1950 年就提出了求解一维辐射问题的离散坐标法（discrete ordinates method，DOM），但相当长时间内并未得到足够的重视。直到 20 世纪 80 年代，Fiveland[26]等对其进行了深入研究，并提出一整套有效的数值解法之后,DOM 才在国际传热界引起关注,并得到越来越广泛的应用。目前,其发展势头强劲,大有超过其他几种辐射传热数值方法之势。其主要原因在于它不仅能方便地与流场的 CFD 计算相耦合,而且能够处理 DTM 所难以处理的带有散射的辐射问题。

DOM 的基本思想是将辐射传递方程在辐射方向上进行离散,将该方程中的内向散射项用数值积分近似代替,通过求解覆盖整个 4π 立体角的一组离散方向,即坐标上的离散化代数方程而得出空间内各点的辐射强度。

为叙述方便,现将辐射传递方程重写为如下形式:

$$(\boldsymbol{\Omega} \cdot \boldsymbol{\nabla}) I(\boldsymbol{r}, \boldsymbol{\Omega}) = -(a_{\text{net}} + \sigma_{\text{s}}) I(\boldsymbol{r}, \boldsymbol{\Omega}) + k I_{\text{b}}(\boldsymbol{r}) + \frac{\sigma_{\text{s}}}{4\pi} S(\boldsymbol{r}, \boldsymbol{\Omega}) \quad (5\text{-}94)$$

其中,a_{net} 是净吸收系数,它是气体与碳烟吸收系数之和($a_{\text{g}} + a_{\text{soot}}$);$\sigma_{\text{s}}$ 是散射系数;$k = a_{\text{net}} + \sigma_{\text{s}}$ 是系数;$I(\boldsymbol{r}, \boldsymbol{\Omega})$ 是在 $\boldsymbol{\Omega}$ 方向、$\boldsymbol{r}$ 位置处的辐射强度;$S(\boldsymbol{r}, \boldsymbol{\Omega})$ 是散射产生的源项:

$$S(\boldsymbol{r}, \boldsymbol{\Omega}) = \int_{\Omega'=4\pi} I(\boldsymbol{r}, \boldsymbol{\Omega}') \Phi(\beta) \mathrm{d}\boldsymbol{\Omega}' \quad (5\text{-}95)$$

式中,$\Phi(\beta)$ 是对应于方向 Ω 与 Ω' 之间夹角 β 的散射相函数。辐射传递方程(5-94)的边界条件可写为

$$I_{\text{w}}(\boldsymbol{r}, \boldsymbol{\Omega}) = \varepsilon I_{\text{b}}(\boldsymbol{r}) + \frac{\rho}{\pi} \int_{\boldsymbol{n} \cdot \boldsymbol{\Omega}' < 0} |\boldsymbol{n} \cdot \boldsymbol{\Omega}'| I(\boldsymbol{n} \cdot \boldsymbol{\Omega}') \mathrm{d}\boldsymbol{\Omega}' \quad (5\text{-}96)$$

式中,I_{w} 是壁面辐射强度;ε 和 $I_{\text{b}}(\boldsymbol{r})$ 是壁面的发射率和黑体辐射强度;$\rho = 1 - \varepsilon$ 是表面反射率。将方程(5-94)在三维直角坐标系中展开,并用数值求和近似代替其中的积分散射法,则可得

$$\mu_m \frac{\partial I_m}{\partial x} + \xi_m \frac{\partial I_m}{\partial y} + \eta_m \frac{\partial I_m}{\partial z} = -\beta I_m + k_a I_b + \frac{ks}{4\pi} \sum_m w_{m'} \Phi_{m,m'} I_{m'} \quad (5\text{-}97)$$

式中,μ_m、ξ_m、η_m 是坐标方向 m 的三个方向余弦;$w_{m'}$ 是取决于离散坐标方向的权重因子,满足 $\sum\limits_{k=1}^{N} w_k = 4\pi$。

要求解方程(5-97),必须将其进一步离散化。DOM 在这一点上体现出很大的优点,即可采用通常流场计算所使用的网格系统,如图 5-14 所示的有限容积法的网格单元。在图中以 P 点为中心的控制体上积分方程(5-97),即得出以辐射强度 I_m 为变量的离散方程:

$$\mu_m A_x(I_{m,e} - I_{m,w}) + \xi_m A_y(I_{m,n} - I_{m,s}) + \eta_m A_z(I_{m,t} - I_{m,b}) =$$
$$-\beta V_p I_{m,p} + k_a V_p I_{b,p} + \frac{k_s}{4\pi} \sum_{m'} w_{m'} \Phi_{m,m'} I_{m',p} V_p \quad (5\text{-}98)$$

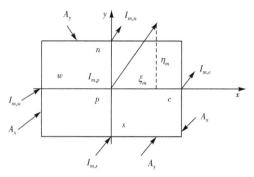

图 5-14　离散坐标法示意图

式中,A 为控制体各边界面的面积;下标 e、w、n、s、t、b 代表三个坐标轴方向的 6 个界面(有限容积法详情参见第 7 章)。

在 DOM 中,离散坐标的选择是影响计算精度的一个关键问题。一般采用所谓 S_n 近似法选择离散坐标,这里 n 表示所选取近似的阶次。坐标的选取必须满足一定的条件,如对称性(坐标方向点落在单位球面上并呈对称性排列)和旋转不变性(任意旋转 $90°$ 时坐标值保持不变)。对于三维问题,总的坐标数为 $N=n(n+2)$。这意味着,对于 S_2 近似,单位球(4π)被分为 8 个坐标方向,即 8 个互不重叠的实心角,每个角内的辐射强度为常数。对于 S_4 近似,则有 24 个方向,如此类推,各阶 S_n 近似下的方向余弦及权重因子都已经被求出并制成了表格,可在相关文献中查到[27]。对一般工程问题,S_4 或 S_6 近似已可给出足够精确的结果。

对各向异性散射介质,相函数可根据线性各向异性散射假定而表示为

$$\overline{\Phi}_{(m,m')} = 1.0 + a_0(\mu_m\mu_{m'} + \xi_m\xi_{m'} + \eta_m\eta_{m'}) \tag{5-99}$$

式中,a_0 是各向异性系数,其取值范围在 -1 与 1 之间。-1 和 1 分别代表逆向和正向散射,当 $a_0=0$ 则为各向同性散射。如果要求更高的精度,则可将相函数展开为 Legendre 多项式

$$\overline{\Phi}_{(m,m')} = \sum_{n=0}^{M} a_n P_n(\mu_m\mu_{m'} + \xi_m\xi_{m'} + \eta_m\eta_{m'}) \tag{5-100}$$

式中,P_n 为 n 阶 Legendre 多项式;a_n 为展开系数。根据散射的各向异性程度及精度要求,选取适当的展开项数 M。

对全部 N 个坐标方向均求解辐射强度为 I_m($m=1, 2, \cdots, N$)的离散方程(5-98),然后将各网格单元中所有 I_m 累加起来,就得到了该单元总的辐射强度,进而就可计算其辐射热源,并加入到流场的能量方程中,从而实现辐射换热与流场计算的耦合。

在辐射离散方程(5-98)的求解中,还涉及差分格式的选取,以及假散射(类似CFD 中的假扩散)和射线效应等问题,这里不再详述,读者可参阅第 7 章及相关文献[27~29]。

随着DOM的研究和应用日趋活跃,它在内燃机领域近年也逐渐受到重视。文献[28]、[29]均应用DOM求解了发动机燃烧室的辐射换热问题。其中文献[29]将DOM与CFD通用程序KIVA-3V相耦合,计算了一台Cummins N-14重型柴油机的燃烧和辐射换热,图5-15所示为缸盖上某点测量与计算的辐射热流的比较。二者的峰值基本相等。但计算值的相位有所滞后,而且在燃烧后期明显高于实验值。据分析,偏差主要来自两个原因:一是辐射热与温度为4次幂关系,温度的少量误差就会引起热流的显著变化;二是辐射热流不仅是温度的函数,同时还与碳烟浓度有强烈依赖关系。图中还示出了碳烟浓度的计算结果,它与计算的热流曲线趋势很接近。这表明,热流计算的偏差有相当大部分是由于碳烟模型不够完善引起的。

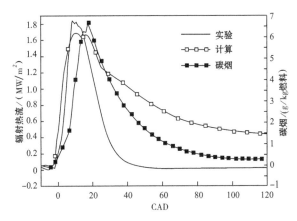

图5-15 DOM计算的气缸盖上辐射热流与实验的比较

本章参考文献

[1] Borman G, Nishiwaki K. Internal combustion engine heat transfer. Progress in Energy and Combustion Science, 1987, 13:1

[2] Annand W J D, Ma T H. Instantaneous heat transfer rates to the cylinder head surface of a small compression-ignition engine. Proceedings of the Institution of Mechanical Engineers, 1970-1971, 185:976

[3] Woschni G A. Universally Applicable Equation for the Instantaneous Heat Transfer Coefficient in the Internal Combustion Engine. SAE 670931, 1967

[4] Woschni G. Experimental Investigation of the heat transfer in internal combustion engines with insulated combustion chamber walls//Spalding D B. Heat and Mass Transfer in Gasoline and Diesel Engines. New York: Hemisphere Publishing Corporation, 1989

[5] Sitkei G, Ramanaian G. A Rational Approach for Calculation of Heat Transfer in Diesel Engines. SAE 720027, 1972

[6] Leuenver T,Myers P,Uyehara O. Experimetal Instantaneous Heat Fluxes in a Diesel Engine and Their Correlation. SAE 690464,1969

[7] Flynn P. An Experimental Determination of the Instantaneous Potential Radiant Heat Transfer within an Operating Diesel Engine. SAE 720022,1972

[8] Assanis D N. A computer simulation of the turbo charged turbocompounded diesel engine system for studies of low heat rejection engine performance[Ph. D. thesis]. Cambridge:MIT, 1985

[9] Borgenakke C,Arpaci V,Tabaczynski R. A Model for the Instantaneous Heat Transfer and Turbulence in a Spark Ignited Engine. SAE 800287,1980

[10] Davis G C,Borgenakke C. The Effect of In-Cylinder Flow Processes on Engine Efficiency-Model Predictions. SAE 820045,1982

[11] Yang J,Martin J K. Predictions of the Effects of High Temperature Walls. Combustion,and Knock on Heat Transfer in Engine-Type Flows. SAE 900690,1990

[12] Park H J,Assanis D N,Jung D. Development of an In-Cylinder Heat Transfer Model with Compressibility Effects on Turbulent Prandtl Number,Eddy Viscosity Ratio and Kinematic Viscosity Variation. SAE Paper 2009-01-0702,2009

[13] Li Y H,Kong S C. Coupling conjugate heat transfer with in-cylinder combustion modeling for engine simulation. International Journal of Heat and Mass Transfer,2011,54:2467-2478

[14] Li Y H. Enhancement of engine simulation using LES turbulence modeling and advanced numerical schemes[Ph. D Thesis]. Ames:Iowa State University,2009

[15] Hottel H C,Sarofim A F. Radiative Transfer. New York:McGraw-Hill,1967

[16] 范维澄,万跃鹏. 流动及燃烧的模型与计算. 合肥:中国科学技术大学出版社,1992

[17] Chapman M,Aghan A,Friedman M C. A Time Dependent Spatial Model for Radiant Heat Transfer in Engines. SAE 831725,1983

[18] Whitehouse N D,Shahed H A K. Radiative heat transfer calculations from soot clouds for a quiecent combustion chamber diesel engine//Uzkan T. Flows in Internal Combustion Engine. ASME Publishing,1984:89-97

[19] Chang S L,Rhee K T. Computation of Radiation Heat Transfer in Diesel Combustion. SAE 831332,1983

[20] Edward D K,Balakrishnan A. Thermal radiation by combustion gases. International Journal of Heat and Mass Transfer,1973,16:525

[21] 卞伯绘. 辐射换热的分析与计算. 北京:清华大学出版社,1988

[22] Menguc M,Viskanta R,Ferguson C R. Multidimensional Modeling of Radiative Heat Transfer in Diesel Engines. SAE 850503,1985

[23] Lockwood F C,Shah N G. A new radiation solution method for incorporation in general combustion predication procedures. Proceedings of 18th Symposium (International) on Combustion,1981:1405-1414

[24] Blunsdon C A,Malalasekera W M G,Dent J C. Application of the Discrete Transfer Model

of Thermal Radiation in a CFD Simulation of Diesel Engine Combustion and Heat Transfer. SAE Paper 922305,1992

[25] Chandrasekhar S. Radiative Transfer. New York:Dover Publications Inc,1960

[26] Fiveland W A. Discrete ordinates solutions of the radiative transport equation for rectangular enclosures. ASME Journal of Heat Transfer,1984,106:699-706

[27] 刘林华,余其铮,阮立明,等. 求解辐射传递方程的离散坐标法. 计算物理,1998,15:337-343

[28] Abraham J,Magi V. Application of the discrete ordinates method to compute radiant heat loss in a diesel engine. Numerical Heat Transfer,Part A,1997,31:597-610

[29] Wiederhoefer J F,Reitz R D. A multidimensional radiation model for diesel engine simulation with comparison to experiment. Numerical Heat Transfer,Part A,2003,44:665-668

第 6 章　化学反应动力学机理与排放模型

6.1　引　　言

随着世界范围内的能源危机和环境污染问题的日益严重,内燃机面临着提高燃油经济性和降低排放的双重挑战。进入 21 世纪以来,先进的内燃机燃烧模式和技术得到了广泛的关注和研究。一系列新的内燃机燃烧模式应运而生,例如均质压燃(HCCI)、预混压燃(PCCI)、直喷压燃(DICI)和反应控制压燃(RCCI)等。这些新型的燃烧模式都以低温燃烧(LTC)为主要特征,其着火与燃烧过程在很大程度上受化学反应动力学的控制,并且覆盖了非常宽广的运行工况。这就使得在 20 世纪不受重视的燃料着火与燃烧的化学反应动力学研究蓬勃兴起,成为燃烧科学中最活跃、成果最丰硕的领域之一。美国国家标准与技术局(NIST)于 2003 年组织来自工业界、学术界和政府的专家学者,召开了"实用运输燃油燃烧模拟数据库"的研讨会。会议指出,构造运输用燃油的化学反应动力学数据库对深入理解燃烧过程中燃油的化学组分、物理性质和燃烧特性至关重要。著名的化学反应动力学软件公司 Reaction Design 于 2007 年联合全球著名的汽车和石油公司建立了"模型燃料联盟",以加速实用燃料化学反应动力学软件工具和数据库的开发,从而推进清洁高效的发动机和燃料的研发设计工作。

实际燃料的组成和及其反应动力学机理相当复杂,其中包含成百上千种组分,部分组分的化学反应机理尚未探明,同时组分之间相互作用的反应动力学机理仍不清晰。另外,大量成分的存在会导致化学反应动力学机理中的组分和数目过分庞大,若直接将其与 CFD 模型相耦合,开展计算所需的计算机资源远超过当前计算机的发展水平。现实可行的办法是,选用若干有代表性的主要组分,构成物性和化学动力学特性与实际燃料基本一致的所谓表征燃料(surrogate fuel 或 representative fuel),并构建其化学反应动力机理,以满足科研与工程的需求。当前,对汽油、柴油乃至新型替代燃料,如各种生物油、生物柴油的表征燃料及其化学动力学模型的研究正在蓬勃发展之中,其反应机理的构建和简化也成为当今燃烧学界和发动机业界的主要研究方向之一。

内燃机的着火与燃烧过程的现象与机理均十分复杂。首先,它涉及重烃(高分子 碳氢)燃料的两阶段氧化过程,即低温氧化阶段(600~800K)和高温氧化阶段(1000~1100K),二者之间还存在一个过渡期。其中,低温氧化具有特别重要的意义,因为 HCCI 的压燃乃至火花点火发动机中的敲缸现象正是始于该低温范围。

作为主要燃料成分的烷烃及相关有机化合物的低温氧化过程包含各种不同的链传播和分支反应。这些反应的相互作用导致在一定温度范围内出现负温度系数(NLC)现象(即随温度的增加燃料总体反应率不增反降),由此引发出振荡冷焰,以及单级、双级乃至多级着火现象。人们力图通过数值模拟计算来正确描述这些现象,并在此基础上寻求适当的物理和化学手段来实现 HCCI 等燃烧模式的有效控制。显然,能实现这一目标的化学动力学模型不仅要具备传统燃烧模型能预测诸如 滞燃期(着火延迟)、放热率、燃烧率等参数的功能,还必须具备模拟上述复杂现象,以及燃料分子结构、燃料成分及添加剂对燃烧过程影响的功能。这是 HCCI等先进发动机模拟研究对化学动力学模型的基本要求。

这一要求对化学界和燃烧界是一个严峻的挑战。由于烃类燃料燃烧涉及复杂的反应机理(可包含上万种组分和基元反应),长期以来,除了几种最简单的燃料如H_2、CH_4 等之外,人们都致力于建立以一步总反应(全局反应)和多步反应表示的高度简化的化学动力学模型。仅仅是最近 20 来年,由于汽车和发动机工业发展的刺激,特别是 HCCI 等新概念发动机研究(包括火花点火发动机爆震现象)的急需,发动机燃烧化学动力学模型的发展才进入一个新的阶段,具体表现为两个明显的趋势[1~4]:一是高分子烃的模拟,二是研究的温度范围大大地向低温区域扩展。20 世纪 90 年代以前,对烃燃烧详细机理的探索,仅到丁烷为止,而近年来,对更复杂的燃料(C5~C16)的详细氧化机理的研究已取得了很大进展[5~8]。这些成果为发动机燃烧机理的模拟和研究奠定了坚实的化学动力学基础。

本章将主要介绍与内燃机燃烧相关的化学反应动力学模型,重点放在骨架模型;同时,由于内燃机燃烧排放物的生成与化学动力学密切相关,故对内燃机主要有害排放物氮氧化物和碳烟模型的介绍也放在本章。

6.2　化学反应动力学模型概述

如前所述,详细的化学动力学模型不仅是研究 HCCI 这类复杂着火与燃烧现象的不可或缺的工具,同时还有一个十分重要的作用:它既为构造简化动力学模型提供了一个基础和起点,又可作为理论工具对简化模型的性能进行分析和检验。详细模型的建立往往需要长期的细致的理论分析和计算,所幸由于计算机科技和人工智能的发展使得现在人们已能够利用计算机自动生成复杂的反应机理。以美国 Lawrence Livermore 国家实验室、德国 Heidelberg 大学和英国的 Leeds 大学等为代表的美国和欧洲的几个研究小组长期以来在烃类燃料的氧化反应的详细机理研究方面开展了系统深入的工作,并取得一系列被广泛应用的成果[9~14]。迄今,碳分子数高达 C16 的烷烃的详细燃烧机理均已构建成功,对实际燃料如柴油和汽油成分的燃烧机理研究也取得了显著进展。现有模型所适用的温度范围已拓宽到

600~2600K。值得一提的是,Lawrence Livermore 实验室使用系统层级法提出了正庚烷和异辛烷氧化燃烧的详细模型[9,10]。前者包含 550 种组分和 2450 个基元反应,后者则包含 860 种组分和 3600 个反应。这些反应按化学特征分为 25 种类型,并可相对独立地描述燃料的高温和低温氧化机理,从而真实地描述冷焰、NTC 和两阶段着火等现象。在此基础上,Westbrook 等[8]进一步构建了正辛烷到正十六烷的正烷烃的系列详细机理,共包含 2116 个组分和 8130 个反应。该机理在预测宽广工况范围内多种反应器的实验数据时,显示出良好性能。Ranzi 等[15]使用 MAMOX++程序构建了一个半详细机理描述正癸烷、正十二烷和正十六烷的氧化和热解。在宽广工况内,激波管中的滞燃期、喷气搅拌反应器和流动反应器中的主要组分浓度和火焰传播速度的预测值与实验值基本一致。

由于正庚烷和异辛烷在数值模拟中广泛地分别作为柴油和汽油的模型燃料,故在此将它们的详细动力学模型作一概要介绍。

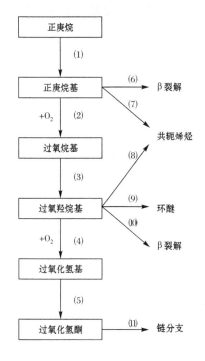

图 6-1 正庚烷氧化机理示意图

6.2.1 正庚烷的氧化机理

图 6-1 是正庚烷氧化过程经高度概括后的总的流程图。首先需要指出,正庚烷分子的氧化转换过程对温度有强烈的依赖性;在不同的温度范围内,有不同的反应路径并生成不同的产物。整个温度范围可大致划分为三个区段,即低温区、中温区和高温区。各区段之间的划界温度取决于烃燃料的种类和环境压力。现结合图 6-1,对这三个区分别进行讨论。

1) 低温区

图 6-1 中用(1),(2)…共列出了 11 个反应组,每一组均包含数量众多的特性类似的基元反应。在低温区,起主要作用的是反应组(1)~(5)。反应组(1) 代表正庚烷分子的脱氢反应。其中最重要的反应是

$$C_7H_{16} + O_2 \longrightarrow C_7H_{15}\cdot + HO_2\cdot \quad (R1)$$
$$C_7H_{16} + X\cdot \longrightarrow C_7H_{15}\cdot + XH \quad (R2)$$

其中,X 表示中间组分的自由基。反应(R1) 是起始反应,即正庚烷的首次加氧。由于它是强烈的吸热反应,它对正庚烷基 $C_7H_{15}\cdot$ 的形成并没有重要的贡献。一旦反应系统产生出其他自由基,如 OH·、O· 和 H·,这些自由基的脱氢作用远远超过氧分子,其中羟基 OH· 的作用最突出。脱氢之后,烷基就能与氧分子反应而形成过氧烷基(反应组(2)):

$$C_7H_{15} \cdot + O_2 \longrightarrow C_7H_{15}OO \cdot \tag{R3}$$

这是低温氧化阶段最重要的反应,其平衡常数强烈地依赖于温度。在高温下,平衡向离解转移,即 R3 逆向进行,标志着从低温机理到高温机理的转化。

低温路径再往下就是异构化(反应组(3))。过氧烷基转变为其同分异构物:

$$C_7H_{15}OO \cdot \longrightarrow C_7H_{14}OOH \tag{R4}$$

该过程的反应率取决于三个因素:①C—H 键断裂的性质:伯碳原子键断裂或仲碳原子键断裂;②过渡环(transition ring)的大小(原子数);③可获得的当量氢原子数目。

反应组(4)是异构物的二次加氧:

$$\cdot C_7H_{14}OOH + O_2 \longrightarrow \cdot OOC_7H_{14}OOH \tag{R5}$$

过氧化氢自由基·OOC_7H_{14}会进一步异构化并离解为相对稳定的过氧化氢酮和OH·(反应组(5))。当温度超过 800K 时,过氧化氢酮离解为几种组分,其中至少有两种是自由基。这意味着,只要温度高至能使过氧化氢酮发生离解,大量自由基的产生就会导致链分支反应迅速进行,如图 6-1 中反应组(11)所示。

低温反应是放热反应,可使系统的温度升高数百度,因此低温氧化阶段可称为"冷焰"燃烧。该阶段的主要功能有两个:一是通过放热反应提高系统的温度;二是形成始发的自由基群(radical pool),引起链锁分支,并在较高温度下发生自由基引发的反应。

2) 中温区

当系统温度升高到一定程度后,反应组(8)、(9)和(10)的重要性开始超过低温反应组(4)、(5)和(11)。这些反应在中间温度范围内起着主导作用。中温反应主要描述·$C_7H_{14}OOH$自由基的转化,转化的产物分别是与其共轭的烯烃(反应组(8))、环醚(反应组(9))及 β 裂解的产物(反应组(10))。β 裂解的全称是 β 位裂解反应。在碳氢燃料燃烧过程中涉及大量的裂解反应,其中烷基自由基的 β 位断裂反应是一类生成小分子烯烃和烷基自由基的重要燃烧反应,在温度较高的燃烧体系中对于裂解产物的组成具有十分重要的作用。β 位断裂规则指出,在烃类燃料分子中,与 C—H 键相比,C—C 键较弱,故 C—C 键一般总比 C—H 键先断裂。而且发生断裂的 C—C 键或 C—H 键 将是偏离开自由基位置的一个键,即偏离不成对电子的一个键位(β 键位)。这是因为自由基位置处的不成对电子加强了相邻的键,其结果是使得断裂位置由此向外移动一个键位。

在反应组(8)中,产物是稳定的烯烃和过氧化氢自由基

$$\cdot C_7H_{14}OOH \longrightarrow C_7H_{14} + HO_2 \cdot \tag{R6}$$

该反应是反应系统出现负温度系数(NTC)现象的主要原因。这是由于低温区的链分支反应被中温区的链传递反应所代替,而后者只能维持却不能增加具有强反应性的自由基的数目。反应组(9)的产物是环醚和羟基:

$$\cdot C_7H_{14}OOH \longrightarrow C_7H_{14}O + OH \cdot \tag{R7}$$

中温区的第三个反应组是过氧化氢烷基的 β 裂解，形成烯烃、羰基和羟基，例如

$$\cdot C_7H_{14}OOH \longrightarrow C_4H_9CHO + C_2H_4 + OH \cdot \tag{R8}$$

中温区的反应主要有三个特点：① $\cdot C_7H_{14}OOH$ 自由基转化成烯烃、环醚和 β 裂解的产物，而不是低温区的过氧化氢酮；②反应主要以链传递的形式发生，从而使系统的反应性降低而导致 NTC 现象；③发生了组分 H_2O_2 的积累。

3）高温区

系统温度从中温区继续升高就进入高温区。为何系统在经历 NTC 后温度还能升高呢？这需要一个先决条件：低温反应必须能释放出足够的能量以提高系统的温度。而且，要使温度升到足够高还需要外部条件，即发动机的压缩比足够大，足以使燃烧室内温度达到高温反应能够进行。

图 6-1 中反应组(6)和(7)是高温反应的主要代表，当温度达到约 1000K 时，正庚烷基在低温下的首次加氧反应(2)将被 β 裂解(6)和生成烯烃的反应(7)所取代。反应组(7)形成稳定的烯烃和过氧化氢：

$$C_7H_{15} \cdot + O_2 \longrightarrow C_7H_{14} + HO_2 \cdot \tag{R9}$$

当温度超过 1200K 时，β 裂解反应(R10)的高活化能势垒将被击穿，使其成为起决定作用的链分支反应：

$$H \cdot + O_2 \longrightarrow O \cdot + OH \cdot \tag{R10}$$

由于氧分子参与该反应，使得稀混合气在高温区更易于反应，而浓混合气则是在低温下更快被氧化，这是由于链分支反应取决于自由基浓度，而后者是直接由燃料产生的。

高温区的另一重要反应是 H_2O_2 离解为两个羟基。该链分支反应发生在大约 1000K 的温度下，其重要意义在于它是着火的标志：

$$H_2O_2 + M \longrightarrow OH \cdot + OH \cdot + M \tag{R11}$$

所产生的羟基迅速地与燃料进行反应，使系统温度紧随着急速跃升，此即着火的发生。

高温区的反应特性可归纳为：①正庚烷基转化为 β 型自由基和共轭烯烃；②链分支反应主要有两种模式：H_2O_2 的离解和 $H \cdot$ 与 O_2 的 β 裂解反应。

6.2.2　异辛烷的氧化机理

图 6-2 是高度概括的异辛烷氧化过程流程图，它与正庚烷氧化机理的图 6-1 十分相似。二者之主要区别在于参与反应的物质流分布在不同的反应分支上，所形成的产物也相应地有不同的分布。这一区别源于二者的分子结构不同。

对于异辛烷，其伯氢原子数目远远超过正庚烷，由于伯氢原子的键能比仲氢原

子和叔氢原子要高得多,因而脱氢和异构化反应
都不易发生。于是,反应更倾向于通过过氧烷基
(反应组(2))、过氧化羟烷基(反应组(3))和环醚
传播。这使得大多数稳定组分,如烯烃和环醚都
是在低温氧化阶段形成,而含氧组分的生成率相
当低。研究表明,正庚烷在低于 750K 的温度下
所产生的 CO_2 比异辛烷要高出两个数量级,加
之正庚烷更易于通过过氧化氢酮及其产物发生
链分支反应(反应组(4)、(5)、(11)),从而使得正
庚烷在冷焰阶段所释放的热量远远超过异辛烷。

　　敏感度分析的结果显示,OH·基的产生率
随着燃料辛烷值(RON)的增加而降低。由于消
耗燃料最快的反应是那些有 OH· 参加的反应,
因而这一点在燃烧工程中具有重要意义。OH·
基与 RON 的这种逆向相关性之原因在于,对于
异辛烷,几乎所有能产生 OH· 的异构化反应途
径在低于 1000K 的温度下都不能进行。这是因
为这些反应都需要脱除伯氢原子,而后者的键能
相当高。再者,异辛烷异构化产物的环应变能也
高于正庚烷。正庚烷不仅在异构化反应中具有较低的环应变能势垒,而且其许多

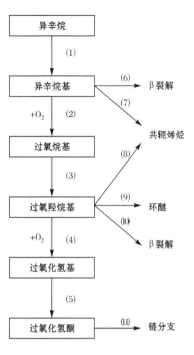

图 6-2　异辛烷氧化机理示意图

反应路径只需脱除键能小得多的仲氢原子。正是这些原因使得正庚烷的反应活性
明显高于异辛烷。

　　鉴于 RON 是反映链烷烃着火与燃烧特性的重要指标,我们可就二者的关系
作出如下结论:①链烷烃 RON 越高,则引发其化学活性和自燃所需的温度也越
高;②链烷烃的 RON 越高,则其在自燃着火之前消耗得越少;③RON 越高,则反
应放热越少,对未燃混合气的预热也越少。由此就可以解释为何异辛烷比正庚烷
难于自燃,而且有更长的滞燃期。

6.2.3　化学动力学模型的分类

　　详细模型在真实性和可靠性方面优势突出,但其过于复杂,计算量太大。在当
前的计算机资源条件下,一般只能应用于零维或准维模型。对于基于 CFD 的多维
模型而言,与其相耦合的燃烧计算目前还主要求助于简化的动力学模型。

　　化学动力学模型可以按其复杂程度划分为几个不同的种类,但具体如何划分
及命名,目前国际学术界尚没有统一的口径和术语。本书根据目前比较流行的看
法,将其分为下列 4 种:

（1）详细模型(detailed or comprehensive model)：包含数百乃至数千种组分和数千乃至数万个基元反应。

（2）简化模型(reduced model)：包含数十种组分和数十至数百个基元反应。

（3）骨架模型(skeletal model)：包含十余至数十种组分和数十个基元反应。

（4）总包反应模型(global model)：组分数和基元反应数均不超过 10 个，即通常所谓单步反应或多步反应模型。

显然，模型越简单，所需计算成本即越低，但其模拟的精度也越差。而且各类简化模型往往都是针对一定的条件(温度、压力和当量比等)建立起来的，缺乏广泛的通用性，在应用时必须注意到这一点。

6.3　简化化学动力学模型的构建方法

目前已有多种产生简化机理或简化动力学模型的方法，它们大体上可分为两大类。第一类主要是基于数学工具和现代计算机科学与技术；第二类则带有一定程度的经验性，它不追求对反应系统中各种组分和反应步骤的真实模拟，而是按各化学成分的动力学和热化学性质，对其进行分门别类的统一处理，故可称为"集总"模型。以下对当前比较常用的几种简化方法加以介绍。

6.3.1　反应机理的自动生成法

计算机科技的突飞猛进，特别是诸如专家系统之类人工智能的实用化给化学动力学模型，尤其是详细反应机理的研究提供了强有力的工具。现今，人们已经可以依据长期积累的对简单燃料反应机理的研究成果，再制定若干关于组分构成和反应进行路径的基本规则，并给定相关的热化学和反应动力学数据和必要的算法，从而得到以计算软件形式出现的"反应发生器"。目前，见诸报道的这类软件系统主要有法国南锡大学的 EXGAS[16～18]、意大利米兰大学的 MAMOX[19]、美国西北大学的 NetGen[15] 和四川大学的 ReaxRed[21,22] 等。这些软件不仅可以自动生成完整的详细机理，还可以按照由动力学分析得出的一定的规则自动对其进行简化，从而得出满足不同要求的繁易程度不等的简化机理。

就基本功能而言，自动生成反应机理的软件系统必须满足下列要求：

（1）对于给定的组分，必须能考虑到其全部可能的组合及相应的反应，但同时又不能两次产生同一反应。

（2）所有化学组分的分子结构必须用一种便于反应发生器识别和处理的方式存贮到计算机中，存储的规则必须严格而准确，以避免引起发生器的误解而导致产生错误或重复的反应。

（3）对每一反应都应给出相应的热力学和化学动力学数据。

（4）反应发生器往往生成太多的可能发生的反应,软件系统必须有足够的识别能力,滤除那些明显不重要的反应。

以 EXGAS 为例[17],它生成的反应机理由三部分构成。

（1）$C_0 \sim C_2$ 反应基(reaction base):包括含碳原子在 2 以下的自由基和分子的全部单分子和双分子反应。

（2）详细的初级机理(comprehensive primary mechanism):在这类反应机理中,反应物必须是始发的有机分子或始发混合物中所含的有机分子和氧。

初级机理包括下列 8 种:

①单分子和双分子始发反应;②由烷基生成烯烃的反应,包括 β 裂解和形成共轭烯烃和·OOH 的氧化反应;③对氧分子添加烷基和过氧化氢自由基;④包含环状过渡态的烷基和过氧化物自由基的异构化;⑤烷烃的过氧化氢化合物和过氧化二氢烷基离解生成环醚、烯烃、醛和酮;⑥始发反应物的脱氢反应;⑦终止反应,包括两个自由基的结合以及用·OOH 对过氧自由基的歧化;⑧醚类分子断裂反应。

如果将所有可能的初级反应均列出,其数量势必太大,既无必要又难以处理,故软件中作为专家系统预先置入了一套简化规则对那些不必要的反应加以过滤和删除。

（3）集总的次级机理:这类反应的反应物是初级反应机理的分子产物。

次级机理中涉及的反应物极多,为了减少基数目,采用"打包集总"的做法。即把具有相同分子式和相同功能团的反应物视为同一种组分,而忽略同分异构体之间的区别。这些集总后的组分之间的反应并非基元反应,而是所谓的总反应。总反应的优点是通过最少的反应步骤生成小的分子或自由基,而后者之间的进一步反应已经包括在 $C_0 \sim C_2$ 反应中。

采用集总组分的另一好处是生成相关反应机理的运算相当简单,实际上就是从集总的分子式中进行一系列加减运算。文献[18]利用 EXGAS 软件对正庚烷的氧化机理进行了计算研究,其得出的详细机理共包含 466 种组分和 2428 个基元反应,与前述 Lawrence Livermore 的结果十分接近。以此为基础,文献[13]还得出了正庚烷在高、中、低温度范围内以及集总形式的 4 种简化机理。由这些机理计算得出的反应率与实验结果相当吻合。图 6-3 是用集总形式简化机理(273 种组分,1282 个反应)及所谓"完整"机理(从详细机理略加简化得出:456 种组分,1953 个反应)对正庚烷氧化过程模拟计算结果及其与实验结果的对比。不难看出,集总机理与完整机理的结果十分接近,主要的差别在负温度系数区(750K左右)。

反应机理的自动生成法功能强大,但仍有一定局限性,还离不开人工的适度干预和调整。而且此法得出的简化机理仍然比较复杂,如上述 4 种简化机理中,

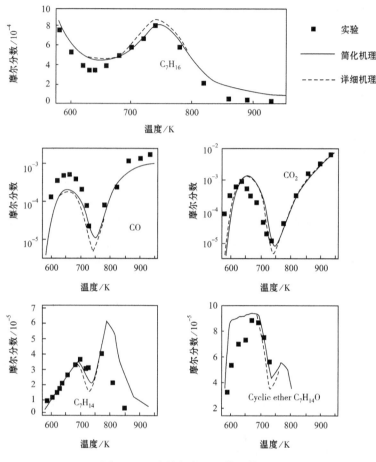

图 6-3　正庚烷氧化机理模拟结果

最简单的一种仍包含 98 种组分和 644 个基元反应。进一步的简化必须借助别的方法。

6.3.2　敏感度分析

此法类似于非线性动力系统中的稳定性分析,即研究系统对小扰动的响应。对燃烧系统而言,就是在给定的温度、压力等条件下,考查各化学反应中每一个反应率常数的微小变化所引起的系统特征量(如组分、温度或反应率)的变化,其值即称为敏感度。敏感度系数可通过求解一组偏微分方程求出。比较各系数的量级,即可确定各基元反应的相对重要性,忽略那些相对次要的反应,从而就得出简化的反应机理[12]。

考虑由 S 种组分和 R 个反应组成的化学系统,对第 i 种组分的反应速率可写为下列一阶常微分方程

$$\frac{\mathrm{d}c_i}{\mathrm{d}t} = F_i(c_1, c_2, \cdots c_S; k_1, k_2, \cdots, k_R)$$

$$c_i \big|_{t=t_0} = c_i^0, \quad i = 1, 2, \cdots, S \tag{6-1}$$

时间 t 为自变量,浓度 c_i 为因变量,反应率系数 k_r 为系统参数。方程(6-1)的解取决于初始条件和系统参数。我们感兴趣的问题是,当作为系统参数的基元反应的速率系数 k_r 改变时,方程的解即浓度 c_i 会如何变化? 显然,不同的 k_r 对 c_i 的解会有不同的影响。为了描述这种影响的大小,我们把 c_i 的解对参数 k_r 的依赖程度称为敏感度,并可分别定义绝对敏感度和相对敏感度如下:

$$E_{i,r} = \frac{\partial c_i}{\partial k_r}$$

$$E_{i,r}^{\mathrm{rel}} = \frac{k_r}{c_i} \frac{\partial c_i}{\partial k_r} = \frac{\partial \ln c_i}{\partial \ln k_r} \tag{6-2}$$

在实际应用中,往往很难甚至无法求出敏感度的解析解,因而需要采用数值方法来进行敏感性分析,亦即对方程(6-1)取偏微分,得出敏感度系数的一组微分方程

$$\frac{\partial}{\partial k_r}\left(\frac{\partial c_i}{\partial t}\right) = \frac{\partial}{\partial k_r} F_i(c_1, c_2, \cdots c_S; k_1, k_2, \cdots, k_R)$$

$$\frac{\partial}{\partial t}\left(\frac{\partial c_i}{\partial k_r}\right) = \left(\frac{\partial F_i}{\partial k_r}\right)_{c_l, k_{l \neq r}} + \sum_{n=1}^{S}\left[\left(\frac{\partial F_i}{\partial c_n}\right)_{c_{l \neq n}, k_l}\left(\frac{\partial c_n}{\partial k_r}\right)_{k_{l \neq j}}\right]$$

$$\frac{\partial}{\partial t} E_{i,r} = \left(\frac{\partial F_i}{\partial k_r}\right)_{c_l, k_{l \neq r}} + \sum_{n=1}^{S}\left[\left(\frac{\partial F_i}{\partial C_n}\right)_{C_{l \neq n}, k_l} E_{n,r}\right] \tag{6-3}$$

方程(6-3)中,偏导数后面的 c_l 表示在微分中 c_l 保持不变,$c_{l \neq n}$ 表示除 c_n 外,所有 c_l 保持不变。该方程组是线性的,可以和方程(6-1)联立后进行数值求解。对于给定的反应系统,一旦确定各反应的敏感度系数后,就可进行量级比较而完成复杂机理的简化。化学动力学通用软件包 CHEMKIN 中所含的 SENKIN 程序即专门用于反应系统敏感度分析,目前已经广泛应用于包括内燃机在内的各种燃烧系统的化学反应机理分析和计算。

文献[23]针对正庚烷的 HCCI 燃烧,应用 SENKIN 程序对其详细反应机理进行敏感度分析,最后得出一套仅含 37 种组分和 61 个反应的骨架机理,并将该机理纳入 CFD 软件STAR-CD与 CHEMKIN 的耦合程序,对定容弹和一台 HCCI 发动机的燃烧进行了模拟计算。图 6-4 是分别用该骨架机理和原始详细机理所计算的正庚烷在定容弹中燃烧的着火滞燃期及其与实验的对比。考虑到两种机理耗费的计算时间相差几十倍,可以认为该骨架机理是相当成功的。

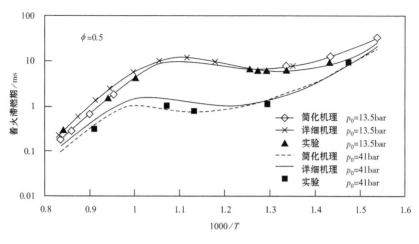

图 6-4　着火滞燃期的比较

6.3.3　准稳态近似法

准稳态近似(quasi-steady state assumption,QSSA)是在许多领域中研究瞬态过程时常使用的一种方法。就化学反应动力学领域而言,QSSA 的基本假设是:在化学反应系统中,各种反应具有不同的时间尺度。某些反应进行的速率要远远快于其他反应的速率,也远远快于与反应系统相关的物理过程的速率。因此,那些进行得最快的反应中所涉及的化学组分可以被视为处于稳态。于是,描述这些准稳态组分的微分方程可以用简单的代数方程来代替。这样,原来需求解的微分方程组的阶次可以显著降低,化学上相当于复杂的反应机理得以简化[24,25]。

在应用 QSSA 进行机理简化时,一个关键问题是如何确定判别稳态组分的标准。这一标准必须既有通用性又有简便性,以便应用于不同条件下的不同的机理。计算实践表明,组分浓度计算的误差是与该组分的生存时间即"寿命"呈线性关系增加的。因此,作为一阶近似,可以把组分的寿命作为一个有效而实用的稳态判别标准。

按照 QSSA 的准稳态假设,把那些时间尺度足够小的组分视为稳态,在数学上意味着其浓度的时间系数为零:

$$\omega_i = \frac{\mathrm{d}[X_i]}{\mathrm{d}t} = \sum_{k=1}^{N_R} (v''_{i,k} - v'_{i,k}) r_k = 0 \qquad (6\text{-}4)$$

式中,ω_i 是组分 i 的化学源项,即产生或消耗率;X_i 是其摩尔分数;r_k 是第 k 个反应的反应速率。方程(6-4)由于导数为零而转化成一阶或二阶代数方程。

为了能够形成一种自动简化机理的算法,需要将组分的寿命计算与其敏感度分析结合起来。这是因为有些组分虽然寿命很短但敏感度很强,从而可能对反应的结果有重要影响,故必须加以保留;反之,也有些组分寿命相当长却并不敏感,故可作为稳态处理。经过这种双重标准的筛选,既可使机理得到简化又不至于丢失必要的化学信息。

组分寿命即化学时间尺度的确定是将系统分析方法应用于下列线性微分方程组,考查其在 $X-X_0 \to 0$ 时的特性。

$$\frac{\mathrm{d}}{\mathrm{d}t}(X-X_0) = f_0 + J \cdot (X-X_0) \tag{6-5}$$

式中,f 是组分的源项;J 是对应于 f 的雅可比矩阵,它包含着当组分浓度变化时,其源项将如何变化的信息。J 矩阵主对角线元素 J_{ii} 的量纲是 s^{-1},代表组分 i 的变化速率,其倒数即为组分 i 的特征时间,即寿命:

$$\tau_i^c = -1 \left/ \frac{\partial \omega_i}{\partial c_i} \right. = \frac{c_i}{\sum\limits_{k=1}^{N_R} (v'_{ik} - v''_{ik}) r_k} = |1/J_{ii}| \tag{6-6}$$

根据上式,可将组分的寿命理解某组分自其产生至其被消耗完所经历的时间。

与寿命计算相关联的敏感度分析可按前节介绍的方法进行。例如,组分 A 对组分 B 的敏感度可写为

$$S_{A,B} = \frac{\partial [A]}{\partial [B]} \approx \sum_{k=1}^{N_R} \frac{\mathrm{d}[A]}{\mathrm{d}r_k} \cdot \frac{\mathrm{d}r_k}{\mathrm{d}[B]} \tag{6-7}$$

$$\frac{\partial r_k}{\partial c_j} = v'_{jk} c_j^{v'_{jk}-1} \prod_{i \neq j}^{N_S} c_j^{v'_{jk}} k_k = \frac{v'_{jk}}{c_j} r_k \tag{6-8}$$

更一般地,任一参数 A 对组分 j 的敏感度可写为

$$S_{A,j} = \sum_{k=1}^{N_R} \left| \frac{\mathrm{d}[A]}{\mathrm{d}r_k} \frac{v'_{kj}}{c_j} r_k \right| \tag{6-9}$$

其中,A 可以是某一组分的浓度,也可以是温度或火焰速度等。对 HCCI 发动机而言,通常选择组分对温度的敏感度。这样,挑选稳态组分的判据可通过将组分寿命与其敏感度相组合而表示为

$$(\mathrm{LOI})_i = S_{T,i} \tau_i^c \tag{6-10}$$

式中,LOI 意为"重要等级"(level of importance)。上式的物理意义是由准稳态假设计算得出的燃烧系统温度的误差。显然,某组分的 LOI 值越小,说明其对计算结果的影响越小。当该值小于规定的标准,则该组分可按稳态处理。

由于被选为稳态的组分将被排除到机理分析过程之外,在质量、原子和能量平衡方程中不再考虑它们。如仅依靠寿命分析标准,可能会有某些具有较大质量分数或较大元素质量分数的组分被排除掉,从而产生超过预计的误差。为了防止这种情况发生,需引入一个附加的判据。具体做法是对已被选为稳态的组分,增加一个元素质量分数最大值和最大焓值的判据:

$$Z_i^A = \frac{\max_A v_i^A Y_i}{\sum\limits_{j=1}^{N_s} v_j^A Y_j} < Z \qquad (6\text{-}11)$$

$$H_i = \frac{h_m Y_i}{\sum\limits_{j=1}^{N_s} \Delta h_j Y_j} < X \qquad (6\text{-}12)$$

上式中,Z_i^A 是原子 A 的最大元素质量分数,A 代表组分 i 中所包含的元素,A=N,O,H 和 C;Z 是对稳态组分设定的上限值。H_i 是组分 i 所具有的相对焓与其质量分数的比;Δh_j 是未燃状态下焓的平衡值;X 是对稳态组分设定的上限值。

在应用 QSSA 进行机理简化的具体计算过程中,有两种实施方法。第一种比较简便,LOI 的计算与简化机理产生的这两部分计算是相对独立的。一个子程序专门计算 LOI,另一子程序对此信息连同相关的反应率系数等化学机理的数据进行判别和评价,确定稳态组分,然后自动产生只包含非稳态组分的新的简化机理。在这种方法中,LOI 的计算和稳态组分的选择都是根据在整个计算周期内保持不变的参数值计算出来的,不能够随燃烧过程的进展进行调整和修正,因而影响到计算的精度。

第二种方法则是"在线"计算,实时调整,可称为自适应化学动力学算法[19]。它可按照各时刻物理条件的变化对稳态成分进行重新筛选。这意味着,在计算过程中,某种组分可在稳态和非稳态之间改变"身份",反应机理也可相应地发生实质性的变化。这样不仅可以动态地严格控制非稳态组分的数量,还可提高计算的精度。

Lovas 等[25]将 QSSA 方法应用于一台以天然气为燃料的 HCCI 发动机的燃烧研究。其燃料是甲烷和丁烷的混合物。作为简化之起点的详细机理包括 53 种组分和 589 个反应。首先应用反应流和敏感度分析将详细机理简化为含 43 种组分和 481 个反应的骨架机理。然后应用 QSSA 的自适应在线简化方法对骨架机理进行动态的简化。计算结果显示,随着燃烧的进行,按给定寿命判据选出的稳态组分的数目确实是不断变动的。例如,当取寿命判据为 2×10^{-9} s 时,在上死点前 15°到上死点后 30°期间内,稳态组分数在 10～14 变动。把部分组分作为稳态处理后,计算时间大幅度下降。据估计,所节省的计算时间大致与 2^n 成正比,这里 n 是稳态组分的数目。

顺便指出,还有另外几种简化机理方法也是基于准稳态近似的。例如,计算奇异摄动法(CSP)[26]。奇异摄动法本是数学和物理学中广泛应用于处理非线性问题的一种方法,自 20 世纪 80 年代末开始应用于燃烧问题。与上面介绍的基于寿命分析的 QSSA 相比,CSP 在物理概念上不够直观,但在数学上却更加严密,因而有更高的精度。其基本思路是用一组基向量来描述化学过程的控制方程,将问题转化为雅可比矩阵的特征值分析,根据特征值的大小,确定那些快速的模态,从而识别出可以作为稳态处理的组分。上面讨论的 QSSA 仅仅考虑了雅可比矩阵中主对角线上的元素,这种做法仅对很短的时间尺度才完全成立。而 CSP 则是考虑了雅可比矩阵的整体特性,所以能达到更高的精度,但其计算量显著增大。近年来,CSP 开始得到较多的应用。

6.3.4　固有低维流形法

此方法由 Maas 和 Pope[27] 提出。固有低维流形(intrinsical low-dimensional manifolds,ILDM)是来自微分几何中的概念。所谓流形,用通俗语言讲就是其任何子空间都具有连续性和光滑性的空间。ILDM 的基本思想是将反应系统视为一个非线性微分动力系统。由于大量的基元反应具有各不相同的时间尺度,其差别之大可高达 8 个数量级。反映到化学组分的相空间内就是存在着吸引子,那些快速的反应很快被松弛收敛到这些吸引子上,从而使整个反应系统的动力学特性可以用沿着这些低维吸引子的运动来描述,使系统的维数大大降低。化学上意味着从详细机理过渡到简化机理。

ILDM 方法的基本特点是在相空间中研究化学反应问题。一般地说,压力、焓(或温度)以及 n_S 种化学组分的质量分数构成一个 n_S+2 维相空间(或称状态空间)。在真空间中进行的化学反应历程则对应于相空间中点的运动轨迹。代表不同反应的点从不同的初始位置(代表不同的初始状态)出发,沿着自己的轨道最后到达平衡点,意味着反应系统达到平衡。化学平衡只是压力、焓和各元素质量分数的函数,而与各反应的具体路径无关。

以简单的甲烷-空气燃烧系统为例,其最终产物是 H_2O 和 CO_2。于是这两种组分就构成一个最简单的二维相空间(平面),压力和焓则作为空间的参数。该燃烧系统中若干反应的历程映射到相空间上就是如图 6-5 所示各曲线,这些曲线向化学平衡点(图中小空心圆)收敛。由于各反应具有不同的时间尺度,那些时间尺度小的快速反应在相空间的轨迹很快就消失,因而我们只需考虑那些进行较慢的过程(特征时间大于某一规定的判据)。这样就得到如图 6-6 中粗实线所示的一条曲线,此即相空间中的一维流形,它是原先布满整个二维平面的许多轨迹线经过一特定时间后汇聚的结果。我们只需研究该一维流形的动态特性,就可得到整个燃烧系统的特性。就此意义而言,问题从二维降到一维。推而广之,在任何复杂反应系统的多维相空间中,总可根据规定的特征时间尺度,消除那些快速反应的轨迹,而得出相应的低维流形,使问题得以简化。

在数学方法和数值计算上,ILDM 类似于 CSP,也是基于矩阵的特征值分析。为了突出反映系统的化学特征,暂不考虑输运方程中的对流项和扩散项,于是组分的控制方程简化为一组齐次常微分方程,利用矢量记号可写为

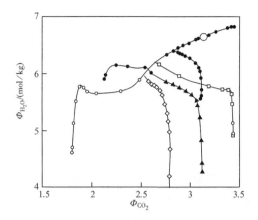

图 6-5　二维相空间中甲烷燃烧反应机理的时间历程

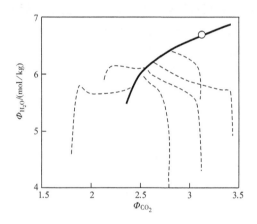

图 6-6　忽略快速反应后得出的一维流形

$$\mathrm{d}\boldsymbol{Y}/\mathrm{d}t = \boldsymbol{F}(\boldsymbol{Y}) \tag{6-13}$$

$\boldsymbol{F}(\boldsymbol{Y}) = (F_1, F_2, \cdots, F_N)^\mathrm{T}$，是化学源项。

$$F_i = \dot{\omega}_i M_i / \rho_0 \tag{6-14}$$

式中，$\dot{\omega}_i$、M_i 分别是组分 i 的生成（消耗）率和相对分子质量；ρ_0 是混合气密度。为了能识别出各化学过程的快慢，首先将化学源项对某一参考点 $\boldsymbol{Y}^0$ 进行泰勒展开而线性化：

$$\frac{\mathrm{d}\boldsymbol{Y}}{\mathrm{d}t} \approx \boldsymbol{F}(\boldsymbol{Y}^0) + \boldsymbol{J}(\boldsymbol{Y}^0)(\boldsymbol{Y} - \boldsymbol{Y}^0) \tag{6-15}$$

式中，$\boldsymbol{J}(\boldsymbol{Y}^0)$ 是 $N \times N$ 阶雅可比矩阵，其元素为 $J_{ij} = \partial F_j / \partial Y_i |_{\boldsymbol{Y}_0}$，通过矩阵变换，可将方程（6-15）转变成 $\boldsymbol{J}$ 矩阵的特征向量基的形式，从而使微分方程组中各方程彼

此解耦,而每种组分的变化模态可用下式描述:

$$\frac{\mathrm{d}Y_i}{\mathrm{d}t} = F_i^0 + \lambda_i(Y_i - Y_i^0) \tag{6-16}$$

如果某组分 i 的特征值 λ_i 足够大,则该组分在相空间内沿与其对应的特征向量方向上的运动就足够快。如果特征值的实部为负值,则相应的化学过程将松弛到稳态。如果我们按照松弛过程从快到慢的顺序排列各组分的模态,则处于稳态的那些方程可一般性地表示为

$$(s_i^L, \boldsymbol{F}) = 0, \quad i = 1, 2, \cdots, N_{\mathrm{st}} \tag{6-17}$$

其中,s_i^L 是雅可比矩阵的左特征向量;N_{st} 是可作为稳态处理的组分数目。相空间中满足方程(6-17)的所有点的集合构成一个 $N - N_{\mathrm{st}}$ 维子空间,亦即 $N - N_{\mathrm{st}}$ 维流形。

如通过数值求解方程(6-17)来构建低维流形,计算量非常大(与维数成指数关系)。为克服此困难,可用所谓查表法,即根据欲求解反应系统的特性,预先确定几种组分作为控制变量(称为进展变量),亦即确定了流形的维数。描述燃烧过程的各参数,如各进展变量的反应速率、各组分浓度、焓及相对分子质量等均可作为进展变量的函数预先按一定的取值范围和间隔计算出来,以类似列表的形式存入计算机中作为数据库备用。在进行实际 ILDM 燃烧计算时,只需到数据库中查取(包括插值)。这种查表法的主要优点是避免了大量的重复计算,因而可显著地减少总的计算时间。基于查表概念的所谓存贮-提取法目前已成为化学动力学的一种重要数值方法,6.4.4 节还将对此作进一步介绍。

ILDM 方法自 1992 年提出以来,在许多燃烧问题中得到应用,方法本身也在不断改进[28]。文献[29]将其与 PDF 法相结合,成功地计算了一台二冲程发动机的三维湍流燃烧过程。

6.3.5　反应率控制的约束平衡法

RCCE(rate-controlled constrained-equilibrium)方法是 Keck 等早在 1971 年提出的[30,31]。就数学本质而言,它与 QSSA 和 ILDM 方法类似,也是一种减少方程维数的降维法。但从化学角度看,途径有所不同,它属于偏平衡(局部平衡)法。RCCE 的基本假设是:一个复杂化学反应系统中的快速反应在遭受缓慢反应所施加的约束下,会使系统的化学结构迅速弛豫到偏平衡状态。这里讲的约束可以有不同的选择,但一般是取为缓慢反应所涉及的某些元素、化学组分或其组合。例如,我们对一系统选取 n_c 个约束,其中包括 n_e 种元素的比摩尔数以及 $(n_c - n_e)$ 种组分或其线性组合的比摩尔数。在相空间里,系统将在约束平衡状态所产生的低维流形上最后发展到完全平衡。这一 n_c 维的约束平衡的流形可以利用热力学的最大熵原理来确定。这样,我们只需求解这些变化缓慢的 n_c 个约束的速率方程,而该微

分方程组的维数 n_c 可以远小于总的组分数 n_S。

在应用 RCCE 方法时,所面临的首要问题是如何选取约束。对内燃机而言,一般可首先选取 4 种元素:C、H、O 和 N。由于系统内元素的总质量不会随时间而变化,这 4 种元素可称为固定约束。此外,还需要选取若干依赖于时间的非稳态约束。例如文献[32]对 HCCI 发动机的燃烧模拟选取了下列 7 种约束:

①缓慢的三体反应产物的总物质的量;②缓慢的自由基反应所产生离子的物质的量;③CO 的缓慢氧化所生成 CO_2 的物质的量;④燃料物质的量;⑤燃料自由基物质的量;⑥氧的物质的量;⑦甲醛自由基物质的量。

这样,对该系统只有 11 个约束。约束的选择和确定是一个十分重要而又复杂的问题,它与具体系统的化学动力学特性密切相关,人们现已开发出用于分析和确定约束的专用算法和软件。这些算法是基于对详细反应机理的分析和快速反应的平衡关系。

非稳态约束一般可用组分的线性组合来表示:

$$C_j = \sum_{i=1}^{n_S} a_{ij} N_i \tag{6-18}$$

式中,N_i 是组分 i 的摩尔浓度;C_j 是约束 j 的摩尔浓度;a_{ij} 是组分 i 在约束 j 中的摩尔数。约束的速率方程可由方程(6-18)取时间导数而得

$$\dot{C}_j = \sum_{i=1}^{n_S} a_{ij} \dot{N}_i \tag{6-19}$$

式中,组分浓度变化率 $\dot{N}_i$ 可由下列方程得到

$$\dot{N}_i = \mathrm{d}[N_i]/\mathrm{d}t = \dot{\omega}_i \tag{6-20}$$

一旦将方程(6-19)积分之后,就可以通过借助拉格朗日待定乘子的元素势法确定反应系统约束平衡下的化学结构:

$$N_i = Q_i \exp\left(-\sum_{j=1}^{n_c(h_c)} a_{ij} \gamma_j\right) \tag{6-21}$$

$$Q_i = \frac{p_0 V}{RT} \exp(-\mu_i) \tag{6-22}$$

式中,γ_j 是与约束 j 相关联的待定拉格朗日乘子;μ_i 是组分 i 的吉布斯自由能。元素势法的本质是利用拉格朗日乘子与原子守恒关系式对反应系统的吉布斯函数实施最小化的过程。当计算达到收敛时,拉格朗日乘子的数值就是相对应元素的元素势。采用此方法在每一时间步进行约束平衡计算时,都需要对拉格朗日乘子进行迭代求解,因此计算量相当大。为避免这一问题,可采用另一种方法,即不求解

约束的速率方程(6-19)和组分方程(6-21)及(6-22),而是求解拉格朗日乘子的变化率方程:

$$\sum_{n=1}^{n_c} C_{jn}\dot{\gamma}_n - C_{jT}\frac{\dot{T}}{T} - C_{jV}\frac{\dot{V}}{V} + \sum_{i=1}^{n_S} a_{ij}\dot{\omega}_i = 0 \tag{6-23}$$

其中　　　$$C_{jn} = \sum_{i=1}^{n_S} a_{ij}a_{in}N_i, C_{jT} = \sum_{i=1}^{n_S} a_{ij}\frac{E_i}{RT}N_i, C_{jV} = \sum_{i=1}^{n_S} a_{ij}N_i$$

利用数值积分法求解方程(6-23),得出拉格朗日乘子之后,就可直接由方程(6-21)解出各组分浓度而无需任何迭代,因而可显著节省计算量。RCCE 数值解法的基本步骤可概括如下:

(1) 求解方程(6-20),直到各组分的浓度达到其最小值。

(2) 计算各约束的元素势(也可简称为约束势)的初值 γ_j。

(3) 用数值积分求解方程(6-23),以确定各约束势随时间的变化历程。

(4) 利用方程(6-21)确定在每一时间步内约束平衡下的化学结构,即各组分浓度。

为了确定约束元素势之初值,可将方程(6-21)代入式(6-18),这是因为约束势之初值必须满足约束的定义,于是可得到

$$\sum_{i=1}^{n_S}\Big[a_{ij}Q_i\exp\big(-\sum_{j=1}^{n_c}a_{ij}\gamma_i\big)\Big] - C_{j0} = 0 \tag{6-24}$$

其中,C_{j0} 是约束 j 的初值。上式是 n_c 个方程构成的代数方程组,可用牛顿-拉夫森迭代法求解。

关于 RCCE 方法的详细介绍,读者可参阅文献[30]～[32]。与 ILDM 和 QSSA方法相比,RCCE具有某些优越性。首先,它的低维流形是基于热力学的最大熵原理导出的,因而不仅能确保其存在性和唯一性,而且是连续的。而 ILDM 法虽可以自动识别出组分空间中变化最快的方向,但它得出的低维流形却不能保证连续性。其次,RCCE 所需求解的非线性方程组所含的方程数是 n_c,而 ILDM 和 QSSA 所求解的方程组的维数则是 $n-n_c$,这里 n 是系统总的变量数,如组分总数。考虑到对复杂的反应系统,n 可能很大而 n_c 可以人为地控制在一定数目下,RCCE 对于复杂系统的计算量可以显著地小于其他方法。

Rao 和 Rutland 等[32]完成了将 RCCE 方法应用于内燃机领域的首次尝试。图 6-7 是他们对甲烷-空气混合气模拟 HCCI 条件下压燃着火的计算结果。图中示出了分别用RCCE和详细机理计算的在不同浓度下混合气的着火滞燃期。可以看出,RCCE 给出了较好的预测,特别在 HCCI 主要运行范围的小当量比区域(0.2<φ<0.5,图中阴影区),RCCE 与详细机理得出的滞燃期大约不超过 2°曲轴转角。

详细机理含 35 种组分,而 QCCE 采用的约束是 1 个,二者的计算量相差是很明显的。

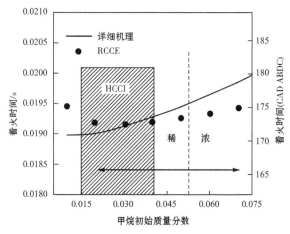

图 6-7　甲烷着火时间的计算结果

6.3.6　直接关系图法

1. DRG 方法原理

Lu 和 Law 于 2005 年提出的直接关系图法(directed relation graph,DRG)是一种基于组分关系分析的机理简化法[33]。与前面介绍的一些方法如 ILDM 相比,DRG 方法不需要求解雅可比矩阵,而只需根据化学反应计算结果就能对机理中组分的重要性进行分析。因此 DRG 方法具有计算成本低的优势,特别对于 C_7 及以上大分子详细机理的缩减。其简化所耗的计算时间大致与机理反应数为线性关系[34]。

DRG 方法的出发点是识别和厘清化学反应中各组分之间相互关系的重要程度。由于组分之间存在复杂的耦合关系,组分 A 与 B 之间可以通过共同出现在快速反应中而直接地强烈耦合,也可以通过分别与组分 C 的强烈作用而耦合。从详细反应机理中去除某单个组分一般需要去除一组与其强烈耦合的组分,查明和移除次要组分是相当困难的。DRG 理论对此提供了一条方便快捷的途径。

组分之间相互关系可以用图 6-8 形象地描述。图中,组分 A 与 B 的单向箭头表示组分 A 依赖于组分 B 的贡献,箭头的粗细代表贡献率的大小。组分 B 与 D 之间是双向粗箭头,这表示组分 B 与 D 有很强的相互贡献率。如果组分 B 对 A 的贡献不容忽视,那么组分 D 间接地对组分 A 有贡献,故同样不能忽视,于是组分 B 和 D 就形成了与 A 有直接关系的组分集合。组分 B 和 D 与 C 之间均为单向箭头,表示 B 和 D 对组分 C 有贡献,但组分 C 对 B 和 D 的贡献则可忽略不计。因此,从机理中删除组分 C 不会对组分 A 的预测结果产生显著影响。组分 E 和 F 有很强的相互依赖关系,但与组分 A 不相关联。若从机理中一并移除组分 E 和 F,显然不会对 A 产生影响。

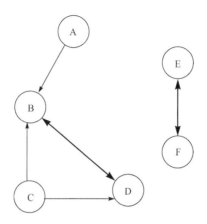

图 6-8　化学组分直接关系示意图

通过对某一个详细反应机理在一定工况下的组分反应速率进行分析就能确定机理中各组分之间的直接作用系数(direct interaction coefficient,DIC)。组分 B 对 A 的 DIC 定义如下:

$$r_{AB} \equiv \frac{\sum_{t=1,I} \mid v_{A,i}\omega_i\delta_{Bi} \mid}{\sum_{i=1,I} \mid v_{A,i}\omega_i \mid} \tag{6-25}$$

式中,I 是反应机理的反应总数;$v_{A,i}$ 是第 i 个反应中组分 A 的化学计量系数;ω_i 是第 i 个反应的反应速率;当组分 B 参与第 i 个反应时 δ_{Bi} 取值为 1,否则为 0。式(6-25)中 r_{AB} 的物理意义是在当前化学反应系统中,组分 B 对组分 A 的当量贡献率。也可以将 r_{AB} 理解为从详细机理中删除组分 B 后会引起的预测组分 A 的误差。为了评价这一贡献率,可设定一个较小的阈值 ε_{DRG},如果 $r_{AB} < \varepsilon_{DRG}$,则组分 B 对 A 的影响可以忽略,从机理中移除组分 B 不会引起组分 A 的较大预测误差;如果 $r_{AB} \geqslant \varepsilon_{DRG}$,则表示组分 B 对 A 的贡献足够大,从机理中删除组分 B 则会对组分 A 的预测产生较大的误差。根据式(6-25)可以计算出任意两个组分的 DIC,从而可以分析机理中所有组分的相互关系。选择若干必须保留在骨架机理中的组分,作为起始组分。从这些起始组分出发,根据设定的 DIC 临界值和深度优选搜索算法(depth first search,DFS),首先进行第一层搜索,找到所有与起始组分直接联系的应该保留在骨架机理中的组分;然后再分别以这些组分为新的起始组分,用相同的方法进行第二层次的搜索;如此循环进行,直到最末端。再以图 6-8 为例,假定 A 是一个初始组分,从 A 出发第一层搜索找到组分 B,再以 B 为新的起始组

分进行第二层搜索找到组分 D。对于组分 A 来说，B 和 D 组成了与之相关联(对其有足够贡献率)的集合，将 A-B-D 称为一条可以从起始组分 A 到达组分 D 的路径。所有最后被保留的组分构成了骨架机理的直接关系图中的节点，组分之间的箭头连接形成了直接关系图中的边。图搜索法如 DFS 能剥离复杂非线性关系，从而找到到达 A 的路径。

基于 DRG 的去除非重要组分和基元反应的方法与以前基于雅可比分析(如 ILDM[27])的方法相比，两类方法都查明与机理中重要组分强烈耦合的组分，但 DRG 具有几方面的优势。首先，由于无需雅可比矩阵分析，DRG 法减少了简化计算时间，同时 DRG 能够根据给定精度，查明所有备选机理，单次简化运行时间仅与机理图中边数成线性正比关系，而雅可比分析一般要采用迭代算法；其次，在 DRG 中可定义 0 和 1 之间的阈值，从而提供了简化机理的上下误差限；第三，DRG 框架化学机理包括了组分和基元反应的去除，它可以直接评价去除的作用，而在雅可比分析中，是通过组分浓度的局部摄动来评估。

DRG 算法提出后很快得到燃烧界的重视和广泛应用，同时，后续的研究者对其进行了不同的发展和改进，主要的发展可分为两个方向：一个是基于 DRG 的敏感度分析法(DRGASA)，由 Lu 和 Law 等将自己提出的 DRG 方法加以扩展，在 DRG 简化的基础上，对保留下来的组分采用敏感度分析，以实现进一步的简化。另一个是考虑误差传播的直接关系图法(DRGEP)，由 Pepiot-Desjardins 和 Pitsch[35] 提出。2010 年，Niemeyer 等[36] 将这两个方向的发展结合起来，从而提出考虑误差传播并结合敏感度分析的直接关系图法(DRGEPSA)。以下主要对 DRGEP 和 DRGEPSA 进行简要介绍。

此外还有路径通量分析法(path flux analysis，PFA)，由 Sun 等[37] 在 2010 年提出，该方法重新定义组分之间的关系，将组分 B 对 A 的生成和消耗进行分离，考虑 A 和 B 通过其他物质 M 的间接相互影响，即 A 和 B 之间的二级相互作用。由于考虑了多代通量的影响，因此 PFA 通常比 DRG 具有更高的精度，同时也更耗时。

2. 考虑误差传播的直接关系图法

DRGEP 主要在两个方面对 DRG 进行了改进：第一，修改了 DIC 的定义和计算式；第二，考虑了关系图中误差传递对组分依存关系评价的影响。Pitsch 等对 DIC 的计算式(6-25)分析后发现，DRG 算法将组分的生成反应和消耗反应的评价等效处理，即式(6-25)中分子和分母都是绝对值求和，这样的处理方式在某些特殊情况下对组分贡献率的评价会有较大误差。Pitsch 等[35] 提出用组分 B 对组分 A 的生成率或消耗率的净贡献来评价组分 A 与 B 的相互关系，把 DIC 的计算式修改为

$$r_{AB} = \frac{\left| \sum\limits_{i=1,I} v_{A,i} \omega_i \delta_{Bi} \right|}{\max(P_A, C_A)} \tag{6-26}$$

其中

$$P_A = \sum_{i=1,I} \max(0, v_{A,i} \omega_i) \tag{6-27}$$

$$C_A = \sum_{i=1,I} \max(0, -v_{A,i} \omega_i) \tag{6-28}$$

式中，P_A 和 C_A 分别是组分 A 的生成率和消耗率；如果反应 i 是生成组分 A 的反应，那么 ω_i 为正值；如果反应 i 是消耗组分 A 的反应，那么 ω_i 为负值。所以 P_A 和 C_A 都是非负的值，r_{AB} 取值区间为 $[0,1]$。式(6-26)右边的分子即是由组分 B 参与的反应对 A 的净贡献量。绝对值符号内的值可能为正值、零和负值，正值表示组分 B 对 A 的生成率有贡献，零表示组分 B 对 A 无影响，负值表示组分 B 对 A 的消耗率有贡献。用式(6-26)定义的直接关系系数 r_{AB} 来评价组分 B 对组分 A 的贡献率更为全面，可以避免上文所举例的误差评价不准的情况。

方程(6-26)的分子可表示为

$$\left| \sum_{i=1,I} v_{A,i} \omega_i \delta_{Bi} \right| = \left| \sum_{i=1,I} \max(0, v_{A,i} \omega_i \delta_{Bi}) - \sum_{i=1,I} \max(0, -v_{A,i} \omega_i \delta_{Bi}) \right|$$
$$= |P_{AB} - C_{AB}| \tag{6-29}$$

上式右边对应组分 A 在包含组分 B 的反应中的生成率(P_{AB})和消耗率(C_{AB})，由于 $0 \leqslant P_{AB} \leqslant P_A$ 和 $0 \leqslant C_{AB} \leqslant C_A$，所以 $-C_A \leqslant P_{AB} - C_{AB} \leqslant P_A$，它等价于 $|P_{AB} - C_{AB}| \leqslant \max(P_A, C_A)$。该不等式说明，组分 B 对于组分 A 的净贡献不能超过组分 A 的总生成或消耗率。

从 DRG 算法原理可知，从起始组分出发可以搜索确定与其直接或间接联系的组分，然后用基于化学反应速率分析的两个组分之间的 DIC 来判断组分的重要性。Pitsch 等[35]指出，这种判断方法没有考虑从起始组分出发到达某组分的路径长短，而实际上离起始组分越远的组分的对起始组分的预测的影响越小，这就是路径误差传递的结果。为考虑误差传递的影响，可用基于路径的相互作用系数(path-dependent interaction coefficient，PIC)来表征组分间的贡献率。基于某条路径的 PIC 可用下式计算：

$$r_{AB,p} = \prod_{i=1}^{n-1} rS_i S_{i+1} \tag{6-30}$$

式中，下标 p 表示从 A 到达 B 的某条路径；S 表示路径上的某个组分，$S_1 = A$，$S_n = B$。

在详细反应机理中一个组分到达另一组分的路径不一定唯一，DRGEP 法选择拥有最大 PIC 值的那条路径来表示两个组分间的联系。如组分 A 可以从两条不同的路径到达组分 C，那么组分 A 与组分 C 之间的 PIC 取值应该为两者之间的较大者。假设从组分 A 出发有 m 条路径到达组分 B,所有路径 PIC 中的最大值则定义为全局作用系数(OIC)R_{AB}:

$$R_{AB} = \max_{\text{all path p}} (r_{AB,p}) \tag{6-31}$$

如果在组分 B 的预测中发生了一定误差,这一误差传播到目标 A 所经历的路径越长,则其影响就越小。此方法是面向目标的,可以预期它能更准确地对化学路径做出选择,从而通过保留与大 R 系数相关联的组分而移除与小 R 系数相关联的组分,对目标参数,如滞燃期和火焰速度等做出精确预测。而系数 R 的所谓大小,则是通过一设定的阈值来判断的。DRGEP 从起始组分出发,自顶向下逐层地将相关联的组分通过唯一的路径纳入关系图中。通过上述方法,将次要组分及其参与的反应从机理中删除,不断移除组分,直到最终的最大误差高于阈值,最终形成骨架机理。

无论使用 DRG,还是使用 DRGEP 对详细机理进行简化,阈值的取值是一个关键。阈值越大,骨架机理的规模就越小;而阈值越小,骨架机理的规模就越大。由于机理组分和反应的复杂非线性联系,较大的骨架机理不一定都比较小的骨架机理的误差小。但是,误差的总体趋势是随着骨架机理规模的减小而上升。因此,需要选择恰当的阈值,以达到在设定的误差范围内尽可能减少组分数量的目的。

3. DRGEPSA 方法

由 DRGEP 得出的骨架机理中的组分对起始组分的贡献率都超过了设定的阈值而不容忽视。然而,某些组分对机理的预测参数(如滞燃期)的影响可能很小,那么这些组分是可以删除的。因此,骨架机理还有进一步简化的可能。

DRGEPSA 方法由 Niemyer 和 Raju 等[36]提出,DRGEPSA 方法的机理简化过程可分成两个阶段。第一阶段使用 DRGEP 方法移除不重要的组分;将机理中的某个组分及与之相关的反应直接地(强制地)从机理中消除,得到一个新机理。DRGEP 方法首先通过一个迭代过程计算重要工况参数如着火滞燃期,并对初始骨架机理和详细机理的结果的误差进行比较,并不断增大用于识别和移除次要组分的阈值,进行迭代计算,直到计算得出的在给定工况下滞燃期的最大误差达到某一预定的限度值。这样,就通过 DRGEP 得出了一个最低限度的骨架机理。剩余的组分可以分为两类,一类是需进一步进行敏感度分析的所谓不确定("limbo")组分,另一类是自动保留的重要组分。

第二阶段使用敏感度分析方法进一步移除不重要的组分,即用新机理在一些感兴趣的工况点对一些参数,如着火滞燃期进行预测;计算消除该组分引起的误差值,误差中的最大值代表了该组分对预测参数的最大影响程度,被用来分析该组分的去留。DRGEPSA 中的敏感度分析采用了强制敏感度分析方法(brute-force sensitivity analysis,BFSA),此法由 Olsson 和 Andersson 于 1987 年提出[38]。其基本思想是,对每一参数围绕其正常值依次用一个小量进行摄动,并重新进行计算,得出系统对该参数的敏感度。对 n 个参数的系统,此方法则需要进行 $n+1$ 次计算,包括对初始的模型一次,以及对每个参数的扰动各一次。因此,此方法的计算量是很可观的,特别是对多维系统。但它能够直接有效地识别对点火滞燃期、层流火焰速度等燃烧特性有直接影响的重要反应。Weber 等[39]将其应用于正丁醇着火滞燃期的敏感度分析。其敏感度系数定义如下:

$$\text{sensitivity} = \frac{\tau(2k_i) - \tau(k_i)}{\tau(k_i)} \times 100\% \qquad (6-32)$$

式中,$\tau(k_i)$ 为第 i 个反应的反应速率常数不变时的点火滞燃期;$\tau(2k_i)$ 为其反应速率常数加倍后的点火滞燃期。显然,正的敏感度系数表明增加反应 i 的速率常数会延长燃料的点火滞燃期;反之,负的敏感度系数则表明增加反应 i 的速率常数会缩短燃料的点火滞燃期。

Niemyer 等采用的算法如下:根据第一阶段 DRGEP 的结果,将 OIC 值满足 $R_{AB} > \varepsilon^*$ 的组分作为保留组分自动纳入最终的骨架机理,而 $\varepsilon_{EP} < R_{AB} < \varepsilon^*$($\varepsilon^*$ 为一个较大值,如 0.2)的所谓不确定组分,需逐一地处理,并使用下式判断移除该组分带来的误差:

$$\delta_B = \left| \delta_{B,\text{ind}} - \delta_{\text{DRGEP}} \right| \qquad (6-33)$$

式中,$\delta_{B,\text{ind}}$ 为移除组分 B 对详细机理带来的误差;δ_{DRGEP} 为经 DRGEP 简化后机理的误差。然后将不确定组分按照 δ_B 之值从小到大逐个删除,每次删除以后对总误差进行评估,直到最大误差达到预定的误差限,就得到需要的骨架机理。

由于不确定组分的数目一般都相当大,而且点火工况的范围也很宽广,使用复杂的敏感度分析法需要耗费高的计算成本,因此使用简单的敏感度分析方法移除不确定组分是一种可行的办法。在 DRG 缩减结束后进行强制敏感度分析时,为了减少计算时间,可先用 DRG 计算出各组分的 DIC,或用 DRGEP 计算出各组分的 OIC,然后再根据 DIC 或 OIC 选择部分组分进行强制敏感度分析。

6.3.7　集总模型

多数工程应用中,人们并不需要了解燃烧过程中每一种组分的详尽的演变过程,而只关心反应系统的总体历程和某些主要组分的详情。这样,采用集总的化学动力学简化模型就具有明显的优越性[40]。集总模型的基本思想是:参与反应的各种组分就其化学结构和动力学特性而言都可归并到一定的种类,我们可以针对这些"类"而不是针对每一种具体组分,依靠人工或计算机软件生成必要的反应。这样得出的反应模型必然相当紧凑,其中的动力学数据(如指前因子和活化能)主要依靠与实验数据的拟合来确定。集总模型一个很大的优点是,一旦某种简单分子结构的燃料的模型建立起来后,就将其作为"内核",利用相关的实验数据加以推广,从而得出更复杂分子的反应模型。显然,在这一建模过程中,计算机软件和专家系统只起逻辑演算、扩展模型的作用;而起关键作用的还在于人为地、细心地分析和确定动力学模型内核中的组分和反应的类型。就此而言,集总模型可称为半经验模型,它在内燃机研究与开发中获得了广泛的应用。下一节将要介绍的发动机燃烧的各种简化动力学模型基本上均属于集总模型。

6.4 几种常用的骨架机理模型

6.4.1 前期和中期的模型

1. Shell 模型

该模型由 Shell 公司于 1977 年推出[42],迄今被广泛应用于发动机自燃着火与敲缸过程的模拟研究。它把着火与燃烧过程加以高度简化,把参与反应的所有成分归并为三类:第一类 R,为各种自由基的总和;第二类 Q,为各种不稳定的中间产物的总和;第三类 B,为反应过程中能进行链分支的自由基总和。整个反应过程被归结为一个 8 步反应机理。其中速率常数是根据用速压机实测的滞燃期数据拟合而得出的。

Shell 模型通过 5 种通用化学组分和 8 个通用化学反应来描述烃燃料的着火过程。这 8 个反应及其速率常数是

链引发 $\qquad$ $RH + O_2 \longrightarrow 2R^*$ $\qquad$ k_q

链传播 $\begin{cases} R^* \longrightarrow R^* + P + 热量 & k_p \\ R^* \longrightarrow R^* + B & f_1 k_p \\ R^* \longrightarrow R^* + Q & f_4 k_p \\ R^* + Q \longrightarrow R^* + B & f_2 k_p \end{cases}$

链分支 $\qquad$ $B \longrightarrow 2R^*$ $\qquad$ k_b

链终止 $\begin{cases} R^* \longrightarrow 不起反应的成分 & f_3 k_p \\ 2R^* \longrightarrow 不起反应的成分 & k_t \end{cases}$

以上各式中,RH 代表烃燃料($C_n H_{2m}$);R^* 是由燃料形成的自由基;B 是支化剂;Q 是不稳定的中间成分;P 是由 CO、CO_2 和 H_2O 组成的氧化产物。文献[28]给出了各反应速率常数 k_q、k_p、k_b、k_t 以及 $f_i (i = 1, 2, 3, 4)$ 之值,这些值是根据在快速压缩机中进行的实验所得数据拟合而求出的。

根据上列 8 个反应,并利用已知的反应速率常数,便可列出 RH、O_2、R^*、B 和 Q 这 5 种成分的浓度变化的速率方程以及温度变化速率方程,即能量方程,从而可进行求解。

Shell 模型简便实用、计算量小,但能捕捉到着火过程的基本特征,堪称最成功

的发动机燃烧动力学模型之一,至今仍得到普遍的重视和应用。针对其存在的一些缺点,不断有人提出改进方案。

2. Cox-Cole 模型

Shell 模型以其简单实用而著称,但其对着火过程细节的描述则有所不足。因此,Cox 和 Cole[43]对其进行了扩展和改进。他们增加了一些基元反应以更适于模拟烷烃的低温氧化过程。此模型包含 10 种成分和 15 个基元反应,考虑了烷基过氧化物的同分异构物。

该模型在描述烷烃两级着火机理的低温氧化阶段比 Shell 模型有明显改进,但对高温着火阶段的模拟仍有欠缺。另外,该模型的假设条件要求温度和组分浓度是空间均布,而且着火是发生在压缩冲程终止时。这些假设在一定程度上限制了模型的应用范围。

3. Hu-Keck 模型

此模型是 Cox-Cole 模型的进一步扩展,共包含 13 种成分和 18 个反应,主要增加了 Cox-Cole 模型中若干反应的逆向反应,并改变了一些反应的常数取值,使模型适用的温度范围扩大到 700~1300K。Hu 和 Keck 应用此模型在绝热条件下研究了正庚烷的自燃着火过程,并相当满意地模拟出其二阶段着火的特性,而且能在较宽的温度和压力范围内较准确地预测正庚烷的着火滞燃期。但是,绝热条件是一个相当严格的前提,这意味着完全忽略着火及燃烧过程的热损失。所以,有些研究者对此模型持异议。

4. Li 模型

Li 等[45]发现用 Hu-Keck 模型计算的放热率比实验结果(根据实测的缸内压力计算)大约要低 20%,其计算的燃油消耗率也有较大误差。针对这些缺点,他们对 Hu-Keck 模型作了改进,增加了 7 种组分和 11 个反应,主要是考虑了乙醛、烯烃和羰基的氧化,而且纳入了 CO 形成的机理。该模型较 Hu-Keck 模型有所改进,但与实验的比较显示,其给出的比放热率(单位质量燃料放热率)仍然偏低。为此,Li 等[46]将此模型进一步作了三点改进:一是修正了羰基和烯烃的氧化途径,以提高比放热率。二是为了将模型适用范围扩大到更多的燃料,增加或删除了某些反应,同时调整了一些反应的速率参数。这些反应包括 RO_2· 的异构化,乙醛与 OH· 的反应,以及形成环醚的反应。三是更新了由烷烃生成其共轭烯烃的子机理。新的模型仍然由 20 种组分和 29 个反应组成。计算表明,它能较好地模拟烃燃料低温和中温阶段的氧化特性,但对高温燃烧反应仍有欠缺。

5. Griffiths 模型

Griffiths 等在上述模型的基础上,结合其对烷烃自由基化学特性的研究,提出了一个烷烃氧化的统一模型[47]。他们将原来都归并为一种的自由基 R 划分为三种:R_1、R_2 和 R_3,分别代表主级、次级和三级基,所包含的基元反应也相应增加到98 个。该模型的"内核"是包含 C_1、C_2 和 C_3 组分及 R、O、H、OH 和 H_2O 的重要反应。以此为基础,可以进而模拟 $C_4 \sim C_8$ 烷烃及其各种异构物的按任意比例混合而成燃料的氧化动力学过程。该模型在高温氧化机理方面表现出较好的性能。

上述模型除了 Shell 模型外,都尚未得到较多的应用和检验,主要原因是工程上未提出强烈的应用要求。但随着 HCCI 研究的兴起,这些模型将得到进一步的发展、改进和应用,特别是由于当前计算机条件还不允许发动机的 CFD 模型与详细反应机理全面耦合,集总化学动力学模型在今后一段时期将是发动机多维数值模拟的主要选择。

6.4.2　近期的模型

1. 改进的 Shell 模型

为了使 Shell 模型能够用于 HCCI 发动机,Reitz 等[48,49]对它作了三方面的修正和改进。

第一点改进是关于放热率的计算。原 Shell 模型中,计算放热率的一个假设是燃烧产物 CO 与 CO_2 之比保持不变,显然不符合多数实际情况,因为该比例应是反应物之间化学计量比的函数。改进的模型取消了这一假设,而按下列通用反应的能量平衡关系来计算燃烧放热率

$$\frac{1}{m}C_nH_{2m} + p(O_2 + c_{N_2}N_2 + c_{H_2O}H_2O + c_{CO_2}CO_2) \rightarrow$$

$$\nu_{C_nH_{2m}}C_nH_{2m} + \nu_{CO_2}CO_2 + \nu_{CO}CO + \nu_{H_2O}H_2O + \nu_{O_2}O_2 + \nu_{H_2}H_2 + \nu_{N_2}N_2$$

其中,$p = (n/m + 0.5)/\varphi$,φ 是混合气当量比;通用系数 c_{N_2}、c_{H_2O} 和 c_{CO_2} 代表各相应组分与氧气相对分子质量之比。该通用反应包括 7 种产物,实际上根据当量比的不同可能出现下列 4 种情况:

(1) 稀混合气($\varphi < 1.0$),产物为 CO_2、H_2O、N_2 和 O_2;

(2) 恰当混合气($\varphi = 1.0$),产物为 CO_2、H_2O 和 N_2;

(3) 浓混合气($1.0 < \varphi \leqslant \varphi_{cr}$),$\varphi_{cr} = 2 + m/n$ 为临界当量比(当 φ 大于此值时,产物中必定存在未燃烧的燃料),产物为 CO_2、H_2O、CO、H_2 和 N_2;

(4) 超浓混合气($\varphi > \varphi_{cr}$),此时产物与前一情况相同,但还包括未燃的燃料。

通用反应在温度 T 下之放热按下式计算:

$$\Delta H_{r,T} = \sum_{i=1}^{N_p} \nu_i^n \cdot (\Delta H_{f,M_i}^o + \Delta h_{s,M_i}^o) - \sum_{i=1}^{N_r} \nu_i^n \cdot (\Delta H_{f,M_i}^o + \Delta h_{s,M_i}^o)$$

(6-34)

其中，$\Delta h_{s,M_i}^o$ 表示反应物 M_i 在与标准参考温度之温差下所具有的显焓。

第二点改进是关于 Shell 模型的两个链终止反应的惰性产物。原模型假定自由基转化为 N_2 而脱离出反应物。考虑到自燃着火与燃烧是紧密相连的现象，新模型假定这两个自由基终止反应的产物应当与同样的初始混合反应物燃烧所形成的产物相同。因此这两个反应可写为

$$R^* \longrightarrow \frac{W_{R^*}}{m_p} \quad (PR)$$

$$2R^* \longrightarrow 2\frac{W_{R^*}}{m_p} \quad (PR)$$

$$(PR) = (\nu_{C_nH_{2m}} C_nH_{2m} + \nu_{CO_2} CO_2 + \nu_{CO} CO + \nu_{H_2O} H_2O + \nu_{O_2} O_2 + \nu_{H_2} H_2)$$

其中，m_p 是除氮之外全部燃烧产物的质量。

第三点改进涉及 R^*、B 和 Q 这三种组分。原模型中只考虑了它们在反应系统质量平衡中所占份额，而未考虑其在能量平衡中的份额。

新模型则给这三个通用组分赋予了焓值，焓的大小则是基于下述基本假设计算得出：链传播反应（Shell 模型中第 2 个反应）是唯一的放热反应步。由此可得

$$\widetilde{h}_B = \widetilde{h}_Q = \widetilde{h}_{R^*} = \widetilde{h}_p$$

$$\widetilde{h}_P = \frac{\sum_{i=1}^{6} \nu_{M_i} \cdot W_{M_i} \cdot \widetilde{h}_{M_i}}{m_p}$$

$$m_p = \sum_{i=1}^{6} \nu_{M_i} \cdot W_{M_i}$$

此外，文献[49]还利用遗传算法对 Shell 模型中的有关参数进行了优化。优化是针对不同的初始压力、初始温度和 EGR 率进行的。其结果是使 Shell 模型预测的滞燃期达到与详细化学模型的计算结果相一致。

2. Tanaka-Keck 模型

Tanaka 和 Keck[50]等人将 6.4.1 节中介绍过的 Hu-Keck 模型加以扩展和改进，使其能应用于 HCCI 的着火和燃烧过程。该模型包括 32 种组分和 55 个化学反应，适用于由正庚烷和异辛烷混合而成的各种 PRF 燃料。模型由两大板块组成，一个板块是烃燃料的氧化，对正庚烷和异辛烷各有 12 个反应；对 PRF 则是全部 24 个反应再加上一个二者相互耦合的反应：

$$C_8H_{18} + C_7H_{15} \Longleftrightarrow C_8H_{17} + C_7H_{16}$$

故共为 25 个反应。第 2 个板块是 H_2 和 CO 的氧化机理，共 30 个反应，均取自 GRI 的标准机理。

整个模型的结构和流程由图 6-9 示意给出。图中，QH 代表正庚烷；RH 代表异辛烷。显然，二者具有相同的反应机理。但二者的各反应的速率常数和反应热大多不相同，这是由于其分子结构有很大差别。二者之间可通过上述耦合反应进行脱氢或还原。

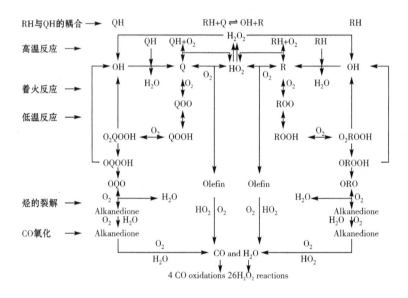

图 6-9　正庚烷和异辛烷氧化机理示意图

燃料氧化过程以正庚烷为例简述如下。首先，燃料分子在氧作用下被脱氢，形成烷基 Q 和 HO_2：$QH + O_2 \rightleftharpoons Q + HO_2$。在低温下，加氧反应是可逆的，形成过氧烷基。接着，一个内部氢原子被脱除而生成烷基过氧化氢物自由基。然后发生二次加氧反应，其产物不可逆地离解为 OH 基和过氧化氢酮。OH 基从燃料分子中夺取氢原子，生成烷基和 H_2O。以上过程涉及 10 个反应，均来自 Hu 和 Keck 模型，其产物是中间组分 OQO 和烯烃。Tanaka 等在此基础上补充了下列 4 个反应，以描述这些中间产物的氧化过程：

$$OQO + O_2 \rightleftharpoons AD(烷基二氧化物) + H_2O$$
$$HO_2 + AD + O_2 \longrightarrow H_2O_2$$
$$HO_2 + AD + 5O_2 \longrightarrow 7CO + 5H_2O + HO_2$$
$$HO_2 + 烯烃 + 7O_2 \longrightarrow 7CO + 7H_2O + HO_2$$

图 6-10 给出了用该模型计算的三种燃料的滞燃期和燃烧率随当量比的变化。可见，计算结果与实验的吻合是令人满意的。

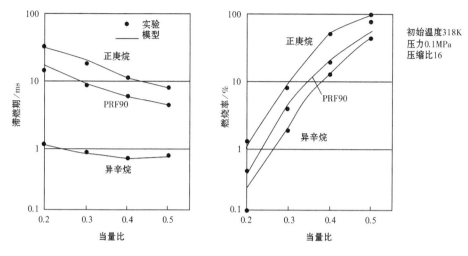

图 6-10　当量比对滞燃期和燃烧率的影响

3. Zheng 模型

Zheng[51]等通过实验和计算发现,Li 模型[46]在低温范围内表现出较好的性能。他们将此模型应用于以 20 和 50PRF 为燃料的 HCCI 发动机,成功地预测了其预着火特性,包括温度、压力、滞燃期和放热率等。但对高温阶段的反应过程,则不能给出合理的预测。于是,他们对 Li 模型进行了扩展和修正,主要是引入高温反应机理。该模型包括 45 种组分和 69 个反应,分为低温机理、高温机理和大分子裂解三个部分。

模型的低温部分基本上沿用了 Hu-Keck 模型和 Li 模型,即基于退化链分支反应。但为了更好地模拟较大烃分子的预着火、NTC 特性、CO 生成及其他类型中间组分的形成,补充了若干关于醛类、烯烃、羰基和烯丙基等组分的氧化反应,使低温子机理(包括中温和 NTC 阶段)的反应总数达到 31 个。

高温部分共有 31 个反应(其中有 2 个与低温部分相同),是取自 Griffiths 的模型[47],而反应率参数则是根据文献中提供的数据加以调整而确定的。对于合理描述含有 C_1、C_2 和 C_3 组分的高温氧化以及 O、H、OH 这些基团的重要反应,31 个反应应该是最小值了。正庚烷氧化是一个退化分支链锁反应的过程,即高分子烃裂解成低分子烃,长链烃裂解成短链烃,支链较多的烃裂解成无支链或少支链的烃等。高温反应主要是 C_1、C_2、C_3 组分及 OH、O、H 和 HO_2 的反应。因此,在低温反应和负温度系数(NTC)阶段生成的大分子中间产物(如$C_7H_{14}O$)在进行高温反应前必须先裂解成小分子烃。大分子如何分裂成小分子,这是联系预着火模态与高温反应模态的关键问题。Zheng 模型通过两条途径来解决这一问题。一是大分子与自由基在低温区及 NTC 区进行反应,生成较小的分子和自由基。例如

$$OQ'O \cdot \longrightarrow HCHO + C_3H_7CHO + mC_2H_3 + nC_3H_5$$

其中，m 与 n 的值取决于燃料分子中碳原子和氢原子的数目。

二是大分子直接裂解形成含 C_1、C_2 和 C_3 的组分，例如

$$C_4H_9 \longrightarrow CH_3 + C_3H_6$$

这类大分子裂解反应共有 9 个。

4. ERC 模型

威斯康辛大学发动机研究中心（ERC）的 Patel 等于 2004 年构建了一个正庚烷氧化的骨架机理，称为 ERC 机理[52]。该机理是基于瑞典 Chalmers 大学（CU）Golovitchev 等 2000 年提出的正庚烷骨架机理（CU 机理）[53]进行简化，然后又以 Lawrence Livermore 实验室（LLNL）的半详细机理[54]为参照进行优化而得出的。CU 机理包括 40 种组分和 165 个反应。它保留了详细机理的主要特点以及涉及 PAHs 的反应。该机理能够以相对较少的组分模拟燃料初始的裂解过程。LLNL 机理则有 179 组分和 1642 个反应，其中包含几种过氧化氢酮组分分解为羟基和羰基的反应步。CU 机理则把这些反应步简化成一个反应，其中，过氧化氢酮分解简化为三种产物。CU 机理具有较好的性能，但对多维 CFD 计算而言，其规模仍然偏大。

Patel 等[52]以 HCCI 发动机的模拟为目标，应用敏感度分析结合遗传算法对 CU 机理进一步实施简化，最终得出了一个只含 29 种组分和 52 个反应的正庚烷氧化的骨架机理。其简化过程的主要有以下 6 个步骤：

（1）在宽广范围的工况内应用 XSENKPLOT 软件，通过计算和敏感度分析找出基础机理（CU）中最重要的组分和反应。

（2）从 CU 机理中删除次要的组分和反应，得到一个包括 33 种组分和 30 个反应的新机理。

（3）利用 SENKIN 软件分别计算 CU 机理和新机理中重要组分浓度的变化率。

（4）在新机理中添加或移除若干反应，以使该机理得出的重要组分浓度随时间的变化历程与 CU 机理一致。第三步的计算结果显示，新机理中缺少某些生成 OH 的重要反应以及对放热有重要贡献的反应，为此又补充了 26 个反应。这些反应的主要作用是促进 OH 的生成，以及 CH_4、C_2H_3 分解成更小的组分并释放热量。至此，新机理含有 33 种组分和 56 个反应。

（5）把新机理中某两个或更多个反应合并为一个单步反应，目的是删除一些中间组分，最终形成 ERC 机理。例如把 $C_5H_{11}CO = C_5H_{11} + CO$ 和 $C_5H_{11} = C_2H_4 + C_3H_7$ 这两个反应合并为 $C_5H_{11}CO = C_2H_4 + C_3H_7 + CO$，这样就移除了组分 C_5H_{11}。合并后的反应率常数必须进行相应的修正。这一步骤共删除了 4 种

组分和 4 个反应,最后得到的 ERC 机理共包括 29 种组分和 52 个反应。

（6）应用微遗传算法对反应率常数进行优化,以使 ERC 机理得出的滞燃期和温度变化史与 LLNL 机理和 CU 机理相吻合。

Patel 等通过分析发现,正庚烷氧化过程中,以下 7 个反应对正庚烷的燃烧放热和混合气的温度变化历程起着关键的作用:

（1）$n\text{-}C_7H_{16}+OH \longrightarrow C_7H_{15}+H_2O$

（2）$C_7ket_{12} \Longrightarrow C_5H_{11}CO+CH_2O+OH$

（3）$H_2O_2+M \Longrightarrow OH+OH+M$

（4）$HO_2+HO_2 \Longrightarrow H_2O_2+O_2$

（5）$CH_4+HO_2 \Longrightarrow CH_3+H_2O_2$

（6）$CO+OH \Longrightarrow CO_2+H$

（7）$C_7H_{15}O_2+O_2 \Longrightarrow C_7ket_{12}+OH$

其中,燃料分解反应（1）在很大程度上控制着低温火焰的放热,从而可以通过单独调整该反应的活化能来控制第一阶段的着火滞燃期。同样,过氧化氢酮的热解反应（2）在很大程度上控制着第一阶段着火的放热量。而第一阶段的放热率又决定了第一阶段着火结束时混合气的温度,后者对第二阶段着火的滞燃期起着关键的控制作用。反应（3）～（5）是在 H_2O_2、HO_2 和 OH 转换过程所涉及的三个关键反应,它们对主着火阶段的放热及最终着火十分重要,特别是 H_2O_2 的分解反应,正是它导致最终的着火。主放热的后阶段主要是取决于放热反应（6）。总之,通过调整这 7 个反应的反应率常数,就可以使 ERC 机理的总体性能与 LLNL 机理和 CU 机理基本一致。

ERC 由于其紧凑的规模和较好的性能在科研及工程中获得了较广泛的应用。

5. DUT 模型

该机理由笔者于 2006 年提出[55],主要是针对 HCCI 发动机的工作条件,故其适用范围是当量比较低、压力较大的情况,在 HCCI 发动机中着火点对温度非常敏感,因此机理必须在低温和高温范围内都能准确预测反应历程。同时为适应 HCCI 的多维模型中预测 HC、CO 和 NO_x 排放的要求,在机理中力求准确地描述反应中部分中间产物浓度的变化,加入了与 NO_x 相关的反应子机理。根据整个反应的过程分为低温机理和高温机理,共包括 38 种组分和 69 个反应。

低温机理取自 Tanaka 等机理[50],包括以下几个反应:

$$C_8H_{18}+O_2 \Longleftrightarrow C_8H_{17}+HO_2 \qquad\qquad (R6.1)$$

$$C_8H_{17}+O_2 \Longleftrightarrow C_8H_{17}OO \qquad\qquad (R6.2)$$

$$C_8H_{17}OO \Longleftrightarrow C_8H_{16}OOH \qquad\qquad (R6.3)$$

$$C_8H_{16}OOH+O_2 \Longleftrightarrow OOC_8H_{16}OOH \qquad\qquad (R6.4)$$

$$OOC_8H_{16}OOH \Longrightarrow OC_8H_{15}OOH + OH \tag{R6.5}$$

$$C_8H_{18} + OH \Longrightarrow C_8H_{17} + H_2O \tag{R6.6}$$

$$OC_8H_{15}OOH \Longrightarrow OC_8H_{15}O + OH \tag{R6.7}$$

首先异辛烷分子中的氢原子被 O_2 夺取,生成异辛烷基和 HO_2(反应(R6.1))。在低温时,异辛烷基与氧气通过一个可逆的加成反应产生过氧烷基(反应(R6.2)),然后过氧烷基依次经历了内部发生的氢原子的夺取反应(反应(R6.3))、第二次氧气加成反应(反应(R6.4))和氧化产物的不可逆分解(反应(R6.5))后,生成 OH 基和过氧化氢酮。OH 基直接夺走异辛烷中的氢原子生成异辛烷基和 H_2O。从而形成由反应(R6.2)～(R6.6)构成的一个放出大量热量的低温反应循环。当温度升高使过氧化氢酮分解又产生一个 OH 基(反应(R6.7))时,整个低温反应系统进入了一个反应速率非常快的分支反应。

随着低温反应的进行,系统温度迅速升高,直到其竞争反应

$$C_8H_{17} + O_2 \Longrightarrow C_8H_{16} + HO_2 \tag{R6.8}$$

反应速率快于反应(R6.2)时,又发生反应

$$HO_2 + HO_2 \Longrightarrow H_2O_2 + O_2 \tag{R6.9}$$

之后,反应系统进入由反应(R6.1)和(R6.8)构成的放热量很少的负温度系数区域,系统温度上升缓慢,直至反应

$$H_2O_2 + M = OH + OH + M \tag{R6.10}$$

变得越来越重要,进而引发整个热爆炸反应。

由上述分析可以看到,反应(R6.1)～(R6.8)生成的主要产物是 C_8H_{16} 和 $OC_8H_{15}O$。Tanaka 等为描述高温氧化反应过程,通过加入三个总包反应把这两种产物直接分解为 CO 和 H_2O。但是由于该机理忽略了高碳烃分子向低碳烃分子的裂解过程,使得机理很难准确预测燃烧过程中的 HC 和 CO 的排放。为弥补此缺陷,通过加入下面三个反应

$$OC_8H_{15}O + O_2 \Longrightarrow C_2H_3 + 2CH_2O + C_3H_4 + CH_3 + HO_2 \tag{R6.11}$$

$$C_8H_{17} \Longrightarrow C_4H_8 + C_3H_6 + CH_3 \tag{R6.12}$$

$$C_8H_{16} \Longrightarrow C_4H_8 + C_3H_5 + CH_3 \tag{R6.13}$$

把低温反应和负温度系数中生成的分子裂解为小分子,鉴于 Li 等[46] 在实验中发现异丁烯是异辛烷氧化的主要中间产物,因此在反应(R6.10)和(R6.11)中生成异丁烯为中间产物,并通过反应

$$C_4H_8 + O_2 \Longrightarrow C_2H_3 + C_2H_4 + HO_2 \tag{R6.14}$$

把异丁烯进一步氧化分解为更小的分子。

最后通过加入 Patel 等[52] 机理中的 44 个 C_1-C_3 小分子氧化反应,就构成了完整的异辛烷氧化反应机理。同时为预测燃烧过程中氮氧化物的排放,由 Golovichev 机理[53] 中提取了包括 4 种组分和 13 个反应的氮氧反应机理,该机理中包括

NO_x、N_2O 的生成反应。

异辛烷机理的验证主要基于几个与 HCCI 发动机工作状态相似的实验。首先在激波管和速压机中比较了滞燃期,为比较部分中间产物,在喷射搅拌反应器中对比了 CO、CO_2 和异辛烷的浓度随反应器温度的变化,最后在 HCCI 发动机实验中比较了压力、CO、CO_2 和 HC 排放随当量比的变化。

该骨架机理在与不同激波管和速压机的实验的比较表明,在不同温度、当量比和压力下,该机理在预测着火点和放热率方面均可以达到较理想的效果。在与喷射搅拌反应器的实验的比较中发现,该机理所预测的 CO、CO_2 和异辛烷浓度与实验值在数量上基本相同。通过与各种实验的对比发现,该骨架机理在计算着火点、燃烧持续期、CO 排放和 HC 排放等方面均可以达到与详细机理相当的较为满意的效果,然而由于该机理仅包括 38 种组分,因而更适用于发动机的多维模型计算。该机理已得到通用、福特、本田等国际汽车制造商和美国 Argonne 国家实验室、Lawrence Livermore 国家实验室等发动机研发机构的认可,被广泛应用于发动机燃烧过程的模拟。

6.5 构建骨架机理的解耦法

6.5.1 解耦法的原理

大多数现有的正庚烷和异辛烷骨架模型,包括前面介绍的几种,其构建的目标都是针对激波管和 HCCI 发动机实验中的滞燃期,而没有考虑层流火焰速度和一些关键组分的演变过程。但是,在实际的燃烧过程中,特别是对火花点火发动机来说,各种燃烧特性与层流火焰速度有着密切的关系,而层流火焰速度这一基础的参数也为深入理解燃料的燃烧特性提供了基础。由于模型的构建未曾考虑层流火焰速度这一因素,因而用这些模型预测的各种当量比下的层流火焰速度与实验数据相比均有明显的误差。

作者所在的大连理工大学的研究团队对此进行了较深入的探讨[56~65]。通过敏感度分析,我们发现:总体而言,大多数敏感性高的反应发生在 $C_1 \sim C_3$ 小分子与自由基之间,所以,在正庚烷和异辛烷燃烧的过程中,相比于低温阶段的反应,$C_1 \sim C_3$ 小分子与自由基的反应对层流火焰传播的特性起到了更关键的作用。而上述骨架模型预测不准的原因是,它们的简化和构建过程是全局的:从低温到高温反应,从大分子到小分子反应。当构建的目标仅仅针对滞燃期,或者特定的燃料和工况范围时,一些对层流火焰速度有较高敏感性而对滞燃期影响不大的反应容易被剔除,这样尤其会破坏小分子与自由基之间高度的耦合关系,进而不能合理地描述层流火焰传播的特性。

最近,Ranzi 等[66]汇总和回顾了大量的碳氢燃料层流火焰速度的实验数据,总结出以下结论:对于所有的碳氢燃料,高温下离解的小分子和基团是高活性的;小分子和自由基之间高度的耦合关系对于层流火焰速度至关重要,而且 C1 小分子的详细和普适机理作为烷基类分子的最基本表征,在预测层流火焰速度的过程中是必不可少的。

为了进一步考察简化机理的性能与其简化目标之间的相关性,我们又分别以正庚烷的滞燃期和火焰传播速度为目标,指定不同的相对误差,使用 DRGEPSA 方法将 Mehl 等构建的 PRF 详细机理[67]进行简化,获得 8 个不同的简化机理。为了区别这些简化机理,我们使用“目标-相对误差”的方法命名这些机理,如 ID-1 表示以滞燃期为目标,相对误差为 1%的简化机理。

图 6-11 为详细机理与 8 个简化机理的组分结构的比较。由图中可以看出,在机理简化过程中,C_0-C_1 组分基本不变,而 C_2-C_4 和 C_5-C_7 组分快速减少。同时还可以看出,以滞燃期为目标的简化机理(ID-1、ID-5、ID-10 和 ID-20)和以火焰传播速度为目标的简化机理(LFS-1、LFS-5、LFS-10 和 LFS-20)的结构存在明显差别。以滞燃期为目标的简化机理的 C_5-C_7 组分非常重要,其数目大约占简化机理总组分的 50%(图 6-11(a))。而在以火焰传播速度为目标的简化机理中,C_5-C_7 组分的作用十分有限,只有 19.2%的 C_5-C_7 组分保留在 LFS-20 机理中,如图 6-11(b)所示。这表明,包含 C_5-C_7 组分的反应对滞燃期的预测至关重要,而火焰传播速度对这些反应不敏感。不同简化机理组分结构之间的明显差异表明其性能强烈依赖于简化目标。同样,Mehl 等发现以滞燃期为目标获得的简化机理不能准确预测燃料的火焰传播速度。

由图 6-11 可以看出,在机理简化过程中,C_0-C_1 组分基本不变。最近研究发现,小分子及其自由基的化学特性控制燃料的活化性,因为它们决定燃料的火焰传播速度和放热率。因此,为准确预测燃料的活化性,简化机理应该包含详细的 C_0-C_1 化学机理。再者,碳氢燃料氧化过程的放热主要来自于 CO 向 CO_2 的转化过程,而放热过程强烈影响先进燃烧模式发动机的着火、排放和燃油经济性,因此能够准确预测 CO 的演变历程很有必要,而详细 H_2/CO/C_1 机理能够实现该目标,可以准确预测轻烷烃和 CO 的演变,进而准确预测缸内 CO 和 HC 排放。

另一方面,现有的骨架机理已经证明,使用不包含同分异构体的大分子骨架反应路径便能很好预测重烷烃的滞燃期。因此,简化机理中使用骨架 C_4-C_n 机理足以准确重现重烷烃的点火特性。同时,使用骨架 C_4-C_n 机理能够明显降低最终简化机理的规模,使之能够与多维 CFD 模型耦合。另外,C_4-C_n 子机理中的反应较少,可以大幅度减少最终的优化工作。而且,由于重烷烃机理的系统性和层次性,只需构建不同燃料的 C_4-C_n 子机理,便能轻易将解耦法拓展到其他燃料。

基于以上考虑,我们在保证滞燃期准确预测的前提下,主要针对层流火焰速度和关键组分的演化过程来构建骨架模型,提出了一种适用于构建烷烃燃料化学反

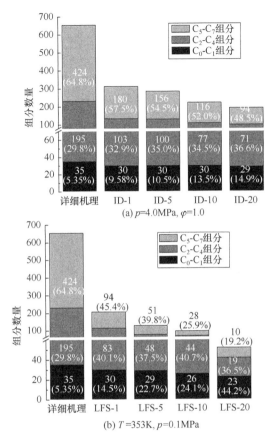

图 6-11 详细机理和简化机理结构的比较

(a) 滞燃期；(b) 层流火焰速度

应动力学骨架模型的实用方法。此方法的基本思想是：认为高碳烷烃燃料的燃烧过程主要由两个部分组成；一部分是详细和普适的小分子机理（$H_2/CO/C_1$），它作为整个机理的"内核"，详尽地描述了着火以后的反应过程和火焰传播特性，这部分主要涉及高温反应，并且与具体燃料的种类关系不大，具有普适性；另一部分主要涉及低温反应，是通过耦合小分子机理来专门描述和控制着火特性的骨架模型，可以通过低温反应的构建或调整来适合不同种类的燃料，具有较大的灵活性。这种方法兼顾了层流火焰速度、关键组分的变化和滞燃期等特性，避免了现有骨架模型从低温到高温反应，从大分子到小分子的全局简化所带来的不足。由于对小分子和大分子、高温反应和低温反应采取了分别处理的方式，从而避开了它们二者之间的直接耦合，所以将此方法称为"解耦法"。

需要注意的是，除开上述基本的两大部分之外，还需补充简化的 C_2-C_3 子机理作为它们之间的过渡机理。简言之，解耦法将燃料氧化的完整骨架机理分成三部分:详细的 $H_2/CO/C_1$ 子机理用于预测火焰传播速度、放热率和主要组分浓度;骨架 C_4-C_n 子机理用于预测燃料消耗和滞燃期;简化 C_2-C_3 子机理作为以上两个子机理的过渡机理。图 6-12 示意地描绘了解耦法构建机理的结构特点及其与传统的详细机理和简化机理的区别。由图可见,使用详细法构建的机理规模随着燃料分子碳原子数目的增加呈指数倍增长。简化法对详细机理加以整体简化,针对特定工况,移除详细机理中不重要的组分和反应。但如此简化的一大缺点是,基于滞燃期构建的简化机理不能准确预测燃料的火焰传播速度。另外,基于规模较大的详细机理获得的简化机理,其规模对多维 CFD 模拟仍旧较大。因此,简化机理的最终规模以及预测精度仍需进一步加以改善。解耦法则综合了层级扩展法和集总法的优点,而避免了其缺点。解耦法的"内核"要求是详细和普适的机理,保证了燃烧过程详尽的描述;同时,采用集总法将大分子氧化和大分子到小分子过渡的反应模化成骨架的形式,构建的骨架机理既能够较好预测重烷烃的氧化和燃烧行为,又可以保持机理较小的规模。

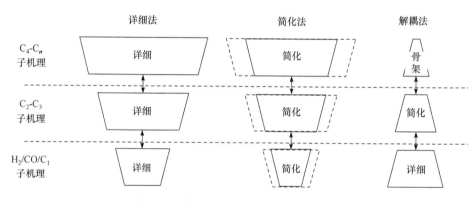

图 6-12　详细法、简化法和解耦法的比较

6.5.2　用解耦法构建骨架模型的实施过程

1. 内核机理的选取

根据解耦的思想,构建骨架模型的过程比较直接和简易。首先选取一个详细和普适的 $H_2/CO/C_1$-C_n 小分子机理作为"内核",然后针对具体燃料构建低温和大分子向小分子过渡的反应,最后通过实验数据的拟合完成模型的构建。

用解耦法构建骨架模型,最关键的是内核机理的设计,为了更加合理地选取内核机理,我们针对异辛烷,通过选取和构建三种不同的内核,来分析和确定典型的详细和普适小分子机理。一方面,考虑到机理的规模,由于 C_1-C_4 的详细机理包含的组分过多,所以采用 C3 以下的普适机理作为内核;我们试探性地研究在保证机理性能的前提下,内核机理的最大碳分子数可以达到何种程度。这三种内核分别是:C_0-C_1(H_2 机理为基础,CO、CH_2O 和 CH_3OH 的普适机理);C_0-C_3(H_2、CO、CH_4、C_2H_6 和 C_3H_8 的普适机理)和 C_0-C_3(H_2/CO 机理为基础,C_1-C_3 烃类的普适机理)。经过对多种工况下激波管、射流搅拌反应器和层流火焰速度中的计算结果与实验值的对比发现,骨架模型的内核采用 C_0-C_1 的详细和普适机理就能满足其性能的需要,所以我们选择 C_0-C_1 机理作为骨架模型的内核。

这一选择的最大优点是能够在满足预测性能的前提下把骨架模型的规模控制在最小限度。一方面,相比于机理的反应数,组分数在化学动力学耦合 CFD 的计算中对计算时间的影响更大(每一个新组分构成的守恒方程都要与其他组分的守恒方程联立求解,所以随组分数的增加,计算时间呈指数倍增长;而反应数仅改变组分浓度的变化率,对方程组的刚性略有影响);另一方面,对于 C_0-C_1 的反应机理,组分数已限制在比较小的范围内,并且多数组分几乎不可或缺,从而很难大量地剔除。所以 C_0-C_1 的详细和普适机理无需进行简化就能满足性能和计算的时间要求。再者,对于构建多种成分表征燃料的骨架模型,C_0-C_1 的详细和普适机理无需修改,只要在其作为内核的基础上,构建相应成分的低温和大分子向小分子过渡的反应。由于骨架形式的低温和大分子向小分子过渡的反应所需要的组分数较少,所以此方法对多成分燃料同样非常适用。

2. 低温反应和大分子向小分子过渡反应的构建

现有 PRF 燃料的骨架模型基本遵循了 Shell 模型的思想,低温反应的模型已经比较成熟。相比于其他模型,Tsurushima 模型[68]在负温度系数区的预测与实验达到理想的吻合,所以我们在其低温和大分子向小分子过渡反应的基础上进行改进和完善。另外,由于我们选取的"内核"为 C_0-C_1 机理,而 Tsurushima 模型中大分子分解成小分子的过程只进行到 C_3 分子,所以需要增添 C_3 到 C_1 分子的过渡反应。鉴于 Patel 等[52]专门针对发动机燃烧所构建的 C_2-C_3 子机理(ERC 模型)被广泛使用,而且具有实用、可靠和组分少等优点,所以我们选取它为 C_3 到 C_1 分子的过渡反应。

3. 化学反应速率常数的优化

"内核"机理、低温和大分子向小分子过渡的反应确定后,我们通过调整化学反应速率常数来拟合各种实验值。主要过程如下:

(1) 在确定了机理的反应路径之后,将未经优化的机理运行于各种反应器和工况,初步估测相关反应的速率常数。

(2) 在宽广工况范围内,针对滞燃期进行敏感性分析,识别主导滞燃期预测的重要反应,优化相关反应的速率常数,使机理能够准确预测宽广工况范围下燃料的滞燃期。由于内核已经是详细和普适的机理,所以敏感性分析只针对低温和大分子向小分子过渡的反应。

(3) 对第(2)步获得的机理进行路径分析和产物率分析(rate of production,ROP),识别影响目标组分浓度预测的重要反应,优化相关反应的速率常数,使预测的主要组分浓度与实验值基本一致。需要注意的是,必须对所有的目标和工况数据进行综合分析,才能确定需要调整的指前因子和调整的程度。

(4) 重复步骤(2)和(3),直到最终机理能够很好预测宽广工况范围下激波管中的滞燃期和 JSR 中的主要组分浓度。在确定了所要优化的反应之后,通过分析各个工况敏感性分析曲线和敏感性系数曲线的趋势,调整这些反应中的指前因子,使初始机理的预测曲线逼近实验曲线。定义平均误差:

$$\varepsilon = \frac{1}{N} \sum_{i=1}^{N} | \log_{10} X_{e,i} - \log_{10} X_{c,i} | \tag{6-35}$$

其中,N 表示实验数据的数目;$X_{e,i}$ 表示实验值;$X_{c,i}$ 表示计算值。根据平均误差的设定,当平均误差小于一定值时,完成优化。Ra 和 Reitz[69] 建议,$\varepsilon = 0.04$。

图 6-13 为使用解耦法构建的骨架机理的主要反应路径图。燃料(RH)首先通过脱氢反应生成燃料基(R)。受燃料分子结构影响,R 存在多个同分异构体,为降低最终机理规模,只保留 C—H 键离解能最小的 R。

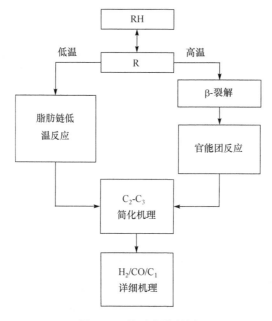

图 6-13　总反应路径图

在低温工况下,只有脂肪链参与反应,其主要反应路径为 R→RO$_2$→QOOH→

O_2QOOH→过氧化氢酮→低温链分支反应。在高温工况下，R 通过 β-裂解生成含有官能团的小分子，如 FAME 机理中的酯基官能团。为减少最终机理规模，依据 Ranzi 等[70]工作将连续的 β-裂解反应集总为一个反应。随后，在机理中引入描述官能团氧化特性的反应，以预测不同燃料的氧化行为。最后，引入详细 $H_2/CO/C_1$ 机理和简化 C_2-C_3 机理，获得最终的骨架机理。

在确定反应路径后，为使最终机理能够很好预测宽广工况范围下燃料在多种反应器中的氧化特性，需要按上述步骤估测和优化相关反应的速率常数。

6.5.3　解耦法的改进

基于解耦法构建的骨架机理对基础反应器和实际发动机的燃烧模拟表现出良好性能，但是新近研究发现，基于原始解耦法[64]构建的各类燃料的骨架机理不太适用于低当量比、低温工况，对 $\varphi < 0.5$ 工况下激波管中的滞燃期预测不准确，同时，不能重现燃料分子结构对火焰传播速度的影响规律。此外，该机理预测的 HCCI 发动机中的低温放热比实验值偏大。为解决这些问题，我们基于国际上最新的化学动力学理论和实验工作，对解耦法加以了改进[65]。

主要改进工作包括：①更新 H_2/O_2 子机理；②改进 $HCO/CH_3/CH_2O$ 子机理反应的速率常数；③构建新的 C_2-C_3 子机理；④改善大分子子机理。结果表明，改进后的解耦法构建的骨架氧化机理能够准确预测各类燃料的火焰传播速度、低温放热率以及贫燃工况下的滞燃期。

1. H_2/O_2 子机理的改进

在原解耦法中，H_2/O_2 机理来自于 Li 等[45]机理。鉴于 Burke 等[72]新近提出的机理具有更好的性能，尤其在高压、稀燃工况，我们使用 Burke 等的机理取代 Li 等的机理。更新 H_2/O_2 机理改善了 $T < 1000K$ 工况滞燃期的预测，使其更接近实验值。这是由优化反应 $H_2O_2(+M)\Longleftrightarrow OH+OH(+M)$ 的速率常数所致，该反应在 NTC 区域具有较高的敏感性。同时，在 $\varphi > 1.05$ 工况下，受反应 $H+O_2\Longleftrightarrow O+OH$ 和 $H+O_2(+M)\Longleftrightarrow HO_2(+M)$ 的影响，更新 H_2/O_2 机理使预测的火焰传播速度降低，更接近于实验值。

2. C_1 子机理的改进

在原解耦法中，使用 Klippenstein 等[73]改进的 Li 等 CH_3OH 机理作为核心机理，然而该机理不能很好预测甲醇的火焰传播速度。因此，基于 Metcalfe 等[74]的最新的化学动力学理论和实验工作，对 C_1 子机理进行改进。主要包括：①将甲酰基（HCO）的热解反应 $HCO+M\Longleftrightarrow H+CO+M$ 的速率常数提高了 20%，从而明显改善对甲醇火焰传播速度的预测，尤其在低当量比工况时，效果更加明显。②改

进 CH_3 机理,甲基(CH_3)对于碳氢化合物火焰特性的预测至关重要,新的 CH_3 机理能够准确预测甲烷的滞燃期和火焰速度。③对 CH_2O 子机理进行改进,在冷焰和 NTC 区域,CH_2O 对于长链烷烃的氧化至关重要。我们同样基于 Metcalfe 等[74]的研究,对 CH_2O 子机理实施改进,提高了 CH_2O 的氧化过程的预测精度。总之,改进的 C_1 子机理使预测的滞燃期缩短,尤其对 $T=750\sim1000K$ 工况;在富燃工况,使预测的火焰传播速度变快,都更接近于实验值。

3. C_2-C_3 子机理的改进

在原解耦法中,使用极其简化的 C_2-C_3 子机理,但富燃火焰中极其简化的 C_2 机理不能很好预测燃料的氧化过程。同时,研究发现,乙烯基(C_2H_3)浓度随着燃料分子支链的增加而快速增加,进而导致火焰传播速度降低。然而,原 PRF 机理不能很好捕捉此现象。我们基于敏感性分析和反应路径分析,识别详细机理中主导滞燃期和火焰速度的 C_2-C_3 反应,并将这些反应添加到当前机理中,优化的 C_2-C_3 机理明显改善了对滞燃期预测性能。

4. 大分子子机理的改进

通过分析正庚烷和异辛烷的火焰传播速度,Ranzi 等指出异辛烷火焰传播速度较低的原因是由于在其氧化过程中生成稳定的异丁烯(iC_4H_8)。在异辛烷火焰中,C_8H_{17} 通过 β 裂解生成 iC_4H_8 和 iC_4H_9,iC_4H_8 随后通过脱氢反应生成 iC_4H_7,iC_4H_7 经历热解反应生成 $C_3H_4+CH_3$,而 iC_4H_9 直接热解为 $C_3H_6+CH_3$。我们在改进的机理中,补充了这几个与异丁烯相关的反应。

对于异辛烷机理,更新大分子子机理导致 $T<950K$ 工况预测的滞燃期降低;而对于正庚烷机理,更新大分子子机理致使整个温度范围内预测的滞燃期均升高。正庚烷大分子子机理的变化对火焰传播速度预测的影响很小。对于异辛烷,由于机理中引入稳定的 iC_4H_8,新机理预测的火焰传播速度明显减慢,且与实验值非常接近。另外,与实验观测一致,新机理预测的正庚烷火焰传播速度比异辛烷更快。

为探讨机理优化对其性能的影响,我们基于改进的解耦法重新构建 PRF 的机理,该机理包含 49 个组分和 163 个反应[65]。图 6-14 显示了在 $p=4.0MPa$ 和 $\varphi=1.0$ 工况下,使用初始机理(其反应速率常数直接取自详细机理[3]而未经改动)和经优化后的最终机理预测 PRF60/空气滞燃期不确定空间的比较。在计算不确定空间时,只考虑 C_4-C_n 反应的不确定性,其倍数不确定因子都设置为 4。如图 6-14 所示,初始机理的不确定范围较大且不能准确预测实验值,而优化机理明显缩小了预测的不确定空间,并能够较好预测实验值,仅在低温工况低估了实验值,这可能是由于在低温工况实验的不确定性高于报道值所致。

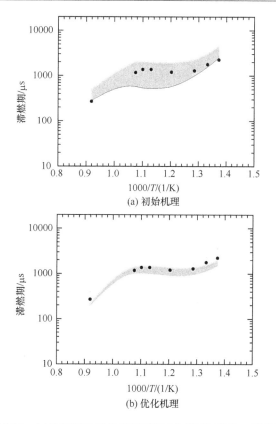

图 6-14　初始机理和优化机理预测(光带)的 PRF60 滞燃期
的不确定空间与实验值[71](符号)的比较，$p=4.0$ MPa，$\varphi=1.0$

　　将该机理用于预测基础反应器的实验数据，结果表明新机理能够准确预测宽
广工况范围内多种 PRF 在激波管中的滞燃期、JSR 和预混层流火焰中的主要组分
浓度和火焰传播速度。另外，与多维 CFD 模型相耦合，该机理也准确预测了以异辛
烷和 PRF 为燃料的 HCCI 发动机中缸内压力、放热率以及 CO、HC 和 CO_2 排放。

　　总体来说，使用解耦法构建的骨架氧化机理既能够保持较小的规模，又能够准
确预测宽广工况内测试燃料在多种基础反应器和实际发动机中的氧化和燃烧特
点。然而，在使用解耦法构建不同类型燃料的骨架机理时仍旧存在一定的局限性，
如环烷烃和芳香烃的分解反应没有完全与小分子化学解耦。因此，在使用解耦法
构建燃料的骨架机理时，必须深入了解目标燃料的化学特性。

6.5.4　解耦法的应用

　　自 2012 年以来，解耦法及其改进方案已经成功地应用于各种燃料，包括基础
燃料(PRF)、汽油、柴油及生物柴油表征燃料的骨架氧化机理。表 6-1 是新建各类

燃料骨架机理的概览,现分述如下。

表 6-1　新建各类燃料骨架机理一览表

时间	骨架模型	组分数	反应数	验证实验
2012[57]	异辛烷	32	111	ST,JSR,FR,LFS,HCCI
2012[56]	PRF	41	124	ST,JSR,FR,LFS,HCCI
2013[58]	TRF	56	168	ST,JSR,FR,LFS,HCCI
2015[65]	改进的 PRF	49	163	ST,JSR,FR,LFS,HCCI
2013[60]	C8-C16 正烷烃	40	141	ST,JSR,FR,LFS
2015[61]	柴油表征燃料	74	216	ST,JSR,FR,LFS,PCCI
2015[62]	MB~MPA 饱和甲基酯	43	151	ST,JSR,FR,LFS
2015[63]	生物柴油	62	188	ST,JSR,FR,LFS,DI
2015[65]	各类丁醇	66	196	ST,JSR,FR,LF

注:ST—激波管;JSR—射流搅拌反应器;FR—流动反应器;LF—层流火焰;LFS—层流火焰速度;HC-CI/PCCI—HCCI/PCCI 发动机;DI—直喷发动机

(1)基于我们前期工作积累[55],系列燃料骨架机理的构建工作从异辛烷开始。首先用解耦法构建了一个新的适用于发动机燃烧的异辛烷化学反应动力学骨架模型,包含 32 种组分和 111 个反应。经过实验验证的结果表明,在保持与现有骨架模型同等的规模下,新的骨架模型在各种反应器和工况的条件下,均显示了很好的性能,尤其是在层流火焰速度和关键组分的演变上有了很大的改善和提高。在新骨架模型耦合 CFD 的模拟中能比较准确地预测缸内压力和部分排放产物(CO、CO_2 和 HC)。

(2)构建了新的适用于发动机燃烧的正庚烷的骨架模型,然后将其与异辛烷模型相合并,得到基础参考燃料 PRF 的骨架模型[56],此模型包含 41 种组分和 124个反应。与实验验证的结果表明,在保持与现有骨架模型同等的规模下,新模型在各种反应器和工况的条件下,均显示了很好的性能,尤其是在层流火焰速度和关键组分的演变上有了很大的改善和提高。在该模型耦合 CFD 的模拟中能比较准确地预测缸内压力、放热率和关键组分的变化历程。

(3)甲苯被普遍用来作为汽油表征燃料中的重要成分之一。正庚烷、异辛烷和甲苯作为汽油表征燃料的参比成分,即甲苯参比燃料(toluene reference fuel,TRF),也被广泛接受。当前,甲苯反应动力学机理的一些重要问题仍然没有解决,尤其是高压条件下的反应路径和速率尚未探明,所以构建甲苯的骨架模型比基础燃料更为复杂,主要有两个原因。首先,甲苯属于芳香烃,分子结构与烷烃不同,其反应路径也更加多样;其次,甲苯的燃烧没有 NTC 效应,其着火温度一般在

1000K 以上,这就使得高温的子机理对滞燃期和层流火焰速度具有更高的敏感性。

为了比较全面地描述甲苯的着火过程,通过不同机理在不同反应器中的反应路径和敏感性分析,确定甲苯氧化反应主要的反应路径,我们构建了新的适用于发动机燃烧的甲苯和 TRF 骨架模型[58],新的 TRF 模型包含 56 种组分和 168 个反应。实验验证表明,除了甲苯在 0.1MPa 下的层流火焰速度之外,在与现有骨架模型同等的规模下,新的骨架模型在各种反应器和工况的条件下,均显示了很好的性能。

(4) 当前汽油表征燃料的组成成分主要以甲苯参比燃料为基础,加上烯烃、环烷烃和充氧剂的代表成分。应用本章构建的骨架模型,选择了如表 6-2 所示的两种不同配比的甲苯参比燃料来模拟实际汽油。实验验证表明,在激波管和层流火焰速度中(包括无 EGR 和有 EGR 两种情况),这两种汽油表征燃料在与实际汽油的对比中给出了理想的计算结果,而且效果优于美国劳伦斯国家实验室的汽油表征燃料化学反应动力学机理[67]。在骨架模型耦合 CFD 的模拟中能比较准确地预测缸内压力和放热率。

表 6-2　汽油表征燃料的组成

汽油表征燃料	RON	MON	$(H:C)a$	组成成分(摩尔质量分数)/%		
				正庚烷	异辛烷	甲苯
Surrogate A	88.0	85.0	1.971	17	56	28
Surrogate B	87.0	85.0	2.052	17	63	20

上述(1)～(4)项工作是基于原始的解耦法。如前所述,在研发这些机理的同时,我们对解耦法进行了改进。以下工作均基于改进的解耦法。

(5) 构建了系列 C_8-C_{16} 重烷烃的骨架氧化机理[60]。解耦法在构建其他高碳烷烃化学反应动力学骨架模型上得到了拓展应用。首先,构建了适用于发动机 CFD 耦合计算的正十烷化学反应动力学骨架模型[59],包含 40 种组分和 141 个反应,进而构建了系列 C_8-C_{16} 重烷烃的骨架氧化机理。

在重烷烃氧化过程中,起始反应和脱氢反应较为重要。重烷烃的低温氧化起始于燃料 RH 与氧气反应生成烷基 R 和 HO_2 的反应(R1)。随着温度升高,OH 基(R2)、H 基(R3)和 HO_2 基(R4)的脱氢作用更加突出。依据燃料分子结构,烷基 R 包含多个同分异构体。基于碳原子数大于 3 的正烷基为等距异构局部平衡的假设,当前机理中只保留一个烷基 R。例如,通过反应 R1～R4 生成的正十二烷基 $(C_{12}H_{25})$ 包含 6 个同分异构体,通过上述假设,最终机理中只包含一个 $C_{12}H_{25}$。

在低温时,烷基 R 与 O_2 反应生成 RO_2(R5),随着温度升高,反应 R5 将向其逆方向进行,导致相反的温度依赖性。随着烷基 R 增多,烷基 R 将与 O_2 反应生成燃

料烯和 HO_2(R11),燃料烯随后经过连续热解反应生成更小的组分。为减少组分数和反应数,燃料烯的连续热解反应集总为反应 R12。

RO_2 随后经过异构化反应生成 QOOH(R6),QOOH 随后经过链传播反应 R7 与 O_2 反应生成 O_2QOOH,O_2QOOH 随后释放一个 OH 基生成 $C_n$ket(R8),$C_n$ket 随后经历连续热解反应 R9 生成 $C_5H_{11}CO$,$C_5H_{11}CO$ 随后与 O_2 反应生成 C_3H_7、C_2H_3、CO 和 HO_2(R10)。

在高温时,热解反应主导烷基 R 的消耗。在当前机理中,将这些热解反应集总为反应 R13。

$$RH+O_2 \Longrightarrow R+HO_2 \tag{R1}$$

$$RH+OH \Longrightarrow R+H_2O \tag{R2}$$

$$RH+H \Longrightarrow R+H_2 \tag{R3}$$

$$RH+HO_2 \Longrightarrow R+H_2O_2 \tag{R4}$$

$$R+O_2 \Longrightarrow RO_2 \tag{R5}$$

$$RO_2 \Longrightarrow QOOH \tag{R6}$$

$$QOOH+O_2 \Longrightarrow O_2QOOH \tag{R7}$$

$$O_2QOOH \Longrightarrow C_n\text{ket}+OH \tag{R8}$$

$$C_n\text{ket} \Longrightarrow C_5H_{11}CO+OH+CH_2O+烯烃 \tag{R9}$$

$$C_5H_{11}CO+O_2 \Longrightarrow C_3H_7+C_2H_3+CO+HO_2 \tag{R10}$$

$$R+O_2 \Longrightarrow 燃料烯+HO_2 \tag{R11}$$

$$燃料烯 \Longrightarrow C_2\text{-}C_3组分 \tag{R12}$$

$$R \Longrightarrow C_2\text{-}C_3烷基和烯烃 \tag{R13}$$

最后,引入 C_0-C_3 子机理。每个成分的最终机理包含 36 个组分和 128 个反应,加上 NO 的生成机理后,则为 40 个组分和 141 个反应。基于宽广工况多种基础反应器的实验数据,对机理加以验证,结果表明当前机理能够较好预测宽广工况范围内重烷烃在激波管中的滞燃期,JSR、预混和对冲火焰中的主要组分浓度演变,火焰传播速度和熄火拉伸率,显示出解耦法用于构建重烷烃骨架氧化机理的潜力

(6)依据实际柴油的化学特性,构建了一个柴油表征燃料模型,其成分为正癸烷、异辛烷、甲基环己烷(MCH)和甲苯,分别表征实际柴油中的正烷烃、异烷烃、环烷烃和芳香烃。通过人工迭代确定表征燃料中各成分所占比例,使表征燃料模型的 C/H 比、芳香烃含量和低位热值与实际柴油接近。依据实际柴油的主要成分类别,以及各成分类别中化学动力学机理和实验数据的有效性,本文使用正癸烷、异辛烷、甲苯和甲基环己烷(MCH)混合,作为柴油表征燃料。

关于各个成分的含量的确定,燃料的应用目标对表征燃料成分及其含量的确定有强烈影响。考虑到大部分验证实验所用燃料为气态燃料,因此我们设计表征

燃料时主要着眼于重现柴油的化学特性，而较少关注其物理特性。柴油燃料的主要化学特性包括着火延迟、分子结构、绝热火焰温度、C/H 比和碳烟行为。首先，表征燃料的 C/H 比应该与实际燃油保持一致，因为 C/H 比影响表征燃料的火焰温度、反应热、火焰速度和排放等特性。其次，芳香烃含量也是一个重要应用目标，因为芳香烃容易形成碳烟前驱体，与实际燃油芳香烃含量一致的表征燃料能够更好预测实际燃油的碳烟排放行为。

　　基于测试柴油的化学性质，构建了两种表征燃料，其性质及各成分所占比例如表 6-3 所示。如表可见，Surrogate A 的主要性质与 C/H 质量比为 6.83 的 US ♯2 柴油比较接近，而 Surrogate B 的各成分含量与合成柴油中各类别成分含量一致

表 6-3　柴油表征燃料的成分和性质

燃料成分	Surrogate A	Surrogate B
正癸烷（摩尔分数/%）	50.39	26.67
异辛烷（摩尔分数/%）	10.56	14.89
MCH（摩尔分数/%）	12.86	36.81
甲苯（摩尔分数/%）	26.19	21.64
CN	52.17	37.31
C/H 质量比	6.83	6.73
低位热值/(MJ/kg)	43.43	43.31

　　在此基础上基于优化的解耦法，通过整合正癸烷、异辛烷、MCH 和甲苯的 C_4-C_n 子机理以及 C_2-C_3 的简化机理和 H_2/CO/C_1 的详细机理，得到柴油表征燃料的骨架氧化机理[61]。应注意的是，在确定反应路径后，需要对涉及 C_4-C_n 组分的反应进行优化，以往研究表明燃料组分及其自由基之间的交叉反应不明显，因此当前的表征燃料骨架机理没有考虑各成分之间的交叉反应。最后引入一个 NO$_x$ 子机理[75]来预测 NO$_x$ 排放，最终的骨架机理包含 74 个反应和 216 个反应。主要反应路径如图 6-15 所示。

　　在基础反应器和 PCCI 发动机中的验证结果表明，当前机理能够很好预测宽广工况范围内单一组分、混合物和实际柴油在激波管、JSR、流动反应器、预混和对冲火焰以及 PCCI 发动机中的着火、氧化和排放特性。预测的混合物的滞燃期以及主要组分浓度与实验值吻合较好，表明忽略表征燃料各成分分子间的交叉反应是合理的。另外，两个表征燃料预测的火焰传播速度和熄火拉伸率极其相似，表明火焰传播速度和熄火拉伸率对 H_2、CO 以及其他小分子的化学特性更敏感，而对燃料相关反应不敏感。由于使用详细 H_2/CO/C_1 机理，因此当前骨架机理能够准确预测燃料的火焰传播速度及熄火特性。

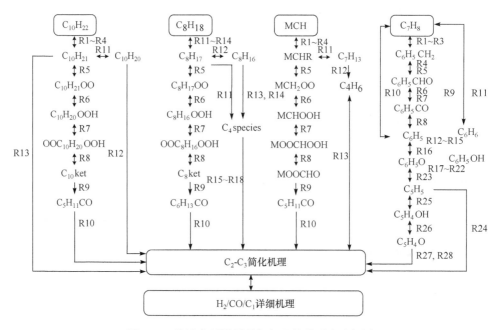

图 6-15　柴油表征燃料骨架机理的总反应路径图

（7）生物柴油的主要组分为脂肪酸甲基酯(FAMEs)，为了构建生物柴油表征燃料骨架机理，首先需对 FAMEs 的机理进行研究。C_5-C_{17} 饱和甲基酯氧化机理的主要反应路径与正庚烷相似，主要区别在于甲基酯机理需要引入酯基官能团反应。为构建结构紧凑、性能可靠的骨架氧化机理，由于从丁酸甲酯(MB)到棕榈酸甲脂(MPA)的饱和甲基酯的分子结构均相似，故其机理使用统一的酯基官能团机理。基于解耦法，我们通过将详细的 $H_2/CO/C_1$ 子机理、简化的 C_2-C_3 子机理、极其简化的脂肪链低温子机理和酯基官能团高温子机理进行整合，构建了系列 MB 至 MPA 饱和甲基酯的骨架氧化机理[62]。对每个成分，机理包含 43 个组分和 152 个反应。通过与多种反应器的实验数据比较，表明当前机理能够很好预测宽广工况内多种饱和 FAMEs，尤其是长链 FAMEs 在激波管中的滞燃期，JSR、流动反应器、预混和对冲火焰中的主要组分浓度，火焰传播速度和熄火拉伸率。

由于长链饱和 FAMEs 的低温氧化特性与正烷烃相似，因此在重烷烃骨架氧化机理基础上，通过引入高温酯基官能团子机理，将解耦法推广到长链饱和 FAMEs 中，构建了系列 MB 至 MPA 的骨架氧化机理，每个成分的骨架机理包含 43 个组分和 151 个反应。在宽广工况内，多种基础反应器中预测值均与实验值吻合得较好。

（8）基于最新的实验研究，提出了一个新的生物柴油表征燃料模型[63]，其成分为正癸烷、癸酸甲酯(MD)和 5-癸烯甲酯(MD5D)。其中 MD 和 MD5D 分别表征真实生物柴油中饱和甲基酯和不饱和甲基酯成分,而正癸烷用于匹配真实生物柴油的 C/H/O 比和内能。得到的最终表征燃料包含 41.18% 的正癸烷,MD 和 MD5D 的含量依据真实生物柴油中饱和甲基酯和不饱和甲基酯的实际含量而定。

当前骨架机理由正癸烷子机理、MD 子机理、MD5D 子机理、简化 C_2-C_3 子机理和详细 H_2/CO/C_1 子机理组成,反应路径如图 6-16 所示。最终骨架机理包含 62 个组分和 188 个反应,主要反应路径如图 6-16 所示。模拟结果表明,该机理能够很好预测单一组分的滞燃期、正癸烷/MOL 混合和 RME 在 JSR 中的主要组分浓度演变以及 SME 在 LTC 发动机中的缸内压力、放热率和 NO_x 排放。

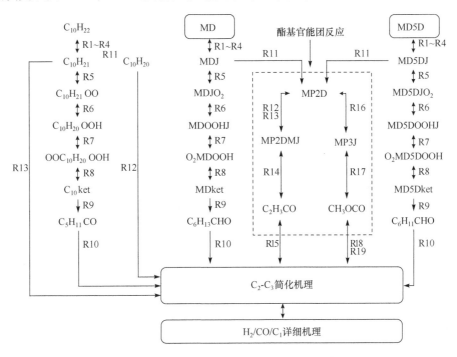

图 6-16 生物柴油表征燃料骨架机理的反应路径图

(9) 作为汽油与柴油的替代燃料和添加物,丁醇比乙醇具有更多优势,如更高的比内能、更低的挥发性、更低的腐蚀性和更高的疏水性等。另外,作为当前发动机的燃料,丁醇能够以更高比例与汽油和柴油混合。丁醇有四种同分异构体,即正丁醇、异丁醇、2-丁醇和叔丁醇。丁醇同分异构体的分子结构通过影响中间自由基,进而影响燃料的着火和氧化特性。现有大部分丁醇同分异构体机理均为详细机理,迫切需求可靠而实用的简化机理或者骨架机理。由于丁醇异构体的动力学特性与重烷烃一致,因此基于改进的解耦法,我们构建了一个可以描述四种丁醇异构体氧化特点的骨架机理[65],它包含 66 个组分和 196 个反应。多种基础反应器中实验值和预测值的比较表明,此机理能够很好预测四种丁醇异构体在激波管中的滞燃期、JSR、流动反应器、预混和对冲火焰中的主要组分浓度演变和火焰传播速度。敏感性分析表明，导致丁醇异构体的活化性在激波管和火焰传播速度中不同的主要原因，是因为燃料相关反应主导滞燃期的预测，而基本不影响火焰传播速度的预测。

上面介绍的系列反应机理和碳烟模型已被纳入著名发动机 CFD 通用软件 Converge 中。同时，解耦法也获得了国际燃烧界的广泛好评和应用。例如，一些研究者基于此方法构造了新的乙醇参比燃料和生物柴油的骨架反应机理[76,77]。

6.6　多维反应动力学计算的列表存取法

如前所述，化学反应动力学的详细机理与多维 CFD 的耦合由于其巨大的计算量而对现阶段的计算机资源提出了严峻的挑战。为了应对这一挑战，人们从两方面采取措施。在物理和化学方面，可以将复杂的反应机理尽量简化，或者降低反应系统的空间维数。在数值计算方面，则可以采取并行算法或其他一些能加速计算的方法，其中，列表存取方法就是一种正在受到重视和推广的方法[78~84]。

6.6.1　列表存取法的基本原理

存取法的基本思路是由存储/提取程序构造表示化学反应的存储库，从温度、组分的 n_S+1 维空间中取出大量的样点，通过直接积分获得 Δt 后的变化值，然后根据这些样点，构造出表示 $\phi(t_0) \rightarrow \phi(t_0+\Delta t) = R[\phi(t_0)]$ 关系的存储库，在反应流程序调用化学反应计算时便无需再进行积分，而直接由存储库中提取，从而大大提高计算速度。因此，存取法分为两个步骤：构造存储库和从存储库中提取指定的数据。这些数据按一定的规则排列，就如编造表格，故提取数据也可称为查表。

存取法通过不同的方法构造可以表示 $\phi(t_0) \rightarrow \phi(t_0+\Delta t)$ 关系的存储库，由于 $\phi(t_0+\Delta t)$ 是经过一定近似获得的，因此在计算过程势必引入一定的误差，为此定义误差

$$\varepsilon = \frac{1}{N \cdot (n_S+2)} \sum_{n=1}^{N} \sum_{i=1}^{n_S+1} \frac{|\phi_{i,n}(t_0+\Delta t) - \phi_{i,n}^{DI}(t_0+\Delta t)|}{\langle \phi_i^{DI}(t_0+\Delta t) \rangle} \tag{6-36}$$

其中，N 为调用存储/提取程序的次数；$\phi_{i,n}(t_0+\Delta t)$ 和 $\phi_{i,n}^{DI}(t_0+\Delta t)$ 分别为第 n 次调用中通过存取程序和直接积分所得到的 ϕ_i 值；$\langle \phi_i^{DI}(t_0+\Delta t) \rangle$ 为在直接积分计算中得到的 $\phi_i(t_0+\Delta t)$ 的平均值。同时为了比较各种不同方法相对于直接积分对计算速度的提高，定义加速比为

$$\text{SF} = \frac{N \text{ 次直接积分所需要的计算时间}}{N \text{ 次存储 / 提取所需要的计算时间}}$$

根据构造存储库时间的不同,存取法可以分为预存取法和在线存取法。预存取法是在燃烧过程计算前,先构造能够反映 $\phi(t_0) \to \phi(t_0 + \Delta t)$ 关系的存储库,然后在计算中直接根据 $\phi(t_0)$ 从存储库中取值;而在线存取法则在燃烧计算过程中实时地构造存储库,计算中首先根据 $\phi(t_0)$ 向存储库查询,如果可以提取该点,便直接提取,否则对 $\phi(t_0)$ 进行直接积分,并向存储库中加入该点的相关信息,以便在后续的计算中可以直接提取。

在线存取法实时地对空间中的点进行存储和提取,避免了对整个空间中所有点的构造,提高了整个存储库的利用率,大大节省了计算时间。

实施存取的方法很多,根据构造存储库方法的不同,可以分为以下几种(表 6-4):

(1) 直接列表法。整个 ϕ 空间使用均匀网格进行离散,网格的结点代表 $\phi(t_0)$,相应的 $\phi(t_0 + \Delta t)$ 用直接积分获得,$\phi(t_0)$ 和 $\phi(t_0 + \Delta t)$ 按照相应的顺序直接存储在表中。提取过程通过向表中进行插值计算直接获得。典型的方法是向上查表法(LUT)[78]。

(2) 代数多项式法。通过一组代数多项式来模拟 $R[\phi(t_0)]$,计算前通过选取大量的样本数据确定多项式的系数后,计算中将 $\phi(t_0)$ 直接代入多项式中计算得到 $\phi(t_0 + \Delta t)$。根据采用多项式形式的不同可以分为基于五至八次多项式的样本模型法(RM) 和基于二次多项式的分段实现图解法(PRISM)。

(3) 人工神经网络(ANN)[79]。通过人工神经网络来表示 $R[\phi(t_0)]$,首先选取一定数量的样本数据来训练神经网络,然后根据该神经网络直接由 $\phi(t_0)$ 计算 $\phi(t_0 + \Delta t)$ 值。

(4) 非结构化自适应列表法(in situ adaptive tabulation, ISAT)[80]。将在下文详细介绍。

为在实际的计算中比较各种存取法的优劣性,提出以下几个指标:

(1) 内存的占用量。这是由整个存储库所占用空间大小决定的。

(2) 总体计算性能,即加速比。相对于直接积分,存取法可以节省多少计算时间。主要由 CPU 的计算时间决定,包括构造存储库的计算时间和从存储库中提取数据所需要的时间。

(3) 精度及其控制。包括控制误差在指定的范围内,同时对误差可以进行调节以适应不同的实际情况。

(4) 通用性。该方法向不同的实际应用拓展的可行性,包括向更加详细的反应动力学拓展的潜力、自动地移植到其他的反应环境中等。

表 6-4　各种存储/提取方法的比较

	直接列表法	代数多项式法	人工神经网络 (ANN)	非结构化自适应列 表法(ISAT)
内存的占用量	大	小	小	较大
构造存储的计算时间	大	较大	较大	大
从存储库中提取数据 的计算时间	少	较少	较少	较多
存储类型	预存储	在线存储	预存储	在线存储
子空间划分	均匀	均匀	均匀	非均匀
总体计算性能	低	高	高	较高
精度	通过指定网格的 大小间接控制	通过选取样本点的 数目间接控制	通过选取样本点的 数目间接控制	可以直接控制
通用性	仅限于2、3种组分	限于几种组分	限于几种组分	小于30种组分

6.6.2　非结构化自适应列表法(ISAT)

化学反应动力学计算中需要求解有化学源项的能量方程和组分方程。为简单起见,这里只考虑零维系统,即忽略对流与扩散引起的空间变化。于是,这些方程可写为

$$\begin{cases} \dfrac{\mathrm{d}T}{\mathrm{d}t} = S_T(T,p,Y) \\[2mm] \dfrac{\mathrm{d}Y_k}{\mathrm{d}t} = S_{Y_k}(T,p,Y) \end{cases} \tag{6-37}$$

定义 $\phi = (\phi_1, \phi_2, \cdots, \phi_{n_s+1}) = (Y_1, Y_2, \cdots, Y_{n_s}, T)$,上述方程可以改写为

$$\frac{\mathrm{d}\phi_i}{\mathrm{d}t} = S(\phi, p) \tag{6-38}$$

其中,T 为温度;Y_k 为第 k 种组分;p 为压力;n_s 为化学机理中组分的数目;S 为由于化学反应所引起温度和组分的变化源项。化学反应计算的任务就是求解式(6-38)中 $n_s + 1$ 个常微分方程组的初值问题,即给定初始的组分、温度 $\phi(t_0)$ 和压力求解 Δt 时间反应后的组分、温度 $\phi(t_0 + \Delta t)$ 及压力。最基本的方法就是对式(6-38)直接积分(简称为 DI),由于式(6-38)所示的常微分方程刚性很强,其求解必须采用隐式变时间步长的求解器,积分的计算量很大。

ISAT[80] 通过建立对给定初始 ϕ^q 经 Δt 反应后的映射 $R(\phi^q)$ 来代替对式(6-38)的直接积分。由于反应过程所经历的空间仅为整个相空间中极小的一部分,因此 ISAT 方法通过在线地与 CFD 程序同步构造存储库,大大提高了存储库的利用率。存储库中记录点保存了列表点 ϕ^0、反应映射 $R(\phi^0)$、梯度映射矩阵 $A(\phi^0)$、椭圆域 EOA 等信息。梯度映射矩阵用作对查询点 ϕ^q 进行一阶线性近似:

$$R(\phi^q) \approx R(\phi^0) + A(\phi^0)(\phi^q - \phi^0) \tag{6-39}$$

EOA 是以 ϕ^0 为中心的椭圆区域,在此区域内线性近似是准确的。EOA 被初始化和增长以确保式(6-39)计算所得的误差小于用户指定的容差 ε_{tol}。存储库中的记录点通过二叉树存储,对于给定查询点 ϕ^q,通过搜索二叉树以找到离 ϕ^q 最近的记录点 ϕ^0(大部分情况如此)。

ISAT 主要步骤如下所示:

(1) 输入一查询点 ϕ^q,从根结点搜索二叉树,直到找到相应的记录点 ϕ^0。

(2) 计算 ϕ^q 是否在 ϕ^0 的 EOA 内。

(3) 如果 ϕ^q 在 EOA 内,则直接采用式(6-39)线性近似返回 $R(\phi^q)$ 的近似积分值,该操作称为提取。

(4) 如果 ϕ^q 不在 EOA 内,则直接对 ϕ^q 积分,计算 $R(\phi^q)$,并计算式(6-39)的提取误差 ε。

(5) 如果误差 ε 小于指定的误差 ε_{tol},则增长 EOA,同时返回 $R(\phi^q)$,该操作称为增长。

(6) 如果误差 ε 大于指定的误差 ε_{tol},基于查询点 ϕ^q 生成一个新的记录点,该操作称为添加。

在 HCCI 发动机中由于压力随着活塞的运动发生强烈的变化,同时在 KIVA 程序中,时间步长受网格大小和变形、化学反应、喷雾的综合影响也会发生变化,所以在 ISAT 中为减小压力和时间步长变化所引起的提取误差,每个记录点的 ϕ^0 中需要包括温度、组分、压力和时间步长,反应映射 $R(\phi^0)$ 需要包括温度、组分和压力。

在利用 ISAT 进行反应动力学的多维计算时,需将计算流体动力学(CFD)程序与化学反应动力学程序耦合起来,例如用 KIVA 计算缸内的流场、温度和组分的分布,同时使用化学动力学程序计算缸内的化学反应,具体流程如图 6-17 所示。首先 KIVA 进行初始化的工作,由于 KIVA 缺少详细反应机理中所包含的中间组分的热力学数据,所以程序首先通过化学动力学计算程序 CHEMKIN 读入相关的反应机理和组分的热力学数据,并把所有组分的热力学数据由 NASA 格式转换为 KIVA 的 JANAF 格式。在进行缸内的流动和燃烧计算过程中,KIVA 向化学动力学计算程序提供各个单元的温度、压力和组分及时间步长,化学动力学程序计算经 Δt 的化学反应后每个单元的温度、压力和组分,并返回至 KIVA 中进行流场的计算。这种流程是在计算湍流燃烧过程中典型的"反应-流动"分离式的求解模型。

文献[81]应用上述方法对甲烷的燃烧过程进行了模拟,反应机理采用甲烷的骨架反应机理,包括 16 种组分和 41 个反应。KIVA 中采用二维轴对称模型,在下止点时网格数为 1680。计算对象是 Volvo TD 100 系列柴油机改造的 HCCI 发动机。

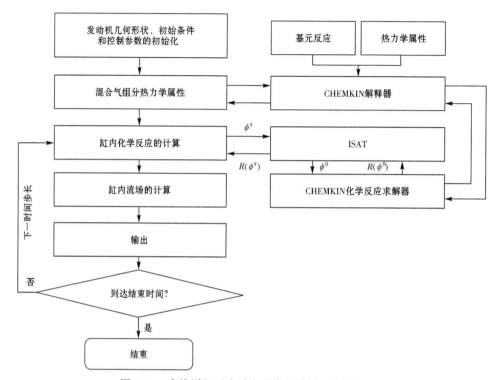

图 6-17　多维详细反应动力学模型计算程序流程图

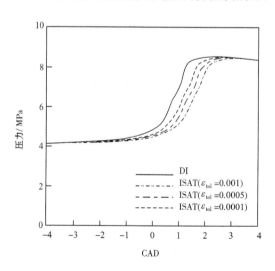

图 6-18　使用 DI 和不同容差的 ISAT 获得的缸内压力的比较

图 6-18 比较了使用 DI 和 ISAT 计算的缸内压力的变化。由图可见,在着火前和着火后的大部分时间内,压力变化基本相同,但是由于 HCCI 的着火点对化学

反应极其敏感,因此使用 ISAT 近似后相对于 DI 着火点会有一定的偏差。容差为 0.001 的 ISAT 所得到的着火点相对于 DI 有 1CAD 延迟,进一步减小 ISAT 的容差,ISAT 所产生的着火延迟随之减小,当容差为 0.0001 时,ISAT 相对于 DI 只有 0.5CAD 延迟。HCCI 发动机的着火点直接受反应历程的影响,因此通过 HCCI 发动机的计算可以更好地反映 ISAT 对计算误差整体的影响,而 ISAT 也可以有效的控制计算误差。

表 6-5 比较了 DI 与图 6-18 中三种不同容差的 ISAT 的性能。由 DI 的计算可以看出,化学反应的计算时间占据了整体计算时间的绝大部分,高达 98%,因此提高化学反应的计算效率可以大大降低整体计算时间。由表 6-5 可见,容差为 0.001 时 ISAT 的加速比为 14.9,降低容差,加速比也相应地变小,当容差小于 0.0001 时,ISAT 整体计算时间相对于 DI 已经没有太大的优势。

表 6-5　ISAT 性能概要

	$\varepsilon_{tol} = 0.001$	$\varepsilon_{tol} = 0.0005$	$\varepsilon_{tol} = 0.0001$	DI
总体计算时间/min	10.2	14.9	65.3	151.5
化学反应计算时间/min	7.9	12.6	63.5	149.2
增长操作总数	4441	7438	45216	—
记录点总数	1338	2156	10218	—
加速比	14.9	10.2	2.3	—

6.6.3　ISAT 的改进——PaISAT

计算实践表明,在着火点附近化学反应十分剧烈,各个单元内组分或温度的微小差异都会引起化学反应速度很大的变化,因此在该阶段从存储库中直接提取的成功率很低,而是向存储库中加入了大量新的记录点。同时由于在燃烧过程中,缸内的温度和压力变化十分迅速,为更精确计算化学反应的影响,KIVA 时间步长变得很小。这使化学反应的计算更加频繁,对 ISAT 的调用次数增加。在此阶段加入的记录点由于大部分代表剧烈的燃烧反应状况,在燃烧过后被提取的可能性很小。即使在燃烧阶段,由于缸内温度和组分不均匀度的存在,各单元反应速度相差很大,存储库的提取操作次数也很少,从而降低了 ISAT 的效率。而在着火前的压缩过程和着火过后的膨胀过程中,由于缸内基本处于均质的状态,化学反应速度缓慢,ISAT 中增加操作的次数很少,存储库的利用率很高。

同时,由于 HCCI 发动机着火过程对化学反应的敏感性,通过 ISAT 使用一阶线性近似导致了对着火点预测产生了一定的偏差。为克服这些缺点,文献[82]针对 HCCI 发动机燃烧的特点,提出了部分 ISAT(简称 PaISAT)方法。其核心思想是对化学反应剧烈的着火反应过程使用 DI,而对其他反应过程使用 ISAT。在着火时刻使用 DI 可以增加对着火预测精度,也避免了在着火点附近严重影响 ISAT 效率的过多的添加操作。

判断化学反应是否处于着火过程的准则参考了 Westbrook[83] 对实际燃烧系统中碳氢燃料着火过程的分析。Westbrook 发现在许多燃烧系统中,着火都是由于积聚的 H_2O_2 达到一定的温度时迅速分解所引发的,这也是 HCCI 发动机中核心的动力学特性。H_2O_2 由着火前的低温反应生成,并保持着相对的惰性,直到压缩和放热反应使缸内温度增加到一定的值时,H_2O_2 迅速分解,引起缸内的着火过程,同时燃料 CH_4 被大量消耗。因此在 PaISAT 中对 H_2O_2 较高的化学反应过程采用 DI 的方法,而对于其他过程采用 ISAT。

图 6-19 比较了通过 DI、ISAT 和 PaISAT 计算得到的缸内压力和放热率的变化。其中 ISAT 和 PaISAT 中容差相同,均为 0.001。由图中可以看到,PaISAT 所得到缸内压力和放热率变化比 ISAT 有明显的改善,与 DI 基本相同。这主要是由于 PaISAT 在着火前的计算中不再使用 ISAT 的线性近似,而使用 DI 提高了对着火点的计算精度。计算同时发现,ISAT 的加速比为 14.8,而使用 PaISAT 加速比提高到 22.6。由此可见,在着火点附近加入过多利用率很低的记录点严重影响了 ISAT 的加速性能,PaISAT 通过选择性的列表很好地解决了这个问题。需要说明的是,PaISAT 只是对着火阶段部分反应过于剧烈而提取率很低的反应过程使用 DI,对于其他利用率较高的记录点依然使用 ISAT,从而可以保证一定的加速性能。

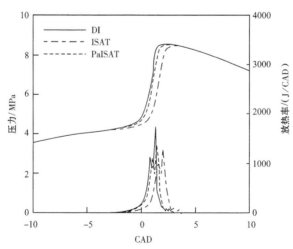

图 6-19　用直接积分和 ISAT 及 PaISAT 方法所得缸内平均压力和放热率

内存占用量是影响 ISAT 使用效率的另一重要问题,文献[82]针对发动机瞬变性强的特点,对数据库采用了动态修剪技术,定时对存储库进行修剪,动态地删除过时的记录点。一方面可以减小对内存的占用量,另一方面减少存储库中记录点的数量,从而减小了搜索存储库的时间。由图 6-20 可以看到,使用带有动态修剪的 PaISAT(简称动态 PaISAT)后,存储库的大小比原来的 PaISAT 明显减小,但是由于计算中存储库中的记录点不多,动态 PaISAT 节约的搜索时间与需要附加的动态修剪存储库的时间基本相同,因此 PaISAT 与动态 PaISAT 的加速比相差不大。

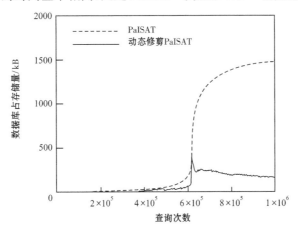

图 6-20　存储数据库大小随查询次数的变化

6.6.4　列表存取法的新发展

以 ISAT 为代表的列表存取法在内燃机燃烧的研究与开发中获得了广泛的应用,近年来又获得了新的发展。研究者以提高多维 CFD 的计算效率为目标,在流场与化学的耦合方式及相应的计算方法上进行探索,陆续提出一些颇有成效的新方法。这里对其中两种方法做一简介。

Contino 等[84]将自适应列表(ISAT)算法与动态自适应化学机理简化方法(DAC)耦合起来,提出了动态自适应化学列表(TDAC)法。DAC 是在 DRG 基础上发展起来的一种实时动态化学机理简化方法。TDAC 方法则兼有 ISAT 和DAC 二者的优点,它减少了网格加密和化学反应机理对计算成本的影响,特别适用于像内燃机这样非稳态的应用场合。Contino 等分别在简化的二维情况下使用多种正庚烷机理,以及对一种实际发动机的三维网格系统使用详细的 857 种组分的异辛烷机理对 HCCI 发动机进行了模拟。相比于燃烧反应的直接积分法,不但计算结果非常吻合,而且加速因子达到 300 以上。这明显优于单独使用 ISAT 或DAC 时的性能,说明这两种方法的协同作用取得了非常满意的效果。采用 TDAC可以显著地改善发动机燃烧过程的 CFD 模拟计算,并允许同时使用详细机理及满足工程实际需要的网格系统,这是使用直接积分法难以想象的。

另一种将化学反应列表法与多维 CFD 计算相耦合的新方法是 Jangi 和 Bai[85]最近提出的多维化学坐标映射法(multidimensional chemistry coordinate mapping,CCM)。此方法借鉴了多维小火焰模型以及多区模型的思想,一方面利用多维热力学变量的状态空间即相空间代替物理空间来求解化学反应过程,另一方面,与多区模型类似,把状态相近的若干计算单元合并为一个区,使相空间中的每一个网格单元对应于物理空间的多个网格单元,相应地采用两套网格系统进行计算。流体输运过程是在物理空间内的网格上进行计算,而化学反应则是在由两个或多个"主变量"构成的相空间内求解。CCM方法在物理空间和化学过程的相空间之间建立起一种有效而高精度的映射关系,相空间的计算结果通过映射返回物理空间的网格单元,随后作为源项集成到每个单元的流体输运方程中。由于相空间的网格数量远小于物理空间的网格数,故化学反应的计算时间得以大大减少,数值积分得到加速。

这里关键问题是相空间的构建以及热力学参数在两个空间之间的转换。对小分子烃燃料的燃烧,使用温度和氢原子在组分中的质量分数这两个主变量就足以满意地构造相空间。对正庚烷等大分子燃料,则需三个或更多的主变量。CCM通过一个一致性约束条件来保证计算的可靠性,即要求计算结果必须收敛到在物理空间内对化学反应方程直接积分的结果。将CCM与RANS湍流模型相耦合对正庚烷喷雾燃烧的计算结果表明,化学反应的积分时间较之直接积分法可以减少90%以上,而结果几乎完全相同。

6.7　内燃机氮氧化物排放的模拟

对发动机燃烧所产生有害污染物的模拟和预测,是燃烧模型最重要的任务和目标之一。排放模型既是整个燃烧模型的一个有机组成部分,又有其自身独具的特点,其中主要一点是化学动力学的处理。我们知道,燃烧模型中有关燃料氧化和燃烧部分通常都避开详细的化学反应动力学机理,以便把重点置于详细的计算流体运动和输运过程,因为它们对燃空混合、火焰传播、放热速率等都具有关键的作用。但是对废气排放模拟而言,目标是预测发动机所排废气中有关化学成分的浓度。通常这些浓度都是受化学动力学机理和反应速率的控制。因此在排放模型中不同于其他子模型,化学动力学起着决定性的作用。然而,也正是在这一点上,排放模型的发展遭遇到很大的困难。这是因为迄今为止,除了氮氧化物之外,其他各种污染物,如HC、CO、碳烟和其他微粒等,其形成过程的详细机理人们都还缺乏透彻而全面的了解。因而,对内燃机排放物的模拟和预测,目前较多地还是基于经验性的现象模型。近年来对排放的模拟研究,主要集中在氮氧化物和碳烟,特别是后者显得相当活跃。因此,本书将对这两种污染物的计算模型和方法加以较详细的介绍。至于CO和HC,专门的研究工作尚不多,目前一般都是利用现有化学动力学计算软件(如CHEMKIN)中所提供的机理进行计算,本书不再加以介绍。

6.7.1　扩充的 Zeldovich 机理

NO_x 的生成是一种非平衡现象,它取决于已燃气体中的温度梯度。但由于在发动机中高温高压的环境下,烃的氧化过程进行得十分迅速,再者,尽管湍流火焰锋面可以同时延伸到若干个涡团上,反应区仍然是很薄的,因此,可以近似地认为已燃气体是处于化学平衡状态。NO_x 生成的速度远远低于燃烧速度,大部分 NO_x 是在燃烧完成后才形成的。因此我们可以把 NO_x 的生成过程与燃烧过程分开。在燃烧已达平衡态的假设下,就易于算出 NO_x 的生成率。

NO_x 包括 NO 和 NO_2,但以 NO 为主,故这里主要讨论 NO 的计算。对发动机而言,NO 的生成主要有两种途径:一种是热 NO,由空气中的氮在 1800K 以上的高温环境下氧化而生成;另一种是瞬发 NO,由空气中的氮与富燃料区中的碳氢组分快速反应生成。后者在总的 NO 排放中所占比例不大,且机理较复杂,故在发动机 NO 计算中,一般均不予考虑。而热 NO 的生成机理则是所有污染物中迄今研究得最为深透的。此外,还有一种途径是通过 N_2O 转化而形成 NO。对内燃机而言,这一途径只有次要的意义。NO 的生成服从大家熟知的扩充的 Zeldovich 机理:

$$N_2 + O \underset{k_2}{\overset{k_1}{\rightleftharpoons}} NO + N \tag{6-40}$$

$$N + O_2 \underset{k_4}{\overset{k_3}{\rightleftharpoons}} NO + O \tag{6-41}$$

$$N + OH \underset{k_6}{\overset{k_5}{\rightleftharpoons}} NO + H \tag{6-42}$$

NO 生成率可表示为

$$d[NO]/dt = k_1[N_2][O] - k_2[NO][N] + k_3[N][O_2] - k_4[NO][O] + k_5[N][OH] - k_6[NO][H] \tag{6-43}$$

式中,方括号表示组分的浓度;$k_i (i = 1, 2, \cdots, 6)$ 是反应率常数。上式表明,为了计算 NO 的生成量,必须知道 O、OH、H 和 N 的浓度。通常 N 原子浓度很小,对其可采用稳态假设,即

$$d[N]/dt = k_1[N_2][O] - k_2[NO][N] - k_3[N][O_2] + k_4[NO][O] - k_5[N][OH] + k_6[NO][H] = 0$$

于是 N 浓度可表示为

$$[N] = \frac{k_1[N_2][O] + k_4[NO][O] + k_6[NO][H]}{k_2[NO] + k_3[O_2] + k_5[OH]} \tag{6-44}$$

将式(6-44)代入式(6-43),得到

$$\frac{d[NO]}{dt} = 2k_1[N_2][O]\frac{1-[NO]^2/(k[O_2][N_2])}{1+k_2[NO]/(k_3[O_2]+k_5[OH])} \tag{6-45}$$

式中

$$k = \left(\frac{k_1}{k_2}\right)\left(\frac{k_3}{k_4}\right)$$

根据燃烧处于平衡态的假设,可以认为 O、O_2、H、OH、N_2 是处于相应于当地压力和平均温度的平衡浓度状态,直到 NO 的冻结温度。因此,反应(6-40)~(6-42)在平衡时的反应速率分别为

$$\left.\begin{array}{l} R_1 = k_1[O]_e[N_2]_e = k_2[N]_e[NO]_e \\ R_2 = k_3[N]_e[O_2]_e = k_4[NO]_e[O]_e \\ R_3 = k_5[N]_e[OH]_e = k_6[NO]_e[H]_e \end{array}\right\} \tag{6-46}$$

式中,$[-]_e$ 表示组分之平衡浓度。O、OH 和 H 的浓度可利用下列部分平衡反应计算

$$O_2/2 \Longleftrightarrow O \quad (k_{eO})$$
$$H + O_2 \Longleftrightarrow OH + O \quad (k_{eH})$$

k_{eO}、k_{eH} 为平衡常数:

$$k_{eO} = \frac{[O]_e}{[O_2]_e^{1/2}}, \qquad k_{eH} = \frac{[OH]_e[O]_e}{[H]_e[O_2]_e} \tag{6-47}$$

利用以上结果,将式(6-45)中 O_2、N_2、OH、O 等之浓度均用其平衡浓度值代替,经化简,最后得到 NO 生成率方程

$$\frac{d[NO]}{dt} = \frac{2R_1\{1-[NO]^2/[NO]_e^2\}}{1+\{R_1[NO]/(R_2+R_3)[NO]_e\}} \tag{6-48}$$

根据化学平衡计算得到有关组分的平衡浓度值,然后便可算出反应速率 R_1、R_2 和 R_3。于是微分方程(6-48)中只含 $[NO]$ 一个变量。可以对时间积分求解,积分的范围从燃烧到冻结温度。

当 NO 的浓度远低于其平衡值时,由方程(6-48)和方程(6-47)可近似得出

$$d[NO]/dt = 2R_1 = 2k_1[N_2]_e[O]_e = 2k_1k_{eO}[NO][O_2]^{1/2}$$

代入 k_1 和 k_{eO} 之值,可得

$$\frac{d[NO]}{dt} = 6 \times 10^{16} T^{-1/2}[O_2]_e^{1/2}[N_2]_e \exp\left(-\frac{69090}{T}\right)\left(\frac{mol}{cm^3 s}\right) \tag{6-49}$$

NO 形成的特征时间可用 τ_{NO} 表示,定义为

$$\tau_{NO}^{-1} = \frac{1}{[NO]_e}\frac{d[NO]}{dt} \tag{6-50}$$

式中,$[NO]_e$ 可从以下反应求出

$$O_2 + N_2 \Longleftrightarrow 2NO$$
$$[NO]_e = \{k[O_2]_e[N_2]_e\}^{1/2}$$

$$k = 20.3\exp(-21650/T)$$

代入式(6-50),得

$$\tau_{NO} = 8 \times 10^{-16} T p^{-1/2} \exp(58300/T) \tag{6-51}$$

导出上式时,引用了 $[N_2]_e = (p/RT)X_{N_2}$ 的定义,X_{N_2} 是氮气的摩尔分数,取为 0.71。

6.7.2　Hewson-Bollig 机理(HB 模型)

Hewson 和 Bollig[86] 对烃燃料扩散火焰的 NO_x 排放进行了系统的研究,于 1996 年提出了能够全面描述各种 NO_x 生成途径的一套机理,包括半详细机理和简化机理。这套机理由两部分组成:一部分是以甲烷为代表的烃燃料的氧化机理,以反映 NO 瞬发机理中碳氢组分的作用;另一部分则是从近年来氮化学研究中有关基元反应的大量成果中提取出来的一套机理。这两部分各有一套作为进一步简化之基础的半详细机理。其中甲烷的氧化是由涉及 C_1 和 C_2 的 61 个基元反应来描述,而氮化学则包括 13 种组分及 52 个反应。

半详细机理对于工程应用仍嫌复杂,于是在此基础上提出了简化机理。假定半详细机理中的一些组分处于稳态,可得出下列 5 步机理:

$$\left.\begin{aligned}
&3H_2 + O_2 \rightleftharpoons 2H + 2H_2O \\
&2H \rightleftharpoons H_2 \\
&CO + H_2O \rightleftharpoons CO_2 + H_2 \\
&2CO + H_2 \rightleftharpoons C_2H_2 + O_2 \\
&CH_4 + 2H + H_2O \rightleftharpoons CO + 4H_2
\end{aligned}\right\} \tag{6-52}$$

该机理对于描述 NO 的瞬发生成时及其生成后的再燃而引起 NO 浓度的减小具有关键的作用。但这两个过程在发动机中一般都不重要,仅在某些特定场合下不可忽略。该机理可以方便地推广到其他烃燃料的扩散火焰,只需增加高碳分子转化为较小的 C_1 和 C_2 组分的反应步骤即可。例如,对正庚烷需增加两个反应。

氮化学的简化也是基于稳态假设,消除那些与反应速率最快的组分有关的反应。当然,如何识别反应速率的快慢要取决于具体的条件。在柴油机的高温高压以及存在大量活性基而形成所谓"活性基群"(radical pool)的环境下,含氮的活性基最容易与氢-氧系统的活性基发生反应,导致 NO 的生成。对此,可假定 NH_2、NH、N_2H、HNO、NCO、CN 和 N 等活性基处于稳态,从而可导出 NO 生成的如下 6 步机理:

N1：　$N_2 + O_2 \rightleftharpoons 2NO$

N2：　$HCN + H + 2H_2O \rightleftharpoons NO + CO + 3H_2$

N3：　$HNCO + O_2 + H_2 \rightleftharpoons NO + CO + H + H_2O$

N4：　$NH_3 + H + H_2O \rightleftharpoons NO + 3H_2$　　　　　　(6-53)

N5：　$N_2 + H_2O \rightleftharpoons N_2O + H_2$

N6：　$NO + H_2O \rightleftharpoons NO_2 + H_2$

各反应的速率表达式及相关常数可在文献[82]中查到。

在这一机理中，反应 N1 表示 NO_x 总的净生成率，包括了热力、瞬发乃至 N_2O 三个途径。该反应步还包括了含氮的活性基与 NO 之间的反应。正是这些反应最终导致 NO 重新还原为 N_2。反应 N2、N3 和 N4 描述束缚氮在各种有害组分，如 HCN、HNCO 及 NH_3 之间的游动，这一般发生在火焰的富燃料一侧。其中反应 N2 涉及瞬发机理；N3 是再燃反应；N4 是 NO_x 的所谓热分解过程（de-NO_x）。N_2O 的形成通过反应 N5 描述，对扩散火焰而言，该反应在火焰内部几乎处于平衡状态。这表明 N_2O 的排放与 NO 的排放一样，都是受控于污染物消耗反应的冻结效应。所形成的一小部分 N_2O 会转化成 NO，这已经包含在反应 N1 中。反应 N6 所描述的由 NO 生成 NO_2 主要发生在反应区之外的低温区。而在低温区内，活性基很难保持稳态，因而 NO 到 NO_2 的转化难以准确预测。好在该转换已经得到广泛研究，它只影响测量结果，而不改变 NO_x 的最终排放量，故在实际计算中可以忽略反应 N6。

如果我们进一步假定 N2 ～ N5 这 4 个反应均处于偏平衡态，这相当于假设 HCN、HNCO、NH_3 和 N_2O 为稳态，同时忽略反应 N6，则 6 步机理就简化成单步总反应机理。从而可使计算大大简化。虽然上述几种组分的稳态假设有一定问题，但在生成 NO 的火焰区内，这一假设是成立的。

热力、瞬发和 N_2O 这三种机理下 NO 的生成率各自主要都受火焰温度和各种活性基浓度的影响。而火焰温度和基浓度又受控于燃料和氧化剂的成分、浓度以及压力和标量耗散率（体现流场特性）等因素。Hewson 和 Bollig 较全面地研究了三种机理及其逆反应 —— NO 的再燃 —— 在不同参数下的相对重要性。图 6-21 示出了对 4 种不同参数甲烷扩散火焰的计算结果。其中图 6-21(a) 是基本情况，压力 $p = 1\text{bar}$，燃料和氧化剂初温 $T_F = T_0 = 298\text{K}$，标量耗散率 $\chi = 3\text{s}^{-1}$。图 6-21(b)、(c) 和(d) 依次在前一情况的基础上逐个改变压力、温度和标量耗散率。显然，三种 NO 机理的生成率及其再燃的消耗率在不同的参数下有很大的变化。定性的结论可概括如下：如果火焰的驻留时间短暂（即标量耗散率取大值）且其最高温度较低时，NO 的生成总量最少，且此时瞬发机理是 NO_x 生成的主要原因。较长的驻留时间和较高的环境压力会引起较高的火焰温度。从而使热机理成为 NO 生成的主要因素。在高压环境及火焰驻留时间较长的情况下，活性基浓度减少，使得瞬发机理的作用减小。压力的升高也会导致 N_2O 机理的贡献增大，在足够高的压力下，该机理可能变得相当重要。当 NO 浓度较大时,如热机理起主导作用的场合,NO 的再燃消耗也是相当显著的。因而严格地说,忽略 NO 的瞬发生成及再燃消耗将会导致对 NO_x 排放量的高估(当驻留时间短)或低估(当驻留时间长)。

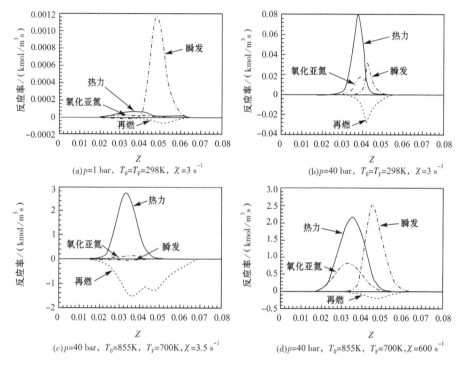

(a)$p=1$ bar, $T_0=T_F=298K$, $\chi=3$ s^{-1}　　　(b)$p=40$ bar, $T_0=T_F=298K$, $\chi=3$ s^{-1}

(c)$p=40$ bar, $T_0=855K$, $T_F=700K$, $\chi=3.5$ s^{-1}　　(d)$p=40$ bar, $T_0=855K$, $T_F=700K$, $\chi=600$ s^{-1}

图 6-21　HB 模型计算的各种 NO 机理的反应率

图 6-22 进一步给出了用 HB 模型计算的在 EGR = 0 和 53％ 时,NO 排放中各种机理的贡献。在 EGR 为零时,燃烧室温度很高,热 NO 的贡献占了总量的绝大部分,瞬发 NO 仅占约 5％。在部分预混合燃烧阶段结束(约上止点后 3°CA)之后,N_2O 机理以及 NO 的再燃开始减少 NO 的浓度,直到上止点后 50°CA。这就是 NO 的实际总排放量小于由单纯热 NO 机理所计算的生成量的原因。在较高的 EGR 下(图 6-22(b)),缸内最高温度有明显的降低,使得热 NO 生成量下降到 EGR = 0 时的 1/10,但它仍然是 NO 生成的主要来源。但此时瞬发机理和 N_2O 机理对 NO 的生成也有不可忽略的贡献。这就解释了图 6-22 中仅考虑热机理的 EDC 模型计算的 NO 生成量为何随 EGR 的增加而大幅下降的现象。

应当指出,Zeldovich 机理虽然有一定局限性,但由于其简便实用,而且经过了几十年来无数实践的检验,被证明是一个卓有成效的 NO 模型,所以至今仍是燃烧界进行排放计算的首选模型。HB 机理有突出的优越性,但迄今公开报道的应用实例尚不多,因此还需要在更多的机型和工况参数范围内进行验证。

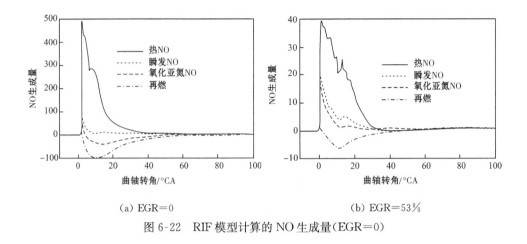

(a) EGR＝0 (b) EGR＝53％

图 6-22　RIF 模型计算的 NO 生成量(EGR＝0)

6.8　碳烟排放模型

6.8.1　概述

碳烟(soot),也称炭黑或碳粒,是柴油机最重要的有害排放物之一。碳烟是柴油机排放微粒(particulate matter,PM)的主要组成部分,常占微粒总量的 50％～80％之多。碳烟是燃料在缺氧条件下燃烧时形成的,其主要成分是碳。碳烟是气相燃烧过程产生的尺寸极小(纳米量级)的固体颗粒,而液体烃燃料裂解生成的微粒一般称为碳焦(coke)。

与其他气相污染物不同,碳烟是一种固体微粒。它的形成不仅要经历十分复杂的气相反应,还要经历从气态到固态的相变过程以及后续的颗粒的生长和发展过程,从而涉及颗粒动力学等相关领域。此外,碳粒生成之后,还会重新氧化。由此可见,建立碳烟形成、发展和氧化全过程的物理、化学模型及其数值模拟较之其他燃烧污染物是一项难度更大而更具挑战性的工作。也正因为如此,碳烟的计算模拟吸引了众多的研究者,使该领域成为燃烧学和热力发动机近年来最为活跃的研究领域之一。

碳烟的形成与燃料类型和燃烧室中火焰的结构及特性有密切关系。柴油机中影响碳烟排放的主要因素有燃料的当量比及其喷射和雾化特性,燃烧室几何构形,缸内空气运动和湍流特性等。碳烟形成过程就机理而言可分为气相反应动力学和固体颗粒动力学两大部分,它们分别对应于前驱物形成及粒子成核与生长两个阶段。根据迄今的研究成果,碳烟形成过程可用图 6-23 所示的模型来描述。在高温贫氧环境下,烃燃料的分子首先发生热裂解,形成碳粒的气相前驱物(主要是多环芳香烃 PAH)及其他一些有助于碳粒生长的气相成分,简称为"生长组分"。PAH 的继续生长导致自由基的成核,此即粒子成核阶段,其特征是形成最终能辨认出来

的凝聚态的碳烟微粒,此时其尺寸还非常小。大量
的碳烟微粒是在火焰锋前高温缺氧的区域形成,这
一过程可视为碳烟形成的起始阶段,随后,进入粒
子生长阶段。粒子生长主要包括表面生长和凝结
生长两种机理*。表面生长指上述"生长组分"直接
附着在碳核表面,成为其一部分而使碳烟微粒逐渐
增大;凝结生长指碳烟粒子在运动过程中互相碰
撞,结果发生凝结而聚合成一个大的粒子。相对而
言,凝结生长占重要地位,对粒子生长起决定性作
用。此外,作为碳烟前驱物的 PAH 的大分子也可
能直接沉积在碳粒的表面,从而促进粒子的生长。
最后,已经生成的碳粒,包括其前驱物以及生长组
分在适当条件下都会发生氧化反应而形成惰性产
物。因此,发动机排放废气中碳烟浓度是其生成和
氧化这两个相反过程综合作用的结果。

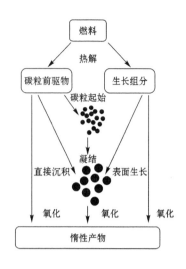

图 6-23　碳烟形成与氧化过程
现象模型的结构

　　人们对碳烟模型的研究始于 20 世纪 60 年代
初期,已有 40 余年的历史,迄今提出的各类模型约有数十种之多。这些模型大体
上可分为三类,即经验模型、半经验模型和详细模型[87]。经验模型大多出现于早
期,即 20 世纪 80 年代以前,那时人们对碳烟生成机理的了解还十分有限,因而只
能从表面现象出发,针对碳烟形成过程的主要环节,如生成、凝结和氧化,根据实验
观测结果,提出一些简单的经验关系式,亦即经验模型。半经验模型则是在一定程
度上描述碳烟生成的物理与化学机理,但对这些机理作了很大的简化,例如用为数
不多的组分和化学反应代替详细的反应机理。详细模型则从碳烟生成的实际过程
出发,分别从气相反应动力学和固体颗粒动力学两方面尽量实现接近于真实的数
值模拟,其中的气相过程采用详细的反应机理,颗粒动态过程则用先进的数值方法
(如矩方法、蒙特卡罗法)求解颗粒动力学的基本方程。众所周知,数值模型的精确
度和预测能力总是与计算机资源和计算成本成比例的。因而,这三类模型各有其
优势和不足,下面我们分别对其进行介绍。

6.8.2　经验模型

1. 早期的模型

1971 年,Tesner 等[89]根据化学动力学中活性基和链式反应的思想提出了一

---

　　*　本书用"凝结"表示粒子相互碰撞后聚合的过程,用"凝聚"表示气相组分在粒子表面的相变沉积。

个碳烟生成的模型,此模型在柴油机排放模拟中得到了较多应用。Tesner 等认为,由于燃烧区的高温,分子发生离解的概率远远大于其聚合概率,因此会有大量的自由基产生,这些自由基引起一系列链分枝反应和链终止反应,最后以这些基团为核心而形成碳烟微粒。这样,碳烟的生成速率可表示为

$$dn/dt = n_0 + (f - g)n - g_0 Nn \tag{6-54}$$

式中,n 是自由基的浓度;N 是与碳烟浓度;f 和 g 分别是链分枝和链终止的常数;g_0 是与碳烟粒子有关的常数;n_0 是自由基的自发产生率:

$$n_0 = a_0 \rho_f \exp(- T_s/T) \tag{6-55}$$

式中,a_0 是常数;ρ_f 是燃料蒸气的分密度;T_s 是自由基自发产生反应的活化温度。

碳烟粒子的平均生成率可表示为

$$dN/dt = a - bN \tag{6-56}$$

或者用碳烟的质量浓度(分密度)表示为

$$d\rho_s/dt = (a - bN)nM_P \tag{6-57}$$

式中,a、b 为常数;M_P 是碳烟粒子的平均质量。

Khan 等[90] 对球形碳烟粒子的凝结提出了下列方程:

$$n^{-1} = n_0^{-1} + Ct \tag{6-58}$$

$$\frac{\rho_P d_0}{6m_0^{1/3} m^{2/3}} = \frac{dm}{dt} = K\exp\left(- \frac{E}{RT}\right)p_0 T^{-1/2} \tag{6-59}$$

其中,n_0 和 n 分别是在时刻 $t = 0$ 和 t 时粒子的数密度;C 是凝结常数;m 和 m_0 分别是碳烟浓度及其初始值;ρ_P 是碳烟密度;d_0 是碳烟粒子的初始直径。各常数取值为 $C = 1.4 \times 10^{-4}$,$K = 1.085 \times 10^4$,$E = 39300 cal/(mol \cdot K)$。

Haynes 等[91] 假定碳烟粒子作布朗运动,且其直径远小于其平均自由行程,从而可利用分子运动论来研究碳烟粒子的凝结,由此而导出下列关系:

$$\frac{dN}{dt} = - \frac{6}{5} K_t \varphi^{1/6} N^{11/6} \tag{6-60}$$

$$K_t = \frac{5}{12}\left(\frac{3}{4\pi}\right)^{1/6}\left(\frac{6KT}{\rho_P}\right)^{1/2} G\alpha \tag{6-61}$$

式中,φ 是粒子的体积分数;ρ_P 是粒子密度;N 是粒子的数密度;K 是 Boltzmann 常数;G 是考虑颗粒间散裂作用的系数,对球形颗粒 $G \approx 2$;α 则取决于不同尺寸粒子之间的碰撞率。

另外一类经验模型,从唯象的角度出发,认为碳烟的生成与氧化这两个过程分别受控于化学动力学和缸内湍流运动。通常假定,碳烟生成率服从 Arrhenius 规律,于是有

$$R_{s1} = Cp_{fu}F^n\exp(- E/RT) \tag{6-62}$$

式中,C、n 为常数,通常取值分别为 0.01 和 3;p_{fu} 为燃料的分压,而 $F = Sf/(1 - f)$;

S 为燃料与氧化剂的化学当量比；f 是混合分数。

内燃机的燃烧总是湍流燃烧。由于碳烟微粒包含于湍流涡团之中，在碳烟氧化区，湍流涡团中的碳烟粒子随着涡团的破碎而被迅速烧掉，因此碳烟的氧化速率又受控于涡团的破碎速率，于是可以采用 Magnussen 类型的公式来计算碳烟的氧化率：

$$R_{s2} = A \frac{\varepsilon}{k} \min\left\{ m_s, \frac{m_{ox}}{S_s} \frac{m_s S_s}{m_s S_s + m_{fu} S_f} \right\} \tag{6-63}$$

式中，A 为常数，通常取为 4；S_f 和 S_s 分别为燃料与氧气和碳烟与氧气的化学当量比。

碳烟浓度总的变化率是由式(6-62)或其他方法计算的 R_{s1} 与式(6-63)给出的 R_{s2} 之代数和。实际计算中，由于碳烟颗粒极小(电子显微镜观察结果表明，其直径之量级为 $10^{-6} \sim 10^{-7}\mathrm{cm}$)，故在进行气相火焰分析时，可以将碳烟视为气体组分之一，即当碳烟随气相主流一起流动时，可认为其间不存在速度差。因此可以同其他组分一样，列出碳烟组分浓度 m_s 的输运方程，并将其生成和氧化率 $R_{s1} - R_{s2}$ 作为该方程的源项。进而就可像其他组分方程一样加以求解，得出其浓度的分布和变化规律。

2. 广安模型

广安等[92]于 1983 年提出了一个非常简单的两步模型，即各用一个总包反应分别描述碳烟的形成和氧化，见表 6-6。其反应率均采用了 Arrhenius 类型的表达式，其中碳烟的生成率与燃油蒸气的浓度成正比，而其氧化率则与氧气浓度成正比。表 6-6 中的 m_{soot}、m_{fuel} 分别是碳烟和燃料蒸气的质量，X_{O_2} 是氧气的摩尔分数。指前因子 A_f 和 A_o 需根据发动机尾气排放中碳烟含量的实验数据来确定。两个可调参数的存在使得在实际应用中不方便，而且计算实践表明，广安模型对缸内碳烟浓度峰值的预测不够准确，故有人建议将模型中的氧化反应去掉，而代之以 Nagle 等[93]早在 1962 年提出的碳氧化模型(见表 6-6 中模型 3)，该模型是根据石墨棒在 $1000 \sim 2000℃$ 下氧化实验总结出来的碳的总包表面反应，由 4 个反应组成。其中除碳与氧气的表面反应之外，还涉及碳分子在碳粒表面的排列方式和位置。按照 Nagel 等的观点，碳分子在碳粒表面的排列方位可按照其受氧化的难易程度分为两类，即容易反应的 A 型位置(A_{site})和较难反应的 B 型位置(B_{site})。随温度的升高，A 型位置的分子将重新排列成 B 型，而且 B 型位置的碳与氧气反应之后，除生成 CO 之外，还会同时转化为 A 型。其总的氧化反应率及各相关的率常数均在表中给出。其中 χ_A 是代表 A 型位置在整个碳粒表面所占比例的一个权数，所以，总的氧化率是两种位置的碳的氧化率的加权和。

表 6-6　广安两步模型及其修正方案(反应 3：Nagle 氧化模型)

No	化学反应式	反应率
1	Fuel $\xrightarrow{\dot{R}_{\mathrm{form}}} C_{\mathrm{soot}}$	$\dot{R}_{\mathrm{form}} = A_f m_f{}^{0.5} \exp\left(-\dfrac{E_f}{RT}\right)$ $E_f = 8 \times 10^4 \,(\mathrm{J/mol})$
2	$C_{\mathrm{soot}} + O_2 \xrightarrow{\dot{R}_{\mathrm{oxid}}} \mathrm{Product}$	$\dot{R}_{\mathrm{oxid}} = A_O m_{\mathrm{soot}} X_{O_2} p^{1.8} \exp\left(\dfrac{-E_0}{RT}\right)$ $E_O = 12 \times 10^4 \,(\mathrm{J/mol})$
3	$A_{\mathrm{site}} + O_2(g) \xrightarrow{k_A} \mathrm{Surface\ Oxide}$ $\mathrm{Surface\ Oxide} \xrightarrow{k_A k_z} 2CO(g) + A_{\mathrm{site}}$ $B_{\mathrm{site}} + O_2(g) \xrightarrow{k_B} 2CO(g) + A_{\mathrm{site}}$ $A_{\mathrm{site}} \xrightarrow{k_T} B_{\mathrm{site}}$	$\dot{R}_{\mathrm{oxid}} = \left(\dfrac{k_A p_{O_2}}{1 + k_z p_{O_2}}\right)\chi_A + k_B p_{O_2}(1 - \chi_A)$ $\chi_A = (1 + k_T/k_B p_{O_2})^{-1}$ $k_A = 20\exp(-15100/T)\,(g/(cm^2 \cdot s \cdot atm))$ $k_B = 4.46 \times 10^{-3}\exp(-7640/T)\,(g/(cm^2 \cdot s \cdot atm))$ $k_T = 1.51 \times 10^5 \exp(-48800/T)\,(g/(cm^2 \cdot s))$ $k_Z = 21.3\exp(2060/T)\,(atm^{-1})$

　　该修正的两步模型(即广安的生成模型加 Nagel 的氧化模型)由于极其简便实用而深受欢迎,特别是由于其计算量小而被广泛应用于内燃机燃烧和排放的多维计算中。文献[94]将该模型纳入 KIVA 程序中,对一台具有多次喷射系统的柴油机的燃烧和排放特性进行详细而全面的研究,着重研究了不同的喷油规律(即两次喷射中每次所喷油量所占比例及两次喷射之间的间隔时间)对排放特性的影响,图 6-24(a)所示为在不同喷射规律下缸内碳烟浓度的变化历程。图中数字 75-8-25(-10)表示一次和二次喷射可占总油量的 75% 和 25%,两次喷射间隔 8°曲轴转角(CAD),喷射起点为上止点前 10°CAD(其余算例可类推)。由图可见,采用二次喷射确实可以显著降低碳烟的排放。图 6-24(b)分别对单次喷射和一种二次喷射情况示出了碳烟形成量、被氧化量及实际净生成量的变化历程。以这些计算结果为基础,并结合缸内流场、温度场的多维分布,文献[94]还详细分析了二次喷射能够降低碳烟排放的机理。

　　经验模型能在一定前提下以最小的计算成本获取具有实用价值的碳烟排放信息,但其适用范围毕竟是有限的,而且它不能提供有关碳粒尺寸的任何信息。为弥补这一缺陷,人们又陆续提出了高一个层次的半经验模型。

6.8.3　半经验模型

1. Fusco 模型

　　Fusco 等[95]于 1994 年提出了一个包括 8 步反应的碳烟的半经验模型。其基本思想是应用尽可能少的反应步骤而又尽可能全面地描述碳烟生成的全过程,即通过总包反应以及相应的反应率表达式模拟燃料的热解、碳粒成核、表面生长、凝

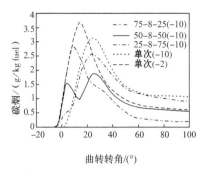

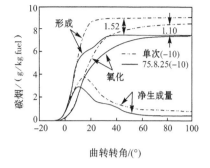

（a）　不同喷油规律下缸内碳烟的生成史　　（b）　缸内碳烟的形成，氧化和净生成量

图 6-24

结和氧化这些基本环节。该模型的原理与图 6-23 所示大致相同。表 6-7 给出了
该模型所包含的 8 个反应及其反应率表达式和相应的常数。

表 6-7　Fusko 八步模型

过程	化学反应	反应速率	$E_i/$ (cal/mol)	$A_i/$ (mol/(cm·s))
（1）活性基形成 $C_mH_n \xrightarrow{\ } \frac{m}{2}R$		$r_1 = \frac{m}{2} A_1 \exp(-E_1/RT)[\text{fuel}]$	120,000	0.2×10^{12}
（2）C_2H_2 形成 $C_mH_n \xrightarrow{\ } \frac{m}{2}C_2H_2$		$r_2 = \frac{m}{2} A_2 \exp(-E_2/RT)[\text{fuel}]$	49,000	2×10^8
（3）活性基氧化 $R + O_2 \xrightarrow{\ }$ 产物		$r_3 = A_3 \exp(-E_3/RT)[R][O_2]$	40,000	1×10^{12}
（4）C_2H_2 氧化 $C_2H_2 + O_2 \xrightarrow{\ } 2CO + H_2$		$r_4 = A_4 \exp(-E_4/RT)[C_2H_2][O_2]$	50,000	6×10^{13}
（5）粒子的起始 $P \xrightarrow{\ } P$		$r_5 = A_5 \exp(-E_5/RT)[R]$	5,000	1×10^{10}
（6）粒子生长 $P + C_2H_2 \xrightarrow{\ } P$		$r_6 = A_6 \exp(-E_6/RT)[C_2H_2]S^{1/2}$	12,000	4.2×10^4
（7）粒子氧化 $P + O_2 \xrightarrow{\ } P$		$r_7 = \left[\left(\dfrac{k_A p_{O_2}}{1 + k_Z p_{O_2}} \right)\chi + k_B p_{O_2}(1-\chi) \right]S$	$\chi = \left(1 + \dfrac{k_T}{k_B p_{O_2}}\right)$	
		$k_A = 20\exp(-E_A/RT)$		
		$(\text{g}/(\text{cm}^2 \cdot \text{s} \cdot \text{atm}))$	30,000	
		$k_B = 4.46 \times 10^{-3}\exp(-E_B/RT)$		
		$(\text{g}/(\text{cm}^2 \cdot \text{s} \cdot \text{atm}))$	15,200	
		$k_T = 1.51 \times 10^5 \exp(-E_T/RT)$	97,000	
		$(\text{g}/(\text{cm}^2 \cdot \text{s}))$	4,100	
		$k_Z = 21.3\exp(E_Z/RT)\ (\text{atm}^{-1})$		
（8）粒子凝结 $xP \xrightarrow{\ } P$		$r_8 = K_{\text{coag}} T^{1/2} f_v^{1/6} N^{11/6}$		
		$K_{\text{coag}} = 1.05 \times 10^{-7}$		
		$(\text{cm} \cdot (\text{mix s} \cdot K^{1/2}))$		

反应(1)代表燃料中一部分通过气相化学反应转变成碳烟的前驱物的自由基(用 R 表示),而另一部分燃料通过反应(2)转化为所谓生长组分,这里假定为乙炔(C_2H_2)。该模型把前驱物的自由基和生长组分处理为两种不同的组分,但实际上它们有可能是相同的组分,特别是当碳烟形成过程刚开始时。部分前驱物自由基通过反应(3)发生氧化而生成惰性产物,而其余的则通过反应(5)转变成最初的碳粒,此即碳烟生成的起始。反应(4)描述以 C_2H_2 为代表的生长组分由于氧化而被消耗,而其余的 C_2H_2 则与碳粒发生表面反应(6)而使碳粒的体积和质量得以增加。反应(7)代表碳粒的氧化,这里也直接采用了上述 Nagel 模型。最后,反应(8)描述碳粒在运动过程中与其他碳粒发生碰撞并凝结在一起,其后果是粒子增大而其数密度减小。

将这 8 个反应的反应率作为源项,可以建立 4 个重要参数的平衡方程。这些参数是碳粒的数密度 N 及其体积分数 f_V(即碳粒体积在混合物总体积中所占比例),碳粒前驱物自由基 R 和生长组分 C_2H_2 的浓度。这 4 个方程可写为如下形式:

$$dN/dt = N_A(r_5 - r_8) \tag{6-64}$$

$$df_V/dt = \frac{1}{\rho_S}(r_5 M_R + r_6 M_C - r_7 M_C) \tag{6-65}$$

$$dR/dt = r_1 - r_3 - r_5 \tag{6-66}$$

$$d[C_2H_2]/dt = r_2 - r_4 - r_6 \tag{6-67}$$

其中,r_i 表示第 i 个反应的反应率;N_A 是阿伏伽德罗(Avogadro)常量;M_C 和 M_R 分别是碳和前驱物的相对分子质量;ρ_S 是碳粒的密度。

应当注意,该模型中前 7 个反应的速率都是按 Arrhenius 公式计算的,其中碳粒生长(反应(6))的速率中包含了碳粒的总表面积,而且假定了碳粒均为直径为 25nm 的球形。而反应(8)实际上代表的是碳粒互相碰撞和凝结的物理过程,故其速率表达式中涉及粒子数密度和体积分数,同时还引入了代表碰撞概率的经验系数 k_{coag}。

2. Kazakov-Foster 模型

Kazakov 和 Foster[96] 在 Fusko 模型的基础上做了若干改进,提出一个包括 9 个反应的半经验模型,这些反应可示意地表示为如下形式:

$$燃料 \longrightarrow a\,PR + 产物 \tag{R1}$$

$$燃料 \longrightarrow b\,GR + 产物 \tag{R2}$$

$$PR \longrightarrow soot \tag{R3}$$

$$soot + GR \longrightarrow 更大的\,soot + 产物 \tag{R4}$$

$$soot + soot \longrightarrow 更大的\,soot \tag{R5}$$

$$\text{PR} + O_2 \longrightarrow 2CO + \text{产物} \tag{R6}$$

$$\text{GR} + O_2 \longrightarrow 2CO + \text{产物} \tag{R7}$$

$$\text{soot} + O_2 \longrightarrow \text{更小的 soot} + 2CO + \text{产物} \tag{R8}$$

$$\text{soot} + \text{PR} \longrightarrow \text{更大的 soot} \tag{R9}$$

式中,PR 和 GR 分别表示燃料热解的两种产物,即碳粒的前驱物和生长组分。反应(R1)和(R2)中对 PR 和 GR 所加系数 a 和 b 是为了对这两种产物的生成量进行平衡。反应(R3)描述碳粒前驱物形成最初的碳粒,即碳烟的成核。反应(R4)描述碳粒的生长,即碳粒与生长组分发生表面反应而长大。反应(R5)是碳粒之间因相互碰撞而凝结。反应(R6)、(R7)和(R8)分别代表 PR、GR 和碳粒的氧化反应。反应 R9 表示前驱物组分直接在碳粒表面沉积而使碳粒增大(参见图 6-23)。

K-F 模型与 Fusco 模型的主要区别有三点:一是用通用的生长组分 GR 取代了 Fusco 模型中的特定组分 C_2H_2,以适应更宽范围的燃料;二是增加了一个反应(R9),其目的是使计算得出的碳粒尺寸能够趋于均匀化。由于大多数半经验模型为简便起见都假定碳粒的尺寸是均一的(在局部范围内碳粒的大小均相同,但在气缸内不同空间位置碳粒大小可以不同)。如果局部区域内,碳粒尺寸分布在某一较宽范围内,这一假设则难以成立。实际上,如果碳粒前驱(PAH)浓度足够高时,碳粒的成核反应将快速地进行,结果是连续地产生大量的初始碳粒。原有碳粒的快速生长加上新的碳粒核的源源不断地产生出来,必然导致碳粒的直径不是均一化,而是分布在较宽的范围内。为了避免这一情况发生而使碳粒尺寸单一化的假设得以成立,必须有一种减少前驱物浓度的机制。反应(R9)使前驱物组分直接沉积到碳粒表面,所起的就是这一作用。而且,已有的研究表明,PAH 分子对碳粒表面生长确实有一定贡献。因此,反应(R9)在物理上是有根据的。

第三个区别是 K-F 模型中各反应率的计算公式与 Fusco 模型有所不同。K-F 模型求解前驱物、生长组分和碳粒的质量分数以及碳粒数密度这 4 个参数的微分方程:

$$\frac{\mathrm{d}y_{PR}}{\mathrm{d}t} = a\,\frac{w_{PR}}{w_f}r_1 - r_3 - r_6 - r_9 \tag{6-68}$$

$$\frac{\mathrm{d}y_{GR}}{\mathrm{d}t} = b\,\frac{w_{GR}}{w_f}r_2 - r_4 - r_7 \tag{6-69}$$

$$\frac{\mathrm{d}y_S}{\mathrm{d}t} = r_3 + \frac{n_C^{GR}w_C}{w_{GR}}r_4 - r_8 + r_9 \tag{6-70}$$

$$\frac{\mathrm{d}N}{\mathrm{d}t} = \rho\,\frac{N_A}{w_{PR}}r_3 - r_5 \tag{6-71}$$

式中,w_f、w_{PR}、w_{GR} 和 w_C 分别是燃料、前驱物、生长组分和碳的相对分子质量;n_C^{GR} 是生长组分分子中所含碳原子数。反应(R1)~(R4)以及(R6)和(R7)的反应率按

Arrhenius 公式计算：

$$
\left.
\begin{aligned}
r_1 &= A_1 \exp(E_1/RT)\, y_{\mathrm{f}} \\
r_2 &= A_2 \exp(E_2/RT)\, y_{\mathrm{f}} \\
r_3 &= A_3 \exp(E_3/RT)\, y_{\mathrm{PR}} \\
r_6^{\mathrm{kin}} &= A_6 \exp(-E_6/RT)\, y_{\mathrm{PR}} \frac{\rho y_{\mathrm{O2}}}{w_{\mathrm{O2}}} \\
r_7^{\mathrm{kin}} &= A_7 \exp(-E_7/RT)\, y_{\mathrm{PR}} \frac{\rho y_{\mathrm{O2}}}{w_{\mathrm{O2}}}
\end{aligned}
\right\}
\tag{6-72}
$$

其中，碳粒生长反应率 r_4 中的 S 是单位体积混合物气体中碳粒的总表面积，可由碳粒直径和数密度计算得出。以上各反应率中的常数列于表 6-8 中。

表 6-8　K-F 模型反应率参数

反应	反应率 $k = A\exp(-E/RT)$	
	$A/(\mathrm{mol \cdot cm \cdot K \cdot s})$	$E/(\mathrm{kcal/mol})$
1	9.35×10^{10}	120.0
2	3.93×10^{8}	49.0
3	1.00×10^{10}	50.0
4	4.20×10^{4}	12.0
6	1.00×10^{12}	40.0
7	6.00×10^{13}	50.0

与 Fusco 模型区别较大的是碳粒凝结速率 r_5 的计算：

$$
r_5 = \frac{1}{2}\beta N^2 \tag{6-73}
$$

式中，β 是碰撞频率。在碳粒的各类计算模型中，通常都把 β 取为分子自由碰撞频率。只有当系统处于接近大气压环境下时，这种取法才是合理的。在柴油机的高压环境下，气体分子的平均自由行程小到与碳粒尺寸同一量级（$\sim 10\mathrm{nm}$），因而碳粒的碰撞和凝结不能再按自由分子过程来处理。一种比较合理的方法是将碰撞频率取为自由分子状态和接近连续介质状态这两种极限情况下碰撞频率的调和平均值。

$$
\beta = \frac{\beta_{\mathrm{fm}}\beta_{\mathrm{nc}}}{\beta_{\mathrm{fm}} + \beta_{\mathrm{nc}}} \tag{6-74}
$$

β_{fm} 和 β_{nc} 均可按分子动力论给出的公式计算。尺寸相同颗粒的自由分子碰撞频率为

$$
\beta_{\mathrm{fm}} = 4\alpha \sqrt{\frac{6k_{\mathrm{B}}T d_{\mathrm{p}}}{\rho_{\mathrm{S}}}} \tag{6-75}
$$

其中,α 是范德华(van de Waals)增强系数,其值取为 2;k_B 是玻尔兹曼常量;ρ_S 是碳粒密度,取为 $2g/cm^3$;d_p 是碳粒直径。

$$d_p = \left(\frac{6y_S\rho}{\pi N\rho_S}\right)^{1/3} \tag{6-76}$$

接近连续介质状态下的碰撞频率按下式计算:

$$\beta_{nc} = \frac{8k_BT}{\mu}(1 + 1.257Kn) \tag{6-77}$$

式中,μ 是气体的分子黏度;$Kn = 2l/d_p$,是 Knudsen 数;l 是气体分子的平均自由程。

碳粒氧化反应(R8)的反应率仍采用前述 Nagel 模型。反应(R1)~(R4)只涉及燃料的分解和碳粒形成等化学过程,可以认为只受化学动力学控制,而与缸内湍流量混合过程无关。但对于氧化反应(R6)~(R8),因涉及包含氧气在内的气体运动,湍流混合的作用不可忽略,其反应率的计算应综合考虑化学动力学和湍流混合两个因素,即实际反应率取为二者的调和平均值:

$$r_i = \frac{r_i^{kin}r_i^{mix}}{r_i^{kin} + r_i^{mix}}, \qquad (i = 6,7,8) \tag{6-78}$$

其中,r_i^{kin} 按式(6-72)计算,而湍流混合控制的反应率可按 EDC 模型(参见 4.4.2 节)计算

$$r_i^{mix} = C_iy\varepsilon/k \tag{6-79}$$

其中,y 是被氧化组分的质量分数,即对反应(R6)、(R7)和(R8)分别为 y_{PR}、y_{WR} 和 y_S。对气相反应(R6),(R7)系数 $C_6 = C_7 = 10$;而对碳粒氧化,C_8 是一可调节常数。

最后,前驱物的沉积反应率也可根据分子动力论中的气体碰撞公式来计算:

$$r_9 = \sqrt{\frac{RT}{2\pi w_{PR}}}Sy_{PR} \tag{6-80}$$

式中,S 是碳粒表面积。在应用该模型进行实际计算时,通用组分 PR 和 GR 仍然需要用特定的化学组分来代替。对前驱物 PR,一般采用 PAH,对生长组分多采用 C_2H_2。只有对这样特定的组分,才能确定其化学组成及相关的热化学参数,从而进行质量和能量平衡的计算。具体做法是把微分方程(6-68)~(6-72)纳入到如 KIVA 之类通用燃烧模型的计算软件中(当然,零维和准维模型也可以),进行迭代求解。Kazakov 和 Foster[96] 应用该模型对一台 Cummins 单缸直喷式柴油机的燃烧和排放进行了多维计算。图 6-25 所示为碳烟排放的主要计算结果及与实验结果的比较。图中分别示出了碳烟颗粒体积分数、数密度和直径随曲轴转角的变化。其中实验数据是用光学方法测定的,分别采用散射/辐射及散射/消光两种方法进行测量。可以看出,计算结果与实验在定性上是吻合的,但在数量上却有相当大的误差。这固然反映出模型不够完善,但另一方面,目前燃烧污染物的模型预测精度

(除 NO_x 之外)普遍不高,能达到量级相当就比较满意了,有的甚至与实验结果相差一个量级(如 HC),也被认为是可以接受的。也许正是出于此原因,关于柴油机碳烟排放的模拟计算结果与测量数据的详细比较在文献中鲜有报道。

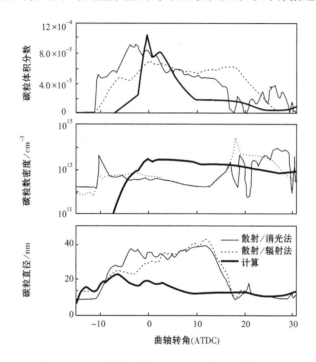

图 6-25 K-F 模型对柴油机缸内碳烟的计算结果

3. Moss 模型

Moss 等[97]于 1995 年针对一般的层流扩散火焰提出了一个较上述两个模型更为简单的半经验模型。其特点是忽略碳烟形成与氧化过程中各具体环节的描述,即不考虑该过程中产生的中间组分及其化学反应式,而集中求解两个最重要参数,即碳粒体积分数 f_V 及其数密度 N 的微分方程。至于碳粒成核、凝结、表面生长和氧化等重要环节的作用,则是以源项的形式出现在这两个方程中:

$$\frac{d(\rho_S f_V)}{dt} = \gamma m + \delta - \left(\frac{36\pi}{\rho_S^2}\right)^{1/3} n^{1/3} (\rho_S f_V)^{2/3} \omega_{ox} \qquad (6\text{-}81)$$

$$\frac{d(n/N_0)}{dt} = \alpha - \beta(n/N_0)^2 \qquad (6\text{-}82)$$

式中,α、β 分别是代表碳粒成核和凝结对数密度影响的源项;γ 和 δ 则是代表碳粒表面生长和成核对其体积分数影响的源项。其计算公式是根据层流扩散火焰的大量实验数据比较分析后而总结出来的:

$$\alpha = C_{\alpha}\rho^2 T^{1/2} X_{\rm f}\exp(-T_a/T) \tag{6-83}$$

$$\beta = C_{\beta}T^{1/2}$$

$$\gamma = C_{\gamma}\rho T^{1/2} X_{\rm f}\exp(-T_{\gamma}/T) \tag{6-84}$$

$$\delta = C_{\delta}\alpha$$

式中，$X_{\rm f}$ 是燃料的摩尔分数；T_a 和 T_{γ} 分别是成核和表面生长反应的活化温度，其值连同各经验系数的取值为

$$\left.\begin{array}{l} C_{\alpha} = 6\times10^6\,({\rm m}^3/({\rm kg}^2\cdot{\rm K}^{1/2}\cdot{\rm s})) \\[4pt] C_{\beta} = 2.25\times10^{15}\,({\rm m}^3/({\rm K}^{1/2}\cdot{\rm s})) \\[4pt] C_{\gamma} = 6.3\times10^{-14}\,({\rm m}^3/({\rm K}^{1/2}\cdot{\rm s})) \\[4pt] C_{\delta} = 144 \\[4pt] T_a = 4.61\times10^4\,({\rm K}) \\[4pt] T_{\gamma} = 1.26\times10^4\,({\rm K}) \end{array}\right\} \tag{6-85}$$

方程(6-81)右端最后一项是碳粒氧化对其体积分数产生的源项，其中 $\omega_{\rm ox}$ 是碳粒氧化反应率，可以适用不同的模型。Moss 等[97]推荐了三种常用的氧化模型，第一种即前文已介绍过的 Nagel 模型[93]，第二种是 Lee 等的模型[98]：

$$\omega_{\rm ox} = 1.085\times10^5\,p_{\rm O_2}T^{-1/2}\exp(-19778/T)\quad({\rm kg}/({\rm m}^2\cdot{\rm s})) \tag{6-86}$$

第三种是 Fenimore 和 Jones 模型[99]：

$$\omega_{\rm ox} = 1.27\times10^3\beta p_{\rm OH}T^{-1/2}\quad({\rm kg}/({\rm m}^2\cdot{\rm s})) \tag{6-87}$$

以上二式中 $p_{\rm O_2}$ 和 $p_{\rm OH}$ 分别是氧气和 OH 基的分压 β 是磁撞频率，取值为 0.1。

图 6-26 是 Moss 等应用该模型对一台二维燃烧器上乙烯与 O_2-Ar 扩散燃烧中碳烟体积分数的计算结果。由图可见，如将碳粒生成模型与适当的氧化模型相匹配，所得计算结果能较好地符合实验值(图中的 F-J 氧化模型及 β 取 0.1 所得结果最佳)。

文献[100]将此模型用于研究柴油机环境下的排放计算。其燃烧模型是采用假设概率密度函数(PDF)的层流小火焰模型，计算对象是甲烷射流在定容弹中的扩散燃烧。图 6-27 是分别用广安模型和 Moss 模型计算的碳粒质量随时间的变化历程。广安模型给出的碳粒峰值比 Moss 模型高出近一倍，但二者的变化趋势很接近。特别是 4ms 之后，两个模型计算的碳烟总量几乎完全相同。图 6-28 显示小火焰模型中 PDF 的选取对碳烟计算结果的影响，分别用截尾高斯函数和单脉冲 δ 函数作了计算，显然截尾高斯函数远远优于 δ 函数。前者正确地预测了碳烟的形成与氧化，后者对氧化过程的模拟则严重失真。这一事实证明了我们在介绍 K-F 模型时关于湍流对碳烟模型影响的观点。湍流的影响仅限于碳粒的氧化反应。由于 δ 函数形成的 PDF 湍流脉动效应仅集中于某一个浓度(混合分数)下，对喷雾场内大多数区域，湍流混合的效应被忽略，从而使得碳粒氧化速率被严重低估。

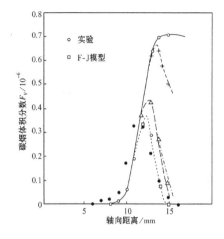

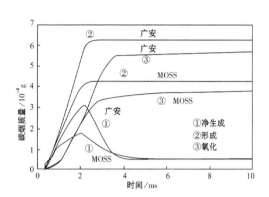

图6-26 碳烟体积分数沿燃烧器轴线的分布　　图 6-27 广安模型和 Moss 模型的比较

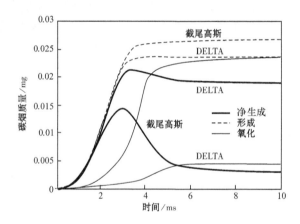

图 6-28 两种 PDF 计算的碳烟

6.8.4 详细模型

1. Frenklach-Mauss 模型

所谓详细模型,不仅是指流场的多维 CFD 计算,更主要的是指用详细的反应动力学机理描述污染物形成过程。

自 20 世纪 80 年代中期以来,由于碳烟微粒被确定为可吸入颗粒物,对人体健康有严重危害,特别是碳烟中间产物多环芳香烃(PAH)中含有致癌物质,各发达国家对碳烟生成详细反应动力学机理的研究给予了高度的重视,并取得一系列重要的进展。其中 Frenklach 和 Mauss 领导的两个研究组的成果具有代表性,迄今已获得了广泛的应用。二者在理论和模型上都十分接近,后者主要是在前者基础上做了改进,因此我们将其合称为 F-M 模型[101~111]。

总体上讲,碳烟的详细动力学模型由两大部分组成,即气相化学动力学和颗粒动力学(包括颗粒表面反应和碰撞等物理过程)。模型的总体结构和计算流程可由图 6-29 所给出的方框图来描述[111]。下面,分别对模型各主要环节加以说明。

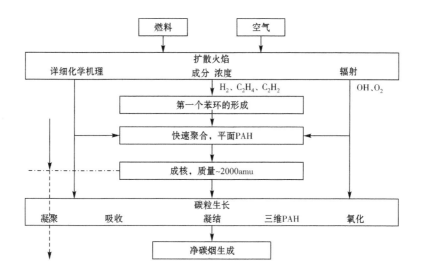

图 6-29　碳烟详细模型结构图

1) 燃料热解及第一个苯环的形成

碳氢燃料在高温下首先发生热解,生成多种小分子中间基团,如 CH_3、C_2H_2 和 C_4H_5 等。在此基础上,通过乙炔和 C_4H_5 的环化反应形成第一个芳香环,即苯和苯基,其反应路径如图 6-30 所示。

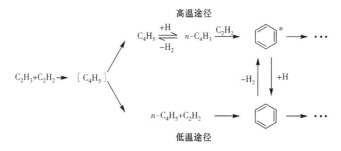

图 6-30　第一个苯环形成的途径

图 6-30 中上下两个分支代表高温反应和低温反应路径。此外,在贫氧条件下,丙炔基之间的化合也是生成苯的重要路径。

$$C_3H_3 + C_3H_3 \rightleftharpoons C_6H_6$$

2) 芳香烃的组合及 PAH 的初步形成

初始的单个苯环一旦形成之后,则会通过所谓 HACA 机理促使芳香烃分子的形成。HACA(H-abstraction,C_2H_2-addition)的含义是氢原子从苯环上解吸附而加上乙炔分子,可简称为"脱氢加乙炔"机理。由于氢原子被脱除,芳香烃分子被激活,而乙炔分子的添加则促进其芳香烃分子的生长及 PAH 的环化反应。此过程如图 6-31 所示。

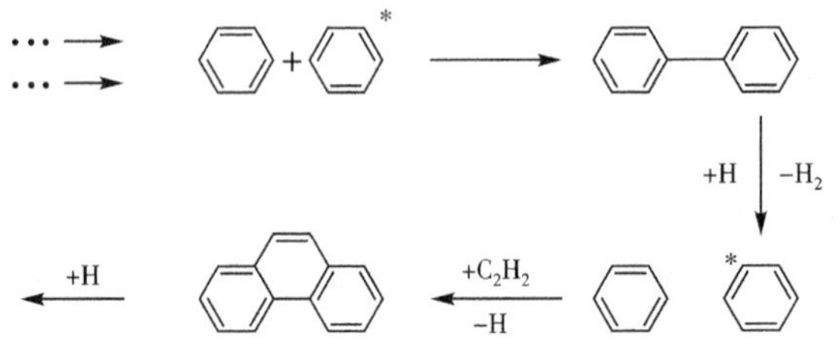

图 6-31　芳香烃组合引起的 PAH 生长

3) PAH 在 HACA 机理连续作用下的生长

芳香烃分子被活化后,不断地吸附乙炔分子而长大,并形成封闭的环状,此即环化反应。根据芳香烃分子被激活部位的不同,可形成不同的 PAH 结构(图 6-32)。在 PAH 生长的初期,它主要呈平面结构。由于某些芳香烃组分特别稳定,其逆反应很难发生,所以这些环烃分子会迅速累积而长大。当然这一生长过程不会是无限制的,因为与此同时,另一相反的过程,即环烃的氧化也在进行,从而使 PAH 的生长受到抑制。

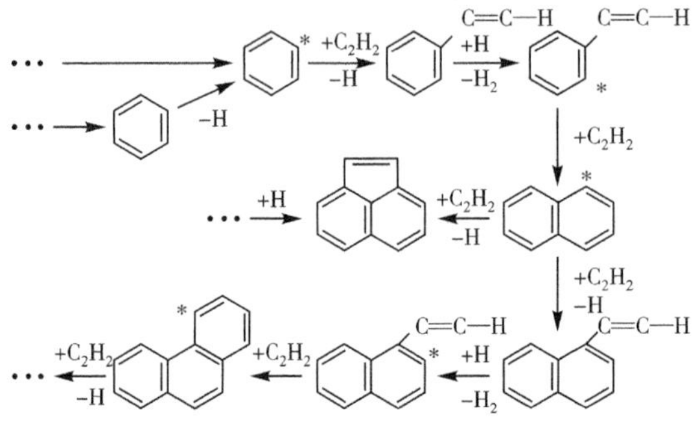

图 6-32　脱氢加乙炔(HACA)机理引起的 PAH 生长

4) PAH 的快速聚合

当 PAH 长大到超过 4 环之后,它的继续生长是依靠所谓"线性堆聚"方式(linear lumping technique),其原理仍然是基于 HACA。然而,由于有涉及 OH 和 O 活性基的化学反应以及生成 PAH 的某些逆反应的存在,于是在 PAH 的形成与消耗两个过程之间达到了某种准"平衡"。这意味着每经过 5 步聚合反应之后(如

图 6-33 中 $P_{i,1}$ 到 $P_{i,5}$），就会有两个环从 PAH 分子上被脱除或者被添加到其上。在这一生长过程中，氢原子的位置逐个地被碳原子所替代，从而形成只有扩张了的内部碳核和外围氢原子的大分子 PAH。

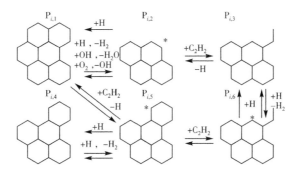

图 6-33　高阶 PAH 快速聚合的线性堆聚模式

5）PAH 的氧化

如上所述，为了抑制 PAH 的生长过程并考虑到稀薄燃烧即富氧状态，在 PAH 的线性堆聚过程中，必须引入由 OH 和 O_2 引起的氧化反应（图 6-34）。由于 OH 基的活化能只有氧气活化能的 2/3，所以 OH 是比氧气更有效的氧化剂。图 6-34 表明，由于 O_2 和 OH 的氧化作用，只需 3 步，就可把 PAH 分子中的两个环（相当于 6 个碳原子）脱除掉。需要注意的是，PAH 氧化反应的产物不是 CO_2，而是 CO 和 HC 的基团。

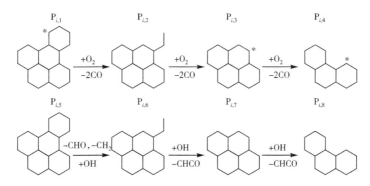

图 6-34　OH 和 O_2 引起的 PAH 氧化

6）碳粒的成核

PAH 的快速聚合作用一直持续到形成具有 12～14 个苯环（约 80 个碳原子）的平面芳香烃结构。此时 PAH 开始发生凝结，即两个 PAH 分子转变成一个初始碳粒，其质量大约为 2000amu（原子质量单位）。凝结的发生使 PAH 的数密度减小，在此过程的后期，碳粒的数密度也随之减小，但碳粒的总质量和体积却保持不变。由此开始,出现了三维的碳烟微粒。PAH 在碳粒表面的吸附和凝聚以及碳粒之间的碰撞引起的凝结均会使碳粒长大。尽管碳粒的微结构呈现为具有开敞分支的团簇形,但在计算中均假设为球形。成核过程可用下列三个反应描述:

成核　　　　$PAH_{2D,m} + PAH_{2D,n} \longrightarrow PAH_{3D,m+n} = C_{soot,m+n}$

凝聚　　　　$C_{soot,i} + PAH_{2D,n} \longrightarrow C_{soot,i+n}$

碰撞凝结　　$C_{soot,i} + C_{soot,j} \longrightarrow C_{soot,i+j}$

式中,i、j、m、n 均为碳粒分子中所含碳原子数;2D 和 3D 分别表示组分分子为二维平面和三维空间结构。

7) 碳粒的表面生长

碳粒的表面生长也可用类似于 HACA 的方式来模拟,但与 PAH 的聚合过程不同的是,碳粒的生长过程是不可逆的。这意味着在下列反应机理中,碳烟粒子所含碳原子数只能从 i 到 $i+2$ 变化:

$$C_{soot,i}H + H \longrightarrow C_{soot,i}^* + H_2$$

$$C_{soot,i}H + OH \longrightarrow C_{soot,i}^* + H_2O$$

$$C_{soot,i}^* + H \longrightarrow C_{soot,i}^* + H$$

$$C_{soot,i}^* + C_2H_2 \longrightarrow C_{soot,i}^* + C_2H_2$$

$$C_{soot,i}^* C_2H_2 \longrightarrow C_{soot,i+2}H + H$$

式中,$C_{soot,i}H$ 表示碳原子数为 i 的碳粒分子;H 代表其中处于可反应位置的一个氢原子;$C_{soot,i}^*$ 则表示与该分子相对应的活性基。

8) 碳粒的氧化

氧气和 OH 基均对碳粒有氧化作用,并可用下列三个反应来描述:

$$C_{soot,i}^* + O_2 \longrightarrow C_{soot,i-2}^* + 2CO$$

$$C_{soot,i}^* C_2H_2 + O_2 \longrightarrow C_{soot,i-2}^* + 2CHO$$

$$C_{soot,i}^* H + OH \longrightarrow C_{soot,i-2}^* + CH + CHO$$

上述 8 个环节彼此衔接,构成了 F-M 模型的基本框架,实际上,对其中每一个环节,特别是涉及气相反应动力学的前 6 个环节,都包含着为数可观的化学组分和反应。在实际应用中,还可以根据具体问题的不同,对反应机理进行调整。因此,尽管都是同一个 F-M 模型,不同的研究者所报道的组分和反应数不尽相同。例如文献[102]对乙炔和乙烯的层流预混合燃烧碳烟生成的计算采用的气相反应详细机理包括 101 种组分和 546 个化学反应。第 4 章文献[49]将 F-M 模型与湍流燃烧的层流小火焰模型相耦合,应用 KIVA 程序对正庚烷喷雾在定容弹中的燃烧和排放进行了模拟,计算的参数和工作环境都与实际柴油机很接近。所采用的碳烟生成的气相动力学机理包含 100 种组分和 670 个基元反应。图 6-35 所示分别为喷射开始后 2.0ms 和 3.0ms 时刻,沿燃烧室轴线碳粒质量浓度和直径,及其形成和氧化过程中各环节对碳粒生成率(消耗率)的贡献。利用这两幅图上各曲线的变化趋势及其对比,可以得到有关碳烟形成规律的许多有用信息。

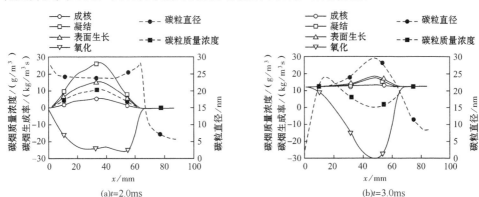

图 6-35　F-M 模型计算的碳烟生成率

除了详细的反应机理之外,详细模型所面临的另一个重要问题是数值计算方法。这主要是针对颗粒动力学而言,因气相组分都可按标准的组分输运方程求解。大量的极其微小的碳粒虽然也可像半经验模型那样,通过求解其数密度和体积分数的方法来处理,但这样却无法求出碳粒的尺寸分布,而有关碳粒尺寸分布规律的信息对开发先进排放控制技术而言是十分重要的。为解决这一问题,Frenklach等[106]提出了求解粒子动态特性的矩方法,我们将在后面对这一方法加以介绍。

2. T-G-C 模型

Tao、Golovitchev 和 Chomiak[112]最近专门针对柴油机高温高压环境和扩散燃烧的特点,提出了一个较上述 F-M 模型简单一些的碳粒排放模型。此模型仍由气相化学和颗粒动力学两部分组成,对前者,采用了详细的反应机理;后者则用唯象的半经验方法加以模拟。

1)气相化学详细模型

气相模型由下列 4 部分组成:

(1)正庚烷自燃着火机理;

(2)小分子烃燃料氧化机理;

(3)PAH(限于两个环以下的芳香烃)和聚炔烃的形成和氧化机理;

(4)NO 形成机理。

由于该模型是专门针对柴油机的喷雾燃烧,因而压燃着火现象对后续燃烧和污染物形成的影响不可忽略。为了避免正庚烷详细着火机理(550 种组分,2450 个反应)的过分复杂性,采用了集总的方法,通过敏感度分析构造了一个简化机理,只保留了若干重要的组分和关键反应,但能较好地反映正庚烷从低温到高温的两级着火过程。

小分子烃的氧化和 NO 形成机理均直接取自文献。PAH 的形成及氧化机理也是取自 Frenklach 的模型，但做了简化。例如，形成两个环以上的长链烃，如萘和聚炔烃的反应都被删去。总的气相机理包括 63 种组分和 268 个反应。

2）碳粒的半经验模型

该模型包含碳粒成核、表面生长、表面氧化和碰撞凝结 4 个基本环节。

（1）碳粒的成核。

从唯象的角度看，碳粒的成核过程不仅与烃燃料的热解有关，而且也有与其特定的前驱物相关的化学过程。实验表明，火焰中与碳粒相关的中间组分主要有 PAH 和聚炔烃。T-G-C 模型假定，PAH 和聚炔烃对碳烟粒子的成核起着同等重要的作用，并采用这两类烃中最简单者：萘（$C_{10}H_8$，或简记为 A_2，表示含两个苯环的芳香烃）和联乙炔（C_4H_2），作为碳粒成核过程中的代表性组分。这样就可写出下列两个反应式：

$$A_2 \longrightarrow 10C_{soot} + 4H_2$$
$$C_4H_2 \longrightarrow 4C_{soot} + H_2$$

其反应率常数为

$$k_{A_2} = k_{C_4H_2} = 1.0 \times 10^7 \exp(-5000/RT)$$

这两个总包反应消除了大量的中间组分及反应细节，可大大节省计算时间，而且还提供了一条确定碳粒初始质量和表面积的简捷途径，以便于后续的表面生长和粒子初始数密度的计算。基于这两个反应，很容易得出碳烟成核率的计算式：

$$\omega_{Nu} = 10k_{A_2}[A_2] + 4k_{C_4H_2}[C_4H_2] \tag{6-88}$$

为了确定碳粒的初始尺寸，可假定其为由大约 100 个碳原子组成的球形颗粒，并设碳粒密度为 $1800kg/m^3$，由此可推算出碳粒的初始直径大约为 1.28nm（参见方程（6-96））。碳烟成核率对其数密度的贡献则可表示为 $N_A\omega_{Nu}/C_{min}$，这里，N_A 是阿伏伽德罗常量（6.023×10^{23} 粒子/mol），$C_{min} = 100$ 是形成初始碳粒所需碳原子的最小数目。

（2）碳粒的表面生长。

表面生长模型是在 Frenklach 等[102]模型的基础上修改而得出的。该模型所包含的表面反应，包括碳粒氧化反应一并示于表 6-9 中。表面生长反应对碳粒质量变化率的贡献为

$$\omega_{SG} = k_{S4,f} p_{C_2H_2} \left(\alpha \frac{\chi_{soot}^*}{N_A} A_{soot} \right) \tag{6-89}$$

式中，$k_{S4,f}$ 是表 6-9 中反应 S4 的正向反应率系数；$p_{C_2H_2}$ 是乙炔的分压；α 是位阻因子，代表碳粒可用于进行表面生长反应的表面积所占总表面积的比例；A_{soot} 是单位容积中全部碳粒的总表面积。

表 6-9　T-G-C 模型的表面反应机理

序号	反应	$k=AT^b\exp(-E/RT)$		
		$A/$ (cm/mol·s)	b	$E/$ (kcal/mol)
S1	$C_{soot}H+H \Longleftrightarrow C_{soot}^*+H_2$	2.6×10^{14}		16.0
S2	$C_{soot}H+OH \Longleftrightarrow C_{soot}^*+H_2O$	1.1×10^{08}	1.42	1.45
S3	$C_{soot}^*+H \Longrightarrow C_{soot}H$	1.0×10^{14}		
S4	$C_{soot}^*+C_2H_2 \Longrightarrow C_{soot+2}H+H$	8.0×10^{07}	0.78	3.80
S5	$C_{soot}H+O_2 \Longrightarrow C_{soot-2}H+2CO$	Nagel 模型		
S6	$C_{soot}H+OH \Longrightarrow C_{soot-1}H+CO+H$	Neoh 模型,$\gamma_{OH}=0.13$		

α 的取值为

$$\alpha=\frac{1}{2}\left[\tanh\left(\frac{8168}{T}-4.57\right)+1\right]$$

x_{soot} 和 x_{soot}^* 分别是 $C_{soot}H$ 和 C_{soot}^* 的数密度,它们之间的关系为

$$x_{soot}^*=x_{soot}(k_{S1,f}[H]+k_{S2,f}[OH])\times(k_{S1,b}[H_2]$$
$$+k_{S2,b}[H_2O]+k_{S3,f}[H]+k_{S4,f}[C_2H_2])^{-1} \qquad (6-90)$$

式中,$k_{Si}(i=1,2,3,4)$ 是表 6-10 中各反应率系数;下标 f 和 b 分别表示正反应和逆反应。

（3）表面氧化。

碳粒表面氧化反应已列入表 6-10 中,其中氧气的氧化作用(S5)仍然采用了著名的 Nagel 模型,OH 的氧化作用则采用了 Neoh 等[113]的模型,其反应率可写为

$$\omega_{OH}=\gamma_{OH}\frac{3n_{OH}}{N_A}\left(\frac{8RT}{\pi M_{OH}}\right)^{1/2} \qquad (6-91)$$

其中,n_{OH} 和 M_{OH} 分别是 OH 基的数密度和相对分子质量;γ_{OH} 是 OH 基与碳粒表面的碰撞效率,取值为 0.13。

（4）碳粒的碰撞凝结。

碳粒的相互碰撞可借助分子动力论中著名的 Smoluchowski 方程来描述。为简单起见,假定碳粒尺寸均一,于是碳粒凝结所引起的数密度 N 的变化率可表示为

$$\omega_{CO}=\frac{5}{6}k_{CO}f_V^{1/3}N^{11/6} \qquad (6-92)$$

式中,f_V 和 N 分别是碳粒的体积分数和数密度。反应率系数按下式计算:

$$k_{CO}=\frac{5}{12}\left(\frac{3}{4\pi}\right)^{1/6}\left(\frac{6k_BT}{\rho_{soot}}\right)^{1/2}G\cdot C_\alpha \qquad (6-93)$$

其中，k_B 是玻尔兹曼常量$(1.38 \times 10^{-23} \text{J/K})$；$G$ 是量级为2的系数(对球形颗粒)；常数 $C_a = 6.55$。

T-G-C 模型的数值求解过程与 K-F 半经验模型类似，除了在多维 CFD 程序中求解气相流场的各基本变量之外，再补充求解碳粒质量浓度 $C(S)$ 及其数密度 N 这两个微分方程。其中前者可视为与气相组分相同，故可用完全相同的方法求解。至于后者，对各种火焰的实际测量表明，粒子数密度主要受当地的火焰状态所控制，大尺度的对流运动及湍流扩散对它的影响一般可以忽略。如果不计对流与扩散项，则碳粒摩尔浓度和数密度的方程可简单地表示为

$$\frac{\text{d}[C(S)]}{\text{d}t} = \omega_{\text{Nu}} + \omega_{\text{SG}} - \omega_{\text{O}_2} - \omega_{\text{OH}} \tag{6-94}$$

$$\frac{\text{d}N}{\text{d}t} = \frac{N_A}{C_{\min}}\omega_{\text{Nu}} - \omega_{\text{CO}} \tag{6-95}$$

其中，ω 表示与上述各环节相关的源项，分别由方程(6-88)～(6-91)给出，而 ω_{O_2} 由 Nagel 模型计算(见表 6-7)。应注意的是，用多维 CFD 程序求解时，碳粒浓度方程(6-94)还应加上对流与扩散项。解出这两个参数之后，在假定全部碳粒直径均相同的前提下，就可直接得出其直径 d_p：

$$d_p = \left[\frac{6}{\pi} \frac{M_{\text{soot}}}{\rho_{\text{soot}}} \frac{[C(S)]}{N} \right]^{1/3} \tag{6-96}$$

由于在计算表面反应率时，已经要用到 d_p，因此在实际计算中，需先假定一个 d_p，待经过一个时间步的计算后，按式(6-96)解出 d_p 后再更新之。随着计算的推进，最后 d_p 可收敛到正确值。

Tao 等[112]应用此模型对模拟柴油机燃烧的高压定容弹中正庚烷喷雾的扩散火焰进行了计算。图 6-36 是计算得出的不同时刻燃烧室内碳粒的最大质量浓度与实验结果的比较，实验值是用一维消光法得到的。可以看出，计算与实验的吻合程度是令人满意的。图 6-37 所示为计算结果(碳粒生成量)与计算网格的相关性。图中所示 4 种网格尺寸为 $\Delta r \times \Delta z$(mm)，分别表示其径向和轴向尺寸。可见，碳粒排放的计算结果对网格划分是相当敏感的。相比之下，轴向网格尺寸变化对结果影响不大，而径向尺寸则有很大影响。这可能是由于温度浓度等参数在径向的梯度大于轴向梯度。因此，在进行碳烟生成的模拟计算时，合理地选取网格系统是很重要的。

3. 求解碳烟微粒动态特性的矩方法

碳烟微粒从其成核到后续的生长、凝结和氧化等整个过程中，尺寸会发生很大变化。同时，不同的碳粒由于空间上处于不同的火焰位置，时间上处于不同的发展阶段，其尺寸必定有明显的差别。因此，总体上看，碳粒的尺寸表现为一个连续分布函数。了解碳粒尺寸分布的信息对于碳烟排放的控制具有重要意义。但前面介

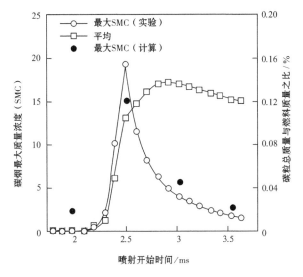

图 6-36　T-G-C 模型的计算结果

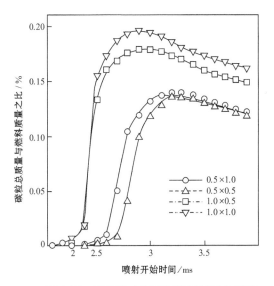

图 6-37　网格尺寸对碳烟计算结果的影响

绍的求解碳粒数密度和浓度分布的方法都是以碳粒尺寸均一的假设为前提。要获取碳粒尺寸分布的信息,必须寻求别的途径。Frenklach 等[106]于 1997 年提出用矩方法解决这一问题并取得了成功,近年来在碳烟排放的数值模拟中获得了较多应用。矩方法源于概率论和数理统计学,是一种统计法,主要用于研究涉及大量随机变量的系统,柴油机的喷雾和碳烟都是这样的系统,因而矩方法在这两个领域都得到了应用[104,105,109]。

矩方法的基本思想是求解粒子尺寸分布函数的各阶矩的微分方程。假定全部粒子可按其尺寸分为若干($n_{\max}$)组,$n_{\max}$理论上可趋于无穷大。于是碳烟粒子的尺寸分布可以借助分子动力论中 Smoluchowski 方程,并增添由成核和其他表面反应产生的源项后表示成[108]

$$\frac{\partial N_i}{\partial t} = \frac{1}{2}\sum_{j=1}^{i-1}\beta_{j,i-j}N_jN_{i-j} - \sum_{j=1}^{\infty}\beta_{i,j}N_iN_j$$
$$+ k_{sg}S_{i-\Delta}N_{i-\Delta} - k_{sg}S_iN_i + \delta_{N_1} \tag{6-97}$$

其中,N_i是尺寸为第i组的颗粒的数密度;S_i是该组颗粒的总表面积;k_{sg}是碳粒表面生长速率;Δ是单个颗粒每次生长反应所获得的碳原子数;δ_{N_1}是成核速率,其中下标N_1表示只有尺寸最小的粒子($i=1$)的数密度受到成核反应的影响;$\beta_{i,j}$是i组的粒子与j组粒子相互碰撞的频率因子,如假设粒子的碰撞为自由分子模式,则有

$$\beta_{i,j} = \sqrt{\frac{8\pi k_B T}{\mu_{i,j}}}(r_i + r_j)^2 \tag{6-98}$$

式中,k_B是玻尔兹曼常量;r_i和r_j分别是尺寸组i和j之颗粒的半径;$\mu_{i,j}$是发生碰撞的两粒子的折算质量,即其质量m_i、m_j的调和平均值:

$$\mu_{i,j} = \frac{m_i m_j}{m_i + m_j} \tag{6-99}$$

对于高压环境,自由分子碰撞假设不适用,$\beta_{i,j}$需加以修正。

方程(6-97)右端前两项代表由于凝结作用引起的i组碳粒数密度的增加和减少;第三、四项是表面生长引起的其增加和减少;最后一项代表成核作用引起的最小一组碳粒数密度的增加。为简便起见,其他表面反应的作用,如氧化和凝聚,未列入方程(6-97)中。纳入这些项,原则上并无困难。

由于碳粒尺寸分组数目$n_{\max}$可能非常大,要联立求解$n_{\max}(\rightarrow\infty)$个方程(6-97),其计算量是难以承受的,而采用矩方法则是一个很好的选择。为此,需将方程(6-97)中的变量N_i转换为它的各阶矩。颗粒数密度的统计矩,即碳粒的浓度矩和尺寸分布矩分别定义为

$$M_r = \sum_{i=1}^{\infty} m_i^r N_i \tag{6-100}$$

$$\mu_r = M_r/M_0 \tag{6-101}$$

式中,r表示r阶矩;m_i是尺寸组i中颗粒的质量。原则上说,如果知道了所有的矩$M_r(r=0,1,\cdots,\infty)$,就相当于知道了数密度或尺寸分布函数$N_i(i=1,2,\cdots,\infty)$,但实际上对大多数情况,只需知道最低阶的n个矩问题即可解决。此即矩方法的优越性。

为了导出各阶矩的微分方程,假定碳粒的质量密度与其尺寸无关,且各尺寸组

粒子的质量均为最小粒子质量的整数倍：$m_i = im_1$。这样，可导出粒子的各阶矩方程：

$$\left.\begin{aligned}
\frac{\mathrm{d}M_0}{\mathrm{d}t} &= R_0 - G_0 \\
\frac{\mathrm{d}M_1}{\mathrm{d}t} &= R_1 + W_1 \\
\frac{\mathrm{d}M_2}{\mathrm{d}t} &= R_2 + G_2 + W_2 \\
&\vdots \\
\frac{\mathrm{d}M_r}{\mathrm{d}r} &= R_r + G_r + W_r
\end{aligned}\right\} \tag{6-102}$$

式中，R、G 和 W 分别代表颗粒成核、凝结和表面生长项，其表达式分别为

$$R_r = \frac{k_s}{m_1} \sum_{k=0}^{r-1} \binom{r}{k} \sum_{i=1}^{\infty} i^k N_i S_i \tag{6-103}$$

$$W_r = k_s C_g \alpha \chi_s \sum_{i=1}^{\infty} \sum_{k=0}^{r-1} \binom{r}{k} m_i^k \Delta^{r-k} S_i N_i \tag{6-104}$$

$$G_0 = \frac{1}{2} \sum_{i=1}^{\infty} \sum_{j=1}^{\infty} \beta_{ij} N_i N_j \tag{6-105}$$

$$G_r = \frac{1}{2} \sum_{k=1}^{r-1} \binom{r}{k} \sum_{i=1}^{\infty} \sum_{j=1}^{\infty} m_i^k m_j^{r-k} \beta_{ij} N_i N_j \tag{6-106}$$

$$r = 2,3,\cdots$$

以上各式中，k_s 是按碳粒表面各反应位置计算的反应率系数；C_g 是气相组分浓度；α 是碳粒表面可供发生相应反应的位置所占比例；χ_s 是表面反应位置的名义数密度；Δ 是每次反应所引起的质量变化；S_i 和 m_i 分别是第 i 组碳粒的表面积和质量。由于这些源项的存在，矩方程(6-102)仍然是相当复杂的，而且这些源项中还包括未知的数密度 N_i。因此，矩方程的求解必须通过适当的数值方法，把源项中的 N_i 转化为相应的各阶矩 M_r 的函数形式，然后才能求解。Frenklach 等[106] 于 1987 年提出了求解矩方程的两种数值方法，后来又不断地加以改进[105]，最近又提出了用蒙特卡罗法求解矩方程的方法[107]。这些方法在各类碳烟排放的详细模拟计算中得到了比较广泛的应用。

在实际应用中，求解的矩方程一般不超过 5 阶($r=5$)。如图 6-35 所示计算结果是利用矩方法求解最低阶的两个矩方程所得出的。文献[107]、[108]利用蒙特卡罗法求解矩方程，对层流预混合火焰中碳烟微粒形成的全过程进行了详细的模拟研究，求解了 0～5 阶共 6 个矩方程，图 6-38 所示为不同时刻碳粒尺寸分布曲线。可以清楚地看出，随着时间的增长，碳粒的直径分别向两端集中，小直径一端

的峰值说明有大量新的碳粒通过成核作用而形成；大直径一端的峰值则是碳粒凝结和生长的结果。图 6-39 是火焰中两个位置所生成碳粒的结构的模拟照片，图 6-40 则是两个单独碳粒的模拟照片。这些照片生动地显示出碳粒的凝结和生长所产生的效果。值得注意的是，图中的碳粒具有典型的分形结构。事实上，目前已经有一些学者开始用分形理论研究碳粒的形成过程，并提出了初步的分形模型[113]。

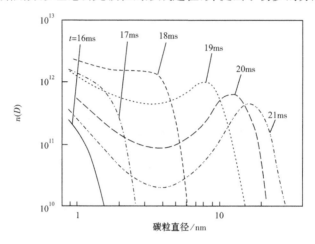

图 6-38　层流预混火焰中碳粒直径分布随时间的变化

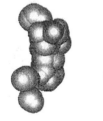   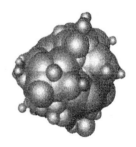

图 6-39　碳粒结构的数值模拟图　　　图 6-40　单独碳粒凝结与生长过程的数值模拟图

6.8.5　一个基于 PAHs 骨架机理的多组分燃料的碳烟模型

目前，各类表征燃料都逐步地由单一组分向多组分过渡。在模拟柴油多组分表征燃料燃烧过程中碳烟的排放时，采用的碳烟模型应该能反映出多种组分燃料生成碳烟的特性。但是，目前广泛使用的碳烟模型大多都是基于单一燃料开发出来的，对每一种燃料都要调整碳烟模型中某些反应的系数，难以满足多组分表征燃料的需求。因此，需要开发一种适用于多种燃料的碳烟半经验模型。

以往的半经验模型由于简便的多采用乙炔作为碳烟的前驱组分。研究表明，碳烟的成核反应与大分子的多环芳烃（PAHs）密切相关，故可以认定 PAHs 直接影响碳烟的生成过程;而且燃油分子结构对 PAHs 的影响与其对碳烟的影响规律相同。因此,在半经验碳烟模型中选用 PAHs 作为碳烟前驱组分,可以反映出不同分子结构燃料生成碳烟的特性。构建多组分燃料的 PAHs 骨架模型时也必须兼顾各类燃料生成 PAHs 的路径特点。

确定了构建一个基于 PAHs 骨架机理的多组分燃料的碳烟模型,并考虑到多组分燃料的复杂性,我们采用分级构建模型的方法。具体方法是,首先构建了不涉及燃料氧化过程的基本的 PAHs 骨架模型,主要包含苯、萘、菲和芘等大分子 PAHs 的生成和演化。此基本模型与 PRF 氧化模型耦合组成 PRF-PAHs 骨架模型。通过滞燃期、火焰速度和 PAHs 组分浓度的验证后,加入甲苯氧化模型形成 TRF-PAHs 模型,同样通过燃烧特性和组分浓度的验证对 PAHs 骨架模型进行优化。在 TRF-PAHs 模型基础上再添加正癸烷和甲基环己烷氧化骨架模型,最后获得柴油多组分替代燃料的 PAHs 骨架模型[114~116]。

1. 半经验碳烟模型的基本架构

碳烟半经验模型的结构如图 6-41 所示。模型用以下三个子模型描述燃料氧化生成碳烟的过程:燃烧氧化反应模型、PAHs 骨架模型和碳烟颗粒动力学模型。前两者为气相反应机理,用于计算不同类型燃油氧化及生成 PAHs 的过程,后者是涉及碳烟固相颗粒演化过程的现象模型。该模型的主要特点是利用不同分子结构的燃料氧化生成 PAHs 的差异性体现碳烟生成的不同路径,更换燃料时不需要调整碳烟模型的反应系数,具有普适性。以下分别对 PAHs 和碳烟动力学模型进行介绍,重点放在不同燃料的 PAHs 模型的构建。

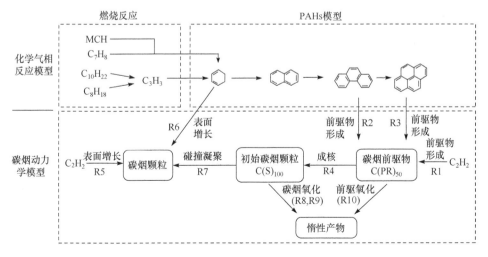

图 6-41 碳烟模型示意图

2. PRF 燃料的 PAHs 模型

不同分子结构的燃料产生碳烟的诱导期和生成量大不相同,其主要原因是由于碳烟前驱物 PAHs 的生成路径不同。PAHs 的形成和增长是一个非常复杂的过程,其路径与燃料的类型密切相关。不同分子结构的燃料氧化过程中生成苯环(A1)的路径是不同的,直链和支链烷烃生成 PAHs 的量比环烷烃和芳香烃少。在正庚烷火焰中容易生成大量的 C2 组分,随后 C2 生成 C3 组分,而在异辛烷火焰中比较容易生成 C3 组分。在正庚烷火焰中生成 A1 的主要路径是 C_3H_3 的合并反应 $C_3H_3+C_3H_3$══A1。C_3H_3 可以通过亚甲基(CH_2)与乙炔的反应生成。也可以由丙烯三步脱氢反应($C_3H_6 \rightarrow C_3H_5 \rightarrow C_3H_4 \rightarrow C_3H_3$)生成。

异辛烷火焰中生成 A1 的主要路径同样是反应 $C_3H_3+C_3H_3$══A1。但是,与正庚烷氧化相比,异辛烷中 C3 反应路径显得比较重要。丙烯通过三步脱氢反应生成 C_3H_3 的比重增加。另一方面,C3 反应对 C_2H_2 的贡献也增加,主要表现在两条路径。一条路径是丙烯通过两步脱氢反应生成 C_3H_4,C_3H_4 裂解生成 C_2H_2 和 CH_3,虽然在正庚烷氧化中也存在这条路径,但是在异辛烷火焰中显得更加重要。另一条路径是丙烯加氢生成丙基(C_3H_7),C_3H_7 裂解生成 C_2H_4 和 CH_3,然后 C_2H_4 通过 C2 组分的反应路径生成 C_2H_2。因此,在异辛烷火焰中生成的 A1 比正庚烷的多。

通过汇总详细机理中生成 PAHs 的主要路径,构建的 PAHs 骨架模型包含的主要组分有:苯(benzene,A1)、萘(naphthalene,A2)、菲(phenanthrene,A3)和芘(pyrene,A4)。PAHs 生成过程包括第一苯环的形成和苯环增长过程,其中 A1 主要通过 $C_3H_3+C_3H_3$══A1 生成。而 A2~A4 的形成路径,除了经典的 HACA 描述 PAHs 的增长过程之外,还引入不饱和烃的聚合反应生成 PAHs 的路径。由此得到一个 PAHs 的骨架机理。然后利用敏感性分析和路径分析进行简化,得到了最终的骨架机理,共包括 14 种组分和 22 个反应。

对 PAHs 模型验证需要依托于 PRF 燃料的氧化模型,后者是取自本课题组开发的 PRF 骨架机理[56]。但是,该机理中没有考虑若干重要的小分子非饱和烃(C_3H_3,C_4H_4 和 C_5H_5)的生成路径,而这几个组分在 PAHs 的形成和增长过程中起到重要作用。为此,我们在相应的氧化模型中添加了一些反应路径作为氧化模型和 PAHs 模型连接的纽带。由于增加了非饱和烃生成 PAHs 的路径,可能会对 PRF 的燃烧特性产生影响,因此,在验证 PAHs 骨架模型预测 PAHs 组分浓度的同时,也对 PRF-PAHs 预测滞燃期和火焰速度的准确性进行了验证,经过反复优化得到效果理想的 PRF-PAHs 模型,即 PRF 碳烟模型的气相反应机理。

3. 甲苯和 TRF 燃料的 PAHs 模型

对于甲苯的氧化,生成 A1 路径与正庚烷和异辛烷的路径截然不同。甲苯自身的环烃结构决定了其容易生成 PAHs 的特性。甲苯氧化可以通过较少的反应步骤生成大量的不饱和烃（C_2H_2、C_3H_3、C_4H_4 和 C_5H_5），这些不饱和烃是大分子 PAHs 生成和增长的关键组分。上述分析提到，C_3H_3 合并反应是生成 A1 的主要路径，C_2H_2 和乙烯基乙炔（C_4H_4）是 HACA 机理中的核心组分。同时 A2 的生成机理中环戊二烯基（C_5H_5）合并反应是关键路径。因此，在甲苯氧化中会生成大量的碳烟前驱组分 PAHs。

TRF-PAHs 模型是由 TRF 骨架模型[58]和上文介绍的 PAHs 骨架模型耦合而成。构建 TRF-PAHs 模型比 PRF-PAHs 模型更困难，原因有三点。首先，甲苯是典型的芳香烃，其分子结构与链烷烃有很大的区别，这使构建 PAHs 生成路径更加复杂。其次，甲苯的氧化模型影响正庚烷和异辛烷 PAHs 生成过程，为了保证前述 PRF-PAHs 模型的适用性，需要谨慎地耦合甲苯氧化模型。第三，PAHs 模型中小分子非饱和烃通过聚合作用生成 A1 的过程，在 TRF 氧化模型中没有考虑。因此，在 TRF 模型中加入 PAHs 模型会影响甲苯模型的滞燃期和火焰传播速度。所以，为了与实验数据匹配，需要做大量的优化工作即保证甲苯模型的优越性，又能准确重现 PAHs 生成过程。下面主要介绍甲苯 PAHs 模型的构建过程。

甲苯氧化过程中生成苯环主要有两种路径。第一种是甲苯通过脱氢反应生成苯甲基（$C_6H_5CH_2$），本章采用下列三个反应方程描述该过程，其动力学参数均取自文献[58]。

$$C_6H_5CH_3 \Longrightarrow C_6H_5CH_2 + H \tag{R1}$$

$$C_6H_5CH_3 + O_2 \Longrightarrow C_6H_5CH_2 + HO_2 \tag{R2}$$

$$C_6H_5CH_3 + OH \Longrightarrow C_6H_5CH_2 + H_2O \tag{R3}$$

然后，苯甲基裂解生成大量的不饱和烃。甲苯的热裂解过程中生成的苯甲基通过反应 R4 和 R5 进一步分解，这两个反应在甲苯预混层流火焰中也起到关键作用。反应中生成的 C_3H_3 和 C_5H_5 分别通过合并反应生成 A1 和 A2，同时 C_2H_2 和 C_4H_4 是 PAHs 增长的关键组分。因此，在甲苯的氧化过程中，该路径对 PAHs 的生成与增长具有重要作用。

$$C_6H_5CH_2 \Longrightarrow C_5H_5 + C_2H_2 \tag{R4}$$

$$C_6H_5CH_2 \Longrightarrow C_4H_4 + C_3H_3 \tag{R5}$$

甲苯裂解生成 A1 的另外一个主要路径是甲苯脱甲基直接生成 A1 或苯基（$A1^-$）：

$$C_6H_5CH_3 = A1^- + CH_3 \tag{R6}$$

$$C_6H_5CH_3 + H = A1 + CH_3 \tag{R7}$$

确定反应路径之后，需要利用敏感性分析对反应过程进一步优化。最终 TRF-PAHs 模型包含 73 个组分和 207 个反应。

4. 柴油表征燃料 PAHs 模型

如 6.5.3 节所述,我们采用正癸烷($C_{10}H_{22}$)、异辛烷(C_8H_{18})、甲苯(C_7H_8)和甲基环己烷(MCH)混合物作为实用柴油(2# 柴油的表征燃料),并已开发了相应的骨架氧化机理。下面主要介绍 MCH 氧化过程中 PAHs 模型的构建。

通过分析 MCH 详细机理中苯环的生成过程,我们考虑了两种苯环生成路径。MCH 开环反应会生成大量的小分子烯烃。小分子烯烃是生成 PAHs 的重要前驱组分,因此本文选用这一路径作为生成 A1 的第一种路径。

另一种路径是环己基环化反应。MCH 脱甲基的反应对滞燃期的影响很大。脱甲基后生成的环己基可以借鉴环己烷生成苯环的路径,描述 A1 的生成过程。由于 MCH 氧化骨架模型为了控制模型规模,只考虑了 MCH 环上的脱氢(反应(R8)~(R11))和开环过程。因此,我们参考详细机理添加了脱甲基的反应(R12)和脱氢环化反应(R13)(图 6-42)。为了控制组分数,模型中用 MCHR 表征 MCH 脱氢后生成的同分异构体。

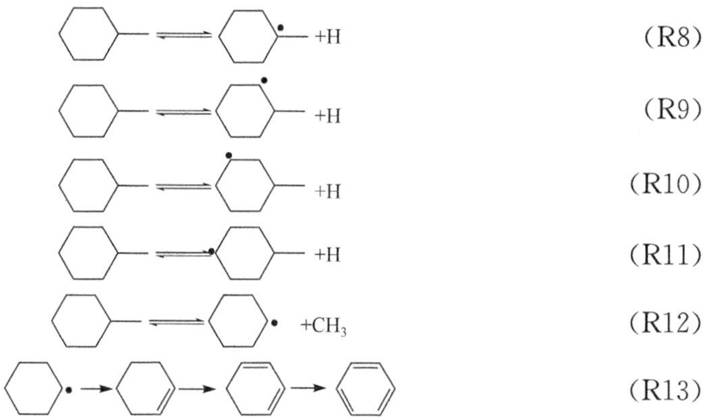

$$+H \qquad\qquad (R8)$$

$$+H \qquad\qquad (R9)$$

$$+H \qquad\qquad (R10)$$

$$+H \qquad\qquad (R11)$$

$$+CH_3 \qquad\qquad (R12)$$

$$\qquad\qquad (R13)$$

图 6-42　环己基脱氢环化路径

最终 4 组分柴油表征燃料氧化和 PAHs 生成的骨架模型包含 88 个组分和 224 个反应[115],表征燃料 PAHs 骨架模型的主要路径如图 6-43 所示。多组分替代燃油 PAHs 模型不仅可以用于混合燃料,也可以计算单组分燃料氧化和 PAHs 生成过程。

5. 碳烟颗粒动力学模型

碳烟动力学模型在贾明等[118]的碳烟模型基础上进行了必要的修改和优化,主要改进有三点:①把 A3 和 A4 作为新的碳烟前驱组分,相应地加入了 A3、A4 成核反应;②增加了 A1 表面沉积反应;③修改了 OH 氧化模型中的经验常数。

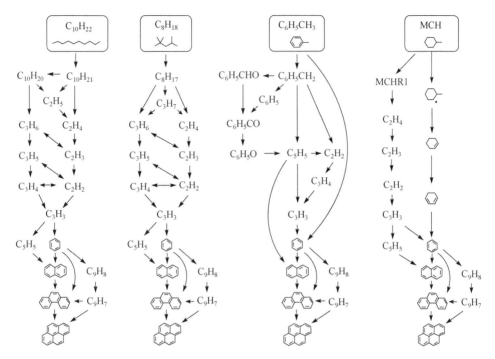

图 6-43 柴油表征燃料 PAHs 骨架模型的主要路径

1) 前驱物的形成

不饱和烃和 PAHs 是碳烟成核的关键组分。虽然 PAHs 作为前驱组分可以很好的预测碳烟的分布,不饱和烃 C_2H_2 依然被广泛应用于碳烟模型中的前驱组分。对于 PAHs,学者普遍认为环数多的 PAH 分子比较容易成核。因此,本章选取 C_2H_2、A3 和 A4 作为碳烟前驱物的生成组分。

$$C_2H_2 \longrightarrow 0.04C(PR)_{50} + H_2 \tag{R14}$$
$$R_1 = k_1[C_2H_2]$$
$$k_1 = 4.0 \times 10^5 \exp(-2.0 \times 10^4/T)$$
$$A3 \longrightarrow 0.28C(PR)_{50} + 5H_2 \tag{R15}$$
$$R_2 = k_2[A3]$$
$$k_2 = 1.0 \times 10^6 \exp(-2.0 \times 10^4/T)$$
$$A4 \longrightarrow 0.32C(PR)_{50} + 5H_2 \tag{R16}$$
$$R_3 = k_3[A4]$$
$$k_3 = 2.0 \times 10^8 \exp(-2.0 \times 10^4/T)$$

式中,$C(PR)_{50}$ 代表碳烟前驱物,由 50 个碳原子构成的球形体,热化学属性与石墨相同。

2）碳烟成核

碳烟前驱物形成之后，在高温缺氧的环境下会生成大量的碳烟微粒，这一阶段被称为碳烟形成的起始阶段，本章用下面的总包反应描述。

$$C(PR)_{50} \longrightarrow 0.5C(S)_{100} \tag{R17}$$
$$R_4 = k_4[C(PR)]$$
$$k_4 = 4.1 \times 10^{11} \exp(-4.5 \times 10^3/T)$$

与碳烟前驱物类似，起始碳烟微粒假定为球形，由 100 个碳原子构成，其直径约为 1nm，密度为 $1.86g/cm^3$。

3）碳烟表面增长

把 C_2H_2 和 A1 作为表面增长组分。通过碳烟表面吸附 C_2H_2 和 A1，碳烟的体积和质量不断增加。

$$C(S)_m + C_2H_2 \longrightarrow C(S)_{m+2} + H_2 \tag{R18}$$
$$R_5 = k_5[C_2H_2](A_{soot})$$
$$k_5 = 3.05 \times 10^3 \exp(-3.1 \times 10^3/T)$$
$$C(S)_m + A1 \longrightarrow C(S)_{m+6} + 3H_2 \tag{R19}$$
$$R_6 = k_6[A1](A_{soot})$$
$$k_6 = 4.03 \times 10^3 \exp(-3.1 \times 10^3/T)$$

其中，A_{soot} 表示碳烟的表面积。根据 Leung 等[119]的研究结果，碳烟表面增长速率与 $(A_{soot})^{1/2}$ 成正比。

4）颗粒碰撞聚合

碳烟颗粒一旦形成，颗粒之间就会发生碰撞而聚合在一起形成大的碳烟颗粒，这个过程不仅会使颗粒的体积和质量增加，也会减小碳烟数密度。

$$nC(S)_m \longrightarrow C(S)_{n \times m} \tag{R20}$$
$$R_7 = \frac{1}{2}\beta N^2$$

式中，N 代表颗粒的数密度；β 是碰撞频率利用 Kazakov-Foster 模型中的公式计算。

$$\beta = \frac{\beta_{fm}\beta_{nc}}{\beta_{fm} + \beta_{nc}}$$
$$\beta_{fm} = 4\alpha\sqrt{\frac{6k_BTd_p}{\rho_s}}$$
$$\beta_{nc} = \frac{8k_BT}{\mu}(1 + 1.257K_n)$$

其中，β_{fm} 和 β_{nc} 分别表示粒子的自由分子状态碰撞和连续介质状态碰撞频率；α 为范德华增强系数；k_B 为波尔兹曼常数；ρ_s 为颗粒密度；d_p 为碳粒直径。

5）碳烟表面氧化

模型中考虑了氧气和 OH 自由基对碳烟的氧化作用。氧气对碳烟的氧化速率采用 NSC 氧化模型[93]。

$$C(S)_m + O_2 \longrightarrow C(S)_{m-2} + 2CO \tag{R21}$$

根据 NSC 氧化模型,把碳烟表面的活性基分为两类:与氧气反应能力较强的 A 型活性基(A_{site})和反应能力较弱的 B 型活性基(B_{site})。同时考虑了两种活性基的相互作用,具体的反应方程式和反应速率公式如下所示。

其中的化学反应为

$$A_{site} + O_2(g) \xrightarrow{k_A} SurfaceOxide \tag{R22}$$
$$k_A = 20\exp(-15100/T)$$

$$SurfaceOxide \xrightarrow{k_A k_Z} 2CO(g) + A_{site} \tag{R23}$$
$$k_Z = 21.3\exp(2060/T)$$

$$B_{site} \xrightarrow{k_B} 2CO(g) + A_{site} \tag{R24}$$
$$k_B = 4.46 \times 10^{-3}\exp(-7640/T)$$

$$A_{site} \xrightarrow{k_z} B_{site} \tag{R25}$$
$$k_T = 1.51 \times 10^5\exp(-48800/T)$$

NSC 氧化反应率为

$$R_8 = \left(\frac{k_A p_{O_2}}{1 + k_z p_{O_2}}\right)\chi_A + k_B p_{O_2}(1 - \chi_A)$$

其中,$\chi_A = (1 + k_T/k_B p_{O_2})^{-1}$,表示 A_{site} 在表面活性基中占的比例。

$$C(S)_m + 2OH \longrightarrow C(S)_{m-2} + 2CO + H_2 \tag{R26}$$

在发动机缸内环境下,OH 自由基氧化不容忽视。这里采用 Neoh 模型[120]计算氧化速率。由于在激波管、定容弹和发动机中的环境温度和压力相差较大,我们对氧化速率中的常数进行了修改,使 OH 氧化模型在三个反应其中都能获得满意的结果。Neoh 的 OH 氧化速率公式为

$$R_{OH} = 3\gamma_{OH}[OH]\left(\frac{8RT}{\pi M_{OH}}\right)A_{soot}$$

其中,$[OH]$ 和 M_{OH} 是 OH 自由基的摩尔分数和摩尔质量;R 为摩尔气体常数;γ_{OH} 表示碳烟颗粒表面与 OH 自由基的碰撞效率,一般取 0.13。常系数 R_9 按下式计算

$$R_9 = 22\gamma_{OH}[OH]\left(\frac{8RT}{\pi M_{OH}}\right)A_{soot}$$

6）前驱物的氧化

$$C(PR)_{50} + 25O_2 \longrightarrow 50CO \qquad (R27)$$
$$R_{10} = k_{10}[C(PR)][O_2]$$
$$k_{10} = 1.0 \times 10^9 \exp(-2.0 \times 10^4/T)$$

经验证，改进后的碳烟模型能较为准确地计算出不同燃料在基础反应器中氧化过程的碳烟生成量，并可以应用于三维 CFD 计算模拟发动机中的碳烟排放。

Herbinet 等[121]对正癸烷/甲苯混合燃料低温氧化过程中在搅拌反应器中生成的 PAHs 和中间组分进行了实验研究。图 6-44 为本模型对其模拟计算结果与实验值的对比情况，从中可以看出，模型能准确地预测各个温度下主要组分、A1 及其前驱组分 C_2H_2 的摩尔分数。

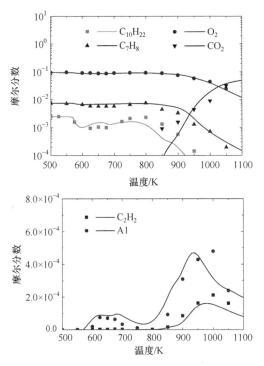

图 6-44　正癸烷/甲苯混合燃料在搅拌反应器中
氧化过程组分随温度的变化计算值（线）与实验值（点）对比

应用此模型模拟了 Lee 等[122]在一台高速直喷单缸柴油机中进行了碳烟排放试验，并将模拟值与实验值对比。实验设定 55% 的 EGR 率和较低的压缩比（16.0∶1），以降低缸内压力和温度，从而降低噪声和 NO_x 的排放。为了验证表征燃料骨架模型和碳烟模型的准确性，主要模拟了不同喷油时刻和喷油量时缸内压力、放热率和碳烟排放情况。

　　不同喷油时刻碳烟排放模拟值与实验值的对比如图 6-45 所示,由图可知,在各个工况下模拟值和实验值吻合较好。碳烟模型重现了碳烟排放随喷油时刻的变化趋势,表明碳烟模型适用于预混燃烧和扩散燃烧模式。但是,早喷的几个工况下模拟值略小于实验值,其原因可能是本章采用的骨架 PAHs 模型中,在发动机缸内复杂工况下会缺少一些生成 PAHs 的路径,导致生成碳烟的前驱物较少。为了提高模型的普适性,还有必要进一步优化 PAHs 模型。

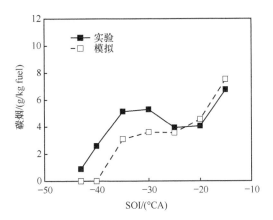

图 6-45　碳烟排放随喷油时刻的变化

本章参考文献

[1] Model Fuels Consortium. http://www. reactiondesign. com/support/open/mfc. html. [2010-10-20]

[2] Pitz W J,Mueller C J. Recent progress in the development of diesel surrogate fuels. Progress in Energy and Combustion Science,2011,37(3):330-350

[3] Mehl M,Pitz W J,Westbrook C K,et al. Kinetic modeling of gasoline surrogate components and mixtures under engine conditions. Proceedings of the Combustion Institute,2011,33(1):193-200

[4] Lu T,Law C K. Toward accommodating realistic fuel chemistry in large-scale computations. Progress in Energy and Combustion Science,2009,35(2):192-215

[5] Pitz W J,Cernansky N P,Dryer F L,et al. Development of an Experimental Database and Chemical Kinetic Models for Surrogate Gasoline Fuels. SAE Paper 2007-01-0175,2007

[6] Farrell J T,Cernansky N P,Dryer F L,et al. Development of an Experimental Database and Kinetic Models For Surrogate Diesel Fuels. SAE Paper 2007-01-0201,2007

[7] Ranzi E,Frassoldati A,Granata S,et al. Wide-range kinetic modeling study of the pyrolysis, partial oxidation,and combustion of heavy n-alkane. Industrial and Engineering Chemistry Research,2005,44(14):5170-5183

[8] Westbrook C K, Pitz W J, Herbinet O, et al. A comprehensive detailed chemical kinetic reaction mechanism for combustion of n-alkane hydrocarbons from n-octane to n-hexadecane. Combustion and Flame, 2009, 156(1):181-199

[9] Curran H J, Gaffuri P, Pitz W J, et al. A comprehensive modeling study of n-heptane oxidation. Combustion and Flame, 1998, 114:149-177

[10] Curran H J, Gaffuri P, Pitz W J, et al. A comprehensive modeling study of iso-octane oxidation. Combustion and Flame, 2002, 129:253-280

[11] Warnatz J. Chemistry of high temperature combustion of alkanes up to octane. Proceedings of the Combustion Institute, 1985, 20:845-856

[12] Warnatz J. Chemistry of combustion processes//Vovelle C. Pollutants from Combustion-Formation and Impact on Atmospheric Chemistry. Klliver, London, 2000:17-33

[13] Griffiths J F. Reduced kinetic models and their application to practical combustion systems. Progress in Energy and Combustion Science, 1995, 21:25-107

[14] Huang H, Fairweather M, Griffiths J F, et al. A systematic lumping approach for the reduction of comprehensive kinetic models. Proceedings of the Combustion Institute, 2005, 30(1):1309-1316

[15] Ranzi E, Frassoldati A, Granata S, et al. Wide-range kinetic modeling study of the pyrolysis, partial oxidation, and combustion of heavy n-alkanes. Industrial and Engineering Chemistry Research, 2005, 44(14):5170-5183

[16] Warth V, Battin-Leclerc F, Fournet R. Computer based generation of reaction mechanisms for gas-phase oxidation. Computers and Chemistry, 2000, 24:541-560

[17] Battin-Leclerc F, Glaude P A, Warth V. Computer tools for modeling the chemical phenomena related to combustion. Chemical Engineering Science, 2000, 55:2883-2893

[18] Glaude P A, Battin-Leclerc F, Fournet R. Construction and Simplification of a model for the oxidation of alkanes. Combustion and Flame, 2000, 122:451-462

[19] Ranzi E, Faravelli T, Gaffuri P. A wide-range modeling study of iso-octane oxidation. Combustion and Flame, 1997, 108:24-42

[20] Broadbelt L J, Stark S M, Klein M T. Rate-based construction of kinetic models for complex systems. Computers and Chemical Engineering, 1996, 20:113-122

[21] Wang F, Li X Y, Reax R. A Fortran program for mechanism reduction. Chengdu: Sichun University, 2010

[22] 李树豪, 刘建文, 李瑞, 等. 碳氢燃料燃烧机理的自动简化. 高等学校化学学报, 2015, 36:1576-1587

[23] Noel L, Maroteaux F. Numerical Study of HCCI Combustion in Diesel Engines Using Reduced Chemical Kinetics of n-heptane with Multidimensional CFD code. SAE Paper 2004-01-1909, 2004

[24] Peters N. "Reducing Mechanisms". Reduced kinetic mechanisms and asymptotic approximations for methane-air flames. New York: Springer, Lecture Notes in Physics, 1990:384

[25] Lovas T, Mauss F, Hasse C. Modeling of HCCI Combustion Using Adaptive Chemical Kinetics. SAE Paper, 2002-01-0426, 2002

[26] Lam S H, Goussis D A. The CSP method of simplifying kinetics. International Journal of Chemical Kinetics, 1994, 26: 461-486

[27] Maas U, Pope S B. Simplifying chemical kinetics: intrinsic low-dimensional manifolds in composition space. Combustion and Flame, 1992, 88: 239-264

[28] Nafe J, Maas U. A general algorithm for improving ILDMs. Combustion Theory and Modelling, 2002, 6: 697-709

[29] Taut C, Correa C, Deutschmann O, et al. Three-dimensional modeling with Monte-Carlo-probability density function methods and laser diagnostics of the combustion in a two-stroke engine. Proceedings of the Combustion Institute, 2000, 28: 1153-1159

[30] Keck J C. Rate-controlled constrained-equilibrium theory of chemical reactions in complex systems. Progress in Energy and Combustion Science, 1990, 16: 125-154

[31] Tang Q, Pope S B. Implementation of combustion chemistry by in site adaptive tabulation of rate-controlled constrained equilibrium manifolds. Proceedings of the Combustion Institute, 2002, 29: 1411-1417

[32] Rao S, Rutland C J, Fiveland S B. A Computationally Efficient Method for the Solution of Methane-Air Chemical Kinetics With Application to HCCI Combustion. SAE Paper, 2003-01-1093, 2003

[33] Lu T F, Law C K. A directed relation graph method for mechanism reduction. Proceedings of the Combustion Institute, 2005, 30: 1333-1341

[34] Lu T, Law C K. Linear time reduction of large kinetic mechanisms with directed relation graph: n-heptane and iso-octane. Combustion and Flame, 2006, 144(1): 24-36

[35] Pepiot-Desjardins P, Pitsch H. An efficient error-propagation-based reduction method for large chemical kinetic mechanisms. Combustion and Flame, 2008, 154(1-2): 67-81

[36] Niemeyer K E, Sung C J, Raju M P. Skeletal mechanism generation for surrogate fuels using directed relation graph with error propagation and sensitivity analysis. Combustion and Flame, 2010, 157(9): 1760-1770

[37] Sun W, Chen Z, Gou X, et al. A path flux analysis method for the reduction of detailed chemical kinetic mechanisms. Combustion and Flame, 2010, 157(7): 1298-1307

[38] Olsson J O, Andersson L L. Sensitivity analysis based on an efficient brute-force method, applied to an experimental $CH_4 O_2$ premixed laminar flame. Combustion and Flame, 67, 1987: 99-109

[39] Weber B W, Kumar K, Zhang Y, et al. Autoignition of n-butanol at elevated pressure and low-to-intermediate temperature. Combustion and Flame, 2011, 158(5): 809-819

[40] Ranzi E, Dente M, Goldaniga A, et al. Lumping procedures in detailed kinetic modeling of gasfication, paralysis, partial oxidation and combustion of hydrocarbon mixtures. Progress in Energy and Combustion Science, 2001, 27: 99-13935

[41] Zheng J,Miller D L,Cernansky N P. A Global Reaction Model for the HCCI Combustion Process. SAE 2004-01-2950,2004

[42] Halstead M P,Kirsch L J,Quinn C P. The auto-ignition of hydrocarbon fuels at high temperatures and pressure-fitting of mathematical model. Combustion and Flame,1977,30: 45-60

[43] Cox R A,Cole J A. Chemical aspects of auto-ignition of hydrocarbon-air mixtures. Combustion and Flame,1985,60:109-123

[44] Hu H,Keck J C. Auto-ignition of Adiabatically Compressed Combustible Gas Mixtures. SAE Paper 872110,1987

[45] Aceves S M,Smith J R,Westbrook C K,et al. Compression ratio effect on methane HCCI combustion. Journal of Engineering for Gas Turbines and Power,1999,121:569-574

[46] Li H,Miller D L,Cernansky N P. Development of Reduced Kinetic Model for Prediction of Preignition Reactivity and Autoignition of Primary Reference Fuels. SAE Paper 960498,1996

[47] Griffiths J F,Hughes K J,Schreiber M,et al. A united approach to the reduced kinetic modeling of alkane combustion. Combustion and Flame,1994,99:533

[48] Hamosfakidis V,Reitz R D. Optimization of a hydrocarbon fuel ignition model for two single compo-nent surrogates of diesel fuel. Combustion and Flame,2003,132:433-450

[49] Kong A S,Patel Q,Yin A,et al. Numerical Modeling of Diesel Engine Combustion and Emissions Under HCCI-Like Conditions with High EGR Levels. SAE Paper 2003-01-1087, 2003

[50] Tanaka S,Ayala F,Keck J C. Two-stage ignition in HCCI combustion and HCCI control by fuels and additives. Combustion and Flame,2003,132:219-239

[51] Zheng,J,Yang W,Miller D L,et al. A Skeletal Chemical Kinetic Model for the HCCI Combustion Process. SAE Paper 2002-01-0423,2002

[52] Patel A,Kong S C,Reitz R D. Development and validation of a reduced reaction mechanism for HCCI engine simulations. SAE paper 2004-01-0558,also SAE SP1819:63-76

[53] Golovitchev V I. http://www. tfd. chalmers. se/~valeri/MECH. html,Chalmers Univ of Tech,Gothenburg,Sweden,2000

[54] Westbrook C K,Warnatz J,Pitz W J. A detailed chemical kinetic reaction mechanism for the oxidation of iso-octane and n-heptane over an extended temperature range and its application to analysis of engine knock. Symposium (International) on Combustion,1989,22:893-901

[55] Jia M,Xie M Z. A chemical kinetics model of iso-octane oxidation for HCCI engines. Fuel, 85:2593-2604,2006

[56] Liu Y D,Jia M,Xie M Z,et al. Enhancement on a skeletal kinetic model for primary reference fuel oxidation by using a semidecoupling methodology. Energy and Fuels, 2012, 26(12):7069-7083

[57] Liu Y,Jia M,Xie M,et al. Improvement on a skeletal chemical kinetic model of iso-octane

for internal combustion engine by using a practical methodology. Fuel,2013,103:884-891

[58] Liu Y D,Jia M,Xie M Z,et al. Development of a new skeletal chemical kinetic model of tol-uene reference fuel with application to gasoline surrogate fuels for computational fluid dynamics engine simulation. Energy and Fuels,2013,27(8):4899-4909

[59] Chang Y C,Jia M,Liu Y D,et al. Development of a new skeletal mechanism for n-decane oxidation under engine-relevant conditions based on a decoupling methodology. Combustion and Flame,2013,160:1315-1332

[60] Chang Y C,Jia M,Liu Y D,et al. Application of a decoupling methodology for development of skeletal oxidation mechanisms for heavy n-alkanes from n-octant to n-hexadecane. Energy and Fuels,2013,27:3467-3479

[61] Chang Y C,Jia M,Li Y P,et al. Development of a skeletal mechanism for diesel surrogate fuel by using a decoupling methodology. Combustion and Flame,2015,162:3785-3802

[62] Chang Y C,Jia M,Li Y P,et al. Construction of skeletal oxidation mechanisms for the satu-rated fatty acid methyl esters from methyl butanoate to methyl palmitate. Energy and Fuels,2015,29:1076-1089

[63] Chang Y C,Jia M,Li Y P,et al. Development of a skeletal oxidation mechanism for biodiesel surrogate. Proceedings of the Combustion Institute,2015,35:3037-3044

[64] 刘耀东. 基础燃料(PRF)及汽油表征燃料(TRF)化学反应动力学骨架模型的研究. 大连:大连理工大学博士学位论文,2013

[65] 常亚超. 基于解耦法的柴油和生物柴油表征燃料骨架反应机理研究. 大连:大连理工大学博士学位论文,2016

[66] Ranzi E,Frassoldati A,Grana R,et al. Hierarchical and comparative kinetic modeling of laminar flame speeds of hydrocarbon and oxygenated fuels. Progress in Energy and Combus-tion Science,2012,38:468-501

[67] Mehl M,Pitz W J,Westbrook C K,et al. Kinetic modeling of gasoline surrogate components and mixtures under engine conditions. Proceedings of the Combustion Institute,2011,33:193-200

[68] Tsurushima T. A new skeletal PRF kinetic model for HCCI combustion. Proceedings of the Combustion Institute,2009,32(2):2835-2841

[69] R Y,Reitz R D. A reduced chemical kinetic model for IC engine combustion simulations with primary reference fuels. Combustion and Flame,2008,155(4):713-738

[70] Ranzi E,Frassoldati A,Granata S,et al. Wide-range kinetic modeling study of the pyrolysis, partial oxidation,and combustion of heavy n-alkanes. Industrial and Engineering Chemistry Research,2005,44(14):5170-5183

[71] Fieweger K,Blumenthal R,Adomeit G. Self-ignition of S. I. Engine model fuels:A shock tube investigation at high pressure. Combustion and Flame,1997,109(4):599-619

[72] Burke M P,Chaos M,Ju Y,et al. Comprehensive H_2/O_2 kinetic model for high-pressure combustion. International Journal of Chemical Kinetics,2012,44(7):444-474

[73] Klippenstein S J, Harding L B, Davis M J, et al. Uncertainty driven theoretical kinetics studies for ch3oh ignition: HO$_2$ + CH$_3$OH and O$_2$ + Ch$_3$OH. Proceedings of the Combustion Institute, 2011, 33(1): 351-357

[74] Metcalfe W K, Burke S M, Ahmed S S, et al. A hierarchical and comparative kinetic modeling study of c1-c2 hydrocarbon and oxygenated fuels. International Journal of Chemical Kinetics, 2013, 45(10): 638-675

[75] Golovitchev V. Avaliable at: http://www. tfd. chalmers. se/~valeri/MECH. html

[76] Samimi O. Development of a new skeletal chemical kinetic mechanism for ethanol reference fuel. Journal of Engineering for Gas Turbines and Powe, 2015, 137(6): 061501-061501-9

[77] Mohan B, Tay K L, Yang W, et al. Development of a skeletal multi-component fuel reaction mechanism based on decoupling methodology. Energy Conversion and Management, 2015, 105(15): 1223-1238

[78] Chen J Y, Kollmann W, Dibble R W. PDF modeling of turbulent nonpremixed methane jet flames. Combustion Science and Technology, 1989, 64: 315-346

[79] Christo F C, Masri A R, Nebot E M. Artificial neural network implementation of chemistry with PDF simulation of H$_2$/CO$_2$ flames. Combustion and Flame, 1996, 106: 406-427

[80] Pope S B. Computationally efficient implementation of combustion chemistry using in situ adaptive tabulation. Combustion Theory Model, 1997, 1: 41-63

[81] 贾明, 解茂昭. ISAT 在 HCCI 发动机多维详细反应动力学计算中的应用及其改进. 内燃机学报, 2006, 24: 9-14

[82] 贾明, 解茂昭, 周磊, 等. 加速详细反应动力学计算的 ISAT 改进方法的研究. 工程热物理学报, 2010, 31: 1056-1060

[83] Westbrook C K. Chemical kinetics of hydrocarbon ignition in practical combustion systems. 28th Symposium (International) on Combustion, 2000, 28: 1563-1575

[84] Contino F, Jeanmart H, Lucchini T, et al. Coupling of in situ adaptive tabulation and dynamic adaptive chemistry: An effective method for solving combustion in engine simulations. Proceedings of the Combustion Institute, 2011, 33: 3057-3064

[85] Jangi M, Bai X S. Multidimensional chemistry coordinate mapping approach for combustion modeling with finite-rate chemistry. Combustion Theory and Modeling, 2012, 16 (6): 1109-1132

[86] Hewson J C, Bollig M. Reduced mechanisms for NO$_x$ emissions from hydrocarbon diffusion flames. 26th Symposium (International) on Combustion, 1996, 26: 2171-2179

[87] Kennedy I M. Models of soot formation and oxidation. Progress in Energy and Combustion Science, 1997, 23(2): 95-132

[88] Tree R, Svensson K I. Soot processes in compression ignition engines. Progress in Energy and Combustion Science, 2007, 33: 272-309

[89] Tesner P A, Smegiriova T D, Knorre V G. Kinetics of dispersed carbon formation. Combustion and Flame, 1971, 17: 253-260

[90] Khan I M, Wang C H T, Langridge B E. Coagulation and combustion of soot particles in diesel engines. Combustion and Flame, 1971, 17: 409-419

[91] Haynes H S, Wagner H G. Soot formation. Progress in Energy and Combustion Science, 1981, 7: 229, 273

[92] Hiroyasu H, Kadota T, Arai M. Development and use of spray combustion modeling to predict diesel engine efficiency and pollutants emissions. Bulletin of JSME, 1983, 26: 569-575

[93] Nagle J, Strickland-Constable R F. Oxidation of carbon between 1000-2000℃. Fifth Carbon Conference, 1962, 1: 154-164

[94] Han Z, Uludogan A, HampsonG J, et al. Mechanism of Soot and NO_x Emission Reduction Using Multiple-Injection in a Diesel Engine. SAE Paper 960633, 1996

[95] Fusco A, Knox-Kelecy A L, Foster D. Application of a phenomenogical soot model to diesel engine combustion. COMODIA, 1994: 571-576

[96] Kazakov A, Foster D E. Modeling of Soot Formation during DI Diesel Combustion Using a Multi-Step Phenomenological Model. SAE Paper 982463, 1998

[97] Moss J B, Stewart C D, Young K J. Modeling soot formation and burnout in a high temperature laminar diffusion flame burning under oxygen-enriched conditions. Combustion and Flame, 1995, 101: 491-500

[98] Lee K B, Thring M W, Beer J M. On the rate of combustion of soot in a laminar soot flame. Combustion and Flame, 1962, 6: 137-145

[99] Ferimore C P, Jones G W. Oxidation of soot by hydroxyl radicals. Journal of Chemical Physics, 1967, 71: 593-597

[100] Wadhwa A R, Gopalakrishnan V, Abraham J. A Mixture Fraction Averaged Approach to Modeling NO and Soot in Diesel Engines. SAE Paper 2001-01-1005, 2001

[101] Frenklach M, Wang H. Detailed mechanism and modeling of soot particle formation. Soot formation in combustion: Mechanisms and models. Berlin: Springer, 1994: 165-190

[102] Frenklach M, Wang H. Detailed modeling of soot particle nucleation and growth. Proceedings of the Combustion Institute, 1991, 23: 1559-1566

[103] Kazakov A, Frenklach M. Dynamic modeling of soot particle coagulation and aggregation: implementation with the method of moments and application to high-pressure laminar premixed flames. Combust and Flame, 1998, 114: 484-501

[104] Appel J, Henning B, Frenklach M. Kinetic modeling of soot formation with detailed chemistry and physics: laminar premixed flames of C_2 hydrocarbons. Combustion and Flame, 2000, 121: 122-136

[105] Frenklach M. Method of moments with interpolative closure. Chemical Engineering Science, 2002, 57: 2229-2239

[106] Frenklach M, Harris S J. Aerosol dynamics modeling using the method of moments. Journal of Colloid and Interface Science, 1987, 118: 252-261

[107] Balthasar M, Frenklach M. Monte-Carlo simulation of soot particle coagulation and aggre-

gation:the effect of a realistic size distribution. Proceedings of the Combustion Institute, 2005,30:1467-1475

[108] Balthasar M,Frenklach M. Detailed kinetic modeling of soot aggregate formation in laminar premixed flames. Combustion and Flame,2005,140:130-145

[109] Maus F, Trilken B, Breitbac H, et al. Soot Formation in Combustion: Mechanisms and Models. Berlin:Springer-Verlag,1994:325-349

[110] Mauss F,Schtafer T,Bockhorn H. Inception and growth of soot particles in dependence on the sur-rounding gas phase. Combustion and Flame,1994,99:697-705

[111] Martinot S,Roesler J,Roesler J,et al. Comparison and Coupling of Homogeneous Reactor and Flamelet Library Soot Modeling Approaches for Diesel Combustion. SAE Paper 2001-01-3684,2001

[112] Tao F,Golovitchev V I,Chomiak J. A phenomenological model for the prediction of soot formation in diesel spray combustion. Combustion and Flame,2004,136:270-282

[113] Lindstedt R P,Louloudi S A,Pitsch H,et al. Joint-scalar transported PDF modeling of soot formation and oxidation. Proceedings of the Combustion Institute,2005,30:775-782

[114] Pang B,Xie M Z,Jia M,et al. Development of a phenomenological soot model coupled with a skeletal PAH mechanism for practical engine simulation. Energy and Fuels,2013,27: 1699-1711

[115] Pang B,Xie M Z,Jia M,et al. Improved phenomenological soot model for multicomponent fuel based on variations in PAH characteristics with fuel type. Acta Physico-Chimica Sinica,2013,29 (12):2523-2533

[116] 庞斌,解茂昭,贾明,等. 柴油多元表征燃料多环芳烃生成模型的开发. 内燃机学报,2014, 32:289-295

[117] Jia M,Peng Z,Xie M Z. Numerical investigation of soot reduction potentials with diesel homogeneous charge compression ignition combustion by an improved phenomenological soot model. Proceedings of the Institution of Mechanical Engineers, Part D: Journal of Automobile Engineering,2009,223(3):395-412

[118] 贾明,彭志军,解茂昭,等. 适用于柴油 HCCI 燃烧的碳烟半经验模型研究. 内燃机学报, 2010,28(1):33-41

[119] Leung K M,Lindstedt R P,Jones W P. A simplified reaction mechanism for soot formation in nonpremixed flames. Combustion and Flame,1991,87(3-4):289-305

[120] Neoh K,Howard J,Sarofim A. Effect of oxidation on the physical structure of soot. Twentieth Symposium (International) on Combustion,1985

[121] Herbinet O,Husson B,Ferrari M,et al. Low temperature oxidation of benzene and toluene in mixture with n-decane. Proceedings of the Combustion Institute,2013,34(1):297-305

[122] Lee S S. Investigation of two low emissions strategies for diesel engines:Premixed charge compression ignition(PCCI) and stoichiometric combustion. Madison:University of Wisconsin-Madison,2006

[123] Omidvarborna H,Kumar A,Kim D S. Recent studies on soot modeling for diesel combustion. Renewable and Sustainable Energy Reviews,2015,48:635-647

[124] Barths H,Hasse C,Bikas G,et al. Simulation of combustion in direct injection diesel engines using a Eulerian particle flamelet model. Proceedings of the Combustion Institute,2000,28:1161-1168

第7章 数值计算方法

7.1 概　　述

前面各章分别介绍了内燃机燃烧过程的几个主要过程,即缸内湍流流动、燃油喷雾、传热和化学反应的基本规律、特点及其数学描述。这种描述最后都归结为一耦合的偏微分方程组。在引入适当的湍流流动和湍流燃烧模型后,该方程组是封闭的。如果再加上合理的初始条件和边界条件,便构成了数学上的定解问题。只要我们采用适当的求解方法,就应当能求出符合实际情况的数值解。本章的中心任务就是介绍适合于求解内燃机化学反应问题的数值计算方法。

反应流的各基本方程都可以写成通用输运方程的形式

$$\partial(\rho\varphi)/\partial t + \mathrm{div}(\rho u\varphi - \Gamma_\varphi \mathrm{grad}\varphi) = S_\varphi \tag{7-1}$$

或我们所熟悉的张量形式

$$\frac{\partial}{\partial t}(\rho\varphi) + \frac{\partial}{\partial x_j}\left(\rho x_j\varphi - \Gamma_\varphi \frac{\partial\varphi}{\partial x_j}\right) = S_\varphi \tag{7-2}$$

式中,φ 表示因变量;Γ_φ 和 S_φ 分别表示对应于 φ 的输运(扩散)系数和源项。方程由 4 个不同类型的项组成,依次称为瞬变项(非定常项)、对流项、扩散项和源项。

该方程组的基本特点是非线性和耦合性。非线性不仅表现在对流项,而且由于变密度、输运系数与 φ 有关等原因也可表现在瞬变项、扩散项,特别是源项中,例如组分方程中代表化学反应率的源项就具有特别强的非线性。耦合性则是由于各个方程并非彼此独立,因变量交错地出现在各个方程中。这两个特点决定了反应流方程组求解的复杂性和困难性,一般情况下,不能用解析法求出封闭形式的解,只能用数值方法求解,而且不能直接求解,只能迭代求解。

计算燃烧学的数值方法涉及面很广,内容十分丰富。本书限于篇幅,仅针对内燃机的工程背景和实际应用,介绍目前最流行的两种方法,即有限容积法和任意拉格朗日欧拉法(ALE),其中又以 ALE 方法为重点。至于微分方程数值解法和计算流体力学中的基础知识和一些理论问题,如线性代数方程的解法以及解的稳定性、收敛性等,本书均不涉及。有关这些方面的内容,现已有许多专著和教科书可供参考[1~5]。

求微分方程数值解所面临的第一个问题是方程的离散化,即在按一定方式网格化的积分区域内,把以连续变化形式描述的微分方程转化为离散的有限数量的代数方程,然后才能在计算机上进行数值求解。微分方程离散化的方法是多种多样的,但目前常用的有三种,即有限差分法、有限元法和有限分析法。

有限差分法是历史最悠久,发展最成熟,在流体力学领域内应用最广泛的一种离散化方法。传统的有限差分法采用泰勒级数展开而实现微分方程的离散。20世纪 70 年代初所发展起来的所谓有限区域法(finite domain method)则是将方程在控制容积(即网格单元)上积分而达到离散的目的。这种有限容积法自诞生以来即风行于计算热物理领域中,30 多年来取得了长足的进展,积累了大量的成功经验。这种方法本质上也属于有限差分法,但又具有一系列鲜明的特点。它是本章所要重点介绍的内容之一。有限差分法原来的一个主要缺点是难于处理几何形状复杂的系统和边界。近年来,随着适体网格系统的出现,这个问题已不再构成严重的困难。

有限元法最早起源于固体力学中的李兹(Ritz)法,即利用物理上的能量极值原理(例如最小势能原理)将求解的问题化为泛函极值问题,亦即经典变分问题,然后选取一基函数序列,将泛函中的未知函数表示为基函数的线性组合,从而又将泛函极值问题转化为一多元函数的极值问题加以近似求解。

实现上述这种转化过程的另一更有效的途径是伽辽金法。它是从所谓虚功原理出发求解变分方程,而不求助于并非总是存在的极值原理,因此伽辽金法较之李兹法更具普遍性。有限元法则是在李兹法和伽辽金法的基础上发展起来的。它也是从变分原理出发求解问题,不同之处是求近似解的逼近方法不同。李兹法和伽辽金法是以整个积分区域上的解析函数作为基函数,这类在全域上解析的基函数系列一般不易求得,特别是对较复杂的问题。有限元法则是采用分块逼近的方法来逼近真解,从而排除了选取基函数的困难。从分块逼近这种离散方法的意义上说,有限元法又是有限差分法的发展,但二者又有本质上的区别。有限元离散要比有限差分离散灵活方便得多,因而对研究几何形状复杂的系统具有独特的优点。有限元法在固体力学领域的结构应力分析中已经取得了巨大的成功,20 世纪 60年代后期才被引入到流体力学领域,求解简单的势流问题和低雷诺数黏流问题,但在处理 N-S 方程时,由于非线性对流项的存在,使有限元法遭遇到很大的困难。这些困难反过来又有力地促进了有限元法的发展,使它在流体领域的应用日益扩大。但总的看来,在流体力学领域,有限元法目前乃至近期内仍难以动摇有限差分法的主导地位。在内燃机燃烧过程模拟方面,从迄今公开发表的文献来看,除有少数人将其应用于求解排气管的流动外,在燃烧计算方面似鲜有应用,故本章对有限元法不做介绍。

有限分析法是由美籍华人学者陈景仁于 1955 年首创的。在一定意义上可以说它是在有限元基础上的一种改进。该方法的基本思想是把求解微分方程的解析法与数值法结合起来。其主要特点是:各个单元内的解不是像有限元法那样用插值函数表达,而是采用原方程局部线性化和常系数化之后的解析解。因此,其实质是将在各单元内的这些局部解析解组成控制方程在全部解域上的整体数值解。这种数值解的显著优点是可以较好地保留原问题的物理特征。例如,对于对流扩散问题,有限分析解不受网格雷诺数的限制,因而可以用于高雷诺数不可压黏流和大Peclet 数的对流扩散问题。该法的缺点是存储量和耗费机时较多,而且有时求微分方程的局部解析解也并非易事,故有限分析法目前仍处在发展过程中,尚未得到广泛应用。

本章 7.2 节介绍 ALE 法。7.3 节针对内燃机中边界条件和初始条件的特殊性进行讨论,并介绍一些常用的处理办法。至于一般的有限容积法,由于文献中已有大量描述,本节不再具体介绍,读者可参考相关专著[3,4]。

7.2 任意拉格朗日-欧拉法(ALE)

有限容积法由于其极强的通用性,自 20 世纪 70 年代以来风行于世界,在计算流体力学和计算热物理的诸多领域都得到广泛的应用。但就内燃机的工程背景而言,由于活塞的往复运动导致求解域不断伸缩变化,从而使得采用固定网格的有限容积法难以适应。虽然可以利用坐标变换来排除这一困难,但毕竟不够方便。因而一些研究者尝试采用别的更加灵活方便的方法来计算内燃机中的流动和燃烧过程。其中最著名的就是任意拉格朗日-欧拉法(arbitrary Lagrangian-Eulerian Method,ALE)。该方法是美国 Los Alamos 国家实验室 Hirt 等于 1974 年提出的[6]。后来由于被该实验室陆续开发的用于内燃机燃烧模拟的大型计算程序CONCHAS[7]、CONCHAS-SPRAY[8] 和 KIVA 系列[9~11]所采用,自 20 世纪 80 年代中期以来,很快流行于国际内燃机界,从而在内燃机燃烧多维数学模拟这一研究领域中,形成与有限容积法双峰并峙的局面。

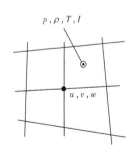

图 7-1 ALE 方法的网格单元

从本质上说,它也是一种基于控制容积的有限差分法,但与一般差分法相比,它具有两个突出的优点:第一,它的差分网格单元不必是矩形,可以是任意四边形(三维情况则为任意六面体),如图 7-1 所示。在 ALE 方法中,速度定义在单元角点上,而其他参数 p、ρ、T 等是定义在单元的几何中心,因而动量方程和其他因变量方程的网格系统也是相互交错的。第二,ALE 的差分网格具有可按规定速度运动的灵活性。当网格按当地流体速度运动时,计算是拉格朗日方式;当网格固定不动时,计算则是欧拉方式,此方法正因此而得名。这两个特点使 ALE 法特别适用于求解像内燃机气缸中这类几何形状不规则而容积又不断变化的流动问题。

　　下面介绍 ALE 方法的要点。作为一种有限差分法，ALE 的基本思想与有限容积法有不少共同或相似之处。对这些内容本书不重复，而只是着重介绍其独特之处。

7. 2. 1　离散化方法

　　缸内过程的控制方程仍然是质量、动量、能量和化学组分的平衡(守恒)方程(1-1)、(1-5)、(1-7)和(1-9)以及相应的湍流模型方程。不过在 ALE 方法中，这些方程的具体形式略微有所不同，特别是能量方程的因变量一般取为流体的比内能，而不是总焓或温度。现将 ALE 方法所求解的基本方程列出。

　　　连续方程　　　$\dfrac{\partial \rho}{\partial t}+\dfrac{\partial}{\partial x_j}(\rho u_j)=0$　　　　　　　　　　　　　(7-3)

　　　组分方程　　　$\dfrac{\partial \rho_l}{\partial t}+\dfrac{\partial}{\partial x_j}(\rho_l u_j)=\dfrac{\partial}{\partial x_j}\left[\rho D \dfrac{\partial}{\partial x_j}\left(\dfrac{\rho_l}{\rho}\right)\right]+\dot{\omega}_l$　　(7-4)

　　如果系统中共有 N 种组分，对方程(7-4)中的 l 从 1 到 N 求和，就得出方程(7-3)，所以 N 个组分方程中只有 $N-1$ 个是独立的。

　　　动量方程　　　$\dfrac{\partial(\rho u_i)}{\partial t}+\dfrac{\partial}{\partial x_j}(\rho u_i u_j)=-\dfrac{\partial p}{\partial x_i}+\dfrac{\partial}{\partial x_j}\left(2\mu S_{ij}-\dfrac{2}{3}\mu\delta_{ij}S_{kk}\right)$　　(7-5)

　　　能量方程　　　$\dfrac{\partial(\rho I)}{\partial t}+\dfrac{\partial}{\partial x_j}(\rho u_j I)+p\dfrac{\partial u_j}{\partial x_j}$

$$=\frac{\partial}{\partial x_j}\left(\lambda \frac{\partial T}{\partial x_j}\right)+2\mu S_{ij}S_{ij}+\frac{2}{3}\mu\left(\frac{\partial u_j}{\partial x_j}\right)^2+Q_c \qquad (7\text{-}6)$$

方程(7-6)中，$I=C_v T$ 为气体比内能，Q_c 为化学反应热，其余符号的意义与第 1 章相同。

　　与有限容积法一样，离散化的差分方程也是把上列基本方程在网格单元上积分而得出的。ALE 的网格单元对二维情况为任意四边形。由于速度与标量定义在不同的位置，故网格系统也是相互交错的。
与有限容积法不同的是，三个分速度 u、v、w 定义在网格的同一角点上，而不是各自定义在一个网格界面的中点上。这样，无论对二维还是三维情况，ALE 都只有两套网格系统，分别用于速度和标量。对二维情况标量的控制容积就是单元本身，如图 7-2 中的 1-2-3-4，称为标量单元；而速度的控制容积取为包围速度所在点(图 7-2 中点 4)的一个任意八边形，其中 4 个顶点是周围 4 个标量单元的面心(图中 a、b、c、d

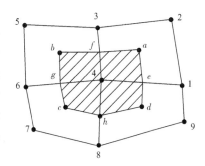

图 7-2　ALE 法的交错网格

点）；其余 4 个顶点是交于点 4 的 4 条边的中点（图中 e、f、g、h 点），称为动量单元。

对于三维情况，标量单元为任意六面体，动量单元则为一个二十四面体，由包围该速度节点的 8 个标量单元六面体和各自 1/8 体积所组成。采用这种任意形状的单元的优点是显而易见的，它能够方便灵活地适应几何形状复杂的计算域，而不产生明显误差；同时，不论对直角坐标，柱坐标还是球坐标系，其计算公式都相同，计算程序具有很大的通用性。当然实现这种灵活性必须付出一定代价，这就是存储量需大幅度增加，而且计算过程中不同网格点之间数据的转换相当繁琐。

假定网格点以规定的某一速度 u_g（可以是变量）运动，则连续方程（7-3）在控制容积内的积分可以表示为

$$\frac{\mathrm{d}}{\mathrm{d}t}\int_V \rho \mathrm{d}V + \int_s \rho (u - u_g) \cdot n \mathrm{d}S = 0 \tag{7-7}$$

其中，V 和 S 分别为标量单元的体积和表面积；n 为 S 的单位外法向量。第 2 项是利用高斯散度定理从体积分转换成面积分。我们注意到，当 $u_g=0$ 时，方程（7-7）就是通常的欧拉型；而当 $u_g=u$ 时，对流项消失，表示网格随同流体一道运动，方程成为拉格朗日型。其他的守恒方程也可以写成类似的积分形式，此处从略。

一般假定各变量在同一控制容积内为均匀分布，并选取适当的时间和空间差分格式，完成方程（7-7）的积分，便得到离散化的有限差分方程。必须说明的是，由于网格单元为大小、形状各异，三个棱边互不正交的任意六面体，因而无论是面积分还是体积分都相当繁复。在控制容积内参数均布的假设下，体积分项转换为任意六面体体积的计算，而标量单元的面积分则化为其六个表面上的通量的矢量和。动量单元上的面积分也可利用几何关系和散度定理化为有关标量单元各表面上的面积分。

7.2.2 ALE 方法的基本计算步骤

为了能够兼顾欧拉和拉格朗日两种计算方式，ALE 将每一时间步的计算分为三个阶段。前两个阶段是拉格朗日方式，即不考虑对流项，且网格暂时保持不动。第一阶段只计算方程中的扩散项和源项，第二阶段通过一隐式的迭代过程求出压力在本时刻的新值，第三阶段是欧拉计算，即把各网格点按照规定的速度（由活塞和气阀的运动规律确定）移动到新的位置，同时计算穿越界面的对流通量。

ALE 方法自其面世以来的 40 年间，也不断地经历着发展和改进。不同的研究者对它也常有一些独特的处理。下面所要介绍的内容，除了 ALE 的基本框架外，主要是结合 KIVA 程序系列的一些具体处理方案。

1. 第一阶段——拉氏差分方程

为了区分参数在不同时刻所具有的不同值，我们给各参数加上一个上标，以代

表不同的时间层;n 为上一时间步结束时参数的终了值,A 和 B 分别为本时间步第一阶段和第二阶段结束时之参数值。同时,用下标 ijk 表示三维网格中某一网格点的空间位置。

原始的 ALE 方法在拉氏计算阶段是纯显式的,即直接利用前一时间步各参数的终了值来计算本阶段(A,B)的速度、密度和内能。这样计算工作量较小,但时间步长却受到较严的限制。KIVA 程序中对此作了改进,即通过一个可调节的参数 φ_D 来控制差分格式的显隐程度,我们称之为显隐因子。这样含有 φ_D 的差分方程实际上是一种显隐混合格式,在计算中可按需要加以调节,因而比较灵活方便。

首先将组分方程离散化。在整个拉氏阶段(第一、二阶段),组分方程(7-4)的差分形式为

$$\left[(\rho_l)_{ijk}^{B}V_{ijk}^{B} - (\rho_l)_{ijk}^{n}V_{ijk}^{n}\right]/\Delta t$$

$$= \sum_{\alpha}(\rho D)_{\alpha}^{n}\mathbf{V}\left[\varphi_{D}Y_{l}^{B} + (1-\varphi_{D})Y_{l}^{A}\right]_{\alpha}\cdot \boldsymbol{A}_{\alpha}^{n} + w_{lijk}V_{ijk}^{n} \qquad (7\text{-}8)$$

式中,$Y_l = \rho_l/\rho$ 为组分 l 的质量分数。右端第一大项代表穿越单元界面的物质通量(扩散流),已按前文所述将面积分转换成通过六面体各个表面的通量的矢量和。α 为各表面的序号($\alpha=1,2,\cdots,6$),$\boldsymbol{A}_{\alpha}$ 为序号为 α 的界面的有向面积。显隐因子 φ_D 可随时间和空间变化,其取值范围在 $0\sim1$,可按反映当地扩散强度的扩散 Courant 数 C_d 确定。C_d 定义为

$$C_d = (\mu/\rho)\Delta t/(\Delta x)^2 \qquad (7\text{-}9)$$

其中,Δt 为时间步长;Δx 为空间网格间距,即单元的特征边长;C_d 的意义是物理的(微分方程的)扩散率与差分方程的扩散率之比。我们知道,对显式差分格式为了保证差分方程计算的稳定性,差分扩散率不得小于物理扩散率。因此,原则上说,当 $C_d < 1$,φ_D 可取为 0,此时,方程(7-8)中的扩散项为显式,反之当 $C_d > 1$,说明差分扩散率较小,为保证稳定性,φ_D 的取值应尽量大一些,即趋于 1。此时,扩散项为隐式(接近全隐式)。KIVA 程序中,根据严格的稳定性分析,导出了确定 φ_D 的公式

$$\varphi_{D} = \begin{cases} 0, & \text{当}(C_d)_{ijk}^{n} \leqslant 1/4 \\ 1 - 1/f(C_d)_{ijk}^{n}, & \text{当}(C_d)_{ijk}^{n} > 1/4 \end{cases} \qquad (7\text{-}10)$$

式中,C_d 定义为

$$(C_d)_{ijk}^{n} = \left(\frac{\mu}{\rho}\right)_{ijk}^{n} M\Delta t \frac{(\Delta x_i)^2(\Delta x_j)^2 + (\Delta x_i)^2(\Delta x_k)^2 + (\Delta x_j)^2(\Delta x_k)^2}{(\Delta x_i)(\Delta x_j)^2(\Delta x_k)^2} \qquad (7\text{-}11)$$

$$M = \max(2 + A_3, Pr^{-1}, Sc^{-1}, Pr_k^{-1}, Pr_\varepsilon^{-1}) \qquad (7\text{-}12)$$

其中,Δx_i、Δx_j、Δx_k 分别是网格单元在 i、j、k 三个方向的平均尺度;A_3 为第二黏性系数与第一黏性系数之比,一般取为 $-2/3$;Pr_k 和 Pr_ε 分别是湍流参数 k 和 ε 的普朗特数;f 是一个经验性的安全系数,在 KIVA 中取为 2.5。

动量方程(7-5)的差分形式为

$$\left[(M'\boldsymbol{u})_{ijk}^{\mathrm{B}} - (M'\boldsymbol{u})_{ijk}^{n}\right]/\Delta t = -\sum_{\beta}\left[\varphi_{\mathrm{P}}p^{\mathrm{B}} + (1-\varphi_{\mathrm{P}})p^{n}\right]_{\beta}\boldsymbol{A}_{\beta}'^{n}$$

$$+ \sum_{\beta}\left[\varphi_{\mathrm{D}}\boldsymbol{\tau}(\boldsymbol{u}^{\mathrm{B}}) + (1-\varphi_{\mathrm{D}})\boldsymbol{\tau}(\boldsymbol{u}^{n})\right]_{\beta}\cdot(\boldsymbol{A}')_{\beta}^{n}$$

$$\boldsymbol{\tau} = 2\mu S_{ij} - \frac{2}{3}\mu\frac{\partial u_k}{\partial x_k}\delta_{ij} \tag{7-13}$$

式中, $\boldsymbol{\tau}$ 为黏性应力张量; M'_{ijk} 表示动量单元 ijk 内流体的质量;下标 β 为该单元各表面的序号; $\boldsymbol{A}'_{\beta}$ 为其法向面积矢,在实际计算中 $\boldsymbol{A}'_{\beta}$ 可转换为标量单元各表面的法向面积矢。压力梯度项中所含因子 φ_{P} 的意义和作用均与 φ_{D} 相类似,即控制该项显隐程度的显隐因子。它的取值取决于 Courant 数 C_{s}

$$C_{\mathrm{s}} = c\Delta t/\Delta x \tag{7-14}$$

其中, c 为当地音速。KIVA 程序中规定 φ_{P} 的取法为

$$(\varphi_{\mathrm{P}})_{ijk}^{n} = \begin{cases} 0, & \text{当}(C_{\mathrm{s}})_{ijk}^{n} \leqslant 1/f \\ 1 - 1/f(C_{\mathrm{s}})_{ijk}^{n}, & \text{当}(C_{\mathrm{s}})_{ijk}^{n} > 1/f \end{cases} \tag{7-15}$$

Courant 数定义为

$$(C_{\mathrm{s}})_{ijk}^{n} = \sqrt{\left(\frac{\gamma p}{\rho}\right)_{ijk}^{n}}\frac{\Delta t}{\Delta x} \tag{7-16}$$

$$\Delta x = \min(\Delta x_i, \Delta x_j, \Delta x_k) \tag{7-17}$$

安全因子 f 与前相同,取为 2.5。我们知道,压力是以音速传播,而在显式格式下,稳定性条件要求,压力波在一个时间步长内所传播的距离不能超过一个网格,此即 Courant 条件 $C_{\mathrm{s}} \leqslant 1$ 的物理意义。而式(7-15)表明,当 C_{s} 较小时, $\varphi_{\mathrm{P}} = 0$ 。于是动量方程(7-13)中的压力梯度项为显式差分,而当 C_{s} 较大时,为了保证稳定性, φ_{P} 逐渐增大并趋于 1,差分格式转为隐式。

类似地,对能量方程(7-5)进行差分离散后我们得到

$$\left[(MI)_{ijk}^{\mathrm{B}} - (MI)_{ijk}^{n}\right]/\Delta t$$

$$= -(p_{ijk}^{n} + p_{ijk}^{\mathrm{B}})(V_{ijk}^{\mathrm{B}} - V_{ijk}^{n})/2\Delta t$$

$$+ \left[\varphi_{\mathrm{D}}\boldsymbol{\tau}^{\mathrm{B}} : \boldsymbol{\nabla}\boldsymbol{u}^{\mathrm{B}} + (1-\varphi_{\mathrm{D}})\boldsymbol{\tau}^{n} : \boldsymbol{\nabla}\boldsymbol{u}^{n}\right]$$

$$+ \sum_{\alpha}\lambda_{\alpha}^{n}\boldsymbol{\nabla}\left[\varphi_{\mathrm{D}}T^{\mathrm{B}} + (1-\varphi_{\mathrm{D}})T^{n}\right]_{\alpha}\cdot\boldsymbol{A}_{\alpha}^{n} + V_{ijk}^{n}Q_{\alpha ijk} \tag{7-18}$$

第一阶段主要是获得离散化的差分方程组。除了个别量,如密度和质量分数需在本阶段中更新其值外,其余变量的求解都在第二阶段进行。

2. 第二阶段——压力的隐式迭代

我们在介绍有限容积法时已经指出,压力在整个流场的计算中起着举足轻重的作用。因此,ALE 法特地设计了一个阶段用于压力的计算。其基本思想与

SIMPLE 算法颇为相似。二者不同之处在于，SIMPLE 是求解一个关于校正压力 p' 的 Poisson 方程；而 ALE 是通过联立求解动量方程 [以单元表面中心处之速度（简称面心速度）为因变量]、体积变化方程（即连续方程）和经过线性化处理的状态方程来确定压力。事实上，如果用代数消元法从这三个方程中消去体积和面心速度，则不难证明，其结果也是得出一个关于压力的 Poisson 方程。二者之间的另一个区别是，ALE 求解的方程中此时尚不含对流项。

ALE 方程求解压力的迭代步骤如下：

（1）首先利用前两个时间步（n 和 $n-1$ 步）内第二阶段结束时（上标 B）的压力值作线性外插，求出本时刻压力的一个预估值 p^*

$$p_{ijk}^* = (p_{ijk}^{\mathrm{B}})^n + \frac{\Delta t^n}{\Delta t^{n-1}} \big[(p_{ijk}^{\mathrm{B}})^n - (p_{ijk}^{\mathrm{B}})^{n-1} \big] \tag{7-19}$$

利用这一初值可以减少迭代次数。

（2）用 p^* 代替目前尚未知的 p^{B}，求解动量方程（7-13），求出的速度作为 $\boldsymbol{u}^{\mathrm{B}}$ 的预估值 $\boldsymbol{u}^*$。

（3）求解能量方程（其间需利用连续方程和状态方程以进行变量代换），解出温度的预估值 T^*。

（4）利用状态方程计算标量单元容积 V_{ijk}^*

$$V_{ijk}^* = M^{\mathrm{B}} R T^* / p^* \tag{7-20}$$

式中，M^{B} 为单元内流体质量。

（5）联立求解面心速度方程、单元容积变化方程（即连续方程）和线性化的状态方程，得出压力的校正值 p^{C}。

（6）将压力的校正值 p^{C} 与预估值 p^* 进行比较，判断是否对全部网格点均已达到收敛。如未收敛，则将 p^{C} 作为新的 p^*，返回第（2）步，重新循环计算，直到收敛为止。

（7）压力值收敛后，置 $p^{\mathrm{B}} = p^{\mathrm{C}}$，然后分别利用动量方程（7-13）和能量方程（7-18）解出速度 $\boldsymbol{u}^{\mathrm{B}}$ 和内能 I^{B}。

（8）最后，利用最新求出的速度场 $\boldsymbol{u}^{\mathrm{B}}$ 计算本时刻网格点的位置

$$\boldsymbol{x}_{ijk}^{\mathrm{B}} = \boldsymbol{x}_{ijk}^n + \boldsymbol{u}^{\mathrm{B}} \Delta t \tag{7-21}$$

3. 第三阶段——网格移动及对流计算

第三阶段的作用是重新划分网格（rezone），实则将原来的网格点移动到新位置，同时计算由此而产生的流体相对于网格的对流通量。网格点的速度取决于具体问题。例如，在内燃机气缸内，活塞往复运动引起的网格点的轴向运动速度可表示为

$$w_{\mathrm{g}} = w_{\mathrm{p}}(1 - z/\delta) \tag{7-22}$$

式中,w_p 为活塞瞬时速度;z 和 δ 分别表示从活塞顶平面到所计算网格点和到缸盖的距离。穿越网格单元表面的对流通量应根据网格与流体的相对速度 $u_r = u - u_g$ 来计算。

在 ALE 方法中,对流项是用显式计算,这样其时间步长受到 Courant 条件的限制,即 $u_r \Delta t / \Delta x < 1$。由于在前两个阶段的拉氏计算中,基本是隐式为主$(\varphi_D, \varphi_P \to 1)$,因而时间步长可以取得比较大。为了协调这两个针对不同要求的时间步长,提高计算效率,KIVA 程序在对流项的计算中采用了一个所谓时间子循环法,即把总的时间步长(亦即第一、二阶段的时间步长)Δt 分为若干个子步长 Δt_c,作为对流计算的子循环步长。换言之,在每执行一步拉格朗日计算的同时,要进行 $\Delta t / \Delta t_c = NS$ 步对流计算。这样 Δt_c 可满足 Courant 条件的限制,而 Δt 则不受此条件限制。由于对流计算所花费机时约为拉氏计算的 10%,因而采用这一子循环方法可节省总的计算时间。

为了考虑对流项的单向传播特性,必须选择合理的空间差分格式。KIVA 程序中为此提供了两种方法供用户选择:一种是准二阶迎风格式(QSOU);另一种是部分施主格子格式(PDC)。前者的精度较高,但计算量较大;后者则恰好相反。这里我们仅对 PDC 法作一简介。

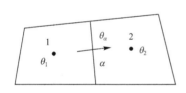

图 7-3 对流通量的计算

计算流体力学中的施主格子(donor cell)差分法就是我们所熟悉的上风差分。而部分施主格子法则是在前者的基础上增加了一些灵活性。PDC 实质上很类似于有限容积法中的混合差分格式。考虑两个相邻的标量单元 1 和 2(图7-3),其共同界面为 α,我们用 Q_α 表示穿越界面 α 的某种量 Q(单位体积流体所具有的质量,组分含量,内能等)的通量。考虑到最一般的情况,显然可以把 Q_α 作为其上下游两个单元中量 Q 的平均值 Q_1 和 Q_2 的某一加权平均值,而且上游一方的权数占优。因此,必须首先确定哪一个单元是上游。对于一维情况,这不成问题;但对多维情况,由于环流和涡旋的存在,流向的判别有时并非是一目了然的。这里采用的办法是根据穿越界面 α 的体积流量 δV_α 的符号来判断。δV_α 定义为界面 α 从其第二阶段终了时之位置(通过角点位置 x_{ijk}^B 确定)移动到其在本时间步最终位置(x_{ijk}^{n+1})的过程中所扫过的体积。对某一标量单元而言,如果由于表面 α 的运动使其体积增加,则 δV_α 为正。应当注意,δV_α 的符号是与所讨论的那个单元直接联系的,因而同一个 δV_α 对相邻两单元而言,大小相等而符号相反。如图7-3所示,以单元 1 为观察对象,由于流体从单元 1 流入单元 2,故 $\delta V_\alpha < 0$(图中作为示例,画出了流动方向,实际上 δV_α 的符号是由计算确定的)。因此,我们可以定义

当 $\delta V_\alpha > 0$,则

$$Q_d = Q_2, \quad Q_a = Q_1$$

$\delta V_a < 0$,则

$$Q_d = Q_1, \quad Q_a = Q_2$$

其中下标 d 和 a 分别代表施主(donor)和受施者(acceptor)。这样,界面通量 Q_a 在 PDC 格式中可表示为

$$Q_a = Q_d(1 + \alpha_0 + \beta_0 C)/2 + Q_a(1 - \alpha_0 - \beta_0 C)/2 \tag{7-23}$$

式中,α_0 和 β_0 为可调节的系数($0 \leqslant \alpha_0 + \beta_0 C \leqslant 1$),而 C 是基于流体与网格相对速度的有效 Courant 数

$$C = 2|\delta V_a|/(V_1 + V_2) \tag{7-24}$$

式中,V_1 和 V_2 分别为单元 1 和 2 的体积。

如令 $\alpha_0 = \beta_0 = 0$,式(7-23)简化为 $Q_a = (Q_d + Q_a)/2$,这是我们所熟悉的中心差分格式。它是绝对不稳定的,除非有足够大的扩散项来与之平衡,亦即在前一节中所讨论过的,仅当网格雷诺数或 Peclet 数小于 2 时才可应用。如取 $\alpha_0 = 1, \beta_0 = 0$,式(7-23)简化为 $Q_a = Q_d$,此即纯施主格式或上风格式,它是绝对稳定的,但存在较大的数值扩散。当 $\alpha_0 = 0, \beta_0 = 1$ 时,式(7-23)成为 $Q_a = [Q_d(1 + C) + Q_a(1 - C)]/2$,此即所谓内插施主格式,相当于中心差分与上风差分的加权平均。这样,我们看到,式(7-23)提供了选择对流项差分格式的较大的灵活性。但关于 α_0 和 β_0 之最佳值的选取并无普遍的规律可遵循,需针对具体问题,依靠经验和试算来确定。一般可从 $\alpha_0 = 0.1, \beta_0 = 1$ 开始试算。

对于穿越动量单元界面 β 的动量对流通量 $\boldsymbol{u}_\beta$,其差分方程与上述标量的情况完全相同,只是要用 δM_β 代替 δV_a,此处 δM_β 是穿越动量单元各个组合界面的质量流量(每个动量单元共有 24 个表面,每 4 个表面组成一个组合界面,一般为二十四面体的动量单元可近似地视为一个六面体)。这样,我们可规定

当 $\delta M_\beta > 0$,　则　$\boldsymbol{u}_d = u_2, \boldsymbol{u}_a = u_1$

当 $\delta M_\beta < 0$,　则　$\boldsymbol{u}_d = u_1, \boldsymbol{u}_a = u_2$

界面 α 上的速度在 PDC 格式中可表示为

$$\boldsymbol{u}_a = \boldsymbol{u}_d(1 + \alpha_0 + \beta_0 C')/2 + \boldsymbol{u}_a(1 - \alpha_0 - \beta_0 C')/2 \tag{7-25}$$

式中

$$C' = \frac{4|\delta M_\beta|}{\sum_i M_i^{n+1}} \quad (i = a, b, c, d) \tag{7-26}$$

式中,a、b、c、d 代表以棱边 1-2 为其共同边的 4 个标量单元;M_i 为各单元所含流体质量。

ALE 方法在第三阶段的计算包括一个对流子循环,如用上标 ν 表示子循环序号,则本阶段的具体计算步骤如下:

（1）首先根据活塞运动规律按式(7-22)确定网格速度,将全部网格点从上一时间步终了时的位置 x_{ijk}^n 移到本时间步终了时的位置 x_{ijk}^{n+1},并计算各标量单元在该完整的时间步 Δt^{n+1} 内所扫过的体积 δV_α^G;

（2）计算标量单元各表面在每一子循环时间步 Δt_c 所扫过的体积 δV_α。显然 δV_α 与 δV_α^G 之间满足下列关系:

$$\sum_\alpha \delta V_\alpha^G = V_{ijk}^{n+1} - V_{ijk}^B = NS \sum_\alpha \delta V_\alpha \qquad (7\text{-}27)$$

式中,$NS = \Delta t/\Delta t_c$ 为子循环总数。

（3）根据单元的体积变化,计算其新的密度 ρ_{ijk}^ν。

（4）根据单元的体积和密度的变化,计算比内能 I_{ijk}^ν。

（5）根据动量变化,计算速度 u_{ijk}^ν,该步是在动量单元内进行的。

（6）返回第(2)步,进行下一个子循环。完成全部 NS 次子循环后,将各标量值更新,此值即为其在本时间步的最终值(以上标 $n+1$ 表示)。

（7）由内能 I^{n+1} 计算温度 T^{n+1}。

（8）利用状态方程,根据 T^{n+1}、ρ^{n+1} 计算压力的最终值 p^{n+1}。

需要指出,上述各步的计算均是显式,即直接由该点上一次($\nu-1$)迭代值计算新值(ν),无需求解联立的线性代数方程。

7.2.3 稳定性条件

原始的 ALE 方法[6]除压力的计算为隐式外,无论扩散项还是对流项都采用显式。因而从扩散和对流两方面都受到稳定性要求对时间步长的限制。本节所介绍的 KIVA 程序的处理方法,将整个拉格朗日阶段的计算均作为隐式(部分或全部隐式,取决于因子 φ_D 和 φ_P),因而扩散项和压力梯度项的差分计算,不再受到稳定性的限制。在第三阶段的显式对流计算中,由于采用了时间子循环,从而把整个时间步长 Δt 的限制转化到对子步长 Δt_c 的限制,因此可显著节省计算时间。子步长 Δt_c 应根据著名的 Courant 稳定性条件确定。在直角坐标系下,该条件可表示为

$$\Delta t_c \leqslant \min\left(\frac{\Delta x}{u-u_g}, \frac{\Delta y}{v-v_g}, \frac{\Delta z}{w-w_g}\right) \qquad (7\text{-}28)$$

式中,u_g、v_g、w_g 分别是网格速度 u_g 在 x、y、z 三个方向的分量;Δx、Δy、Δz 是三个方向上网格单元的边长。上式的物理意义是,任何坐标方向上在 Δt_c 内的体积流量不得超过网格单元的容积。将此式推广到任意网格系统,则成为

$$\Delta t_c^\nu \leqslant \Delta t_c^{\nu-1} \min_\alpha (V_{ijk} / \mid \delta V_\alpha \mid) \qquad (7\text{-}29)$$

式中,δV_α 是按时间步长 $\Delta t_c^{\nu-1}$ 计算的穿越单元(i,j,k)的各表面 α 的体积流量。

7.3　初始条件和边界条件

迄今为止,我们讨论了缸内几个主要过程的物理和数学模型,以及其控制微分方程的离散和求解方法。要求出一具体燃烧问题的解,还必须有特定的定解条件,即初始条件和边界条件。由于内燃机几何结构和工作过程的特殊性,对其初始条件和边界条件在数值计算中也需要作特别的处理。

7.3.1　初始条件

内燃机的燃烧过程和工作过程是高度瞬变而且周期循环的,其时均运动和湍流运动的弛豫时间都很短,这样就降低了数值模拟中初始条件的重要性。理论上说,只要我们取足够多的时间步,进行足够长的循环计算(例如 360°、720° 或更多的曲轴转角),流场的解最终就将自动地显示出周期性,而与初始条件无关。但在实际计算中,为了使解尽快地达到收敛,并提高计算的精度,尽量合理地规定初始条件还是很有必要的,特别当计算所持续的时间不足一个循环时更是如此。

一般说来,时均流参数的初始条件比较简单,如压力、温度均取为在整个气缸内均布。其具体数值可根据经验确定(例如从大气状态等熵压缩到计算开始时的曲轴转角位置),或取自工作过程模拟计算的结果。缸内初始流场,如无旋流存在,则径向和切向速度均为零;而轴向速度可根据该时刻活塞速度,从缸盖到活塞顶作线性插值。如有旋流,则按给定的旋流比,并假定一个旋流速度的径向分布型。通常可取为按刚体涡,即线性分布,或更精确些取为梯形分布或 Bessel 函数分布,以考虑由于缸壁摩擦作用引起的旋流在气缸外围区域的衰减。

至于湍流参数,以最常用的 k-ε 模型为例,湍能 k 一般取为按活塞平均速度 $\overline{V}_p$ 计算的平均流动能的某一百分数,即

$$k_0 = \alpha \overline{V}_p^2 \tag{7-30}$$

式中,α 为经验常数,通常取值范围为 $0.1 \sim 0.3$。耗散率一般借助 k_0 和某一长度尺度 l 来规定,即

$$\varepsilon_0 = \beta k_0^{3/2} / l \tag{7-31}$$

l 取为缸内某一特征尺度,通常取为缸径;β 为经验常数,其取值与 l 的选取有关,如 l 为缸径,则 β 之量级为 $5 \sim 10$。

7.3.2　气阀边界条件

对于四冲程发动机而言,空气或混合气经进气阀和气口流入气缸,而废气则从缸内经排气阀和气口进入排气管。由于气道、气口和气阀往往都具有比较复杂的几何外形,因而绕气阀-气口的流动本身就是一个复杂的三维非定常可压缩流动。

但对缸内流动过程而言,气阀的作用主要是提供一个具有质量流率的边界条件。为了避免问题过于复杂化,对气阀边界的处理通常有两种方法:一种是目前应用较广泛的也比较简单的一维流法,即把通过气阀的三维非定常流简化为一维准定常流,利用气缸和气道内的瞬时压力确定通过气口的速度或质量流率;另一种方法是对气缸、气阀和气道做一体化处理,即把计算域从缸内延伸到包括整个气阀区域以及部分气道,同时用多维方法求解。这种方法自然可以显著提高计算精度,但工作量也相应增大,目前主要用于发动机冷态流场研究。这里只讨论第一种方法。

在一维流方法中,除了认为穿越气阀的流动为一维准定常流之外,还进一步假定流动是等熵的,而把一切不可逆因素的影响都归并到一个流量系数 C_D 中。这样,气阀处的平均速度 V_v 就可利用一维等熵流公式根据阀门上下游的压力差很方便地计算出来

$$V_v = c_v M_v = c_u \left(\frac{p_d}{p_u}\right)^{\frac{\gamma-1}{2\gamma}} M_v$$

式中,c 为音速;γ 是比热容比;M 是马赫数;下标 v、u 和 d 分别表示阀门、阀门上游和下游的气流状态。当吸气时,上游为进气道内状态,下游为气缸内状态,排气时,上游为缸内状态,下游为排气管内状态。为简单起见,均假定上游状态即为滞止状态。

于是,通过阀门的质量流率可表示为

$$\dot{m}_v = C_D A_v \rho_v c_v M_v = C_D A_v \rho_u c_u \varphi \tag{7-32}$$

式中,C_D 是流量系数;A_v 是气口几何流通截面积;ρ_u 是上游气体密度;φ 是流动函数。

$$\varphi = \left(\frac{\rho_d}{\rho_u}\right)\left(\frac{p_d}{p_u}\right)^{\frac{\gamma-1}{2\gamma}} M_v = \left(\frac{p_d}{p_u}\right)^{\frac{1}{\gamma}}\left(\frac{p_d}{p_u}\right)^{\frac{\gamma-1}{2\gamma}} M_v = \left(\frac{p_d}{p_u}\right)^{\frac{\gamma+1}{2\gamma}} M_v$$

M_v 取决于穿越气阀的流动是亚临界还是超临界状态。当 $\frac{p_d}{p_u} > \left(\frac{2}{\gamma+1}\right)^{\frac{\gamma}{\gamma-1}}$ 时,为亚临界流动

$$M_v = \left\{\frac{2}{\gamma-1}\left[\left(\frac{p_d}{p_u}\right)^{\frac{1-\gamma}{\gamma}} - 1\right]\right\}^{1/2}$$

于是有

$$\varphi = \left\{\frac{2}{\gamma-1}\left[\left(\frac{p_d}{p_u}\right)^{2/\gamma} - \left(\frac{p_d}{p_u}\right)^{\frac{\gamma+1}{\gamma}}\right]\right\}^{1/2} \tag{7-33}$$

当 $\frac{p_d}{p_u} \leqslant \left(\frac{2}{\gamma-1}\right)^{\frac{\gamma}{\gamma-1}}$ 时,为临界或超临界流动

$$M_v = 1$$

于是有

$$\varphi = \left(\frac{p_\mathrm{d}}{p_\mathrm{u}}\right)^{\frac{\gamma+1}{2\gamma}} = \left(\frac{2}{\gamma+1}\right)^{\frac{\gamma+1}{2(\gamma-1)}} \tag{7-34}$$

应用式(7-34)计算通过气阀的质量流率时,音速取为 $c_\mathrm{u} = \sqrt{\gamma p_\mathrm{u}/\rho_\mathrm{u}}$,此外还需要确定流量系数 C_D 和气口截面积 A_v 。

进、排气阀流通截面积是随凸轮升程 $h_\mathrm{c}(\varphi)$ 变化的,后者可根据其升程曲线用插值法,再乘以摇臂杠杆比计算得到。另一方面,在同一时刻,沿气阀各横截面的流通面积是各不相同的,这里要计算的是最小流通截面积。随着阀升程的变化,最小截面积出现在不同的部位。因此,为了保证计算精度,对不同的升程,应采用不同的计算公式。一般可将阀升程分为三个阶段。

(1) 气阀小升程

$$0 < h_\mathrm{v} < w/\sin\beta\cos\beta$$
$$A_\mathrm{v} = \pi h_\mathrm{v}\cos\beta(D_\mathrm{v} - 2w + h_\mathrm{v}\sin\beta\cos\beta) \tag{7-35}$$

式中, β 是阀座锥角; D_v 是阀盘直径(阀座外径); w 是阀座宽度(阀座外径与内径之差)。

(2) 气阀中等升程

$$\left[\left(\frac{D_\mathrm{p}^2 - D_\mathrm{s}^2}{4D_\mathrm{m}}\right)^2 - w^2\right]^{1/2} + w\tan\beta \geqslant h_\mathrm{v} > w/\sin\beta\cos\beta$$
$$A_\mathrm{v} = \pi D_\mathrm{m}\left[(h_\mathrm{v} - w\tan\beta)^2 + w^2\right]^{1/2} \tag{7-36}$$

式中, D_p 是气口直径; D_s 是阀杆直径; D_m 是阀座平均直径。

(3) 气阀大升程

$$h_\mathrm{v} > \left[\left(\frac{D_\mathrm{p}^2 - D_\mathrm{s}^2}{4D_\mathrm{m}}\right)^2 - w^2\right]^{1/2} + w\tan\beta$$
$$A_\mathrm{v} = \frac{\pi}{4}(D_\mathrm{p}^2 - D_\mathrm{s}^2) \tag{7-37}$$

以上各式为单个进、排气阀的流通截面积,对于多气阀情况,则需乘以相应的阀数。

流量系数 C_D 的定义是在上述流通截面积下实际流量与理论流量之比,它主要与气阀升程有关。但对于不同的发动机,由于缸头流道、阀门和气口形状以及加工质量的不同,其流量系数的差别是相当大的。所以,一般需根据实验得出的 $C_\mathrm{D} = C_\mathrm{D}(h_\mathrm{v})$ 曲线来确定流量系数。对中高速柴油机实验表明,当阀门升程 h_v 较小时,气流贴合壁面较好, C_D 值较高。随着气阀升程加大,气流与壁面的分离趋势加剧, C_D 值减小。但对汽油机,有人则得出相反的规律。

在缺乏实验数据的情况下,可以参照下列经验公式估算流量参数

$$C_\mathrm{D} = a - b(h_\mathrm{v}/D_\mathrm{v})^c \tag{7-38}$$

式中,a、b、c 为经验常数,应根据实际情况选取。对设计及加工较好的中速和中高速柴油机,有人推荐取 $a=0.98$,$b=3.3$,$c=2$。

关于内燃机气阀的流量系数和流通面积,Rabbitt[14]进行过比较系统的研究。他认为气阀的流量应由两部分组成,即稳态流量系数 C_S 和代表非定常效应的瞬态或波动流量系数 C_W,而总的流量系数可表示为

$$C_D = (C_S^2 + C_W^2 - 1)^{1/2}$$

C_S 和 C_W 均是阀门几何结构、运行工况和流动马赫数的函数。文献[14]中给出了 C_S 和 C_W 的表达式。

7.3.3　处理湍流固壁边界的壁函数法

1. 标准的壁函数

在实际工程问题中,由于固体壁面的形式和状态是多种多样的,故其相应的边界条件也有多种表达形式。就内燃机而言,既有静止边界(缸盖,缸套),也有运动边界(活塞,气阀);既可能有显著的热量传递,也可能热流很小而接近绝热状态(如低散热发动机);质量上固壁一般无渗透或扩散,但在催化燃烧的情况下,也会有壁面物质流出现。常见的几种边界条件可归纳如下。

1) 速度

在壁面上流体的切向分速应该为零,此即所谓无滑移条件,垂直于壁面的法向分速则取决于通过壁面的质量渗透率。如果固壁对流体是不可渗透的,则法向分速为零,此即所谓无穿透条件。

2) 温度或总焓

通常给定壁面的温度或通过壁面的热流密度。当给定温度时,由于壁面上气流速度及流体组分已知,故实际上壁面总焓也就给定了。如果给定的是壁面上的热流密度,由于紧贴壁面的流体混合层中,导热是换热的主要形式,因而壁面法向温度梯度也可确定。对于绝热壁面,其法向温度梯度为零。

3) 化学组分浓度

若壁面无催化作用,则组分浓度的边界条件与总焓的类似。壁面上各组分浓度决定于通过壁面的质量渗透率及渗透介质的化学成分。例如,若壁面对某组分是不可渗透的,则该组分在固壁上的法向导数为零。如固壁对化学反应有催化作用,则壁面上化学组分的浓度需由此化学反应来决定。

4) 湍流量

由于固壁限制了流体微团的任何脉动运动,因而湍流量(如 k、ε、$\overline{u_i' u_j'}$ 等)在固壁上均应为零。

湍流流场的边界条件原则上与层流没有区别,但在数值计算中具体实施起来

却有很大的困难。这主要有两个原因：一是因为一般的湍流模型仅适用于大雷诺数湍流，但在固壁表面附近，摩擦阻力使流速急剧减小而形成边界层。在边界层内，雷诺数很小，分子输运与湍流输运为同一量级，因而不能用常规的湍流模型来计算各参数，除非采用专门的低雷诺数湍流模型，但这将使得数值计算大为复杂化。二是因为在固壁附近，无论是速度、温度和浓度等这些参数本身还是它们的输运系数都有剧烈的变化。这种变化主要是由于随着壁面的逼近，湍流脉动迅速减小而层流输运相对增强的结果。某些情况下还会由于壁面剧烈的换热而使其附近的温度发生陡峭的变化，从而引起输运系数的剧烈变化。如果在这种急剧的非线性变化区域，仍同内部区域一样，采用常规的线性插值法来进行各参数的差分计算，势必会造成很大误差。除非采用划分很密的网格，但这又将大大增加计算机的存储和计算量。可以克服这一困难的一个卓有成效的措施就是目前普遍采用的壁函数方法。

所谓壁函数或壁面律是指通常根据实验和半经验理论导出的用于计算固壁附近流体参数的输运系数和壁面通量的代数关系式，它跨越黏性底层，在壁面和湍流核心区的流体参数之间"搭桥"，从而避免了上述困难。采用壁函数法时，在边界层的黏性底层内不设置网格节点，而把与壁面相邻的第一个内点布置在充分发展的湍流区。壁函数法的基本思路和实施方法可概括如下：

(1) 认为在黏性底层以外的区域，量纲一速度与温度分布服从边界理论中的对数律

$$u^+ = \frac{u}{v^*} = \frac{1}{\kappa}\ln\left(\frac{yv^*}{\nu}\right) + B = \frac{1}{\kappa}\ln y^+ + B \tag{7-39}$$

式中，$v^* = \sqrt{\tau_w/\rho}$，它表征壁面摩擦切应力 τ_w 的大小，故称为摩擦速度或切应力速度；Karman 常数 $\kappa = 0.4 \sim 0.42$；常数 $B = 5.0 \sim 5.5$。上式中只含时均速度而不含湍流参数。为了体现湍流脉动的影响，我们希望在该式中引入湍流参数。对于二维湍流边界层，当湍能处于平衡状态，从而生成项与耗散项相等时，不难证明

$$v^* = C_\mu^{1/4} k^{1/2}$$

于是量纲一的距离、速度和温度可分别定义为

$$y^+ = \frac{yv^*}{\nu} = \frac{yC_\mu^{1/4}k^{1/2}}{\nu} \tag{7-40}$$

$$u^+ = \frac{u}{v^*} = \frac{uv^*}{(v^*)^2} = \frac{uC_\mu^{1/4}k^{1/2}}{\tau_w/\rho} \tag{7-41}$$

$$T^+ = \frac{(T - T_w)C_\mu^{1/4}k^{1/2}}{q_w/\rho C_p} \tag{7-42}$$

这样，速度与温度的对数分布律就可表示为

$$u^+ = \ln(Ey^+)/\kappa \tag{7-43}$$

$$T^+ = \frac{\sigma_{\mathrm{T}}}{\kappa}\ln(Ey^+) + \sigma_{\mathrm{T}}\left[\frac{\pi/4}{\sin\dfrac{\pi}{4}}\right]\left(\frac{A}{\kappa}\right)^{1/2}\left(\frac{\sigma_{\mathrm{L}}}{\sigma_{\mathrm{T}}}-1\right)^{-1/4}\left(\frac{\sigma_{\mathrm{L}}}{\sigma_{\mathrm{T}}}\right) \tag{7-44}$$

式中，$\ln E/\kappa = B$；σ_{L} 和 σ_{T} 分别是层流和湍流普朗特数（即 Pr 数）；A 为 van Driest 常数，对于光滑圆管取为 26；若取 $\kappa = 0.4$，则 $\left[\dfrac{\pi/4}{\sin\dfrac{\pi}{4}}\right]\left(\dfrac{A}{\kappa}\right)^{1/2}\approx 9$。上式右端第二项是根据实验结果整理得出的，它考虑了 Pr 数的影响。注意到当 $\sigma_{\mathrm{T}} = \sigma_{\mathrm{L}} = 1$ 时，有 $T^+ = u^+$，此即雷诺比拟成立的情况。

有时为了提高计算精度，可采用所谓双层模型，即对固壁湍流边界层中的黏性底层和充分发展的湍流区采用不同的分布律（但对二者之间的过渡区仍不予考虑，否则就得出更复杂的三层模型）。在黏性底层内，认为速度和温度分布均满足线性律，即与壁面平行方向的速度与其至壁面距离成线性关系 $u^+ = y^+$，即

$$u = yv^{*2}/\nu \tag{7-45}$$

对温度则有

$$T = T_{\mathrm{w}} - \frac{q_{\mathrm{w}}Pry^+}{\rho v^* C_p} \tag{7-46}$$

两层之间界面的位置 y_{c}^+ 可根据线性律与对数律两个公式给出的速度值相同这一条件来确定。由于 y_{c}^+ 并非预先已知，而是取决于湍流参数，因而必须在计算过程中迭代求出。但如果对计算精度并无特别高的要求，也可参考边界层理论中典型问题的结果而取为定值。对二层模型一般可取 $y_{\mathrm{c}}^+ \approx 11.5$。

（2）布置在对数律成立的湍流区域中的第一个内节点 P 与壁面之间区域内的当量黏度 μ_{t} 和当量热导率 λ_{t} 可按以下方式确定。利用梯度通量假设可得

$$\tau_{\mathrm{w}} = \mu_{\mathrm{t}}(u_P - u_{\mathrm{w}})/y_P \tag{7-47}$$

$$q_{\mathrm{w}} = \lambda_{\mathrm{t}}(T_P - T_{\mathrm{w}})/y_P \tag{7-48}$$

式中，$u_{\mathrm{w}}(=0)$ 和 T_{w} 分别是壁面上的速度和温度。由于节点 P 的速度和温度满足对数律，故有

$$\frac{u_P C_\mu^{1/4} k_P^{1/2}}{\tau_{\mathrm{w}}/\rho} = \frac{1}{\kappa}\ln\left(Ey_P\frac{C_\mu^{1/4}k_P^{1/2}}{\nu}\right) \tag{7-49}$$

$$\frac{(T_P - T_{\mathrm{w}})(C_\mu^{1/4}k_P^{1/2})}{q_{\mathrm{w}}/\rho C_P} = \frac{\sigma_{\mathrm{T}}}{\kappa}\ln\left(\frac{Ey_P}{\nu}C_\mu^{1/4}k_P^{1/2}\right) + \sigma_{\mathrm{T}}B \tag{7-50}$$

式中

$$B = 9\left(\frac{\sigma_{\mathrm{L}}}{\sigma_{\mathrm{T}}}-1\right)\left(\frac{\sigma_{\mathrm{L}}}{\sigma_{\mathrm{T}}}\right)^{-1/4}$$

从式（7-47）与式（7-49）中消去 τ_{w}，从式（7-48）与式（7-50）中消去 q_{w}，便得到节点 P 与固壁之间的当量黏性系数和导热系数

$$\mu_{\mathrm{t}} = \left(\frac{y_P}{\nu} C_\mu^{1/4} k_P^{1/2}\right)\frac{\mu}{\ln(Ey_P^+)/\kappa} = \frac{y_P^+ \mu}{u_P^+} \tag{7-51}$$

$$\lambda_{\mathrm{t}} = \frac{y_P^+ \mu C_p}{\sigma_{\mathrm{T}}\ln(Ey_P^+)/\kappa + B\sigma_{\mathrm{T}}} = \frac{y_P^+ \mu C_p}{\sigma_{\mathrm{T}}[\ln(Ey_P^+)/\kappa + B]} \tag{7-52}$$

将由此得出的 μ_{t} 与 λ_{t} 代入式(7-47)和式(7-48),就可确定壁面切应力 τ_{w} 和热流密度 q_{w}。

（3）关于第一个内节点 P 处湍能和耗散率之值 k_P 和 ε_P,k_P 之值仍可按 k 方程计算,其边界条件取为 $(\partial k/\partial y)_{\mathrm{w}}=0$。前面我们已经提到,包括 k 在内的各湍流量的固壁边界条件应为零值,但在壁函数法中,P 点置于黏性底层之外,在这一足够大的控制容积中,k 的产生和耗散都比向壁面的扩散要大得多,故可取 $(\partial k/\partial y)_{\mathrm{w}}\approx$ 0。这较取 $k_{\mathrm{w}}=0$ 来得更准确。如果 P 点取在黏性底层内,离壁面足够近,则其控制容积相当小,从而取 $k_{\mathrm{w}}=0$ 为边界条件较好。

至于壁面上的 ε 值,很难按其定义式 $\varepsilon=C_{\mathrm{D}}k^{3/2}/l$ 来确定,因为在壁面附近 k 与 l 同趋于零。为避免确定 ε_{w} 的这一困难,ε 在 P 点的值 ε_P 可不通过有限差分方程,而利用代数方程来计算。常用的办法是按混合长度理论计算壁面附近的长度尺度:$l=\kappa y_P$,因此易于导出 ε_P 的表达式

$$\varepsilon_P = C_\mu^{3/4} k_P^{3/2}/\kappa y_P \tag{7-53}$$

所谓壁函数就是指用来计算第一内节点处各参数值的式(7-51)、式(7-52)和式(7-53)这一类代数关系式。

2. 修正的壁函数

壁函数的形式是多种多样的。上面介绍的速度和温度的壁函数是目前工程计算中应用最广泛的一类。其中速度的壁函数是基于定常不可压流,并假定沿壁面压力梯度为零。温度的壁函数除这些条件外,还额外假定无化学反应,无功的交换,沿壁面温度梯度为零,而且热量传递与动量传递之间存在着雷诺相似。这些假设在内燃机气缸壁面都难以成立,因而利用这类壁函数计算得出的壁面热流有时会产生较大误差。为此人们对温度的对数律提出一些修正方案。Huh 等[12]以下面形式的边界层能量方程作为推导壁函数的出发点

$$\frac{\partial}{\partial t}(\rho C_p T) + \boldsymbol{\nabla} \cdot (\rho C_p T\boldsymbol{u}) = \boldsymbol{\nabla} \cdot (\lambda_{\mathrm{e}} \boldsymbol{\nabla} T) + \frac{\partial p}{\partial t} + q$$

式中,$\lambda_{\mathrm{e}}=\lambda+\lambda_{\mathrm{t}}$ 是有效导热系数。边界层内温度分布可通过求解一维导热方程而得出

$$\frac{\mathrm{d}}{\mathrm{d}y}\left(\lambda_{\mathrm{e}}\frac{\mathrm{d}T}{\mathrm{d}y}\right) = S \tag{7-54}$$

式中，S 为热源项，假定缸内压力均布且为理想气体，则有

$$S = \frac{1}{\gamma - 1}\frac{\mathrm{d}p}{\mathrm{d}t} + \frac{\gamma p}{\gamma - 1}\boldsymbol{\nabla} \cdot \boldsymbol{u} - q \tag{7-55}$$

右端三项分别为压力的瞬变项、压力做功项和边界层中的燃烧放热项。如果假定 $S=0$，则边界层内热流为常数，于是便可得出原始的温度壁函数式(7-50)。上式包含因素较多，难以同时处理，现对其加以简化。首先，边界层内的燃烧反应可以忽略，即 $q=0$；其次，散度项可表示为压力梯度的形式

$$\boldsymbol{\nabla} \cdot \boldsymbol{u} = -\frac{1}{\rho}\frac{\mathrm{d}\rho}{\mathrm{d}t} = -\frac{1}{p}\frac{\mathrm{d}p}{\mathrm{d}t} \tag{7-56}$$

其中第一个等号是利用连续方程，第二个等号是利用理想气体状态方程并忽略了温度的变化 $\mathrm{d}T/\mathrm{d}t$，这是因为对内燃机而言，热边界层内的温度随时间的变化比压力和密度的变化要小得多(相差约一个量级)。于是源项式(7-55)简化为

$$S = -\mathrm{d}p/\mathrm{d}t \tag{7-57}$$

代入方程(7-54)并对 y 积分一次后进行量纲一化，我们得到

$$\mathrm{d}T^+ = \frac{1}{\dfrac{1}{\sigma_\mathrm{L}} + \dfrac{a}{\nu}}\mathrm{d}y^+ \ (1 - S^+ y^+) \tag{7-58}$$

式中，$a = \lambda_\mathrm{t}/\rho C_p$ 是湍流热扩散率，量纲一参数 u^+、y^+、T^+ 的定义与前相同，而

$$S^+ = \frac{S\nu}{q_\mathrm{w}v^*} \tag{7-59}$$

利用与推导原始对数律相同的方法，分别引入线性分布和对数分布假设，将方程(7-58)对 y 积分，并取普朗特数等于 0.9，便可得到修正后的温度壁面律：

在黏性底层　$y^+ < 13.2$

$$T^+ = \sigma_L y^+ - 0.5\sigma_L S^+ \ (y^+)^2 \tag{7-60}$$

在充分发展的湍流区　$y^+ > 13.2$

$$T^+ = 13.2\sigma_\mathrm{L} + 2.195\ln y^+ - 5.66 - S^+(87.12\sigma_\mathrm{L} + 2.195y^+ - 28.98) \tag{7-61}$$

以上两式与原始壁函数式(7-46)和式(7-50)的主要区别是其中包含有源项 S^+，从而可以反映压力变化率对热边界层和壁面热流的影响。这一影响示于图 7-4 中。由图可见，当 $S^+ > 10^{-2}$ 时，边界层温度分布型会发生本质的变化。与实验结果的比较也表明，对于湍流度较低而压升率较高的情况(亦即 S^+ 较大)，原始壁函数给出的热流偏小，而修正的壁函数则与实验符合较好。

内燃机缸内气体密度在工作循环中有很大变化，同时，实验表明，反映气体导热特性的湍流普朗特数在固壁附近有显著的增加。针对这些特点，Han 和 Reitz[15] 提出了另一种修正的壁函数。他们的分析也是基于壁面边界层的能量方程，并忽略黏性耗散、压力梯度和辐射换热，于是能量方程简化为

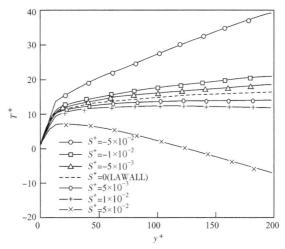

图 7-4　温度壁函数中源项的影响

$$-C_p\left(\frac{\mu}{Pr}+\frac{\mu_t}{Pr_t}\right)\frac{dT}{dy}=q_w+Gy \tag{7-62}$$

式中，q_w 为壁面热流；G 是单位体积气体的平均化学反应热。取其无量纲形式为 $G^+=G\nu/(q_w u^*)$，并取 $\nu^+=\nu_t/\nu$，则方程（7-62）可改写为无量纲形式的全微分方程。

$$-\frac{\rho C_p u^*}{q_w}dT=\frac{1+G^+ y^+}{\dfrac{1}{Pr}+\dfrac{\nu^+}{Pr_t}}dy^+ \tag{7-63}$$

为了考虑湍流普朗特数 Pr_t 的变化，引入由曲线拟合得出的经验公式。

$$\frac{\nu^+}{Pr_1}=a+by^++cy^{+2} \qquad y^+\leqslant y_0^+$$

$$\frac{\nu^+}{Pr_1}=my^+ \qquad y^+>y_0^+ \tag{7-64}$$

按惯例取 $\kappa=0.41, Pr=0.7$，则上式中各常数取值分别为：$a=0.1, b=0.025$，$c=0.012, m=0.4767$。将方程（7-64）代入方程（7-63），积分后即可得出考虑了气体压缩性和湍流普朗特数变化的温度和热流壁函数：

$$T^+=2.1\ln(y^+)+2.1G^+ y^++33.4G^++2.5 \tag{7-65}$$

$$q_w=\frac{\rho C_p u^* T\ln(T/T_w)-(2.1y^++33.4)G\nu/u^*}{2.1\ln(y^+)+2.5} \tag{7-66}$$

式中，摩擦速度 u^* 可根据湍能计算：

$$u^*=k^{1/2}C_\mu^{1/4}$$

如果忽略化学反应源项 G，则热流方程简化为

$$q_w = \frac{\rho C_p u^* T \ln(T/T_w)}{2.1 \ln(y^+) + 2.5} \tag{7-67}$$

图 7-5 给出了用可压缩壁函数和不可压即标准壁函数计算的发动机壁面热流及其与实验结果的比较。由图可见,压缩性对壁函数有很大的影响,在燃烧情况下,压缩性使最大热流增大一倍以上,而方程(7-65)~(7-67)的结果与实验值吻合得相当好。

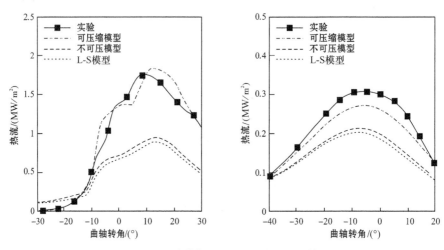

图 7-5   不同模型预测壁面热流的比较

Angelberger 等[16,17]采用类似的方法也推出了壁函数的一个修正方案。他们着重考虑了壁面非等温状态以及气体热物性(密度、黏度等)随温度变化的影响,但未考虑湍流普朗特数的变化。其速度和温度的壁函数的表达式为

黏性子层内($y^+ \leqslant 11.63$)

$$\Psi^+ = \eta^+ \tag{7-68}$$
$$\theta^+ = \sigma_e \Psi^+$$

惯性子层内($y^+ > 11.63$)

$$\Psi^+ = \frac{1}{\kappa} \ln(E\eta^+) \tag{7-69}$$
$$\theta^+ = \sigma_{e,t} \left[\Psi^+ + P\left(\frac{\sigma_e}{\sigma_{e,t}}\right) \right]$$

其中无量纲的速度 Ψ^+,温度 θ^+ 和到壁距离 η^+ 定义如下:

$$\Psi^+ = \frac{\rho}{\rho_w} u^+ \tag{7-70}$$

$$\theta^+ = \frac{\rho_w u^* C_p T_w}{q_w} \ln \frac{T_w}{T} \tag{7-71}$$

$$\eta^{+} = \frac{v_{\mathrm{w}}}{\nu} y^{+} = \frac{C_{\mu}^{1/4} \sqrt{k} y}{\nu} \tag{7-72}$$

其中，σ_{e} 和 $\sigma_{\mathrm{e,t}}$ 分别是层流和湍流普朗特数；P 是黏性子层中的热阻系数。

本章参考文献

[1] Roache P J. Computational Fluid Dynamics. Socorro：Hermosa Publishers，1976（中译本：罗奇. 计算流体动力学. 北京：科学出版社，1983）

[2] Anderson J D. Computational Fluid Dynamics：The Basics With Applications（计算流体力学入门. 北京：清华大学出版社，2002）

[3] Patankar S V. Numerical Heat Transfer and Fluid Flow. New York：McGraw-Hill，1980（中译本：帕坦卡. 传热与流体流动的数值计算. 北京：科学出版社，1984）

[4] 陶文铨. 数值传热学. 西安：西安交通大学出版社，1988

[5] 陶文铨. 计算传热学的近代进展. 北京：科学出版社，2000

[6] Hirt C W，Amsden A A，Cook J L. An arbitrary lagrangian-eulerian computing method for all flow speeds. Journal of Computational Physics，1974，14：227-253

[7] Butler T D，Cloutman L D，Dukowicz J K，et al. CONCHAS：An ALE Computer Code for Multicomponent Chemically Reactive Flow at All Speeds. Los Alamos Scientific laboratory（LASL）Report：LA-8129-MS，1979

[8] Cloutman L D，Dukowicz J K，Ramshaw J D，et al. CONCHAS-SPRAY：A Computer Code for Reactive Flows Wit Fuel Sprays. LASL Report：LA-9294-MS，1982

[9] Amsden A A，Orourke P J，Butler T D. KIVA：A Computer Program for 2 and 3 Dimensional Fluid Flows with Chemical Reactions and Fuel Sprays. LASL Report：LA-10245-MS，1985

[10] Amsden A A. KIVA-3：A KIVA Program with Block-Srtuctured Mesh for Complex Geometries. LASL Report：LA-12503-MS，1993

[11] Torres D. KIVA-4：Validation，rezoning，and remapping. International Multidimensional Engine Modeling User's Group Meeting，Detroit，MI，USA，2004

[12] Huh K Y，Chang I P，Martin J K. A Comparison of Boundary Layer Treatment for Heat Transfer in IC Engines. SAE 900252，1990

[13] Reitz R D，Ayoub N，Gonzalez M. Improvements in 3-D Modeling of Diesel Engine Intake Flow and Combustion. SAE 921627，1992

[14] Rabbitt R D. Fundamentals of Reciprocating Engine Airflow，Part I：Valve Discharge and Combustion Chamber Effects. SAE 840337，1984

[15] Han Z，Reitz R D. Temperature wall function formulation for variable-density turbulent flows with application to engine convective heat transfer modeling. International Journal of Heat and Mass Transfer，1997，40：613-625

[16] Angelberger C，Poinsot T，Delhaye B. Improving Near-Wall Combustion and Wall Heat Transfer Modeling in SI Engine Computations. SAE Paper 972881，1997

[17] Kleemanny A P，Gosman A D，Binder K B. Heat transfer in diesel engines：A CFD evaluation study. The Fifth International Symposium on Diagnostics and Modeling of Combustion in Internal Combustion Engines（COMODIA 2001），Nagoya，2001

第8章 常用内燃机 CFD 软件计算模型及使用指南

本章基于当前流行的内燃机 CFD 商业软件 CFX[1]、CONVERGE[2]、FIRE[3]、FLUENT[4]、FORTE[5]、STARCD[6] 和 VECTIS[7]，以及开源程序 KIVA[8] 和 Open-FOAM[9] 的最新版本，对内燃机 CFD 模拟中涉及的主要模型及其使用加以介绍，希望对读者在实际应用中面临的模型选择、参数设置和调整等问题有所帮助。

8.1 湍流流动模型

由于内燃机内湍流的长度尺度的变化范围非常大，在 CFD 软件中无法通过网格直接解析最小涡团，因此需要使用一定的湍流模型。常用内燃机 CFD 软件中的湍流模型如表 8-1 所示，其基本分类和特点总结如下：

（1）湍流模型可以分为基于雷诺平均（RANS）的湍流黏性系数模型和雷诺应力模型（RSM），以及大涡模拟（LES）和分离涡模拟（DES）模型。

（2）湍流黏性系数模型基于湍流运动与分子运动相似的假设（Boussinesq 假设），通过平均流场求解湍流黏性系数和湍流扩散系数，进而计算雷诺应力和湍流标量通量。

（3）在众多湍流黏性系数模型中（见表 8-2），k-ε 模型应用最为广泛，其中 k 和 ε 分别为典型湍流速度尺度和长度尺度。不同 $k\varepsilon$ 模型主要区别在于，k 和 ε 方程的形式、近壁区域的求解方式，以及雷诺应力与应变率的关系有所不同。

（4）当湍流流动展现出强烈的各向异性特征时，需要采用非线性湍流黏性系数模型，以计入雷诺应力与应变率的非线性关系。

（5）雷诺应力模型直接求解雷诺应力输运方程，不同雷诺应力模型的主要区别在于压力应变项有所不同。

（6）LES 模型通过计算网格分辨大尺度量，通过模型模化亚网格尺度量，典型 LES 亚网格模型如表 8-3 所示。

（7）DES 模型结合 RANS 模型和 LES 模型的优点，分别采用 RANS 模型和 LES 模型模拟边界层和其他区域流场，进而在保证计算效率的同时，捕捉流场细节。

在使用不同湍流模型时需要注意以下以问题：

（1）所有湍流模型均是对实际湍流物理现象的近似，存在误差和一定的适用范围，需要针对特定的运行工况开展实验验证，以确保计算结果的准确性。

（2）湍流模型的选择通常基于模型的适用性和计算效率两方面的综合考虑。

（3）k-ε 模型由于其性能可靠、计算效率高和计算精度合理的突出优点，在工业界得到广泛应用。然而，k-ε 模型存在对逆梯度不敏感的缺陷，导致预测的剪应力过高、流动分离过晚等问题。

（4）与标准 k-ε 模型相比，RNG k-ε 模型和可实现 k-ε 模型在预测流线曲率、涡和旋转等流动特征方面，性能明显有所改善。

（5）当平均应变率较大时，标准 k-ε 模型可能产生负的湍动能，而可实现 k-ε 模型通过加入约束，可避免相关问题。计算结果发现，对分离流和复杂二次流的预测，可实现 k-ε 模型在所有 k-ε 模型中的性能最佳。

（6）k-ω 模型可显著改进 k-ε 模型存在的相关问题，但其计算结果强烈依赖于自由流的 ω 值。为避免此问题，剪切应力输运（SST）k-ω 模型通过引入比例因子，在近壁区域采用 k-ω 模型，在自由流区域逐渐过渡到 k-ε 模型。

（7）在驻点附近，双方程 RANS 模型存在过大预测湍动能产生的缺陷，需要对其加以限制。

（8）RANS 湍流黏性系数模型存在对流线曲率和系统旋转不敏感的问题，需要对湍动能产生项加以改进。

（9）针对内燃机模拟，RNG k-ε 模型的计算结果优于标准 k-ε 模型，因此推荐使用 RNG k-ε 模型。

（10）雷诺应力模型比湍流黏性系数模型计算精度高，可有效计入各向异性湍流、流线曲率、涡旋转和大应变率的影响，但是其计算成本较高。

（11）在雷诺应力模型中，雷诺应力输运方程的部分项依然基于简单流推导得出，因此同样存在一定的局限性。

（12）在使用 LES 和 DES 模型时，由于网格大小直接影响数值误差和亚网格尺度的模型误差，使用时注意依据相应准则，优化网格尺寸，以获得可靠的预测结果。

表 8-1　湍流流动模型汇总

软件	RANS 湍流黏性系数模型	RANS 雷诺应力模型	LES 和 DES 模型
CFX	零方程湍流黏性系数模型 湍流黏性系数输运模型[10] 标准 k-ε 模型[11] 重整化群（RNG）k-ε 模型[12, 13] 标准 k-ω 模型[14] 基线（BSL）k-ω 模型[15] SSTk-ω 模型[16]	Launder-Reece-Rodi 模型[17] Speziale-Sarkar-Gatski 模型[18]	Smagorinsky 模型[19] 动态 Smagorinsky 模型[20, 21] 壁面自适应局部涡黏（WALE）模型[22] 分离涡模拟（DES）模型

软件	RANS 湍流黏性系数模型	RANS 雷诺应力模型	LES 和 DES 模型
CONVERGE	标准 k-ε 模型[11] 重整化群(RNG)k-ε 模型[12, 13] 可实现 k-ε 模型[23] 标准 k-ω 模型(1998)[14] 标准 k-ω 模型(2006)[24] SSTk-ω 模型[16]	—	零方程 LES 模型[25] Smagorinsky 模型[19] 动态 Smagorinsky 模型[20, 21] 单方程黏度模型[26, 27] 动态结构模型[28] 一致动态结构模型[29]
FIRE	湍流黏性系数输运模型[10] 标准 k-ε 模型[11] 标准 k-ω 模型(1998)[14]	Launder-Reece-Rodi 模型[17] Speziale-Sarkar- Gatski 模型[18] Manceau-Hanjalić 模型[22]	Smagorinsky 模型[19] 拟序结构模型[30]
FLUENT	湍流黏性系数输运模型[10] 标准 k-ε 模型[11] 重整化群(RNG)k-ε 模型[12, 13] 可实现 k-ε 模型[23] 标准 k-ω 模型[14] 基线(BSL)k-ω 模型[15] SSTk-ω 模型[16] V2F 模型[31]	Launder-Reece-Rodi 模型[17] Speziale-Sarkar- Gatski 模型[18]	Smagorinsky 模型[19] 动态 Smagorinsky 模型[20, 21] 壁面自适应局部涡黏(WALE) 模型[22] 单方程黏度模型[26, 27] 分离涡模拟(DES)模型
FORTE	标准 k-ε 模型[11] 重整化群(RNG)k-ε 模型[12, 13]	—	—
KIVA	标准 k-ε 模型[11] 重整化群(RNG)k-ε 模型[12, 13]	—	—
OpenFOAM	k-l 单方程模型； 标准 k-ε 模型[11] 重整化群(RNG)k-ε 模型[12, 13] 可实现 k-ε 模型[23] SSTk-ω 模型[16]	Launder-Reece- Rodi 模型[17] Speziale-Sarkar- Gatski 模型[18]	Smagorinsky 模型[19] 动态 Smagorinsky 模型[20, 21] 单方程黏度模型[26, 27] 分离涡模拟(DES)模型

软件	RANS 湍流黏性系数模型	RANS 雷诺应力模型	LES 和 DES 模型
STARCD	湍流黏性系数输运模型[10] k-l 单方程模型 标准 k-ε 模型[11] 重整化群(RNG)k-ε 模型[12, 13] Chen k-ε 模型[32] Speziale k-ε 模型[33] Suga k-ε 模型[34] V2F 模型[31] 标准 k-ω 模型[14] SSTk-ω 模型[16]	Gibson-Launder 模型[35] Craft-Launder- Suga 模型[34] Speziale-Sarkar- Gatski 模型[18]	Smagorinsky 模型[19] 壁面自适应局部涡黏 (WALE)模型[22] 单方程黏度模型[26, 27] 动态结构模型[28] 分离涡模拟(DES)模型
VECTIS	标准 k-ε 模型[11] 重整化群(RNG)k-ε 模型[12, 13] 可实现 k-ε 模型[23] 双尺度 k-ε 模型[36] SSTk-ω 模型[16]	—	—

表 8-2　雷诺平均(RANS)湍流黏性系数模型特点

模型	特点
零方程湍流黏性系数模型	通过代数式计算湍流黏性系数
湍流黏性系数输运模型[10]	求解湍流黏性系数的输运方程
k-l 模型	指定湍流长度尺度 l 求解湍动能 k 的输运方程
标准 k-ε 模型[11]	求解湍动能 k 和耗散率 ε 的输运方程 k 和 ε 分别表征湍流速度尺度和长度尺度 k 方程通过推导得到，而 ε 方程做了大量简化 适用于充分发展湍流
重整化群(RNG)k-ε 模型[12, 13]	与标准 k-ε 模型类似，但 ε 方程基于严格的数学推导 计入涡流的影响，提高对高涡流工况的计算精度 与标准 k-ε 模型相比，对高应变率流动，RNG k-ε 模型通过增加耗散率而 降低预测的湍流强度
Chen k-ε 模型[32]	同时采用湍流产生和耗散时间尺度封闭 ε 方程 与标准 k-ε 模型相比，另加入湍流产生时间尺度对 ε 的影响

续表

模型	特点
可实现 $k\text{-}\varepsilon$ 模型[23]	通过引入约束条件,确保湍流应力为非负值,从而保证湍动能具有物理意义
Speziale $k\text{-}\varepsilon$ 模型[33]	二阶非线性湍流黏性系数模型,以解决湍流各项异性的问题
Suga $k\text{-}\varepsilon$ 模型[34]	非线性湍流黏性系数模型,包括二阶和三阶形式
V2F 模型[31]	详细描述近壁湍流 除求解 k 和 ε 外,另求解垂直壁面的湍流强度,以及其产生率与湍动能比率两个方程
标准 $k\text{-}\omega$ 模型(1998)[14]	求解湍动能 k 和比耗散率 ω 的输运方程
标准 $k\text{-}\omega$ 模型(2006)[24]	与标准 $k\text{-}\omega$ 模型(1998)类似,在 ω 方程的基础上加入一项
基线(BSL)$k\text{-}\omega$ 模型[15]	在近壁区域采用 $k\text{-}\omega$ 模型,在自由流区域逐渐过渡到 $k\text{-}\varepsilon$ 模型,适用于外流计算,但较少用于燃烧模拟
SST $k\text{-}\omega$ 模型[16]	在 BSL $k\text{-}\omega$ 模型的基础上,加入对湍动能产生项的约束 解决 BSL $k\text{-}\omega$ 模型无法准确预测光滑表面流体分离时刻和分离量的问题
双尺度 $k\text{-}\varepsilon$ 模型[36]	纳入湍动能及其耗散率不平衡条件 分别计算湍流生成区的湍动能与其耗散率、输运区的湍动能和最小湍团区的耗散率四个输运方程

表 8-3　大涡模拟(LES)湍流模型特点

模型	特点
零方程 LES 模型[25]	通过求解亚网格速度直接计算亚网格湍动能
Smagorinsky 模型[19]	最简单、应用最广泛的基于湍流黏度的亚网格模型 基于亚网格尺度湍动能产生和耗散处于局部平衡的假设 湍流黏度与应变率、网格大小相关 对壁面限制流和层流/湍流过渡区的预测存在误差
动态 Smagorinsky 模型[20, 21]	Smagorinsky 常数根据流动状态改变
壁面自适应局部涡黏(WALE)模型[22]	与 Smagorinsky 模型相似,直接计算湍流黏度 对壁面限制流动的计算结果更准确
单方程黏度模型[26, 27]	求解亚网格湍动能输运方程
动态结构模型[28]	亚网格应力表达为亚网格湍动能的函数,而非通过湍流黏度模拟
一致动态结构模型[29]	与动态结构模型相似,亚网格应力的表达式有所不同 适用于旋转参考坐标系
拟序结构模型[30]	采用拟序结构函数模拟湍流黏度

8.2　燃油喷雾模型

8.2.1　喷嘴内流和喷雾雾化模型

当前大部分燃油喷雾模型均基于欧拉-拉氏法,即燃油液滴通过拉格朗日运动坐标表示,而气相场通过连续的欧拉法描述。由于燃油假定以团块或液柱的形式离开喷嘴,因此需要设定喷嘴出口处的液滴大小、速度和喷雾锥角。然而,由于喷油器内部结构和尺寸各异,以及环境气体状态不同,确定喷嘴出口处液滴的初始条件,依然存在较大的困难,目前主要有以下四种方法:

(1) 直接设定喷嘴出口处液滴的半径、速度和喷雾锥角,通常假定液滴直径等于喷孔直径,液滴速度由质量守恒方程计算得到,喷雾锥角根据相应的实验数据设定。对于内部入口尖锐的喷嘴,需要计入燃油空化的影响作用,适当降低液滴的初始直径,并增加喷射速度。

(2) 基于喷嘴内流的经验公式确定相关初始条件。依据伯努利方程,同时计入射流紧缩(vena contracta)、壁面摩擦和流动损失,以及燃油空化的影响。通过设定质量流量、环境背压、燃油物理性质和喷嘴几何参数,计算瞬态节流系数、有效喷射速度、出口面积(用以确定液滴的初始直径)和喷雾锥角。

(3) 耦合初次雾化模型确定液滴的初始参数,如对实圆锥喷雾使用 Huh-Gosman 模型[37]确定液滴的初始速度和喷雾锥角,对空圆锥喷雾使用 LISA 模型[38]确定相关初始条件。

(4) 完全耦合喷嘴内流与喷雾雾化模拟,如采用欧拉-拉格朗日喷雾雾化(EL-SA)方法。

此外,为描述液滴在喷嘴出口处的直径分布,可采用适当的概率密度分布函数,对低速旋流喷嘴,由于液滴离开喷嘴后经历较长的时间才能发生破碎,因此提供准确的液滴粒径分布至关重要;对高速柴油喷射,液滴的初始直径对最终的计算结果影响甚微,初始喷射速度越高,最终的雾化粒径对初始液滴直径的分布依赖性越小。

不同软件采用的喷雾模型如表 8-4 所示,表 8-5 进一步对模型的特点加以汇总。虽然不同雾化模型有较大差异,但其主要功能均是确定液滴何时破碎,以及破碎后液滴的粒径和速度。需要注意,当前燃油的雾化机理尚未完全明晰,雾化模型依然有很大的不确定性。在选择和使用雾化模型时需要注意以下问题:

(1) 雾化模型的选择主要依据喷雾动量和表面张力的重要性,即 Weber 数的大小。

(2) 在使用包括初次雾化和二次雾化的混合雾化模型时,需要注意不同模型的切换准则。通常定义喷雾破碎长度,即当液滴离喷嘴的距离小于此破碎长度时采用初次雾化模型,而大于此长度时采用二次雾化模型。该喷雾破碎长度的定义对计算结果有较大的影响。

(3)在雾化模型的使用时,需要注意子模型的设定。如在应用广泛的KH-RT模型中,假定当新液滴的质量小于喷射液滴质量的3%时,不发生破碎分离;同样,何时切入至RT模型、KH模型是否产生新液滴、滴破碎后粒子团中液滴的数量均会影响计算结果。

(4)需要注意在大部分雾化模型中,由于近喷嘴区域液滴的直径与喷孔直径相当,几乎没有燃油蒸发。为在近喷嘴区域产生燃油蒸气,通常通过直接剥离母液滴,产生10%质量的小液滴。

(5)在KH-RT模型中参数的取值同样对计算结果有重要影响,其中B_0决定初始雾化产生子液滴的大小,推荐值为0.61;B_1决定初次雾化的时间尺度,范围为5~100,推荐值为40;C_3决定二次雾化的产生子液滴的大小,推荐值为0.1;C_τ决定二次雾化的时间尺度,推荐值为1.0。

在雾化模型中由于需要提供气液两相的相对速度,其中气相速度基于CFD网格获得,因此喷雾模型的计算结果强烈依赖于计算网格尺寸和时间步长的大小。当前有两种方法可在一定程度上缓解此问题,一是降低网格尺度和时间步长,二是采用先进的求解算法。

然而,过度减小网格尺寸和时间步长,将大幅增加计算时间。为降低计算结果对网格大小和时间步长的依赖,建议使用极网格,保持喷嘴区域在极网格中心处,或采用自适应网格,在喷雾区域动态加密网格,可以较好地解决对网格的依赖性。另外,采用非稳态气相射流模型[39, 40]可降低计算结果对网格的依赖性,该方法基于非稳态气相射流理论,以计算液滴与环境气体的相对速度在轴向的分量,而不依赖于CFD的气相网格。

表8-4　喷嘴内流和喷雾雾化模型汇总

软件	喷嘴内流模型	喷雾雾化模型
CFX	团块方法:液滴在喷嘴出口处的直径等于喷孔直径,通过质量守恒定律计算液滴速度 增强团块模型:通过输入收缩系数,以纳入空化减小出口液滴直径的作用 LISA模型(空圆锥喷雾)	Reitz-Diwakar 模型[41] Schmehl 模型[42] Chryssakis-Assanis[43] LISA 模型[38] TAB 模型[44] ETAB模型[45] CAB 模型[46]

续表

软件	喷嘴内流模型	喷雾雾化模型
CONVERGE	团块方法:初始液滴直径等于喷孔直径 直接输入初始液滴直径 直接输入节流系数 基于喷射压力动态计算节流系数,进而确定初始液滴直径	KH 模型[47] KH-ACT 模型[48] RT 模型[49] TAB 模型[44] LISA 模型[38] KH-RT 模型[50] KH-RT 修正模型
FIRE	团块方法:初始直径等于或略小于喷孔直径 液核方法:基于 Huh-Gosman 模型(1991),计算液滴的初始速度和喷雾锥角 欧拉-拉格朗日喷雾雾化(ELSA)模型:基于连续欧拉方法描述喷嘴内部及其出口处的液体流动,基于拉格朗日方法描述雾化产生的液滴	Chu 模型[51] Reitz–Diwakar 模型[41] KH 模型[47] KH 子液滴模型 TAB 模型[44] FIPA 模型[52] Huh-Gosman 模型[37] KH-RT 模型[50]
FLUENT	通过计算节流系数,确定液滴初始直径、速度和喷射锥角 LISA 模型(空圆锥喷雾)	TAB 模型[44] KH 模型[47] SSD 模型[53] KH-RT 模型[50]
FORTE	输入节流系数 喷嘴流现象模型(实圆锥喷雾) LISA 模型(空圆锥喷雾)	KH-RT 模型[50] LISA 模型[38] TAB 模型[44]
KIVA	团块方法:给定液滴的初始直径和速度、喷雾锥角	TAB 模型[44]
OpenFOAM	团块方法:初始直径等于或略小于喷孔直径 LISA 模型(空圆锥喷雾)	Reitz–Diwakar 模型[41] TAB 模型[44] ETAB 模型[45] Pilch–Erdman 模型[54] KH-RT 模型[50] Schmehl 模型[42] LISA 模型[38]

续表

软件	喷嘴内流模型	喷雾雾化模型
STARCD	经验公式：通过经验公式确定喷嘴出口处液滴的直径和速度 液核方法：基于 Huh-Gosman 模型	Huh-Gosman 模型[37] Obermeier-Chaves 模型[55] Reitz-Diwakar 模型[41] Pilch-Erdman 模型[54] Hsiang-Faeth 模型[56] KH-RT 模型[50]
VECTIS	基于经验公式直接给出液滴直径的分布和喷雾锥角，包括过热喷雾子模型 液核方法：基于 Huh-Gosman 模型 LISA 模型(空圆锥喷雾) 耦合喷嘴内流的雾化模型	Huh-Gosman 模型[37] Reitz-Diwakar 模型[41] TAB 模型[44] KH 模型[41] RT 模型[50] Pilch-Erdman 模型[54] LISA-TAB 模型(空圆锥喷雾) KH-RT 模型[50] KH-TAB 模型 KH-Pilch 模型 过热雾化模型

表 8-5 喷雾雾化模型特点

模型	特点	机理与适用范围
CAB 模型[46]	ETAB 模型的改进版本，增加了多种雾化机理，并优化了 ETAB 模型中的参数，以保证不同机理间平滑过渡	袋式、剥离式和突变式
Chryssakis-Assanis[43]	Huh-Gosman 模型的改进版本，假定湍流扰动产生液柱雾化	二次雾化包括剪切式和突变式，适用于 Weber 数大于 80 的情况
Chu 模型	基于 Rayleigh-Taylor 不稳定性分析	
ETAB 模型[45]	TAB 模型的改进版本，通过设置合理的液滴初始变形速度，避免了 TAB 模型预测雾化时间过短、液滴直径过小的问题，同时修正了破碎后液滴的速度和大小	袋式和剥离式

续表

模型	特点	机理与适用范围
FIPA 模型[52]	初次雾化采用 WAVE 模型,二次雾化采用 Pilch-Erdman 模型	
Hsiang-Faeth 模型[56]	基于实验数据拟合	适用 $We<1000$、柴油机喷雾工况
Huh-Gosman 模型[37]	认为高速液滴的破碎受空气动力学和湍流引起的内部剪切力两种机理控制,考虑喷嘴内流的影响	适用于高速柴油喷雾
KH-ACT 模型[48]	KH 模型的改进版本,同时包括空气动力学、空化和湍流对初次雾化的作用	
KH-RT 模型[50]	初始雾化采用 KH 机理,而二次雾化采用 RT 机理,基于破碎长度切换两种机理	
KH-RT 修正模型	与 KH-RT 模型中使用破碎长度切换两种雾化机理不同,在该模型中,仅当喷射液体的团块发生雾化时采用 KH 机理,而子液滴的雾化采用 KH 机理和 RT 机理相互竞争	
KH 模型[47]	即 WAVE 模型,根据液相射流稳定性分析,基于 Kelvin-Helmholtz 不稳定理论	袋式和剥离式
KH 子液滴模型	在 KH 模型中,由于在近喷嘴区域的液滴直径较大,难以产生蒸气。为在近喷嘴区域产生燃油蒸气,假定 90%燃油以团块的形式,而 10%以剥落的小液滴喷出喷嘴,采用概率分布函数描述小液滴的粒径分布	
LISA 模型[38]	基于液膜的线性稳定性分析,包括液膜破碎机理,以及确定初始喷射液膜粒子的大小和速度模型	适用于压力旋流雾化器
Obermeier-Chaves 模型[55]	包括气动力使液滴从喷雾液柱表面分离、液滴与液柱碰撞产生新液滴两种机理	

模型	特点	机理与适用范围
Pilch-Erdman 模型[54]	基于实验数据确定不同破碎机理的临界 Weber 数、破碎时间尺度,以及破碎后液滴的大小和速度特性	包括震动、袋式、袋-雄蕊式、片剥离式、波峰剥离式,适合高速燃油喷射
Reitz-Diwakar 模型[41]	受空气动力学影响,基于 Webber 数和 Reynolds 数判定不同雾化机理的准则	袋式、剥离式
RT 模型[49]	基于 Rayleigh-Taylor(RT)不稳定性	适用于二次雾化
Schmehl 模型[42]	基于实验数据确定液滴的破碎时间尺度和雾化后的液滴粒径	袋式、多模式和剪切三种机理,适用于压力旋流雾化器
SSD 模型[53]	即随机二次液滴模型,认为液滴的破碎过程是随机事件,液滴发生破碎的可能性与其直径无关,二次液滴的直径由概率密度函数随机确定	
TAB 模型[5]	基于弹性力学理论,假定液滴受气动力、表面张力和黏性力共同作用,如同弹性体一样发生振动和扭曲,当变形达到一定程度时发生破碎	
过热雾化模型	基于实验数据拟合,计入热破碎机理和空化气泡的影响	适用于过热喷雾

8.2.2　液滴碰撞与聚合模型

表 8-6 汇总了不同软件采用的液滴碰撞与聚合模型。作为典型的液滴碰撞与聚合模型,O'Rourke 模型[57] 被广泛采用。该模型基于随机方法确定碰撞次数及碰撞结果,在使用过程中需要注意以下问题:

(1)模型中假定当两个液滴位于同一流体网格内方能发生碰撞,因此液滴碰撞模型的计算结果对网格尺度具有一定的依赖性。当流体网格较大时,由于网格内液滴过多,导致计算效率低。通过减小网格尺度可缓解此问题。

(2)在 O'Rourke 模型中,假定液滴的碰撞频率小于流体求解器的时间步长。然而,当流体求解器的时间步长过大时,碰撞模型会产生较大的计算误差。

(3)O'Rourke 模型中包括反弹和聚合两种机理,仅适用于 Weber 数较低的情况。而当 Weber 数大于 100 时,需要考虑震裂机理。

　　针对上述问题,在 O'Rourke 模型[57] 的基础上,不同液滴碰撞与聚合模型针对降低计算结果对时间步长和网格的依赖性、提高计算效率方面重点加以改进,主要包括以下几方面:

　　(1) 重新定义液滴发生碰撞区域的大小,实现其动态改变,以降低计算结果对网格的依赖性。如 Hou 模型[58] 基于自适应碰撞网格,碰撞网格均匀分布并随时间随机旋转。

　　(2) 由于液滴碰撞的计算时间与所在网格内液滴的数量的平方成正比,减小网格尺寸可显著降低计算成本,因此当前模型通过采用较小的碰撞网格,可有效提高计算效率。但是,需要注意过小的碰撞网格可能会降低液滴的碰撞机会,因此需要限制计算时间步长的大小。

　　(3) 使用极网格,保持喷嘴区域在其中心处,或采用动态自适应网格,可在一定程度上降低碰撞结果对网格的依赖性。

　　(4) 非时间计数器(NTC)模型[59] 基于直接模拟蒙特卡罗(DSMC)方法,在每个网格内随机取样,计算时间仅随粒子团数量增加而线性增长,而 O'Rourke 模型的计算时间与粒子团数量的平方成正比,因此 NTC 模型可大幅降低计算时间,提高计算效率。

　　(5) 在 O'Rourke 模型中,液滴发生碰撞的概率由泊松分布函数确定,然而泊松分布假定仅在碰撞对液滴无影响的前提下成立。NTC 模型基于随机碰撞的概率模型,推导过程中无任何假设,因此较 O'Rourke 模型计算结果更为准确。

　　(6) 在当前的液滴碰撞模型中,通过纳入更多的碰撞机理,计入高 Weber 数下的碰撞结果。

表 8-6　液滴碰撞与聚合模型汇总

软件	液滴碰撞与聚合模型
CFX	随机碰撞模型[60]:基于随机碰撞粒子对的概念
CONVERGE	O'Rourke 模型[57]:包括摩擦碰撞(grazing collision)和聚合两种机理 非时间计数器(NTC)模型[59]:提高计算效率 Post-Abraham 模型[61]:另包括拉伸分离和自反分离两种机理 Hou 模型[58]:基于自适应网格
FIRE	O'Rourke 模型[57] 非时间计数器(NTC)模型[59] Nordin 模型[62]:改进 O'Rourke 模型对网格的依赖性,仅当两个液滴的轨迹交叉,且在喷雾积分时间步长内达到交叉点才发生碰撞
FLUENT	O'Rourke 模型[57]

软件	液滴碰撞与聚合模型
FORTE	Munnannur-Reitz 模型[63]:包括聚合、交换分离、震裂、反弹、拉伸分离和自反分离等六种机理,基于影响半径(ROI)和平均碰撞时间确定碰撞频率 碰撞网格模型[64]:通过指定圆柱状碰撞网格的大小,降低液滴碰撞结果对网格尺度的依赖
KIVA	O'Rourke 模型[57]
OpenFOAM	O'Rourke 模型[57]
STARCD	O'Rourke 模型[57]:另可人为指定碰撞网格集群区域 Aamir-Watkins 模型[65]:加入碰撞时间步长的影响 非时间计数器(NTC)模型[59] Nordin 模型[62]
VECTIS	O'Rourke 模型[57]:另外包括基于网格、固定半径的球形、自动半径的球形(Munnannur 和 Reitz 模型[63])三种不同碰撞区域模型

8.2.3　液滴碰壁模型

在内燃机模拟时,是否使用液滴碰壁模型主要取决于计算中燃油是否发生碰壁现象。对于上止点附近喷油的传统柴油机以及在进气道内形成均匀混合气的均质压燃(HCCI)发动机,发生缸内燃油附壁可能性较低,因此无需考虑;对于进气道内喷油(PFI)的汽油机,喷雾直接碰撞进气阀及其附近的进气道;此外,对于采用进气冲程喷油的汽油直喷(GDI)发动机(特别是壁面导向式混合气形成方式)、采用缸内早喷的柴油预混压燃(PCCI)和反应活性压燃(RCCI)发动机,以及包括提前喷油的多次喷射柴油机,不可避免地发生液滴碰壁现象,特别是对小缸径发动机,碰壁现象尤为突出,所以非常有必要纳入液滴碰壁模型。

液滴碰壁的机理主要受入射液滴的动力学特性(如液滴直径、速度、入射角度和碰撞频率),燃油的物理特性(如黏度、密度和表面张力),壁面的表面特性(如壁面温度、表面粗糙度和液膜厚度),以及近壁气体工况的影响,这些影响因素大致可以归于几个无量纲量,如入射液滴的 Weber 数和 Reynolds 数。不同液滴碰壁模型如表 8-7 所示,在模型选择时需要注意以下几点:

(1) 是否计入碰撞壁面表面粗糙度(或液膜厚度)的影响,要以表面粗糙度(或液膜厚度)与入射液滴直径的比值,即无量纲的表面粗糙度(或液膜厚度)来确定。通常仅当壁面平均粗糙度(或液膜厚度)与入射液滴直径相当时,才需要考虑表面粗糙度(或液膜厚度)的影响,对于常用的金属表面其粗糙度为 $5\mu m$ 左右。

（2）是否考虑壁面温度对液滴碰壁机理的影响，主要受壁面温度与沸点温度、Nukiyama 温度和 Leidenfrost 温度相对大小决定。当壁面温度高于 Leidenfrost 温度时，壁面与液膜之间的薄蒸气层阻止入射液滴与壁面直接接触，因此发生膜态沸腾。壁面温度在 Nukiyama 温度和 Leidenfrost 温度之间时，属于过渡沸腾区域；当壁面温度小于 Nukiyama 温度时，属于自然对流和核态沸腾区域。通常假定 Nukiyama 温度等于燃油的沸点。然而 Leidenfrost 温度同时受燃油物性、环境气体和液滴流动状态，以及液滴入射特征的综合影响。通常针对不同环境背压，使用相应的经验公式，依据入射液滴的 Weber 数和入射角确定碰撞后的特性。在直喷发动机环境下，壁面温度通常小于 Leidenfrost 温度。

（3）在部分软件中，同时耦合一些非常简化的模型，如假定液滴碰壁后完全反弹，或直接黏附在壁面，或完全蒸发，或直接形成射流，在表 8-7 中未一一列出。

表 8-7　液滴碰壁模型汇总

软件	液滴碰壁模型
CFX	Elsässer 模型[66]
CONVERGE	Naber-Gonzalez 模型[67, 68] O'Rourke-Amsden 模型[69] Kuhnke 模型[70]
FIRE	Naber-Reitz 模型[67] Mundo 模型[71] Bai-Gosman 模型[72] O'Rourke-Amsden 模型[69] Kuhnke 模型[70] Maichle-Weigand 模型[73]
FLUENT	Stanton-Rutland 模型[74] Kuhnke 模型[70]
FORTE	Bai-Han 模型[75, 76]
KIVA	O'Rourke-Amsden 模型[69]
OpenFOAM	Bai 模型[77]
STARCD	Obermeier-Chaves 模型[78] Bai-Gosman 模型[72] Bai-Rosa 模型[72, 79] Senda 模型[80]
VECTIS	Naber-Reitz 模型[67] VECTIS 自动模型

液滴碰壁模型的主要功能是确定不同碰壁机理的临界准则、反弹或飞溅液滴的质量比,以及反弹或飞溅液滴的直径和速度,不同模型的特点如表 8-8 所示。在应用时需要注意以下问题:

(1) 由于飞溅模型的加入,引起网格内气相动量和能量源项增加,导致计算收敛困难。因此,在激活液滴飞溅模型时,通常需要使用较小的时间步长。

(2) 所有液滴碰壁模型中,碰壁机理的临界准则、反弹或飞溅的质量比,以及反弹或飞溅液滴直径和速度的确定,均通过拟合相应的实验数据得到。在模型应用时,需要注意其适用范围,即模型的验证工况。环境条件的改变会对计算结果产生非常大的影响,如由低背压转至高背压环境,飞溅液滴的相关特征会发生较大的变化[81]。

(3) 在计算飞溅产生二次液滴的速度时,部分模型未考虑能量守恒,因此对气相温度场的预测产生一定的误差。

表 8-8 液滴碰壁模型特点

模型	特点	液滴碰壁机理	判定准则
Bai-Gosman 模型[72]	为体现碰撞过程的随机性,液滴碰壁后生成二次液滴的大小和速度由随机函数确定	黏附、摊布、反弹、飞溅、破碎、沸腾导致破碎,反弹后破碎	入射液滴的 We 数 壁面温度 壁面状态(干壁/湿壁、表面粗糙度)
Bai 模型[77]	在 Bai-Gosman 模型的基础上,更新了反弹至摊布的临界 Weber 数,并采用概率密度函数描述二次液滴的直径分布,求解二次液滴的速度时考虑能量守恒	黏附、摊布、反弹、飞溅、破碎、沸腾导致破碎,反弹后破碎	入射液滴的 We 数 壁面温度 壁面状态(干壁/湿壁、表面粗糙度)
Bai-Han 模型[75, 76]	模型主体取自 Bai-Gosman 模型,同时纳入 Han 模型对飞溅阈值和飞溅产生二次液滴特性的改进	黏附、反弹、摊布、飞溅	入射液滴的 We 数 入射液滴的 Re 数 飞溅阈值 H_{cr}(为入射液滴的 Re 数、无量纲液膜厚度和壁面粗糙度的函数)
Bai-Rosa 模型[72, 79]	机理的判定准则取自 Rosa 模型,而碰壁后的液滴特性,除二次滴的质量比公式外均取自 Bai-Gosman 模型	针对自然对流、核态沸腾、过渡沸腾、膜态沸腾情况,包括沉积/摊布、反弹和飞溅三种机理	入射液滴的 K 值(We 和 Re 数的组合) 无量纲壁面温度 壁面状态(干壁/湿壁、表面粗糙度)

续表

模型	特点	液滴碰壁机理	判定准则
Elsässer 模型[66]	适用于内燃机模拟,假定壁面材料为铝,碰壁机理与 Bai-Gosman 模型相同	黏附、摊布、反弹、飞溅、破碎、沸腾导致破碎,反弹后破碎	入射液滴的 We 数 壁面温度 壁面表面粗糙度
Kuhnke 模型[70]	计入壁面温度的影响,特别适用于选择性催化还原(SCR)系统内喷雾碰壁的模拟	沉积、反弹、飞溅和热破碎	入射液滴的 K 值(We 和 La 数的组合) 无量纲壁面温度 壁面状态(干壁/湿壁)
Maichle-Weigand 模型[73]	基于单液滴直接数值模拟和实验结果提出,适用于水滴分离模拟	沉积和飞溅	入射液滴的 K 值(We 和 Oh 数的组合) 壁面情况(干壁/湿壁)
Mundo 模型[71]	基于实验数据提出	沉积和飞溅	入射液滴的 K 值(We 和 Re 数的组合) 壁面粗糙度
Naber-Gonzalez 模型[67, 68]	模型主体取自 Naber-Reitz 模型,并加入了 Gonzalez 模型对液滴反弹速度的修正	反弹和滑移	入射液滴的 We 数
Naber-Reitz 模型[67]	基于喷雾倾斜碰壁的实验数据	黏附、反弹和壁面射流	入射液滴的 We 数
O'Rourke-Amsden 模型[69]	基于不同碰壁实验数据拟合而成,考虑能量守恒	沉积和飞溅	入射液滴的 We 数 入射液滴的 K 值(We 和 Re 数的组合) 入射液滴的 E 值(We 数、无量纲边界层厚度和液膜厚度等变量组合)
Obermeier-Chaves 模型[78]	计入多液滴的相互作用,忽略液滴入射角的影响(除对入射液滴的 We 数影响外)	黏附、破碎和飞溅	入射液滴的 We 数 无量纲的液滴直径 壁面温度

模型	特点	液滴碰壁机理	判定准则
Senda 模型[80]	反弹和沉积机理与 Bai-Gosman 模型一致,针对不同工况使用不同的飞溅模型	针对自然对流、核态沸腾、过渡沸腾、膜态沸腾情况,分别包括沉积、反弹、飞溅机理	入射液滴的 We 数 无量纲壁面温度 壁面状态(干壁/湿壁)
Stanton-Rutland 模型[74]	考虑碰液滴对液膜的质量和动量贡献	黏附、反弹、摊布和飞溅	入射液滴的碰撞能量 E 壁面温度
VECTIS 自动模型	模型主体取自 Bai-Gosman 模型,同时融合 Senda 模型和 Kuhnke 模型等多个模型的特点	黏附、摊布、反弹、飞溅、水平破碎,垂直破碎	入射液滴的 We 数 壁面温度 壁面状态(干壁/湿壁、表面粗糙度)

8.2.4　壁面液膜模型

液滴与壁面碰撞后,可能发生黏附、摊布和飞溅现象,在壁面上形成液膜。由于在发动机内燃油的黏度较大,液膜的运动速度通常仅为平均气流速度的$1\%\sim3\%$,因此一定质量液膜会滞留在壁面上。液膜的动力学特性受撞击壁面的液滴、壁面条件和近壁气流的综合影响。撞击壁面的液滴向油膜中加入了相应的质量、能量和切向动量。同时,壁面通过无滑移边界条件和壁面传热直接作用于液膜,边界层内的气流运动通过切向剪切力,以及液膜与气体间质量和能量交换影响液膜。

表 8-9 列出当前主要采用的液膜模型,模型可以分为两大类:一类是基于拉格朗日方法的液膜模型,即采用代表液滴的粒子团表示液膜,在计算液膜与环境气体发生质量和能量交换时,将同一网格内所有表示壁面液膜的粒子团转换为薄液膜,依据所有液滴的体积和网格对应壁面的面积确定液膜厚度。另一类是基于欧拉方法的液膜模型,即直接求解液膜的质量、能量和动量方程,通过与基于离散相模型的液滴发生质量和动量交换,计入液滴与油膜的相关作用,以及油膜的分离和剥离现象。两类模型均基于薄油膜的假定,认为油膜的厚度相比壁面的曲率半径非常小,因此假定液膜与壁面保持平行。

当液膜分布在有拐角的壁面时,受液膜运动的驱动,可能与壁面发生分离,因此在模型中需加以模拟。液膜分离模型通常基于力平衡方程确定分离准则,液膜与壁面分离后形成液滴,通常假定新液滴的直径与液膜厚度相同。此外,由于液膜表面受气动力的作用,表面波增长,当达到临界振幅时,将发生液膜剥离现象(见表 8-10)。使用壁面液膜相关模型时需要注意以下几点:

(1) 欧拉油膜模型同时适用于稳态和瞬态模拟,而拉格朗日液膜模型仅适用于瞬态计算,在高瞬态环境下推荐使用拉格朗日模型。

(2) 拉格朗日油膜模型适用于碰壁液滴稀疏的环境,即离散相占气相的体积分数小于 5% 情况;对大面积连续液膜,欧拉油膜模型更具优势。

(3) O'Rourke-Amsden 模型(2000)[69]是最典型的拉格朗日油膜模型,而 Bai-Gosman 模型(1996)[75]是最典型的欧拉油膜模型。

(4) 在内燃机环境下,液膜的厚度通常非常小(小于 $500\mu m$),因此假定液膜内的温度线性分布,与剪切力和惯性力相比,油膜的重力可以忽略,并认为其内部流动为层流。

(5) 基于油膜很薄的假定,油膜与壁面发生导热,油膜与环境气体发生对流换热。

表 8-9 液膜模型汇总

软件	液膜模型
CFX	准静态液膜模型,忽略外力引起的液膜运动,仅计入液膜与环境的质量传递(蒸发)和热量传递(壁面导热和气体对流)
CONVERGE	O'Rourke-Amsden 模型[69]
FIRE	O'Rourke-Amsden 模型[69]
	欧拉液膜模型:直接求解液膜的厚度、动量和能量方程,考虑壁面粗糙度的影响,使用不同方法模拟液膜表面的湍流扩散系数
FLUENT	O'Rourke-Amsden 模型(2000)[69]:在质量传递计算时,包括扩散控制模型、对流/扩散模型和液膜沸腾模型
	欧拉液膜模型
FORTE	O'Rourke-Amsden 模型[69]:通过 Han 模型[76]修正由于液滴碰壁引起的液膜运动特征
KIVA	O'Rourke-Amsden 模型
OpenFOAM	Bai-Gosman 模型[75]

续表

软件	液膜模型
STARCD	以下两个模型平滑切换,切换准则依赖于平面覆盖比和等效液膜厚度: 拉格朗日模型 Bai-Gosman 模型[75]
VECTIS	Bai-Gosman 模型[75]:基于欧拉方法,求解连续、动量和能量方程

表 8-10　液膜分离和剥离模型汇总

软件	液膜分离模型	液膜剥离模型
CFX	—	—
CONVERGE	O'Rourke-Amsden 模型[69]:分离准则数由液膜相对速度、液体密度、壁面拐角角度和环境气体压强确定	LISA 破碎模型[38]
FIRE	O'Rourke-Amsden 模型[69]	—
FIRE	—	剥离速率和产生液滴的直径由不同经验公式,基于壁面角度确定
FLUENT	基于力平衡分析	—
FLUENT	当壁面拐角足够大,且惯性力超过临界值时,发生液膜分离,分离后液滴的直径和数量由以下模型确定: Foucart 模型:液滴直径由液膜厚度和边界长度确定,分离量等于液膜穿过边界的质量 O'Rourke-Amsden 模型[69]:液滴直径与液膜厚度相等,分离量等于液膜穿过边界的质量 Friedrich 模型[82]:液滴直径与液膜厚度相等,基于实验数据确定分离量	de Bertodano 模型[83]:基于 KH 波不稳定性
FLUENT	通过指定临界壁面拐角确定分离准则	—
FORTE	Wegener 模型[84]:基于液滴的表面张力、重力和惯性力平衡确定分离准则	—
KIVA	O'Rourke-Amsden 模型[69]	
OpenFOAM	基于力平衡分析	

软件	液膜分离模型	液膜剥离模型
STARCD	基于 RT 不稳定性理论： Maroteaux 模型[85]：确定分离后的液滴直径 Friedrich 模型[82]：确定分离破碎准则	Foucart 模型：由于液膜重力和气相剪切力，产生不稳定波，从而液滴从液膜表面剥离，剥离液滴的直径和剥离时间尺度，根据液膜表面的快速增长波波长确定
VECTIS	基础油膜分离模型：分离后液滴的直径与液膜厚度相等，分离速度等于油膜的运动速度，分离量等于液膜穿过边界的质量 先进油膜分离模型：分离准则由 Wegener 模型[84]或 O'Rourke-Amsden 模型[69]确定，分离后的液滴速度由破碎模型确定	基于 KH 不稳定性，剥离液滴直径由液膜表面的快速增长波的波长确定，速度基于 KH 不稳定性理论计算，剥离质量由以下模型确定： de Bertodano 模型[83] KH 模型

8.2.5　燃油蒸发模型

液体燃料的蒸发过程直接影响发动机的燃烧和排放。不同软件采用的蒸发模型差异非常大，表 8-11 和表 8-12 分别列出当前使用的液滴和液膜蒸发模型。在模型的选择时，通常应考虑以下几个因素：

（1）蒸发模型均假定液相不同组分完全混合，其分子间力完全相同，即液体为理想混合物，因此 Raoult 定律适用。同时，假定液体表面的各种组分处于气液平衡状态，因此基于 Raoult 定律确定液体表面组分的蒸发压，进而得到燃油蒸气在液体表面的质量分数。但是需要注意，Raoult 定律适用于液体中各组分分子结构相似的情况，但是对于汽油和乙醇的混合物，由于乙醇的分子结构与汽油中的烷烃和芳香烃相差甚远，Raoult 定律不再适用。在此情况下，UNIFAC 模型更为适合。

（2）大部分软件采用的是单组分蒸发模型，即假定燃油由单一组分构成，直接求解其蒸发历程。由于实用汽油和柴油成分复杂，为模拟实用燃料中不同组分的蒸发行为，需要使用离散多组分蒸发模型。离散多组分模型能够提供燃料中各种成分的蒸发过程，因此可与多组分化学反应动力学机理直接耦合。在计算时需要同时提供相应组分的化学反应动力学机理，否则需要假定蒸发后的组分与气相反应动力学机理中的哪种组分相对应。

（3）是否采用多组分蒸发模型主要基于计算精度和计算成本的平衡。对于传统直喷柴油机，由于在喷油后迅速发生燃烧，采用单组分蒸发模型便可获得理想的结果;对于采用缸内早喷的部分预混压燃发动机,由于不同组分的蒸气在缸内不均匀分布,并且对着火起到较大的影响,有必要使用多组分蒸发模型。

(4) 对于进气道内喷射或缸内直喷汽油机,由于环境背压较低,如果在喷射前对燃油加热,可使燃油达到过热状态,过热状态下燃油的蒸发主要受液滴表面的过热能控制。当过热度较小时,通过导热和对流由液滴内部向表面传热;当过热度较大时,蒸气的空化显著强化燃油的蒸发,从而引起液滴形状的改变。此过程非常复杂,通常通过经验公式确定燃油的蒸发速率。

(5) 在蒸发模型中通常采用传热与传质类比,因此液滴表面与环境气体换热系数的计算公式对蒸发率的影响很大。

(6) 对于离散蒸发模型,不同组分的扩散系数对计算结果有较大影响,通常假定 Lewis 数为 1,通过导热系数类比得到扩散系数。

(7) 主要依据液滴的直径确定是否计入液滴内部温度的不均匀性;依据环境温度和压力确定是否考虑沸腾或过热现象。

(8) 仅当蒸发率较低时,可基于液滴表面与环境气体的蒸气浓度差确定蒸气的质量传递,对蒸发率较高情况,需计入对流(Stefan 流)的影响。

(9) 饱和蒸气压是驱动蒸发的主要动力,在整个液滴蒸发过程中,涵盖全部温度范围且准确的蒸气压数据非常重要。

表 8-11　液滴蒸发模型汇总

软件	液滴蒸发模型
CFX	简化蒸发模型:假定质量传递仅受浓度差的影响,采用公式计算液滴的蒸发率,仅适用于单组分液体 液体蒸发模型:适用于单组分液滴,当液滴温度低于沸点时,基于质量守恒方程[86,87]确定液滴蒸发率;当液滴温度高于沸点时,基于对流和辐射传热量确定蒸发率 扩展液体蒸发模型:与液体蒸发模型类似,适用于多组分液体
CONVERGE	Frossling 经验公式[88]或 Chiang 经验公式[89]计算液滴直径的变化率 而当液滴直径小于临界值时,使用一个常微分方程求解液滴温度和直径随时间的变化,使用 Ranz-Marshall 公式[90]计算液滴表面的换热量 当液滴直径大于临界值时,假定液滴按球对称,内部温度沿径向一维变化,采用两个偏微分方程求解液滴内的传热[91],进而求解液滴直径和内部温度分布随时间的变化。通过修正导热系数计入液滴内部的环流现象。该模型的计算成本高但对大液滴的计算结果更为准确 当液滴发生沸腾时,采用经验公式计算其半径变化率,假定液滴温度固定在沸点温度 包括离散多组分蒸发模型

软件	液滴蒸发模型
FIRE	Dukowicz 传热传质相似模型[92]:假定液滴内的温度均匀分布、Lewis 数等于 1,基于能量守恒方程计算液滴的直径和温度的变化 Spalding 模型:与 Dukowicz 传热传质相似模型[92]类似,但基于 Frossling 公式[88]显式计算液滴直径变化 Abramzon-Sirignano 模型[86]:基于传统薄膜理论,通过 Sherwood 数和 Nusselt 数求解液滴质量变化率,对 Lewis 数无限制,但需要迭代求解 多组分蒸发模型:基于 Abramzon-Sirignano 模型[86],假定液滴内部组分均匀混合,基于 UNIFAC 方法确定液滴表面各组分的蒸气压 Frolov 模型[93]:与 Dukowicz 模型[92]类似,但不引入 Lewis 数等于 1 和参考温度的概念。并衍生多种改进模型:①包括边界层的瞬态传热;②液滴内部温度非均匀分布;③液滴变形;④液滴内部环流 闪急沸腾模型[94]:通过公式计算液滴的蒸发率
FLUENT	基于 Ranz-Marshall[90]计算传热系数; 扩散控制模型:当液滴温度低于沸点时,蒸发率受液滴表面与环境气体的蒸气浓度差决定,传质系数由公式计算 扩散/对流控制模型(Spalding 模型),液滴表面的对流换热系数通过公式计算 当液滴温度高于沸点时,假定液滴温度保持沸点温度不变,使用公式计算蒸发率 纳入辐射的影响
FORTE	离散多组分蒸发(DMC)模型:计入液滴内部和表面温度差异 液滴表面的质量传递率由 Spalding 模型确定 考虑液滴内部向液滴表面的导热,通过修正导热系数计入液滴内部环流的作用;液滴表面与环境气体的换热系数纳入多组分相互扩散和 Stefan 流作用;基于准稳态能量方程,通过经验公式确定液滴表面温度 当液滴表面发生沸腾时,假定液滴不变形和破碎,采用经验公式计算其半径变化率,假定液滴表面温度保持在沸点不变 同时考虑燃油的蒸发和凝结过程
KIVA	液滴的蒸发率由 Frossling 公式[88]计算 假定液滴内的温度均匀,由能量平衡方程计算;使用 Ranz-Marshall 公式[90]计算液滴表面的换热量 包括离散多组分蒸发模型[95]
OpenFOAM	蒸发率受液滴表面与环境气体蒸气的浓度差决定,传质系数由公式计算 闪急沸腾模型[94]:当达到沸腾条件时,通过公式计算液滴蒸发率

续表

软件	液滴蒸发模型
STARCD	单组分蒸发模型:基于公式直接计算蒸发/凝结率 多组分蒸发模型:对于不可溶组分,假定每种组分的蒸发不受其他组分的影响,直接使用单组分公式计算其蒸发/凝结率;对于可溶组分,由于每种组分的饱和蒸气压受混合气中其他组分浓度的影响,因此不同组分的蒸发过程相互影响 当液体中不同组分的分子结构差异较大时,采用 UNIFAC 模型和修改的 UNIFAC 模型计算蒸气压,而非 Raoult 定律,以计入分子结构的影响 液滴表面与环境气体的换热系数和传质系数由公式计算 当液滴温度超过临界温度时,液滴立即蒸发 当液滴温度高于沸点温度而低于临界温度时,使用公式计算传热和传质率
VECTIS	Chin-Lefebvre 模型[96]:计算液滴质量和温度随时间的变化 Wakil 修正系数[97]:确定传热与传质的类比关系 准多组分燃油蒸发模型:假定多组分燃油的蒸发历程可通过单组分表征,仅根据多组分燃油的成分确定单组分表征燃油的热物性,其本质依然是单组分模型。实现方式包括:平均相对分子质量模型、多液相文件模型和扩展液相模型 平均相对分子质量模型:通过输入燃油平均相对分子质量随时间的变化,确定燃油的相关热物性。为计入液滴内部的有限扩散速率,纳入 Chin 模型[98]。该模型仅适用于烷烃占主要成分的燃油,当燃油中存在大量非烷烃成分时,存在误差 多液相文件模型:通过输入燃油成分随时间的变化(即输入燃油的蒸馏曲线),进而确定燃油的相关热物性,并计算蒸发特性 扩展液相模型:通过文件直接输入燃油的热物性随蒸发时间和温度的变化,通过查表法根据无量纲蒸发时间和温度确定燃油的热物性 Adachi 过热液滴蒸发模型[99]

表 8-12　液膜蒸发模型汇总

软件	液膜蒸发模型
CFX	对壁面全覆盖液膜,对流换热系数由 CFD 流体求解器获得;对部分覆盖液膜,对流换热系数由公式计算 当液滴温度低于沸点时,通过假定传质系数与传热系数相等获得全覆盖液膜的蒸发率,对于部分覆盖液膜,传质系数由公式计算 当液滴温度低于沸点时,采用能量守恒方程计算蒸发率
CONVERGE	液膜表面的对流换热系数由壁函数确定 液膜表面的传质系数基于 Reynold-Colburn 相似准则,通过传热系数得到 采用经验公式计算液膜的沸腾

软件	液膜蒸发模型
FIRE	假定液膜表面处于气液两相平衡状态,基于公式计算液膜的蒸发率,使用不同方法计算液膜附近蒸气浓度的扩散 多组分蒸发模型
FLUENT	基于公式计算对流换热系数 扩散控制模型:当液滴温度低于沸点时,蒸发率受液滴表面与环境气体的蒸气浓度差决定,传质系数由公式计算 扩散/对流控制模型(Spalding 模型):液滴表面对流换热系数通过公式计算 当液滴温度高于沸点时,假定液滴温度保持沸点温度不变,使用公式计算蒸发率 纳入辐射的影响
FORTE	多组分模型
KIVA	液膜表面的对流换热系数由壁函数确定 液膜表面的传质系数基于传热系数得到
OpenFOAM	标准相变模型
STARCD	同时包括欧拉方法和拉格朗日两种方法,以下介绍主要针对拉格朗日方法: 基于 Crowe 公式[100]计算蒸发/凝结率 当壁面温度高于沸点、低于 Leidenfrost 温度时,基于公式计算蒸发/凝结率 当壁面温度高于 Leidenfrost 温度时,壁面与液膜间无直接传热 液膜表面与气体的对流换热系数由公式计算
VECTIS	液膜表面与气体的换热系数基于壁函数计算得到 蒸发率由 Bai-Gosman 模型[75],基于壁函数方法确定 包括准多组分蒸发模型,假定不同组分的扩散系数相同,由平均蒸发率确定不同组分的蒸发率 Adachi 过热蒸发模型[99]

8.2.6　液滴阻力模型

液滴在空气中运动势必受到空气阻力的作用,准确计算阻力系数对喷雾模拟至关重要。不同软件在确定液滴阻力系数的方法如表 8-13 所示,主要区别如下:

(1) 通常基于圆球的阻力实验,获得液滴阻力系数的经验模型。如广泛采用的 Putnam 模型[101],通过对模型中系数的修正可计入湍流、稠密喷雾等因素的影响。

(2) 由于液滴在运动中易发生变形,在极限情况下成为圆盘状,在此情况下液滴阻力迅速增加。因此需要修正阻力系数,以计入液滴变形的影响。其中,Liu 模型[102]是最具代表性的模型之一,假定阻力系数与液滴的变形量成正比,变形量由 TAB 雾化模型获得。

(3) 当液滴尺寸非常小时,部分模型计入 Knudsen 数的影响。

(4) 通常液滴碰壁反弹后易发生旋转,应纳入液滴旋转的影响。

表 8-13 液滴阻力模型汇总

软件	液滴阻力模型
CFX	圆球模型:在低 Reynolds 数下为 Reynolds 的函数,在高 Reynolds 数下保持定值 Liu 模型[102]:计算液滴变形的影响 Schmehl 模型[103]:引入变形因子,假定液滴形状在球形和圆盘状之间改变 稠密喷雾模型:基于流化床的实验数据,对液相占气相的体积分数较大时适用,如 Wen-Yu 模型[104]、Gidaspow 模型[105]
CONVERGE	圆球模型 Liu 模型[102]
FIRE	圆球模型:通过修正,计入小液滴、湍流、液相体积分数等因素对阻力系数的影响 Liu 模型[102] Gidaspow 模型(1994)[105]:适用于稠密喷雾环境
FLUENT	圆球模型:通过修正,计入高 Mach 数的影响 Haider-Levenspiel 模型[106]:通过输入液滴的形状因子确定阻力系数 Stokes-Cunningham 模型[107]:适用于微小液滴 Liu 模型[102] 稠密喷雾模型:包括 Wen-Yu 模型[104]、Gidaspow 模型[105]和 Syamlal-O'Brien 模型[108] Dennis 旋转模型[109]:计入旋转阻力系数
FORTE	Liu 模型[102]
KIVA	Liu 模型[102]
OpenFOAM	圆球模型 Haider-Levenspiel 模型[106] Liu 模型[102] Wen-Yu 模型[104]:适用于稠密喷雾环境
STARCD	Yuen-Chen 模型[110]:计入液体黏度的影响
VECTIS	Putnam 模型[101]:圆球模型 Liu 模型[102] Takagi-Moriyoshi 模型[111]:计入液滴的详细变形

8.2.7　液滴湍流扩散模型

为计入湍流对喷雾液滴的作用,通常通过向液滴运动方程中气相速度项加入湍流脉动速度。模型中假定液滴仅与一个独立的气体涡团相互作用。表 8-14 汇总了当前主要采用的液滴湍流扩散模型,其中最为常用的是 Gosman-Ioannides 模型[112]和 Amsden 模型[88],湍流脉动速度均基于气相的湍动能计算、通过高斯概率密度函数随机确定,并根据湍流的作用时间更新该脉动速度。不同模型的主要区别如下:

(1) 在原始的 Gosman-Ioannides 模型[112]中,当整体 CFD 的时间步长大于湍流作用时间时,直接降低 CFD 的时间步长为该湍流作用时间;而在 Amsden 模型[88]中,无需改变 CFD 的计算时间步长,而通过持续更新脉动速度和湍流作用时间实现连续计算,因此可有效降低计算时间。

(2) 不同模型在确定湍流脉动速度的概率分布函数上有所差异。

表 8-14　液滴湍流扩散模型汇总

软件	液滴湍流扩散模型
CFX	Gosman-Ioannides 模型[112]:在 CFD 时间步长内持续更新湍流脉动速度
CONVERGE	Amsden 模型[88]:针对 RANS 和 LES 湍流模型不同处理
FIRE	Gosman-Ioannides 模型(1983)[112] Amsden 模型[88]
FLUENT	积分时间方法 Gosman-Ioannides 模型[112]:在 CFD 时间步长内持续更新湍流脉动速度 粒子云模型:平均统计位于一个云团内的液滴扩散
FORTE	Amsden 模型[88]
KIVA	Amsden 模型[88]
OpenFOAM	Amsden 模型[88]
STARCD	Gosman-Ioannides 模型[112]
VECTIS	Shuen 模型[113]:假定在湍流作用时间内,液滴速度受湍流的随机作用

8.3　燃烧与排放模型

8.3.1　着火延迟模型

在内燃机的模拟中,通常使用着火延迟模型预测柴油发动机中的着火延迟和火花点发动机中的爆震现象,当前软件中采用的着火延迟模型如表 8-15 所示。在使用相关经验模型时,需要注意针对不同工况,调整参数以与实验结果相吻合。

表 8-15 着火延迟模型汇总

软件	着火延迟模型
CFX	单步经验公式:汽油使用 Douand-Eyzat 公式[114],柴油使用 Hardenberg-Hase 公式[115]
CONVERGE	基于化学反应动力学直接计算 改进的 Shell 模型[116, 117]:通过改进保证质量守恒
FIRE	基于单步经验公式 改进的 Shell 模型[116, 117] AnB 敲缸模型[118]:适用于拟序火焰模型 经验敲缸模型
FLUENT	单步经验公式:汽油使用 Douand-Eyzat 公式[114],柴油使用 Hardenberg-Hase 公式[115]
FORTE	—
KIVA	—
OpenFOAM	—
STARCD	单步经验公式 改进的 Shell 模型[116, 119] 求解着火延迟时间分数方程 双延迟自燃模型[120]:适用于包括双阶段放热的燃料,通过详细机理提前构造着火延迟数据列表
VECTIS	Livengood-Wu 模型[121]:基于单步化学反应,通过积分公式直接计算着火时刻 Shell 模型[116]:通过改进减少计算时间

8.3.2 非预混合燃烧模型

表 8-16 和表 8-17 汇总了当前主要采用的非预混燃烧模型。模型可以分为两大类,即涡团直接作用模型和小火焰模型。其中涡团直接作用模型包括涡团耗散模型(EDM)、涡团耗散概念模型(EDC)和特征时间模型(CTC)等,小火焰模型包括稳态层流小火焰模型和代表性互动小火焰模型(RIF)。在使用非预混合燃烧模型时,需要注意以下问题:

(1)在涡团直接作用模型中,需要根据实验数据调整模型系数,如在特征时间模型(CTC)中,通过调整对应系数以控制预混和非预混燃烧速率。

（2）涡团耗散模型（EDM）和涡团耗散概念模型（EDC）基于化学平衡假设，未考虑化学反应局部不平衡的影响，当湍流时间尺度小于化学反应时间尺度时，会产生较大的误差，导致对重要中间产物，如 CO 和 H_2 的预测过高。

（3）小火焰模型仅适用于大 Damköhler 数的环境，假定燃烧反应发生在一个厚度很小的薄层火焰内。

（4）小火焰模型通过提前构建小火焰库，同时考虑分子扩散和详细化学反应机理，可有效提高计算效率。

（5）代表性互动小火焰模型（RIF）的计算结果强烈依赖于小火焰库的有效性，单道小火焰库无法充分代表内燃机缸内复杂的燃烧过程，因此建议使用多道交互小火焰模型。

（6）在小火焰模型中，虽然多道小火焰模型可考虑更宽的工况范围，但并不意味着小火焰的数量越多越好。

表 8-16　非预混燃烧模型汇总

软件	非预混燃烧模型
CFX	涡团耗散模型（EDM）[122] 涡团耗散/有限反应速率混合模型 代表性互动小火焰模型（RIF）[123, 124]
CONVERGE	特征时间模型（CTC）[125, 126] 代表性互动小火焰模型（RIF）[123, 124]
FIRE	涡团耗散模型（EDM）[122] 特征时间模型（CTC）[125, 126]
FLUENT	涡团耗散模型（EDM）[122] 涡团耗散概念模型（EDC）[127] 稳态层流小火焰模型[128] 代表性互动小火焰模型（RIF）[123, 124]；包括欧拉小火焰模型，考虑小火焰合并
FORTE	—
KIVA	涡团耗散模型（EDM）[122]
OpenFOAM	特征时间模型（CTC）[125, 126] 涡团耗散模型（EDM）[122]
STARCD	代表性互动小火焰模型（RIF）[123, 124]
VECTIS	涡团耗散模型（EDM）[122] 代表性互动小火焰模型（RIF）[123, 124]；包括欧拉小火焰模型，考虑小火焰合并

表 8-17　非预混燃烧模型特点

模型	特点
涡团耗散模型(EDM)[122]	涡团破碎模型(EBU)的扩展,适用于预混和扩散燃烧 基于化学反应时间尺度远小于湍流时间尺度的假设 燃烧速率受混合时间直接控制
涡团耗散概念模型(EDC)[127]	涡团耗散模型(EDM)的扩展 可耦合详细化学反应机理,计入有限化学反应速率的影响
特征时间模型(CTC)[125, 126]	同时考虑化学反应时间尺度和湍流时间尺度 通过特征时间尺度和局部热力学平衡状态确定燃烧速率
涡团耗散/有限反应速率耦合模型	燃烧速率由有限反应速率模型和涡团耗散模型中最小者决定
稳态层流小火焰模型[128]	基于最小湍流时间尺度大于化学反应时间尺度的假设,燃烧发生在厚度很薄的火焰内 求解混合分数的输运方程,在火焰面附近基于对冲层流火焰计算燃烧速率 引入标量耗散率计入流场对火焰结构的影响 假定扩散和化学反应局部平衡 基于假定的概率密度函数计算反应后的组分平均浓度和温度
代表性互动小火焰模型(RIF)[123, 124]	是稳态层流小火焰模型的扩展 考虑火焰变化对小火焰的瞬态作用

8.3.3　点火和初始火焰核发展模型

在火花点火发动机中,需要采用点火和初始火焰核发展模型,相关模型汇总如表 8-18 所示。由于点火过程的复杂性,提高点火模型的精度依然是亟须解决的问题,在使用时需要注意以下问题:

（1）点火模型用以预测初始火焰核的增长历程,通常假定初始火焰核为球形,基于湍流火焰速度直接求解火焰核半径的变化,当火焰核半径发展至指定尺度时,关闭点火模型切换至火焰传播模型。

（2）虽然点火释放的能量密度比燃料化学反应放热多几个量级,但是混合气的着火过程依然受当地组分的控制。

（3）因为初始火花塞点火源的体积远小于流体网格,所以点火模型的计算结果强烈依赖于网格尺度和时间步长,简单点火模型通常要求足够小的网格和时间步长以保证计算精度。

（4）球形点火模型仅适用于均质混合气环境。

（5）离散粒子点火火焰核（DPIK）模型基于拉格朗日方法，因此不受数值扩散的影响，并适用于多点火源环境。

表 8-18　点火和初始火焰核发展模型汇总

软件	点火和初始火焰核发展模型
CFX	球形模型：假定初始火焰为球形，基于湍流火焰速度直接求解火焰核的半径变化率
CONVERGE	球形模型： 对 G 方程模型，直接初始化点火位置和 G 值（或点火能） 对 ECFM 模型，将初始火焰发展分为三个阶段，即层流、层流/湍流混合和湍流火焰传播，通过不同方法求解火焰的发展
FIRE	球形模型：直接给出火焰核的半径和火焰面面积，通过修正计入点火延迟、气体对流、火焰核变形的影响，适用于拟序火焰模型 电弧和火焰核追踪点火模型（AKTIM）[129]：基于拉格朗日方法，计入混合气不均匀性、点火能、火花塞传热损失和湍流对火焰成核的影响 施加拉伸火花点火模型（ISSIM）[130]：类似 AKTIM 方法，基于欧拉方法，求解火焰面密度，仅适用于 ECFM-3Z 燃烧模型
FLUENT	球形模型：基于湍流火焰速度直接求解火焰核的半径变化率，通过火焰核半径求得组分的反应度
FORTE	离散粒子点火核模型（DPIK）[131, 132]：假定火焰核为球形，通过湍流火焰速度确定其半径变化率，基于拉格朗日粒子追踪火焰前沿面位置，由流体网格内的粒子数密度确定火焰面密度
KIVA	直接给对应网格加点火能
OpenFOAM	直接给对应网格加点火能
STARCD	球形模型：基于湍流火焰速度直接求解火焰核半径变化率 电弧和火焰核追踪点火（AKTIM）[129]模型 施加拉伸火花点火模型（ISSIM）[130]
VECTIS	基于火焰传播速度确定火焰核半径的变化率（适用于 G 方程） 以下三种模型仅适用于 RTZF 模型： 火花点火块：指定点火起始至结束期间的燃烧速率 离散粒子点火核心火焰模型（DPIK）[131, 132] 动态离散粒子点火核模型（DPIK）：包括火焰核的初始化、与环境气体的对流、发展、熄火和火焰自维持等子模型

8.3.4　层流和湍流火焰速度模型

为预测火焰的发展,同时需要提供层流和湍流火焰传播速度,如表 8-19 所示。在使用层流和湍流火焰传播速度预测公式时,需要注意以下问题:

（1）Metghalchi-Keck 公式[133]广泛应用于层流火焰速度预测,需要注意当量比的适用范围(0.8～1.5),Gülder 公式[134]适应于更宽的当量范围。

（2）湍流对火焰速度的影响相当复杂,由于湍流作用,火焰前沿发生褶皱、有效火焰面积增加,进而加快火焰传播速度。然而,在高湍流强度下,由于火焰的局部淬熄,致使火焰速度下降。

（3）与层流火焰速度相比,湍流火焰速度的预测存在较大的不确定性,在选择模型时注意最小湍流尺度与层流火焰厚度的相对值,即 Karlovitz 数的范围。

表 8-19　层流和湍流火焰速度模型汇总

软件	层流火焰速度	湍流火焰速度
CFX	Metghalchi-Keck 公式[133]:火焰速度为当量比的不同函数,可计入残余废气的影响	Zimont 公式[135]:考虑大湍流耗散率降低火焰传播速度的作用,适用于最小湍流涡团小于火焰厚度,即 Karlovitz 数大于 1 的情况 Peters 公式[128]:考虑湍流积分尺度的影响 Mueller 公式:考虑混合分数的脉动和熄火的影响
CONVERGE	Metghalchi-Keck 公式[133] Gulder 公式[134]:火焰速度以当量比指数的形式表示	Peters 公式[128]
FIRE	Metghalchi-Keck 公式[133]	根据 Karlovitz 数的范围,表达为层流火焰速度的不同函数,计入湍流强度和湍流长度尺度的影响[136, 137] Gülder 公式[138]
FLUENT	Metghalchi-Keck 公式[133]	Zimont 公式[133] Peters 公式[128]
FORTE	Metghalchi-Keck 公式[133]:计入气体稀释的影响,通过修正适用于更宽当量比范围	Peters 公式[128]

软件	层流火焰速度	湍流火焰速度
KIVA	—	—
OpenFOAM	Gülder 公式[134]：可考虑残余废气的影响 Ravi-Petersen 模型[139]：基于定压条件	—
STARCD	Metghalchi-Keck 公式[133] Gülder 公式[134]	Herweg-Maly 公式[140]
VECTIS	Metghalchi-Keck 公式[133]：可考虑残余废气的影响 Gottgens 公式[141]：适用于更宽当量比范围 Gülder 公式[134]	Mattavi-Amann 模型[142]：仅考虑湍流强度的影响 Gülder 公式[138] Herweg-Maly 公式[140]

8.3.5　火焰传播模型

由于预混燃烧主要发生在很薄的火焰层内，火焰直接受湍流的拉伸和控制，因此比非预混燃烧更难以模拟。预混燃烧模型的主要任务是预测湍流火焰的传播速度，不同模型汇总如表 8-20 和表 8-21 所示。在使用时注意以下几点：

（1）预混燃烧相关模型仅适用于亚音速湍流，在此情况下，火焰的传播速率仅受层流火焰速度和湍流涡团的影响。对包括爆轰现象的反应流，需要使用有限反应速率模型。

（2）预混燃烧模拟时需要注意网格大小，通常要求沿火焰传播方向，在湍流反应区至少应有 10 层网格。特别在火花塞缝隙附近，应使用更精细的网格。

（3）设置时间步长时，需要注意体现化学反应加速流动的现象。

（4）预混燃烧模型需要耦合火焰后的化学反应模型，以预测污染物排放。

（5）在火焰前沿和火焰内部区域，通过热力学平衡方法或化学反应动力学直接可计算反应过程。其中热力学平衡方法在计算效率方面有明显优势，而化学反应动力学可预测氮氧化物等污染物排放。

（6）G 方程和拟序火焰模型，在推导过程中引入了大量假设，使用时需要验证模型的精度。

（7）与 C 方程和 G 方程相比，扩展拟序火焰模型（ECFM）更为细致和准确，更适用于缸内直喷汽油机的模拟，但计算成本较高且不够稳定。

（8）拟序火焰模型（CFM）模型、混合拟序火焰模型（MCFM）模型和扩展拟序火焰模型（ECFM）均属于火焰面模型，扩展拟序火焰模型（ECFM）更适用于不均匀预混燃烧。

表 8-20　火焰传播模型汇总

	火焰传播	火焰前化学反应	火焰后化学反应
CFX	C 方程（反应度）模型	基于反应度求解反应后混合气的组分和温度	—
	扩展拟序火焰模型（ECFM）[143]	基于火焰面密度和层流火焰速度求解反应速率	—
CONVERGE	G 方程模型[128]	提供以下两个选项： 热力学平衡条件计算 直接采用化学反应动力学计算	湍流火焰刷外区域的燃烧过程由化学反应动力学计算
	扩展拟序火焰模型（ECFM）[143]	两步化学反应计算，计入当量比的影响	热力学平衡条件计算
FIRE	湍流火焰速率封闭模型（TFSCM）	受自燃着火机理中的反应速率和火焰传播机理中反应速率的最大者控制	—
	拟序火焰模型（CFM）[144, 145] 混合拟序火焰模型（MCFM） 扩展拟序火焰模型（ECFM）[143]	基于火焰面密度和层流火焰速度求解反应速率	热力学平衡条件计算
	火焰追踪粒子（FTPM）模型	基于快速化学反应假设确定反应速率	根据温度和当量比，通过查表法计算组分浓度
FLUENT	C 方程（反应度）模型	基于反应度求解反应后混合气的组分和温度	—
	G 方程模型	根据 G 值确定反应度，基于反应度求解反应后混合气的组分和温度	—
	扩展拟序火焰模型（ECFM）[143]	基于火焰面密度和层流火焰速度求解反应速率	—

续表

	火焰传播	火焰前化学反应	火焰后化学反应
FORTE	G 方程模型	网格内分已燃区和未燃区假定均匀、定压、定焓条件,通过热力学平衡条件计算放热率和组分变化	湍流火焰刷外区域的燃烧过程由化学反应动力学计算
KIVA	—	—	—
OpenFOAM	火焰面密度(FSD)模型	基于反应度求解反应后混合气的组分和温度	—
STARCD	G 方程模型	根据 G 值确定反应度,基于反应度求解反应后混合气的组分和温度	热力学平衡条件计算
STARCD	拟序火焰模型(CFM)[144, 145]扩展拟序火焰模型(ECFM)[143]	基于火焰面密度和层流火焰速度求解反应速率	涡团破碎模型(EBU)热力学平衡条件计算
VECTIS	G 方程模型:仅求解一个 G 变量方程,火焰厚度由湍流混合长度尺度确定	基于湍流火焰速度直接计算	—

表 8-21　火焰传播模型特点

模型	特点
C 方程(反应度)模型	使用反应度 C 表示未燃气体向已燃气体的转化比例求解反应度的输运方程,平均反应速率受湍流火焰速度控制根据反应度,确定反应后组分的浓度和温度
G 方程(火焰距离函数)模型	假定湍流燃烧发生在褶皱的小火焰或薄反应区域内,基于 Level-Set 方法求解变量 G (火焰距离函数)及其脉动量的输运方程适用于点火火焰核小于平均网格尺寸的情况适用于预混和部分预混湍流火焰传播计入局部火焰淬熄的影响基于火焰位置确定反应度,进而计算反应后组分的浓度和温度
拟序火焰模型(CFM)[144, 145]	基于层流小火焰概念,假定化学反应仅发生在一个薄火焰层内燃烧速率受火焰面密度和层流火焰速度的控制,实现化学动力学和湍流的解耦求解火焰面密度的输运方程计入火焰拉伸和淬熄的影响

模型	特点
混合拟序火焰模型(MCFM)模型	是 CFM 模型的扩展 通过更新层流火焰速度的计算方法,适用于更宽的当量比范围 更新火焰拉伸对火焰面密度作用子模型
扩展拟序火焰模型(ECFM)[143]	适用于 Damköhler 数小于 1,即典型内燃机的运行工况 假定最小的湍流尺度大于层流火焰厚度,因此湍流仅褶皱层流火焰面,而不改变层流火焰结构 求解火焰面密度的输运方程 纳入间歇性湍流对火焰前沿的拉伸作用 基于层流火焰速度和火焰面密度确定反应速率
湍流火焰速率封闭燃烧模型(TFSCM)	基于湍流参数(如湍流强度和湍流长度尺度),以及火焰结构(如火焰厚度和火焰速度)确定燃烧速率 燃烧速率受自燃着火机理中的反应速率和火焰传播机理中的反应速率的最大者控制 火焰传播机理中的反应速率受湍流火焰速度和燃料浓度梯度控制
火焰追踪粒子(FTPM)模型	结合拉格朗日方法和欧拉方法的优点追踪火焰面 基于拉格朗日方法追踪火焰面的细节,基于欧拉方法获得光滑火焰面的法向向量场

8.3.6　部分预混燃烧模型及其他通用燃烧模型

最近,传统柴油机和汽油机的边界变得越来越模糊,能够同时预测不同燃烧模式成为对燃烧模型新的要求。适用于部分预混的燃烧模型及其他通用燃烧模型如表 8-22 和表 8-23 所示。

表 8-22　部分预混燃烧模型及其他通用燃烧模型汇总

软件	部分预混燃烧模型及其他通用燃烧模型
CFX	有限化学反应速率模型
CONVERGE	ECFM-3Z 模型[146] 小火焰生成流形(FGM)模型[147]
FIRE	ECFM-3Z 模型[146] 概率密度函数(PDF)模型[148, 149]:使用拉格朗日方法求解
FLUENT	有限化学反应速率模型 小火焰生成流形(FGM)模型[147] 概率密度函数(PDF)模型[148, 149]:包括拉格朗日和欧拉两种求解方法

软件	部分预混燃烧模型及其他通用燃烧模型
FORTE	有限化学反应速率模型
KIVA	有限化学反应速率模型
OpenFOAM	有限化学反应速率模型
STARCD	ECFM-3Z 模型[146] ECFM-CLEH 模型 有限化学反应速率模型 进度变量库模型-多组分燃料(PVM-MF)[150]
VECTIS	Ricardo 双区小火焰模型(RTZF)

表 8-23　部分预混燃烧模型及其他通用燃烧模型比较

模型	原理和说明
ECFM-3Z 模型[146]	通过向扩展拟序火焰模型(ECFM)[143]模型中加入混合模型,以计入混合过程对反应速率的影响 同时适用于预混、部分预混和非预混燃烧
ECFM-CLEH 模型	类似于 ECFM-3Z 模型,将计算网格划分为未混合区、预混区、扩散区和后燃区,包括自燃着火、火焰传播、扩散燃烧和后氧化四个子模型 与 ECFM-3Z 模型不同,直接划分不同燃烧模式,分别计算各自的燃烧速率,并使用热力学平衡条件限制燃油消耗速率
Ricardo 双区 小火焰模型(RTZF)	适用于预混燃烧和非预混燃烧 每个网格分为已燃区和未燃区,未燃区进一步分为分离区和充分混合区 同时考虑湍流和化学反应动力学的作用,无需计算火焰前沿面积和燃烧产物的逆梯度扩散等细节 对未燃区,根据混合时间尺度和化学反应时间尺度选用不同燃烧模型;对已燃区,基于热力学平衡条件计算 对未燃区,针对非预混合燃烧采用涡团破碎模型(EBU),针对预混燃烧基于湍流火焰速度和反应度计算燃烧速率
概率密度函数 (PDF)模型[148, 149]	适用于不同燃烧模式,无需要引入任何假设,便可同时计入湍流和化学反应对燃烧速率的影响 求解混合分数、反应度和焓联合概率密度函数的输运方程 对拉格朗日方法,基于 Monte Carlo 方法求解 PDF 输运方程 对欧拉求解方法,假定 PDF 分布,求解 PDF 输运方程

续表

模型	原理和说明
进度变量库模型-多组分燃料(PVM-MF)[150]	适用于不同燃烧模式、多种燃料、宽工况环境 基于详细反应机理,采用预列表法存储反应速率,以提高计算效率 针对均质压燃、预混和非预混分别采用均质模型、G方程、RIF模型求反应度
小火焰生成流形(FGM)模型[147]	适用于局部熄火、排放物慢速生成等化学反应动力学不占主导地位的过程 可预测着火、火焰熄火和淬熄过程 为降低计算时间,采用混合分数和反应度两个标量描述化学反应过程 分别针对不同燃烧模式,构造零维着火、一维扩散火焰和一维预混火焰的预列表,通过查表获得燃烧过程的热力学信息 基于概率密度函数计入湍流与化学反应的相互使用
有限化学反应速率模型	直接使用化学反应动力学计算燃烧速率,忽略湍流与化学反应的相互作用 适用于层流,或湍流时间尺度远快于化学反应时间尺度条件

8.3.7　氮氧化物和碳烟排放模型

对有害污染物排放的预测,是所有内燃机 CFD 软件的重要任务之一。当前采用的氮氧化物模型和碳烟模型汇总如表 8-24 和表 8-25 所示。在使用氮氧化物模型时需要注意,在内燃机燃烧中,燃料 NO 可以忽略,同样瞬发 NO 影响较小(小于热力 NO 的 5%)。而对于碳烟的模拟,由于影响因素众多,其生成和氧化过程非常复杂,不同模型均存在一定的不确定性。

表 8-24　氮氧化物模型汇总

	氮氧化物模型
CFX	包括热力、瞬发和燃料 NO,以及 NO 重燃机理
CONVERGE	Zeldovich 机理 详细机理
FIRE	扩展 Zeldovich 机理,可进一步结合瞬发和燃料 NO 单步 NO 生成模型:基于单步可逆反应[151],可考虑辐射和温度脉动的影响
FLUENT	包括热力、瞬发和燃料 NO,以及 N_2O 机理
FORTE	详细机理
KIVA	—
OpenFOAM	—

续表

	氮氧化物模型
STARCD	Zeldovich 机理 氮氧化物松弛方法（NORA）：基于三种氮氧化物热力学平衡值和各自的松弛时间计算 包括热力、瞬发和燃料 NO，以及 NO 重燃机理
VECTIS	Zeldovich 机理

表 8-25　碳烟模型汇总

	碳烟模型
CFX	Magnussen-Hjertager 模型[122]：包括自由基和碳烟粒子的生成和氧化
CONVERGE	Hiroyasu-Nagle 模型：包括 Hiroyasu 碳烟生成模型[152, 153] 和 Nagle 碳烟氧化模型[154] 现象学模型[155~157]：求解碳烟数密度方程，包碳烟成核、表面增长、凝结和氧化等环节 矩方法[158]：求解碳烟粒子尺寸分布各阶矩的微分方程，包括碳烟成核、气相凝聚、碳烟粒子凝结、表面增长和氧化等环节
FIRE	Kennedy-Hiroyasu-Magnussen 模型[153, 159, 160]：包括碳烟颗粒成核、表面增长和氧化 Hiroyasu-Nagle 模型[153, 154] 详细模型：纳入气相化学反应机理，包括多环芳径、聚炔烃、碳烟前趋物的生成，以及碳烟粒子增长等过程
FLUENT	Khan-Greeves 模型[161]：包括碳烟生成和氧化 Tesner 模型[160]：包括自由基生成、自由基形成碳烟、自由基和碳烟粒子的氧化 Moss-Brookes 模型[162]：求解自由基浓度、碳烟质量分数和数密度的输运方程，包括碳烟成核、凝结、表面增长和氧化等环节 矩方法[158]
FORTE	Hiroyasu-Nagle 模型[153, 154] 矩方法[158]
KIVA	Surovikin 模型[163]：包括自由基生成、自由基增长形成碳烟、自由基和碳烟粒子的氧化等环节，其中采用 Nagle 碳烟氧化模型[154]
OpenFOAM	—

续表

	碳烟模型
STARCD	Hiroyasu-Nagle 模型[153, 154] 矩方法[158] 分区法(sectional method):耦合详细机理,按碳烟粒子直径将其分为若干区间,分别计算各自的直径变化方程,包括成核、气相凝聚、表面增长、氧化、凝结等环节
VECTIS	Hiroyasu-Nagle 模型[153, 154]

8.4 模型选择和使用的几点建议

(1) 所有模型都是对真实物理现象的抽象和简化,均存在一定的误差和适用范围,尤其是对内燃机缸内湍流与化学反应的相互作用方面颇有争议[164, 165]。使用时注意对模型加以验证,特别是开展系列算例的验证,以保证模型重现参数的影响趋势。

(2) 模型物理意义的深入理解对模型的选择和参数调整至关重要,所有模型和参数的调整均有一定的限制范围和依据,而非任意为之。

(3) 数值模拟不仅仅是简单取代实验,通过模拟深入揭示内燃机燃烧过程中的物理和化学现象,进而理解性能和排放的影响机理,是其更为重要的任务。

本章参考文献

[1] ANSYS CFX-Solver Theory Guide,Release 17. 0,2016

[2] CONVERGE Manual,CONVERGECFD 2. 3,2016

[3] AVL FIRE Theory Manual,Version 2014,2014

[4] ANSYS Fluent Theory Guide,Release 17. 0,2016

[5] ANSYS Forte Theory Manual,Release 17. 0,2015

[6] STARCD ES-ICE Manual,Version 4. 24,2015

[7] VECTIS Manual,Version 2015. 2,2015

[8] KIVA-4 Manual. LA-UR-07-2007,2007

[9] OpenFOAM User Guide,Release 3. 0. 1,2015

[10] Spalart P,Allmaras S. A One-Equation Turbulence Model for Aerodynamic Flows. AIAA Paper 92-0439,1992

[11] Jones W P,Launder B E. The prediction of laminarization with a two-equation model of turbulence. International Journal of Heat and Mass Transfer,1972,15(2):301-314,

[12] Yakhot V,Orszag S A. Renormalization group analysis of turbulence. I. basic theory. Journal of Scientific Computing,1986,1(1):3-51

[13] Han Z,Reitz R D. Turbulence modeling of internal combustion engines using RNG k-ε models. Combustion Science and Technology,1995,106(4-6):267-295

[14] Wilcox D C. Turbulence Modeling for CFD. Second Edition. La Canada:DCW Industries,1998

[15] Menter F. Multiscale model for turbulent flows. 24th Fluid Dynamics Conference,Orlando, FL,USA,1993

[16] Menter F,Kuntz M,Langtry R. Ten years of industrial experience with the SST turbulence model. Turbulence,2003,4(1):625-632

[17] Launder B,Reece G J,Rodi W. Progress in the development of a reynolds-stress turbulence closure. Journal of Fluid Mechanics,1975,68(3):537-566

[18] Speziale C G,Sarkar S,Gatski T B. Modelling the pressure-strain correlation of turbulence: an invariant dynamical systems approach. Journal of Fluid Mechanics,1991,227:245-272

[19] Smagorinsky J. General circulation experiments with the primitive equations:I. the basic experiment. Monthly Weather Review,1963,91(3):99-164

[20] Lilly D K. A proposed modification of the germano subgrid-scale closure method. Physics of Fluids,1992,4(3):633-635

[21] Germano M,Piomelli U,Moin P,et al. A dynamic subgrid-scale eddy viscosity model. Physics of Fluids A,1991,3(7):1760-1765

[22] Nicoud F,Ducros F. Subgrid-scale stress modelling based on the square of the velocity gradient tensor. Flow,Turbulence and Combustion,1999,62(3):183-200

[23] Durbin P A. On the K-3 stagnation point anomaly. International Journal of Heat and Fluid Flow,1996,17(1):89-90

[24] Wilcox D C. Turbulence modeling for CFD. Third Edition. La Canada:DCW Industries,2006.

[25] Bedford K,Yeo W. Conjunctive filtering procedures in surface water flow and transport// Galperin B,Orszag S A. Large Eddy Simulation of Complex Engineering and Geophysical Flows. Cambridge:Cambridge University Press,2010

[26] Yoshizawa A,Horiuti K. A Statistically-derived subgrid-scale kinetic energy model for the large-eddy simulation of turbulent flows. Journal of the Physical Society of Japan,1985, 54(8):2834-2839

[27] Menon S,Yeung P K,Kim W W. Effect of subgrid models on the computed interscale energy transfer in isotropic turbulence. Computers and Fluids,1996,25(2):165-180

[28] Pomraning E. Development of large eddy simulation turbulence models[PhD Thesis]. Madison:University of Wisconsin-Madison,2000

[29] Lu H,Rutland C J,Smith L M. A priori tests of one-equation les modeling of rotating turbulence. Journal of Turbulence,2007,8(37):1-27

[30] Kobayashi H. The subgrid-scale models based on coherent structures for rotating homogeneous turbulence and turbulent channel flow. Physics of Fluids,2005,17(4):045104

[31] Durbin P A. Separated flow computations with the K-epsilon-V-squared Model. AIAA Journal,1995,33(4):659-664

[32] Chen Y S, Kim S W. Computation of turbulent flows using an extended K-epsilon turbulence closure model. NASA CR-179204, 1987

[33] Speziale C G. On nonlinear k_l and k-ε models of turbulence. Journal of Fluid Mechanics, 1987, 178:459-475

[34] Craft T J, Launder B E, Suga K. Development and application of a cubic eddy-viscosity model of turbulence. International Journal of Heat and Fluid Flow, 1996, 17(2):108-115

[35] Gibson M, Launder B. Ground effects on pressure fluctuations in the atmospheric boundary layer. Journal of Fluid Mechanics, 1978, 86(03):491-511

[36] Hanjalic K, Launder B, Schiestel R. Multiple-time-scale concepts in turbulent transport modeling. Second Symposium on Turbulent Shear Flows, Imperial College, London, UK, 1979

[37] Huh K, Gosman A. A Phenomenological model of diesel spray atomization. Proceedings of the International Conference on Multiphase Flows, Tsukuba, Japan, 1991

[38] Senecal P K, Schmidt D P, Nouar I, et al. Modeling high-speed viscous liquid sheet atomization. International Journal of Multiphase Flow, 1999, 25(6-7):1073-1097

[39] Yang X, Takamoto Y, Okajima A, et al. Comparison of Computed and Measured High-Pressure Conical Diesel Sprays. SAE Paper 2000-01-0951, 2000

[40] Abani N, Kokjohn S, Park S W, et al. An Improved Spray Model for Reducing Numerical Parameter Dependencies in Diesel Engine CFD Simulations. SAE Paper 2008-01-0970, 2008

[41] Reitz R D, Diwakar R. Structure of High-Pressure Fuel Sprays. SAE Paper 870598, 1987

[42] Schmehl R, Maier G, Wittig S. CFD analysis of fuel atomization, secondary droplet breakup and spray dispersion in the premix duct of a LPP combustor. ICLASS 2000, Pasadena, CA, USA, 2000

[43] Chryssakis C, Assanis D. A secondary atomization model for liquid droplet deformation and breakup under high weber number conditions. ILASS Americas, Irvine, CA, USA, 2005

[44] O'Rourke P J, Amsden A A. The TAB Method for Numerical Calculation of Spray Droplet Breakup. SAE Paper 872089, 1987

[45] Tanner F X. Liquid Jet Atomization and Droplet Breakup Modeling of Non-Evaporating Diesel Fuel Sprays. SAE Paper 970050, 1997

[46] Tanner F X. Development and validation of a cascade atomization and drop breakup model for high-velocity dense sprays. Atomization Sprays, 2004, 14(3):32

[47] Reitz R D. Modeling atomization processes in high-pressure vaporizing sprays. Atomization and Spray Technology, 1987, 3:309-337

[48] Som S, Aggarwal S K. Effects of primary breakup modeling on spray and combustion characteristics of compression ignition engines. Combustion and Flame, 2010, 157(6):1179-1193

[49] Ricart L M, Xin J, Bower G R, Reitz R D. In-Cylinder Measurement and Modeling of Liquid Fuel Spray Penetration in a Heavy-Duty Diesel Engine. SAE Paper 971591, 1997

[50] Patterson M A, Reitz R D. Modeling the Effects of Fuel Spray Characteristics on Diesel

Engine Combustion and Emission. SAE Paper 980131,1998

[51] Chu C. One-dimensional transient fluid model for fuel-coolant interaction analysis[PhD Thesis]. Wisconsin: University of Wisconsin-Madison,1989

[52] Habchi C,Verhoeven D,Huynh Huu C,et al. Modeling Atomization and Break up in High-Pressure Diesel Sprays. SAE Paper 970881,1997

[53] Apte S V,Gorokhovski M,Moin P. LES of atomizing spray with stochastic modeling of secondary breakup. International Journal of Multiphase Flow,2003,29(9):1503-1522

[54] Pilch M,Erdman C A. Use of breakup time data and velocity history data to predict the maximum size of stable fragments for acceleration-induced breakup of a liquid drop. International Journal of Multiphase Flow,1987,13(6):741-757

[55] Obermeier F,Chaves H. Study of pressure fluctuations flows,separation and cavitation in the nozzle and their influence on spray formation. Proceeding of the 6th Workshop of the IDEA Project,1992

[56] Hsiang L P,Faeth G M. Near-limit drop deformation and secondary breakup. International Journal of Multiphase Flow,1992,18(5):635-652

[57] Orourke P J. Collective drop effects on vaporizing liquid sprays[PhD Thesis]. Princeton: Princeton University,1981

[58] Hou S. Investigation of the interaction mechanisms between closely spaced sprays from micro-hole nozzles[PhD Thesis]. Massachusetts: University of Massachusetts Amherst,2005

[59] Schmidt D P,Rutland C J. A new droplet collision algorithm. Journal of Computational Physics,2000,164(1):62-80

[60] Sommerfeld M. Modellierung und numerische berechnung von partikelbeladenen turbulenten strömungen mit hilfe des euler-lagrange-verfahrens. Habilitationsschrift: Shaker Verlag Aachen,1996

[61] Post S L,Abraham J. Modeling the outcome of drop-drop collisions in diesel sprays. International Journal of Multiphase Flow,2002,28(6):997-1019

[62] Nordin P. Complex chemistry modeling of diesel spray combustion[PhD Thesis]. Chalmers: Chalmers University of Technology,2001

[63] Munnannur A,Reitz R D. Comprehensive collision model for multidimensional engine spray computations. Atomization Sprays,2009,19(7):597-619

[64] Sun Y,Reitz R D. Modeling Low-pressure injections in diesel HCCI engines. ILASS-Americas,Chicago,IL,USA,2007

[65] Aamir M,Watkins A. Dense propane spray analysis with a modified collision model. ILASS-Europe,Toulouse,France,1999

[66] Elsässer G. Experimentelle untersuchung und numerische modellierung der freien kraftstoffstrahlausbreitung und wandinteraktion unter motorischen randbedingungen. Berlin: Logos-Verlag,2001

[67] Naber J D,Reitz R D. Modeling Engine Spray/Wall Impingement. SAE Paper 880107,1988

[68] Gonzalez D M A, Lian Z W, Reitz R D. Modeling Diesel Engine Spray Vaporization and Combustion. SAE Paper 920579,1992

[69] Orourke P J, Amsden A A. A Spray/Wall Interaction Submodel for the KIVA-3 Wall Film Model. SAE Paper 2000-01-0271,2000

[70] Kuhnke D. Spray/wall interaction modelling by dimensionless data analysis[PhD Thesis]. Baben: Shaker Verlag, 2004

[71] Mundo C, Sommerfeld M, Tropea C. Experimental studies of the deposition and splashing of small liquid droplets impinging on a flat surface. ICLASS, Rouen, France, 1994

[72] Bai C, Gosman A D. Development of Methodology for Spray Impingement Simulation. SAE Paper 950283,1995.

[73] Maichle F, Weigand B, Wiesler B, et al. Numerical Simulation of Rainwater Management in Car Climatization. SAE Paper 2005-01-1882,2005

[74] Stanton D W, Rutland C J. Modeling Fuel Film Formation and Wall Interaction in Diesel Engines. SAE Paper 960628,1996

[75] Bai C, Gosman A D. Mathematical Modelling of Wall Films Formed by Impinging Sprays. SAE Paper 960626,1996

[76] Han Z, Xu Z, Trigui N. Spray/wall interaction models for multidimensional engine simulation. International Journal of Engine Research, 2000, 1(1): 127-146

[77] Bai C X, Rusche H, Gosman A D. Modeling of gasoline spray impingement. Atomization Sprays, 2002, 12(1-3): 1-27

[78] Obermeier F, Chaves H. Initial Modelling of Splashing Phenomena. IDEA Project, 1991

[79] Rosa N G, Villedieu P, Dewitte J, et al. A new droplet-wall interaction model. ICLASS, Tokyo, Japan, 2006

[80] Matsuda T, Senda J. Modeling on spray wall interaction for direct gasoline injection engines. Transactions of the Japan Society of Mechanical Engineers Part B, 2003, 15(12): 2698-2705

[81] Zhang Y, Jia M, Liu H, et al. Development of a new spray/wall interaction model for diesel spray under PCCI-engine relevant conditions. Atomization Sprays, 2014, 24(1): 41-80

[82] Friedrich M A, Lan H, Wegener J L, et al. A separation criterion with experimental validation for shear-driven films in separated flows. Journal of Fluids Engineering, 2008, 130(5): 051301-051301

[83] Lopez De Bertodano M A, Jan C S, Beus S G. Annular flow entrainment rate experiment in a small vertical pipe. Nuclear Engineering and Design, 1997, 178(1): 61-70

[84] Wegener J, Friedrich M, Lan H, et al. A criterion for predicting shear-driven film separation at an expanding corner with experimental validation. ILASS Americas, Orlando, FL, USA, 2008

[85] Maroteaux F, Llory D, Le Coz J F, et al. Liquid film atomization on wall edges-separation criterion and droplets formation model. Journal of Fluids Engineering, 2002, 124 (3): 565-575

[86] Abramzon B, Sirignano W A. Droplet vaporization model for spray combustion calculations. International Journal of Heat and Mass Transfer, 1989, 32(9):1605-1618

[87] Sazhin S S. Advanced models of fuel droplet heating and evaporation. Progress in Energy and Combustion Science, 32(2):162-214, 2006

[88] Amsden A A, O'rourke P, Butler T. KIVA-II: a computer program for chemically reactive flows with sprays. Nasa Sti/recon Technical Report N, 1989, 89:748

[89] Chiang C H, Raju M S, Sirignano W A. Numerical analysis of convecting, vaporizing fuel droplet with variable properties. International Journal of Heat and Mass Transfer, 1992, 35(5):1307-1324

[90] Faeth G M. Current status of droplet and liquid combustion. Progress in Energy and Combustion Science, 1977, 3(4):191-224

[91] Sazhin S S, Krutitskii P A, Gusev I G, et al. Transient heating of an evaporating droplet with presumed time evolution of its radius. International Journal of Heat and Mass Transfer, 2011, 54(5-6):1278-1288

[92] Dukowicz J K. A particle-fluid numerical model for liquid sprays. Journal of Computational Physics, 1980, 35(2):229-253

[93] Frolov S M, Frolov F S, Basara B. Simple model of transient drop vaporization. Journal of Russian Laser Research, 2006, 27(6):562-574

[94] Zuo B, Gomes A M, Rutland C J. Modelling superheated fuel sprays and vaproization. International Journal of Engine Research, 2000, 1(4):321-336

[95] Torres D J, Orourke P J, Amsden A A. A discrete multicomponent fuel model. Atomization Sprays, 2003, 13(2-3):42

[96] Chin J, Lefebvre A. The role of the heat-up period in fuel drop evaporation. International Journal of Turbo and Jet Engines, 1985, 2(4):315-326

[97] El Wakil M, Uyehara O. A Theoretical Investigation of the Heating-up Period of Injected Fuel Droplets Vaporizing in Air. NACA Technical Note 3179, NACA, 1954

[98] Chin J. An Engineering Calculation Method for Multi-Component Stagnant Droplet Evaporation with Finite Diffusivity. ASME 94-GT-440, 1994

[99] Adachi M, Mcdonell V G, Tanaka D, et al. Characterization of Fuel Vapor Concentration inside a Flash Boiling Spray. SAE Paper 970871, 1997

[100] Crowe C T, Schwarzkopf J D, Sommerfeld M, et al. Multiphase Flows with Droplets and Particles. Boca Raton: CRC press, 2011

[101] Putnam A. Integratable form of droplet drag coefficient. ARS Journal, 1961, 31(10):1467-1468

[102] Liu A B, Mather D, Reitz R D. Modeling the Effects of Drop Drag and Breakup on Fuel Sprays. SAE Paper 930072, 1993

[103] Schmehl R. Advanced Modeling of Droplet Deformation and Breakup for CFD Analysis of Mixture Preparation. ILASS-Europe, Zaragoza, Spain, 2002

[104] Wen C,Yu Y. Mechanics of fluidization. Chemical Engineering Progress Symposium Serie, 2013,62:100-111

[105] Gidaspow D. Multiphase Flow and Fluidization:Continuum and Kinetic Theory Descriptions. New York:Academic Press,1994

[106] Haider A,Levenspiel O. Drag coefficient and terminal velocity of spherical and nonspherical particles. Powder Technology,1989,58(1):63-70

[107] Ounis H,Ahmadi G,Mclaughlin J B. Brownian diffusion of submicrometer particles in the viscous sublayer. Journal of Colloid and Interface Science,1991,143(1):266-277

[108] Syamlal M,O'brien T. The Derivation of a Drag Coefficient Formula from Velocity-Voidage Correlations. Unpublished Report,1987

[109] Dennis S,Singh S,Ingham D. The steady flow due to a rotating sphere at low and moderate reynolds numbers. Journal of Fluid Mechanics,1980,101(02):257-279

[110] Yuen M C,Chen L W. On drag of evaporating liquid droplets. Combustion Science and Technology,1976,14(4-6):147-154

[111] Takagi M,Moriyoshi Y. Modelling of a hollow-cone spray at different ambient pressures. International Journal of Engine Research,2004,5(1):39-52

[112] Gosman A,Loannides E. Aspects of computer simulation of liquid-fueled combustors. Journal of Energy,1983,7(6):482-490

[113] Shuen J S,Chen L D,Faeth G. Evaluation of a stochastic model of particle dispersion in a turbulent round jet. AIChE Journal,1983,29(1):167-170

[114] Douaud A M,Eyzat P. Four-Octane-Number Method for Predicting the Anti-Knock Behavior of Fuels and Engines. SAE Paper 780080,1978

[115] Hardenberg H O, Hase F W. An Empirical Formula for Computing the Pressure Rise Delay of a Fuel from Its Cetane Number and from the Relevant Parameters of Direct-Injection Diesel Engines. SAE Paper 790493,1979

[116] Halstead M P,Kirsch L J,Quinn C P. The autoignition of hydrocarbon fuels at high temperatures and pressures—fitting of a mathematical model. Combustion and Flame,1977, 30:45-60

[117] Schäpertöns H,Lee W. Multidimensional Modelling of Knocking Combustion in SI Engines. SAE Paper 850502,1985

[118] Lafossas F A,Castagne M,Dumas J P,et al. Development and Validation of a Knock Model in Spark Ignition Engines Using a CFD Code. SAE Paper 2002-01-2701,2002

[119] Theobald M,Cheng W. A Numerical Study of Diesel Ignition. ASME Paper 87-FE-2,1987

[120] Colin O,Pires Da Cruz A,Jay S. Detailed chemistry-based auto-ignition model including low temperature phenomena applied to 3-D engine calculations. Proceedings of the Combustion Institute,2005,30(2):2649-2656

[121] Livengood J C,Wu P C. Correlation of autoignition phenomena in internal combustion engines and rapid compression machines. Symposium (International) on Combustion,

1955,5(1):347-356

[122] Magnussen B F,Hjertager B H. On Mathematical modeling of turbulent combustion with special emphasis on soot formation and combustion. Symposium (International) on Combustion ,1977,16(1):719-729

[123] Pitsch H,Wan Y P,Peters N. Numerical Investigation of Soot Formation and Oxidation under Diesel Engine Conditions. SAE Paper 952357,1995

[124] Pitsch H,Barths H,Peters N. Three-Dimensional Modeling of NO_x and Soot Formation in DI-Diesel Engines Using Detailed Chemistry Based on the Interactive Flamelet Approach. SAE Paper 962057,1996

[125] Abraham J,Bracco F V,Reitz R D. Comparisons of computed and measured premixed charge engine combustion. Combustion and Flame,1985,60(3):309-322

[126] Kong S-C,Han Z,Reitz R D. The Development and Application of a Diesel Ignition and Combustion Model for Multidimensional Engine Simulation. SAE Paper 950278,1995

[127] Magnussen B F,Hjertager B. On the structure of turbulence and a generalized eddy dissipation concept for chemical reaction in turbulent flow. 19th AIAA Aerospace Meeting,St. Louis,USA,1981

[128] Peters N. Turbulent Combustion. Cambridge:Cambridge University Press,2000

[129] Duclos J M,Colin O. Arc and kernel tracking ignition model for 3d spark-ignition engine calculations. COMODIA,Nagoya,Japan,2001

[130] Colin O,Truffin K. A spark ignition model for large eddy simulation based on an fsd transport equation (ISSIM-LES). Proceedings of the Combustion Institute, 2011, 33 (2): 3097-3104

[131] Fan L,Reitz R D. Development of an Ignition and Combustion Model for Spark-Ignition Engines. SAE Paper 2000-01-2809,2000

[132] Tan Z,Reitz R D. An Ignition and combustion model based on the level-set method for spark ignition engine multidimensional modeling. Combustion and Flame,2006,145(1-2): 1-15

[133] Metghalchi M,Keck J C. Burning velocities of mixtures of air with methanol,isooctane,and indolene at high pressure and temperature. Combustion and Flame,1982,48:191-210

[134] Gülder L. Correlations of Laminar Combustion Data for Alternative S. I. Engine Fuels. SAE Paper 841000,1984

[135] Zimont V L,Biagioli F,Syed K. Modelling turbulent premixed combustion in the intermediate steady propagation regime. Progress in Computational Fluid Dynamics,2001,1(1-3): 14-28

[136] Jones W,Lindstedt R. Global reaction schemes for hydrocarbon combustion. Combustion and Flame,1988,73(3):233-249

[137] Kido H,Nakahara M,Hashimoto J. A turbulent burning velocity model taking account for preferential diffusion effect. COMODIA,Kyoto,Japan,1998

[138] Gülder L. Turbulent premixed flame propagation models for different combustion regimes. Symposium (International) on Combustion,1991,23(1):743-750

[139] Ravi S,Petersen E L. Laminar flame speed correlations for pure-hydrogen and high-hydrogen content syngas blends with various diluents. International Journal of Hydrogen Energy,2012,37(24):19177-19189

[140] Herweg R,Maly R R. A Fundamental Model for Flame Kernel Formation in S. I. Engines. SAE Paper 922243,1992

[141] Göttgens J,Mauss F,Peters N. Twenty-fourth symposium on combustion analytic approximations of burning velocities and flame thicknesses of lean hydrogen,methane,ethylene, ethane,acetylene,and propane flames. Symposium (International) on Combustion,1992,24 (1):129-135

[142] Mattavi J N. Combustion Modeling in Reciprocating Engines. New York:Plenum Publishing Corporation,1978

[143] Colin O,Benkenida A,Angelberger C. 3D modeling of mixing,ignition and combustion phenomena in highly stratified gasoline engines. Oil & Gas Science and Technology,2003, 58(1):47-62

[144] Candel S M,Poinsot T J. Flame stretch and the balance equation for the flame area. Combustion Science and Technology,1990,70(1-3):1-15

[145] Meneveau C,Poinsot T. Stretching and quenching of flamelets in premixed turbulent combustion. Combustion and Flame,1991,86(4):311-332

[146] Colin O,Benkenida A. The 3-zones extended coherent flame model (Ecfm3z) for Computing premixed/diffusion combustion. Oil & Gas Science and Technology,2004,59(6):593-609

[147] Oijen J A V,Goey L P H D. Modelling of premixed laminar flames using flamelet-generated manifolds. Combustion Science and Technology,2000,161(1):113-137

[148] Pope S B. PDF methods for turbulent reactive flows. Progress in Energy and Combustion Science,1985,11(2):119-192

[149] Pope S B,Cheng W K. The Stochastic flamelet model of turbulent premixed combustion. Symposium (International) on Combustion,1989,22(1):781-789

[150] Bo T,Rawat R,Johns R,et al. Multi-fuel and mixed-mode IC engine combustion simulation with a detailed chemistry based progress variable library approach. COMODIA,Fukuoka, Japan,2012

[151] Heywood J B. Internal Combustion Engine Fundamentals. New York:Mcgraw-Hill,1988

[152] Hiroyasu H,Kadota T. Models for combustion and formation of nitric oxide and soot in direct injection diesel engines. SAE Paper 760129,1976

[153] Nishida K,Hiroyasu H. Simplified Three-Dimensional Modeling of Mixture Formation and Combustion in a D. I. diesel engine. SAE Paper 890269,1989

[154] Nagle J,Strickland-Constable R. Oxidation of Carbon between 1000-2000℃. Proceedings of

the Fifth Carbon Conference,1:265-325,1962.

[155] Vishwanathan G,Reitz R D. Development of a practical soot modeling approach and its application to low-temperature diesel combustion. Combustion Science and Technology, 2010,182(8):1050-1082

[156] Jia M,Peng Z J,Xie M Z. Numerical investigation of soot reduction potentials with diesel homogeneous charge compression ignition combustion by an improved phenomenological soot model. Proceedings of the Institution of Mechanical Engineers Part D-Journal of Automobile Engineering,2009,223(3):395-412

[157] Kaminaga T,Kusaka J,Ishii Y. A three-dimensional numerical study on exhaust gas emissions from a medium-duty diesel engine using a phenomenological soot particle formation model combined with detailed chemistry. International Journal of Engine Research,2008, 9(4):283-296

[158] Frenklach M. Method of moments with interpolative closure. Chemical Engineering Science,2002,57(12):2229-2239

[159] Tatschl R,Pachler K,Fuchs H,et al. Multidimensional simulation of diesel engine combustion-modeling and experimental verification. Proceedings of the Fifth Conference' The Working Process of the Internal Combustion Engine',Graz,Austria,1995

[160] Tesner P A,Smegiriova T D,Knorre V G. Kinetics of dispersed Carbon formation. Combustion and Flame,1971,17(2):253-260

[161] Khan I,Greeves G. A method for calculating the formation and combustion of soot in diesel engines//Afgan N H,Beer J M. Heat Transfer in Flames. Scripta Book,1974

[162] Brookes S J,Moss J B. Predictions of soot and thermal radiation properties in confined turbulent jet diffusion flames. Combustion and Flame,1999,116(4):486-503

[163] Surovikin V. Analytical description of the processes of Nucleus-Formation and growth of particles of Carbon black in the thermal decomposition of aromatic hydrocarbons in the gas phase. Khimiya Tverdogo Topliva,1976,10(1):111-122

[164] Singh S,Reitz R D,Musculus M P B,et al. Validation of engine combustion models against detailed in-cylinder optical diagnostics data for a heavy-duty compression-ignition engine. International Journal of Engine Research,2007,8(1):97-126

[165] Kokjohn S L,Reitz R D. Investigation of the roles of flame propagation,turbulent mixing, and volumetric heat release in conventional and low temperature diesel combustion. Journal of Engineering for Gas Turbines and Power,2011,133(10):102805-102805